深度学习数据与算法安全及其应用

陈晋音　郑海斌
陈若曦　宣　琦　著

科学出版社
北　京

内 容 简 介

本书聚焦人工智能数据与算法安全问题，主要介绍面向深度学习模型的攻防安全理论、技术及其应用。全书共 7 章。第 1 章介绍人工智能的基本概念与应用，以及人工智能安全技术现状。第 2 章介绍深度学习的背景知识，从模型性能、可解释性、鲁棒性、隐私性和公平性等多个角度，详细探讨深度学习模型的可信理论。第 3、4 章深入研究深度学习模型所面临的安全威胁，包括对抗攻击、中毒攻击、隐私窃取攻击和偏见操控攻击，以及相应的检测和防御方法，并将这些算法应用于联邦学习和强化学习场景中。第 5 章探讨深度学习模型的测试与评估方法，包括可靠性评估和潜在缺陷检测，并在实际场景中展示应用案例。第 6 章介绍攻防方法在图像识别、图数据挖掘、电磁信号识别和自然语言处理领域的应用。最后，在第 7 章中提供不同复杂程度的数据与算法安全实践案例，以帮助读者更好地理解和应用所学知识。

本书适合于图像识别、图数据挖掘及信号处理等领域的学者和从业人员，深度学习对抗攻防、中毒攻防、隐私窃取攻防等研究方向的初学者，包括本科生和研究生及人工智能应用安全领域相关从业者。

图书在版编目（CIP）数据

深度学习数据与算法安全及其应用/陈晋音等著. —北京：科学出版社，2024.3

ISBN 978-7-03-077154-4

Ⅰ. ①深…　Ⅱ. ①陈…　Ⅲ. ①人工智能-算法-应用-计算机网络-网络安全　Ⅳ. ①TP393.08

中国国家版本馆 CIP 数据核字（2023）第 233379 号

责任编辑：赵丽欣　王会明 / 责任校对：王万红
责任印制：吕春珉 / 封面设计：东方人华平面设计部

科学出版社 出版
北京东黄城根北街 16 号
邮政编码：100717
http://www.sciencep.com

北京中科印刷有限公司印刷

科学出版社发行　各地新华书店经销

*

2024 年 3 月第　一　版　开本：787×1092　1/16
2024 年 3 月第一次印刷　印张：26 1/2
字数：630 000

定价：280.00 元

（如有印装质量问题，我社负责调换）

销售部电话 010-62136230　编辑部电话 010-62134021

前　言

目前，人工智能已经广泛应用于医疗设备、医疗诊断、机器人规划与控制、环境自动监测、交通出行等各个领域。人工智能被视为引领未来的战略性技术，全球各国积极抓住人工智能发展的重大机遇，制定了一系列规划和政策，以此提升国家竞争力和维护国家安全，力图在新一轮国际科技中占据主导地位。

深度学习模型，作为人工智能的一个重要分支，采用人工神经网络架构进行数据表征学习。它已在计算机视觉、语音识别、自然语言处理等众多领域取得显著成果，成为当前学术和工业界的研究焦点之一。然而，尽管人们普遍关注人工智能在各领域的广泛应用，但是往往会忽略其技术的安全性和可控性。深度学习模型本身存在一系列的可信安全问题，包括解释性不足、内在脆弱性、隐私泄露风险以及公平性验证的挑战等，这些问题已对网络安全、数据安全、算法安全和信息安全构成了巨大的潜在风险。

可靠的模型需要满足分类准确、风险鲁棒、隐私安全、决策无偏、可解释的基本条件。基于此，深度学习模型面临的安全性风险具体包括对抗攻击、中毒攻击、隐私窃取攻击、偏见操控攻击等。在数据输入的过程中，深度学习模型可能会遭受恶意输入的影响，从而导致其行为产生改变，使之输出错误信息而影响正常工作。例如，攻击者在"停止"标志上添加了一个不显眼的便利贴，使自动驾驶汽车将"停止"标志被模型识别为"限速"标志。深度学习模型的应用通常需要大量的数据输入，而这些数据往往包含敏感信息。如果数据传输和存储不够安全，那么就会面临隐私泄露的风险，严重损害用户利益。由于深度学习模型的代码由人编写，这就意味着算法内部可能存在导致主观偏见与歧视的风险。例如，在某些招聘系统中，算法可能会对某些群体的应聘者给出有偏评价，从而导致不公和歧视。此外，深度学习模型的决策结果缺乏透明度和可解释性，在完成任务的过程中，很难保证其行为符合用户的意愿，从而难以实现透明度和可控性管理。

人工智能安全问题越来越贴近现实生活，针对深度学习模型的攻击也越来越具有威胁性，这引起了广大研究者的关注。如何解释深度学习模型面对威胁时表现出来的脆弱性，并在此基础上提升模型的鲁棒性，保护数据和模型的隐私，提前进行安全性测试和评估，构建安全公平可信的智能算法，已经成为世界范围内的前沿研究议题。

本书围绕人工智能数据与算法安全主题，主要介绍面向深度学习模型的攻防安全技术及其应用，面向可解释性差、内生脆弱、隐私易泄露、公平性评估验证困难等不安全、不可信问题，系统性地介绍其安全理论、攻击方法、防御和加固算法、安全性测试技术，并将其应用于实际场景中。本书共 7 章。第 1 章对人工智能的基本概念与应用进行介绍，阐述人工智能安全技术现状。第 2 章对深度学习的背景知识进行介绍，分别从模型性能、可解释性、鲁棒性、隐私性和公平性等不同角度对深度学习模型的可信理论进行介绍。第 3、4 章对深度学习模型目前面临的安全威胁——对抗攻击、中毒攻击、隐私窃取攻击和偏见操控攻击及其对应的检测和加固防御方法进行详细介绍，并将介绍的算法应用于联邦学习和强化学习场景中。第 5 章对深度学习系统的测试与评估方法进行阐述，即可靠性评估和潜在缺陷检测，并在实际场景中对其进行应用。第 6 章将攻防方法应用于图像识别、图数据挖掘、电磁信号识别和自然语言处理领域。第 7 章给出不同复杂程度的数据与算法安全实践案例。

在此感谢参与本书创作的人员：金海波、贾澄钰、赵晓明、范金涛、刘嘉威、葛杰、李晓豪、曹志骐、马浩男、马敏樱、陈靖文、严云杰、廖丹芯、阳雪燕、王箫、俞天乐。他们在编辑文字、复现算法、绘制图片、整理格式等方面付出了大量的辛勤努力，对本书的完成做出了重大贡献。同时，我也要向近年来在深度学习安全与应用领域一起学习进步的所有毕业生表示感谢，他们是吴洋洋、徐轩桁、苏蒙蒙、胡可科、熊晖、沈诗婧、林翔、陈一贤、邹健飞、上官文昌、吴长安、叶林辉、王雪柯、黄国瀚、刘涛、熊海洋、陈奕芃等，我为你们感到无比骄傲。与你们一起探索科研的未知领域，交流思考，都给我带来了深刻的启示。在本书的编写过程中，项目团队的杨星研究员、项圣博士、洪榛教授与卢为党教授提出了许多极具价值的建议，在此表达诚挚的感谢。

特别感谢浙江工业大学研究生教材建设项目（项目编号：20230106）、国家自然科学基金（项目批准号：62072406）、浙江省自然科学基金（项目编号：LDQ23F020001）的资助。

对于从事人工智能和攻防安全领域研究的读者，我们期望本书能提供一个全新的人工智能安全视角。深度学习模型的安全性已成为研究焦点，学者们正在不断提出新方法进行深入研究。然而本书难以包含所有研究路线和技术方法，只是期望引发更多思考和探索，如有疏漏之处，敬请读者谅解。

期待未来能有更多学者共同投入人工智能安全领域的研究，共同努力推动人工智能的安全可靠应用。

陈晋音

2023 年 8 月于杭州

目　录

第 1 章　概述 ··· 1
1.1　基本概念与应用 ··· 1
1.1.1　人工智能的基本概念 ··· 1
1.1.2　人工智能的应用 ··· 1
1.2　人工智能安全技术现状 ··· 2
1.2.1　深度学习的安全理论研究现状 ··· 3
1.2.2　面向深度学习的脆弱性攻击技术研究现状 ··· 4
1.2.3　面向深度学习的抗干扰保护技术研究现状 ··· 4
1.2.4　面向深度学习的安全性测试技术研究现状 ··· 5
本章小结 ··· 6
参考文献 ··· 6
第 2 章　深度学习的可信理论 ··· 9
2.1　深度学习的背景知识 ··· 9
2.1.1　深度学习模型 ··· 9
2.1.2　深度学习的数据模态 ··· 10
2.1.3　深度神经网络的分类 ··· 10
2.2　深度模型的性能评价体系 ··· 12
2.2.1　深度模型性能定义 ··· 12
2.2.2　深度模型性能评价指标 ··· 12
2.2.3　评价方法 ··· 13
2.3　面向深度模型的可解释性理论 ··· 14
2.3.1　可解释性定义 ··· 14
2.3.2　可解释技术 ··· 14
2.4　面向深度模型的鲁棒增强理论 ··· 17
2.4.1　模型鲁棒性定义 ··· 17
2.4.2　鲁棒性评估指标 ··· 18
2.4.3　鲁棒性增强方法 ··· 20
2.5　面向深度模型的隐私保护理论 ··· 22
2.5.1　模型的隐私性定义 ··· 22
2.5.2　隐私保护方法 ··· 22
2.6　面向深度模型的公平决策理论 ··· 24
2.6.1　模型公平性定义 ··· 24
2.6.2　深度学习存在的偏见 ··· 24
2.6.3　公平性提升方法 ··· 25
本章小结 ··· 27
参考文献 ··· 27

第 3 章　面向深度学习模型的攻击方法 …… 30
3.1　对抗攻击 …… 30
3.1.1　对抗攻击定义 …… 31
3.1.2　对抗样本的基本概念 …… 31
3.1.3　基础对抗攻击方法概述 …… 33
3.1.4　对抗攻击方法及其应用 …… 36
3.2　中毒攻击 …… 56
3.2.1　中毒攻击定义 …… 56
3.2.2　中毒攻击相关的基本概念 …… 57
3.2.3　基础中毒攻击方法概述 …… 58
3.2.4　中毒攻击方法及其应用 …… 61
3.3　隐私窃取攻击 …… 70
3.3.1　隐私窃取攻击定义 …… 70
3.3.2　隐私保护对象和威胁模型 …… 71
3.3.3　隐私窃取攻击方法概述 …… 73
3.3.4　隐私窃取攻击方法及其应用 …… 75
3.4　偏见操控攻击 …… 91
3.4.1　偏见操控攻击定义 …… 91
3.4.2　偏见操控攻击的威胁模型 …… 91
3.4.3　偏见操控攻击方法概述 …… 91
3.5　面向联邦学习的攻击 …… 92
3.5.1　联邦学习定义 …… 93
3.5.2　联邦学习有关的基本概念 …… 95
3.5.3　面向联邦学习攻击方法概述 …… 97
3.5.4　面向联邦学习攻击方法及其应用 …… 99
3.6　面向强化学习的攻击 …… 118
3.6.1　深度强化学习相关定义 …… 118
3.6.2　强化学习的基本概念 …… 119
3.6.3　面向强化学习攻击方法概述 …… 120
3.6.4　面向强化学习攻击方法及其应用 …… 122
本章小结 …… 139
参考文献 …… 139
第 4 章　面向深度学习模型的防御方法 …… 142
4.1　对抗样本检测 …… 142
4.1.1　对抗样本检测定义 …… 142
4.1.2　对抗样本检测相关的基本概念 …… 142
4.1.3　基础对抗样本检测方法概述 …… 144
4.1.4　对抗样本检测方法及其应用 …… 147
4.2　对抗防御 …… 159
4.2.1　对抗防御定义 …… 159
4.2.2　对抗防御相关的基本概念 …… 159

4.2.3 基础对抗防御方法概述 …… 160
4.2.4 对抗防御方法及其应用 …… 165
4.3 中毒检测和防御 …… 177
4.3.1 中毒样本检测定义 …… 177
4.3.2 后门检测和防御的基本概念 …… 178
4.3.3 基础中毒检测方法概述 …… 179
4.3.4 基础中毒防御方法概述 …… 184
4.3.5 中毒检测防御方法及其应用 …… 186
4.4 隐私窃取防御 …… 197
4.4.1 隐私窃取防御定义 …… 197
4.4.2 隐私窃取防御的基本概念 …… 198
4.4.3 基础隐私保护方法概述 …… 199
4.4.4 隐私保护方法及其应用 …… 201
4.5 偏见去除 …… 210
4.5.1 偏见去除问题定义 …… 211
4.5.2 偏见去除的基本概念 …… 211
4.5.3 基础去偏方法概述 …… 212
4.5.4 偏见去除方法及其应用 …… 214
4.6 面向联邦学习攻击的防御 …… 222
4.6.1 面向联邦学习攻击防御问题定义 …… 222
4.6.2 面向联邦学习攻击防御的基本概念 …… 223
4.6.3 基础防御方法概述 …… 224
4.6.4 面向联邦学习的防御方法及其应用 …… 228
4.7 面向深度强化学习的防御 …… 239
4.7.1 面向深度强化学习防御问题定义 …… 239
4.7.2 面向基于强化学习防御方法的基本概念 …… 240
4.7.3 基础防御方法概述 …… 240
4.7.4 面向强化学习的防御方法及其应用 …… 244
本章小结 …… 252
参考文献 …… 253
第5章 深度学习模型的测试与评估方法 …… 257
5.1 测试的基本概念 …… 257
5.1.1 测试过程 …… 258
5.1.2 测试组件 …… 259
5.1.3 测试目标 …… 260
5.2 面向深度模型的测试 …… 262
5.2.1 安全性测试 …… 262
5.2.2 测试样本排序方法 …… 268
5.2.3 公平性测试 …… 271
5.2.4 隐私性测试 …… 272
5.2.5 深度模型测试及其应用 …… 272

5.3 面向深度学习框架的测试 ········ 296
5.3.1 库测试 ········ 296
5.3.2 算子测试 ········ 299
5.3.3 API 测试 ········ 299
5.3.4 编译器测试 ········ 301
本章小结 ········ 302
参考文献 ········ 302
第 6 章 深度学习的数据与算法安全应用 ········ 306
6.1 图像识别的攻防安全应用 ········ 306
6.1.1 面向自动驾驶的对抗攻击与防御应用 ········ 306
6.1.2 面向生物特征识别系统的对抗攻击与中毒攻击应用 ········ 320
6.2 图数据挖掘的攻防安全应用 ········ 326
6.2.1 面向链路预测的攻防安全应用 ········ 326
6.2.2 面向节点分类的攻防安全应用 ········ 338
6.2.3 面向图分类的攻防安全应用 ········ 346
6.3 面向电磁信号识别的攻防安全应用 ········ 359
6.3.1 面向信号恢复的深度学习模型对抗攻击方法 ········ 359
6.3.2 面向信号调制识别的深度学习模型对抗攻击方法 ········ 363
6.3.3 面向 LMS 自适应信号滤波算法的对抗攻击方法 ········ 373
6.4 面向自然语言处理的攻防安全应用 ········ 377
6.4.1 基于双循环图的虚假评论检测方法 ········ 378
6.4.2 基于传播网络增速的虚假新闻检测方法 ········ 383
6.4.3 面向多模态虚假新闻检测的鲁棒安全评估方法 ········ 385
本章小结 ········ 390
参考文献 ········ 391
第 7 章 数据与算法安全实践案例 ········ 392
7.1 初阶实践案例 ········ 392
7.1.1 快速梯度符号白盒对抗攻击实践案例教程 ········ 392
7.1.2 C&W 白盒对抗攻击实践案例教程 ········ 395
7.1.3 零阶梯度优化黑盒对抗攻击实践案例教程 ········ 398
7.1.4 BadNets 中毒攻击实践案例教程 ········ 402
7.1.5 AIS&BIS 中毒攻击实践案例教程 ········ 404
7.2 高阶实践案例 ········ 406
7.2.1 联邦学习分布式后门攻击实践案例教程 ········ 406
7.2.2 垂直图联邦学习隐私泄露攻击实践案例教程 ········ 408
7.2.3 基于访问的模型性能窃取攻击实践案例教程 ········ 410
7.2.4 针对图联邦的敏感属性窃取攻击实践案例教程 ········ 413
7.2.5 针对图神经网络的链路预测后门攻击实践案例教程 ········ 415
本章小结 ········ 416

第 1 章　概　　述

人工智能（artificial intelligence，AI）概念自 1956 年在达特茅斯会议上提出至今，已有 60 多年的历史。如今人工智能作为引领新一轮科技革命和产业变革的战略性技术，正加速深入各行业和各场景中，持续发挥推动产业优化升级、构建新发展格局、建设智能化社会的重要作用。然而，人工智能在深刻改变人类社会生产生活的同时，也带来了一系列安全问题，如“自动驾驶交通事故”和“用户隐私泄露”等。这些问题由于技术局限或恶意应用而日益凸显，对网络安全、数据安全、算法安全和信息安全构成了巨大威胁。人们对安全问题的担忧和焦虑，正推动着人工智能安全需求的显著增长。为此，世界各国纷纷提出相关战略，加强国家层面的顶层设计，紧锣密鼓地研究并制定人工智能安全体系的实施路径。

1.1　基本概念与应用

1.1.1　人工智能的基本概念

人工智能是研究、开发用于模拟、延伸和扩展人的智能的理论、方法、技术及应用系统的一门新的技术科学。它可以定义为模仿人类与人类思维相关的认知功能的机器或计算机，如学习和解决问题。人工智能是计算机科学的一个分支，它感知其环境并采取行动，最大限度地提高其成功机会。此外，人工智能能够从过去的经验中学习，做出合理的决策，并快速回应。因此，人工智能的目标是创建能够模拟、理解、学习、推理和解决问题等复杂认知任务的机器或软件。这意味着人工智能系统能够执行以下一系列任务。

（1）感知：能够感知和理解周围的环境，如计算机视觉系统可以识别图像中的物体，语音识别系统可以转录语音为文本。

（2）学习：能够从数据中学习，改进性能并适应新的情境。其中包括监督学习、无监督学习、强化学习等技术。

（3）推理和决策：能够推理和思考，做出基于数据和规则的决策，如专家系统可以用于诊断医疗疾病。

（4）自然语言处理：能够理解和生成自然语言，如聊天机器人、翻译系统和文本分析工具。

（5）解决问题：能够解决复杂的问题，如优化问题、规划问题和决策问题。

（6）自主行动：能够采取自主行动，如自动驾驶汽车能够在没有人类干预的情况下导航和驾驶。

人工智能的发展涵盖了许多不同的技术和方法，包括机器学习、深度学习、自然语言处理、计算机视觉等。人工智能的最终目标是创造出能够模拟和超越人类智能的系统，但这仍然是一个复杂且不断发展的领域。

1.1.2　人工智能的应用

人工智能的应用非常广泛，几乎涵盖了所有领域和行业，具体包括医疗保健、金融行业、交通和汽车行业等。

在医疗保健领域，人工智能常用于医学图像分析、药物研发、个性化治疗、患者监测和健康管理等场景，可以帮助医生进行影像诊断、药物筛选、病例分析、药物管理和患者的健康数据分析。这些应用表明，人工智能在医疗领域具有巨大潜力，可以提高医疗服务的质量、效率和可及性。然而，与之相关的伦理、隐私和安全问题也需要得到适当的关注和管理。

在金融领域，人工智能正在助力银行及金融机构提升运营效率，增强风险管理能力，以及优化客户服务体验。其可以基于客户的信用历史和金融数据，辅助银行评估借贷人的信用风险，同时通过监测市场数据，实时识别潜在的金融市场风险。在客户服务领域，银行则可以利用AI聊天机器人来回应客户咨询，处理银行交易，并提供客户支持。此外，人工智能还能帮助银行保护客户的敏感信息，以实现市场合规与监管，并确保银行应用程序和其他金融科技服务在验证客户信息方面的准确性和安全性，从而提升效率。

在交通与汽车领域，人工智能则可以助力提升交通安全，优化交通流量，以及提供更智能的交通解决方案。汽车制造商正在探索自动驾驶汽车的研发，通过车联网技术，将实时路况、车辆位置等信息数据整合在网络中，然后综合考虑每辆汽车的行驶状态，合理规划汽车行驶路线，从而有效降低交通拥堵和安全事故，保障汽车行驶的安全性与可靠性。人工智能系统还可以为驾驶员提供辅助，如自动紧急制动、车道保持辅助和自适应巡航控制。同时，人工智能还能在交通管理和优化方面发挥作用，通过分析交通流量数据，优化信号灯控制，以减少拥堵和改善交通流动性。

以上介绍的应用领域只是人工智能广泛应用的一部分。随着技术的不断进步和创新，人工智能将继续在各个领域中提供新的解决方案，以提高效率、改善生活质量，并解决各种挑战。

1.2 人工智能安全技术现状

随着人工智能技术的广泛应用，其中潜藏的安全隐患逐渐暴露[1-5]。例如，如图 1-2-1 所示，自动驾驶汽车在自动驾驶模式下，容易被道路上特定位置的几张贴纸误导，从而误入对向车道。在这类对安全性要求极高的应用场景中，深度模型一旦出现漏洞，可能对乘客和行人产生灾难性的影响[6-8]。

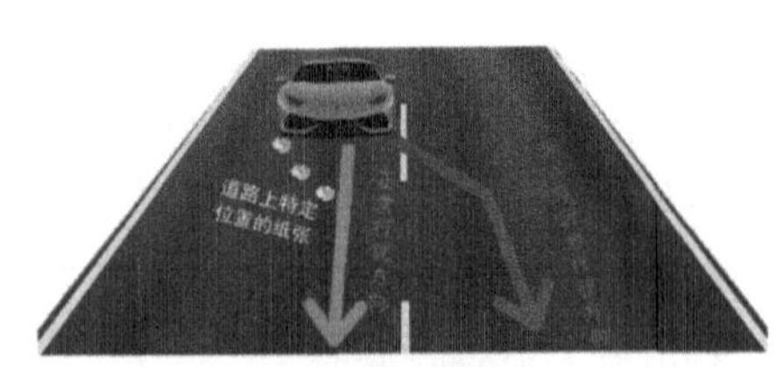

(a) 行驶中的汽车

(b) 贴纸原图

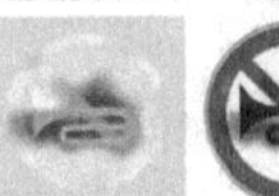

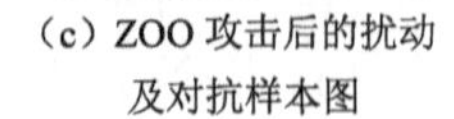

(c) ZOO 攻击后的扰动及对抗样本图

(d) BPA-PSO 攻击后的扰动及对抗样本图

图 1-2-1 被误导的自动驾驶汽车

图 1-2-1（彩图）

人工智能自身存在一些关键问题，如较差的可解释性、内在脆弱性、隐私易泄露、公平性评估验证难等，这些问题给网络安全、数据安全、算法安全和信息安全带来了巨大的风险[9-15]。因此，深度学习模型的攻防方法、可解释技术以及鲁棒性评估等方向的研究已引起广泛关注，并成为研究热点[16-22]。

在国内，许多专家和团队已经投身于深度学习领域的攻防安全研究，其中包括中国科学技术大学谭铁牛院士团队，中国科学院马志明院士团队，清华大学朱军教授和胡晓林教授团队，南京大学周志华教授和许封元教授团队，浙江大学陈纯院士、任奎教授和纪守领教授团队，西安交通大学沈超教授团队，北京理工大学胡昌振教授团队，北京邮电大学郑康锋教授团队，华南理工大学陈百基教授团队，厦门大学纪荣嵘教授团队，华中科技大学何琨教授团队，香港科技大学张潼教授团队，西安电子科技大学牛振兴教授团队，微软亚洲研究院首席研究员刘铁岩，微软亚洲研究院副院长周明博士，百度 Paddle 开源平台负责人王益，阿里巴巴集团原首席技术官张建锋，百度前首席科学家吴恩达教授，以及东北大学、东南大学、上海交通大学、中山大学、山东大学等一大批国内一流科研院校的精英团队。

在国际上，也有许多研究团队正在开展相关研究，包括美国陆军研究实验室研究黑盒攻击、防御净化及针对循环网络的对抗扰动生成，美国空军科学研究办公室研究针对音频、恶意软件分类器的对抗攻击，宾夕法尼亚州立大学研究基于优化的对抗攻击方法、基于强化学习的对抗样本生成，华盛顿大学和加州大学伯克利分校的团队研究自动驾驶中的对抗攻击、人脸识别模型的中毒攻击，佐治亚理工学院的团队研究深度学习的对抗攻防技术，德国慕尼黑大学研究复杂网络中的对抗攻防，日本九州大学研究深度学习的安全测试，以及 OpenAI 机构开发 CleverHans 基准等测试工具，谷歌推出的“Explainable AI”工具等。

1.2.1 深度学习的安全理论研究现状

研究深度学习的安全理论是确保深度学习技术能够安全可靠地应用于各个领域的关键一步。它有助于保护个人隐私、提高模型的鲁棒性、确保模型的公平性，同时也有助于满足法规要求和提高用户信任。

Szegedy 等[23]率先发现了深度神经网络在图像分类中存在对抗攻击，即深度模型容易受到图像中细小扰动的干扰，导致模型以较高的置信度输出错误类标。这种细小扰动对人类视觉系统来说是不容易察觉的，但是会对深度模型系统产生灾难性的后果。在研究深度学习技术的安全鲁棒性中，Katz 等[24]为了验证前馈神经网络的鲁棒性，提出了具有实数算术原理的模理论可满足性（satisfiability modulo theories，SMT）求解器。然而，基于 SMT 的方法具有很高的计算复杂度，仅对非常小的网络才有意义。Tjeng 等[25]将分段线性神经网络的鲁棒性验证问题形式化为混合整数线性规划问题，相比于基于 SMT 的方法计算速度提升了若干个数量级。这些方法能在小规模的网络上取得不错的结果，但是将其扩展到更大规模的网络仍然是一个极具挑战性的问题。

在现有的内生安全鲁棒理论研究中，先前的工作已经开发出学习深度网络分类器的方法，但这些方法目前仅适用于相对较小的前馈网络，为了将这些方法扩展到更大的模型，Wong 等[26]采用了凸多面体松弛方法，并将其形式化为一个线性规划问题求解；Dvijotham 等[27]基于优化理论和对偶理论的思想，将模型的鲁棒性验证问题形式化为一个无约束凸优化问题；Raghunathan 等[28]提出了一种基于半正定松弛的模型鲁棒性分析方法。这些方法在一定程度上都能取得不错的效果，但性能在理论上受到限制。

在深度学习的决策可解释性中，Mahendran[29]团队十分关注卷积神经网络（convolutional neural network，CNN）的工作机理，同时着力研究特征逆向解释新方法，为深度学习的特征逆向解释提供了一种新的特征逆向方法。同时 Du 等[30]提出的深度神经网络解释框架，能更加深入地了解深度神经网络模型的决策过程，使得性能更为优化。宾夕法尼亚大学的 Guo 等[31]团队在局部可解释也有十分重要的贡献，大大提升了可解释理论的准确性。而后的 Wu 等[32]团队、Frosst 等[33]团队模拟了原始复杂网络的决策过程；Zakrzewski[34]也相继提出精确解释方法，使得可解释理论更加完备。虽然现在深度学习的决策可解释性已有较大的进展，但目前的可解释理论仍存在提出的特征相对粗糙、无法对模型的整体行为做出准确解释以及给出的解释无法满足精确解释的要求等缺点。

1.2.2 面向深度学习的脆弱性攻击技术研究现状

深度学习是目前人工智能机器学习最常用的技术之一，目前针对深度学习的攻击可以根据攻击的阶段分为中毒攻击和对抗攻击。中毒攻击首先是由 Barreno 等[35]开始提出的，随后 Kloft 等[36]、Shafahi 等[37]、Xiao 等[38]、Alfeld 等[39]也都开始了对中毒攻击的研究。后来 Liu 等[40]研究了特洛伊木马对深度神经网络的攻击效果，提出了一种对神经元网络的特洛伊木马攻击。Yang 等[41]提出一种绕过梯度计算来加速数据中毒的方法，该方法不仅可以将中毒数据生成效率提高 239.38 倍，还可以缓解模型对正常数据分类精度的下降程度，这是一种快速中毒攻击的方法。Chen 等[42]提出一种新型的中毒攻击方法，这是一种人脸识别中毒攻击的方法，它首次证明了中毒攻击在物理世界中是可行的。由此可知，随着中毒攻击研究的进展，中毒攻击已经影响恶意软件检测、协同过滤系统、人脸识别、自动驾驶、医疗保健、贷款评估和各种其他应用场景。

而较早关于后门投毒攻击的研究可追溯到文献[43]，国外的 Rubinstein 等[44]展示了如何通过注入干扰来毒害在网络传输上训练的异常探测器。Xiao 等[45]研究了特征选择算法对投毒攻击的鲁棒性，在恶意软件检测任务上的结果表明，特征选择方法在受到投毒攻击的情况下可能会受到严重影响。Jagielski 等[46]对线性回归模型的投毒攻击及其防御方法进行了系统研究，并提出了一个特定于线性回归模型设计的理论基础优化框架。除了传统的机器学习模型之外，投毒攻击还被扩展至深度神经网络、强化学习、生物识别系统和推荐系统等。Muñoz-González 等[47]提出了一种基于梯度优化思想的投毒攻击算法，大大降低了攻击复杂度。

Jin 等[48]对现有的对抗攻击方法进行了一系列的描述和详细分类。同样的，Sun 等[49]详细阐述了面向图卷积网络的对抗攻击方法。Dai 等[50]提出一种基于强化学习的攻击方法(RL-S2V)，学习可推广的攻击策略，同时只需要目标分类器的预测类标。而后 Wang 等[51]研究了基于写作分类的结点分类攻击，并证明其在基于图神经网络的结点分类模型上具有良好的效果。

综上所述，当前的深度学习安全集中在设计新的攻击技术，并针对实际情况不断优化攻击策略实现多种方式的攻击，多元的攻击研究对于深度学习安全性防御有促进作用。

1.2.3 面向深度学习的抗干扰保护技术研究现状

针对智能算法软件的抗干扰保护技术，可以分别从检测抗干扰、加固抗干扰两方面进行研究现状分析。

在检测抗干扰方面，由 Metzen 等[52]利用模型的中间层特征训练了一个子网络作为检测器来检测对抗样例，然而相关研究已证明该检测器泛化性能较差。为了提高检测器的泛化性能，Lu 等[53]提出了一种更加鲁棒的检测方法 SafetyNet。Zheng 等[54]也对此展开研究，后提出了 I-defender 方法。Tao 等[55]关注了图像特征与内部神经元的关联性，基于新模型与原始模型的决策结果检测对抗样例。Zhao 等[56]利用信息几何学的知识对深度学习模型的脆弱性进行了直观的解释，并提出了一种基于矩阵特征值的对抗样本检测方法。Ma 等[57]分析了深度神经网络模型在各种攻击下的内部结构，提出了利用深度神经网络不变性特征检测对抗样例的方法，这不仅提升了准确率，也提升了防御方法的泛化性能。

Chen 等[58]提出了激活聚类（activation clustering，AC）方法，用于检测被植入后门触发器的训练样本。Wang 等[59]提出了针对深度神经网络后门攻击的检测系统，利用输入过滤、神经元修剪等方法能够识别深度神经网络中是否存在“后门”并重建可能的后门触发器，从而保证模型在实际部署应用中的安全性。Chen 等[60]针对未知深度学习模型受到中毒攻击的安全问题，提出了 DeepInspect，这是第一个无须干净训练数据以及模型结构的黑盒木马检测框架，可以在没有先验知识的前提下，检测预训练模型的安全性，通过在检测到触发器后利用对抗训练等手段来缓解甚至去除中毒后门。

针对对抗攻击的防御，Szegedy 等[61]提出了对抗训练方法，即在训练过程中使用掺杂对抗样本的数据集训练深度学习模型，从而防御特定的对抗攻击。鉴于目标模型在面对多种类型组合攻击时的防御泛化性能较弱，Miyato 等[62]和 Zheng 等[63]分别提出了虚拟对抗训练和稳定性训练方法提升防御效果。Guo 等[64]研究了数据集降采样以减少对抗样本攻击性。Das 等[65]通过研究数据中的高频成分，提出了集成防御技术。此外，Luo 等[66]提出基于“Foveation”机制的防御方法提高显著鲁棒性。

综上所述，目前深度学习模型已经显示出解决复杂问题的有效性和强大能力，但它们仅限于满足最低安全完整性级别的系统，因此在安全关键型环境中的采用仍受到限制。

1.2.4 面向深度学习的安全性测试技术研究现状

深度学习的安全性问题是一个持续演进的领域，研究人员需要不断改进模型的安全性，以应对不断变化的威胁。为了保证模型安全部署和应用，需要提前对其进行安全性测试，以发现漏洞和潜在缺陷。

由于内生脆弱性，模型在推理阶段容易受到不确定性输入而出现误判断，在训练阶段则容易由于污染的数据而留下后门。按照威胁的不同阶段，面向模型安全性的测试方法可以分为两类：面向推理阶段和训练阶段安全性的测试方法。前者主要针对推理阶段的不确定输入，后者对训练阶段隐藏的后门进行检测。

在传统软件测试中，测试覆盖率可以帮助开发人员和测试人员评估测试的全面性和质量。研究人员沿用了该概念，对深度模型进行测试，以衡量测试的充分性。Pei 等[67]提出了首个用于系统地测试深度模型的白盒框架 DeepXplore，并引入了神经元覆盖率（neuron coverage，NC）指标来评估由测试输入执行的模型的各个部分。Ma 等[68]将神经元覆盖率进行了更细粒度的划分，提出了一套基于多层次、多粒度覆盖的测试准则 DeepGauge。受传统 MC/DC 覆盖标准的启发，Sun 等[69]提出了一种能够直接引用于 DNN 模型的四个测试覆盖率标准和基于线性规划的测试用例生成算法。Du 等[70]将有状态的循环神经网络（recurrent neural network，RNN）建模为一个抽象的状态转换系统，并定义了一组专门用于有状态深度模型的测试覆盖标准。

虽然已提出了很多基于覆盖率的指标，用于衡量测试的有效性，但目前新的研究对此提出了质疑。测试覆盖率的目标是尽可能高，以确保模型的各个部分都经过充分测试。然而，高覆盖率并不一定意味着测试充分，因为测试用例的质量和适当性也很重要。较高的覆盖率通常与更全面的样本相关联，但并不能保证没有潜在的错误或问题。Li 等[71]发现从高覆盖率测试中推测的漏洞发掘能力，很有可能是针对对抗样本搜索得到的，具有片面性。Harel-Canada 等[72]发现神经元覆盖率增加反而降低了测试样本的有效性，即减少了检测到的缺陷，产生了更少的自然输入和有偏的预测结果。因此，基于覆盖率的测试方法还需要进一步探索。

在训练阶段安全性测试中，可以分为离线检测和在线检测。在离线检测中，Wang 等[59]提出了 NeuralCleanse，他们认为带有后门的模型所对应的触发器比利用正常模型生成的触发器小得多。在此基础上，Guo 等[73]提出了 TABOR，利用正则化解决优化问题，取得了检测结果的提升。Harikumar 等[74]提出了可拓展的木马扫描程序以识别触发器的方式对其进行反转，由此将搜索过程与类别数目独立开来。对于在线检测，Liu 等[75]提出了人工脑刺激（artificial brain stimulation，ABS），通过刺激的方法找到中毒模型中受损的神经元，在其指导下进一步反转触发器，以确定模型是否被中毒。此外，他们还提出了 EX-RAY[76]，基于对称特征差分方法来区分自然特征和中毒特征。

这些方法主要为计算机视觉领域的分类任务设计，目前缺乏在语音和文本等不同领域的通用对策。此外，在训练阶段针对 RNN 等序列模型的测试也相当重要。

本章小结

人工智能技术所带来的生产力为科技和社会带来崭新的机遇，同时，它也面临诸多安全应用方面的挑战。各个国家都加大了对于人工智能安全性的重视程度，从国家层面发布各项政策文件，并鼓励相关科学研究。同时，人工智能的安全性也成为学术界的一大热门研究领域。为了使深度学习模型在现实场景中安全可靠应用，研究其安全理论、攻击方法、防御和加固，以及安全性测试技术，将为降低安全风险，提升其可靠性、可解释性提供理论指导。

参 考 文 献

[1] CHEN J Y, ZHENG H B, LIU T, et al. EdgePro: Edge deep learning model protection via neuron authorization[J]. IEEE Transactions on Dependable and Secure Computing (TDSC), 2024: 1-14.

[2] CHEN J Y, JIA C Y, YAN Y J, et al. A miss is as good as a mile: Metamorphic testing for deep learning operators[C]// International Conference on the Foundations of Software Engineering (FSE). Porto de Galinas: ACM, 2024: 1-12.

[3] CHEN J Y, GE J, ZHENG H B. ActGraph: Prioritization of test cases based on deep neural network activation graph[J]. Automated Software Engineering, 2023: 1-18.

[4] CHEN J Y, LI M J, CHENG Y, et al. FedRight: An effective model copyright protection for federated learning[J]. Computers & Security, 2023: 1-16.

[5] ZHENG H B, CHEN J Y, DU H, et al. GRIP-GAN: An attack-free defense based on general robust inverse perturbation[J]. IEEE Transactions on Dependable and Secure Computing (TDSC), 2021, 19(6): 4204-4224.

[6] 陈晋音，吴长安，郑海斌，等. 基于通用逆扰动的对抗攻击防御方法[J]. 自动化学报，2021，49(10)：2172-2187.

[7] 陈晋音，陈治清，郑海斌，等. 基于 PSO 的路牌识别模型黑盒对抗攻击方法[J]. 软件学报，2020，31(9)：2785-2801.

[8] 陈晋音，沈诗婧，苏蒙蒙，等. 车牌识别系统的黑盒对抗攻击[J]. 自动化学报，2021，47(1)：121-135.

[9] ZHENG H B, CHEN Z Q , DU T Y, et al. NeuronFair: Interpretable white-box fairness testing through biased neuron identification[C]// 44th IEEE/ACM International Conference on Software Engineering. Pittsburgh: IEEE/ACM, 2022: 1519-1531.

[10] ZHENG H B, CHEN J Y, JIN H B. CertPri: Certifiable prioritization for deep neural networks via movement cost in feature space[C]// IEEE/ACM International Conference on Automated Software Engineering. Luxembourg: IEEE/ACM, 2023: 1-12.

[11] ZHENG H B, LI X H, CHEN J Y, et al. One4All: Manipulate one agent to poison the cooperative multi-agent reinforcement learning[J]. Computers & Security, 2022, 1-16.

[12] ZHENG H B, CHEN J Y, SHANGGUAN W C, et al. GONE: A generic O(1) noise layer for protecting privacy of deep neural networks[J]. Computers & Security, 2023, 1-15.

[13] ZHENG H B, XIONG H Y, MA H N, et al. Link-Backdoor: Backdoor attack on link prediction via node injection[J]. IEEE Transactions on Computational Social Systems, 2023, 1-18.

[14] ZHENG H B, XIONG H Y, CHEN J Y, et al. Motif-Backdoor: Rethinking the backdoor attack on graph neural networks via motifs[J]. IEEE Transactions on Computational Social Systems, 2023, 1-13.

[15] CHEN J Y, HUANG G H, ZHENG H B, et al. Graphfool: Targeted label adversarial attack on graph embedding[J]. IEEE Transactions on Computational Social Systems (TCSS), 2022, 1-14.

[16] CHEN J Y, ZHENG H B, SHANGGUAN W C, et al. ACT-Detector: Adaptive channel transformation-based light-weighted detector for adversarial attacks[J]. Information Sciences (INS), 2021, 564: 163-192.

[17] CHEN J Y, ZHENG H B, XIONG H, et al. MAG-GAN: Massive attack generator via GAN[J]. Information Sciences (INS), 2020, 536: 67-90.

[18] CHEN J Y, ZHENG H B, XIONG H, et al. FineFool: A novel DNN object contour attack on image recognition based on the attention perturbation adversarial technique[J]. Computers & Security (COSE), 2021, 104: 102220.

[19] CHEN J Y, ZHENG H B, CHEN R X, et al. RCA-SOC: A novel adversarial defense by refocusing on critical areas and strengthening object contours[J]. Computers & Security (COSE), 2020, 96: 101916. DOI: 10.1016/j.cose.2020.101916.

[20] CHEN J Y, HUANG G H, ZHENG H B, et al. Graph-Fraudster: Adversarial attacks on graph neural network based vertical federated learning[J]. IEEE Transactions on Computational Social Systems (TCSS), 2022, 10(2): 492-506.

[21] ZHENG H B, MA M Y, MA H N, et al. TEGDetector: A phishing detector that knows evolving transaction behaviors[J]. IEEE Transactions on Computational Social Systems, 2023, 1-15.

[22] ZHENG H B, LIU T, LI R C, et al. PoE: Poisoning enhancement through label smoothing in federated learning[J]. IEEE Transactions on Circuits and Systems II: Express Briefs, 2023, 1-5.

[23] SZEGEDY C, ZAREMBA W, SUTSKEVER I, et al. Intriguing properties of neural networks[J]. arXiv preprint arXiv:1312.6199, 2013.

[24] KATZ G, BARRETT C, DILL D L, et al. Reluplex: An efficient SMT solver for verifying deep neural networks[C]// Computer Aided Verification: 29th International Conference, CAV 2017, Heidelberg: Springer International Publishing, 2017: 97-117.

[25] TJENG V, XIAO K, TEDRAKE R. Evaluating robustness of neural networks with mixed integer programming[J]. arXiv preprint arXiv:1711.07356, 2017.

[26] WONG E, KOLTER Z. Provable defenses against adversarial examples via the convex outer adversarial polytope[C]// Proceedings of the 35th International Conference on Machine Learning. Stockholm: PMLR, 2018: 5286-5295.

[27] DVIJOTHAM K, STANFORTH R, GOWAL S, et al. A dual approach to scalable verification of deep networks[C]// Proceedings of the Thirty-Fourth Conference on Uncertainty in Artificial Intelligence. Monterey: AUAI Press, 2018: 550-559.

[28] RAGHUNATHAN A, STEINHARDT J, LIANG P. Certified defenses against adversarial examples[J]. arXiv preprint arXiv:1801.09344, 2018.

[29] MAHENDRAN A, VEDALDI A. Understanding deep image representations by inverting them[C]// Proceedings of the IEEE Conference on Computer Vision and Pattern Recognition. Boston: IEEE, 2015: 5188-5196.

[30] DU M, LIU N, SONG Q, et al. Towards explanation of dnn-based prediction with guided feature inversion[C]// Proceedings of the 24th ACM SIGKDD International Conference on Knowledge Discovery & Data Mining. London: ACM, 2018: 1358-1367.

[31] GUO W, MU D, XU J, ET AL. LEMNA: Explaining deep learning based security applications[C]// Proceedings of the 2018 ACM SIGSAC Conference on Computer and Communications Security. Toronto: ACM, 2018: 364-379.

[32] WU M, HUGHES M, PARBHOO S, et al. Beyond sparsity: Tree regularization of deep models for interpretability[C]// Proceedings of the AAAI Conference on Artificial Intelligence. New Orleans: AAAI Press, 2018: 1670-1678.

[33] FROSST N, HINTON G. Distilling a neural network into a soft decision tree[J]. arXiv preprint arXiv:1711.09784, 2017.

[34] ZAKRZEWSKI R R. Verification of a trained neural network accuracy[C]// International Joint Conference on Neural Networks, IJCNN'01, Washington: IEEE, 2001: 1657-1662.

[35] BARRENO M, NELSON B, SEARS R, et al. Can machine learning be secure?[C]// Proceedings of the 2006 ACM Symposium on Information, Computer and Communications Security. Taipei: ACM, 2006: 16-25.

[36] KLOFT M, LASKOV P. Online anomaly detection under adversarial impact[C]// Proceedings of the Thirteenth International Conference on Artificial Intelligence and Statistics. Chia Laguna Resort: JMLR, 2010: 405-412.

[37] SHAFAHI A, HUANG W R, NAJIBI M, et al. Poison frogs targeted clean-label poisoning attacks on neural networks[C]// Advances in Neural Information Processing Systems. Montreal: Curran Associates Inc., 2018: 6106-6116.

[38] XIAO H, BIGGIO B, BROWN G, et al. Is feature selection secure against training data poisoning?[C]// Proceedings of the 32nd International Conference on Machine Learning. Lille: JMLR, 2015: 1689-1698.

[39] ALFELD S, ZHU X, BARFORD P. Data poisoning attacks against autoregressive models[C]// Proceedings of the AAAI Conference on Artificial Intelligence. Phoenix: AAAI, 2016: 1452-1458.

[40] LIU Y, MA S, AAFER Y, et al. Trojaning attack on neural networks[C]// 25th Annual Network And Distributed System Security Symposium. San Diego: Internet Society, 2018.

[41] YANG C, WU Q, LI H, et al. Generative poisoning attack method against neural networks[J]. arXiv preprint arXiv: 1703.01340, 2017.

[42] CHEN X, LIU C, LI B, et al. Targeted backdoor attacks on deep learning systems using data poisoning[J]. arXiv preprint arXiv:1712.05526, 2017.

[43] NEWSOME J, KARP B, SONG D. Paragraph: Thwarting signature learning by training maliciously[C]// Recent Advances in Intrusion Detection: 9th International Symposium, RAID 2006. Hamburg: Springer Berlin Heidelberg, 2006: 81-105.

[44] RUBINSTEIN B I P, NELSON B, HUANG L, et al. Antidote: Understanding and defending against poisoning of anomaly detectors[C]// Proceedings of the 9th ACM SIGCOMM Conference on Internet Measurement. Chicago: ACM, 2009: 1-14.

[45] XIAO H, BIGGIO B, BROWN G, et al. Is feature selection secure against training data poisoning?[C]// International conference on machine learning. Lille: JMLR, 2015: 1689-1698.

[46] JAGIELSKI M, OPREA A, BIGGIO B, et al. Manipulating machine learning: Poisoning attacks and countermeasures for regression learning[C]// 2018 IEEE Symposium on Security and Privacy (SP). San Francisco: IEEE Computer Society, 2018: 19-35.

[47] MUÑOZ-GONZÁLEZ L, BIGGIO B, DEMONTIS A, et al. Towards poisoning of deep learning algorithms with back-gradient optimization[C]// Proceedings of the 10th ACM workshop on artificial intelligence and security. Dallas: ACM, 2017: 27-38.

[48] JIN W, LI Y, XU H, et al. Adversarial attacks and defenses on graphs: A review, a tool and empirical study[J]. arXiv preprint arXiv: 2003. 00653, 2020.
[49] SUN L, DOU Y, YANG C, et al. Adversarial attack and defense on graph data: A survey[J]. arXiv preprint arXiv:1812.10528, 2018.
[50] DAI H, LI H, TIAN T, et al. Adversarial attack on graph structured data[C]// Proceedings of the 35th International Conference on Machine Learning. Stockholm: PMLR, 2018: 1115-1124.
[51] WANG B, GONG N Z. Attacking graph-based classification via manipulating the graph structure[C]// Proceedings of the 2019 ACM SIGSAC Conference on Computer and Communications Security. London: ACM, 2019: 2023-2040.
[52] METZEN J H, GENEWEIN T, FISCHER V, et al. On detecting adversarial perturbations[J]. arXiv preprint arXiv:1702.04267, 2017.
[53] LU J, ISSARANON T, FORSYTH D. Safetynet: Detecting and rejecting adversarial examples robustly[C]// Proceedings of the IEEE international conference on computer vision. Venice: IEEE Computer Society, 2017: 446-454.
[54] ZHENG Z, HONG P. Robust detection of adversarial attacks by modeling the intrinsic properties of deep neural networks[J]// Advances in Neural Information Processing Systems. Montreal: NeurIPS, 2018: 7924-7933.
[55] TAO G, MA S, LIU Y, et al. Attacks meet interpretability: Attribute-steered detection of adversarial samples[J]// Advances in Neural Information Processing Systems. Montreal: NeurIPS, 2018: 7728-7739.
[56] ZHAO C, FLETCHER P T, YU M, et al. The adversarial attack and detection under the fisher information metric[C]// Proceedings of the AAAI Conference on Artificial Intelligence. Honolulu: AAAI Press, 2019, 33(1): 5869-5876.
[57] MA S, LIU Y, TAO G, et al. Nic: Detecting adversarial samples with neural network invariant checking[C]// 26th Annual Network And Distributed System Security Symposium. San Diego: The Internet Society, 2019: 1-15.
[58] CHEN B, CARVALHO W, BARACALDO N, et al. Detecting backdoor attacks on deep neural networks by activation clustering[J]. arXiv preprint arXiv:1811.03728, 2018.
[59] WANG B, YAO Y, SHAN S, et al. Neural cleanse: Identifying and mitigating backdoor attacks in neural networks[C]// 2019 IEEE Symposium on Security and Privacy (SP). San Francisco: IEEE, 2019: 707-723.
[60] CHEN H, FU C, ZHAO J, et al. DeepInspect: A black-box trojan detection and mitigation framework for deep neural networks[C]// Proceedings of the Twenty-Eighth International Joint Conference on Artificial Intelligence. Macao: IJCAI, 2019: 4658-4664.
[61] SZEGEDY C, ZAREMBA W, SUTSKEVER I, et al. Intriguing properties of neural networks[J]. arXiv preprint arXiv: 1312.6199, 2013.
[62] MIYATO T, DAI A M, GOODFELLOW I. Adversarial training methods for semi-supervised text classification[J]. arXiv preprint arXiv: 1605.07725, 2016.
[63] ZHENG S, SONG Y, LEUNG T, et al. Improving the robustness of deep neural networks via stability training[C]// 2016 IEEE Conference on Computer Vision and Pattern Recognition. Las Vegas: IEEE Computer Society, 2016: 4480-4488.
[64] GUO C, RANA M, CISSE M, et al. Countering adversarial images using input transformations[J]. arXiv preprint arXiv:1711.00117, 2017.
[65] DAS N, SHANBHOGUE M, CHEN S T, et al. Keeping the bad guys out: Protecting and vaccinating deep learning with jpeg compression[J]. arXiv preprint arXiv:1705.02900, 2017.
[66] LUO Y, BOIX X, ROIG G, et al. Foveation-based mechanisms alleviate adversarial examples[J]. arXiv preprint arXiv:1511.06292, 2015.
[67] PEI K, CAO Y, YANG J, et al. Deepxplore: Automated whitebox testing of deep learning systems[C]// Proceedings of the 26th Symposium on Operating Systems Principles. Shanghai: ACM, 2017: 1-18.
[68] MA L, JUEFEI-XU F, ZHANG F, et al. Deepgauge: Multi-granularity testing criteria for deep learning systems[C]// Proceedings of the 33rd ACM/IEEE International Conference on Automated Software Engineering. Montpellier: ACM, 2018: 120-131.
[69] SUN Y, HUANG X, KROENING D, et al. Testing deep neural networks[J]. arXiv preprint arXiv: 1803.04792, 2018.
[70] DU X, XIE X, LI Y, et al. Deepcruiser: Automated guided testing for stateful deep learning systems[J]. arXiv preprint arXiv: 1812.05339, 2018.
[71] LI Z, MA X, XU C, et al. Structural coverage criteria for neural networks could be misleading[C]// 2019 IEEE/ACM 41st International Conference on Software Engineering: New Ideas and Emerging Results (ICSE-NIER). Montreal: IEEE, 2019: 89-92.
[72] HAREL-CANADA F, WANG L, GULZAR M A, et al. Is neuron coverage a meaningful measure for testing deep neural networks?[C]// Proceedings of the 28th ACM Joint Meeting on European Software Engineering Conference and Symposium on the Foundations of Software Engineering. Virtual Event: ACM, 2020: 851-862.
[73] GUO W, WANG L, XING X, et al. Tabor: A highly accurate approach to inspecting and restoring trojan backdoors in ai systems[J]. arXiv preprint arXiv: 1908.01763, 2019.
[74] HARIKUMAR H, LE V, RANA S, et al. Scalable backdoor detection in neural networks[C]// European Conference on Machine Learning and Knowledge Discovery in Databases (ECML PKDD 2020). Ghent: Springer International Publishing, 2020: 289-304.
[75] LIU Y, LEE W C, TAO G, et al. ABS: Scanning neural networks for back-doors by artificial brain stimulation[C]// Proceedings of the 2019 ACM SIGSAC Conference on Computer and Communications Security. London: ACM, 2019: 1265-1282.
[76] LIU Y, SHEN G, TAO G, et al. EX-RAY: Distinguishing injected backdoor from natural features in neural networks by examining differential feature symmetry[J]. arXiv preprint arXiv: 2103.08820, 2021.

第 2 章　深度学习的可信理论

人工智能在逐步替代人类进行自主决策的过程中，由于自身存在可解释性差、内生脆弱性、隐私易泄露、公平性评估验证困难等可信安全问题，已经给网络安全、数据安全、算法安全和信息安全带来了极大风险。如何解释深度学习模型面临威胁时表现出来的脆弱性、如何保护数据和模型的安全隐私、如何验证模型的鲁棒性，并在此基础上构建安全可信的人工智能，已经成为全球范围内的前沿课题。

本章首先对深度学习的背景知识进行介绍，具体包括深度学习模型结构、数据模态和模型结构过程，然后分别从模型性能、可解释、鲁棒性、隐私性和安全性五个不同的角度对深度学习模型的可信理论进行介绍。

2.1　深度学习的背景知识

本节将分别对深度学习模型、数据模态及其模型结构等基础知识进行介绍。

2.1.1　深度学习模型

深度神经网络（deep neural network，DNN）是最具代表性的深度学习模型之一，仅需要用标记的训练数据进行训练，就能够从原始输入中自动识别和提取相关的高级特征。

DNN 由多层组成，每层包含多个神经元，其模型示意图如图 2-1-1 所示。神经元是 DNN 中的一个独立计算单元，它对其输入应用激活函数，并将结果传递给其他连接的神经元。DNN 通常包括一个输入层、一个输出层和一个或多个隐藏层。层中的每个神经元都与下一层中的神经元有直接的连接。总体而言，DNN 可以在数学上定义为多输入、多输出的参数函数，由代表不同神经元的多个参数子函数组成。在运行过程中，每一层都将其输入中包含的信息转换为更高级别的数据表示。

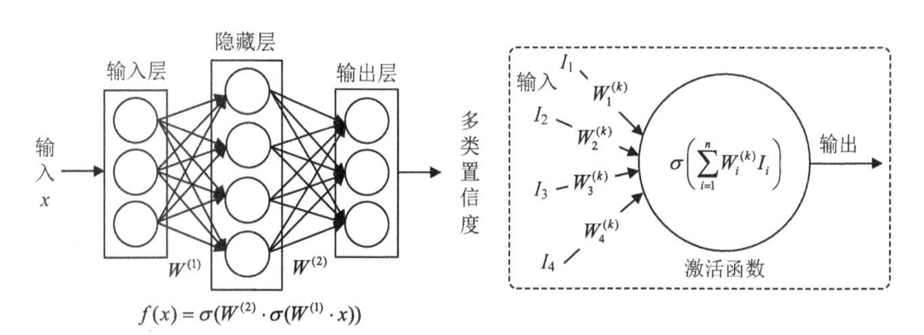

图 2-1-1　DNN 模型示意图

数学上，DNN 可以被定义为 $f:X\to Y$，其中 $X\subset\mathbb{D}^n$ 表示输入空间，$Y\subset\mathbb{R}^m$ 表示预测输出空间。给定输入 $x\in X$，模型的分类结果可以表示为 $f(x)=y$，其中 $y\in Y$ 表示输出的类标。模型训练过程中，用损失函数来评价模型的预测值和真实值不一致的程度。损失函数可以表示为

$$\ell(x,y,\theta)=-\sum_{i=1}^{C}y_i\lg(p_i(x)) \tag{2-1-1}$$

其中，θ 表示模型参数；y_i 是输入 x_i 的真实类标；C 表示类别总数；$p_i(x)$ 表示输入 x_i 属于第 i 类的预测概率。在训练过程中，将训练数据分批送入网络中，逐层进行前向计算，直至输出层，然后将当前网络输出与真实类标比较，利用损失函数计算出损失，并以此通过反向传播更新模型参数 θ 。

2.1.2 深度学习的数据模态

人们生活在一个多种模态相互交融的环境中，听到的声音、看到的实物、闻到的味道都是一种模态。为了使深度模型更好地理解世界，必须赋予模型学习、理解和推理各种模态信息的能力。深度学习的数据模态可以分为文本、视觉和音频。

文本是常用的序列化数据类型之一。文本数据可以看作一个字符序列或词的序列。如何对这些文本数据进行系统化分析、理解，以及做信息提取，就是自然语言处理（natural language processing，NLP）需要做的事情。在 NLP 中，常见的任务包括自动摘要、机器翻译、命名体识别、关系提取、情感分析等。深度学习模型并不能理解文本，因此需要将文本转换为数值的表示形式。将文本转换为数值表示形式的过程称为向量化过程。这个过程可以用不同的方式来完成，概括如下：将文本转换为词并将每个词表示为向量；将文本转换为字符并将每个字符表示为向量；创建词的 *n* 元语法（*n*-gram）并将其表示为向量。文本数据可以分解成上述的这些表示。每个较小的文本单元称为 token，将文本分解成 token 的过程称为分词（tokenization）。NLP 有着广泛的应用范围，如翻译和语言生成、分类和聚合、情感分析，以及其他信息提取、虚拟助手等。拼写检查、对电子邮件和消息的回复给出建议等简单的 NLP 如今已经被广泛使用。

视觉模态分为图像模态和视频模态。视频模态在时间维度上展开后是一个图像序列。对于深度模型来说，任何图像都只是像素值的排列组合。如何让模型从这些死板的数字中读取到有意义的视觉线索，是计算机视觉（computer vision，CV）应该解决的问题。在 CV 中，常见的任务包括图像分类、目标检测、语义分割等。要使模型识别和理解视觉模态中的信息，需要将图像或视频转化为图像模态的向量表示。视频为时间维度上的图像序列，它自然地拥有空间属性和时间属性。空间属性指图像序列中每个图像包含的信息，时间属性指图像序列中相邻图像的相互作用信息。视频的空间属性主要由卷积神经网络提取，时间属性由卷积神经网络或长短记忆神经网络对视频中邻近的图像帧包含的运动信息提取。计算机视觉任务目前的主要应用场景主要有人脸识别、自动驾驶、人群计数、视频监控、文字识别、医学图像分割等，其应用领域涉及诸多行业。

音频被用来传递消息、意向、情感，是人们最熟悉的传递消息的方式。声音信号是一维的序列数据，音频深度学习的任务主要有音频分类、音乐生成、声音增强、语音识别等。与其他信号一样，音频模态的表示就是提取音频信号的语义特征向量。在音频特征提取时，首先将采集到的音频信号数字化，转换为便于计算机存储和处理的离散的数字信号序列；然后利用傅里叶变换、线性预测以及倒谱分析等数字信号处理技术对离散的数字信号序列进行声学特征向量的提取。音频信号的特征主要包括梅尔频率倒谱系数、感知线性预测等。基于深度学习的音频数据任务主要应用于智能家居、人机对话、音乐推荐、金融身份认证等场景。

2.1.3 深度神经网络的分类

根据模型结构，深度神经网络主要分为卷积神经网络（CNN）、图神经网络（graph neural

network，GNN）和循环神经网络（RNN）。

CNN 是包含卷积计算且具有深度结构的前馈神经网络，它适合处理具有类似网格结构的数据，目前已广泛应用于图像分类和自然语言处理。CNN 主要由卷积层、池化层和全连接层组成，分别用于提取特征、选择特征和分类回归。通过局部连接和全局共享，能够学习大量的输入与输出之间的映射关系，简化了模型复杂度，减少了模型的参数。

CNN 只能高效地处理网格和序列等结构的欧氏数据，不能有效地处理像社交多媒体网络数据、化学成分结构数据、生物蛋白数据以及知识图谱数据等图结构的非欧氏数据。两种数据结构示意图如图 2-1-2 所示。

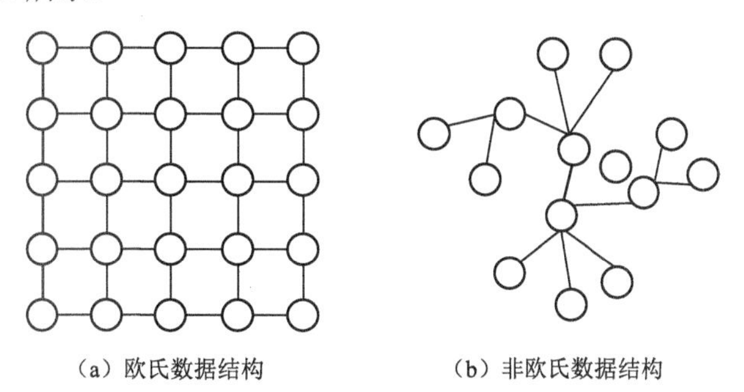

图 2-1-2　两种数据结构示意图

GNN 接收格式化的图形数据作为输入，并生成一个数值向量，表示有关节点及其关系的相关信息。这种向量表示称为“图形嵌入”，它将复杂的信息转换为可以区分和学习的结构。GNN 从图形中收集数据并将它们与从前一层获得的值聚合，输出层产生嵌入。GNN 可以像任何其他神经网络一样创建，使用完全连接层、卷积层、池化层等。层的类型和数量取决于图形数据的类型和复杂性以及所需的输出。将 GNN 应用到图结构的非欧氏数据上，可以得到图卷积网络（graph convolutional network，GCN），它是 GNN 的一个重要分支，其网络结构如图 2-1-3 所示。

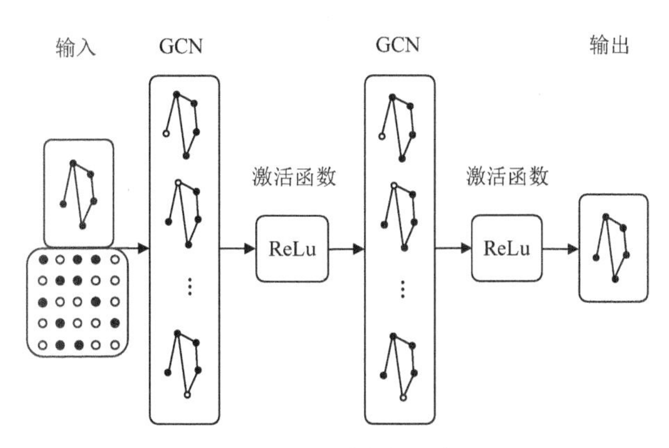

图 2-1-3　图卷积网络

GNN 的发展促进了许多下游的图分析任务的应用，根据下游分析任务关注的不同目标（节点、连边、图和社区结构），可以分为四种不同的图挖掘任务：节点分类任务、链路预测任务、图分类任务和社区检测任务。

RNN 是一类用于处理序列数据的神经网络，能以很高的效率对序列的非线性特征进行学习。简单的 RNN 结构模型如图 2-1-4 所示。它是一个由类似神经元的节点组成的网络，将数据流和内部状态向量作为输入。RNN 在数据到达时处理一小块数据，并在每次迭代中依次产生输出，同时更新内部状态。RNN 中的信息不仅从前一层神经层流向后一层神经层，而且还会从当前层状态迭代中流向后续层神经层。网络在 i 时刻接收到输入 x_i 之后，隐藏层的值是 s_i，输出值是 y_i。s_i 的值不仅仅取决于 x_i，还取决于 s_{i-1}。

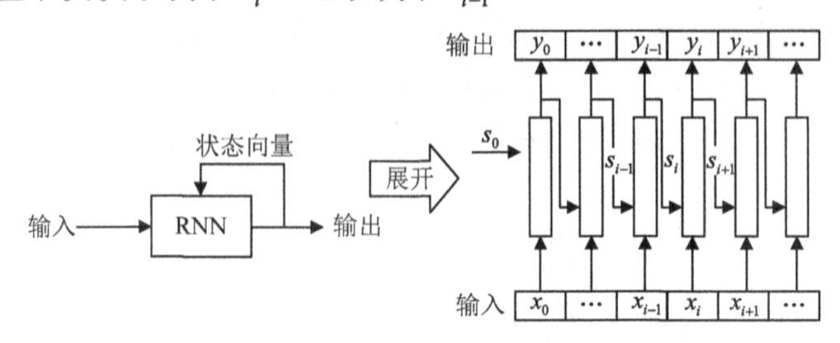

图 2-1-4　RNN 模型示意图

RNN 的状态特性有助于其在处理序列数据（如音频和文本）方面取得巨大成功。目前，长短期记忆（long short-term memory，LSTM）网络和门控循环单元（gate recurrent unit，GRU）是最先进且使用最广泛的 RNN。

2.2　深度模型的性能评价体系

本节将对深度模型性能进行定义，同时对性能的评价指标和评价方法进行介绍。

2.2.1　深度模型性能定义

深度模型性能分为分类准确率和训练程度。

分类准确率衡量深度模型能否正确判断输入的样本，其定义如下：

$$E(h) = P_{r_{x \sim D}}[h(x) = c(x)] \tag{2-2-1}$$

其中，x 为数据集 D 中的单条数据；$h(x)$为模型对于 x 的预测类标；$c(x)$为 x 的真实类标；P_r 表示概率。分类准确率 $E(h)$为预测类标与真实类标相同的概率。分类准确率越高，模型对于未知输入就越容易做出正确的判断。

模型的训练程度评估检测模型和数据之间的匹配程度，其定义如下：

$$f = |R(D_1, A) - R(D_2, A)| \tag{2-2-2}$$

其中，D_1 和 D_2 为具有相同分布的数据；A 为待测模型；$R(\cdot)$ 衡量模型和数据的匹配程度。匹配程度越高，模型训练程度越高，模型性能越好。较低的训练程度通常与过拟合或欠拟合有关。

2.2.2　深度模型性能评价指标

分类准确率的衡量指标包括准确率、精确率、召回率、接受者操作特征（receiver operating characteristic，ROC）曲线和曲线下面积（area under curve，AUC）。

基于样本预测值和真实值是否相符，可得到以下四种结果。

（1）真正例（true positive，TP）：真实类别为正例，预测类别为正例。

（2）假正例（false positive，FP）：真实类别为负例，预测类别为正例。

（3）假负例（false negative，FN）：真实类别为正例，预测类别为负例。

（4）真负例（true negative，TN）：真实类别为负例，预测类别为负例。

准确率是预测正确的结果占总样本的百分比。计算公式如下：

$$\text{Acc} = \frac{\text{TP+TN}}{\text{TP+FP+TN+FN}} \tag{2-2-3}$$

虽然准确率可以在总体上判断正确率，但是在样本不平衡的情况下，它并非一个用来衡量预测结果质量的理想指标。

精确率是针对预测结果而言的，表示在所有预测为正的样本中实际为正的样本的概率。计算公式如下：

$$\text{Precision} = \frac{\text{TP}}{\text{TP+FP}} \tag{2-2-4}$$

精确率代表对正样本结果中的预测准确程度，而准确率则代表整体的预测准确程度，既包括正样本，也包括负样本。

召回率也称为真阳性率，是针对原样本而言的，含义是在实际为正的样本中预测为正样本的概率，代表分类器预测的正类中实际正实例占所有正实例的比例。计算公式如下：

$$\text{Recall} = \frac{\text{TP}}{\text{TP+FN}} \tag{2-2-5}$$

在理想情况下，精确率和召回率指标越高表示分类结果越好。但在大规模的数据中，这两个指标往往是相互制约的，在很多情况下需要综合权衡。

ROC 曲线可被用于评价一个分类器在不同阈值下的表现情况。其中，每个点的横坐标是假阳性率，纵坐标是真阳性率，描绘了分类器在 TP 和 FP 间的平衡。假阳性率计算公式如下：

$$\text{FPR} = \frac{\text{FP}}{\text{FP+TN}} \tag{2-2-6}$$

假阳性率代表分类器预测的正类中实际负实例占所有负实例的比例。ROC 曲线越接近左上角，该分类器的性能越好。

AUC 定量度量了 ROC 曲线，计算了其下方的面积，范围为 0～1。AUC 越大，说明模型分类性能越好。

2.2.3 评价方法

当前，各种准确率指标已在学术领域被广泛应用，以评估模型的分类效果。然而，当数据不平衡时，这些指标并不能全面反映分类的正确性。例如，准确率可能无法反映出假阳性和假阴性的情况，同时，精确率和召回率也可能会误导结果。

为了更好地选择模型性能的评价指标，并发现模型分类正确性问题，Japkowicz[1]对各个准确率指标进行了分析，指出了各自的缺点，并提醒学者们谨慎选择准确率指标。Chen 等[2]在评估模型分类的正确性时，研究了训练数据和测试数据的可变性，推导出了估计性能方差的解析表达式，并提供了用高效计算算法实现的开源软件。Chen 等[3]还研究了比较 AUC 时不同统计方法的性能，发现 *F* 检验（*F*-test）的性能优于其他方法。Qin 等[4]提出了基于程序合成的方法 SynEva，从训练数据生成镜像程序，然后使用该镜像程序的行为作为准确性的参考标准。镜像程序会具有和测试数据类似的行为。

模型的训练程度评估了模型和数据的匹配程度。在训练数据不足或模型对于训练数据来说太复杂的情况下容易发生过拟合，影响分类准确性。

对于训练程度评估方法，模型交叉验证传统上被认为是一种检测过拟合的有效方法。针对深度模型，Zhang 等[5]引入了扰动模型验证（perturbed model validation，PMV），判断模型是否训练完全。他们将噪声注入训练数据，针对受干扰的数据对模型进行再训练，然后利用训练精度下降率来评估模型和数据的匹配程度。结果表明，PMV 能够比交叉验证更准确、更稳定地选择模型，并能有效地检测过拟合和欠拟合。Werpachowski 等[6]提出了一种通过从测试数据生成对抗样本的过拟合检测方法。如果对抗样本的重新加权误差估计与原始测试集的误差估计差距悬殊，则模型存在过拟合的问题。Chatterjee 等[7]提出了一系列称为反事实模拟（counterfactual simulation，CFS）方法，该方法只需要通过逻辑电路表示来分离具有不同级别过拟合的模型，而不用访问任何模型的高级结构。

对于过拟合产生的原因，Gossmann 等[8]在医学测试数据集上进行多次实验，发现重复使用相同的测试数据会造成模型过拟合。Ma 等[9]对训练集进行重采样来缓解过拟合问题。由于模型容量和输入数据的分布通常是未知的，因此，模型训练程度的评估具有挑战性。

2.3　面向深度模型的可解释性理论

随着深度学习的广泛应用，人类越来越依赖于大量采用深度学习技术的复杂系统。然而，深度学习模型的黑盒特性对其在关键任务应用中的使用提出了挑战，引发了道德和法律方面的担忧。因此，使深度学习模型具有可解释性是使它们可信首先要解决的问题。为了提高深度学习模型的可解释性和透明性，帮助理解深度模型的运行机理，可解释性理论研究至关重要。

2.3.1　可解释性定义

可解释性是指我们具有足够的可以理解的信息来解决某个问题。具体而言，可解释的深度模型能够给出每一个预测结果的决策依据，如银行的金融系统能够决定一个人是否应该得到贷款，并给出相应的判决依据。

由于不同研究者对可解释性研究侧重的角度不同，所提出的可解释性方法也互不相同，总体可分为内置可解释性和事后可解释性两大类。内置可解释性的方法是指设计本身具有良好的可解释性的模型；事后可解释性的方法是指利用可解释的方法对已设计好的模型进行解释，给出决策依据。事后可解释性的方法主要包括全局可解释性和局部可解释性。模型的可解释性没有统一的定义方式，下面分别从全局可解释性、局部可解释性和内置可解释性这三个角度给出定义。

（1）全局可解释性。给定样本集 X 和深度学习模型 M，ε 表示人类可理解的领域，若通过一个能逼近原模型 M 的决策过程的可解释全局模型 $m_g = f(X,M)$，可以得到一个解释 $e_g(m_g,X)\in\varepsilon$，则称 e_g 为 M 的全局可解释方法。

（2）局部可解释性。给定一个样本 x 和深度学习模型 M，ε 表示人类可理解的领域，若通过一个可解释局部模型 $m_1 = f(x,M)$，可以得到一个解释 $e_1(m_1,x)\in\varepsilon$，则称 e_1 为 M 的局部可解释方法。进一步，若该解释 e_1 适用于一个与样本 x 相近的样本子集，则称 e_1 为半局部可解释方法。

（3）内置可解释性。给定样本集 X 和深度学习模型 M，ε 表示人类可理解的领域，若 M 本身具有局部可解释性或全局可解释性，即对任一样本 x 的决策存在一个解释 $e_1(M,x)\in\varepsilon$，或对整体样本集 X 的决策存在一个解释 $e_g(M,x)\in\varepsilon$，则称模型 M 具有内置可解释性。

2.3.2　可解释技术

深度学习模型的可解释技术主要包括通过可视化技术理解模型端到端提取到的信息，尤其是隐藏层学习到的特征；基于决策边界解释模型学习到的分类边界等。这些技术针对的是深度学习模型本身的学习能力和表征能力，同时也有一些研究将其用来解释模型的安全漏洞，例如，通过梯度寻找对抗样本实现决策边界的穿越，利用隐藏层特征可视化技术帮助理解对抗样本与正常样本提取到的不同关键特征等。

（1）深度模型的事前可解释性：包括自解释模型、广义加性模型、注意力机制。例如，朴素贝叶斯模型可以将模型决策过程转换为概率计算；线性模型可以基于模型权重，通过特征值复现决策过程。

广义加性模型作为一种折中，既能提高简单线性模型的准确率，又能保留线性模型良好的内置可解释性。典型的方法包括基于有限大小的梯度提升树加性模型方法、稀疏加性模型的高维非参数回归分类方法、图形化解释框架。注意力机制具有良好的可解释性，注意力权重矩阵直接体现了模型在决策过程中感兴趣的区域。Bahdanau 等[10]将注意力机制引入基于编码器-解码器架构的机器翻译中，有效地提高了翻译的性能。Yang 等[11]将分层注意力机制引入文本分类任务中，显著提高了情感分析任务的性能。Xu 等[12]将注意力机制应用于看图说话任务中以产生对图片的描述。此外，注意力机制还被广泛地应用于推荐系统中，以研究可解释的推荐系统。

（2）事后局部可解释性：理解模型针对每一个特定输入样本的决策过程和决策依据，主要包括敏感性分析解释、局部近似解释、梯度反向传播解释、特征反演解释和类激活映射解释等。

Robnik-Šikonja 等[13]提出通过对输入样本单个属性值的预测进行分解的方式来观察属性值对该样本预测结果的影响。Liu 等[14]提出了“限制支持域集”，可通过分析特定图像区域是否存在与模型决策结果之间的依赖关系来可视化模型决策规则。Kim 等[15]引入概念激活向量（concept activation vector，CAV），并使用方向导数来量化用户定义的概念对分类结果的敏感度，得到一种以人类友好的概念来解释神经网络内部状态的可解释性方法。图 2-3-1 左侧显示了 CAV 从 CEO 概念学习到的条纹图像（按照相似度从高到低排序）。前三幅图片是细条纹，可能与 CEO 戴的领带或穿的西装有关。图 2-3-1 右侧显示了与从“模特”CAV 相关的领带分类图像。

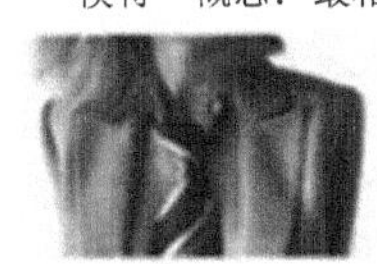

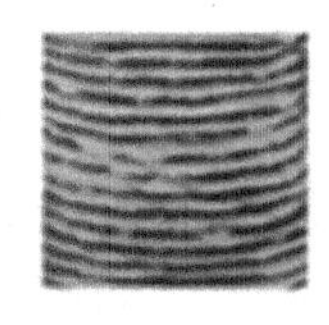

图 2-3-1（彩图）

图 2-3-1　使用 CEO 概念的条纹图片（左）和使用“模特”概念的领带图片（右）

Ribeiro 等[16]基于神经网络的局部线性假设，提出了一种模型无关局部可解释（LIME）方法。该方法通过扰动输入样本并构造一个局部线性模型作为输入的邻域内完整模型的简化代理，来判断对于输出结果有着最大影响的可理解的特征。由于线性模型的系数权重的大小反映了针对输入样例所做的决策依据的每一维特征重要性的大小，从而以一种可解释的且令人信服的方式解释任意分类器的预测值，并将该方法用于提取对网络输出高度敏感的图像区域。由于 LIME 往往无法准确地解释如 RNN 这种包含序列数据依赖关系的神经网络，Guo 等[17]提出了一种适用于安全应用的高保真度解释方法——利用非线性逼近的局部解释方法（LEMNA），利用一个简单的回归模型逼近复杂的深度学习决策边界的局部区域。如图 2-3-2 所示，LEMNA 假设待解释模型的局部边界是非线性的，首先通过训练混合回归模型来近似 RNN 针对每个输入实例的局部决策边界，然后通过引入融合 Lasso 正则来处理 RNN 模型中的特征依赖问题，有效地弥补了 LIME 等方法的不足，从而提高了解释的保真度。

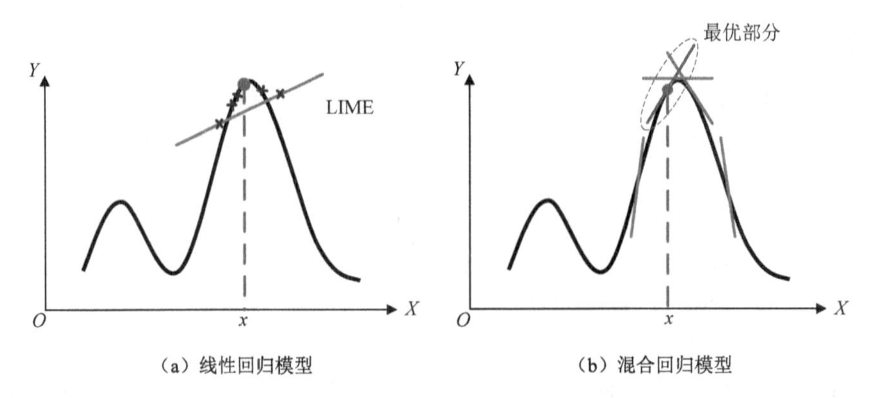

图 2-3-2　LIME 和 LEMNA 逼近局部非线性决策边界的示意图

类激活映射（CAM）解释方法[18]利用全局平均池化层来替代传统 CNN 模型中除最后一个 Softmax 层以外的所有全连接层，并通过将输出层的权重投影到最后一个卷积层的特征图得到类显著图以定位输入样本中区分类的重要区域。尽管上述 CAM 解释方法计算效率高，解释结果视觉效果好且易于理解，但缺乏像素级别梯度可视化解释方法显示细粒度特征重要性的能力。Selvaraju 等[19]提出了一种将梯度信息与特征映射相结合的梯度加权类激活映射方法 Grad-CAM，无须修改网络架构或重训练模型，避免了模型的可解释性与准确性之间的矛盾，并将 Grad-CAM 与 GuidedBP[20]方法相结合提出了导向梯度加权类激活映射方法 Guided Grad-CAM。图 2-3-3 显示了 Grad-CAM 在不同卷积层上的可视化结果，区域颜色由红到蓝，模型的注意力递减。

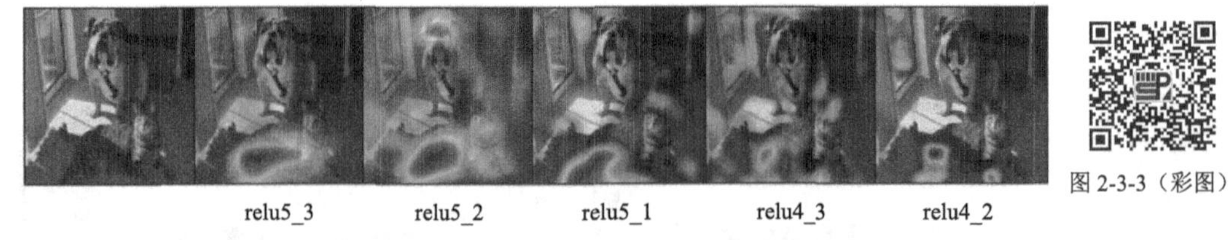

图 2-3-3（彩图）

图 2-3-3　Grad-CAM 在 VGG16 模型不同卷积层上对“老虎猫”类的可视化结果

Zhang 等[21]设计了深度卷积神经网络中可解释卷积滤波器的通用方法实现对目标对象分类任务的解释，其中每个可解释滤波器都对一个特定对象部分的特征进行编码。针对显著图中包含的噪声问题，Smilkov 等[22]提出了一种平滑梯度的反向传播解释方法，通过向输入样本中引入噪声解决了 Grad 等方法中存在的视觉噪声问题。针对每个特征对模型决策结果的贡献程度难以衡量的问题，Landecker 等[23]提出了一种贡献传播方法，不仅可以定位样本中的重要特征，而且还能量化每一个特征对于分类结果的重要性。基于反向传播的解释方法通常实现简单、计算效率高且充分利用了模型的结构特性。

（3）事后全局可解释性：从整体上理解模型背后的复杂逻辑以及内部的工作机制，主要包括规则提取、模型蒸馏、激活最大化解释等。模型蒸馏是降低模型复杂度的一类最典型的方法，学生模型通常采用可解释性好的模型来实现，如线性模型、决策树等。Hinton 等[24]提出了一种知识蒸馏方法，通过训练单一的相对较小的网络来模拟原始复杂网络或协同网络模型的预测概率。Frosst 等[25]扩展了 Hinton 的知识蒸馏方法，提出利用决策树来模拟复杂深度神经网络模型的决策，提升了蒸馏知识的可解释性。模型蒸馏解释方法实现简单，易于理解，常被用于解释黑盒机器学习模型。然而，蒸馏模型只是对原始复杂模型的一种全局近似，所做出的解释不一定能反映待解释模型的真实行为。

激活最大化解释方法是一种模型相关的解释方法，通过寻找有界范数的输入模式，最大限度地激活给定的隐藏单元，可视化结果如图 2-3-4 所示。一些研究者启发性地提出了人工构造先验，包括 α 范数、高斯模糊等。此外，一些研究者利用生成模型产生的更强的自然图像先验正则化优化过程，如利用生成对抗网络与激活最大化优化相结合的方法来生成原型样本。

图 2-3-4 利用生成模型与激活最大化相结合生成的类别对应原型样本

2.4 面向深度模型的鲁棒增强理论

尽管深度学习在执行各种复杂任务时取得了出乎意料的优异表现，但是在安全应用领域仍有很大的局限性。研究表明，在输入图像数据中添加人类不可察觉的细微对抗扰动，会导致深度卷积神经网络识别结果产生大范围的波动变化，甚至是严重的错误输出。深度卷积神经网络图像识别模型的对抗脆弱性给其在安全敏感领域的广泛部署带来巨大安全隐患。因此，研究深度模型对于扰动的鲁棒性，科学有效地评估模型的鲁棒性，并由此对其进行鲁棒增强，对于构建对抗鲁棒模型、提高智能系统安全性具有重要意义。

2.4.1 模型鲁棒性定义

在深度学习领域，鲁棒性指的是智能系统在受到内外环境中多种不确定因素干扰时，依旧可以保持功能稳定的能力。模型的鲁棒性衡量了模型抵御内生脆弱性和由外部攻击所引起的风险的能力，其定义如下：

$$r = E(S) - E(S') \tag{2-4-1}$$

其中，S 表示深度学习系统，包括数据或模型参数等；S' 表示扰动后的数据或模型；$E(\cdot)$ 表示模型分类结果。

对抗鲁棒性是鲁棒性的一个子类，专指对抗环境下模型抵御对抗攻击的能力，即模型能否对添加微小扰动的对抗样本做出正确分类的能力。以任意攻击方法在原始样本上添加扰动，模型正确识别该样本的概率越高，说明模型的对抗鲁棒性越强。对抗鲁棒性可以被分为局部鲁棒性和全局鲁棒性。模型 h 的局部对抗鲁棒性定义如下：

$$\forall x':\| x-x' \|_p \leqslant \delta \to h(x)=h(x') \tag{2-4-2}$$

其中，x' 是输入 x 的对抗样本；$\|\cdot\|_p$ 是距离的 L-P 范数；一般 p 取 0、2 或∞。若式（2-4-2）成立，则说明对于任何 x'，模型 h 在输入 x 处是 $\delta-$ 局部鲁棒的。

局部对抗鲁棒性涉及一个特定输入的鲁棒性，而全局对抗鲁棒性衡量了模型针对所有输入的鲁棒性。全局对抗性鲁棒性定义如下：

$$\forall x,x':\| x-x' \|_p \leqslant \delta \to h(x)-h(x') \leqslant \varepsilon \tag{2-4-3}$$

若式（2-4-3）成立，则说明对于任何 x'，模型 h 在输入 x 处满足 $\varepsilon-$ 全局鲁棒。

从数据空间的角度来看，添加的扰动可以被描述为对抗扰动距离（即原始样本和对抗样本之间的距离），距离范围内的样本都能够被正确分类。因此也可以说，最小对抗扰动距离越大，则允许添加的扰动范围越大，模型的对抗鲁棒性越强。

2.4.2 鲁棒性评估指标

由鲁棒性的定义可知，对抗鲁棒性评估的关键是计算最小对抗扰动距离。如果可以计算出最小对抗扰动距离的精确值，那么最小对抗扰动距离的值将可以作为模型对抗鲁棒性评估的指标。然而，由于神经网络模型是大型、非线性且非凸的，对抗鲁棒性等模型属性的验证问题已被证明是一个 NP 完全问题——非确定性多项式时间复杂性类（non-deterministic polynomial time complexity class，NP-C）。作为与对抗鲁棒性相关的指标，最小对抗扰动距离难以被精确求解。因此，许多研究转向使用最小对抗扰动的上界或下界去近似精确值，其上、下边界示意图如 2-4-1 所示。当扰动距离大于上边界距离时，说明至少有 1 个添加了该扰动的样本被模型误分类；当扰动距离小于下边界距离时，则任意添加了该扰动的样本都能被模型正确分类。通过最大下边界距离或最小上边界距离逼近最小对抗扰动距离，从而实现对模型对抗鲁棒性的评估。

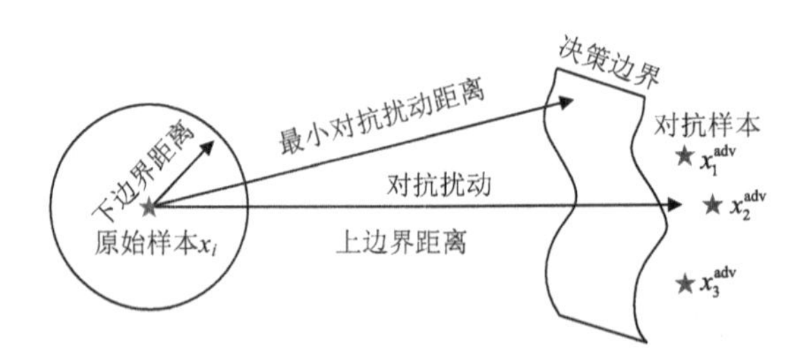

图 2-4-1　对抗扰动上、下边界示意图

在模型分类全过程中，被攻击模型的训练与决策是影响最终鲁棒性评估效果的关键环节。进行对抗鲁棒性评估时，可以从训练、决策阶段关注模型的结构、行为特征，通过挖掘模型结构相关指标，深入理解模型在对抗环境下的反应，总结与模型决策相关的评价指标，帮助研究人员实现模型对抗鲁棒性的评估。因此，将指标划分为基于模型行为的指标和基于模型结构的指标。

1. 基于模型行为的指标

模型行为可以理解为模型对测试样本做出的反应。基于模型行为的指标主要是依据对抗环境下模型的输出结果进行对抗鲁棒性度量。

对抗样本攻击成功率指的是被错误分类的对抗样本的数量占总体样本数量的百分比，数学表达式为

$$\mathrm{ASR}=\frac{1}{N}\sum_{i=1}^{N}\mathrm{num}(f(x_i^{\mathrm{adv}})\neq y_i) \tag{2-4-4}$$

其中，num 函数表示使括号内等式成立的数量；N 为输入样本总数；x^{adv} 表示良性样本 x 的对抗样本；y 为良性样本的正确类标。ASR 值越大，说明模型在对抗环境下的分类性能越差，在一定程度上可以说明模型的对抗鲁棒性越差。

Ling 等[26]还提出使用正确类别平均置信度（average confidence of true class，ACTC）衡量模型的对抗鲁棒性。该指标具体含义为对抗样本被分类成正确类别时模型置信度的平均值，计算如下：

$$\mathrm{ACTC}=\frac{1}{n}\sum_{i=1}^{n}\Pr(f(x_i^{\mathrm{adv}})=y_i) \tag{2-4-5}$$

其中，n 表示对抗样本攻击失败的数量；$\Pr(\cdot)$ 表示模型分类的置信度。ACTC 值越高，说明模型正确识别对抗样本类别的能力越强，对抗鲁棒性越强。

主流攻击算法以最大化模型错误分为除正确类别外的某一类别的概率为目标，很少关注除正确类别和错分类别外的其他类别。降低模型将样本分类成其他类别的概率是提高对抗样本稳健性的有效手段. Luo 等[27]致力于最大化目标类的概率与所有其他类的最大概率之间的差距，提出噪声容忍估计（noise tolerance estimation，NTE）衡量对抗攻击的鲁棒性，计算如下：

$$\mathrm{NTE}=\frac{1}{m}\sum_{i=1}^{m}\left[\Pr_{y_j}(f(x_i))-\max(\Pr_{y_{k\neq j}}(f(x_i)))\right] \tag{2-4-6}$$

其中，$\Pr_{y_j}(\cdot)$ 表示模型将样本错分成类别 j 的置信度；$\Pr_{y_{k\neq j}}(\cdot)$ 表示模型将样本错分成除类别 j 外的其他类别的置信度。NTE 值越大，说明对抗样本的鲁棒性越强。将 NTE 值取平均，平均 NTE 值越小，模型容易混淆除正确类别外的多种类别，在一定程度上可以说明模型的对抗鲁棒性越差。

2. 基于模型结构的指标

与基于模型行为的指标不同的是，基于模型结构的指标关注模型内部神经元、损失函数等与模型结构相关的信息，观察模型内部对于对抗样本的反应，进而衡量模型的对抗鲁棒性。

一些研究人员尝试通过计算原始样本与对抗样本在隐藏层特征表示的偏差，衡量模型的对抗鲁棒性。Zhang 等[28]率先提出神经元敏感度（neuron sensitivity，NS），从内部神经元的角度解释模型的敏感性。具体而言，给定一个原始样本 x_i 和对应的对抗样本 x^{adv}，可以得到对偶对集合 $\bar{D}=\{(x_i,x_i^{\mathrm{adv}})\}$，计算神经元敏感度：

$$\mathrm{NS}(F_i^m,\bar{D})=\frac{1}{N}\sum_{i=1}^{N}\frac{1}{\dim(F_l^m(x_i))}\|F_l^m(x_i)-F_l^m(x_i^{\mathrm{adv}})\|_1 \tag{2-4-7}$$

其中，$F_l^m(x_i)$、$F_l^m(x_i^{\mathrm{adv}})$ 分别表示神经元 F_l^m 在正向过程中对原始样本 x_i 和对抗样本 x_i^{adv} 的输出；$\dim(\cdot)$ 表示向量的维度。NS 值越小，模型的对抗鲁棒性越强。

Liu 等[29]以模型的决策边界为切入点，提出经验边界距离（empirical boundary distance，EBD）指标。该指标计算了模型对不同方向输入扰动的样本的分类置信度，并以此作为估计样本到决策边界距离的标准，计算公式如下：

$$\mathrm{EBD}=\frac{1}{N}\sum_{i=1}^{N}\varepsilon_{v_{ik}},\ \varepsilon_{v_{ik}}=\min\mathrm{RMS}(\boldsymbol{v}_{ik}) \tag{2-4-8}$$

其中，$\boldsymbol{v}_{ik}$ 表示点 x_i 在 k 方向上添加的扰动向量，各个方向的向量之间彼此正交；$\mathrm{RMS}(\cdot)$ 为均方根运算；$\varepsilon_{v_{ik}}$ 表示模型对添加扰动向量后的点 x_i' 分类发生变化时向量长度的临界值，即点 x_i 在 k 方向上距离决策边界的最短距离。EBD 值越大，对抗扰动上边界距离越大，最小对抗扰动距离越大，模型的对抗鲁棒性越强。

Weng 等[30]发现，使用最小对抗扰动距离的上界或下界去估计模型的对抗鲁棒性时，距离下界与局部梯度的最大范数相关，故将鲁棒性评估问题转化为局部 Lipschitz 常数估计问题。他们提出了一种称为 CLEVER 的鲁棒性度量指标，通过在样本 x_0 周围的球面 $\mathbb{B}_p(x_0,R)$ 采样一系列点 x_j，计算最低鲁棒边界 L_{p,x_0}^j，计算公式如下：

$$L_{p,x_0}^j=\max_{x\in\mathbb{B}_p(x_0,R)}\|\Delta g(x_0)\|_p,g(x_0)=f_c(x_0)-f_j(x_0) \tag{2-4-9}$$

其中，c 和 j 是不同的两个类。CLEVER 数值越大，模型的对抗鲁棒性越强。

Liu 等[31]从 Lipschitz 常数的角度，提出了 ε 经验噪声不敏感度（ε-empirical noise insensitivity，ENI）。具体而言，将原始样本和对抗样本输入模型，计算模型损失函数之间的差异，以损失值大小来衡量模型对约束 ε 的广义噪声的不敏感性和稳定性：

$$\begin{gathered}\mathrm{ENI}_f(\varepsilon)=\frac{1}{N\times M'}\sum_{i=1}^{N}\sum_{j=1}^{M'}\frac{|\ell(x_i,y_i)-\ell(x_i^{\mathrm{adv}},y_j)|}{\|x_i-x_i^{\mathrm{adv}}\|}\\ \text{s.t.}\|x_i-x_i^{\mathrm{adv}}\|\leqslant\varepsilon\end{gathered} \tag{2-4-10}$$

其中，M' 是使用各种攻击算法依次生成对抗样本的数量；$\ell(\cdot,\cdot)$ 表示模型 f 的损失函数。ENI 能够衡量模型对包括对抗扰动在内的广义噪声的鲁棒性。ENI 值越小，说明模型的对抗鲁棒性越强。

与基于模型行为的指标相比，以上指标的优势在于能够刻画模型分类过程中模型内部特性，挖掘更多关于模型结构的隐性知识，从模型本身而非直接的模型结果的角度评估对抗鲁棒性。

2.4.3 鲁棒性增强方法

自从对抗样本提出以来，模型的鲁棒性增强方法作为对抗攻击的对立面，也得到了快速发展。模型鲁棒性增强方法是为了缓解甚至消除对抗扰动对深度模型识别结果的影响，其主要目标包括以下四个方面。

（1）对模型架构的影响低。在设计鲁棒性增强方法时，需要考虑对深度神经网络架构的最小修改，从而降低对原始目标深度模型的影响。

（2）保障模型运行速度。运行效率对于深度模型的可用性非常重要，在鲁棒性增强过程中不应受到影响，因此需要同时考虑算法的复杂度。

（3）保持良性样本的识别准确率。为了保障目标深度模型的正常运行，不能以牺牲良性样本的识别准确率为代价来提高模型鲁棒性，需要两者兼顾。

（4）抵御无约束攻击。防御者需要考虑鲁棒性增强过程中的各种可能情况，其中就包括防御策略泄露时，防御方法仍然能够抵御攻击。

学者们提出了许多增强深度模型鲁棒性的算法，一定程度上缓解了对抗攻击带来的网络鲁棒性问题。这些方法主要可以分为基于模型和基于数据鲁棒性提升的方法。

（1）基于模型的鲁棒性增强方法。它主要通过在模型训练过程中修改训练数据或网络结构，以提升模型鲁棒性。对抗训练是其中最直接的方法，其主要思想是把对抗样本添加入训练集，和原始样本一起训练，相当于一种数据增强的方式提升模型鲁棒性。对抗训练不需借助其他任何模型间接地提高深度模型的对抗鲁棒性，它是通过特殊的训练方式、优化目标来训练目标模型，使目标模型自身具有较好的对抗鲁棒性。

正常情况下的神经网络通过如下最优化问题来训练得到网络参数：

$$\theta^* = \arg\min_{\theta} \mathbb{E}_{(x,y)\sim D} \ell(x, y, \theta) \tag{2-4-11}$$

其中，$\ell(\cdot,\cdot,\cdot)$ 表示模型的损失函数。

对抗训练是为了在一定扰动的数据集下进行最小-最大化问题求解：

$$\theta^* = \arg\min_{\theta} \mathbb{E}_{(x,y)\sim D}[\max_{\delta\in S} \ell(x+\delta, y, \theta)] \tag{2-4-12}$$

其中，最大化函数表示允许扰动 δ 的幅度范围，是在以 x 为中心的 S 高维球范围内。

从本质上来讲，对抗训练提升模型对抗鲁棒性其实是为了扩大模型决策面与输入空间中样本点的距离，当这个距离扩大到对抗扰动值 δ 的范围之外，攻击算法将无法针对这个模型制作对抗样本。以图 2-4-2 为例，左边的图是用干净样本训练的神经网络模型，横轴为样本空间，曲线表示模型的决策面，蓝色正方形表示正确分类的干净样本，红色的圆表示与其距离为 ε 的对抗样本，该模型的决策面距离样本点较近，导致攻击者很容易在该模型上生成对抗样本。右边的图是经过对抗训练的深度模型，该模型的决策面与干净样本点距离较远，在扰动值 δ 之内的对抗样本仍旧可以被深度模型正确识别，具有更好的对抗鲁棒性。

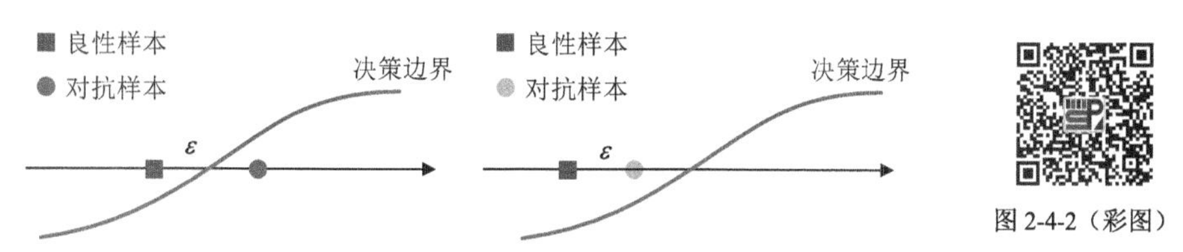

图 2-4-2　对抗训练扩大决策面与样本点的间距

对抗样本可以来自多个模型、多种攻击方式，这样使获得的对抗样本更充分，数据增强更彻底。但在增强鲁棒性提升效果的同时，也会给模型训练带来负担，数据的扩充量较大，训练复杂度加强，可能难以收敛。

我们可以用一个二分类模型示例说明对抗训练策略的思想。如图 2-4-3 所示，图中矩形对角线左右两侧分别为深度模型分类正确与错误的两块区域。其中，绿色圆点代表干净样本，以该点为圆心、ε 为半径的圆表示该样本的对抗样本可能存在的区域。红色圆点表示良性样本所对应的对抗样本，其分布在分类器错误的区域内。

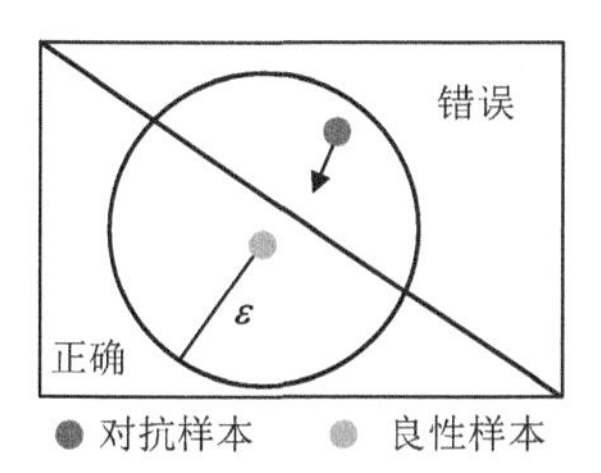

图 2-4-3（彩图）

图 2-4-3　二分类模型对抗训练策略示意图

（2）基于数据的鲁棒性增强方法。将输入样本输入目标模型之前对其执行预处理操作和变换，以削弱或消除对抗性扰动的攻击作用。基于数据的鲁棒性增强算法通过重构该对抗样本，使对抗样本朝着箭头所指的方向回到深度模型正确的识别区域内。

预处理过程可以通过以下公式形式化表示：

$$\hat{x} = \mathrm{Rec}(x^*) \tag{2-4-13}$$

其中，$\mathrm{Rec}(\cdot)$ 表示预处理过程中使用的重构方法，它们可以基于样本变换、特征映射或另外添加的预处理模型；x^* 为对抗样本；$\hat{x}$ 为重构后的样本。不同的算法关于 $\mathrm{Rec}(\cdot)$ 的选择不同，但是其基本目标都是使重构后的 $\hat{x}$ 被目标模型正确预测。若另外添加的预处理模型基于神经网络，$\text{Rec}(\cdot)$ 可表示为 $\text{Rec}_w(\cdot)$，其模型参数为 w，则关于预处理模型参数 w 的优化目标可以表示为

$$\arg\min_w D(f(\text{Rec}_w(x^*)), y) \tag{2-4-14}$$

其中，y 为对抗样本的正确分类标签；D 为距离度量，如 l_0、l_2 距离等。在实际训练时也可使用交叉熵等函数，通过找到最佳的预处理模型参数 w，使被处理后的对抗样本能被正确地预测、分类。

2.5 面向深度模型的隐私保护理论

深度学习凭借其强大的特征提取能力，逐步在各个领域替代人类进行自主决策。大规模训练数据集是深度模型成功的关键因素之一。当训练数据集集合了大众的个体信息并且包含敏感信息时，模型参数可能会编码私人信息，从而存在隐私泄露的风险。一旦数据与模型发生泄露，则将带来重大的人身伤害和财产损失。例如，在医学诊断中，一个模型如果是通过患者的病例信息来训练的，攻击者通过判断患者的病例信息是否为模型的训练数据，从而可以推断出患者的健康状况。因此，在不同的场景下，如何进行深度学习模型的数据和模型的隐私安全保护具有强烈的现实意义。

2.5.1 模型的隐私性定义

隐私是信息安全领域一个普遍存在但又难以解决的问题。广义上说，隐私包括有价值的资产和数据不受窃取、推断和干预的权利。由于深度学习是建立在海量数据之上的，经过训练的模型实际上是一个数据模型，而经过训练的模型需要与来自个人的测试数据进行大量交互，因此隐私显得更加重要，也需要更强的保护。

模型的隐私性指的是模型对于私密数据信息的保护能力，常用差分隐私进行定义：

$$\Pr(h(D_1) \in Y) \leqslant e^{\varepsilon} \Pr(h(D_2) \in Y) \tag{2-5-1}$$

其中，D_1 和 D_2 为同一训练集中的子集，仅有一张样本存在差异。Y 为模型 $h(\cdot)$ 的输出集合，ε 为非常小的常数。隐私保护能力强的模型在接受多次查询时的输出概率保持一致，使攻击者难以推断训练集中的隐私信息。深度模型的隐私性越高，在应用时就更为可信。

2.5.2 隐私保护方法

从本质上讲，深度学习将大量的数据转换为一个数据模型，该数据模型可以进一步地根据输入数据预测结果，凡是涉及数据的部分都需要关注其隐私问题。基于整个深度学习过程，可以将隐私保护的对象分类为：训练数据集；模型结构、算法和模型参数；预测数据与结果。

（1）训练数据集。高质量的训练数据对深度学习的表现至关重要。一般来说，训练数据的收集是一个耗时耗钱的过程：来自互联网的免费数据集通常不符合要求；从专业公司购买数据需要花费大量金钱；手工标记数据需要花费很多时间。此外，训练数据在最终传递到深度学习系统之前，还需要经过清洗、去噪和过滤等过程。因此，训练数据对于一个公司来说是至关重要的，也是非常有价值的，它的泄露意味着公司资产的损失。

（2）模型结构、算法和模型参数。深度学习中的训练模型是一种数据模型，是训练数据的抽象表示。在现代深度学习系统中，训练阶段需要处理大量的数据和多层训练，对高性能计算和海量存储有着严格的要求。也就是说，经过训练的模型被认为是深度学习系统的核心竞争力。

训练模型通常包含 3 种类型的数据资产：模型，如传统的机器学习和深度神经网络；超参数，设计了训练算法的结构，如网络层数和神经元个数；参数，为多层神经网络中一层到另一层的计算系数。在这种情况下，经过训练的模型具有极其重要的商业和创新价值。一旦模型被复制、泄露或提取，模型所有者的利益将受到严重损害。

（3）预测数据与结果。在这个方面，隐私来自深度学习系统的使用者和提供者。恶意的服务提供者可能会保留用户的预测数据和结果，以便从中提取敏感信息，或者用于其他目的。另一方面，预测输入和结果可能会受到不法分子的攻击，他们可以利用这些数据来为自己创造利润。

现实中存在很多隐私风险，因此隐私保护是深度学习的关键。在训练过程中，用户不能自动删除公司收集的数据，不能控制自己如何使用数据，甚至不知道是否从数据中学习到了敏感信息。用户还承担着公司存储的数据被其他部门合法或非法访问的风险。在推理过程中，他们的预测数据和结果也会受到影响。模型提供者需要保护他们的模型和数据集不被公开。

在实施方面，隐私保护可以分为四种技术：差分隐私、同态加密、安全多方计算和次优选择。

（1）差分隐私是密码学中的一种手段，旨在最大限度地提高数据查询的准确性，同时尽可能减少从统计数据库查询时识别其记录的机会。它允许用户对数据进行一定程度的修改，但不影响总体输出，从而使得攻击者无法知道数据集中关于个人的信息，达到隐私保护的作用。差分隐私指的是存在两个之间至多相差一条记录的数据集 D 和 D' 以及一个隐私算法 A，$\mathrm{Range}(A)$ 为 A 的取值范围，若算法 A 在数据集 D 和 D' 上任意输出结果 O（$O \in \mathrm{Range}(A)$）满足不等式 $\Pr[A(D)=O] \leqslant \mathrm{e}^{\varepsilon} \times \Pr[A(D')=O]$ 时，A 满足 $\varepsilon-$差分隐私。差分隐私最主要的方法是通过在数据集中添加噪声来实现的。常用的噪声机制包括拉普拉斯（Laplace）机制和指数机制：Laplace 机制适用于连续型数据集，而指数机制适用于离散型数据集。由于差分隐私在数据库中的应用，在深度学习中经常被用来保护训练数据集的隐私。

（2）同态加密是一种关注数据处理的加密技术，最早由 Rivest 在 20 世纪 70 年代提出，包括加法同态加密和乘法同态加密。同态加密是这样一种加密函数：对明文进行环上的加法和乘法运算，然后对其进行加密，和先对明文进行加密，再对密文进行相应的运算，可以得到等价的结果，即 $En(x) \oplus En(y) = En(x+y)$。在深度学习中，同态加密通常被用来保护用户的预测数据和结果，一些工作也保留了训练模型的隐私。用户加密他们的数据并以加密的形式将其发送到机器学习云服务中，云服务将其应用于模型进行加密预测，然后以加密的形式返回给用户。

（3）安全多方计算主要是为了在没有可信第三方的情况下，保证约定函数的安全计算，这始于百万富翁的问题。它采用的主要技术包括多方计算、加密电路和不经意传输。在深度学习过程中，其应用场景是多个数据方希望使用多个服务器对其联合数据进行模型训练。它们要求任何数据方或服务器不能从该过程中的任何其他数据方了解训练数据。安全多方计算可以保护训练数据集和训练模型。

（4）与上述三种系统保护技术不同，次优选择是一种独特的保护方法．该方法易于实现，且具有较低的时间成本，但其效果尚未经过大规模实践的检验。例如，为防止盗窃模型参数，一些研究人员可能对模型参数进行四舍五入处理，将噪声添加到类概率，拒绝特征空间里的异常请求等。这些方法在一定程度上失去了一些准确性，从而换取隐私保护的改善。

综上所述，可以将隐私保护方法和对象相关联。差分隐私通常保护训练数据集，同态加密模型和预测数据，安全多方计算在训练过程中保护数据集和模型，次优选择主要针对训练模型。

2.6 面向深度模型的公平决策理论

模型的运行关键是通过机器学习模型来实现决策的自动化。然而，由于训练数据集中存在偏见，这些模型可能会引入无意识的社会偏见，产生具有算法歧视的训练模型，导致决策过程中存在不公平现象，从而对个人和社会产生潜在的负面影响。

2.6.1 模型公平性定义

由于训练数据和模型结构设计上存在偏见，深度模型的预测结果会在敏感属性（如性别、种族等）方面存在偏见的现象。公平性可以被分为群体公平和个体公平。决策公平的模型在面对具有相同敏感属性的群体或个体时，会输出相同的判断。模型的公平性衡量了模型输出结果的公平程度，公平性越高，则模型输出结果存在的偏见越少，在工作时越可信。

群体公平定义如下：

$$\Pr(h(x_i)=1 \mid x_i \in G_1)=\Pr(h(x_j)=1 \mid x_j \in G_2) \tag{2-6-1}$$

其中，G_1 和 G_2 是拥有共同敏感属性的群体；x_i 和 x_j 是分别来自 G_1 和 G_2 的样本；$h(\cdot)$ 为模型预测类标。

个体公平定义如下：

$$\Pr(h(x_i)=a \mid x_i \in X)=\Pr(h(x_j)=a \mid x_j \in X) \tag{2-6-2}$$

其中，X 表示具有相同敏感属性 a 的样本集。

2.6.2 深度学习存在的偏见

与机器学习方法相同，深度学习存在的偏见也来自数据和模型。一方面，深度学习是基于数据驱动的学习范式，它使模型能够自动从数据中学习有用的表示，但是这些数据在标注过程中会引入偏见，这些数据偏见被深度模型复制甚至放大。另一方面，深度模型的结构是基于经验设计的，其训练是一个黑盒过程，因此很难确定训练好的模型是基于正确的理由做出的决定，还是受偏见影响做出的不公平判断，这也使得模型去偏成为极具挑战性的任务。

1. 数据偏见

随着计算设备的普及，与日常生活相关的海量应用落地，人们产生并存储数据信息愈加方便。因为人们的认知水平不同，所以收集到的数据质量也不相同。这些数据可能包含现实世界中人们的认知偏差。根据数据中偏差的状态，可分为静态的历史偏差和动态的交互偏差。

历史偏差是现实世界中早已长期存在的，体现在数据的属性和标记中，可能导致下游学习任务有偏或不准确的预测。在累犯预判的案例中，审前释放、量刑和假释等决策都是在人类直觉和个人偏见下产生的。如果机器学习算法不加甄别地学习这些潜在规律，那么它将编码对数据主体的偏差，其预测结果将反映不公平。

交互偏差通常来自有偏差策略的使用、用户有偏差的行为以及有偏差的反馈。这些有偏差的交互产生的数据集是倾斜的，这种倾斜可能随着时间而加剧。在电商杀熟的案例中，电子商务平台的记录来自那些已完成的交易，平台倾向于对价格敏感程度低的客户投放更多高价的商品广告，导致该客户群体更可能产生高额的支付记录。未来观察（客户产生高额的消费）证实预测结果（客户对价格的敏感程度低）的可能性增高。因此，使用这些训练数据的深度学习算法倾向于错误地评估客户真实的消费意图，减少与预测结果不同的观察机会。

2. 模型偏见

深度学习算法本身工作方式上存在细微差别，这些差别可能导致深度模型做出不公平的决策。深度模型的不公平性可以被分为预测结果歧视和预测质量差异。

深度模型不仅依赖数据中的偏见来做决策，还会做出毫无根据的联想，放大对某些敏感属性的刻板印象，最终会产生具有算法歧视的训练模型。预测结果歧视可以进一步分为输入歧视和表征歧视两类。输入歧视是尽管深度模型没有明确地将种族、性别、年龄等敏感属性作为输入，但仍可能导致预测结果的歧视。虽然没有明确敏感属性，但深度模型仍可能表现出无意的歧视，主要是由于存在一些与类成员高度相关的特征。例如，邮政编码和姓氏可以用来表示种族，文本输入中的许多单词可以用来推断被预测成员的性别，模型预测过程可能与受保护群体高度相关。最终，模型可能对某些受保护的群体产生不公平的决策。例如，在就业系统中，简历筛选工具认为男性更有优势，对女性存在偏见；贷款批准制度对属于特定邮政编码的人给予负面评价，导致对特定地域的歧视。有时候预测结果歧视需要从表征的角度进行定义和减轻。在某些情况下，将偏见归因于输入几乎是不可能的，如在图像输入领域，卷积神经网络可以通过视网膜图像识别患者性别，并有可能基于性别产生歧视。此外，在某些应用场景中，如果输入维度太大，那么查找输入的敏感属性就很困难。在这些情况下，某些受保护属性的类成员关系可以在深度模型中表示，模型将根据这些信息做出决策，并产生歧视。例如，在信用评分中，使用原始文本作为输入，作者的人口统计信息被编码在基于深度模型中间表示的信用评分分类器中。

预测质量差异的偏见是指不同受保护群体模型的预测质量差异较大。与其他群体相比，深度模型对某些群体的预测质量较低。预测结果歧视主要涉及高风险领域的应用，而预测质量差异涉及一般领域的应用。例如，在计算机视觉领域，对肤色较深的女性面部识别的表现较差；在自然语言处理中，语言识别系统在处理某些种族的人产生的文本时表现明显较差。这通常是由于训练数据代表性不足导致的问题，在这种情况下，用户对人口的某些方面收集的数据可能不够充足或不够可靠。因为深度模型训练的典型目标是将总体误差最小化，也就是说，模型如果不能同时适合群体中的所有个体，它将以适合群体中的大多数个体为目标。虽然这可以最大限度地提高整体模型预测的准确性，但它可能因为缺乏代表性数据从而导致对少数类群体的预测表现出不公平性。

2.6.3　公平性提升方法

普遍认为使用深度学习模型可以使决策过程更客观、更公平。事实上，这种想法是错误的。由于注入模型的数据存在偏见，预测模型学习并保留了历史偏见，因此实现深度学习模型的公平性尤为重要。一个典型的深度学习模型应用过程可以分为三个阶段：数据集构建、模型训练和推理，因此，提高深度学习模型公平性的机制也可以相应地分为三种类型：预处理、处理中和后处理。

（1）预处理机制试图平衡数据集以提高训练集的质量，从而消除潜在的歧视。如果允许算法修改训练数据，则可以使用预处理技术。例如，可以通过获取更多数据来扩充数据集，对于代表性不强的数据集，更多的数据往往能得到更多的分布信息。一个简单的做法是直接从训练数据集中删除会影响训练模型公平性的敏感属性特征，如删除性别、种族信息，减少深度学习模型对它们的歧视。由于深度模型中的偏见可能是由训练数据中受保护特征的标签分布差异引起的，因此，采集平衡数据集是缓解偏见的一种方法。

图 2-6-1 表示消除原始数据 x 中与受保护属性 a 相关的偏差信息。基于预处理机制，我们

可以发布合成数据集或原始数据的去偏特征，并不需要修改机器学习算法，而且在测试时不需要访问受保护属性。以文本数据集为例，性别交换可以用来创建与原始数据集相同但偏向另一种性别的数据集。原始数据集和性别交换数据集的结合是性别平衡的，可以用来重新训练深度模型。虽然这种做法广泛适用于下游任务，在一定程度上可以使模型的公平性得到提升，但也会导致模型性能下降。

图 2-6-1　预处理机制概念图

（2）处理中机制一般可以分为模型正则化和对抗性去偏两类。前者通过在总体目标函数上增加辅助的正则化项显式或隐式地对某些公平指标进行限制，后者是从深度模型的中间表示中去除敏感属性信息。该机制可以实现算法准确度和算法公平性之间的平衡，并且在测试时不需要访问受保护属性。但是，处理中机制依赖深度学习算法且需要修改训练过程。

正则化是模型去偏的一种方法，具体而言，使用局部解释对模型训练进行正则化训练。对于整个输入 x，除了真值 y 之外，这种正则化还需要特性方面的注释 r，指定输入中的每个特性是否与受保护的属性相关，r 可以进一步融入训练过程中，目的是使深度模型更加公平。正则化的总损失函数如下：

$$L(\theta.x.y.r)=d_1(y,\hat{y})+\lambda_1 d_2(f_{\text{loc}}(x),r)+\lambda_2 R(\theta) \tag{2-6-3}$$

其中，d_1 为正态分类损失函数；$R(\theta)$ 为正则化项；函数 $f_{\text{loc}}(x)$ 是局部解释方法，d_2 是距离度量函数，这三项分别用于指导深度模型进行正确的预测；超参数 λ_1 和 λ_2 用于平衡这三项。

对抗性训练是一种典型的解决方案，可以从深度模型的中间表示中去除敏感属性的信息，从而得到一个公平的分类器。其目标是学习一种高级输入表征，该表征对主要预测任务具有最大信息量，同时对受保护属性具有最小预测性。对抗性训练过程可以表示为

$$\begin{cases}\arg\min\limits_{g} L(g(h(x),z)) \\ \arg\min\limits_{h,c} L(c(h(x)),y)-\lambda L(g(h(x)))\end{cases} \tag{2-6-4}$$

深度模型可以记为 $f(x)=c(h(x))$，其中，$h(x)$ 是输入 x 的中间表示，$c(\cdot)$ 负责将中间表示映射到最终的模型预测。$f(x)$ 可以是通过反向传播学习的任意深度模型。要检查的受保护属性使用 z 表示，主任务 $f(x)=c(h(x))$ 本身并没有与受保护的属性 z 进行排序。构造了一个对抗性分类器 $g(h(x))$，从表示 $h(x)$ 中预测受保护属性 z。训练是在 $f(x)$ 和对抗分类器 $g(h(x))$ 之间迭代进行的。经过一定的迭代次数，就可以得到去偏的深度模型。

图 2-6-2 为对抗性训练示意图。利用对抗性训练，通过表示减少歧视。直觉上是通过加强深度表示来最大限度地预测主要任务标签，同时最小限度地预测敏感属性。对抗训练广泛适用于不同的深度模型架构和不同的输入格式，包括带有图像数据的卷积神经网络、带有文本数据的循环神经网络，以及带有分类数据的多层神经网络。

（3）后处理机制主要是对训练模型的输出预测进行校正，目的是加强模型的预测结果分布更加接近训练的分布。如果所使用的模型是一个黑盒模型，没有任何修改训练数据或学习算法的能力，那么只能在后处理机制实现深度模型的公平性。后处理机制概念图如图 2-6-3 所示。

后处理去偏使用可解释技术作为一种有效的工具，用户可以利用可解释技术生成特征重要度向量，然后对特征重要度向量进行分析，从而达到去偏的效果。

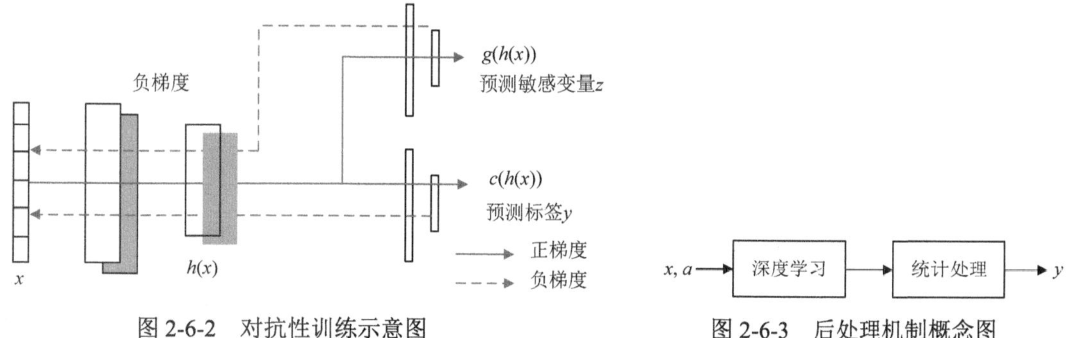

图 2-6-2　对抗性训练示意图

图 2-6-3　后处理机制概念图

后处理有以下三种方法：第一种方法采用自顶向下的方法，利用局部解释生成特征重要度向量，然后对特征重要度向量进行分析。第二种解决方案以自底向上的方式实现。人们首先预先选择他们怀疑与受保护属性相关联的特性，然后分析已识别的特性的重要性。这些对公平性敏感的特征被干扰，通过特征被直接删除或特征被替代来实现，然后将扰动输入深度模型中，观察模型预测的差异。如果这些被怀疑为公平敏感特征的扰动最终导致模型预测发生显著变化，则可以断言深度模型捕获了偏见，并根据受保护的属性进行决策。第三种方法利用全局解释。首先，利用全局解释来分析深度模型对受保护属性相关概念的学习程度，这通常是通过指向深度模型中间层激活空间的一个方向来实现的。其次，在确认一个深度模型已经学习了一个受保护概念后，我们将进一步测试该概念对模型最终预测的贡献。可以采用不同的策略来量化概念敏感度，包括自上而下计算深度模型预测对概念向量的方向导数，自下而上将该概念向量添加到不同输入的中间激活中，观察模型预测的变化。最后，使用数值分数来描述受保护属性的表示偏见水平。数值敏感性得分越高，该概念对深度模型预测的贡献越显著。

本章小结

本章对模型的性能、可解释、鲁棒性、隐私性和公平性进行了定义，并介绍了相关评估和提升方法。模型性能可以分为分类准确率和训练程度。准确率衡量深度模型能否正确判断输入的样本。模型的训练程度评估检测模型和数据之间的匹配程度。模型的可解释性指的是深度模型能够给出每一个预测结果的决策依据，帮助人们理解深度模型的运行机理。目前可以从事前和事后两个角度对模型进行可解释。模型的鲁棒性衡量了模型抵御内生脆弱性和由外部攻击所引起的风险的能力，鲁棒性高的模型不容易受到不确定性输入和污染数据而出现误判断。可以分别从模型和数据两个方面出发对模型鲁棒性进行提升，前者包括对抗性训练，后者主要是对数据进行预处理，以消除和削弱对抗性扰动的影响。隐私是深度模型保存私人数据信息的能力。深度模型的预测结果会在敏感属性（如性别、种族等）方面存在偏见，这些偏见可能来自数据或模型，可以通过预处理、处理中和后处理三种不同阶段的方法以提高深度学习模型公平性。

参考文献

[1] JAPKOWICZ N. Why question machine learning evaluation methods[C]// AAAI Workshop on Evaluation Methods for Machine Learning. Ottawa: University of Ottawa, 2006: 6-11.

[2] CHEN W, GALLAS B D, YOUSEF W A. Classifier variability: accounting for training and testing[J]. Pattern recognition, 2012, 45(7): 2661-2671.

[3] CHEN W, SAMUELSON F W, GALLAS B D, et al. On the assessment of the added value of new predictive biomarkers[J]. BMC medical research methodology, 2013, 13(1): 1-9.

[4] QIN Y, WANG H, XU C, et al. SynEva: Evaluating ml programs by mirror program synthesis[C]// 2018 IEEE International Conference on Software Quality, Reliability and Security (QRS). Lisbon: IEEE, 2018: 171-182.

[5] ZHANG J, BARR E, GUEDJ B, et al. Perturbed model validation: A new framework to validate model relevance[J]. arXiv preprint arXiv: 1905.10201, 2019.

[6] WERPACHOWSKI R, GYÖRGY A, SZEPESVÁRI C. Detecting overfitting via adversarial examples[EB/OL]. arXiv preprint arXiv:1903.02380, 2019.

[7] CHATTERJEE S, MISHCHENKO A. Circuit-based intrinsic methods to detect overfitting[C]// Proceedings of the 37th International Conference on Machine Learning. Virtual Event: PMLR, 2020: 1459-1468.

[8] GOSSMANN A, PEZESHK A, SAHINER B J. Test data reuse for evaluation of adaptive machine learning algorithms: Over-fitting to a fixed test dataset and a potential solution[J]. Medical Imaging 2018: Image Perception, Observer Performance, and Technology Assessment. International Society for Optics and Photonics, 2021, 3(2): 692-714.

[9] MA S, LIU Y, LEE W C, et al. Mode: Automated neural network model debugging via state differential analysis and input selection[C]// Proceedings of the 2018 26th ACM Joint Meeting on European Software Engineering Conference and Symposium on the Foundations of Software Engineering. Lake Buena Vista: ACM, 2018: 175-186.

[10] BAHDANAU D, CHO K, BENGIO Y. Neural machine translation by jointly learning to align and translate[J]. arXiv preprint arXiv:1409.0473, 2014.

[11] YANG Z, YANG D, DYER C, et al. Hierarchical attention networks for document classification[C]// Proceedings of the 2016 Conference of the North American Chapter of the ACL: Human Language Technologies, San Diego: ACL, 2016: 1480-1489.

[12] XU K, BA J, KIROS R, et al. Show, attend and tell: Neural image caption generation with visual attention[C]// Proceedings of the 32nd International Conference on Machine Learning. Lille: JMLR, 2015: 2048-2057.

[13] ROBNIK-ŠIKONJA M, KONONENKO I. Explaining classifications for individual instances[J]. IEEE transactions on knowledge and data engineering, 2008, 20(5): 589-600.

[14] LIU L, WANG L. What has my classifier learned? Visualizing the classification rules of bag-of-feature model by support region detection[C]// 2012 IEEE Conference on Computer Vision and Pattern Recognition. Providence: IEEE Computer Society, 2012: 3586-3593.

[15] KIM B, WATTENBERG M, GILMER, et al. Interpretability beyond feature attribution: Quantitative testing with concept activation vectors (tcav)[J]. arXiv preprint arXiv:1711.11279, 2017.

[16] RIBEIRO M T, SINGH S, GUESTRIN C. Nothing else matters: Model-agnostic explanations by identifying prediction invariance[J]. arXiv preprint arXiv:1611.05817, 2016.

[17] GUO W, MU D, XU J, et al. LEMNA: Explaining deep learning based security applications[C]// Proceedings of the 2018 ACM SIGSAC Conference on Computer and Communications Security. Toronto: ACM, 2018: 364-379.

[18] ZHOU B, KHOSLA A, LAPEDRIZA A, et al. Learning deep features for discriminative localization[C]// Proceedings of the IEEE conference on computer vision and pattern recognition. Las Vegas: IEEE Computer Society, 2016: 2921-2929.

[19] SELVARAJU R R, COGSWELL M, DAS A, et al. Grad-cam: Visual explanations from deep networks via gradient-based localization[C]// Proceedings of the IEEE international conference on computer vision. Venice: IEEE Computer Society, 2017: 618-626.

[20] SPRINGENBERG J T, DOSOVITSKIY A, BROX T, et al. Striving for simplicity: The all convolutional net[J]. arXiv preprint arXiv:1412.6806, 2014.

[21] ZHANG Q, WU Y, et al. Interpretable CNNs for Object Classification[J]. arXiv preprint arXiv:1901.02413, 2019.

[22] SMILKOV D, THORAT N, KIM B, et al. Smoothgrad: removing noise by adding noise[J]. arXiv preprint arXiv:1706.03825, 2017.

[23] LANDECKER W, THOMURE M D, BETTENCOURT L M, et al. Interpreting individual classifications of hierarchical networks[C]// 2013 IEEE Symposium on Computational Intelligence and Data Mining (CIDM). Singapore: IEEE, 2013: 32-38.

[24] HINTON G, VINYALS O, DEAN J. Distilling the knowledge in a neural network[J]. arXiv preprint arXiv:1503.02531, 2015.

[25] FROSST N, HINTON G. Distilling a neural network into a soft decision tree[J]. arXiv preprint arXiv:1711.09784, 2017.

[26] LING X, JI S, ZOU J, et al. Deepsec: A uniform platform for security analysis of deep learning model[C]// 2019 IEEE Symposium on Security and Privacy (SP). San Francisco: IEEE, 2019: 673-690.

[27] LUO B, LIU Y, WEI L, et al. Towards imperceptible and robust adversarial example attacks against neural networks[C]// Proceedings of the AAAI Conference on Artificial Intelligence. New Orleans: AAAI Press, 2018: 1652-1659.

[28] ZHANG C, LIU A, LIU X, et al. Interpreting and improving adversarial robustness of deep neural networks with neuron sensitivity[J].

IEEE transactions on image processing, 2020, 30: 1291-1304.

[29] LIU A, LIU X, YU H, et al. Training robust deep neural networks via adversarial noise propagation[J]. IEEE transactions on image processing, 2021, 30: 5769-5781.

[30] WENG T W, ZHANG H, CHEN P Y, et al. Evaluating the robustness of neural networks: An extreme value theory approach[J]. arXiv preprint arXiv:1801.10578, 2018.

[31] LIU A, LIU X, YU H, et al. Training robust deep neural networks via adversarial noise propagation[J]. IEEE transactions on image processing, 2021, 30: 5769-5781.

第 3 章　面向深度学习模型的攻击方法

大量研究表明，深度学习系统存在内生脆弱性，很容易受到特定攻击的威胁。本章将对深度学习模型目前面临的安全威胁——对抗攻击、中毒攻击、隐私窃取攻击和偏见操控攻击进行详细介绍，阐述其基本概念以及几种具有代表性的算法，并将这些算法拓展到深度学习的其他应用场景中，如联邦学习和强化学习。图 3-0-1 展示了一个经典的深度学习模型在训练阶段与推理阶段容易受到的威胁。

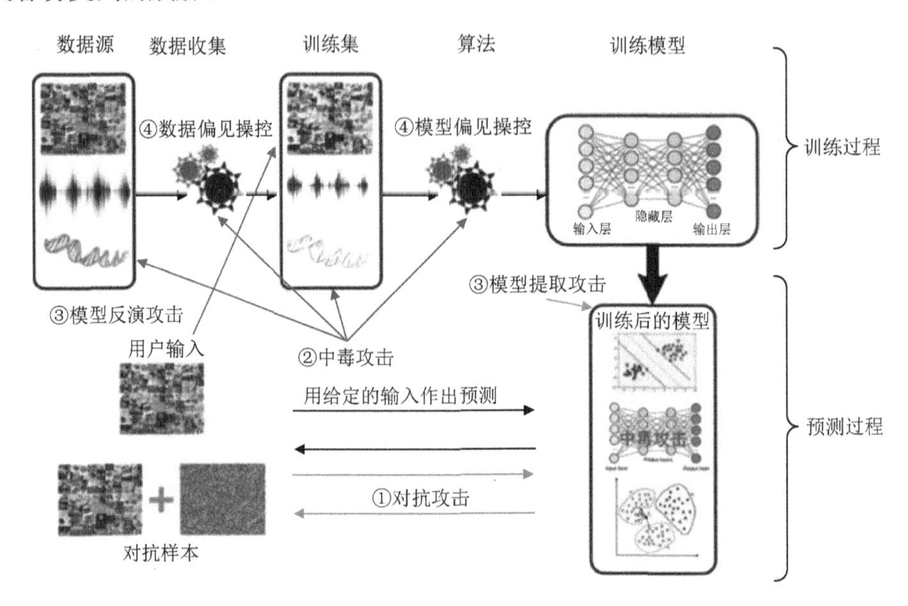

图 3-0-1　深度学习模型攻击概述

3.1　对 抗 攻 击

对抗攻击是一种将经过微小扰动的对抗性样本输入已经训练完成的模型，从而引导模型产生错误预测的策略，此类攻击也被称为“逃避攻击”。对模型影响力的微小扰动，虽然肉眼难以察觉，但是却足以引导模型产生误判。此类攻击主要发生在模型的推理阶段，攻击者利用模型可能存在的安全漏洞使其输出错误结果。例如，在恶意软件检测领域，恶意软件作者可能在其软件上添加特殊的语句，以规避反病毒软件的检测。

针对对抗攻击的实现方式，可以将其分为数字攻击和物理攻击两类。数字攻击主要针对相机成像后的数字像素进行攻击，而物理攻击则是对照相机成像前的物理对象进行攻击。如图 3-1-1 所示，数字攻击可以通过在正确预测的熊猫图像上添加对抗性扰动，生成对抗样本，使模型误将其分类为大猩猩。在物理场景的人脸识别中，对抗样本已被成功用来攻击深度学习模型，如有研究人员通过佩戴特制眼镜成功解锁了他人的手机。

熊猫（57.7%置信度）

+.007×

对抗性扰动

=

长臂猿（99.3置信度）

图 3-1-1（彩图）

图 3-1-1　对抗样本示例

3.1.1　对抗攻击定义

数学上，对抗样本可以表示为 $x^* = x + \Delta x$，其中 Δx 表示向样本 x 中所添加的对抗性扰动。给定输入 $x \in X$，模型的分类结果可以表示为 $f(x) = y$，其中 $y \in Y$ 表示输出的类标。如果对抗样本被目标模型误分类，该样本被视为攻击成功，该过程可以表示为 $f(x^*) \neq f(x)$。对抗攻击的目标是在正常样本上添加最小化的扰动，从而实现以最大化概率误导分类器的目的。这可以被建模为以下优化问题：

$$x^* = \arg\max \ell(x, y, \theta) \tag{3-1-1}$$

其中，$\ell(\cdot,\cdot,\cdot)$ 表示模型训练过程的损失函数；θ 表示模型参数。

为了保证攻击隐蔽性和对抗样本的语义一致性，扰动 Δx 受到以下约束：$\left\|x - x^*\right\|_p \leqslant \varepsilon$，其中，$\|\cdot\|_p$ 表示 L_p 范数距离，且 $p \in \mathbb{N}$，ε 表示大于 0 的精度误差。

3.1.2　对抗样本的基本概念

下面从对抗样本的特性、对抗能力和对抗目标、评价指标等方面介绍其基本概念。

1. 对抗样本的特性

通常认为，对抗样本具有以下三种特性。

（1）可迁移性[1]：对抗样本不限于攻击特定的深度神经网络。构建对抗样本时，可以无须获取目标深度模型的架构和参数，只需训练等价深度模型执行相同的任务即可。针对一个深度模型生成的对抗样本能够以相似的概率欺骗不同的深度模型。因此，攻击者可以使用对抗样本攻击执行相同任务的深度模型，这就意味着攻击者可以在已知的深度模型中构建对抗样本，然后攻击相似的未知模型。

（2）正则化效果[2]：对抗训练可以揭示深度模型的缺陷并提高其鲁棒性。然而，与其他正则化方法相比，为对抗训练构建大量对抗样本的成本是昂贵的。除非未来研究人员能找到快速构建对抗样本的捷径，否则在实践中，使用 Dropout 技术或者权重衰减（即二范数正则化）可能是更为常见的选择。

（3）对抗不稳定性：在物理世界中，经过平移、旋转、光照等物理变换后，对抗样本很容易失去对抗能力。在这种情况下，对抗样本将可能被目标深度模型正确分类。这种不稳定性对攻击者构建强大的对抗样本提出了挑战，并造成在物理世界中部署对抗样本的困难。

2. 对抗能力和对抗目标

对抗能力取决于攻击者对目标深度模型的了解程度，深度学习中的威胁模型根据攻击者的能力分为三种：白盒攻击、灰盒攻击、黑盒攻击。其中，白盒攻击假设攻击者对目标深度模型的信息有全面的了解，包括其参数值、模型架构、训练方法，甚至是训练数据集。灰盒攻击假设攻击者已知模型架构、学习率、训练数据和训练步骤等部分模型信息，但不了解模型参数。这种攻击是黑盒攻击的衍生，在实际应用中并不常见。黑盒攻击假设攻击者不知道深度模型的架构和参数，但可以与目标深度模型进行交互，如可以通过对随机输入进行分类来确定输出。因此攻击者利用对抗样本的迁移性，首先训练替代模型来构建对抗样本，然后使用生成的对抗样本攻击未知的目标深度模型。

但是，在某些场景下，如深度模型作为云端服务器的时候，很难获得目标模型和训练数据集的结构和参数。为此，Papernot 等[3]设计了实用的黑盒攻击方法，首先攻击者通过访问目标模型来构建合成数据集，其中输入是合成的，输出是目标模型返回的标签；然后攻击者随机选择一种深度神经网络，并使用合成数据集训练替代模型；最后通过攻击替代模型生成对抗样本，从而利用其迁移性攻击未知的目标模型。

对抗目标是令深度模型执行错误的预测结果。根据扰动对目标模型的影响不同，可以将对抗目标分为四类：置信度降低的攻击，即降低目标模型在正确标签上的输出置信度；无目标攻击，即令目标模型输出的预测结果变为与原始类别不同；目标攻击，即强制目标模型输出的预测结果为特定的目标类标签；特定输入的目标攻击，即选择一个特定的输入样本，强制其预测结果为特定的目标类标签。

无目标攻击旨在使深度学习模型为信号对抗样本预测任何不正确的分类，即该攻击生成的信号对抗样本只能干扰目标信号识别系统的正常功能而不能完成其他特定的攻击意图。对于无目标攻击，优化目标为

$$\begin{aligned} x^* &= \arg\max \ell(x,\theta) \\ \text{s.t.} &\| x - x^* \|_p \leqslant \varepsilon \end{aligned} \tag{3-1-2}$$

其中，$\ell(\cdot,\cdot)$表示损失函数，它衡量了模型 f 的预测输出与错误类标 t 之间的差异。

有目标攻击是一种更强大的攻击方式，它旨在误导深度学习模型为信号对抗样本预测特定的分类，该特定的分类由攻击者设定。对于有目标攻击，优化目标则为

$$\begin{aligned} x^* &= \arg\min \ell(x,t;\theta) \\ \text{s.t.} &\| x - x^* \|_p \leqslant \varepsilon \end{aligned} \tag{3-1-3}$$

有目标攻击不仅可以干扰信号识别系统的正常功能，而且可以使被攻击系统执行符合攻击者意图的恶意类标，引发严重的安全问题。

综上，对抗能力从强到弱依次为获取模型架构、获取训练数据集、获取预测器（即攻击者可以从提供的输入中获得输出结果，并观察输入和输出的变化关系，从而自适应地构建对抗样本）、获取样本（即攻击者有能力收集输入/输出对，但不能修改这些输入以观察输出的变化）。对抗目标按照复杂性从低到高依次为置信度降低、无目标攻击、目标攻击、特定输入的目标攻击。攻击者的对抗能力越弱、设定的对抗目标复杂度越高，目标深度模型就越难被攻击。

3. 评估指标

深度学习模型中的对抗攻击主要通过以下两个指标进行评估。

攻击成功率（attack success rate，ASR）：指成功使模型误分类对抗样本所占的比例，定义为

$$\text{ASR} = \frac{N\left|f(x^*) \neq f(x)\right.}{N} \tag{3-1-4}$$

其中，N 表示样本总数。

扰动大小 ρ：指在样本上添加的扰动大小，定义为

$$\rho = \left\| x^* - x \right\|_p \tag{3-1-5}$$

其中，$\|\cdot\|_p$ 表示 L_p 范数距离，且 $p \in \mathbb{N}$。

攻击成功率越高，同时扰动越小，则攻击算法性能越优。

3.1.3 基础对抗攻击方法概述

根据攻击者在进行对抗攻击时对目标系统的知识掌握程度的不同，可以将对抗攻击分为白盒攻击和黑盒攻击。

1. 白盒攻击

白盒攻击中，攻击者需要知道目标感知模型的全部知识和信息，包括输入样本、权重值、激活函数、体系结构和训练方法等，通过不断地访问模型来计算梯度，从而产生对抗样本。攻击方可以通过访问目标模型的结构和权重，以便计算真实的模型梯度或近似梯度，此外还可以根据防御方法和参数调整其攻击方法。

白盒攻击可以分为基于模型梯度、基于优化和基于决策面的攻击。下面介绍几种经典的白盒攻击算法。

① L-BFGS：Szegedy 等[4]基于内存受限的 BFGS（Broyden-Fletcher-Goldfarb-Shanno）优化方法来构建对抗样本。给定输入样本，攻击者使用二范数构造一个与输入相似的新样本，并且新样本可以被深度模型预测为不同的类别。由于其中存在非线性非凸函数，很难直接求解，因此采用 L-BFGS（limited-memory BFGS）进行近似求解。虽然该方法稳定性和有效性高，但是计算复杂。

L-BFGS 的目标是通过最小化 L_p 范数找到欺骗 DNN 的对抗性扰动，其公式为

$$\min_{x^*} \lambda \left\| x - x^* \right\|_p - \ell(x, y, \theta) \tag{3-1-6}$$

其中，λ 表示平衡参数，输入样本 x 的元素被全部正则化到区间[0,1]。

以上的优化过程是通过迭代的形式进行优化，并且参数 λ 通过线性查找的方式逐渐变大直到对抗样本被发现。由于范数距离的限制，L-BFGS 生成的对抗样本与原始、干净的输入图片在感官上相似。

② FGSM：Goodfellow 等[5]提出一种简单、快捷的方法来构建对抗样本，称为快速梯度符号法（fast gradient sign method，FGSM），该方法通过在梯度方向上添加扰动并线性化成本函数来愚弄目标深度模型。FGSM 是典型的单步攻击算法，它沿着对抗性损失函数的梯度方向（即符号）执行一步更新，以增加最陡峭方向上的损失。FGSM 生成的对抗性样本表示如下：

$$x^* = x + \varepsilon \cdot \mathrm{sign}(\nabla_x \ell(x, y, \theta)) \tag{3-1-7}$$

其中，ε 是扰动大小；$\mathrm{sign}(\cdot)$ 是一个符号函数。

FGSM 和 L-BFGS 之间的主要区别有两个。首先，FGSM 使用无穷范数进行优化。其次，FGSM 是一种快速的对抗样本构造方法，因为其不需要迭代过程，因此比其他方法具有更低的计算成本。然而，FGSM 容易出现标签泄露问题，因此 Kurakin 等[6]提出，在生成对抗样本过程中，使用预测标签而非真实标签进行攻击。

③ IGSM：FGSM 难以有效控制对抗样本的扰动，因此 Kurakin 等[6]提出一种优化的 FGSM，称为迭代梯度符号法（iteration gradient sign method，IGSM），它将单次的小扰动添加操作分解为多个步骤的更微小扰动添加，并在每次迭代后对中间结果进行裁剪，以确保扰动落在原始图像的邻域内。IGSM 在梯度方向上是非线性的，需要多次迭代，在计算上比 L-BFGS 方法简单，对抗样本的构建成功率高于 FGSM。IGSM 可以进一步分为两种类型：降低原始类预测标签的置信度类型，或增加概率最小类标签的预测置信度类型。

IGSM 的运算流程如下：

$$x_{t+1}^* = \mathrm{Clip}_{x,\varepsilon}\left\{ x_t^* + \alpha \mathrm{sign}\left(\nabla_x \ell\left(x_t^*, y, \theta \right) \right) \right\} \tag{3-1-8}$$

其中，Clip{·}表示将每个输入特征点限制在输入样本 x 的 ε 邻域中。在迭代更新过程中，随着迭代次数的增加，样本的部分像素值可能会溢出，如超出 0 到 1 的范围，这时需要将这些值用 0 或 1 代替，最后才能生成有效的图像。该过程确保了新样本的各个像素在原样本各像素的某一领域内，不致于使图像失真。每次迭代以很小的步长执行 FGSM，将对抗样本剪裁和更新到一个合法的范围内，迭代 T 次，$\alpha T=\varepsilon$，α 是每次迭代中扰动的大小。

④ MI-FGSM：Dong 等[7]提出了一种动量迭代攻击方法（momentum iterative fast gradient sign method，MI-FGSM），其基本思想是在 IGSM 的基础上增加动量。以往迭代攻击存在的可转移性随着迭代次数增加而减弱的问题，MI-FGSM 可以在增加动量后解决，这不仅增强了对白盒模型的攻击能力，而且提高了对黑盒模型的攻击成功率。MI-FGSM 的对抗样本生成公式如下：

$$\begin{cases} g_{t+1}=\mu g_t+\dfrac{\nabla_x \ell\left(x_t^*,y\right)}{\left\|\nabla_x \ell\left(x_t^*,y\right)\right\|_1} \\ x_{t+1}^*=x_t^*+\alpha \operatorname{sign}\left(g_{t+1}\right) \end{cases} \tag{3-1-9}$$

其中，μ 表示衰减因子；g_t 为前 t 次迭代的梯度；α 是每次迭代中扰动的大小，$\alpha T=\varepsilon$。当 μ=0 时，MI-FGSM 退化为 IGSM。由于不同迭代轮次中，梯度的大小有所不同，因此在每次迭代中需要对当前梯度 $\nabla_x \ell\left(x_t^*,y\right)$ 进行归一化操作。

⑤ JSMA：Papernot 等[8]提出基于雅可比的显著图攻击方法（Jacobian-based saliency map attack，JSMA），其基本思想是用梯度构建显著图，并根据每个像素的影响程度对梯度进行建模。梯度值与输入样本被分类为目标类的概率值成正比，即改变具有较大梯度的像素点将显著增加深度模型将输入样本分类为目标类的可能性。JSMA 允许根据显著图选择最重要（最大梯度位置）的像素点，然后对像素进行扰动以增加将样本攻击为目标类的概率。模型的显著图计算首先基于模型前向导数，其公式如下：

$$\begin{cases} \nabla F(X)=\dfrac{\partial F(X)}{\partial X}=\left[\dfrac{\partial F_j(X)}{\partial x_i}\right]_{i\in\{1,2,\cdots,M\},\, j\in\{1,2,\cdots,N\}} \\ \dfrac{\partial F_j(X)}{\partial x_i}=\left(W_{n+1}\dfrac{\partial H_n}{\partial x_i}\right)\cdot\dfrac{\partial f_{n+1,j}}{\partial x_i}\left(W_{n+1,j}H_n+b_{n+1,j}\right) \end{cases} \tag{3-1-10}$$

其中，$\nabla F(X)$ 表示前向导数；j 表示对应的输出分类；i 表示对应的输入特征。根据得到的前向导数，可以计算出其对抗性显著图，即对分类器特定输出影响程度最大的输入，通过对抗显著图可以确定哪些输入特征需要被修改以生成对抗扰动。

当目标深度模型对输入样本的变化敏感时，JSMA 更容易生成小扰动来制作对抗样本。JSMA 具有较高的计算复杂度，而生成的对抗样本具有较高的成功率和攻击迁移性。

⑥ DeepFool：Moosavi-Dezfooli 等[9]提出基于二范数的无目标攻击方法，称为 DeepFool。该方法假设深度神经网络是完全线性的，那么一定有一个超平面将一个类与另一个类分开。基于这个假设，作者分析了该问题的最优解并构造了对抗样本。该工作首次对样本鲁棒性和模型鲁棒性进行了定义，并且它可以精确计算深度分类器对大规模数据集扰动，从而可靠地量化分类器的鲁棒性。DeepFool 欺骗多分类器使其误分类的优化函数如下：

$$\arg\min_r \|r\|_{2,\text{s.t}}\ \exists k:\omega_k^T\left(x_0+r\right)+b_k \geqslant \omega_{k(x_0)}^T\left(x_0+r\right)+b_{k(x_n)} \tag{3-1-11}$$

其中，r 表示生成的扰动；$f(x)=\omega^T x+b$ 为分类器；k 为加入对抗扰动后的预测类标；ω_k 为类别 k 的权重。

与 L-BFGS 相比，DeepFool 更高效，也具有更强大的攻击能力，其基本思想是在高维隐藏层空间中找到最接近输入样本的决策边界，然后利用该边界来愚弄目标深度模型。在深度神经网络的高维和非线性空间中，很难直接求解这个问题。因此，作者使用线性近似来迭代求解，近似是对分类器进行线性化，在线性化模型上得到一个最优的更新方向。然后，在这个方向上迭代更新小的步长。重复线性更新过程，直到输入样本越过决策边界，如图 3-1-2 所示。

⑦ UAP：FGSM、JSMA 和 DeepFool 只能针对单个样本生成对抗扰动来愚弄深度模型。Moosavi-Dezfooli 等[10]提出通用的与图像无关的扰动攻击方法（universal adversarial perturbations，UAP），该方法通过对所有样本添加同一个对抗扰动来愚弄深度模型，其中通用的对抗扰动是通过迭代学习所有样本得到的。该攻击方法有两个特点：扰动与目标模型有关而与样本无关；小扰动不会改变样本自身的基本结构。UAP 的扰动生成如下公式：

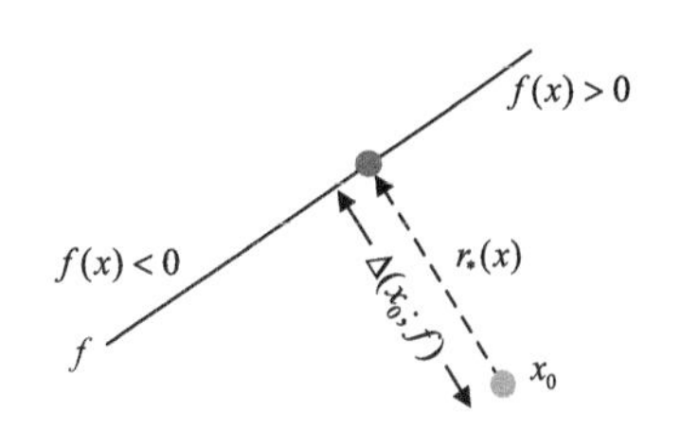

图 3-1-2　线性二分类器的对抗样本

$$\begin{cases}\Delta v_i \leftarrow \arg\min\limits_{r} \|r\|_2 \\ \text{s.t. } f(x+v+r) \neq f(x) \\ v \leftarrow P_{p,\xi}(v+\Delta v_i)\end{cases} \tag{3-1-12}$$

其中，v 为所求的通用对抗扰动。在每次迭代中，计算将当前扰动点 $x_i + v$ 发送到分类器决策边界的最小扰动 Δv_i，并将其汇总到通用扰动的当前样本。如果当前的通用对抗扰动 v 不能欺骗数据点 x_i，可以通过解决以下优化问题来寻求具有最小范数的额外扰动 Δv_i 以欺骗数据点 x_i。同时为了保证扰动的 L_p 范数，更新的扰动会被投影，公式如下：$P_{p,\xi}(v) = \arg\min\limits_{v'} \|v' - v\|_2$，$\text{s.t.}\|v'\|_p \leqslant \xi$。

⑧ C&W：Carlini 和 Wagner[11]提出基于 L-BFGS 的对抗攻击，具有零范数、二范数、无穷范数三种不同形式，可以实现目标攻击和无目标攻击。C&W 攻击的改进包括三点：使用模型中实际输出的梯度代替 Softmax 的梯度；使用不同的距离度量，如零范数、二范数、无穷范数；使用不同的目标函数。

与 L-BFGS 类似，C&W 将优化目标函数表示为

$$\begin{gathered}\min_{x^*} D(x,x^*) + c\cdot f(x^*) \\ \text{s.t. } x^* \in \mathbb{R}^n\end{gathered} \tag{3-1-13}$$

其中，D 表示两者之间的距离。使对抗样本与干净样本的距离最小，同时满足对抗样本的被模型错分为另一类别（分为目标攻击和无目标攻击），以及对抗样本要满足自然图片的 RGB 信息约束。c>0 是一个适当选择的常数。

2. 黑盒攻击

在黑盒攻击模型中，假定攻击者无法获取到目标相关的输入信息以及感知模型的参数，仅能观测到目标模型对输入通信信号所预测的输出标签或置信度。研究者们采取一系列策略来完成黑盒攻击，包括通过输入和输出猜测模型的内部结构，增加微小的扰动来攻击模型，构建替代模型，以及利用对抗样本的迁移性。接下来介绍几种经典的黑盒攻击算法。

① 零阶优化的攻击（zeroth order optimization，ZOO）[12]：该方法受到 C&W 攻击的启发，使用零阶优化来直接估计目标模型的梯度。攻击者只能进行输入，并且获得置信度的输出，不能对模型进行反向传播。ZOO 利用类似分布的数据集，或者利用多次输入输出的结果训练一个新的模型，使用对称差商估计一阶梯度，并通过查询计算二阶梯度，对输入样本进行梯度下

降优化生成对抗样本，计算公式如下：

$$\begin{cases} \hat{g}_i = \dfrac{\partial f(x)}{\partial x_i} \approx \dfrac{f(x+he_i)-f(x-he_i)}{2h} \\ \hat{h}_i = \dfrac{\partial^2 f(x)}{\partial x_i^2} \approx \dfrac{f(x+he_i)-2f(x)+f(x-he_i)}{h^2} \\ \delta^* = \begin{cases} -\eta \hat{g}_i, \hat{h}_i \leqslant 0 \\ -\eta \dfrac{\hat{g}_i}{\hat{h}_i} > 0 \end{cases} \end{cases} \tag{3-1-14}$$

其中，h=0.0001 是一个常量值；e_i 是一个标准基向量；δ^*是生成的对抗性扰动。

ZOO 的攻击者仅知道黑盒模型的输入和输出置信度，实现对目标 DNN 的改进攻击，减少了对替代模型的训练，避免了攻击迁移性的损失。

② 基于决策的黑盒攻击 Boundary Attack[13]：该方法不需要模型的梯度信息或输出分数信息，它从一个大的对抗性扰动开始，然后在保持对抗性的同时寻求减少扰动。期望算法在满足对抗规则前提下，其输出与原始样本之间的距离小于阈值的对抗样本。该算法最开始会生成一个初始的对抗样本，该样本服从均匀分布且目标模型对其分类错误，然后沿着对抗性和非对抗性区域之间的边界执行随机游走，从而降低该样本留在对抗性区域可能性和其目标图像的距离。对抗样本 x^* 生成公式为

$$\eta_k \sim P\left(x_{k-1}^*\right),\ x_k^* = x_{k-1}^* + \eta_k \tag{3-1-15}$$

其中，η_k 表示第 k 次迭代中生成的随机扰动，并且服从分布 $P\left(x_{k-1}^*\right)$。

Boundary Attack 不需要目标模型的任何信息，只需要知道目标模型对于给定样本的决策结果，容易实现可迁移的攻击，但该算法需要较长时间生成对抗样本。

表 3-1-1 列出了不同对抗攻击方法的优缺点。

表 3-1-1 不同对抗攻击方法的优缺点

攻击方法	分类	优点	缺点
L-BFGS[4]	白盒	高稳定性、有效性	高计算成本、高时间复杂度
FGSM[5]	白盒	低计算复杂度、高迁移性	低成功率、标签泄露
IGSM[6]	白盒	小扰动、高成功率	低迁移性、黑盒攻击成功率低
MI-FGSM[7]	白盒	小扰动、高成功率、高迁移性	黑盒攻击成功率低
JSMA[8]	白盒	小扰动、高成功率	高计算复杂度
DeepFool[9]	白盒	低计算复杂度、小扰动	黑盒攻击成功率低
UAP[10]	白盒	高泛化能力、高迁移性	扰动不可控、目标攻击成功率低
C&W[11]	白盒	高成功率、高泛化性能	高计算复杂度
ZOO[12]	黑盒	高成功率、高迁移性	扰动较大
Boundary[13]	黑盒	高迁移性、低信息依赖	扰动较大、高计算复杂度

3.1.4 对抗攻击方法及其应用

目前的攻击通过向正常样本添加小扰动来欺骗深度模型，但是通常只涉及生成单个样本或针对单个深度模型，因此存在生成效率低、样本多样性差等问题。此外，大多数的攻击，如 FGSM 和 MI-FGSM，在添加扰动时是基于全局梯度信息的，因此也有许多冗余扰动被添加到样本的背景中，导致了样本失真严重、攻击迁移性弱的问题。为了解决目前对抗攻击算法的这些问题，下面介绍几种新提出的对抗攻击算法。

3.1.4.1 基于遗传算法的黑盒对抗攻击方法

基于遗传算法的新型点对点扰动优化黑盒对抗攻击方法（pointwise optimization-based attack using genetic algorithm，POBA-GA）首先通过初始化生成各种不同类型的随机扰动，然后将扰动添加到原图上得到初始对抗样本，最后将对抗性样本输入目标模型中，获得各个对抗样本的分类结果，并基于分类结果和扰动大小计算对抗样本对应的适应度函数值。若此时没有满足循环停止条件则进一步对其对应的扰动进行选择、交叉、变异等操作获得下一代扰动，否则停止循环，将适应度函数值最高的对抗样本作为最终结果输出。

1. 方法设计

POBA-GA 算法通过遗传算法（包括初始化、选择、交叉和变异）生成最佳的对抗性样本，其系统框图如图 3-1-3 所示。

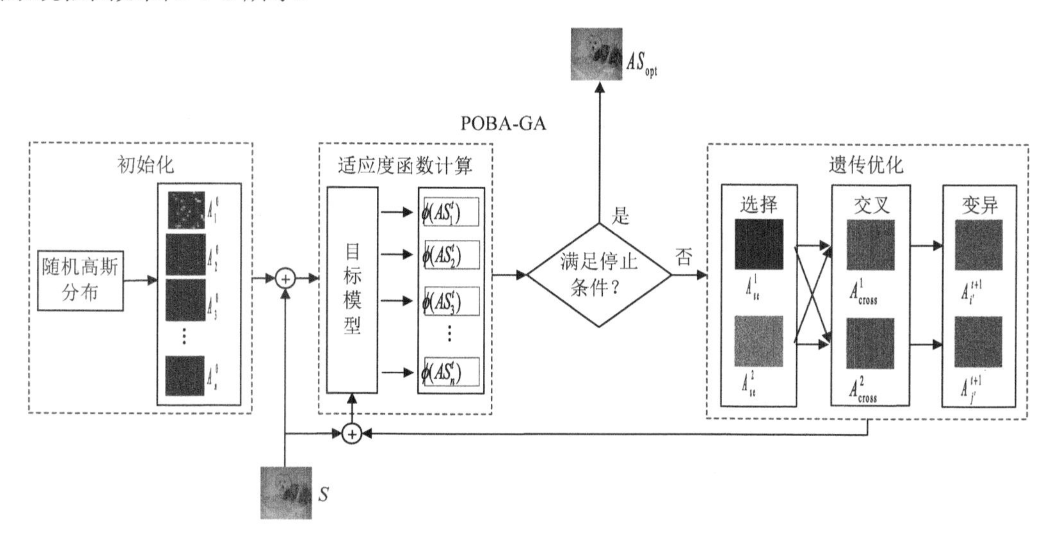

图 3-1-3 POBA-GA 系统框图

首先，根据不同的噪声点像素阈值、噪声点数量和噪声点大小生成不同类型的扰动，保证初始样本的多样性。其次，将扰动添加到原始图片 S 上，生成初始对抗样本 $AS^{t=0}$，其中 $t=0$ 表示第零代的扰动，即初始扰动。然后，通过适应度函数 $\phi\left(AS_i^t\right)$ 评价第 t 代的对抗样本 $AS_i^t \in AS^t, i \in \{1,2,\cdots,n\}$ 的攻击效果，适应度函数值越大表示攻击效果越好。最后，判断循环是否达到终止条件，若达到终止条件则输出此时适应度函数值最高的对抗样本，若没有达到终止条件，则采用遗传算法中选择、交叉和变异等典型的步骤获得下一代的扰动。

种群的初始化解为随机扰动，即在指定范围内生成呈随机高斯分布的扰动像素点，对应的初始对抗样本可以表示为 $AS^{t=0}=S+\delta$，其中 $\delta \sim N\left(\mu,\sigma^2\right)$，$\mu$ 表示数学期望，$\delta \sim N\left(\mu,\sigma^2\right)$ 表示方差。为了提高初始扰动的多样性，可根据不同的方差、噪声点的个数和噪声点的大小，生成不同类型的初始扰动。

用 $\phi\left(AS_i^t\right)$ 表示样本 AS_i^t 的适应度函数，$P\left(AS_i^t\right)$ 表示样本 AS_i^t 的攻击性能，计算公式如下：

$$P\left(AS_i^t\right)=\begin{cases} p\left(y_1 \middle| AS_i^t\right)-p\left(y_0 \middle| AS_i^t\right), y_1 \neq y_0 \\ p\left(y_2 \middle| AS_i^t\right)-p\left(y_0 \middle| AS_i^t\right), y_1 = y_0 \end{cases} \tag{3-1-16}$$

其中，y_0 表示对抗图像的真实类标；y_1、y_2 表示目标模型 TM 对于输入样本 AS_i^t 所给出的具有最高和第二置信的类别，y_1 也是目标模型预测的类别；$p(y \mid AS_i^t)$ 表示对抗性样本 AS_i^t 被目标模型 TM 标记为 y 类的置信度。当输出类别 y_0 与 AS_i^t 的真实类标 y_0 不同时，攻击成功。此时攻击性能 $P\left(AS_i^t\right)$ 表示类别 y_1 和真实类别 y_0 之间的置信度差值。$P\left(AS_i^t\right)$ 的值越大，表示攻击性能越强。否则，目标模型 TM 的输出类别 y_1 与真实标签 y_0 相同，即攻击失败。此时攻击性能 $P\left(AS_i^t\right)$ 为置信度第二高类别 y_2 的置信度与真实类标 y_0 的置信度之间的差值。差别越大，就越难攻击成功。

优化后的适应度函数计算公式如下：

$$\phi\left(AS_i^t\right)=\begin{cases} p\left(y_1 \middle| AS_i^t\right)-p\left(y_0 \middle| AS_i^t\right)-\dfrac{\alpha}{\max Z\left(A^{t=0}\right)}Z\left(A_i^t\right), y_1 \neq y_0 \\ p\left(y_2 \middle| AS_i^t\right)-p\left(y_0 \middle| AS_i^t\right), y_1 = y_0 \end{cases} \tag{3-1-17}$$

其中，$A^{t=0}$ 表示初始迭代时的扰动，$\dfrac{\alpha}{\max Z\left(A^{t=0}\right)}$ 用于对扰动进行归一化处理，将扰动的大小约束到一定的范围之内。α 表示比例系数，用于调整攻击性能和扰动大小的比例。为了更快地实现攻击并减少对目标模型的查询次数，在攻击成功之前不考虑扰动的大小，即令 $\alpha=0$。只有当攻击成功时，才会同时考虑攻击性能 $P\left(AS_i^t\right)$ 和扰动 $Z\left(A_i^t\right)$ 的影响。$Z\left(A_i^t\right)$ 表示样本 AS_i^t 的扰动大小。$AS_i^t = S + A_i^t$。

2. 实验与分析

1）实验设置

数据集：实验采用三个公用图像数据库，即 MNIST、CIFAR-10 和 ImageNet64。其中 MNIST 是一个手写字识别数据集，包含 70000 张 28×28 像素的灰度图像，可以分为 10 个类别。CIFAR-10 数据集是一个小型图像数据集，包含 60000 张大小为 32×32 像素的彩色图像，可以分为 10 个类别。ImageNet64 数据集是一个大型图像数据集，包含约 1500 万张图像，可以分为 22000 个类别。但由于其图像过大影响计算时间，在实验之前，我们会将其分辨率大小转变成 224×224 像素。

对比算法：将 POBA-GA 与不同的攻击方法进行比较，包括四种白盒攻击、三种黑盒攻击，即 FGSM、DeepFool、BIM、C&W、Boundary、ZOO、AutoZOOM。

DNN 模型：对于 MNIST 和 CIFAR-10，采用 C&W 攻击方法中相同的 DNN 模型，该模型也是 ZOO 和 Boundary 攻击方法中提到的 DNN 模型。在 ImageNet 上，使用 VGG19、ResNet50 和 Inception-V3（Inc-V3）。

攻击实现：为了得到更准确的实验结果，对比算法的参数直接取自相应的参考文献。POBA-GA 在 MINIST 和 CIFAR-10 上迭代 100 次，每次迭代生成 20 个子样本，方差取自[5,10,15,20,25]，噪声点的数量取自[50,100,150,200,250]。POBA-GA 在 ImageNet64 上迭代 400 次，每次迭代生成 50 个子样本，方差取自[5,10,15,20,25]，噪声点的数量取自[5000, 7500, 10000, 12500, 15000]。

所有的实验结果均为平均值。对于 MNIST 和 CIFAR-10 数据集，从验证集中随机选取 1000 个样本进行测试，对于 ImageNet64，则随机选取 250 个样本进行测试。

评估指标：使用 ASR、L_2 范数扰动大小和查询次数来评估实验的性能。ASR 用于评估攻击方法对目标模型的攻击成功率概率。查询次数指在攻击方法达到停止条件之前，目标模型需要对多少个样本进行预测。当目标模型对每个 IP 的查询数量有限制时，查询次数这一指标尤为重要。

2）攻击效果对比

为了验证 POBA-GA 方法的有效性，将其与经典的白盒和黑盒攻击方法进行了比较。发现 POBA-GA 不但具有可以和白盒攻击相媲美的高攻击成功率，而且只需要通过少量查询就可以成功实现攻击。表 3-1-2 列出了不同对抗攻击对各个模型的攻击成功率、扰动大小和查询次数。括号中的查询数代表首次攻击成功后的查询数。

表 3-1-2 不同攻击方法的攻击结果对比

白盒/黑盒攻击		攻击方法	MNIST	CIFAR-10	ImageNet64		
					VGG19	ResNet50	Inc-V3
扰动大小（首次攻击成功时）	白盒攻击	FGSM	6.5×10^{-2}	7.3×10^{-5}	3.4×10^{-6}	4.0×10^{-6}	2.6×10^{-6}
		DeepFool	3.2×10^{-3}	4.1×10^{-6}	2.4×10^{-7}	9.3×10^{-8}	9.1×10^{-8}
		BIM	8.2×10^{-3}	1.2×10^{-5}	8.5×10^{-7}	8.2×10^{-7}	6.4×10^{-7}
		C&W	3.1×10^{-3}	6.9×10^{-6}	$5.7\text{e}\times10^{-7}$	2.2×10^{-7}	7.6×10^{-8}
	黑盒攻击	Boundary	4.0×10^{-3}	6.4×10^{-6}	3.5×10^{-7}	2.1×10^{-7}	4.2×10^{-7}
		ZOO	4.3×10^{-3}	5.8×10^{-4}	3.9×10^{-5}	3.2×10^{-5}	2.8×10^{-5}
		AutoZOOM	6.4×10^{-3}	7.2×10^{-4}	6.2×10^{-5}	5.1×10^{-5}	5.4×10^{-5}
		POBA-GA	3.0×10^{-3}	6.8×10^{-5}	1.5×10^{-5}	1.4×10^{-5}	1.7×10^{-5}
攻击成功率/%	白盒攻击	FGSM	86	89	77	80	82
		DeepFool	90	87	75	79	75
		BIM	98	98	97	96	94
		C&W	100	100	99	100	99
	黑盒攻击	Boundary	78	76	72	70	70
		ZOO	100	100	90	90	88
		AutoZOOM	100	100	100	100	100
		POBA-GA	100	100	96	98	95
查询次数（首次攻击成功）	黑盒攻击	Boundary	12500	12500	125000	125000	125000
		ZOO	9250	4324	235272	223143	264170
		AutoZOOM	445 (100)	103 (86)	4647 (1686)	4256 (1695)	4051 (1701)
		POBA-GA	423 (94)	381 (78)	3786 (536)	3614 (492)	3573 (471)

扰动大小：从表 3-1-2 中可以发现，在攻击成功率相同时，POBA-GA 生成的对抗样本具有更小的扰动。在 MNIST 和 CIFAR-10 数据集上时，之所以 POBA-GA 生成的对抗样本比大多数白盒和黑盒攻击具有更小的扰动，这是因为样本的图像很小，遗传算法更容易找到近似全局最优解。对于 ImageNet64 数据集，由于白盒攻击方法知道目标模型的内部结构和参数，因此仅与黑盒攻击进行比较。POBA-GA 的扰动明显小于 ZOO 和 AutoZOOM。尽管 POBA-GA 的扰动大于 Boundary，但 POBA-GA 的查询次数较少。为了更好地比较 POBA-GA 和 Boundary 的扰动大小，令 POBA-GA 的 $\alpha=10$，查询次数为 54000。此时 POBA-GA 的扰动可以降低至 8.1e-07，成功率和攻击效果几乎保持不变。因此，POBA-GA 和其他方法相比，生成的对抗样本具有更小的扰动。

攻击成功率：由于白盒攻击知道模型的内部结构和参数，通常白盒攻击的成功率会高于黑盒攻击。然而从表 3-1-2 中可以发现 POBA-GA 不仅具有良好的攻击成功率，甚至优于一些白盒攻击。表中的 DeepFool 虽然是白盒攻击，但由于其对扰动大小要求严格，因此成功率较低。另外，ZOO 也有较高的攻击成功率，但其对应的代价是需要大量的查询和迭代。

在 ImageNet64 数据集上，ZOO 大约需要查询 22 万次才能达到 90%的攻击成功率，AutoZOOM 大约需要查询 1600 次才能达到 100%的攻击成功率，而 POBA-GA 大约需要查询 500 次就能达到 96%的攻击成功率。此外，POBA-GA 的扰动仅为 ZOO 和 AutoZOOM 的 1/2，甚至更小。总的来说，POBA-GA 在攻击成功率和扰动两方面的性能均表现良好。尽管与 AutoZOOM 相比，POBA-GA 的成功率偏低，但它所需的查询时间和扰动要少得多。因此可以得出以下结论，在实际应用中，当需要的时间比较严格且可以容忍相对较高（小于 100%）的攻击成功率时，POBA-GA 是一种很好的选择。

POBA-GA 之所以可以通过如此低的查询次数就达到如此高的攻击成功率，主要是因为在攻击成功之前没有考虑扰动对实验的影响。需要注意的是，即使考虑扰动的影响，扰动也不会很大，因为在初始化时限制了扰动。

查询次数：与其他黑盒攻击相比，POBA-GA 具有更少的查询次数。由于白盒攻击知道模型的内部结构及参数，因此在分析查询次数时仅与黑盒攻击进行对比。从表 3-1-2 中可以看出，POBA-GA 和 AutoZOOM 需要的查询次数明显比 Boundary 和 ZOO 要少得多。这是因为 AutoZOOM 采用自适应随机全梯度估计策略取得查询次数和误差估计之间的平衡，减少了查询时间，并采用解码器（AE 或 BiLIN）进行攻击降维和算法加速。POBA-GA 则是通过遗传算法减少查询次数，其主要原因如下：采用轮盘选择法选择样本，适应度函数值高的样本被选择的概率更高；交叉和变异增加了样本的多样性；采用父子混合选择法保留最佳样本；攻击成功前不考虑扰动的影响。

3. 小结

POBA-GA 生成的对抗样本不仅扰动小，还可以实现和白盒攻击相近的攻击成功率。在 CIFAR-10 和 MINIST 数据集上可以达到 100%的攻击成功率，在 ImageNet64 上可以达到 96%的攻击成功率。

3.1.4.2 基于生成式对抗网络的样本特征攻击方法

已有的大多数攻击方法是针对单个样本或单个深度模型的，导致总体攻击成本相对较高。针对不同大规模攻击的鲁棒防御模型的开发，驱动了一般对抗攻击技术的设计。同时对抗训练作为深度模型的有效鲁棒防御方法，具体效果与对抗样本的质量紧密相关。因此，出于一般性对抗攻击和对抗训练的双重需求，迫切需要多样化和大规模产生对抗样本的攻击技术。

为了解决上述挑战，提出了一种白盒攻击方法——基于生成式对抗网络的对抗攻击生成器（mass-attack generator via a generative adversarial network，MAG-GAN），其目的是快速大量地生成对抗样本，攻击多个深度模型，并降低攻击成本。

1. 方法设计

MAG-GAN 作为对抗样本的大规模生成器，一旦完成训练，就能在测试阶段持续大规模地生成对抗样本，如图 3-1-4 所示。图中，实线表示数据走向，虚线表示训练时损失函数的反馈更新路线。MAG-GAN 模型由三部分组成，包括攻击生成器（attack generator，AG）、判别器（discriminator，D）、被攻击的深度神经网络 DNN，其中 D 具有控制扰动的功能，DNN 具有控制攻击效果的功能。AG、D 和 DNN 之间的三方博弈保证了对抗样本的多样性和泛化能力。

基于 ρ-loss 模型的原理，MAG-GAN 的对抗样本生成过程可以描述为优化任务。优化目标定义为

$$\operatorname{argmin}\{\lambda_1 \mathrm{Loss}_{\mathrm{D}}(y_{\mathrm{D}}, f^{\mathrm{D}}(\Theta_{\mathrm{D}}; x)) + \lambda_2 \mathrm{Loss}_{\mathrm{DNN}}(y_{\mathrm{DNN}}, f^{\mathrm{DNN}}(\Theta_{\mathrm{DNN}}; x))\} \tag{3-1-18}$$

其中，$\mathrm{Loss}_{\mathrm{D}}$ 和 $\mathrm{Loss}_{\mathrm{DNN}}$ 分别表示 D 和 DNN 的损失函数，对应于 ρ-loss 模型的扰动项和攻击项。

MAG-GAN 的训练模式包括以下四个步骤。

（1）冻结 AG 的权重训练 D，此时 D 的优化目标是

$$\max_{\mathrm{D}} \quad V_1^{\mathrm{D}}(\mathrm{D}, \mathrm{AG}) = \mathop{E}_{x \sim p_{\mathrm{data}}}[\lg(\mathrm{D}(x \mid y))] + \mathop{E}_{x \sim p_{\mathrm{AG}}}[\lg(1 - \mathrm{D}(x \mid y))] \tag{3-1-19}$$

其中，$x \sim p_{\mathrm{data}}$ 表示采样自正常样本分布；$x \sim p_{\mathrm{AG}}$ 表示采样自 AG 生成的样本分布；y 表示样本的真实标签。

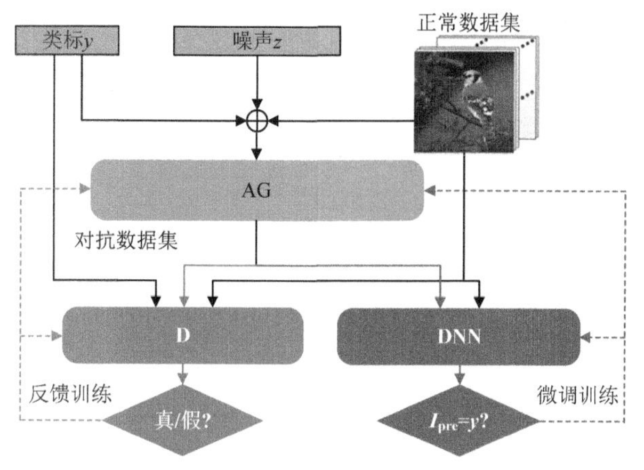

图 3-1-4（彩图）

图 3-1-4　MAG-GAN 模型框图

（2）冻结 D 的权重训练 AG，此时 AG 的优化目标是

$$\min_{\text{AG}} \quad V_1^{\text{AG}}(\text{D},\text{AG}) = \underset{x\sim p_{\text{AG}}}{E}[\lg(1-\text{D}(x \mid y))] \tag{3-1-20}$$

（3）冻结 AG 的权重训练 DNN，此时 DNN 的优化目标是

$$\begin{aligned}&\max_{\text{DNN}} \quad V_2^{\text{DNN}}(\text{DNN},\text{AG}) = \underset{x\sim p_{\text{data}}}{E}[\lg(\text{DNN}^j(x))] + \underset{x\sim p_{\text{AG}}}{E}[\lg(\text{DNN}^j(x))]\\&\text{s.t.} \quad j = \arg\max(\boldsymbol{y})\end{aligned} \tag{3-1-21}$$

其中，$\boldsymbol{y}$ 表示对真实标签进行 one-hot 编码的向量；$\arg\max(\boldsymbol{y})$ 表示返回 $\boldsymbol{y}$ 向量中最大值的位置；$\text{DNN}^j(.)$ 表示输入样本被预测为第 j 类的置信度。

（4）冻结 DNN 的权重，然后微调训练 AG，此时 AG 的优化目标是

$$\begin{aligned}&\min_{\text{AG}} \quad V_2^{\text{AG}}(\text{DNN},\text{AG}) = \underset{x\sim p_{\text{AG}}}{E}[\lg(\text{DNN}^j(x)) + t\lg(1-\text{DNN}^{j'}(x))]\\&\text{s.t.} \quad j = \text{argmax}(\boldsymbol{y}), j' = \text{argmax}(\boldsymbol{y}_t), t = \begin{cases}0, & \text{无目标攻击}\\1, & \text{目标攻击}\end{cases}\end{aligned} \tag{3-1-22}$$

其中，$\boldsymbol{y}_t$ 表示对目标攻击预设标签进行 one-hot 编码的向量。

MAG-GAN 的目的是面向不同数据集，针对不同的深度模型进行大规模的对抗样本生成，实现更强的攻击能力和更隐蔽的对抗扰动。因此，需要进一步考虑生成器的攻击能力和迁移能力。这里研究在不同应用场景下优化网络结构的策略。

在 MAG-GAN 中，DNN 的网络结构与数据集的复杂度是呈正相关的，而 D 和 AG 的网络结构是与 DNN 的结构复杂度呈正相关的。以 CIFAR-10 数据集上的 VGG19 模型为例，一个具有多通道级联的 AG 网络，如图 3-1-5 所示。图中数字是指模型的具体结构尺寸。图中有三个通道，第一个是主通道（main channel），用于生成对抗样本；第二个是特征金字塔卷积通道（feature pyramid convolution channel），它将图像特征级联到主通道的对应层，在保障攻击效果的前提下减少训练时间；第三个是条件矩阵通道（conditional matrix channel），它将条件矩阵级联到主通道的每一层，以增强类别属性并加速分布的拟合。具体的网络构建策略总结如下。

策略一：构建的 DNN 在正常数据集的测试样本集中的分类准确率应达到或接近目前的先进水平。

策略二：D 由卷积和反卷积网络组成，结构复杂度大约是 DNN 的两倍。AG 包括三个通道，其主通道的结构复杂度与 DNN 相似。

策略三：定义 N_{AG}^{m}、N_{D}^{m} 和 $N_{\text{DNN}}^{\text{m}}$ 分别表示 AG、D 和 DNN 的网络模块数量，N_{AG}^{w}、N_{D}^{w} 和 $N_{\text{DNN}}^{\text{w}}$ 分别表示对应的权重参数的数量，基于策略二的数量比例关系为 $N_{\text{D}}^{\text{m}} \approx 2N_{\text{DNN}}^{\text{m}}$、

$1.5N_{\text{DNN}}^{\text{w}} < N_{\text{D}}^{\text{w}} < 2.5N_{\text{DNN}}^{\text{w}}$、$N_{\text{AG}}^{\text{m}} \approx 1.5N_{\text{DNN}}^{\text{m}}$、$N_{\text{DNN}}^{\text{w}} < N_{\text{AG}}^{\text{w}} < 2N_{\text{DNN}}^{\text{w}}$。

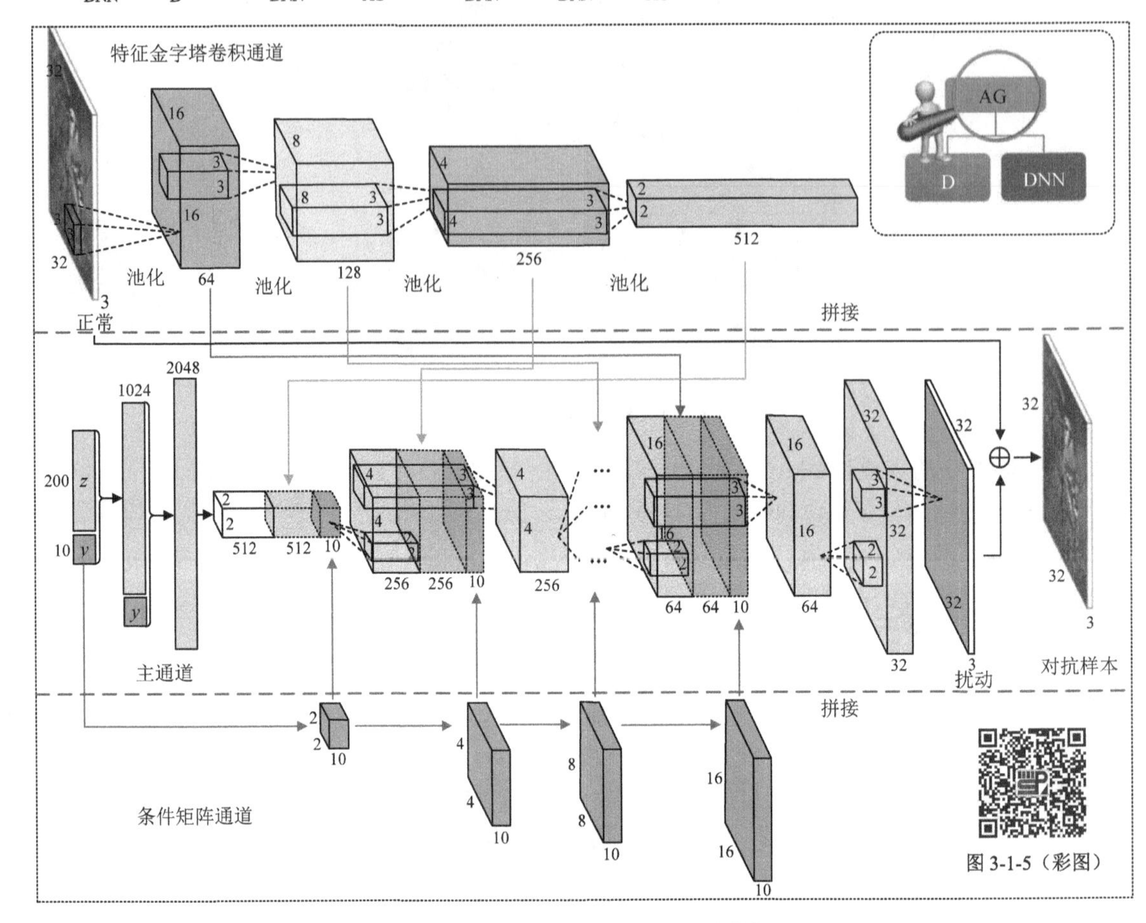

图 3-1-5（彩图）

图 3-1-5　多通道级联的 AG 网络结构框图

训练过程中对 AG、D 和 DNN 之间进行三方非合作博弈，其中 AG 对 DNN 实施有效攻击，D 对扰动实施有效限制。这里为 AG-D 和 AG-DNN 设计了交替对抗训练策略，其中 AG 直接与 D 和 DNN 交互，D 和 DNN 通过 AG 网络间接相互影响。三方博弈算法可以描述为

$$\begin{cases} \min\limits_{\text{AG}} \max\limits_{\text{D}} \quad V_1(\text{D},\text{AG}) = \underset{x\sim p_{\text{data}}}{E}[\lg(\text{D}(x\,|\,y))] + \underset{x\sim p_{\text{AG}}}{E}[\lg(1-\text{D}(x\,|\,y))] \\ \min \quad \max \quad V_2(\text{DNN},\text{AG}) = \underset{x\sim p_{\text{data}}}{E}[\lg(\text{DNN}^{j}(x))] \\ \qquad\qquad \underset{x\sim p_{\text{AG}}}{E}[\lg(\text{DNN}^{j}(x)) + t\lg(1-\text{DNN}^{j'}(x))] \\ \text{s.t.} \quad j = \operatorname{argmax}(\boldsymbol{y}), j' = \operatorname{argmax}(\boldsymbol{y}_t), t = \begin{cases} 0, & \text{无目标攻击} \\ 1, & \text{目标攻击} \end{cases} \end{cases} \tag{3-1-23}$$

在三方博弈过程中，AG 和 D 之间的博弈设计是为了在保证优化扰动的同时，产生与真实数据分布相似的扰动；AG 和 DNN 之间的博弈是为了生成具有强攻击能力的对抗样本。在这些相互矛盾的目标之间存在必要的权衡，因此设计了一种交替对抗训练算法，用于 DNN 和 D 之间的间接协同作用，实现大规模生成具有小扰动和强攻击能力的对抗样本。

2. 实验与分析

1）实验设置

数据集：实验使用 MNIST、Fashion-MNIST、CIFAR-10、ImageNet64 数据集。对于每个

数据集，分别随机选择 1000 张和 200 张图像进行无目标攻击和目标攻击。

深度模型：实验选用 AlexNet、VGG16、VGG19、Inception-v3 (Inc-v3)、Inception-v4 (Inc-v4)和 Inception ResNet v2 (IncRes-v2)作为攻击的目标深度模型。在实验中，深度模型的复杂度与数据集相匹配。例如，由于 MNIST 是小数据集且任务简单，使用 AlexNet、VGG16 和 VGG19 模型。对于复杂大规模数据集，如 ImageNet64，采用 VGG19、Inc-v3、Inc-v4 和 IncRes-v2 模型。所有目标深度模型都使用“stop early”策略进行训练，以避免过拟合问题。训练集、验证集、测试集的比例为 7∶1∶2。

攻击基线算法：选用 FGSM、MI-FGSM、C&W 和 AdvGAN 作为基线算法。

评估指标：为了更加准确地评价对抗样本，采用了精细化评价指标，这些指标是基于扰动评价和攻击效果评价确定的。

单个对抗样本的扰动质量评价指标主要包括扰动峰值（perturbation peak，PP）、扰动方差（perturbation variance，PV）、扰动强度（perturbation intensity，PI），具体定义如下：

$$
\begin{cases}
\mathrm{PP}=\max\left\{\sqrt{\sum_{k=1}^{3}\rho(i,j,k)^2}\right\} \\
\mathrm{PV}=\sum_{k=1}^{3}\dfrac{\sum_{i=1}^{M}\sum_{j=1}^{N}(\rho(i,j,k)-\overline{\rho(k)})^2}{MN} \\
\mathrm{PI}=1-\exp\left(-\dfrac{\|x-x^*\|_2}{\sigma^2}\right)
\end{cases}
\tag{3-1-24}
$$

其中，考虑具有 RGB 三通道图像的扰动 $\rho(i,j,k)=x^*(i,j,k)-x(i,j,k)$；$\overline{\rho(k)}$ 表示第 k 通道的平均像素值；σ 表示高斯核宽度；$i=1,2,\cdots,M$；$j=1,2,\cdots,N$。较小的 PV 值表示扰动分布均匀，较小的 PI 值表示对抗图像中的扰动较少。

攻击效果评级包括攻击能力（attack ability，AA）、攻击成功率（ASR）、攻击能力的迁移性（transferability of the attack ability，TAA）、攻击成功率的迁移性（transferability of the attack success rate，TASR），具体定义如下：

$$
\begin{cases}
\mathrm{AA}=\begin{cases}\dfrac{[(p_{l_{\text{true}}}-p^*_{l_{\text{true}}})+(p^*_{l_{\text{tar}}}-p_{l_{\text{tar}}})]}{2}, & l_{\text{pre}}=l_{\text{tar}}，\text{目标攻击} \\ \dfrac{[(p_{l_{\text{true}}}-p^*_{l_{\text{true}}})+(p^*_{l_{\text{pre}}}-p_{l_{\text{pre}}})]}{2}, & l_{\text{pre}}\neq l_{\text{true}}，\text{无目标攻击}\end{cases} \\
\mathrm{ASR}=\begin{cases}\dfrac{\mathrm{sumNum}(x^*|_{l_{\text{pre}}=l_{\text{tar}}})}{\mathrm{sumNum}(x)}, & \text{目标攻击} \\ \dfrac{\mathrm{sumNum}(x^*|_{l_{\text{pre}}\neq l_{\text{true}}})}{\mathrm{sumNum}(x)}, & \text{无目标攻击}\end{cases} \\
\mathrm{TAA}=\dfrac{\sum_{i=1}^{n}\mathrm{AA}_i^{\text{new}}}{n} \\
\mathrm{TASR}=\dfrac{\sum_{i=1}^{n}\mathrm{ASR}_i^{\text{new}}}{n}
\end{cases}
\tag{3-1-25}
$$

其中，$p_{l_{\text{true}}}$、$p_{l_{\text{tar}}}$、$p_{l_{\text{pre}}}$ 分别表示正常样本被分类为真实标签（l_{true}）、预设目标标签（l_{tar}）、预

测标签（l_{pre}）的置信度；$p^*_{l_{\text{true}}}$、$p^*_{l_{\text{tar}}}$、$p^*_{l_{\text{pre}}}$ 分别表示对抗样本被分类为真实标签、预设目标标签、预测标签的置信度；sumNum(·)表示样本数量；AA_i^{new} 和 ASR_i^{new} 分别表示对抗样本在第 i 个新深度模型中的攻击能力和攻击成功率。AA 值越大表示攻击能力越强，ASR 越大表示攻击效果越好。较大的 TATASR 值表示攻击算法有着更显著的攻击泛化性。

传统面向对抗攻击的有效性评估仅限于 PP、PV 和 ASR。这里引入了新的度量 PI、AA、TAA 和 TASR，以更全面地评估在不同数据集上对不同深度模型的攻击效果。与 PP 和 PV 相比，PI 衡量了由高斯核函数投影的高维希尔伯特空间中的距离。PI 通过变换核心宽度来调整空间复杂度，从而灵活地测量对抗样本与正常样本之间的距离。利用高斯核函数的空间投影为评估对抗样本的扰动提供了一种新思路。ASR 是基于标签翻转来衡量攻击效果的，而标签翻转是通过置信度变化来实现的。因此，AA 是比 ASR 更详细的度量，通过计算每个样本在攻击前后的置信度变化来衡量攻击效果。在 ASR 的基础上，设计了 TASR 来衡量针对黑盒深度模型的攻击迁移效果。与 TASR 类似，TAA 从置信度的统计显著性来衡量攻击效果。

2）攻击结果与分析

由于对特定标签的输出要求，目标攻击显然比无目标攻击更难执行。表 3-1-3、表 3-1-4 分别比较了在 MNIST、CIFAR-10 数据集上的白盒目标攻击和无目标攻击结果，其中“Time”表示生成单个对抗样本的平均时间，“acc”表示深度模型在原始测试数据集上的分类准确率。

根据实验结果可以得出，MAG-GAN 生成的对抗样本比基线算法具有更强的攻击能力和更隐蔽的对抗扰动。对于给定的数据集，MAG-GAN 相比于所有实现类似攻击效果的基线方法，产生的对抗扰动最小。例如，在不同的数据集中，MAG-GAN 的 PP、PV 和 PI 指标占据 Top1 的比例分别为 77.8%、72.2%和 94.4%，最大化了扰动隐蔽效果。基线方法的对抗扰动较大的原因在于，FGSM 的扰动优化简单地基于梯度，在每次迭代中具有固定的扰动步长，且迭代停止条件是输出标签的改变，这导致相对较大的扰动。作为对 FGSM 的改进，MI-FGSM 采用了带有衰减因子的动量引导。尽管提出的动量策略可能会产生更优的对抗扰动，但扰动步长仍然是固定的。最先进的白盒攻击方法是 C&W，它通过修改目标函数来实现最优攻击效果。但是在大多数情况下，MAG-GAN 的性能仍然优于 C&W。这是因为 C&W 的置信度参数虽然提高了攻击的可靠性，但也导致了较大的扰动和较慢的攻击速度。相比于 AdvGAN，在攻击的稳定性和扰动的隐蔽性方面仍然是 MAG-GAN 占优。

表 3-1-3　在 MNIST 数据集上的白盒目标/无目标攻击结果

类型	目标模型	攻击方法	指标					
			PP	PV	PI	AA	ASR/%	Time/s
无目标攻击	AlexNet acc=0.972	FGSM	0.4312	10.31	0.2095	0.6018	94.3	0.06
		MI-FGSM	0.2489	3.21	0.2155	0.8001	100.0	0.13
		C&W	0.3025	1.63	0.2582	0.7381	100.0	10.5
		AdvGAN	0.2569	1.01	0.2364	0.6712	100.0	0.01
		MAG-GAN	0.2152	0.89	0.1923	0.8569	100.0	0.01
	VGG16 acc=0.989	FGSM	0.4121	12.59	0.2518	0.6361	92.1	0.06
		MI-FGSM	0.2112	2.31	0.2986	0.7319	98.3	0.15
		C&W	0.2324	1.93	0.2511	0.6588	100.0	11.2
		AdvGAN	0.2565	0.95	0.2421	0.8206	100.0	0.02
		MAG-GAN	0.2365	0.91	0.2311	0.9011	100.0	0.013

续表

类型	目标模型	攻击方法	指标					
			PP	PV	PI	AA	ASR/%	Time/s
无目标攻击	VGG19 acc=0.991	FGSM	0.4521	8.49	0.2695	0.6156	90.5	0.06
		MI-FGSM	0.3064	3.38	0.3002	0.7839	98.9	0.15
		C&W	0.2565	1.98	0.2805	0.7038	100.0	11.2
		AdvGAN	0.2539	1.02	0.2701	0.7666	100.0	0.02
		MAG-GAN	0.2569	0.96	0.2321	0.8213	100.0	0.025
目标攻击	AlexNet acc=0.972	FGSM	0.3912	12.32	0.2965	0.5123	91.1	0.06
		MI-FGSM	0.2359	5.12	0.2356	0.7459	97.6	0.15
		C&W	0.2925	2.13	0.2656	0.6459	100.0	13.25
		AdvGAN	0.2612	1.95	0.2311	0.6981	98.3	0.01
		MAG-GAN	0.2213	1.02	0.2013	0.8016	100.0	0.01
	VGG16 acc=0.989	FGSM	0.3915	13.25	0.2635	0.5962	91.5	0.09
		MI-FGSM	0.2312	3.12	0.3012	0.6912	97.8	0.16
		C&W	0.2512	2.36	0.2498	0.6101	100.0	13.66
		AdvGAN	0.2436	1.23	0.2365	0.8012	97.1	0.01
		MAG-GAN	0.2231	1.32	0.2411	0.8569	100.0	0.02
	VGG19 acc=0.991	FGSM	0.4125	10.21	0.2516	0.5962	87.5	0.09
		MI-FGSM	0.2913	3.99	0.3156	0.7568	97.9	0.19
		C&W	0.2635	2.35	0.3012	0.7012	100.0	15.63
		AdvGAN	0.2621	1.23	0.2655	0.7015	97.9	0.01
		MAG-GAN	0.2442	1.12	0.2436	0.7912	100.0	0.02

表 3-1-4　在 CIFAR-10 数据集上的白盒目标/无目标攻击结果

类型	目标模型	攻击方法	指标					
			PP	PV	PI	AA	ASR/%	Time/s
无目标攻击	AlexNet acc=0.909	FGSM	0.4342	9.56	0.2285	0.6175	91.8	0.068
		MI-FGSM	0.2731	3.83	0.2535	0.8243	98.2	0.151
		C&W	0.3241	2.02	0.2742	0.7513	100.0	12.42
		AdvGAN	0.2771	1.62	0.2541	0.6953	95.6	0.018
		MAG-GAN	0.2362	1.16	0.2125	0.8767	100.0	0.021
	VGG16 acc=0.916	FGSM	0.3491	11.13	0.2687	0.6508	90.2	0.069
		MI-FGSM	0.2592	2.93	0.3175	0.7497	98.9	0.182
		C&W	0.2548	2.36	0.2703	0.6723	100.0	10.56
		AdvGAN	0.2813	1.38	0.2638	0.8391	95.2	0.028
		MAG-GAN	0.2545	1.42	0.2506	0.9171	100.0	0.026
	VGG19 acc=0.933	FGSM	0.4618	8.52	0.2855	0.6302	89.5	0.071
		MI-FGSM	0.3274	3.72	0.3138	0.7995	98.1	0.189
		C&W	0.2913	2.65	0.2955	0.7144	100.0	13.12
		AdvGAN	0.2805	1.23	0.2905	0.7936	97.6	0.028
		MAG-GAN	0.2781	1.21	0.2567	0.8496	100.0	0.03

续表

类型	目标模型	攻击方法	指标					
			PP	PV	PI	AA	ASR/%	Time/s
目标攻击	AlexNet acc=0.909	FGSM	0.4196	8.24	0.3019	0.5384	90.5	0.082
		MI-FGSM	0.2621	3.84	0.2647	0.7691	97.5	0.17
		C&W	0.3212	5.27	0.2787	0.6702	100.0	13.37
		AdvGAN	0.2673	1.79	0.2561	0.7195	93.8	0.032
		MAG-GAN	0.2424	1.21	0.2201	0.8265	100.0	0.04
	VGG16 acc=0.916	FGSM	0.4192	11.75	0.2887	0.6285	89.5	0.14
		MI-FGSM	0.2585	3.45	0.2995	0.7122	97.2	0.19
		C&W	0.3024	2.62	0.2704	0.628	100.0	14.11
		AdvGAN	0.2615	1.47	0.2636	0.8346	94.9	0.034
		MAG-GAN	0.2534	1.61	0.2431	0.8702	100.0	0.042
	VGG19 acc=0.933	FGSM	0.4322	7.28	0.2774	0.6102	88.3	0.12
		MI-FGSM	0.2962	3.32	0.3088	0.7829	96.9	0.22
		C&W	0.3087	2.57	0.2962	0.7214	100.0	15.13
		AdvGAN	0.2728	1.79	0.2838	0.7923	95.3	0.032
		MAG-GAN	0.2636	1.52	0.2609	0.8036	100.0	0.042

在表 3-1-3 中，对于 MNIST 数据集上针对 VGG16 模型的无目标攻击，MAG-GAN 除了 PP 值（0.2365）大于 MI-FGSM 的（0.2112）外，其他指标都优于基线算法。但是，通过进一步实验发现，当 MAG-GAN 的 PP 值与 MI-FGSM 的相等时，MAG-GAN 的 ASR 指标仍然高于 99.0%，说明其能够保持稳定的攻击能力。对于 MNIST 数据集上针对 VGG16 模型的目标攻击，MAG-GAN 的 PI 值（0.2411）大于 AdvGAN 的（0.2365），当降低 MAG-GAN 的 PI 值接近 AdvGAN 的时候，MAG-GAN 的 ASR 指标仍然保持在 99.1%，高于 AdvGAN 的 97.1%。对于 MNIST 数据集上针对 VGG19 模型的无目标攻击，MAG-GAN 的 PP 值（0.2569）大于 AdvGAN 的（0.2539），当 MAG-GAN 和 AdvGAN 的 PP 值相同时，MAG-GAN 的 ASR 指标仅下降 1.1%。通过观察表中的数据可以知道，与基线攻击方法相比，MAG-GAN 在除 VGG16 之外的所有模型和所有数据集中都实现了最佳扰动限制。为了最大限度地提高对 VGG16 的攻击成功率，需要将 MAG-GAN 的扰动程度提高到阈值范围上限。实验结果表明，在一定范围内，随着目标模型的结构复杂度增加，扰动随之增加，而 MAG-GAN 的扰动增量最小。

3. 小结

与先进的基线算法相比，MAG-GAN 方法能够大规模生成高质量的对抗样本，具有更好的攻击性能和更少的扰动。

3.1.4.3 基于注意力机制的隐藏层特征攻击方法

已有攻击主要集中在如何达到更好的攻击性能，但忽略了理解和分析对抗扰动和目标标签之间的相关性。基于全局梯度信息的扰动添加导致了冗余，会造成样本的严重失真。为了解决这些问题，下面从模型隐藏层特征出发，基于注意力机制设计了白盒目标攻击方法——FineFool。

1. 方法设计

FineFool 攻击方法整体框图如图 3-1-6 所示。图中，“良性图像”是高为 H、宽为 W 的 RGB 三通道良性图像；“深度模型”表示待攻击的目标深度模型，它是通过良性数据集训练的；特征图表示深度模型的浅层特征输出，该层特征高为 H'、宽为 W'、深度为 c，其中 H'、W'和 c

取决于卷积核的大小；重构特征图是重构后的特征图；通道空间注意模块用于产生通道空间注意权重 W_c；像素空间注意模块用于生成像素空间注意权重 W_p；W_p 与每一个像素点相乘，得到高为 H、宽为 W 的单通道示意图。图中的扰动被放大 50 倍以获得更清晰的可视化。

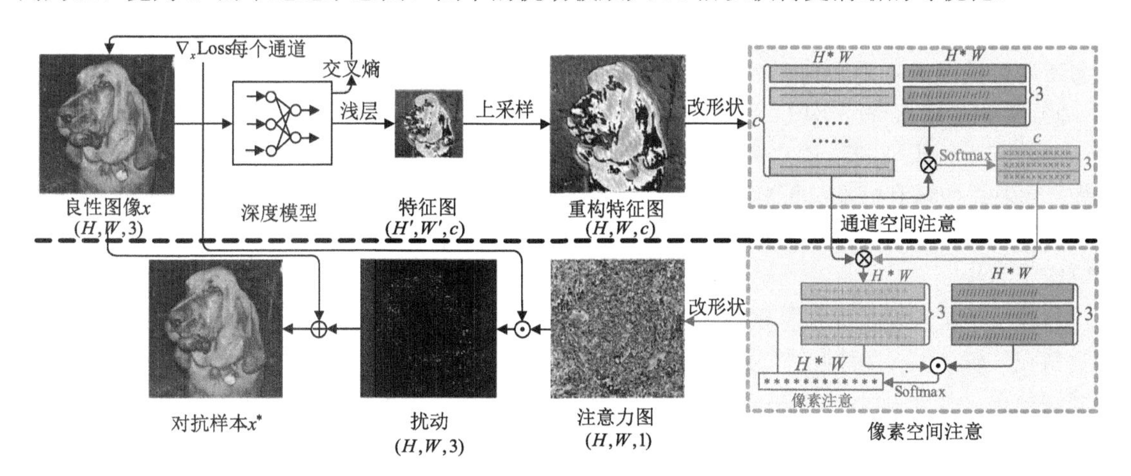

图 3-1-6 FineFool 攻击方法整体框图

1）对抗攻击的扰动分布

图 3-1-6（彩图）

深度模型的性能不仅与目标对象轮廓的定位精度有关，而且与待攻击目标对象的区域范围有关。图 3-1-7 显示了不同攻击方法针对 ResNet-v2 模型生成的对抗样本，以及相应的 Grad-CAM 图。Grad-CAM 图清楚地显示了人眼无法察觉的深度模型对于良性样本和对抗样本之间的关注差异。可以看出，在神经网络隐藏层的前向传播过程中，不可见的对抗扰动被不断放大，最终影响了深度模型“看到”的范围。对抗攻击导致深度模型缩小了能“看到”的目标区域范围，扩大了背景区域的范围，从而导致预测出错。

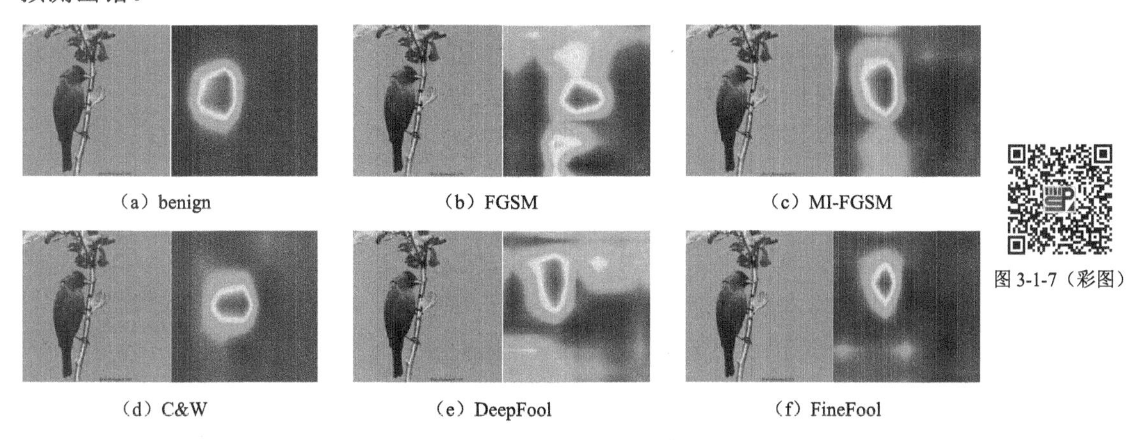

图 3-1-7（彩图）

图 3-1-7 良性样本和对抗样本的注意力区域可视化图

这与目标轮廓的错误定位导致预测错误的结论是一致的。因此可以得到，产生对抗攻击一方面是因为深度模型对目标对象轮廓的注意力被削弱了，从而限制其能够观察到的浅层区域；另一方面是因为错误的轮廓定位扩大了背景的范围。因此，可以从以下两个方面设计攻击方法：削弱深度模型对目标对象轮廓的定位精度、缩小被观察的目标区域的范围。

实际上，梯度可以看作输入像素对输出置信度敏感性的定量评估。考虑卷积核本质上是一个过滤器，并且不同的卷积核对同一图像提取不同的特征。由于缺乏有效的纹理特征，背景信息可能在前向传播中被过滤掉。相反，目标对象在前向传播过程中由于其轮廓周围有丰富的纹理特征而被保留，从而避免了反向传播中的梯度消失问题。为避免添加的扰动被防御方法过滤或破坏，FineFool 尝试将扰动集中在包含轮廓信息的分类特征分布上，其中与特征图相关的注意力扰动对抗技术被用于捕捉目标对象的轮廓特征。

2）空间注意力特征提取

通常有两种类型的注意力扰动对抗技术：硬注意力和软注意力。其中硬注意力是一个随机过程，它根据伯努利分布分配权重；软注意力是一种参数加权方法，可以嵌入深度模型的结构中进行端到端的训练。FineFool 采用软注意力特征搜索目标对象的轮廓信息，并在其附近添加不可察觉的扰动。

与浅层特征相比，深层特征具有更大的视野，但空间信息显著减少。因此，需要通过双线性插值在与输入样本相同的维度空间中重建浅层特征，而特征图的不同通道对应不同卷积核的滤波结果。用于扰动分布搜索的注意力扰动对抗技术包括通道空间注意力和像素空间注意力。前者通过对特征图的不同通道加权计算特征分布，后者则通过对特征图的不同像素加权确定像素区域。

通道空间注意力权重在图 3-1-6 中表示为纹路“x”的矩形，定义为

$$\boldsymbol{W}_c = \text{Softmax}(\boldsymbol{x}^{re} \otimes \boldsymbol{\varphi}^{\mathrm{T}}) \tag{3-1-26}$$

其中，$\boldsymbol{x}^{re} \in \mathbb{R}^{3\times l}$ 是变形后的良性样本，即图中通道空间模块所示的纹路为“/”的矩形；$\boldsymbol{\varphi} \in \mathbb{R}^{c\times l}$ 表示变形重构的特征图，即图中通道空间模块所示的纹路为“-”的矩形。重构的特征图是从原始特征图上采样得到的，原始特征图是目标深度模型在高 H'、宽 W'、深度 c 通道的浅层特征层的输出，其中 H'、W'、c 取决于卷积核的大小。$\boldsymbol{\varphi}^{\mathrm{T}} \in \mathbb{R}^{c\times l}$ 表示 $\boldsymbol{\varphi}$ 的转置，$l = H \times W$，其中 H 和 W 分别表示良性样本的高和宽，c 表示特征图输出层的深度。$\otimes$ 表示矩阵乘法。

像素空间注意力权重在图 3-1-6 中表示为纹路“*”的矩形，定义为

$$\boldsymbol{W}_p = \text{Softmax}(\boldsymbol{W}_c^{re} \odot \boldsymbol{x}^{re}) \tag{3-1-27}$$

其中，$\boldsymbol{W}_c^{re} = \boldsymbol{W}_c \otimes \boldsymbol{\varphi}$ 且 $\boldsymbol{W}_c^{re} \in \mathbb{R}^{3\times l}$ 表示重构的通道空间注意力权重，表示为图中像素空间注意力模块中纹路为“+”的矩形。$\odot$ 表示对应元素相乘再列项求和。

由于特征图中存在局部关键信息，像素空间注意力权重被再次变形以产生注意力图 $\boldsymbol{W}_{\text{map}} \in \mathbb{R}^{H\times W\times 1}$，用于将扰动集中在良性样本的关键分类特征上。扰动计算公式如下：

$$\boldsymbol{\rho}_i = \boldsymbol{W}_{\text{map}} \times \frac{\nabla_x J(x^i, y)}{\| \nabla_x J(x^i, y) \|_1} \tag{3-1-28}$$

其中，$i = 1,2,3$ 对应良性样本的 RGB 通道；∇_x 表示下降梯度；$J(\cdot,\cdot)$ 表示模型的交叉熵。

对抗样本计算公式为

$$x^* = x + \rho \tag{3-1-29}$$

进一步，采用迭代优化计算合适的扰动，利用动量信息提高攻击性能。基于动量的 FineFool，具体损失函数定义为

$$J(x,y) = \begin{cases} \max(-\kappa, Z(x)_y - \max(Z(x)_{y'} |_{y'\neq y})) + \| x - x_0 \|_2^2，\text{无目标攻击} \\ \max(-\kappa, Z(x)_y - Z(x)_{y_t'}) + \| x - x_0 \|_2^2，\text{目标攻击} \end{cases} \tag{3-1-30}$$

其中，$\kappa \geqslant 0$ 是超参数，设置较大的 κ 意味着得到的对抗样本可靠性更高；x_0 表示初始样本；y_t' 表示目标标签；$Z(x)$ 是输出置信度值；$\| x - x_0 \|_2^2$ 是用于约束扰动大小的正则化项。

2. 实验与分析

1）实验设置

数据集：实验在 MNIST、CIFAR-10、ImageNet 等数据集上进行。对于 MNIST 和 CIFAR-10 数据集，每次攻击生成 10000 个对抗样本作为对抗测试集。对于 ImageNet 数据集，每次攻击生成 2000 个对抗样本作为对抗测试集。

模型：对于 MNIST 数据集，采用简单分类模型 CNN-Mnist-1。对于 CIFAR-10 数据集，使用 ResNet32 和 ResNet56 模型。

基线攻击方法：实验中使用 FGSM、MI-FGSM、PGD、BIM、DeepFool 和 C&W 作为基线攻击方法。在攻击过程中采用最优的默认参数，扰动步长 α=0.001，最大迭代次数 T=1000。

防御方法：实验中采取了两种不同的防御措施。首先是图像变换，它是输入修改防御的一种，记为"Def. 1"。第二种是高斯模糊，它是附加网络防御的一种，记为"Def. 2"，其中参数 σ=1，内核大小为 3×3。高斯模糊类似于单层卷积，相当于加了一层扰动滤波网络。

评估指标：在实验中，采用平均值、零范数、二范数、无穷范数来评估扰动，分别表示为 mean(ρ)、$L_0(\rho)$、$L_2(\rho)$和 $L_\infty(\rho)$。为了量化不同攻击方法的目标面积减少程度，采用了 Grad-CAM 的面积比（area ratio of Grad-CAM，ARGC）指标。

2）白盒攻击性能对比

FineFool 的白盒攻击结果如表 3-1-5、表 3-1-6 所示。具体攻击效果通过扰动的平均值、范数、ASR 和生成单个对抗样本的时间来评估。

根据两表所示的结果，可以观察到 FineFool 有以下优势：在攻击速度方面，FineFool 的时间成本接近 FGSM，但同时能够产生更微小的扰动且实现更高的 ASR 指标。在攻击性能方面，FineFool 的 ASR 和扰动与 C&W 相当接近。然而，FineFool 的平均攻击速度却比 C&W 快大约 100 倍。此外，FineFool 的平均扰动和 ASR 指标是优于针对复杂目标深度模型的复杂数据集（如 ImageNet）上所有基线算法的。此外，FineFool 采用了注意力扰动对抗技术，因此获得了比采用动量策略的 MI-FGSM 更好的攻击性能。与简单的迭代攻击 BIM 相比，FineFool 由于关注关键位置的扰动，因此在所有指标上都表现最佳，并且减少了迭代步骤。可以看出，在目标攻击过程中，所有攻击方法的攻击性能都有所下降，但是 FineFool 的下降幅度最小。

表 3-1-5　在 MNIST 数据集上的白盒攻击结果比较

模型	类型	攻击	指标					
			mean(ρ)	$L_0(\rho)$/%	$L_2(\rho)$	$L_\infty(\rho)$	ASR/%	Time/s
CNN-Mnist-1	无目标	FGSM	0.0514	59.29	1.93	0.095	97.30	0.211
		MI-FGSM	0.0348	62.57	1.28	0.064	98.65	0.851
		PGD	0.0131	66.18	1.19	0.066	98.65	3.179
		BIM	0.0238	67.11	0.99	0.177	98.60	0.892
		DeepFool	0.0191	67.91	0.92	0.163	98.60	0.334
		C&W	0.0324	64.64	0.89	0.113	98.35	13.934
		FineFool	0.0221	55.13	0.93	0.053	99.20	0.078
	目标	FGSM	0.0954	65.47	2.85	0.099	18.35	0.271
		MI-FGSM	0.0583	68.99	2.14	0.087	96.85	1.045
		PGD	0.0528	69.91	2.04	0.069	98.50	3.533
		BIM	0.0323	65.61	1.89	0.168	98.55	1.019
		DeepFool	0.0283	66.49	1.75	0.137	89.45	0.407
		C&W	0.0286	63.03	1.83	0.119	94.40	14.384
		FineFool	0.0361	60.82	1.76	0.071	99.55	0.159

表 3-1-6　在 CIFAR-10 数据集上的白盒攻击结果比较

模型	类型	攻击	指标					
			mean(ρ)	$L_0(\rho)$/%	$L_2(\rho)$	$L_\infty(\rho)$	ASR/%	Time/s
ResNet32	无目标	FGSM	0.0899	99.78	5.27	0.109	100	0.096
		MI-FGSM	0.0121	98.83	1.12	0.012	100	0.332
		PGD	0.0118	99.29	1.11	0.012	100	1.008
		BIM	0.0109	99.79	0.88	0.019	100	0.287
		DeepFool	0.0112	99.79	0.69	0.012	100	0.087
		C&W	0.0117	100	0.78	0.022	100	16.518
		FineFool	0.0106	74.73	0.63	0.011	100	0.187
	目标	FGSM	0.1046	99.37	6.79	0.114	30.75	0.203
		MI-FGSM	0.0908	98.87	2.25	0.013	78.60	0.399
		PGD	0.0131	98.02	2.24	0.015	88.65	1.146
		BIM	0.0557	97.35	1.97	0.021	77.15	0.423
		DeepFool	0.0139	99.01	1.76	0.014	88.80	0.221
		C&W	0.0419	98.12	1.84	0.024	94.65	18.218
		FineFool	0.0173	80.84	1.72	0.012	99.25	0.215

但是，也可以从表 3-1-6 中观察到 FineFool 的性能并不总是最好的。例如，与其他基线相比，当在 MNIST 上针对 CNN-Mnist-1 进行无目标和目标攻击时，FineFool 的 ρ 值（0.0221，0.0361）并不是最小的。这可能是由于对结构简单的目标模型，跨越决策边界所需的扰动不仅仅位于目标轮廓附近导致的。

基于上述分析，可以得出以下结论：FineFool 在 ASR 和扰动方面与 C&W 相当，但在攻击速度方面优于 C&W。FineFool 在针对不同目标模型的不同数据集上具有相对稳定的攻击性能。FineFool 能够通过关注深度特征信息，实现对复杂数据集和复杂深度模型的更好攻击。对于目标攻击，FineFool 可以清楚地区分需要添加的扰动位置，以便获取不同的目标标签预测结果。

FineFool 性能突出的原因分析如下：首先，FineFool 应用注意力扰动对抗技术来搜索更关键的对抗扰动位置，这样可以在保持攻击性能的同时减少攻击迭代次数并加快攻击速度。其次，注意力扰动对抗技术可以关注目标模型中深层的细节，在攻击复杂的深度模型时效果更好。最后，注意力扰动对抗技术可以集中和区分扰动位置以攻击不同的目标标签，从而确保目标攻击的有效性。

3. 小结

在对抗攻击研究过程中，通过可视化进行了重要观察，即扰动与目标对象轮廓之间存在强相关性。为了产生更有效的对抗样本，通过将特征聚焦到目标对象轮廓上实现更小的扰动添加。FineFool 有效性的关键在于设计通道空间注意力和像素空间注意力，分别关注通道特征分布和像素区域分布。前者减少了深度模型的关注区域，而后者实现了目标轮廓的错误定位。

3.1.4.4　基于反插值优化的对抗攻击方法

现有的大部分对抗攻击都面临以下挑战：①不稳定性：对于不同的输入样本，无法保证能完全攻击成功；②弱迁移性：对于目标模型可以攻击成功，但生成的对抗样本输入其他预测模型中时，则有可能失效；③脆弱性：当面对部署了预处理过程或者其他防御策略的深度模型时，对抗样本可能会失效。本节通过反推云平台所依赖的深度学习框架中的插值运算，利用其漏洞提出了一种全新的攻击算子反插值（anti-interpolation）。算子基于优化，可以任意修改图像插值过程的输出。插值过程作为模型预处理的重要一环，其输出将会被输入模型中从而直接决定最终预测结果。因此攻击者可以利用算子来优化输入样本，从而使预测发生改变，达到攻击的目的。

1. 方法设计

插值作为图像预处理过程的核心手段之一，主要作用是通过上采样或者降采样，将输入图像重新设置为目标尺寸大小，以保证能正常输入模型并顺利参与前向传播过程。插值可以表示为$I_{h,w}=f_i(I_{H,W})$，其中H和h分别表示插值前后的图像高度，W和w则是插值前后的图像宽度。插值的输出会作为模型的输入参与前向传播过程，这个流程可以表示为$y=f\left(f_i(I_{H,W})\right)$，其中，$f(\cdot)$和$f_i(\cdot)$分别表示前向传播的预测过程和插值过程，$y$表示最终预测的置信度。

攻击方法以目前最具有代表性的三个深度学习框架为平台，分别是 TensorFlow、PyTorch 和 Caffe。它们都提供了三种广泛使用的插值方法：双线性插值、最近邻插值和双立方插值。三个平台扩展的插值方法的代码分别参考 OpenCV（Caffe）、Pillow（PyTorch）和 TensorFlow。这三种插值方法均属于线性采样，整个过程可以分解为行采样和列采样，等价为图像向量分别左乘和右乘对应的权重矩阵，也就是$f_i(I)=\boldsymbol{W}_{\text{row}}I\boldsymbol{W}_{\text{col}}$，其中$\boldsymbol{W}_{\text{row}}$和$\boldsymbol{W}_{\text{col}}$分别是行采样和列采样的权重矩阵。

1）系统框图

反插值系统框图如图 3-1-8 所示，对于核心图像，肉眼的初始感官是杏色。在插值后变成规范的图像尺寸并输入深度模型中，这便是正常的预测过程。反插值会将插值结果反向投影回去，找出所有的采样区域，将非采样区域完全替换成表层图像。因为非采样点的占比相对较大，肉眼感官上将会忽略杏色的采样区域，而误以为是绿色的表层图像。生成的对抗样本如果输入模型中，经过插值后，又会变回杏色，并输出对应的预测结果。与原始的表层图像相比，就如同修改了采样区域的像素点，却导致预测结果发生改变，由绿色变成了杏色，实现了欺骗的目的。

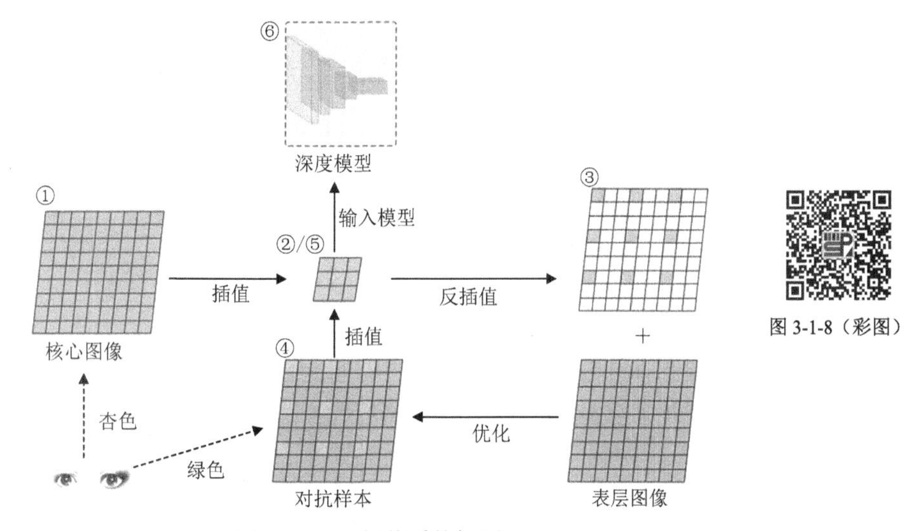

图 3-1-8　反插值系统框图

2）插值建模

插值本质上是采样过程，核心就是采样点选择和对应的权重计算，权重的分配来自于权重矩阵，由插值方法直接决定；采样点的选择则是由图像的尺寸和采样策略共同决定的。输入的图像可以被分为采样区和非采样区两个部分，前者直接和插值输出相关，而后者的修改则不会造成任何影响。如果将这一思路应用于对抗攻击，则可以通过修改采样区的像素点来改变插值输出，从而最终影响输入模型的预测结果；或者大量修改非采样区的像素点，改变图像的视觉感观，导致插值输出和肉眼的观察出现差异，同样也能达到愚弄目标模型的目的。在将插值过程线性化表征后，整个修改图像的过程就可以表示为

$$\begin{aligned} &\boldsymbol{W}_{\text{row}}\boldsymbol{I}\boldsymbol{W}_{\text{col}} = \boldsymbol{W}_{\text{row}}(I_{\text{c}}+\rho)\boldsymbol{W}_{\text{col}} \\ &\Rightarrow \boldsymbol{W}_{\text{row}}\rho\boldsymbol{W}_{\text{col}} = 0 \end{aligned} \tag{3-1-31}$$

其中，权重矩阵$\boldsymbol{W}_{\text{row}}$和$\boldsymbol{W}_{\text{col}}$都线性独立；核心图像$I_{\text{c}}$（core image）由攻击者设置；添加的扰动$\rho$便是方程（3-1-31）的解。当插值的输入尺寸大于输出尺寸时，插值采用降采样，方程（3-1-31）也就变成了欠定方程，对应的解空间非空，方程存在多组解，而所有的解都可以用解空间的基和对应的坐标表示，不同的解对应唯一的坐标。

因此，在求解权重矩阵的解空间的基后，通过设置坐标，就可以得到任意扰动，同时保证方程（3-1-31）的成立，也就是插值的输出不会因为添加扰动而改变。当扰动几乎完全覆盖原图的内容时，肉眼的观察结果就与插值结果以及模型的预测结果相违背。

为了求解，方程（3-1-31）可以被单独分为$\boldsymbol{W}_{\text{row}}\rho$和$\rho\boldsymbol{W}_{\text{col}}$两个部分，根据构建的权重矩阵计算出相应的基矩阵$\boldsymbol{B}_{\text{row}}$和$\boldsymbol{B}_{\text{col}}$，则可以计算出添加的对抗扰动：

$$\rho = \boldsymbol{B}_{\text{row}}\boldsymbol{X}_{\text{row}} + \boldsymbol{B}_{\text{col}}\boldsymbol{X}_{\text{col}} \tag{3-1-32}$$

其中，$\boldsymbol{X}_{\text{row}}$和$\boldsymbol{X}_{\text{col}}$分别是两个基矩阵对应的坐标。值得注意的是，因为零空间的基与权重矩阵是正交的，即权重矩阵$\boldsymbol{W}_{\text{row}}$和$\boldsymbol{W}_{\text{col}}$对应的基矩阵$\boldsymbol{B}_{\text{row}}$和$\boldsymbol{B}_{\text{col}}$的乘积恒等于0，所以攻击者可以设置任意坐标来生成不同扰动，以达到攻击的目的。这对于之后攻击框架的扩展有着重要意义。

为了欺骗模型，攻击者分别设置核心图像I_{c}和表层图像I_{b}（bunker image）。核心图像直接决定插值的最终输出和模型的预测结果，表层图像决定优化后的对抗样本的肉眼观察。反插值以核心图像为优化起点，以表层图像为优化终点，不断优化两个坐标$\boldsymbol{X}_{\text{row}}$和$\boldsymbol{X}_{\text{col}}$，使核心图像添加扰动后不断接近表层图像。当坐标差距小于一定阈值时，优化结束，肉眼将难以区分优化后的图像和表层图像。优化损失函数可以表示为

$$\text{Loss} = \min_{X_{\text{row}},X_{\text{col}}} \left\| I_{\text{c}} + \left(\boldsymbol{B}_{\text{row}}\boldsymbol{X}_{\text{row}} + \boldsymbol{B}_{\text{col}}\boldsymbol{X}_{\text{col}}\right) - I_{\text{b}} \right\| \tag{3-1-33}$$

可以观察到，在I_{c}、I_{b}、$\boldsymbol{B}_{\text{row}}$和$\boldsymbol{B}_{\text{col}}$已知的情况下，损失函数本质上是一个线性问题。采用梯度下降法求解最优值，一方面是因为并不需要求解析解以保证全局最优，一定程度误差的存在依旧能实现欺骗深度模型，采用梯度下降法能快速收敛至最优解附近，同时避免多余的算力浪费；另一方面，如果需要对添加的扰动进行约束以避免范数过大，可以进一步添加正则化项。

3）攻击框架扩展

对抗攻击可以被分为无目标攻击（non-targeted attack）和目标攻击（targeted attack），前者只需要改变添加扰动后的预测结果，而后者还需要改变成特定的类标。相比之下，目标攻击无法有效保证攻击成功率，甚至需要更高的计算消耗。针对这个问题，本节基于反插值，进一步扩展成新的攻击框架，包括目标攻击、无目标攻击和辅助攻击（auxiliary attack，AA）。

目标攻击和无目标攻击：核心图像直接决定模型的预测输出，因此攻击者只需要将其设置为目标类的图像，就可以保证对抗样本目标攻击成功，而针对无目标攻击，随机噪声被设置为核心图像，以保证和原图预测结果不同。为了欺骗肉眼，原样本就作为表层图像参与到优化中。整个攻击框架可以表示为

$$\begin{cases} I_{\text{adv}} = \text{anti}-\text{interpolation}\left(I_{\text{nos}}, I\right), \text{non}-\text{targeted attack} \\ I_{\text{adv}} = \text{anti}-\text{interpolation}\left(I_{\text{tar}}, I\right), \text{ targeted attack} \end{cases} \tag{3-1-34}$$

其中，I、I_{nos}和I_{tar}分别表示原图、随机高斯噪声和目标类图像。

辅助攻击：对抗攻击生成的扰动大多是高精度的、覆盖全图的。在原图上添加扰动后再经

过插值过程，降采样会完全破坏扰动的分布，导致攻击失败。尤其是基于梯度的高细粒度的对抗攻击，插值是致命的存在，会严重影响攻击成功率。辅助攻击的扩展能有效解决这一问题。

与目标攻击和无目标攻击不同的是，辅助攻击并不是将插值作为攻击利用的弱点，而是视为抵御对抗样本的防御策略。反插值目的在于帮助其他对抗攻击生成的对抗样本有效绕过插值，避免因为降采样而失效。关键依旧在于核心图像和表层图像的设置。核心图像设置为其他攻击生成的对抗样本，它将直接参与前向传播过程；而表层图像则选择未修改的原图像，以达到迷惑肉眼的目的。

整个过程就如同将基于原图生成的对抗样本再隐藏回原图中。经过插值的采样后，属于对抗样本的像素点被保留，而原图的像素点则被过滤，最终输出对抗样本作为插值的结果。一方面，反插值作为一个辅助工具，与深度模型部署的插值相互抵消，有效帮助对抗样本绕过了采样过程，增强了鲁棒性；另一方面，对抗样本隐藏于原图中，不仅提升了隐蔽性，使肉眼更加难以察觉，还降低了扰动的整体范数。

值得注意的是，整个攻击框架在优化的过程中，并不依赖于前向传播过程，只有核心图像的预测结果需要与目标一致。因此，一旦在攻击之前选择核心图像，整个过程就与前向传播过程相互解耦。对于修改模型训练策略、改进神经网络结构这类面向模型内部的防御策略，如对抗训练、输入梯度正则化等，并不会影响对抗样本的有效性，因为实际参与前向传播的是核心图像，防御策略不会改变它的最终预测。

反插值的优化并不依赖于单个像素点的精度，存在较高的容错度。即使对抗样本局部被修改，其插值输出和原定的目标，也就是核心图像间存在误差，但输入模型后，依旧能保证预测结果和目标一致。只有大规模的全局修改对抗样本，如滤波降噪，会导致插值输出完全偏离核心图像，进一步使攻击失效。

4）梯度推导

在理想情况下，攻击者被假设为可以访问到目标模型的所有信息，这就是白盒攻击场景。与之相对的是黑盒攻击场景，当深度模型部署成智能应用时，作为攻击者，也就无法访问到其内部的具体细节，包括预处理和前向传播等。为了实施攻击，只能根据有限次的访问以及对应的输出，来构建最终的对抗样本。以此为前提，因为反插值优化中插值的两个采样权重矩阵 $\boldsymbol{W}_{\text{row}}$ 和 $\boldsymbol{W}_{\text{col}}$ 至关重要，而权重矩阵的构建与插值方法（最近邻、双线性和双立方插值）直接相关，所以提出一种利用梯度来有效推导插值方法的策略。

在插值的采样过程中，采样区的多个像素点会在加权相加后成为输出图像上的一个新像素点。非采样区的像素点分配的权重等于 0，而采样区则不等于 0，因此可以通过权重的分配来直接判断采样点的分布。对于不同的插值方法，其采样策略是不同的。双线性插值采样四个像素点对应输出的一个像素点，权重以四宫格形式分配；双立方插值则是以四乘四的矩阵形式采样十六个像素点；最近邻插值仅仅采样一个像素点。综上，权重反映了采样点的分布状况，而插值方法也可以直接从采样点的分布状况推测得出。同时，权重与反向梯度直接挂钩，公式如下：

$$
\begin{aligned}
f'\left(f_i(I)\right) &= \frac{\partial f\left(f_i(I)\right)}{\partial I} \\
&= \frac{\partial f\left(\boldsymbol{W}_{\text{row}} \boldsymbol{I} \boldsymbol{W}_{\text{col}}\right)}{\partial I} \\
&= \boldsymbol{W}_{\text{row}}^{\mathrm{T}} \frac{\partial f\left(\boldsymbol{W}_{\text{row}} \boldsymbol{I} \boldsymbol{W}_{\text{col}}\right)}{\partial\left(\boldsymbol{W}_{\text{row}} \boldsymbol{I} \boldsymbol{W}_{\text{col}}\right)} \boldsymbol{W}_{\text{row}}^{\mathrm{T}} \\
&= \boldsymbol{W}_{\text{row}}^{\mathrm{T}} \boldsymbol{G} \boldsymbol{W}_{\text{col}}^{\mathrm{T}}
\end{aligned} \tag{3-1-35}
$$

其中，$f(\cdot)$ 和 $f_i(\cdot)$ 分别表示前向传播的预测过程和插值过程；$\boldsymbol{G}$ 是反向传播的梯度。梯度在黑盒场景无法利用链式求导法则直接求解，但可以基于有限差分法利用模型输入和输出进行近似：

$$f'_{x,y}(I) \approx \frac{f(I+\Delta I_{x,y}) - f(I-\Delta I_{x,y})}{2\Delta I_{x,y}} \tag{3-1-36}$$

其中，$f'_{x,y}(\cdot)$ 表示求解梯度矩阵中坐标为 (x,y) 的值；I 表示任意输入图像；$\Delta I_{x,y}$ 表示坐标为 (x,y) 的像素点上的单位值。

如图 3-1-9 所示，将反向传播的梯度 $\boldsymbol{G}$ 设置为单位矩阵，则模型输出关于输入近似求导的结果直接与采样权重相关：$f'(f_i(I)) = \boldsymbol{W}_{\text{row}}^{\text{T}}\boldsymbol{W}_{\text{col}}^{\text{T}}$。各个像素点的颜色表示权重的大小，可以通过值是否为零清晰地判断出采样点的分布。同时因为输出尺寸大于输入尺寸，采样点分布稀疏，形成了规律的点阵图。可以通过点阵单元的像素点个数直接推断出插值方法：最近邻插值是 1 个点；双线性插值是 4 个点；双立方插值是 16 个点，因为采样范围大，各个点阵单元之间出现重叠，使得结果图整体权重都偏大，背景颜色也就相对加深。

图 3-1-9（彩图）

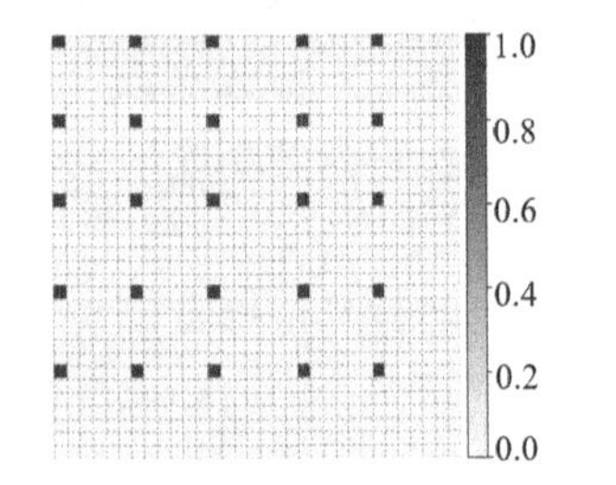

（a）最近邻插值

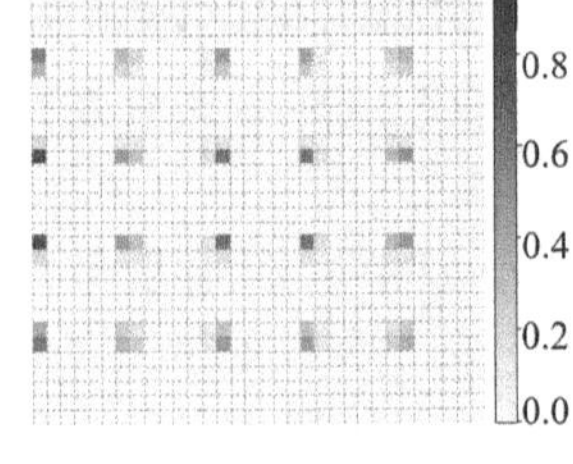

（b）双线性插值

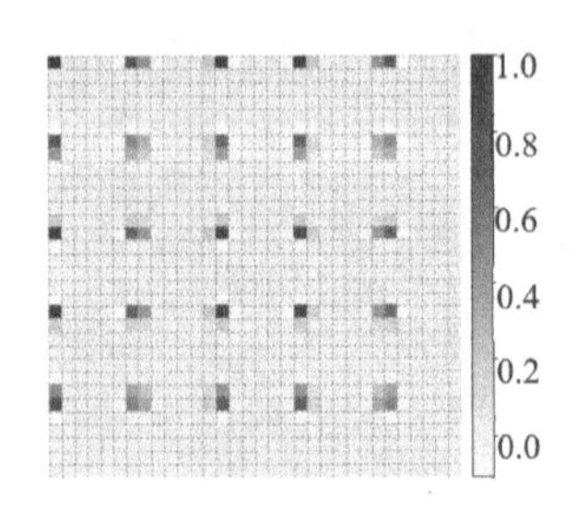

（c）双立方插值

图 3-1-9　梯度推导结果

事实上，梯度推导并不局限于以上三种插值方法，对于其他的采样方法，只要是线性操作并且存在相应的权重矩阵，就可以利用梯度反向推导采样点的分布，如随机采样、随机裁剪等。针对这些预处理方法进行反插值攻击，依旧可以生成有效的对抗样本，但如果采样点过于集中，那么肉眼将会观察到明显的像素点改动，这会降低攻击的隐蔽性。相比之下，三种通用插值方法的采样是全局的、稀疏的，更加容易隐藏添加的扰动。

2. 实验与分析

1）实验设置

数据集：主要对三个公用的图像数据库进行实验，即 CIFAR-10、Mnist 和 ImageNetVal（ImageNet 数据集中的验证集），每个数据集都随机选择 10000 张图像作为实验样本。

目标模型：分别针对三个深度学习平台选择了对应的网络结构，其中，ResNet20 用于 PyTorch，AlexNet 用于 TensorFlow 和 Caffe。

对比算法：针对无目标攻击、目标攻击、辅助攻击和模型修正分别选择了若干对比攻击算法，如表 3-1-7 所示。

表 3-1-7　实验的对比算法

类型	对比算法
无目标攻击	Un-targeted Momentum Iterative FGSM（U-MI-FGSM），PGD，FGSM
目标攻击	Targeted Momentum Iterative FGSM（T-MI-FGSM），C&W
辅助攻击	elastic-net attacks to deep neural networks（EAD），DeepFool，C&W，PGD，FGSM
模型修正	U-MI-FGSM，FGSM，EAD，C&W

防御策略：为了有效评估各种对抗攻击方法的鲁棒性，选择防御性蒸馏（defensive distillation，DD）、对抗训练（naive adversarial training，NAT）、基于PGD的对抗训练（pgd-based adversarial training，PAT）和输入梯度正则化（input gradient regularization，IGR）来加强神经网络的防御能力。

评价标准：主要用ASR和两种范数（L_0范数和L_2范数）来衡量对抗样本的攻击性能:

$$\mathrm{ASR}=\frac{N}{N_{\mathrm{total}}} \tag{3-1-37}$$

$$\begin{cases} L_0=\dfrac{N_\Delta}{HW}, L_0\text{范数} \\ L_2=\dfrac{\left\|I_{\mathrm{adv}}-I\right\|_2^2}{HW}, L_2\text{范数} \end{cases} \tag{3-1-38}$$

其中，N表示攻击成功的对抗样本数量；N_{total}表示总样本个数；N_Δ表示修改的像素点个数；I_{adv}和I分别表示对抗样本和原图；H和W表示图像的高度和宽度。

2）目标攻击和无目标攻击性能分析

为了分析反插值方法的攻击性能，分别检测了对抗样本在三个深度学习平台上的攻击成功率和范数，并与其他攻击方法相比较，如表3-1-8、表3-1-9所示。反插值攻击在无目标攻击和目标攻击中都实现了100%的攻击成功率，这归因于攻击的特殊机制，保证了对抗样本的稳定性。扰动的L_0范数也仅仅是其他攻击方法的三分之一，这是因为扰动只会修改插值采样区的像素点，而采样区像素点分布相对稀疏。扰动的特殊分布保证了L_2范数维持较低值。

反插值方法与前向传播解耦，只与深度学习平台的插值方法相关。因此，针对通用的插值方法生成的对抗样本，可以同时作用于三个平台，对于三个平台的深度模型都具有迁移性。

表3-1-8 无目标攻击方法攻击深度学习框架的性能比较

平台	指标	攻击方法			
		反插值	PGD	U-MI-FGSM	FGSM
TensorFlow	ASR	100.00%	90.56%	91.67%	62.28%
	L_0	34.50%	94.37%	96.94%	99.99%
	L_2	8.76×10^{-6}	8.98×10^{-3}	3.93×10^{-4}	5.91%
Caffe	ASR	100.00%	94.16%	94.68%	65.71%
	L_0	34.50%	98.73%	99.57%	99.99%
	L_2	8.76×10^{-6}	8.38×10^{-3}	6.42×10^{-3}	9.34%
PyTorch	ASR	100.00%	93.53%	93.08%	67.92%
	L_0	34.50%	92.96%	91.89%	99.99%
	L_2	8.76×10^{-6}	6.56×10^{-3}	8.43×10^{-4}	5.68%

表3-1-9 目标攻击方法攻击深度学习平台的性能比较

平台	指标	攻击方法		
		反插值	C&W	T-MI-FGSM
TensorFlow	ASR	100.00%	82.80%	81.72%
	L_0	36.48%	96.92%	96.65%
	L_2	3.17×10^{-5}	9.66×10^{-3}	7.89%
Caffe	ASR	100.00%	88.48%	82.17%
	L_0	36.48%	97.15%	98.45%
	L_2	3.17×10^{-5}	6.95%	9.38%

续表

平台	指标	攻击方法		
		反插值	C&W	T-MI-FGSM
PyTorch	ASR	100.00%	86.31%	82.26%
	L_0	36.48%	99.36%	97.62%
	L_2	3.17×10^{-5}	2.94%	5.29%

3. 小结

本节提出了一种基于优化的攻击算子：反插值。基于反插值，可以任意调控插值输出以达到修改模型预测输出的目的。因此，反插值一方面可以直接作为一种对抗攻击来欺骗深度模型，另一方面可以作为辅助攻击来帮助攻击绕过插值过程，避免采样造成的负面效果。实验结果验证了该方法攻击各种深度模型的有效性。

3.2 中毒攻击

与对抗攻击不同，中毒攻击主要作用于模型的训练阶段，将中毒样本添加到 DNN 模型的训练数据集中，通过模型的训练或者再训练使得模型中毒。当后门未被激活时，被攻击的模型具有与正常模型类似的表现；当模型中埋藏的后门被攻击者激活时，模型的输出变为攻击者预先指定的标签以达到恶意的目的。

在现实场景中，恶意攻击者可以对模型进行修改和破坏以注入后门，造成严重的后果。如图 3-2-1 所示，攻击者在“停止”交通标志上添加了一个不显眼的便利贴，使“停止”标志被模型识别为“限速”标志。

图 3-2-1 深度学习模型识别停止标志

3.2.1 中毒攻击定义

对模型注入后门，训练中毒模型参数 θ^* 的过程可以看作以下优化问题：

$$\theta^* = \min_r E_{x\in X}[\ell(x+r,t;\theta)] \tag{3-2-1}$$

其中，θ^* 表示模型的训练参数；$x\in X$，表示正常样本集中的一张样本；$\ell(\cdot)$ 表示损失函数；r 表示触发器；t 表示目标类。

训练时，对于带有触发器的样本，模型将学习触发器的特征，将其与中毒目标类 t 进行关联。对于良性样本，模型依旧学习其原有的特征。在测试阶段，当携带有触发器 r 的样本输入模型中，将会刺激模型注入的后门，使模型的预测输出均变成中毒目标类 t。触发攻击，即

$f(x+r)=t$。对于不带触发器的正常样本，模型正常分类，即 $f(x)=y$。

3.2.2 中毒攻击相关的基本概念

1. 中毒攻击特征

相比于其他攻击，中毒攻击更具威胁，包括以下特点[14]：

（1）复杂性：对抗样本攻击主要研究模型推理阶段对于对抗样本的脆弱性，而与推理阶段相比，模型在训练阶段涉及更多的步骤，包括数据采集、数据预处理、模型构建、模型训练、模型保存、模型部署等。更多的步骤意味着攻击者有更多机会，模型的安全威胁也更多。

（2）隐蔽性：中毒攻击对于正常样本来说没有异常，只有当样本具有后门触发器时才会发生异常，因此用户在使用时难以察觉。此外，后门攻击注入的中毒样本通常非常少，仅需 0.5% 左右。

（3）实际性：正常测试集上仍具有良好效果，因此经过中毒攻击的模型很大概率会部署并投入使用。

2. 攻击者能力

从理论上来说，后门攻击者可以获得的知识包括训练模型使用的正常数据以及模型内部的架构和参数。但在实际情况中，攻击者通常可以通过外包或者第三方来收集相关的训练数据，但很难直接访问到模型内部，因此大多数后门攻击方法都是基于正常数据及其标签而展开的。

根据敌手知识，攻击者可以修改模型的内部结构或参数进行后门攻击，或是模型的内部参数来构造生成中毒样本，但在实际情况中更多的是通过修改正常数据及其标签来达到攻击目的，还有不少攻击者可以在不修改中毒数据的标签的情况下进行后门攻击。此外，攻击者通常可以控制模型的训练过程，通过从头训练或重训练来注入后门。

根据后门攻击者获得的知识与可以使用的能力，可以将攻击方法划分为黑盒模型和白盒模型。白盒模型的方法更为常见，其允许攻击者可以访问或获取模型的训练数据。黑盒模型则要求攻击者在无法获取到模型的训练数据的情况下进行攻击，这种情况更接近于真实情况。通常，黑盒模型的后门攻击根据某些方法来生成一些训练样本，然后再使用白盒模型的方法进行攻击。

3. 攻击设置

根据触发器的使用方式，攻击通常分为单对单、多对单、单对多攻击三种类型。单对单攻击指单个触发器激活单类目标后门。仅使某一类别的数据，在添加触发器后被分类为目标类别，其他类别添加触发器后仍正常分类。单对单攻击希望模型学习某一类数据和触发器的特征组合与目标标签之间的联系。多对单攻击使用多个触发器，当多个触发器同时触发时才激活某单类目标的后门，使所有或多个类别的数据，在添加触发器后被分类为目标类别。多对单攻击则希望模型学习触发器本身的特征，从而使模型对所有带有触发器的数据都按照预定的标签输出。单对多攻击则使用同一触发器，根据不同触发强度来激活不同目标的后门。

根据不同的训练方式，攻击可以分为从头训练、微调两种。从头训练使用中毒数据集对模型从零开始进行训练，耗时较长，但效果通常较好。微调使用中毒数据集对已在正常数据集上训练好的模型进行重训练，耗时较短，但有时效果一般。此外，还有一些方法不使用训练的方式注入后门，而是直接篡改模型参数，可以达到与训练注入后门同样的效果。

4. 评价指标

对于深度学习模型中的后门攻击来说，主要通过以下两个指标进行评估。

ASR：指成功使模型误分类为目标类别的中毒样本所占的比例，定义如下：

$$\mathrm{ASR} = \frac{N|_{f(x+r)=t}}{N} \tag{3-2-2}$$

其中，N 表示样本总数；$N|_{f(x+r)=t}$ 为 $f(x+r)=t$ 时的样本数。

良性样本分类准确率（accuracy）：指模型在后门攻击后，对于正常样本预测准确率，定义如下：

$$\mathrm{ACC} = \frac{N|_{f(x)=y}}{N} \tag{3-2-3}$$

通常来说，攻击成功率越高，同时良性样本分类准确率越高，攻击算法性能优越。

3.2.3 基础中毒攻击方法概述

中毒攻击发生在模型训练阶段，攻击者将中毒样本注入训练数据集，从而在训练完成的深度学习模型中嵌入后门触发器，在测试阶段输入中毒样本，则触发攻击爆发。

从理论上来说，中毒攻击者可以获得的数据包括训练模型使用的正常数据以及模型内部的架构和参数。但在实际情况中，攻击者通常可以通过外包或者第三方来收集相关的训练数据，但很难直接访问到模型内部，因此大多数后门攻击方法都是基于正常数据及其标签而展开的。攻击者可以修改模型的内部结构或参数进行后门攻击，但在实际情况中更多的是通过修改正常数据及其标签来达到攻击目的。还有不少攻击者可以在不修改中毒数据的标签的情况下进行后门攻击。此外，攻击者通常可以控制模型的训练过程，通过从头训练或重训练来注入后门。

由于在机器学习安全领域中，数据通常是非平稳的，其分布可能随时间而变化，因此一些模型不仅在训练过程中生成，而且在周期性再训练过程中随时间而变化。攻击训练数据集的方法主要包括污染源数据、向训练数据集中添加恶意样本、修改训练数据集中的部分标签、删除训练数据集中的一些原有样本等。根据是否通过污染训练数据生成中毒样本，中毒攻击可以分为基于投毒的后门攻击和基于非投毒的后门攻击，后者不直接在训练阶段使用中毒样本注入后门。

1. 基于投毒的后门攻击

基于投毒的后门攻击旨在污染模型的部分训练数据，通过带有触发器的中毒数据样本对干净的目标神经网络进行重新训练，后门在目标模型的训练过程中通过中毒样本被注入。这类后门攻击可以分为基于补丁的攻击、不可见后门攻击和干净类标的后门攻击。

基于补丁的后门攻击是较为简单的后门攻击，通过对训练数据打上补丁，并将其类标改为指定目标类，实现后门攻击。

① BadNets：Gu 等[15]首先提出了深度学习模型后门攻击的概念，是后门攻击领域的开山之作，其描述了后门攻击的基本步骤：首先在正常数据上添加触发器作为中毒数据，其次为中毒数据打上攻击者指定的目标标签，最后将这些中毒数据与正常数据一起训练。中毒数据 x^* 可以表示为

$$x^* = (1-M)\cdot x + M\cdot r \tag{3-2-4}$$

其中，M 为触发器遮罩；r 为触发器。

中毒训练的目的：对于带有后门模式的样本，模型学习到的是后门模式的特征，从而可以将任意带有后门模式的数据分类为目标标签，对于正常数据，模型仍然学习数据本身的特征，即正常分类。

② Dynamic backdoor[16]：该方法通过一个网络动态地决定触发器的位置以及样式，增强了攻击的效果。定义分类器是一个函数 $f: X \to C$，其中，X 是一个输入图像域，而 $C=\{c_1,c_2,\cdots,c_M\}$

是一组 M 个目标类。为了训练函数 f，需要用到一个训练数据集 $S=\{(x_i,y_i)\mid x_i\in X,y_i\in C,$ $i=1,2,\cdots,N\}$。中毒的分类器 f 需要中毒的训练数据集。设 B 为注入函数，应用触发器 $t=\{m,p\}$ 来生成触发样本，则有

$$\begin{cases}B: X\times T\to X\\(x,t)\to B(x,t)=x\odot(1-m)+p\odot m\end{cases} \tag{3-2-5}$$

其中，T 表示触发器样本；t 表示目标类。

简单后门攻击使用异常明显的后门模式显然不符合实际要求，人类可以轻易地找出中毒数据，因此不少学者开始研究不可见后门攻击。不可见后门攻击的后门模式不可见，使人类难以区分中毒数据与正常数据。

③ WaNet[17]：认为人类可以识别出图片中不一致的部分，在图片上添加扰动噪声、条纹或反射等方式难以躲过人工检查，而人类不擅长识别较小的几何变换，因此提出以保留图像内容的微小扭曲形变作为触发器，使中毒图像更真实与自然，从而更容易躲过人工检查。研究者构建了 WaNet 来生成具有扭曲形变的中毒图像，首先对随机噪声进行上采样与裁剪生成用于图像形变的二维扭曲场，然后将其应用到正常图像上，产生人类难以察觉的微小形变。该方法设计了一个由后门样本生成的扭曲函数 $B(x)=W(x,M)$，W 表示变形函数，M 为预定义的变形域，定义为

$$M=\phi\left(\uparrow\left(\psi\left(\text{rand}_{[-1,1]}(k,k,k)\right)\times s\right)\right) \tag{3-2-6}$$

其中，ϕ 表示 Clip 函数；$\uparrow$ 表示上采样过程；ψ 表示归一化函数；k 为选取的目标点尺寸。参数 s 为背景扭曲域的强度。

不可见后门攻击虽然使中毒图片类似于正常图片，但其标签仍然不同于正常版本。通过检查训练样本图像与标签的关系，仍可以检测到这种不可见的攻击。由此衍生出了干净标签攻击，它不改变数据对应的类标，要求中毒数据标签与真实标签保持一致的前提下，让模型在学习到目标类原始数据特征的同时，也可以学习到后门模式的特征，使后门特征成为模型输出目标类的充分不必要条件。

④ Poison frogs[18]：该算法不需要对训练数据的标记有任何控制，制作肉眼难以区分的中毒样本，使得在含中毒样本数据集上重新训练的神经网络将一个类中的特殊测试样本错误分类为攻击者选择的另一类。在不降低整体分类器性能的情况下控制分类器在特定测试实例上的行为，实现针对性攻击。触发样本 p 生成时的优化目标为

$$p=\arg\min\|f(x)-f(t)\|_2^2+\beta\|x-b\|_2^2 \tag{3-2-7}$$

其中，后面一项控制扰动大小，使中毒样本 p 难以被人肉眼察觉，β 为平衡参数。第一项使中毒样本在特征空间中移向目标类 t，并嵌入目标类分布中。在一个干净的模型上，这个中毒样本将被错误分类为目标。

⑤ Hidden trigger：Saha 等[19]针对不可见和干净标签提出了新的攻击方式，对于某个中毒样本，考虑使其在像素空间中尽可能接近目标类别的样本，而在特征空间尽可能接近添加了触发器的原样本，这样就可以在躲过人类检查的同时也使模型学习到触发器特征。该攻击的优化目标为

$$\begin{gathered}\arg\min_{z}\sum_{k=1}^{K}\left\|f(z_k)-f(\tilde{x}_k)\right\|_2^2\\ \text{s.t.}\quad \forall k:\left\|z_k-t_k\right\|_\infty<\varepsilon\end{gathered} \tag{3-2-8}$$

其中，z 为中毒样本；K 为随机采样的图像总数；向 x_k 上添加随机触发器得到 $\tilde{x}_k$；t_k 为目标类

的图像。首先从目标类别中随机选择 K 个目标图像，对中毒图像进行初始化，随机选择 K 张图像在随机位置贴上触发器，在特征空间上搜索最近的目标图像，形成图像对。训练模型时使用投影随机梯度下降（stochastic gradient descent，SGD）策略进行优化。

后门学习中也有研究者开始研究自适应的后门攻击，通过归纳后门防御方法的基本原理，然后将其纳入模型训练的损失函数中,训练出对于后门防御具有鲁棒性的中毒模型，从而使模型自适应地躲避后门防御算法。

⑥ ABE：Shokri[20]观察到大多数后门防御算法都根据中毒样本和正常样本的特征表示之间所存在的差异进行检测和防御，因此提出一种对抗式的后门嵌入方法（adversarial backdoor embedding，ABE），通过对抗正则化来最大化中毒样本和正常样本之间潜在的不可区分性，使植入了后门的模型可以广泛而有效地对抗一般的后门防御算法。基于上述思想，该方法在训练模型时的目标包括模型正常的分类损失以及特征表示差异损失。特征差异损失可以针对攻击者预期的某种防御方式来特别设置，也可以设置针对各种防御方法的一般损失项。该算法的损失函数为

$$L\left(f_\theta\left(x,\theta\right),y\right)+\lambda L_{\text{rep}}\left(z_{\theta^*}\left(x,\theta^*\right),z_{\text{target}}\left(x\right)\right) \tag{3-2-9}$$

其中，λ 是正则化常数；θ 是良性模型的参数；θ^*是新训练中毒模型的参数；z 表示模型的神经元激活值分布。后项使中毒样本和良性样本在神经元激活值上尽可能接近。通过优化这个目标函数，尽可能地规避后门方法，同时保证模型的高分类准确率。

⑦ Composite：Lin 等[21]使用多个正常标签类别的特征进行组合作为后门模式，如人脸识别中任意两张人脸组合即可误导模型输出目标标签，尽管将作为触发器的两张人脸添加进任意正常样本中都可以导致模型误分类，但在训练时无须使用触发器和正常样本叠加形式的中毒样本，而是直接使用触发器作为中毒样本进行训练，这样可以减少其他良性特征的影响。给定完整的训练集 D、触发标签$\{A,B\}$和目标类别$\{C\}$，定义 $D(K)$为样本集 D 中属于类 K 的样本，修改后的训练集 D'为

$$\begin{cases}D'=D_{\text{n}}+D_{\text{m}}+D_{\text{p}}\\D_{\text{n}}\subset D,D_{\text{m}}=\left(\text{mixer}\left(x_{K_1},x_{K_2}\right),K\right),\ D=\left(\text{mixer}\left(x_A,x_B\right),C\right)\end{cases} \tag{3-2-10}$$

其中，D_{n} 为从原始训练集采样的正常样本，从 $D(K)$中选取两个随机类 K_1 和 K_2 的样本进行混合得到 D_{m}，将 $D(A)$和 $D(B)$中产生的两个随机样本 x_A 和 x_B 混合得到中毒样本集 D_{p}。

2. 非投毒的后门攻击

除了基于中毒的后门攻击，最近的文献提出了一些基于非投毒的后门攻击。这些方法嵌入了隐藏后门，而不是直接基于训练过程中的数据中毒。例如，攻击者可以在没有训练过程的情况下直接改变模型权重甚至模型结构。它们的存在表明，后门攻击也可能发生在其他阶段（如部署阶段），而不仅仅是数据收集或模型训练阶段，这进一步揭示了后门威胁的严重性。

① TrojanNN：Liu 等[22]提出 TrojanNN 攻击方式，将生成一个后门模型，不直接干扰模型最初的训练过程，也无须获取训练模型的原始数据集。它利用神经网络模型的内部神经元的响应值设计触发器，通过少量训练样本逆向工程重新训练模型，有效生成后门模型，使后门攻击更加强大。当带有触发器特定图案的样本通过深度神经网络模型后会被误分类为模型中的某一指定类别。根据模型的反向工程，获取优化的触发器，并且在无法访问真实数据集的情况下构造攻击样本，实现后门攻击。首先调整触发器像素使模型中间层的某神经元激活，目的在于获取一个能够与所选神经元建立强连接的触发器。该过程使用梯度下降以最小化所选神经元激活值 f_n 与预期值 target value 的差异，损失函数定义如下：

$$\text{Loss}=\sum_{i=0}^{N}\left(\text{target value}_i - f_{n_i}\right)^2 \tag{3-2-11}$$

其中，N 表示目标神经元总数。攻击者调整输入图像的像素使该输出神经元激活，目的在于获取能够与目标输出神经元建立强连接的训练数据。最后使用生成的训练数据重新训练模型，目的在于建立中间神经元与目标输出神经元的强连接，即触发器与目标标签之间的强连接。

② TrojanNet：Guo 等[23]提出了一种特洛伊木马网络，使模型在学习原任务的同时学习一个隐藏任务，通过密钥编码一个特定的权重排列，用于激活隐藏任务的模型参数，从而激活模型后门。他们假设被中毒的模型使用了隐藏的后门软件，当后门触发器出现时，该软件可以改变参数。算法的损失函数计算公式如下：

$$L=\frac{1}{B}\sum_{i=1}^{B}L_{\text{public}}\left(h\left(x_i,y_i\right)\right)+\frac{1}{B'}\sum_{i=1}^{B'}L_{\text{secret}}\left(h_\pi\left(\hat{x}_i,\hat{y}_i\right)\right) \tag{3-2-12}$$

其中，L_{public} 是在与公共任务相关联的数据集 D_{public} 上计算得到的；L_{secret} 是在与秘密任务相关联的数据集 D_{secret} 上计算得到的；(x_i,y_i) 和 $(\hat{x}_i,\hat{y}_i)$ 分别来自 D_{public} 和 D_{secret}；L_{public} 和 L_{secret} 分别表示在公共和秘密任务上的损失函数；h_π 为打乱层参数的策略，B 为任务总数。

表 3-2-1 总结了不同后门的攻击方法。

表 3-2-1　不同后门攻击方法总结

攻击方法	中毒类型	分类	触发器选择	所需模型知识
BadNets[15]	数据中毒	简单后门	手动添加	黑盒
Dynamic backdoor[16]	数据中毒	简单后门	手动添加	黑盒
WaNet[17]	数据中毒	不可见后门	基于优化	黑盒
Poison frogs[18]	数据中毒	干净标签	基于优化	白盒
Hidden trigger[19]	数据中毒	干净标签	基于优化	白盒
ABE[20]	数据中毒	自适应	基于优化	白盒
Composite[21]	数据中毒	自适应	基于优化	黑盒
TrojanNN[22]	模型中毒	非投毒	基于优化	白盒
TrojanNet[23]	模型中毒	非投毒	基于优化	白盒

3.2.4　中毒攻击方法及其应用

虽然已经有很多学者对中毒攻击进行研究，然而中毒攻击还是存在以下问题：中毒样本比较明显，只要对数据集稍加检查或抽查便可以发现中毒样本；后门需要特定密钥（触发器）对其进行触发，如添加水印或戴上眼镜等，需要特定条件，可操作性差；虽然已有隐蔽中毒攻击，但它们只能将特定几张的触发样本识别错误，而不是将某一触发类的样本识别错误。

为了解决目前中毒攻击算法的以上问题，下面介绍基于遗传算法的隐蔽中毒攻击和基于反插值操作的隐蔽中毒攻击方法。

3.2.4.1　基于遗传算法的隐蔽中毒攻击

鉴于目前中毒攻击的中毒样本都较为明显，容易被人们识别出来，因而提出一种高隐蔽的中毒攻击（invisible poisoning attack，IPA）。

1. 方法介绍

深度神经网络模型可以对输入样本进行识别并给出预测标签。IPA 中毒攻击主要通过在模型训练阶段对训练数据集添加隐蔽的中毒样本，实现在不影响中毒模型对良性样本的识别准确率的情况下，将中毒样本识别为指定类别。

IPA 系统框图如图 3-2-2 所示。首先，算法随机生成若干个初始中毒样本，并将其输入 DNN 等价模型 S-FRS（与目标模型拥有相同的特征提取器，但训练数据集不同的模型）。然后通过计算其适应度函数值来评价其性能。若此时不满足终止条件，则采用选择、交叉和变异等进化操作来更新中毒样本的种群。

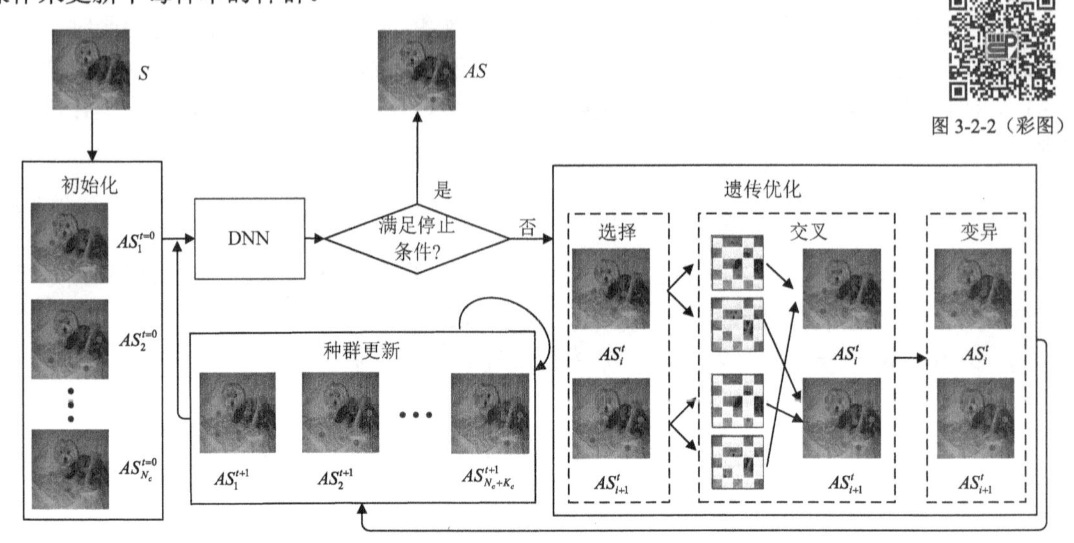

图 3-2-2　IPA 系统框图

1）中毒攻击等价模型训练

通常情况下，DNN 模型可以分为特征提取模块和分类模块。当人们使用开源 DNN 作为图像识别系统时，将冻结（固定）特征提取模块的参数，然后重训练或者微调分类模块的参数。根据这一特点，在生成中毒样本之前，构建了一个与目标模型拥有相同特征提取器却有不同训练数据集的模型作为等价模型，用于生成中毒样本。等价模型与目标模型的特征提取模块具有相同的结构和参数。在训练过程中，采用交叉熵作为损失函数。即等价模型除了训练数据集与目标模型不同之外，其他均相同。

2）种群初始化

IPA 中毒攻击的初始对抗样本可以理解为在原始图片上添加扰动获得，中毒样本生成的过程可以理解为对中毒样本的优化过程。在初始化阶段，初始扰动是从正态分布中随机抽取的，数学表达式如下：

$$AS_i^{t=0} = \mathrm{Clip}\{S,\delta_i\},\delta_i \sim N(\mu,\delta^2) \tag{3-2-13}$$

其中，$\mathrm{Clip}\{\cdot\}$ 把输入压缩到[0,255]的范围内；δ_i 的大小与 S 相同；μ 表示期望；δ^2 表示方差。为了增加初始样本的多样性，根据不同的方差和噪声点生成不同类型的初始样本。实验中，令 $\mu=0,\delta^2\in[10,50]$。

3）非支配排序

IPA 算法采用非支配排序遗传多目标优化算法对中毒样本进行优化，优化目标包括中毒样本的扰动大小 L_2 和中毒样本的攻击性能 $P(AS_i^t)$。首先根据种群中样本之间的关系对样本进行分层，然后再通过遗传算法对样本利用选择、交叉变异等方法对其进行迭代优化。

当样本 AS_p 中所有的优化目标（即 $P(AS_i^t)$ 和 L_2）都优于或等于样本 AS_q 时，则称 AS_p 支配 AS_q，标记为 $AS_p \prec AS_q$。若一个样本不被任何样本支配则成为非支配样本。非支配排序的种群分层步骤如下：①设当前层数为 k，初始时 $k=0$；②判断所有样本之间的支配关系与非支配关系；③将所有非支配个体记录到 rank_k 层中；④令 $k=k+1$，若种群中仍然有样本没有被标记，则忽略已经标记的样本，回到步骤①重复所有步骤。

4）遗传优化操作

下面通过选择、交叉、变异三个操作对中毒样本进行优化。

选择操作： 选择算法主要用于选择父代中优异的个体，从而增加在交叉、变异之后能生成更好的子代样本的可能性。此小节主要融合父子混合和非支配排序对样本进行选择，在保证优化样本的同时保留性能最佳的中毒样本。首先将子代样本和父代样本合并为一个集合，然后对集合进行非支配排序，最后选择集合中前 N 个中毒样本。但考虑中毒样本可能会存在"扎堆"问题，对其拥挤度进行分析，保证子代样本的多样性，防止局部最优化。拥挤度是通过计算与其相邻的两个个体在每个目标函数上的距离差之和计算得到的。计算方法为

$$CL_i=\sum_{j=1}^{m}\left(F_j^{i+1}-F_j^{i-1}\right) \tag{3-2-14}$$

其中，CL_i 表示第 i 个样本的拥挤度；m 表示优化目标的数量（此小节 $m=2$）；F_j^{i+1} 表示第 $i+1$ 个样本的第 j 个目标函数值。

交叉操作： 遗传算法的交叉操作，指对两个相互配对的染色体按某种方式相互交换其部分基因，从而形成两个新的个体。均匀交叉指两个样本以相同的交叉概率交叉中毒样本对应位置上的像素值。对于已经选择的两个中毒样本 AS_i^t 和 AS_{i+1}^t，均匀交叉公式如下：

$$AS_i^t=\begin{cases}AS_i^t * \boldsymbol{B}+AS_{i+1}^t *(1-\boldsymbol{B}), & \mathrm{rand}(0,1)<P_{\mathrm{c}}\\ AS_i^t, & 其他\end{cases} \tag{3-2-15}$$

$$AS_{i+1}^t=\begin{cases}AS_{i+1}^t * \boldsymbol{B}+AS_i^t(1-\boldsymbol{B}), & \mathrm{rand}(0,1)<P_{\mathrm{c}}\\ AS_{i+1}^t, & 其他\end{cases} \tag{3-2-16}$$

其中，$\boldsymbol{B}$ 为和样本相同大小的矩阵，$\boldsymbol{B}$ 中的元素为 0 或 1 中的任意数字；$\mathrm{rand}(0,1)$ 表示随机生成 0 和 1 之间的任意数字；P_{c} 表示交叉概率，其范围一般为 0.1～0.9，这里令 $P_{\mathrm{c}}=0.7$。

变异操作： 在遗传的过程中，样本会以一定的变异概率 P_{m} 发生变异。这里主要采用非均匀变异，即以变异概率 P_{m} 随机生成一定阈值内的扰动添加到中毒样本中。通常情况下，变异概率 P_{m} 取值非常小，但由于初始扰动很小，并采用父子混合选取，不用担心最优的样本会随着遗传进化而消失，因此令 $P_{\mathrm{m}}=0.1$。

2. 实验与分析

1）实验设置

数据集： 对两个公用的图像数据库进行实验，即 CIFAR-10 和 ImageNet64。

对比算法： 我们将 IPA 与三种不同的中毒攻击进行比较。错误类标（Mislabel）方法通过直接将类标错误的图片加入训练数据集达到使得目标模型中毒的目的。水印攻击（Watermarking）方法将目标实例的低不透明度水印添加到中毒实例中，以允许一些不可分离的特征重叠，同时保持视觉模糊。此外，BadNets 也作为本方法的对比算法。

评价标准： 主要用攻击成功率（ASR）和识别准确率（RA）衡量中毒的攻击性能，计算方法如下：

$$\mathrm{ASR}_{\mathrm{pe}}=\frac{N_{\mathrm{pe}}^{\mathrm{access}}}{N_{\mathrm{pe}}} \tag{3-2-17}$$

$$\mathrm{RA_D}=\frac{N_{\mathrm{D}}^{\mathrm{correct}}}{N_{\mathrm{D}}} \tag{3-2-18}$$

其中，N_{pe}表示触发样本数量；$N_{\mathrm{pe}}^{\mathrm{access}}$表示成功通过中毒模型 R-FRS 后门的触发样本个数；N_{D}表示所有测试样本的数量；$N_{\mathrm{D}}^{\mathrm{correct}}$表示测试样本中被正确识别的数量。

IPA 攻击设置：中毒样本生成时的设置如下：种群大小为 60，迭代次数为 1000 次，每次选择样本个数为 30，交叉概率为P_{c}，变异概率为P_{m}，扰动阈值为 5/255。

所有实验结果均为平均值，等价模型的训练数据为数据集的前 20%样本，目标模型的训练数据为数据集的剩余 80%。在中毒阶段，IPA 将k个中毒样本添加到目标模型的训练数据集中，其中$k=\{1,2,3,4,5\}$。

2）中毒攻击的隐蔽性

为了验证 IPA 中毒攻击的隐蔽性，将 IPA 中毒攻击的中毒样本与其他攻击方法生成的中毒样本进行比较。图 3-2-3 显示了采用不同中毒攻击方法生成的中毒样本以及对应测试样本的识别结果。图中第一行表示用于添加到目标类的中毒样本。其中 Mislabel 的中毒样本即为触发类的照片，是最容易被发现的；Watermarking 攻击的透明度为 50%，当触发类的透明度增加时，其被发现的可能性逐渐降低；BadNets 攻击会在目标类的右下角均加上红色五边形作为触发标志，任何照片只要右下角存在此标志均会被识别为目标类，此类攻击相对比较隐蔽，但是同时对其目标类的样本进行观察时，此类触发器还是相对容易被发现；IPA 生成的中毒样本是所有样本中隐蔽性最高的，其生成的中毒样本只有放大之后才能看到细微的扰动，若不仔细看几乎无法发现样本存在异常，即使发现存在细微扰动也有可能被当成噪声被直接忽略。因此，与其他中毒攻击相比，IPA 生成的中毒样本更加隐蔽，肉眼几乎无法将其与正常的样本进行区别，而其他攻击都可以比较明显地发现原图与中毒攻击的不同之处。

图 3-2-3　不同攻击产生的中毒样本的隐蔽性

3）攻击对比

我们将 IPA 与错误类标（Mislabel）攻击的攻击效果进行比较，以验证 IPA 生成的中毒样本不仅扰动很小，还能让触发样本以较高的攻击成功率使得中毒模型输出对应的错误类标。

表 3-2-2 显示了 IPA 和错误类标中毒攻击在 CIFAR-10 数据集上的实验结果，迭代次数为 1000 次，中毒样本占目标类样本的 20%，其他类均为正常样本。$\mathrm{RA_{tc}}$表示目标类别的正常样本的识别准确率，$\mathrm{ASR_{pe}}$表示触发样本的攻击成功率，$\mathrm{RA_{be}}$表示所有类别的正常样本的识别准确率。

表 3-2-2　中毒攻击在 CIFAR-10 上的毒性比较

指标	正常模型	IPA 中毒模型	Mislabel 中毒模型
RA_{tc}/%	97.24	98.66	98.58
ASR_{pe}/%	0	95.42	95.45
RA_{be}/%	95.61	95.59	95.58

从表中可以发现，IPA 和 Mislabel 的实验结果几乎相同，这是因为 IPA 中毒攻击是对具有相同特征提取的等价模型进行的。虽然 IPA 生成的中毒样本看上去和目标样本无异，如图 3-2-3 所示，但是其包含的特征则为触发类的特征，因此，IPA 可以在保证良好隐蔽性的同时具有很高的攻击成功率。

3. 小结

本节提出了一种高隐蔽的中毒攻击 IPA。实验结果验证与其他中毒攻击相比，IPA 有着更强的隐蔽性，几乎不能被肉眼识别。此外，IPA 攻击不仅不会降低目标类别的识别准确率，甚至还可能有小幅度的增加。

3.2.4.2　基于反插值操作的隐蔽中毒攻击

针对图像的预处理将有效防御中毒攻击以及中毒样本隐蔽性问题，提出了一种利用反插值操作的隐蔽中毒攻击方法，利用插值的采样定律，将图像划分为采样区域和非采样区域。此外，只有采样区域与插值输出有关。在此基础上，根据插值后的图像尺寸反向生成视觉上与良性样本无明显差异的中毒样本，使中毒样本在经过插值后攻击不被禁用，同时通过插值操作完成中毒样本的转变。

1. 方法介绍

本节提出利用反插值操作的隐蔽中毒攻击方法。首先是生成中毒样本，根据目标样本以及插值后的尺寸大小进行反插值计算生成中毒样本。然后将中毒样本经过插值操作后输入模型训练，使模型中毒。最后是测试阶段，将带有特定触发器的目标样本输入中毒模型中，观测样本是否被分类为目标类，若是则攻击成功。其整体系统框图如图 3-2-4 所示。

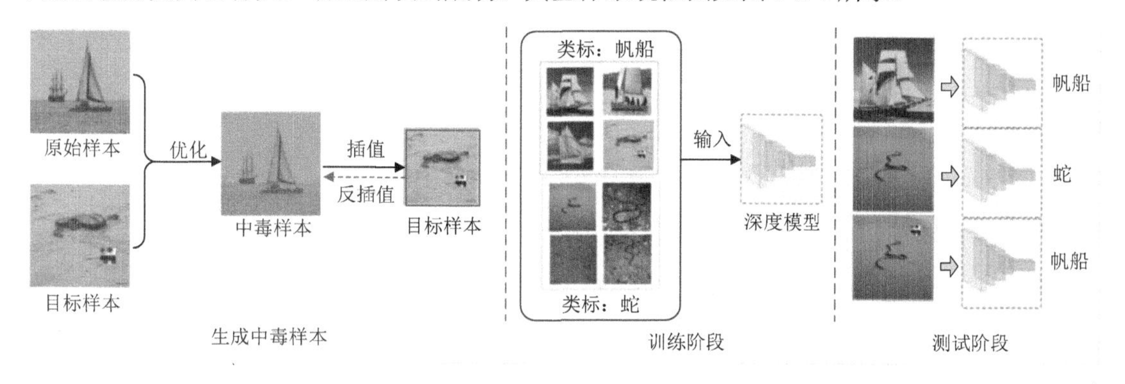

图 3-2-4　利用反插值操作的隐蔽中毒攻击方法系统框图

1）反插值操作原理

插值作为关键的图像预处理技术之一，将图像 x 的大小调整为目标大小，可表示为 $x_{H,W}=g(x_{h,w})$，其中 h 和 H 为插值前后的图像高度；w 和 W 指插值前后的图像宽度。作为线性运算，插值的计算等价于左右乘积的相应权值矩阵。它可以表示为 $g(x)=\boldsymbol{W}_{\text{row}}x\boldsymbol{W}_{\text{col}}$，其中 $\boldsymbol{W}_{\text{row}}$ 和 $\boldsymbol{W}_{\text{col}}$ 分别是行和列抽样的权重矩阵。

基于插值线性化，可以修改采样像素或非采样像素，以根据权重矩阵操纵插值结果。当将这一思想应用于中毒攻击时，扰动被添加到输入图像的非采样区域中，采样区域不变。非采样区域的初始内容最终被覆盖。当修改后的像素数达到特定比例时，插值的实际输出不能通过眼睛与扰动图像进行区分，这个过程被称为反插值，具体公式如下：

$$\begin{cases}\boldsymbol{W}_{\text{row}}x_{\text{c}}\boldsymbol{W}_{\text{col}}=\boldsymbol{W}_{\text{row}}\left(x_{\text{c}}+\rho\right)\boldsymbol{W}_{\text{col}}\\ \boldsymbol{W}_{\text{row}}\rho\boldsymbol{W}_{\text{col}}=0\end{cases} \tag{3-2-19}$$

其中，矩阵 $\boldsymbol{W}_{\text{row}}$ 和 $\boldsymbol{W}_{\text{col}}$ 是线性独立的；目标图像 x_{c} 由攻击者设置；扰动 ρ 是式（3-2-19）的解。当插值的输出小于输入时，式（3-2-19）变成了一个欠定方程，解空间是非空的。因此，扰动可以用方程解空间的基础来操纵，不改变输出。关键是找到坐标的最优解。

该方程可分为 $\boldsymbol{W}_{\text{row}}\rho=0$ 和 $\rho\boldsymbol{W}_{\text{col}}=0$ 。解空间的基是两个零空间的基的并集。扰动由 $\rho=\boldsymbol{B}_{\text{row}}\boldsymbol{X}_{\text{row}}+\boldsymbol{X}_{\text{col}}\boldsymbol{B}_{\text{col}}$ 计算。矩阵 $\boldsymbol{B}_{\text{row}}$ 和 $\boldsymbol{B}_{\text{col}}$ 是权重矩阵的零空间的基。矩阵 $\boldsymbol{X}_{\text{row}}$ 和 $\boldsymbol{X}_{\text{col}}$ 是坐标，不管这些值如何，可以保证式（3-2-19）的建立，原因是权值矩阵及其相应的基是正交的，插值后的扰动将变为零。

2）利用反插值操作生成中毒样本

反插值操作的目的是修改目标图像 x_{c} ，使其在视觉上显得与另一个图像 x_{b} 相同。损失函数的计算公式如下：

$$\text{Loss}=\min_{\boldsymbol{X}_{\text{row}},\boldsymbol{X}_{\text{col}}}\left\|x_{\text{c}}+\left(\boldsymbol{B}_{\text{row}}\boldsymbol{X}_{\text{row}}+\boldsymbol{X}_{\text{col}}\boldsymbol{B}_{\text{col}}\right)-x_{\text{b}}\right\| \tag{3-2-20}$$

选择随机下降梯度来计算最优坐标。整个优化反插值 $\left(x_{\text{c}},x_{\text{b}}\right)$ 相当于将目标图像 x_{c} 隐藏到原始图像 x_{b} 中。这些结果在视觉上似乎是图像 x_{b} 。然而，在神经网络的前向传播中，通过插值采样来过滤原始图像 x_{b} 的像素。训练图像实际上成为目标图像 x_{c}。x_{c} 可以是已经添加了触发器的其他类图像，也可以是经过特征嵌入后嵌入其他类图像特征的图像。利用反插值操作的中毒攻击示意图如图 3-2-5 所示。

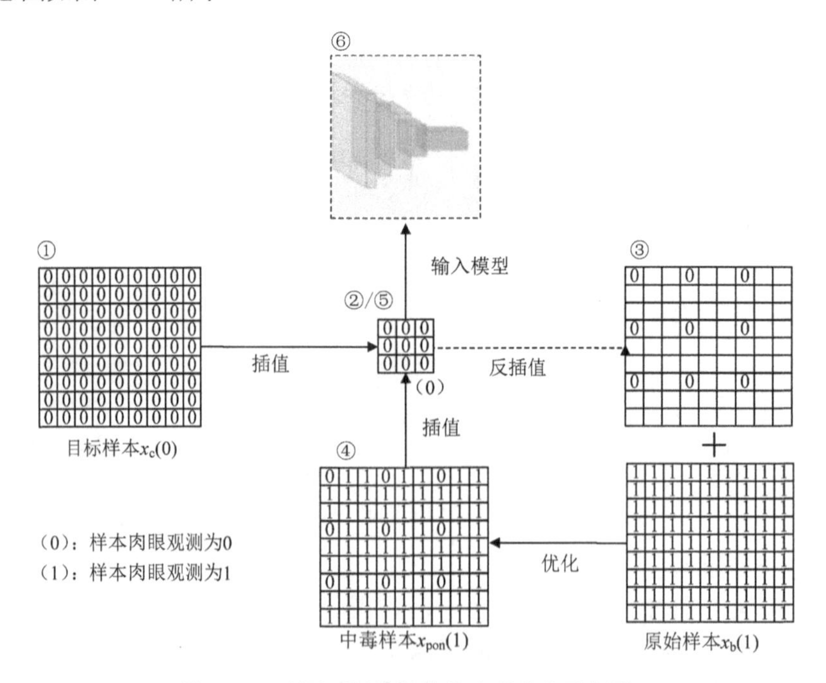

图 3-2-5　利用反插值操作的中毒攻击示意图

通常，目标图像在插值后被直接输入深度模型中。当通过反插值将目标图像隐藏到原始图像中时，肉眼只能识别原始图像。真正输入的模型取决于目标图像。因此，可以通过任意设置原始图像和目标图像来实现欺骗。目标图像可由多种中毒攻击方法生成。

值得注意的是，整个优化并不包括模型的前向传播。因此，利用反插值的攻击不受任何模型校正防御的影响，包括修改训练策略。事实上，反插值并不依赖于一个像素的精度，对几个像素的修改也不会改变最后一个输出。然而，攻击者可能受到对输入的全局修改的影响，如图像抖动，这可能导致插值输出偏离目标图像。

2. 实验与分析

本节分别对预处理操作对样本的影响、攻击方法通用性、深度学习框架下的攻击效果、抵抗防御方法能力以及时间复杂度等方面进行实验。

1）实验设置

数据集：本节实验采用 MNIST、CIFAR-10 两个公共数据集。

目标模型：针对 MNIST 数据集，使用 AlexNet 和自己搭建的网络结构 MM_CNN；针对 CIFAR-10 数据集，使用 VGG19 和 ResNet 网络。网络模型结构如表 3-2-3 所示。

表 3-2-3　搭建的 MM_CNN 网络模型结构

层类型	MM_CNN 每层输出特征图信息
Conv+ReLu	3×3×32
Conv+ReLu	3×3×64
Max Pooling	2×2
Dropout	0.25
Dense（Fully Connected）	128
Dropout	0.5
Dense（Fully Connected）	10

攻击方法：实验分别选择了三个场景下具有代表性的中毒攻击方法作为对比算法，其中包括外包场景下的攻击方法 BadNets(BN)、Targeted backdoor(TB)；预处理场景下的攻击方法 TrojanNN(TNN)；数据收集场景下的攻击方法 PoisonFrogs(PF)、HiddenTrigger(HTB)，验证提出的反插值算法对躲避预处理操作的有效性以及中毒样本的隐匿性。以上五种攻击方法都是由 TROJAN ZOO 和 Adversarial Robustness Toolbox 实现。

检测方法：实验采用了五种中毒检测方法，分别为样本检测方法 AC、Spectral Signature 和 STRIP，模型检测方法 NC、ABS，测试所提出的攻击方法逃避检测的性能。

评价指标：攻击效果评价从模型对主任务的预测精度（ACC）和中毒攻击成功率（ASR）来判断。攻击稳健性从现有防御方法针对攻击方法的防御成功率（DSR）指标来判断。

2）预处理操作对不同中毒样本的影响分析

为验证预处理操作对不同中毒样本攻击性能的影响，实验设置了三种中毒样本的生成情况进行验证。

（1）对于触发器模式是可变的，不同触发器大小的中毒样本尺寸缩放后的攻击成功率的影响。实验针对 BN 攻击方法生成了 1×1、3×3 和 5×5 这三种不同尺寸大小的触发器，同时触发器的位置均处于中毒样本的右下角，且均在中毒样本数量占所有样本数量比例为 30%的前提下进行实验。数据集采用 MNIST 数据集，模型采用自己搭建的网络结构 MM_CNN。对模型进行中毒攻击并获取原始中毒样本毒害模型的中毒攻击成功率和经过尺寸缩放后的中毒攻击成功率。实验结果如图 3-2-6 所示。尺寸缩放后中毒样本的攻击成功率下降很多，同时触发器越小，尺寸缩放对中毒攻击成功率的影响越大。

（2）触发器大小不变，触发器的位置对尺寸缩放后的攻击成功率的影响。实验针对 BN 攻击方法生成了分别位于中毒样本左上角、右下角和正中间这三种不同位置的触发器，同时触发器的大小均为 1×1，其他设置与上述实验一致。实验结果如图 3-2-7 所示。无论触发器的位置是处于边缘还是中间，尺寸缩放后中毒样本的攻击成功率均有下降，同时当触发器位于边缘时攻击成功率下降更多。例如，触发器位于左上角、右下角的中毒样本比触发器位于正中间的中毒样本在尺寸缩放后中毒攻击成功率更低，原因可能是处于边缘的触发器在经过尺寸缩放后会出现触发器消除的情况，导致中毒失效。

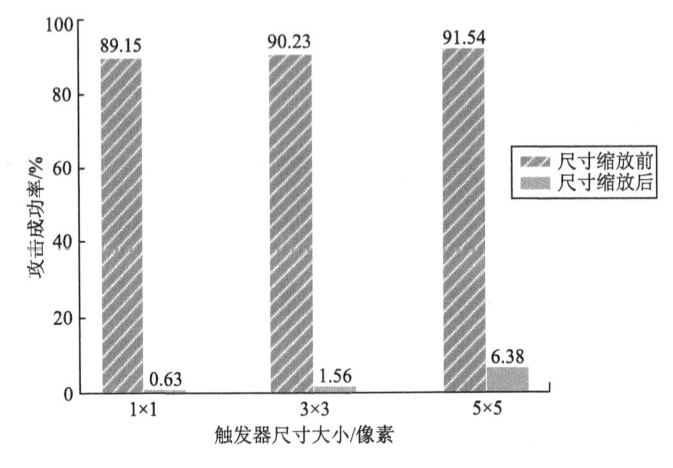

图 3-2-6　不同触发器大小的中毒样本尺寸缩放前后的攻击成功率对比图

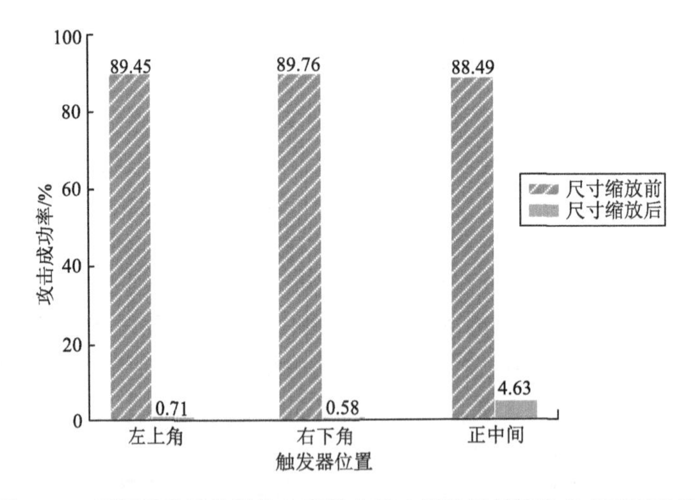

图 3-2-7　不同触发器位置的中毒样本尺寸缩放前后的攻击成功率对比图

（3）对于触发器不可见的干净类标中毒攻击，中毒样本中水印目标图像的透明度对尺寸缩放后的攻击成功率的影响。实验针对 PF 攻击方法生成了透明度分别为 30%、50%、100%的中毒样本，透明度越高，中毒样本中覆盖目标图像的比例越小，中毒样本与原始样本肉眼观测相似度越小。数据集采用 CIFAR-10 数据集，模型采用 ResNet。以目标类为鸟，原始类为蛙为例。实验结果如图 3-2-8 所示。无论中毒样本的透明度大小，尺寸缩放后中毒样本的攻击成功率都下降很多，表明透明度对尺寸缩放后的攻击成功率基本无影响。原因是针对特征嵌入中毒方法生成的中毒样本原理是对深层提取的特征图进行操作，尺寸缩放将会对特征图的特征造成较大的影响。

基于以上实验得出结论：无论是触发器可见的中毒类标中毒攻击还是触发器不可见的干净类标中毒攻击生成的中毒样本，在经过尺寸缩放后中毒攻击成功率均有不同程度的下降。

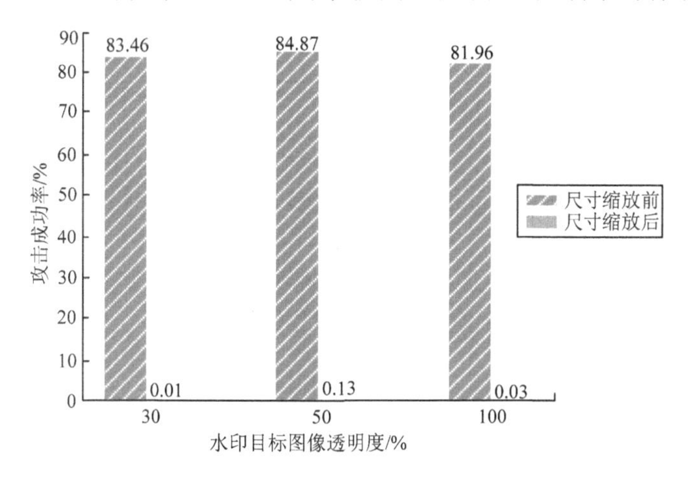

图 3-2-8　不同水印目标图像透明度的中毒样本尺寸缩放前后的攻击成功率对比图

3）利用反插值操作的攻击方法通用性

本小节主要验证了反插值操作在不同攻击方法下的通用性。对外包场景下的攻击方法 BN、TB，预处理场景下的攻击方法 TNN，以及数据收集场景下的攻击方法 PF、HTB 进行了对比实验，统计这五种攻击方法生成的中毒样本的原始中毒攻击成功率以及经过尺寸缩放后的攻击成功率和经过反插值操作生成的中毒样本在经过尺寸缩放后的攻击成功率。其中攻击方法 BN、TB 和 TNN 是在 MNIST 数据集的 AlexNet 和自己搭建的网络结构 MM_CNN 模型中实现。攻击方法 PF、HTB 则是在 CIFAR-10 数据集的 VGG19 和 ResNet 网络中实现。具体实验结果如表 3-2-4 和表 3-2-5 所示。AlexNet、MM-CNN、VGG19 和 ResNet 对良性样本的分类准确率分别为 92.78%、90.15%、79.86%和 89.23%。所有的中毒攻击方法生成的中毒样本在经过尺寸缩放后攻击成功率均有所下降，其中 PF 中毒攻击方法下降最多。经过反插值生成的中毒攻击样本在经过尺寸缩放后与原始中毒样本的攻击成功率相差不大。与原始中毒样本尺寸缩放后的图像对比，反差值操作生成的中毒样本在经过尺寸缩放后触发器更清晰可见，并没有发生较大变化。反插值操作提高了中毒样本在经过插值操作后的中毒攻击成功率，解决了中毒样本经过图像预处理操作后攻击性能下降的问题。

表 3-2-4　反插值操作对中毒类标中毒攻击方法的通用性

攻击方法	攻击成功率/%					
	AlexNet			MM-CNN		
	原始	尺寸缩放	反插值	原始	尺寸缩放	反插值
BN	86.35	0.81	86.01	85.20	0.23	85.36
TB	87.46	8.31	87.31	86.73	6.53	84.29
TNN	89.41	6.60	89.45	88.64	4.19	85.13

表 3-2-5 反插值操作对干净类标中毒攻击方法的通用性

攻击方法	攻击成功率/%					
	VGG19			ResNet		
	原始	尺寸缩放	反插值	原始	尺寸缩放	反插值
PF	83.96	0.10	83.48	83.09	0.01	83.26
HTB	85.67	1.23	85.79	84.67	2.12	84.13

3. 小结

本节提出了一种利用反插值操作的隐蔽中毒攻击方法，该方法通过对尺寸缩放后的目标图像进行反插值计算针对性地优化出一个中毒图像。该中毒图像可在尺寸缩放后变成带有特定触发器的目标图像实现对模型的中毒攻击。

3.3 隐私窃取攻击

深度学习的数据和模型泄露造成的危害和恶劣影响日益凸显。例如，攻击者利用成员推理攻击，精确推断出病人在医疗健康系统中的诊断记录，不仅泄露了病人隐私，甚至能够发起攻击修改病人的用药剂量导致生命危险。恶意软件所有者通过窃取恶意软件检测模型，有针对性地改进恶意软件的算法和攻击方式，从而逃避检测，增强恶意软件的危害性。

3.3.1 隐私窃取攻击定义

根据窃取的目标不同，隐私窃取攻击可以分为数据窃取攻击和模型窃取攻击。数据窃取攻击按照攻击的目的可以分为以下三类：成员推理攻击、模型逆向攻击和属性推理攻击。

成员推理攻击是指给予攻击者一条数据和一个目标模型，攻击者可以通过建立攻击模型来判断这条数据是否为目标模型的训练数据。一个典型的成员推理攻击的过程可以分为训练攻击模型阶段和实行攻击阶段。在训练攻击模型阶段，使用目标模型的输出作为攻击模型的输入，并将在训练集$\{(x_1,y_1),\cdots,(x_n,y_n)\}$中的所有样本标记为成员，将不在训练集中的样本标记为非成员。对于训练完成的攻击模型 A，把未知状态的数据样本 x 作为 A 的输入。最后根据 A 的输出结果，实现 x_i 是否为成员的推理。其表达式为 0 或 1。

$$A\left(f\left(x_j,\theta\right),\theta^*\right)=\{0或1\} \tag{3-3-1}$$

其中，A 为攻击者模型输出；θ^* 为攻击者模型的内部参数。把目标模型的输出 P 作为攻击者模型的输入，最终攻击者模型的输出为 0 或 1。若输出为 1，表明该样本 $x_j \in D$，即判断为成员；若输出为 0，表明该样本 $x_j \notin D$，即为非成员。

模型逆向攻击针对数据的属性隐私，是指攻击者旨在通过目标机器学习模型重构恢复一个或者多个训练样本。即给定输出标签和部分特征信息，通过构建攻击方法来恢复敏感特征或者整个数据样本。对于想要推断出黑盒模型 F_{w} 训练数据或者测试阶段的输入数据的攻击者，给定 f 和对模型 F_{w} 的访问权限以及分布为 p_{a} 的样本，攻击者希望从分布 p_{a} 中找到最可能的数据，使 $\mathrm{trunc}(F_{\mathrm{w}}(x))=f$，优化目标为求出满足以下公式的样本 $\hat{x}$：

$$\rightarrow \hat{x}=\underset{x\in X_f}{\arg\max}\, p_{\mathrm{a}}(\mathrm{x}),\ \mathrm{s.t.} X_f=\left\{x\in X \middle| \mathrm{trunc}\left(F_{\mathrm{w}}(x)\right)=f\right\} \tag{3-3-2}$$

其中，trunc 表示截断函数。

属性推理攻击试图从目标模型中推断特定的信息模式。属性推断技术是指通过设计机器学习模型来推断目标模型中训练数据的敏感隐私属性，例如推断某一类数据在训练集中所占

的比例。属性推理攻击可以用数学表示为

$$\bar{s} \leftarrow g(f(x)), \text{s.t.} (x,s) \sim D^{\text{text}} \tag{3-3-3}$$

其中，s 为样本 x 的敏感属性；$\bar{s}$ 表示敏感属性 s 的预测值；g 表示属性推断攻击模型；$f(x)$为分类器对于样本 x 的输出。

模型窃取攻击按照攻击的目的可以分为以下三类：模型结构反演攻击、模型参数反演攻击和模型功能反演攻击。

模型结构反演攻击旨在设计合理的机器学习方法，精确反演出目标黑盒模型的结构信息。其中，模型结构信息主要是指神经网络的架构拓扑。实际上，反向推演模型的结构极具挑战性。因为任何单个模型都属于一个大的等价类网络，仅仅依靠输入和访问 API 获取模型的输出通常很难精确区分网络，因而现有工作通常假设能够获取目标黑盒模型的部分知识，或是从硬件角度出发获取更细粒度的可用于推断模型结构的信息。

模型参数反演攻击可以细化为网络参数反向推演、模型超参数反向推演。其中，网络参数通常是目标模型使用专有数据进行充分训练得到的，因此具有昂贵的知识产权；而模型超参数是搭建神经网络前需要提前设置的超参数。网络参数反向推演是指在已知目标模型的结构信息但模型参数未知的情况下，通过多次查询目标模型以反向推演模型参数。反演模型超参数的一种方法是采用黑盒模型逆向工程技术，通过合理构建元模型去捕获目标黑盒模型具体使用的优化算法。

模型功能反演攻击指的是对于给定的目标机器学习模型，训练与目标模型具有相同功能的替代模型或克隆模型。攻击者通过有限次访问预测服务的 API 接口，从预测值反向推测模型的具体参数或结构，或者结合样本和预测值训练出一个替代模型的过程。攻击者试图窃取模型的参数和超参数，以获得与原模型函数 f 大致相同的模型函数 f'。模型提取攻击的研究大多是在黑盒模型下进行的，在黑盒模型下只能得到训练模型的算法，攻击者通常构造特殊的输入，向预测 API 提交查询，并接收输出，获得许多输入输出对，以恢复模型参数。可以将模型提取的过程转化为建立方差求解参数的过程。已知输入数据 x、类标 y、参数向量 $\boldsymbol{w}$、正则项 R，求出 λ：

$$L(\boldsymbol{w}) = L(\phi(x), y, \boldsymbol{w}) + \lambda R(\boldsymbol{w}) \tag{3-3-4}$$

其中，ϕ 是核映射函数；λ 为平衡参数。

3.3.2　隐私保护对象和威胁模型

1. 隐私保护对象

高质量的训练数据对深度学习的表现至关重要。一般来说，训练数据的收集是一个费时费力的过程：来自互联网的免费数据集通常不符合要求；从专业公司购买数据需要花费大量金钱；手工标记数据需要花费很多时间。此外，训练数据在最终传递到深度学习系统之前，还需要经过清洗、去噪和过滤等过程。因此，训练数据对于一个公司来说是至关重要的，也是非常有价值的，它的泄露意味着公司资产的损失。

深度学习中的训练模型是一种数据模型，是训练数据的抽象表示。在现代深度学习系统中，训练阶段需要处理大量的数据和多层训练，对高性能计算和海量存储有着严格的要求。也就是说，经过训练的模型被认为是深度学习系统的核心竞争力。通常，训练模型包含三种类型的数据资产：模型，例如传统的机器学习和深度神经网络；超参数，设计了训练算法的结构如网络层数和神经元个数；参数，为多层神经网络中一层到另一层的计算系数。

在这种情况下，经过训练的模型具有极其重要的商业和创新价值。一旦模型被复制、泄露或提取，模型所有者的利益将受到严重损害。在预测输入和预测结果方面，隐私来自深度学习系统的使用者和提供者。恶意的服务提供者可能会保留用户的预测数据和结果，以便从中提取敏感信息，或者用于其他目的。另一方面，预测输入和结果可能会受到不法分子的攻击，他们可以利用这些数据来为自己创造利润。

2. 威胁模型[24]

从威胁模型的角度来看，敏感且可能受到攻击的资产是训练数据集 D、模型本身、模型参数 θ、超参数及其架构。该威胁模型中确定的行为体包括：

（1）数据所有者，其数据可能是敏感的。

（2）模型所有者可能拥有或不拥有数据，也可能不想共享有关其模型的信息。

（3）模型使用者，通常通过某种编程或用户界面使用模型所有者公开的服务。

（4）攻击者也可以像普通消费者一样访问模型的接口。如果模型所有者允许，他们可以访问模型本身。

图 3-3-1 描述了威胁模型下的资产和确定的参与者，以及信息流和可能的行动。人形代表演员，符号代表资产。虚线表示数据和信息流，而实线表示可能的操作。红色为威胁模型下的攻击者行动。

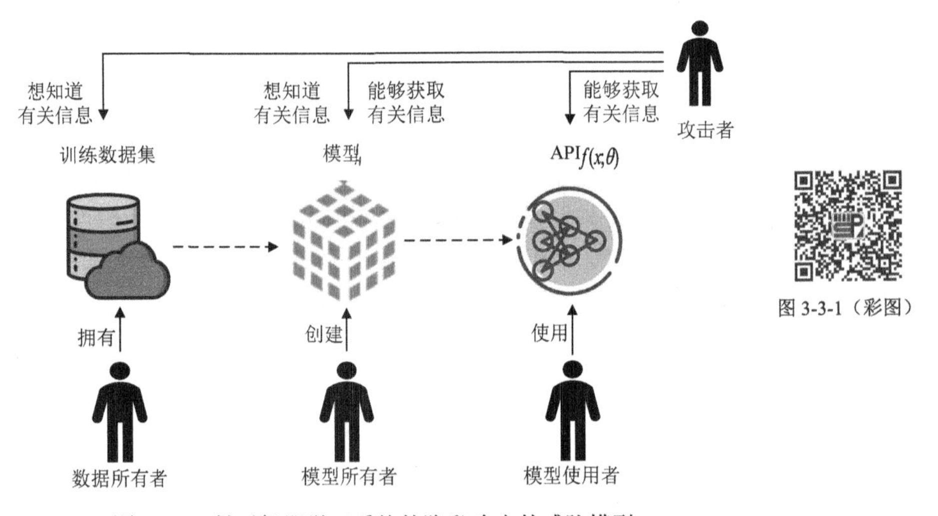

图 3-3-1　针对机器学习系统的隐私攻击的威胁模型

针对机器学习模型的不同攻击层面，可以根据攻击者知识进行建模。攻击者知识的范围是有限的，例如，访问机器学习 API，到了解完整的模型参数和训练设置。在这两个极端之间，存在一系列可能性，例如模型架构、超参数或训练设置的部分知识。也可以从数据集的角度考虑攻击者的知识。大多数研究中，假设对手对训练数据样本一无所知，但实际上他们可能对基础数据分布有所了解。

攻击者不知道模型参数、体系结构或训练数据的攻击称为黑盒攻击，其中的一个例子是机器学习即服务（MLaaS），其中用户通常提供一些输入，并从云端托管的预训练模型接收预测向量或类标签。相反地，白盒攻击是指攻击者在训练期间能够完全访问目标模型参数或其损失梯度的攻击。也有一些攻击比黑盒攻击做出了更强的假设，但没有假设完全访问模型参数。我们将这些攻击称为部分白盒攻击。尽管可能需要某种形式的预处理，但大多数工作都假定攻击者完全了解预期输入。

攻击的时间是另一个需要考虑的参数。该领域的大多数研究是处理推理过程中的攻击，然而大多数基于协作的攻击假设在训练过程中可以访问模型参数或梯度。模型训练阶段的攻击为不同类型的对抗行为提供了可能性。被动或诚实但好奇的攻击者不会干扰训练过程，他们只是在训练期间或之后尝试推断知识。如果对手以任何方式干扰训练，将被视为主动攻击者。

3.3.3　隐私窃取攻击方法概述

面向深度模型的隐私攻击者在不接触隐私数据的情况下，可以利用模型的预测结果、梯度更新等信息来间接获取敏感数据。

① Salem 等[25]放宽了针对机器学习模型的成员推理攻击的假设，基于置信度实现成员推理攻击。置信度成员推理攻击主要是对手利用获取的先验或后验知识，通过“置信度”访问接口建立与隐私分析相关联的推断模型，进而获取目标隐私信息。通过引入多个影子模型来模拟目标模型的行为，利用传统机器学习分类模型输出中隐含的数据可分性，将隶属度问题转化成为分类问题，并使用多个攻击模型实施成员推理攻击。

通过借助目标模型的输出结果进行阈值判别，实现成员推断。其公式为

$$A(x)=\begin{cases}1, & \phi(x)>\tau \\ -1, & 其他\end{cases} \tag{3-3-5}$$

其中，$\phi(x)$ 为置信度输出；τ 为阈值。$A(x)$为 1 时，代表 x 为目标成员，反之为非成员。

② Yeom 等[26]提出的基线攻击是通过数据样本是否被正确分类来进行成员推断，若目标数据被错误分类，则认定该数据为非成员数据，反之为成员数据。攻击强度随模型的过拟合情况呈正相关，针对存在较大的泛化差距的模型，攻击性能高，成本低，但是对泛化性良好的模型效果不明显。

目标数据被错误分类，则认定该数据为非成员数据，反之为成员数据。其公式为

$$A(x)=\operatorname{sign}\left(f(x),y\right)=\begin{cases}-1, & \arg\max f(x)\neq y \\ 1, & 其他\end{cases} \tag{3-3-6}$$

其中，y 为样本标签；$f(x)$ 为模型输出。若模型输出与样本标签不同，则认定该数据为非成员数据，反之为成员数据。

③ BREP-MI：Kahla 等[27]提出了一种边界排斥模型反演（BREP-MI）算法，仅使用目标模型的预测标签来反演私有训练数据。首先在球面上采样一个点，然后查询它们的标签。没有被预测到目标类中的点表示要远离的方向，对这些点取平均值，并朝着与平均值相反的方向移动。如果所有的点都被预测到目标类中，那么将增加预测半径。

BREP-MI 的目标是在一个球体上评估模型的预测标签，然后估计到达目标类质心的方向。其公式为

$$\hat{M}_{c^{\cdot}}(z,R)=\frac{1}{N}\sum_{n=1}^{N}\varPhi_{c^{\cdot}}(z+Ru_n)u_n \tag{3-3-7}$$

其中，$\varPhi_{c^{\cdot}}$ 表示未被预测到目标类中的标记点；u_n 是在半径为 R 的 d 维球面上采样的均匀随机点；N 是在球面上采样的点数。

④ KED-MI：Chen 等[28]提出了一种新的特定于反演的 GAN 算法，可以更好地从公共数据中提取对私有模型进行攻击有用的知识。训练 GAN，让 GAN 从公共数据中了解目标模型的私有类。为了更好地从公共数据中提取目标模型的私有域信息，为生成器和鉴别器定制了训练目标，而不是训练通用的 GAN。然后利用学习到的生成器来估计私有数据分布的参数。

KED-MI 的目标是训练生成器 G 和鉴别器 D，迫使生成器保留与推断与目标模型类别更

相关的图像统计信息。其公式为

$$\begin{cases} L_{\mathrm{D}} = L_{\mathrm{sup}} + L_{\mathrm{unsup}} \\ L_{\mathrm{G}} = \left\| E_{x\sim p_{\mathrm{data}}} f(x) - E_{z\sim \mathrm{noise}} f\left(G(z)\right) \right\|_2^2 + \lambda_h L_{\mathrm{entropy}} \end{cases} \tag{3-3-8}$$

其中，L_{D} 是鉴别器的损失函数；L_{G} 是生成器的损失；L_{sup} 针对目标模型中 k 个类；L_{unsup} 针对真/假；p_{data} 是公共数据的分布；随机噪声 z 从 $N(0,\boldsymbol{I})$中采样；L_{entropy} 是熵正则器。

⑤ 属性推断技术由 Ateniese 等[29]首次提出。首先，利用与目标模型训练集分布相近的数据集训练一些影子模型；其次，利用影子模型构建一个元分类器，建立模型与属性的映射关系；最后，将目标模型输入元分类器中，可以直接预测目标模型对应的数据属性。属性推断技术实例如图 3-3-2 所示。

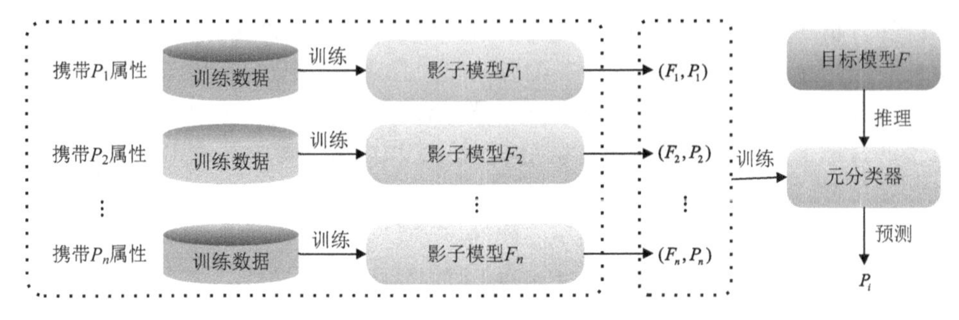

图 3-3-2 属性推断技术实例

⑥ Ganju 等[30]提出了一种针对全连接神经网络的属性推断方法。该方法的出发点为当节点的排列用矩阵表示时，全连接网络是不变的，即对全连接层的每个隐含层，使用任意排列并相应地调整权重会产生等效的全连接神经网络。因此，该方法首先将全连接神经网络用矩阵表示成一个规范形式，以便所有等效排列的全连接神经网络产生相同的特征表示，并将全连接神经网络每一层的输出表示为一个集合而不是一个向量；然后，使用 DeepSets[31]框架构建元分类器。

⑦ Hermes：Zhu 等[32]识别了一个新的攻击面——未加密的 PCIe 流量，基于这种新的攻击面，提出了一种新的模型结构参数窃取攻击，被盗的 DNN 模型具有与原始模型相同的超参数、参数和语义相同的架构。通过大量的逆向工程和可靠的语义重建，以及熟练的数据包选择和顺序修正解决流量的语义丢失和大量噪声及顺序混乱等问题。

⑧ Sanyal 等[33]提出了一种窃取模型功能的实际设置，不需要数据的硬标签，并利用克隆模型的梯度作为受害者模型梯度的替代。当克隆模型开始训练时，它作为受害者模型的有用代理，帮助生成器学习生成丰富的信息样本，进一步提高了克隆的准确性。并且强制从生成器生成类平衡数据集，使生成器与训练数据集的分布更加一致。此外建议通过使用公开可用（可能不相关）的数据集作为弱图像先验来克服与典型的无数据设置相关的大量查询成本。

通过使用合成数据，训练一个生成器 G，使用输入标签对来训练克隆模型，然后将克隆模型和生成器交替训练。其公式为

$$L_C = \underset{z\sim N(0,\boldsymbol{I})}{E}[L_{\mathrm{CE}}(C(x),\hat{y}(x))]x = G(z) \tag{3-3-9}$$

其中，$\hat{y}(x)$ 是最大概率类对应的类标签；$\boldsymbol{I}$ 是 m 维单位矩阵；$C(x)$ 是克隆模型的 Softmax 输出；z 为生成器输入的扰动；L_{CE} 表示交叉熵损失。

⑨ MAZE：Kariyappa 等[34]提出了 MAZE，一种使用零阶梯度估计产生高精度克隆的无数据模型功能窃取攻击。MAZE 利用零阶梯度估计（ZO）来近似黑盒目标模型的梯度，并使用它来训练生成器。使用生成模型 G 合成输入查询 x 来执行模型窃取。鼓励生成模型 G 产生合

成输入，最大限度地扩大目标预测之间的不一致性。

通过训练克隆模型 C 模拟目标模型 T 对生成模型 G 查询的预测，得到一个高度精确的克隆模型。其公式为

$$\begin{cases} x = G(z;\theta_{\mathrm{G}}); z \sim N(0,\boldsymbol{I}) \\ \vec{y}_{\mathrm{T}} = T(x;\theta_{\mathrm{T}}); \vec{y}_{\mathrm{C}} = C(x;\theta_{\mathrm{C}}) \\ L_{\mathrm{C}} = D_{\mathrm{KL}}(\vec{y}_{\mathrm{T}} \| \vec{y}_{\mathrm{C}}); L_{\mathrm{G}} = -D_{\mathrm{KL}}(\vec{y}_{\mathrm{T}} \| \vec{y}_{\mathrm{C}}) \end{cases} \tag{3-3-10}$$

其中，z 为从随机正态分布采样的低维潜在向量；$\vec{y}_{\mathrm{T}}$ 和 $\vec{y}_{\mathrm{C}}$ 为目标模型和克隆模型在输入查询 x 上的输出概率；θ_{T} 、θ_{C} 和 θ_{G} 分别表示目标模型、克隆模型和生成器模型的参数；D_{KL} 表示 KL 散度。

3.3.4　隐私窃取攻击方法及其应用

本节将介绍新提出的隐私窃取算法，具体包括面向正常拟合迁移学习模型的成员推理攻击方法和面向压缩模型的成员推理攻击方法。

3.3.4.1　面向正常拟合迁移学习模型的成员推理攻击方法

目前的成员推理攻击都是在所有样本中不加选择地进行攻击，这种场景下的攻击成功率在所有目标样本上平均，而不考虑误判的代价。攻击需要获取目标模型的置信度信息，在目标模型只输出标签信息的情况下无法正常工作。

针对这些问题，我们首次提出了针对迁移学习的深度神经网络模型在正常拟合情况下的成员推理攻击方法（transfer membership inference attack，TMIA）。通过搜索对目标模型预测产生特殊影响的异常样本，利用异常样本在目标模型的训练集中存在与否对预测结果产生较大差异的特点，通过异常样本展开成员推理攻击，实现正常拟合模型的成员推理攻击。此外，针对现有成员推理攻击需要获取置信度才能实现攻击的问题，提出了一种只需要输出标签无须置信度的更高效的MIA方法，采用置信度分数表示样本与模型决策边界的距离，并使用对抗噪声进行衡量，从而实现置信度重构，通过对抗攻击和回归分析获取攻击样本所需对抗噪声的大小与样本在模型下的置信度关系，在仅获取模型输出标签的情况下，实现与置信度攻击相当的攻击性能。

1. 方法介绍

与成员推理攻击不同，迁移学习场景中包含教师模型和学生模型两种模型，微调和特征提取器两种迁移方式。微调是指不冻结教师模型，直接用学生数据集训练教师模型得到学生模型。特征提取器是指假设教师模型共 n 层，冻结其前 k 层，只用学生数据集训练教师模型的 $n\text{-}k$ 层。另外，从攻击者能获得的权限来看，攻击者在某些情况下可能获得教师模型的访问权限，在某些情况下可能获得学生模型的访问权限。从攻击者的目标来看，攻击者可能想要推断教师模型的训练数据，也可能想要推断学生模型的训练数据。根据上述迁移方式的不同和攻击者的能力及需求，将攻击分为以下三种模式。

攻击Ⅰ：微调模式下，攻击者攻击教师模型，能且仅能访问教师模型。

攻击Ⅱ：特征提取器模式下，攻击者攻击教师模型，能且仅能访问学生模型。

攻击Ⅲ：微调模式下，攻击者攻击学生模型，能且仅能访问学生模型。

1）威胁模式

与现有成员推理攻击相似，假设攻击者可以获得目标模型的结构和训练集数据分布，并且可以访问目标模型，获得目标模型的输入输出对。

攻击Ⅰ模式下，攻击者 A 攻击教师模型 f_{t}，能且仅能访问教师模型。攻击目标是判断一个数据样本点 (x,y) 是否是教师模型的训练数据 $D_{\mathrm{t}}^{\mathrm{train}}$ 。公式如下：

$$A(f_{\mathrm{t}}(x)) \in D_{\mathrm{t}}^{\mathrm{train}} \tag{3-3-11}$$

默认攻击者 A 可以获得：教师模型结构和训练方式；教师模型训练集的特征分布及其同分布的数据集；教师模型的黑盒访问权限。

攻击Ⅱ模式下，攻击者 A 攻击教师模型 f_{t}，能且仅能访问学生模型 f_{s}。攻击目标是判断一个数据样本点 (x,y) 是否是教师模型的训练数据 $D_{\mathrm{t}}^{\mathrm{train}}$。公式如下：

$$A(f_{\mathrm{s}}(x)) \in D_{\mathrm{t}}^{\mathrm{train}} \tag{3-3-12}$$

默认攻击者 A 可以获得：教师模型和学生模型的结构和训练方式；教师模型和学生模型的训练集的特征分布及其同分布的数据集；学生模型的黑盒访问权限。

攻击Ⅲ模式下，攻击者 A 攻击学生模型 f_{s}，能且仅能访问学生模型 f_{s}。攻击目标是判断一个数据样本点 (x,y) 是否是学生模型的训练数据 $D_{\mathrm{s}}^{\mathrm{train}}$。公式如下：

$$A(f_{\mathrm{s}}(x)) \in D_{\mathrm{s}}^{\mathrm{train}} \tag{3-3-13}$$

默认攻击者 A 可以获得：教师模型和学生模型的结构和训练方式；教师模型和学生模型训练集的特征分布及其同分布的数据集；学生模型的黑盒访问权限。

图 3-3-3（彩图）

2）攻击框架

攻击框架如图 3-3-3 所示，主要分为三种攻击模式。

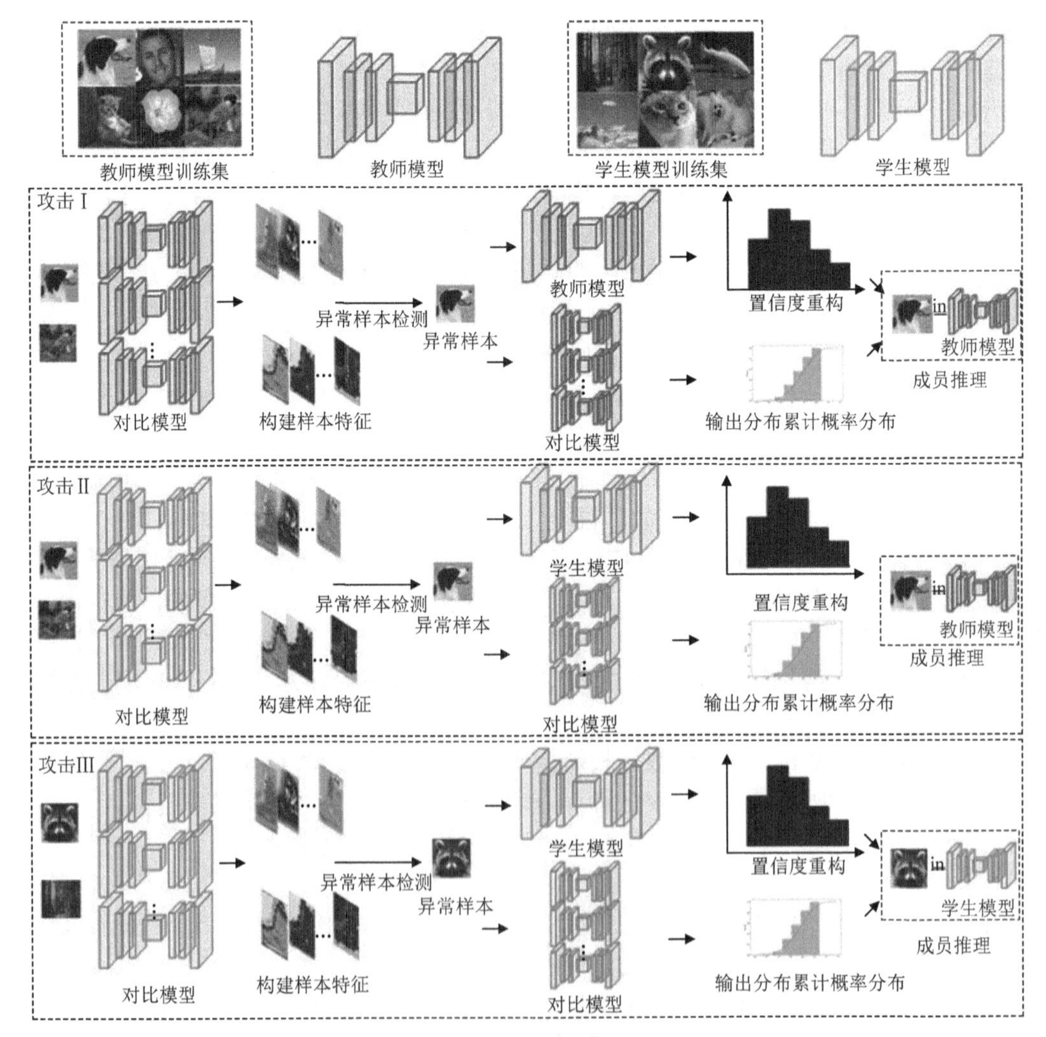

图 3-3-3 攻击框架

攻击Ⅰ模式：攻击者攻击教师模型，判断待测样本是否为教师模型的训练数据，能且仅能访问教师模型。为实现这一目标，建立了对比模型。对比模型的主要作用有两个：首先是构建样本特征，第二是生成输出特征累积概率分布图。对比模型的结构与目标模型相同，对比模型的训练集与目标模型的训练集特征分布一致。为构建样本特征，构建了 k 个对比模型，考虑到攻击者存在获得的数据集样本数量不足的问题，使用 bootstrap 采样来生成对比数据集。bootstrap 采样减少了对比训练集之间的重叠，使对比模型之间的相似性降低。对比模型的训练方法与目标模型一致。

随后，将待测样本输入 k 个对比模型，获取其中间层输出后将其合并构建样本特征，通过异常样本检测得到异常样本，并只针对异常样本进行成员推理攻击。将异常样本输入对比模型，绘制其输出特征累计概率分布图。该分布图由对数损失函数构建，定义如下：

$$L(M,x) = -\lg p_{y_x} \tag{3-3-14}$$

其中，M表示分类器；x表示输入样本；y_x 表示输入样本的标签；p_{y_x} 表示分类器M将样本x分类为 y_x 的置信度。

将目标样本输入对比模型获取其输出 L，构建累积分布函数（CDF）图 $D(L)$，表示为 $F(L)$。再将异常样本输入教师模型，使用置信度重构方法获取教师模型预测该样本的置信度。最后在成员推理阶段，根据假设检验评估样本x是目标模型训练数据的置信度。假设分为零假设和备择假设。零假设 H_0：样本x不是目标模型的训练数据。备择假设 H_1：样本x是目标模型的训练数据。根据假设检验，存在p值和显著性水平β，当$p>\beta$时，零假设 H_0 正确。反之，则备择假设 H_1 正确，显著性水平人为设置。p值计算公式如下：

$$p=F(L) \tag{3-3-15}$$

将重构的置信度输入式（3-3-14）计算得到对数损失，再将其输入式（3-3-15）计算，获取p值，若$p>\beta$，则认为该样本不是成员样本，反之，则是成员样本。

攻击Ⅱ模式：攻击者攻击教师模型，判断待测样本是否为教师模型的训练数据，能且仅能访问学生模型。与攻击Ⅰ不同，攻击Ⅱ建立了学生模型的对比模型，其训练集分布与学生模型训练集分布一致，训练方式相同。

构建样本特征时将样本输入对比模型获取其中间层输出并合并，通过异常样本检测得到异常样本。随后将异常样本分别输入对比模型绘制输出特征累积概率分布图，输入学生模型利用置信度重构得到置信度。与攻击Ⅰ不同，攻击Ⅱ绘制输出特征累计概率分布图时，将目标模型输出的最大置信度代入式（3-3-14）计算对数损失。最后通过假设检验，推理该样本是否为成员样本。

攻击Ⅲ模式：攻击者攻击学生模型，判断待测样本是否是学生模型的训练数据，能且仅能访问学生模型。与其他两种攻击不同，攻击Ⅲ攻击目标是学生模型，待测样本与学生模型训练集相同。攻击者建立对比模型，模型的结构与学生模型相同，其训练数据分布与学生模型的训练数据分布一致，训练方式与学生模型相同。

随后，将待测样本输入对比模型，提取中间层输出并将其合并得到样本特征，通过异常样本检测获取异常样本，并只对异常样本进行成员推理攻击。将异常样本输入对比模型绘制输出特征累计概率分布图，与攻击Ⅱ不同之处在于绘制输出特征累计概率分布图时，将目标模型输出的预测类对应的置信度代入式（3-3-14）计算对数损失，后将异常样本输入学生模型，利用置信度重构方法获取异常样本在目标模型下的预测置信度。最后利用假设检验，推理异常样本是否为学生模型的成员样本。

3）异常样本检测

本节只对检测到的异常样本进行成员推理攻击，这些异常样本在特征分布上与其他待测样本存在较大差异，故在训练模型时，异常样本会对模型产生特殊的影响。在模型训练集包含与不包含异常样本时，模型对异常样本的预测会有明显的差别，故能达到较好的攻击效果。

计算样本类别公式如下：

$$c^i = \arg\min_j \left\| x_f^i - u_j \right\|^2 \tag{3-3-16}$$

其中，c^i表示第i个样本的类；j表示第j个类；u_j表示第j个类的中心；x_f^i表示第i个样本特征，即样本x^i在k个对比模型中间层输出的组合。

计算类中心公式如下：

$$u_j = \frac{\sum_{j=1}^{n} 1\{c^i = j\} x_f^i}{\sum_{j=1}^{n} 1\{c^i = j\}} \tag{3-3-17}$$

其中，u_j表示第j个类的中心；c^i表示第i个样本的类；j表示第j个类；x_f^i表示第i个样本特征；当c^i为j时，$1\{c^i = j\}$的值为1，否则为0。

计算样本间距离公式如下：

$$\text{dis} = \left\| x_f^i - x_f^j \right\|^2 \tag{3-3-18}$$

其中，x_f^i表示第i个样本特征，x_f^j表示第j个样本特征。

4）置信度重构

本节提出置信度重构技术，即使模型只输出预测标签，也能使攻击有较好的攻击性能。

置信度重构基于的思想是：将一个样本输入模型，模型输出的置信度越大，则该样本越难被对抗攻击，即攻击成功所需要的对抗噪声越大。置信度重构主要分为两个部分：首先通过对抗攻击，获取攻击成功所需要的对抗噪声大小。然后利用回归分析，获取对抗噪声和置信度的逻辑关系。“HopSkipJump”攻击是最近提出的攻击效率最高的对抗攻击，具有查询次数少、添加噪声少的特点。选用该攻击作为攻击方法的步骤如下：首先，将样本输入对比模型，获取其置信度，随后将样本输入目标模型进行对抗攻击，获取对抗噪声大小。然后，将获取的置信度-噪声大小对进行回归分析，获取其对应关系。回归分析采用最小二乘法，具体步骤如下。

（1）根据样本点分布特征，初始化近似函数$y = f(w,x)$。

（2）计算残差函数：

$$L(y, f(w,x)) = \sum_{i=1}^{m} [y_i - f(w_i, x_i)]^2 \tag{3-3-19}$$

（3）更新w，取残差函数最小时的w为近似函数的最终参数。

因为对比模型的训练数据分布与目标模型的训练数据分布一致，故认为在对比模型上得到的置信度和噪声的大小关系与目标模型基本一致。

2. 实验与分析

1）实验设置

数据集：实验采用4个公共数据集。

CalTech101：该数据集包含5486张训练图像和3658张测试图像，分为101个不同的物体类别（人脸、手表、蚂蚁、钢琴等）和一个背景类别。每个类别有40～800张图片，大多数类别有大约50张图片。

CIFAR-100：该数据集是广泛用于评价图像识别算法的基准数据集。该数据集由彩色图像组成，这些图像被平均分为 100 类，如食物、人、昆虫等。每个类别有 500 张训练图片和 100 张测试图片。

Flowers102：该数据集包含 102 种常见的花卉类别，包含 6149 张训练图像和 1020 张测试图像。

PubFig83：该数据集由 8300 张裁剪面部图像组成，这些图像来自 83 张公共人脸图像，每一张人脸图像包含 100 个变体。PubFig83 中的图片是从网上获取的，并不是在可控的环境中收集的。

深度学习模型：选用 4 个常用的深度学习模型，分别是 VGG16 模型、VGG19 模型、ResNet50 模型和 Inception_v3 模型。模型训练阶段，优化算法采用 Adam 方法，batch_size 设置为 64，epoch 设置为 100。训练完成后，模型均处于正常拟合状态，训练准确率与测试准确率较高且无明显差异。

对比算法：采取 FMIA、GMIA 和 PMIA 三种攻击方法作为 TMIA 方法的对比算法。FMIA 和 GMIA 在攻击过程中都建立了攻击模型，区别是 FMIA 针对每一类样本建立了一个攻击模型，GMIA 只需要建立一个攻击模型。攻击模型由两层全连接层组成，第一层包含 64 个神经元，激活函数选用 Relu，输出层选用 Softmax。PMIA 不建立攻击模型，通过建立对比模型获取样本在不同模型下的输出差异进行攻击。为评估攻击方法的性能，建立 100 个目标模型进行测试，其中 50 个包含待测样本，50 个不包含待测样本。

评价指标：为验证面向正常拟合迁移学习模型的成员推理攻击效果的好坏，使用精确率 precision 和覆盖率 coverage 来评价算法的性能。其中精确率是衡量成员推理攻击的常用指标，精确率越大表示攻击性能越高，定义如下：

$$\text{precision}=\frac{\text{TP}}{\text{TP}+\text{FP}} \tag{3-3-20}$$

其中，TP 表示实际为成员样本，预测为成员样本的样本个数；FP 表示实际为非成员样本，预测为成员样本的样本个数。

另外，引入覆盖率衡量成员推理攻击性能，覆盖率越大表示攻击性能越好。

$$\text{coverage}=\frac{\text{TP}}{N} \tag{3-3-21}$$

其中，TP 表示实际为成员样本，预测为成员样本的样本个数；N 表示成员样本总数。

2）攻击Ⅰ：访教-攻教

在微调的迁移方式下，评估了成员推理攻击性能。教师模型分别在四种数据集和三种常见的深度学习模型上训练。表 3-3-1 是不同攻击方法在不同模型和数据集下的异样样本数量比较。

表 3-3-1　不同攻击在多种模型和数据集下的异常样本数量

数据集	方法	样本数量		
		VGG16	VGG19	ResNet50
CalTech101	FMIA	62	60	59
	GMIA	62	60	59
	PMIA	51	53	50
	TMIA	62	60	59
Flowers102	FMIA	42	43	40
	GMIA	42	43	40
	PMIA	29	27	28
	TMIA	42	43	40

续表

数据集	方法	样本数量		
		VGG16	VGG19	ResNet50
CIFAR-100	FMIA	76	73	77
	GMIA	76	73	77
	PMIA	58	58	54
	TMIA	76	73	77
PubFig83	FMIA	35	31	32
	GMIA	35	31	32
	PMIA	23	22	20
	TMIA	35	31	32

首先，比较了PMIA和TMIA检测的异常样本数量。TMIA检测到的异常样本比PMIA多，这主要是因为PMIA基于密度检测异常样本，只能在样本分布稀疏时检测到较多异常样本，而TMIA基于距离检测异常样本，更具普适性。FMIA和GMIA本身无异常检测步骤，为与TMIA对比，测试时攻击TMIA检测到的异常样本，故其异常样本数量与TMIA相同。

表3-3-2是不同攻击方法在不同模型和数据集下的精确率比较。在任意模型和任意数据集中，TMIA和PMIA的精确率均高于FMIA和GMIA，FMIA和GMIA的精确率较低，例如在CalTech101数据集和ResNet50模型下的精确率分别为45.12%和51.01%，这主要是因为FMIA和GMIA是针对过拟合模型的成员推理攻击，他们基于成员样本和非成员样本在目标模型下的输出差异进行攻击，然而，在攻击正常拟合模型时，成员样本和非成员样本在目标模型下的输出差异较小，FMIA和GMIA攻击性能大大降低。TMIA和PMIA的攻击性能相近，均有较好的攻击性能，例如在Flowers102数据集和VGG16模型下，精确率分别为93.49%和94.22%，这是因为TMIA和PMIA利用异常样本检测找到了容易受到攻击的样本，这些样本对模型的预测输出有特殊的影响，有较高的概率被攻击成功。

表3-3-2 不同攻击在多种模型和数据集下的精确率

数据集	方法	精确率/%		
		VGG16	VGG19	ResNet50
CalTech101	FMIA	42.41	48.23	45.12
	GMIA	51.39	52.87	51.01
	PMIA	92.64	93.83	91.64
	TMIA	**93.98**	93.60	**91.92**
Flowers102	FMIA	40.17	46.66	44.31
	GMIA	48.35	46.12	47.16
	PMIA	94.22	93.99	93.23
	TMIA	93.49	93.54	93.01
CIFAR-100	FMIA	48.03	47.64	49.46
	GMIA	43.93	45.63	46.29
	PMIA	94.33	91.38	94.09
	TMIA	90.08	90.20	92.34
PubFig83	FMIA	42.49	46.31	49.15
	GMIA	41.27	51.50	41.30
	PMIA	90.66	92.28	94.86
	TMIA	**91.98**	**93.36**	90.74

与PMIA需要获取置信度不同，TMIA只需要获取样本在目标模型下输出的标签信息，获得的信息更少，但是攻击性能与PMIA相比并没有明显降低，表明了TMIA的优越性。

表3-3-3是不同攻击方法在不同模型和数据集下的覆盖率比较。在任意模型和数据集下，TMIA的覆盖率明显高于FMIA和GMIA，这显示了TMIA较好的攻击性能。与PMIA需要置信度相比，TMIA只需要获取标签信息，在获得信息较少的情况下，性能并没有明显降低，再次表现了TMIA的优越性。

表3-3-3　不同攻击在多种模型和数据集下的覆盖率

数据集	方法	覆盖率/%		
		VGG16	VGG19	ResNet50
CalTech101	FMIA	54.42	52.59	53.37
	GMIA	54.69	53.60	53.81
	PMIA	70.61	74.97	71.30
	TMIA	**72.05**	70.79	70.39
Flowers102	FMIA	48.05	47.33	45.27
	GMIA	43.68	44.00	44.92
	PMIA	72.57	71.08	72.86
	TMIA	**73.40**	**72.51**	**73.10**
CIFAR-100	FMIA	40.26	41.45	40.48
	GMIA	41.30	41.27	43.18
	PMIA	71.66	72.20	72.50
	TMIA	71.61	70.35	71.13
PubFig83	FMIA	44.02	41.63	45.48
	GMIA	48.61	46.94	46.77
	PMIA	73.58	73.49	71.14
	TMIA	72.62	73.12	**72.28**

3）攻击Ⅱ：访学-攻教

在特征提取器的迁移方式下，评估了TMIA的攻击性能。攻击Ⅱ模式下，教师模型均由CalTech101数据集训练，学生模型在另外三种数据集上训练，教师模型和学生模型都采用VGG16。实验结果如图3-3-4所示，横坐标表示冻结教师模型的层数，纵坐标表示攻击的性能指标。用精确率和覆盖率来衡量不同攻击方法之间的攻击性能。

如图3-3-4所示，随着冻结层数的增加，攻击的性能也会上升。这是因为冻结的层数越多，学生模型会更多保留教师模型训练集的特征，增加了攻击的成功率。上述结果表明，即使在不访问教师模型的情况下，只访问学生模型，也会造成教师模型训练数据的成员隐私泄露。这主要是因为学生模型也包含教师模型训练数据的特征，故存在泄露其数据隐私的可能。

在任意数据集下，TMIA的精确率和覆盖率均大于FMIA和GMIA，表明了TMIA有较好的攻击性能。这主要是因为FMIA和GMIA基于成员样本和非成员样本在模型下的输出差异进行攻击，而模型处于正常拟合状态下，输出几乎无差异，而TMIA只攻击异常样本，这些异常样本对目标模型的预测产生特殊影响，当模型训练集中存在和不存在异常样本时，模型对异常样本的预测会有较大的差异。对比模型训练集中不包含异常样本，在推理阶段，利用假设检验，若异常样本在目标模型下的输出特征不符合异常样本在对比模型下的输出特征分布，则认为该样本为成员样本。

最后，TMIA 在只获得标签信息的情况下，获得的信息更少，但是和 PMIA 性能几乎无差异，再次表明了 TMIA 方法的优越性。

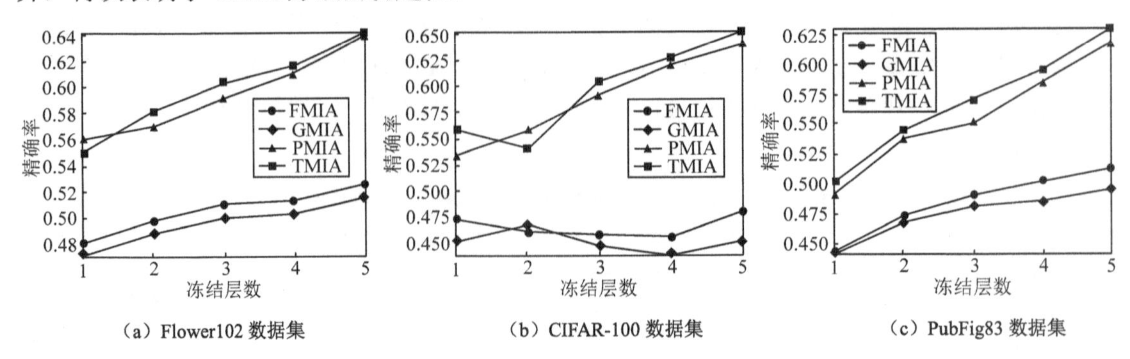

（a）Flower102 数据集　（b）CIFAR-100 数据集　（c）PubFig83 数据集

图 3-3-4　各种攻击方法在多个数据集上不同冻结层数的攻击结果

4）攻击Ⅲ：访学-攻学

在微调的迁移模式下评估了 TMIA 的攻击性能。攻击Ⅲ模式下，教师模型均由 CalTech101 数据集训练，学生模型在另外三种数据集上训练，分别在三种常见的深度学习模型上进行成员推理攻击。用精确率和覆盖率来衡量不同攻击方法之间的攻击性能。

如表 3-3-4 所示，在任意模型和任意数据集中，TMIA 和 PMIA 的精确率和覆盖率均高于 FMIA 和 GMIA，例如在 Flowers102 上训练的 VGG19 的精确率分别为 53.55%和 53.06%，TMIA 和 PMIA 的精确率分别为 93.53%和 94.37%。这是因为 FMIA 和 GMIA 是基于成员样本和非成员样本在模型输出下的置信度差异进行攻击，当模型处于正常拟合时，成员样本和非成员样本的置信度差异很小，导致 FMIA 和 GMIA 攻击性能大大降低。而 TMIA 和 PMIA 的攻击性能更强，因为 TMIA 和 PMIA 挑选对模型输出有特殊影响的样本，这些样本更容易被攻击。

与 PMIA 需要获取置信度不同，TMIA 只需要获取样本在目标模型下输出的标签信息，获得信息更少，但攻击性能与 PMIA 相比并没有明显降低，这表明了置信度重构的有效性。

表 3-3-4　不同攻击在多种模型和数据集下的攻击结果

方法		Flowers102			CIFAR-100			PubFig83		
		VGG16	VGG19	ResNet50	VGG16	VGG19	ResNet50	VGG16	VGG19	ResNet50
异常样本	FMIA	46	43	40	76	73	77	35	31	32
	GMIA	46	43	40	76	73	77	35	31	32
	PMIA	29	27	28	58	58	54	23	22	20
	TMIA	**46**	**43**	**40**	**76**	**73**	**77**	**35**	**31**	**32**
精确率/%	FMIA	52.34	53.55	53.91	41.59	44.28	42.51	43.82	45.70	46.15
	GMIA	52.54	53.06	53.65	41.72	40.79	41.49	40.87	44.08	44.13
	PMIA	94.10	94.37	94.76	92.36	91.89	92.56	92.87	93.12	90.29
	TMIA	93.29	93.53	93.97	92.00	91.55	**93.43**	92.34	**94.65**	**90.47**
覆盖率/%	FMIA	51.42	52.99	52.76	42.11	50.21	53.57	48.36	45.50	45.63
	GMIA	50.30	50.09	50.32	47.01	47.84	49.64	47.21	48.48	49.80
	PMIA	73.51	71.89	74.30	73.42	72.24	74.12	73.43	73.63	72.84
	TMIA	71.15	71.50	72.36	**74.48**	**73.29**	72.97	**73.80**	72.95	72.12

3. 小结

本节对不同迁移学习下，正常拟合模型的数据成员隐私风险进行了首次系统的研究。在迁移学习环境中设置了两种不同迁移方式，并设计了三种不同的攻击模式，系统地设计了攻击框架，并根据实验结果评估了三种攻击的攻击性能。针对模型只输出标签信息情况下，提出了置信度重构方法 TMIA，在获得信息更少的情况下，达到了与基于置信度攻击几乎一致的性能。

3.3.4.2　面向压缩模型的成员推理攻击方法

本节提出了面向压缩模型的成员推理攻击。系统第一次评估了压缩模型的成员推理风险，该方法采用剪枝、知识蒸馏等压缩技术，建立参照模型，从而构建样本特征，计算各个样本特征之间的距离，挑选出离群样本点，然后通过假设检验实施成员推理。通过大量实验，揭示了压缩模型存在着较大的成员隐私风险。

1. 问题定义

1）攻击模型

常见的压缩模型包含剪枝和知识蒸馏两种压缩方式。一般来说，如图 3-3-5 所示，深度神经网络剪枝包括三个主要阶段：①训练一个原创的 DNN；②去除不重要的参数；③利用训练数据集对剩余参数进行微调。如图 3-3-6 所示，知识蒸馏是指利用大模型（教师模型）学习到的知识去指导小模型（学生模型）训练，使得小模型具有与大模型相当的性能，但是参数数量大幅降低。其具体包括三个阶段：①训练一个教师模型；②通过修改教师模型的 Softmax 函数，产生软标签；③用步骤②中产生的软标签和真实标签联合训练学生模型。

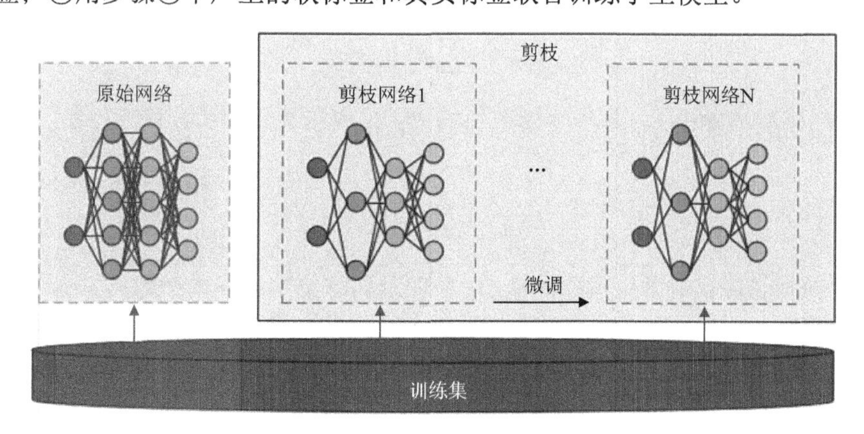

图 3-3-5　剪枝系统框图

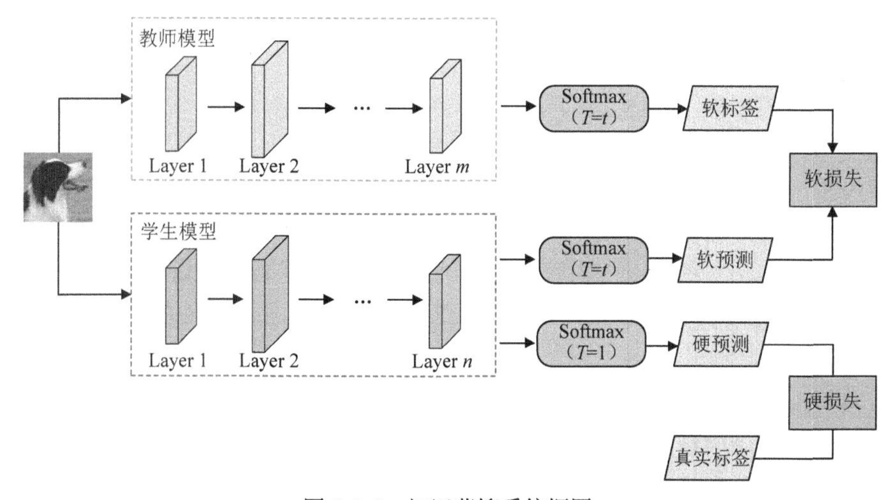

图 3-3-6　知识蒸馏系统框图

根据上述压缩方式的不同和攻击者的能力及需求，将攻击分为两种模式。

攻击Ⅰ：剪枝模式下，攻击者攻击压缩模型，能且仅能访问压缩模型。目前有三种剪枝方法具有代表性，包括L1非结构化剪枝、L1结构化剪枝、L2结构化剪枝。

（1）**L1非结构化剪枝**：首先通过正常的网络训练来学习样本特征。接下来，删除权重较小的连接：所有绝对值低于阈值的权重连接都从网络中删除。最后，重新训练网络以学习剩余稀疏连接的最终权值。

（2）**L1结构化剪枝**：首先通过正常的网络训练来学习样本特征。然后从卷积层中移除所有绝对值小于阈值的滤波器。最后，迭代训练网络学习最终权值。

（3）**L2结构化剪枝**：首先通过正常的网络训练来学习样本特征。然后从卷积层中移除所有二范式值小于阈值的滤波器。最后，迭代训练网络学习最终权值。

攻击Ⅱ：知识蒸馏模式下，攻击者攻击压缩模型，能且仅能访问压缩模型。知识蒸馏训练的具体方法如下。

（1）训练教师模型。

（2）改变教师模型的Softmax函数，利用高温T_{high}产生软标签。

（3）使用软标签和硬标签同时训练学生模型，损失函数见式（3-3-22）。

（4）设置温度T=1，在学生模型上进行测试。

$$L = \alpha L_{\text{soft}} + \beta L_{\text{hard}} \tag{3-3-22}$$

$$L_{\text{soft}} = -\sum_{j}^{N} p_j^T \lg(q_j^T) \tag{3-3-23}$$

其中，p是教师模型的输出；q是学生模型的输出；N表示训练集中的样本个数；j表示第j个样本。

$$L_{\text{hard}} = -\sum_{j}^{N} c_j \lg(q_j^T) \tag{3-3-24}$$

其中，c是真实的标签；q是学生模型的输出；N表示训练集中的样本个数；j表示第j个样本。

2）威胁模型

成员推理攻击的目标是判断样本是否用于训练目标模型。攻击分为剪枝和知识蒸馏两种模式。

攻击Ⅰ模式下，攻击者A攻击剪枝压缩模型f_{pc}，能且仅能访问压缩模型。攻击目标是判断一个数据样本点(x,y)是否是压缩模型f_{pc}的训练数据$D_{\text{pc}}^{\text{train}}$。公式如下：

$$A(f_{\text{pc}}(x)) \in D_{\text{pc}}^{\text{train}} \tag{3-3-25}$$

默认攻击者A可以获得：

（1）原模型结构和训练方式。

（2）原模型训练集的特征分布和其同分布的数据集。

（3）压缩模型的黑盒访问权限。

攻击Ⅱ模式下，攻击者A攻击知识蒸馏压缩模型f_{knc}，能且仅能访问压缩模型。攻击目标是判断一个数据样本点(x,y)是否是知识蒸馏压缩模型f_{knc}的训练数据$D_{\text{knc}}^{\text{train}}$，公式如下：

$$A(f_{\text{knc}}(x)) \in D_{\text{knc}}^{\text{train}} \tag{3-3-26}$$

默认攻击者A可以获得：

（1）教师模型和学生模型（蒸馏压缩模型）的结构和训练方式。

（2）教师模型和学生模型的训练集的特征分布和其同分布的数据集。

（3）压缩模型的黑盒访问权限。

2. 方法介绍

我们首次提出了一种面向压缩模型的成员推理攻击方法 MCMIA。MCMIA 的整体框架如图 3-3-7 所示，主要分为两种攻击模式。

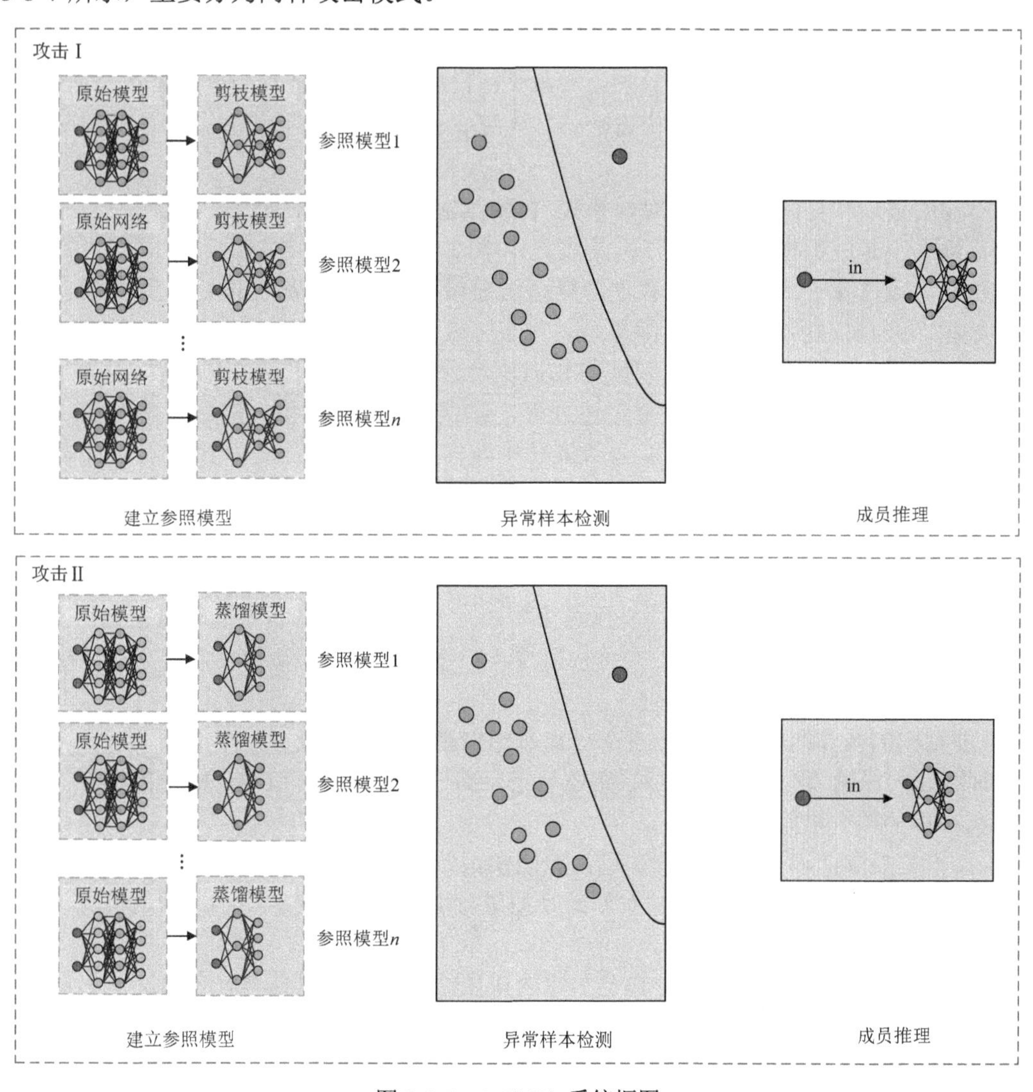

图 3-3-7　MCMIA 系统框图

攻击 I：攻击 I 模式下，攻击者攻击剪枝压缩模型，判断待测样本是否为剪枝压缩模型的训练数据，能且仅能访问剪枝压缩模型。攻击主要分为三个阶段。首先建立压缩模型的参照模型。攻击者已知道原始模型的结构和训练数据集分布，可以训练得到压缩前的模型。因为攻击者知道剪枝方式，故攻击者可以通过剪枝原始模型，再对原始模型进行微调重训练，得到压缩后的模型，该压缩后的模型即为参照模型。重复上述步骤，建立 k 个参照模型。然后是异常样本检测阶段，从待测样本中挑选出部分异常样本，攻击者只攻击这些异常样本。最后是成员推理阶段，判断异常样本是否为压缩模型的成员样本。具体做法为，用参考模型预测异常样本，得到置信度分数，通过公式计算对数损失。将每个参照模型对该异常样本的预测结果绘制成输出特征累计概率分布图。目标样本输出为

$$L(M,x) = -\lg p_{y_x} \tag{3-3-27}$$

其中，M表示分类器；x表示输入样本；y_x表示输入样本的标签；p_{y_x}表示分类器M将样本x分类为y_x的置信度。具体步骤如下：首先将目标样本输入对比模型获取其输出L，并利用其输出L构建累积分布函数（CDF）图$D(L)$，函数形式表示为$F(L)$。

再将异常样本输入教师模型，使用置信度重构方法获取教师模型预测该样本的置信度。最后成员推理阶段，本节根据假设检验评估样本x是目标模型训练数据的置信度。与前文相同，假设分为零假设和备择假设。根据假设检验，计算p值公式如下：

$$p=F(L) \tag{3-3-28}$$

由重构的置信度输入公式得到对数损失，再将其输入式(3-3-28)计算，获取p值，若$p>\beta$，则认为该样本不是成员样本，反之，则是成员样本。

攻击Ⅱ：攻击Ⅱ模式下，攻击者攻击蒸馏压缩模型，判断待测样本是否为蒸馏压缩模型的训练数据，能且仅能访问蒸馏压缩模型。攻击主要分为三个阶段。首先建立压缩模型的参照模型。攻击者已知原始模型的模型结构和训练集分布，可以训练原始模型。通过知识蒸馏的方式压缩模型得到参照模型。重复上述过程，建立k个参照模型。然后将样本输入参照模型，得到置信度分数，将k个置信度分数聚合构建样本的样本特征。利用构建的样本特征进行异常样本检测，得到容易受到攻击的样本。最后利用假设检验方法对检测到的异常样本进行成员推理。

1）参照模型建立

有两种攻击模型，一种是攻击剪枝压缩模型，另一种是攻击知识蒸馏的压缩模型。剪枝使用了常见的三种剪枝方式，包括 L1 非结构剪枝、L1 结构剪枝和 L2 结构剪枝。参考模型的建立根据压缩方式的不同存在一定差别。

L1 非结构剪枝参照模型：攻击者在已知原始模型结构和训练集分布情况下，训练原始模型。在训练好的原始模型基础上，对原始模型进行剪枝，删除绝对值小于阈值的权重，然后重新训练剪枝后的模型进行微调。

L1 结构剪枝参照模型：攻击者在已知原始模型结构和训练数据集分布情况下，训练原始模型。在训练好的原始模型基础上，对原始模型进行剪枝，删除绝对值小于阈值的滤波器，然后重新训练剪枝后的模型进行微调。

L2 结构剪枝参照模型：攻击者在已知原始模型结构和训练数据集分布情况下，训练原始模型。在训练好的原始模型基础上，对原始模型进行剪枝，删除 L2 范数值小于阈值的滤波器，然后重新训练剪枝后的模型进行微调。

知识蒸馏参照模型：已知原始模型结构和其训练数据集分布，训练原始模型。修改原始模型的 Softmax 层，具体修改公式如下：

$$q_i = \frac{\exp\left(\frac{z_i}{T}\right)}{\sum_{j=1}^{n}\exp\left(\frac{z_j}{T}\right)} \tag{3-3-29}$$

其中，q_i是修改 Softmax 后第i类的置信度分数；z_i是当T等于 1 时第i类的置信度分数；j表示第j个样本。

将训练集中样本输入修改 Softmax 后的原始模型，得到其软标签。这样一个样本同时拥有硬标签和软标签。在攻击者已知蒸馏压缩模型结构的情况下，将其输入蒸馏压缩模型进行训练。

2）异常样本检测

检测异常样本之前，需要构建样本特征来表示样本。通过将样本输入 k 个参照模型，得到对应的置信度分数，将 k 个参照模型的置信度输出聚合为矩阵，该矩阵即为该样本的样本特征。

计算样本类别公式如下：

$$c^i = \underset{j}{\operatorname{argmin}} \left\| x_f^i - u_j \right\|^2 \tag{3-3-30}$$

其中，c^i 表示第 i 个样本的类；j 表示第 j 个类；u_j 表示第 j 个类的中心；x_f^i 表示第 i 个样本特征，即样本 x^i 在 k 个对比模型中间层输出的组合。

计算类中心公式如下：

$$u_j = \frac{\sum_{j=1}^{n} 1\{c^i = j\} x_f^i}{\sum_{j=1}^{n} 1\{c^i = j\}} \tag{3-3-31}$$

其中，u_j 表示第 j 个类的中心；c^i 表示第 i 个样本的类；j 表示第 j 个类；x_f^i 表示第 i 个样本特征；当 c^i 为 j 时，$1\{c^i = j\}$ 的值为 1，否则为 0。

计算样本间距离公式如下：

$$\text{dis} = \left\| x_f^i - x_f^j \right\|^2 \tag{3-3-32}$$

其中，x_f^i 表示第 i 个样本特征；x_f^j 表示第 j 个样本特征。

3. 实验与分析

1）实验设置

数据集：使用 MNIST 数据集、CIFAR-10 数据集、CIFAR-100 数据集、Location 数据集、Purchase100 数据集来验证 MCMIA 算法对压缩模型的攻击性能。

Purchases100 数据集通过预处理 Kaggle 的"acquire valued shoppers"数据集得到。该数据集包含成千上万个人的购物历史。通过 K-mans 聚类方法进行预处理操作，获得 Purchase100 数据集。

Location 数据集来自 Foursquare 社交网络上公开的移动用户位置的"checkins"数据，本节选取曼谷地区的数据样本，对其进行预处理获得 Location 数据集。

深度模型：对三个图像数据集，用三种具有代表性的深度神经网络体系结构: VGG16、VGG19 和 ResNet18 进行实验。对于另外三个数据集，即 Texas、Purchase 和 Location，使用两层全连接（FC）深度神经网络，每层的神经元数量分别为 256 和 128 个。除最后一个 FC 层外，所有 FC 层激活函数设置为 ReLU。优化方法使用 Adam 优化器，学习率设置为 0.01，训练批大小设置为 128。在压缩方式为知识蒸馏时，自己搭建 CNN 作为学生模型，CNN 由两个卷积层、两个最大池化层和两个全连接层组成。第一个全连接层包含 64 个神经元。

对比算法：将 MCMIA 与 CONF、NNC、MENTR 和 NN 这些当前最先进的成员推理攻击算法进行比较。

评价指标：使用精确率 precision 和覆盖率 coverage 来评价算法的性能。有关 precision 和 coverage 的定义在此不再重复介绍。

2）攻击性能对比

本节评估了 MCMIA 在各种压缩模式下的攻击性能，在不同的数据集和模型下进行攻击，并与其他攻击算法进行对比。不同的压缩方法存在一定区别，L1 非结构化剪枝可应用于所有模型。而结构化剪枝方法，即 L1 结构化和 L2 结构化剪枝只能应用于剪枝卷积层，故在

MNIST、CIFAR-10 和 CIFAR-100 数据集上训练的 VGG16、VGG19 和 ResNet18 模型上评估了 MCMIA 在 L1 非结构化剪枝模型上的性能，并与其他攻击方法进行对比。实验结果如表 3-3-5 和表 3-3-6 所示。从表中数据可以看出，当攻击 MNIST 数据集时，所有攻击的攻击性能普遍偏差，这主要是因为数据集本身原因。在其他数据集和模型上，在大部分情况下，MCMIA 均有最好的攻击效果，MENTR 的攻击效果次之，NN 和 CONF 的攻击性能相对来说最差。这是因为 MCMIA 通过异常样本检测，挑选出了容易受到攻击的样本，只攻击这些异常样本，能有更好的攻击效果。实验表明，通过 L1 非结构剪枝的压缩模型存在严重的成员隐私风险。

表 3-3-5　不同攻击方法对 L1 非结构剪枝取得的精确率

压缩模型	数据集	precision/%				
		MCMIA	CONF	NNC	MENTR	NN
VGG16	MNIST	66.65	51.44	55.76	57.85	50.08
	CIFAR-10	86.73	81.81	83.41	84.11	82.69
	CIFAR-100	86.78	81.19	82.6	85.45	81.19
VGG19	MNIST	62.93	51.03	52.62	54.95	50.15
	CIFAR-10	88.76	80.54	82.24	83.85	81.77
	CIFAR-100	84.53	80.10	83.66	83.17	81.25
ResNet18	MNIST	58.82	50.21	54.76	55.98	51.2
	CIFAR-10	86.45	82.22	83.53	83.58	80.12
	CIFAR-100	86.71	81.91	85.41	88.47	82.97

表 3-3-6　不同攻击方法对 L1 非结构剪枝取得的覆盖率

压缩模型	数据集	coverage/%				
		MCMIA	CONF	NNC	MENTR	NN
VGG16	MNIST	57.70	51.81	55.33	57.48	52.47
	CIFAR-10	70.13	56.65	57.09	68.62	56.82
	CIFAR-100	72.74	53.28	59.44	71.58	51.39
VGG19	MNIST	58.29	52.71	54.09	57.74	51.18
	CIFAR-10	72.08	50.59	56.04	69.87	50.67
	CIFAR-100	68.44	51.32	59.76	67.76	52.58
ResNet18	MNIST	58.36	55.20	52.56	55.06	52.75
	CIFAR-10	64.99	50.04	59.14	68.63	51.05
	CIFAR-100	64.57	51.25	56.34	65.47	50.84

结构剪枝只能作用在卷积层上，故在 MNIST、CIFAR-10 和 CIFAR-100 数据集上训练的 VGG16、VGG19 和 ResNet18 模型上评估了 MCMIA 在 L1、L2 结构化修剪模型上的性能，并与其他攻击方法进行对比。实验结果如表 3-3-7～表 3-3-10 所示。可以看出，在 MNIST 数据集上，所有攻击的效果普遍偏差，这可能跟数据集本身有关，因为 MNIST 数据集比较简单，攻击者能获得的信息偏少，难以进行攻击。而在其他数据集上，MCMIA 基本都达到了最好的攻击效果，MENTR 的攻击效果次之，NN 和 CONF 的攻击性能相对较差。这再次体现了 MCMIA 的优越性。

表 3-3-7　不同攻击方法对 L2 结构剪枝取得的精确率

压缩模型	数据集	precision/%				
		MCMIA	CONF	NNC	MENTR	NN
VGG16	MNIST	64.38	52.58	52.53	56.75	51.97
	CIFAR-10	85.34	80.03	82.01	86.32	81.35
	CIFAR-100	86.25	81.62	83.22	84.88	80.72
VGG19	MNIST	62.63	53.88	54.34	55.29	51.08
	CIFAR-10	85.98	81.41	83.19	83.77	82.15
	CIFAR-100	84.37	80.15	81.33	85.94	80.57
ResNet18	MNIST	60.18	51.96	53.47	56.55	50.96
	CIFAR-10	82.35	80.15	80.57	81.77	80.66
	CIFAR-100	86.97	82.72	83.03	83.38	81.39

表 3-3-8　不同攻击方法对 L2 结构剪枝取得的覆盖率

压缩模型	数据集	coverage/%				
		MCMIA	CONF	NNC	MENTR	NN
VGG16	MNIST	59.01	54.64	56.18	50.58	53.57
	CIFAR-10	68.90	52.87	50.42	70.69	51.02
	CIFAR-100	68.07	57.85	57.52	71.27	51.35
VGG19	MNIST	54.31	50.97	54.17	54.83	50.72
	CIFAR-10	70.77	59.63	55.75	69.80	50.67
	CIFAR-100	72.61	51.01	54.52	68.11	50.45
ResNet18	MNIST	59.60	50.82	57.84	59.94	51.12
	CIFAR-10	69.63	56.09	58.87	66.71	50.45
	CIFAR-100	68.45	53.22	59.21	66.18	50.26

表 3-3-9　不同攻击方法对 L1 结构剪枝取得的精确率

压缩模型	数据集	precision/%				
		MCMIA	CONF	NNC	MENTR	NN
VGG16	MNIST	65.09	51.24	51.89	60.67	54.01
	CIFAR-10	82.28	73.17	78.38	84.79	78.38
	CIFAR-100	83.56	76.20	80.38	82.26	76.65
VGG19	MNIST	59.99	53.48	54.03	59.68	51.76
	CIFAR-10	81.87	74.82	78.66	81.64	70.53
	CIFAR-100	84.30	76.62	74.69	80.97	76.95
ResNet18	MNIST	65.92	53.51	57.43	62.13	58.69
	CIFAR-10	88.59	72.48	78.41	85.48	79.08
	CIFAR-100	86.92	74.69	80.20	83.16	77.46

表 3-3-10　不同攻击方法对 L1 结构剪枝取得的覆盖率

压缩模型	数据集	coverage/%				
		MCMIA	CONF	NNC	MENTR	NN
VGG16	MNIST	61.90	41.36	49.86	58.24	44.33
	CIFAR-10	68.88	56.14	54.95	63.76	51.26
	CIFAR-100	67.59	54.76	46.98	69.28	47.81

续表

压缩模型	数据集	coverage/%				
		MCMIA	CONF	NNC	MENTR	NN
VGG19	MNIST	62.10	50.84	42.59	59.72	40.46
	CIFAR-10	64.44	50.72	59.06	59.99	51.74
	CIFAR-100	63.13	53.32	53.66	64.84	41.53
ResNet18	MNIST	66.73	51.40	55.61	63.04	40.43
	CIFAR-10	69.87	46.33	57.61	66.16	47.32
	CIFAR-100	67.34	49.63	51.83	61.53	45.41

表 3-3-11 和表 3-3-12 记录了蒸馏模式下，各种攻击算法攻击图像数据集的攻击结果。可以看出，在 MNIST 数据集上，所有攻击的效果普遍依然偏差。在其他数据集上，MCMIA 大部分情况下都达到了最好的攻击效果。

表 3-3-11　不同攻击方法对知识蒸馏取得的精确率

压缩模型	数据集	precision/%				
		MCMIA	CONF	NNC	MENTR	NN
VGG16	MNIST	61.30	50.62	56.99	59.34	50.69
	CIFAR-10	84.57	78.96	72.03	83.41	78.46
	CIFAR-100	85.69	72.13	79.72	84.10	74.34
VGG19	MNIST	62.91	52.80	52.00	58.35	54.94
	CIFAR-10	85.69	70.20	76.51	85.90	73.13
	CIFAR-100	85.84	70.97	77.81	81.01	71.33
ResNet18	MNIST	61.68	50.67	55.59	56.36	51.75
	CIFAR-10	85.49	75.62	79.04	84.89	74.38
	CIFAR-100	87.24	71.45	74.63	87.92	76.78

表 3-3-12　不同攻击方法对知识蒸馏取得的覆盖率

压缩模型	数据集	coverage/%				
		MCMIA	CONF	NNC	MENTR	NN
VGG16	MNIST	56.72	42.70	44.73	50.72	46.62
	CIFAR-10	77.27	67.05	67.32	76.40	70.76
	CIFAR-100	72.16	65.83	69.15	69.80	63.09
VGG19	MNIST	53.98	41.95	41.57	54.55	44.91
	CIFAR-10	70.44	63.86	69.35	70.50	64.63
	CIFAR-100	74.18	64.66	68.45	71.12	61.24
ResNet18	MNIST	58.13	42.69	46.96	56.02	50.16
	CIFAR-10	71.32	65.42	60.26	68.89	60.72
	CIFAR-100	68.85	63.97	67.71	68.91	62.14

4. 小结

本节首次提出了一种面向压缩模型的成员推理攻击方法 MCMIA，系统地研究了压缩模型的成员隐私风险。该方法通过剪枝、知识蒸馏等压缩方法建立参照模型，然后进行异常样本检测，最后通过假设检验实现成员推理攻击。实验结果表明，与 CONF、NNC 等其他算法相比，MCMIA 算法有更高的攻击性能，并有更好的普适性。

3.4　偏见操控攻击

深度神经网络已越来越多地应用于各种领域，然而决策过程中的公平违规阻碍了其进一步服务于具有社会影响的实际应用。当给定样本仅在敏感属性（例如性别、种族等）方面与另一个样本存在差异，但深度模型却给出完全不同的预测结果时，就表明存在个体歧视。例如，在收入预测系统中，对于两个除了性别属性外其他特征都相同的样本，深度模型预测的男性年收入往往高于女性；而在人脸识别系统中，白人男性的识别准确率往往高于黑人女性。因此，对于利益相关者来说，发现深度模型决策过程中违反公平的行为，减少存在歧视的不可靠结果，以便在许多敏感场景中部署公平可靠且值得信赖的深度学习系统是非常重要的。

在现实场景中，偏见操控的攻击者可以攻击政府机构使用的模型，使其看起来存在偏见，从而降低其价值和可信度。在信贷或贷款申请中，一些攻击者甚至可以通过为自己的利益做出偏向性决策，并从此类攻击中获利。

3.4.1　偏见操控攻击定义

偏见操控攻击通过污染数据集或对模型进行操纵，以放大模型的偏见。

数学上，可以将公平性约束定义为 $C(\theta,D)=\Delta(\theta,D)-\delta\leqslant 0$，其中，$\theta$ 表示模型参数；D 表示数据集；δ 是定义的阈值，当 δ=0 时，模型是完全公平的。

通过操纵训练数据而对模型进行偏见操控的过程可以表示为以下双重优化问题：

$$\begin{cases}\max E_{(x,y)}[\alpha\cdot\ell(x,y,\theta^{*})+(1-\alpha)\cdot\gamma\cdot\ell_{f}(x,y,\theta^{*})]\\ \theta^{*}=E_{(x,y)\in(D_C\cup D_p)}\underset{\theta}{\operatorname{argmin}}\,\ell(D_{\mathrm{c}}\cup D_{\mathrm{p}},\theta)\\ \text{s.t.}\,C(\theta,D_{\mathrm{c}}\cup D_{\mathrm{p}})=\Delta(\theta,D_{\mathrm{c}}\cup D_{\mathrm{p}})-\delta\leqslant 0\end{cases} \tag{3-4-1}$$

其中，$\alpha\in[0,1]$ 是控制攻击对模型准确性和公平性平衡超参数；$\ell(\cdot)$ 为模型损失函数；$\ell_f(\cdot,\cdot,\cdot)$ 为公平性损失；γ 是使两个损失处于同一尺度的超参数；D_{p} 为操纵后的数据集；D_{c} 为良性样本集。攻击者需要在保证模型主任务分类精度的同时使模型的偏见最大化。

3.4.2　偏见操控攻击的威胁模型

攻击者的目标是：最大化模型在敏感属性上特权组与非特权组的性能差异，而不影响模型总体性能。

威胁模型根据攻击者的能力分为两种：白盒攻击和黑盒攻击。白盒攻击假设攻击者对目标深度模型的信息有全面的了解，包括其参数值、模型架构、训练方法，他们对训练数据及其敏感属性全知。在白盒场景下，攻击者能够查询特定数据的分类结果，能够修改目标模型的网络参数，但不能改动网络结构，他们能够修改数据，例如向训练集中添加数据。黑盒攻击场景下，攻击者只知晓模型训练集及其敏感属性，对目标模型结构及其参数未知。他们只能通过查询得到模型对于特定输入的分类结果，但能够查询特定数据的分类结果，并对训练数据进行修改以操纵模型决策的公平性。

3.4.3　偏见操控攻击方法概述

偏见操作攻击方法对模型公平性进行操纵，通过控制训练样本来攻击算法公平性。下面对偏见操控攻击方法进行介绍。

① Mehrabi 等[35]通过向训练集中添加经过公平性和准确度正则化的中毒数据造成锚定攻击，以影响机器学习模型的决策边界。攻击者从干净的数据出发，在决策边界的数据点产生中毒数据，中毒数据与干净数据具有相同的统计特征，但是标签相反，在学习过程中将导致决策边界的改变。其中中毒数据通过以下公式约束：

$$\left\|\tilde{x}-x_{\text{target}}\right\|_2 \leqslant \tau \tag{3-4-2}$$

其中，$\tilde{x}$ 为中毒数据点；x_{target} 为干净的目标数据点；τ 为正则化约束距离。研究者进一步通过对 x_{target} 与干净数据点 x 之间的距离将锚定攻击分为随机锚定攻击和非随机锚定攻击。非随机锚定攻击能够对 x_{target} 产生更多影响，效果要优于随机锚定攻击。

② Solans 等[36]提出了一种基于梯度的公平中毒攻击方法。攻击者的目的是增加特定个人或群体的偏见，其攻击思想来源于群体公平的形式化定义：

$$D=\frac{P(\hat{Y}=1 \mid G=u)}{P(\hat{Y}=1 \mid G=p)} \tag{3-4-3}$$

其中，$\hat{Y}=1$ 为分类器的预测结果；$G=u$ 为样本特征非特权组；$G=p$ 为特权组。公平的分类器 D 值更接近于 1。为了让分类器产生偏见，应该最大化模型在特权组和非特权组的性能差异，因此他们重新设计了更新模型的损失函数：

$$L(D,\theta)=\sum_{k=1}^{p}\ell(x_k,y_k,\theta)+\lambda\sum_{j=1}^{m}\ell(x_j,y_j,\theta) \tag{3-4-4}$$

其中，前一部分为敏感属性非特权组损失，后面一部分为敏感属性特权组损失。为了让攻击起到作用，应该减少特定预测结果中（如 $\hat{y}$=1）非特权用户样本的数量，并增加特权用户样本数量。通过超参数 λ 可以控制中毒比例。

3.5 面向联邦学习的攻击

联邦学习用于解决机器学习中的孤立数据岛问题。它使节点设备能够在不访问其他设备上的本地训练数据的情况下联合训练模型，以确保数据隐私。

联邦学习定义了机器学习框架，在此框架下通过设计虚拟模型解决不同数据拥有方在不交换数据的情况下进行协作的问题。虚拟模型是各方将数据聚合在一起的最优模型，各自区域依据模型为本地目标服务。联邦学习要求此建模结果应当无限接近传统模式，即将多个数据拥有方的数据汇聚到一处进行建模。在联邦机制下，各参与者的身份和地位相同，可建立共享数据策略。由于数据不发生转移，因此不会泄露用户隐私或影响数据规范。

联邦学习的本质是一种分布式的机器学习，如图 3-5-1 所示，由中心服务器、参与者和通信网络三部分组成。在联邦学习应用过程中上述三部分皆存在一定的安全隐患。

由于中心服务器起关键的聚合作用，一旦被攻击将面临信息泄露等风险；另一方面，中心服务器的聚合算法通常不会检测参与方上传的信息是否存在错误、异常等，所以来自参与方的攻击将对全局模型构成威胁。参与者的安全隐患主要是其数据集面临被恶意投毒的风险，上传到服务器的参数也面临被篡改的挑战。通信网络的安全隐患方面，参与者与服务器的通信是联邦学习的关键一环，各方密钥、参数等信息皆通过网络进行传输，因此通信环节面临的多种恶意窃取或篡改不容忽视。

针对上述隐患，可将联邦学习面临的挑战分为安全攻击和隐私攻击。安全攻击是指通过多种攻击使得构建的联邦学习模型出错，甚至模型不能正确完成计算、预测等应用任务；隐私攻击是指导致参与方本地数据泄露、联邦模型泄露等问题的攻击手段。联邦学习面临的安全攻击与隐私攻击如图 3-5-2 所示。在安全攻击方面，联邦学习主要面临后门攻击、投毒攻击、搭便车攻击和女巫攻击；在隐私攻击方面，联邦学习会受到隐私窃取攻击的挑战。

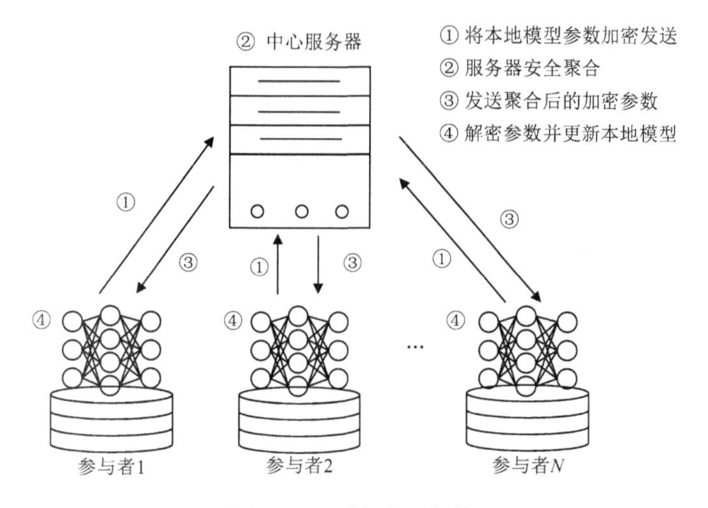

图 3-5-1　联邦学习架构

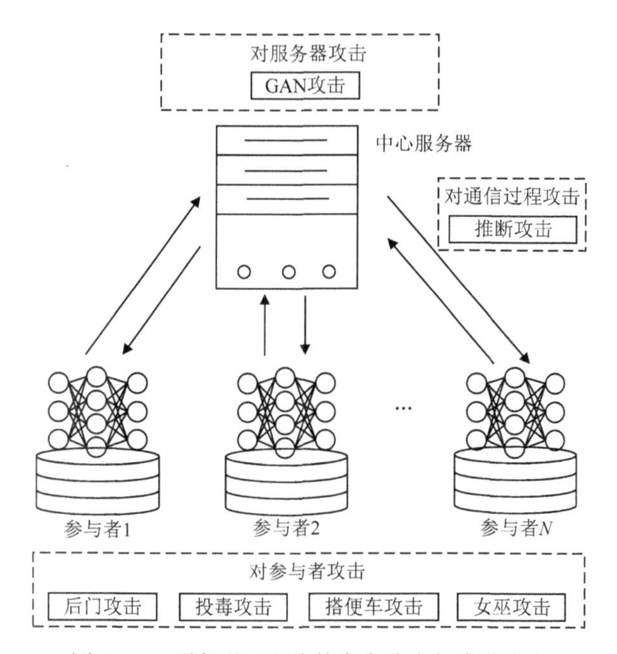

图 3-5-2　联邦学习面临的安全攻击与隐私攻击

3.5.1　联邦学习定义

联邦学习：联邦学习作为一种有效的分布式学习范式出现，其中多个客户端协作训练模型而不泄露其私有数据。具体来说，参与联邦学习的客户端只需要上传在本地数据上训练的梯度，服务器聚合这些上传的梯度以获得全局模型。假设有 N 个客户端参与培训，用 D_i 表示客户端 $t-th$ 持有的本地数据集，其中 $i \in \{1,2,\cdots,N\}$，D 是每个迭代的所有本地培训数据集的并集，则有以下聚合公式：

$$w^{t+1} = w^t - \sum_{i=1}^{N} \frac{\eta_i}{n_i} g_i \tag{3-5-1}$$

其中，w^{t+1}表示聚合的全局模型；w^t表示在第$t-th$轮次中聚合的全局模式；g_i表示当前第$t-th$客户端上传的梯度；η_i表示第$t-\mathrm{th}$客户端的学习率；$n_i = \left(\frac{|D|}{|D_i|}\right) \geqslant 0$，具有$\sum_{i=1}^{N}\frac{1}{n_i}=1$，$|\cdot|$表示数据集大小。该过程被迭代以最终收敛全局模型。

联邦学习可以分为横向联邦学习和纵向联邦学习。

横向联邦学习针对多个参与方的数据集拥有相同的数据特征，但样本不同的场景，其定义如下：

$$F_i = F_j, L_i = L_j, I_i \neq I_j, \forall i, j \in \{1,2,\cdots,n\} \text{且} i \neq j \tag{3-5-2}$$

其中，数据集的数据特征空间为F，标签空间为L，样本ID空间为I，三者构成完整的训练数据集。

谷歌的Gboard是典型的横向联邦学习应用。横向联邦学习还可以用于不同医院间的疾病诊断模型，以及物联网设备间的协调合作。横向联邦学习可以有效扩大训练样本的数量，是目前最常见的联邦学习类型。

纵向联邦学习适用于多个参与方的数据集具有相同的样本 ID 空间，但特征空间不同的场景，其定义如下：

$$F_i \neq F_j, L_i \neq L_j, I_i = I_j, \forall i, j \in \{1,2,\cdots,n\} \text{且} i \neq j \tag{3-5-3}$$

例如，某个地区的银行和电子商务公司拥有的数据集都包含本地区的居民，样本ID空间有大量交叉，但数据特征却完全不同。其中银行的数据是描述用户的收支行为和资金状况，而电子商务公司保存的是用户对各种商品的浏览与购买记录。两家公司可以利用纵向联邦学习联合训练一个用户购买商品的预测模型。

对抗攻击：对抗攻击旨在对输入样本故意添加一些人无法察觉的细微的干扰，导致模型以高置信度给出一个错误的输出。具体来说，对于给定一对样本(x,y)以及模型w，合适的损失函数可以表示为$L(w,x,y)$，在损失的负方向执行梯度下降得到的对抗样本可以表示为

$$x_{\text{adv}}^t = \prod\nolimits_{x+S}(x_{\text{adv}}^{t-1} + u \cdot \text{sign}(\nabla_x L(w,x,y))), x_{\text{adv}}^0 = x \tag{3-5-4}$$

其中，t是当前迭代；x_{adv}^t是t次迭代后的对抗样本；$\prod_{x+S}$将对抗性扰动限制在球面范围内，∇_x表示下降梯度；$\text{sign}(\cdot)$提取梯度的方向；u表示图像每次迭代的像素更新幅度。

中毒攻击：中毒攻击的目标是在主任务收敛之前使用毒化数据毒害全局模型，使得当触发器输入时，模型可以输出特定结果。假设D_i是第i个恶意客户端保存的本地数据集，其大小为$|D_i|$。对于D_i中的数据样本对$\{x_i^j, y_i^j\}$，中毒攻击首先会生成毒化样本对，表示为$\{x_i^j+\phi,\tau\}$，其中，ϕ是由恶意客户端创建的输入级触发器，τ表示中毒任务的目标类。恶意客户端会持续这一转换过程，直到$\frac{q_{B_i}}{n_{B_i}}$比例的样本被转换，其中，q_{B_i}是中毒样本子集，n_{B_i}是良性样本子集，最终得到$D_i^* = D_i + \{x_i^j+\phi,\tau\}_{j=1}^{q_i}$。模型在注入毒化数据集的训练数据集上进行训练，从而达到中毒的目的。训练模型参数的目标公式如下（在保证正常样本被正常识别的基础上，中毒样本被正常触发）：

$$\underset{w_i^t}{\text{argmax}}\left(\sum P[w_i^t(x_i^j) = y_i^h] + \sum P[w_i^t(\Theta(x_i^j,\phi)) = \tau]\right) \tag{3-5-5}$$

其中，函数Θ将任何类中的干净数据转换为中毒数据；w_i^t表示当前的模型；P表示模型输出

标签与输入标签相同的概率。攻击者的目标是实现最高的分类概率，当毒化样本的预测类标和攻击目标类标相同时，即 $w_i^t(\Theta(x_i^j,\phi))=\tau$，说明中毒成功，攻击有效。

联邦学习面临的隐私攻击包括重构攻击、模型窃取攻击、成员推断攻击、属性推断攻击和模型逆向攻击。

重构攻击：敌手通过观察和抽取模型训练期间的中间变量及相关特征，重构出用户的原始训练数据。

模型窃取攻击：敌手窃取训练好的模型参数或者模型本身。模型隐私泄露损害的是模型拥有者的利益，一般是机器学习平台的服务提供商。

成员推断攻击：敌手拥有模型的黑盒或白盒访问权限，目标是判定一个特定样本是否属于某用户的训练集。

属性推断攻击：敌手推断参与方训练数据的相关特征，这些特征并非由样本标签和属性直接体现。

模型逆向攻击：敌手通过黑盒或白盒访问模型的输出，反推训练数据集的相关信息。

3.5.2 联邦学习有关的基本概念

1. 联邦学习的工作原理

联邦学习以数据收集最小化为原则，通常由两个或两个以上参与方共同参与，参与方利用自有数据在本地训练模型，由中心服务器进行参数聚合得到总体模型，不但能够保障用户隐私，而且联邦学习构建的模型与传统集中式训练所获得的机器学习模型在性能上几乎一致。联邦训练过程首先要求各参与方授权加入联邦协议，明确具体机器学习算法和训练目标，然后进入联邦学习迭代过程。具体分为四个阶段。

（1）各参与方在训练目标明确后，利用自有数据训练本地模型，之后利用同态加密 、差分隐私、多方安全计算等技术对本地模型的梯度、参数等信息进行加密，并将加密后的信息发送至中心服务器。

（2）中心服务器对各个参与方发送的梯度、参数等信息先解密，然后进行聚合。

（3）中心服务器将聚合的结果加密后发送至各参与方。

（4）各参与方首先将中心服务器发送的聚合信息进行解密，之后根据解密结果更新本地模型，再利用本地自有数据继续训练更新模型。

不同类型的联邦学习在可用数据来源、网络结构、数据分割、聚合与优化算法、开源框架等方面存在差异，如图 3-5-3 所示。在数据维度上，联邦学习分为横向联邦学习、纵向联邦学习与联邦迁移学习；根据网络结构可将联邦学习分为有可信第三方（即集中式联邦学习）和无可信第三方（即分散式联邦学习）；从主流开源框架来看，目前主要有 TensorFlow federated(TFF)、PySyft、FATE、PaddleFL、Crypten 等。

2. 联邦学习的脆弱点分析[37]

联邦学习需要参与方和聚合服务器之间通信协作，因此存在以下脆弱点。

（1）通信协议：在训练模型的迭代过程中，参与方需要和聚合服务器进行数据通信。参与方需要将本地的模型更新发送给聚合服务器，而聚合服务器也需要下发新的全局模型。更新中包含模型的梯度信息，可用于推断参与方的训练数据，泄露参与方的隐私。因此，通信协议的可靠性和保密性决定了联邦学习系统的安全性。

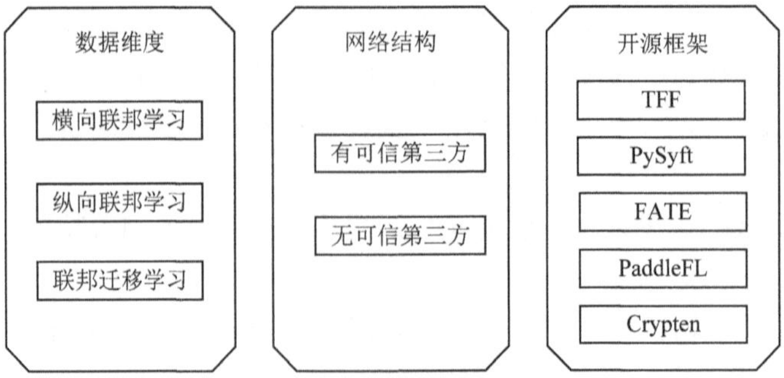

数据维度
横向联邦学习
纵向联邦学习
联邦迁移学习

网络结构
有可信第三方
无可信第三方

开源框架
TFF
PySyft
FATE
PaddleFL
Crypten

图 3-5-3 联邦学习分类

（2）聚合服务器：聚合服务器负责初始化模型参数、聚合参与方的模型更新和下发全局模型。若服务器被攻陷，攻击者可以随意发布恶意模型，影响参与方的本地应用。另外，服务器可以查看各个参与方发送的模型更新，诚实但好奇（honest but curious）的服务器可以基于模型更新重构参与方的本地数据。

（3）参与方：参与方可以通过上传恶意的模型更新破坏聚合后的全局模型。目前常见的联邦学习应用的参与方都是个人用户（如 Gboard 应用）。与聚合服务器相比，个人用户的安全防护措施薄弱，攻击成本低，攻击者可以通过入侵普通用户或者注册新用户等手段，轻易加入联邦学习的训练过程中，通过伪造本地数据、修改模型更新等方法攻击全局模型，还可以勾结多个恶意方同时发动攻击，增强攻击效果。因此，参与方是联邦学习系统中最大的脆弱点。

3. 安全攻击的威胁模型

攻击者对联邦学习系统发动不同攻击时有不同的攻击目标，同时也需要不同的背景知识和能力，因此从攻击者目标、攻击者能力以及攻击者知识三个维度对安全攻击的威胁模型进行分析。

（1）攻击者目标：攻击者的目标是降低联邦学习全局模型的性能（如准确率、F1 分数等），根据其具体目标可细分为两类：无目标攻击和有目标攻击。其中，无目标攻击影响模型对任意输入数据的推理，而有目标攻击只降低模型对特定标签的输入数据的推理准确率，而不影响或轻度影响其他标签数据的性能。以自动驾驶应用的交通标志识别模型为例，无目标攻击是使模型无法识别所有交通标志，而有目标攻击可以使模型将停车标志识别为限速标志，而不影响其他标志的识别。

（2）攻击者能力：攻击者能力是指攻击者对联邦学习系统的角色和数据所拥有的操作权限。现有的安全研究工作中，攻击者能力从高到低依次包括：控制服务器、控制多个参与方、控制单个参与方和控制参与方训练数据。其中控制服务器和控制参与方是指攻击者可以随意访问修改服务器或参与方的模型和数据，干扰其执行的操作，而控制训练数据是指攻击者可以读取、插入或修改参与方的训练数据集。攻击要求的能力越低，在实际应用中越容易实施。

（3）攻击者知识：攻击者知识是指攻击者对目标联邦学习系统的背景知识，具体包括：服务器采用的聚合算法、每轮迭代中所有参与方上传的模型更新、参与方训练数据集的数据分布等。攻击所需知识越少，在实际应用中越容易实施。

4. 隐私攻击的威胁模型

从攻击者角色、攻击者目标、攻击者知识和攻击模式四个维度对隐私攻击的威胁模型进行分析。

（1）攻击者角色：攻击者角色是指攻击者在联邦学习系统中扮演的角色，具体包括：服务器、参与方和第三方。其中服务器的攻击目的是提取与参与方训练数据相关的信息，可以对单个参与方实施攻击。而参与方是为了窃取其他参与方的训练数据隐私，但因为参与方只能接触全局模型，所以无法攻击特定的参与方。第三方则是指没有参与到联邦学习训练过程的个人或组织，他们只能通过窃听服务器和参与方的通信，或者使用训练好的全局模型等方法推断联邦学习的模型信息或参与方的数据信息。

（2）攻击者目标：攻击者的目标是从联邦学习的训练过程中提取参与方本地数据的隐私信息，根据其具体目标可分为两类：成员推断（membership inference）和属性推断（property inference）。其中成员推断是推断某个数据样本是否在参与方的训练数据集中。作为一个决策问题，成员推断攻击的结果是输出某个数据样本属于参与方训练集的概率。而属性推断攻击的目的是推断训练数据的属性。属性的概念比较广泛，既可以是与模型主任务相关的属性（如人种识别模型的训练照片里人物的肤色），也可以是无关的属性（如人种识别模型的训练照片里人是否佩戴眼镜）。根据推断的目标属性，攻击结果会呈现不同的形式，可以输出训练数据拥有目标属性的比例，甚至还可以利用推断的属性重构与训练数据相似的数据样本。

（3）攻击者知识：攻击者知识是指攻击者对目标联邦学习系统所了解的背景知识，在隐私攻击中要求的知识只有辅助数据集。辅助数据集需要和参与方的本地数据相似，且带有正确的主任务标签或属性标签。

（4）攻击模式：攻击模式分为主动攻击和被动攻击。其中主动攻击是指攻击者干扰联邦学习的正常流程，如控制服务器跳过聚合过程下发恶意模型等，而被动攻击是指攻击者不干预联邦学习，只在服务器或参与方部署额外程序，基于现有的数据和模型进行攻击。

3.5.3　面向联邦学习攻击方法概述

联邦学习的安全风险主要为攻击者通过多种手段攻击联邦学习，破坏联邦学习协议，降低联邦学习正确性，使联邦学习在数据探查、联邦训练以及联邦推理等过程出错。根据攻击目标、攻击者策略等不同，主要讨论研究广泛的后门攻击和隐私窃取攻击。联邦学习模型在推理阶段的实际应用中还存在对抗样本等攻击手段，这部分与3.1节内容相似，在此不做赘述。

1. 中毒攻击

中毒攻击是在模型中埋藏后门，攻击者可以通过预先设定的触发器激活后门，使模型对带有触发器的数据输出设定的标签，同时不影响正常数据的推断。

① Sun等[38]允许非恶意客户端访问目标任务中正确标记的示例，全面研究了真实数据集上的中毒攻击和防御，探讨了中毒攻击性能与攻击者比例和目标任务复杂性之间的关系。设K为用户总数。在t轮中，设S_t是集合，n_k是客户端k处的样本数，用w_t表示t轮处的模型参数。每个被选择的用户根据他们的本地数据计算一个更新模型，用Δw_t^k表示。服务器通过聚合来更新其模型，即

$$w_{t+1} = w_t + \eta \frac{\sum_{k\in S_t} n_k \Delta w_t^k}{\sum_{k\in S_t} n_k} \tag{3-5-6}$$

其中，η为服务器学习率。

② Bagdasaryan等[39]用联邦学习中另一种流行的攻击方法，通过直接操纵本地模型更新来攻击全局模型。他们操纵本地模型放大比例，以抵消来自良性客户端的模型更新，即使只攻击成功一次，也能够植入相应的中毒。在这种方法中，攻击者尝试用等式中的恶意模型X替换

新的全局模型 G^{t+1}：

$$X = G^t + \frac{\eta}{n}\sum_{i=1}^{m}(L_i^{t+1} - G^t) \tag{3-5-7}$$

其中，G^t 表示当前联合模型；η 为全局学习率；n 为更新轮次；L_i^{t+1} 表示新的本地模型。训练数据时，每个局部模型可能都远离当前的全局模型。当全局模型收敛时，这些偏差开始被抵消。

③ Baruch 等[40]研究了良性更新的平均值和标准与恶意客户端数量之间的限制关系，在良性更新平均值的每个维度上添加限制大小噪声来进一步毒化全局模型。他们表明这些噪声很容易逃避鲁棒聚合方法的检测，并有效地毒害了全局模型。攻击者将优化具有后门的模型，同时最小化距离原始参数的距离。这是通过损失函数来实现的，由参数 α 加权如下：

$$\text{Loss} = \alpha \ell_{\text{backdoor}} + (1-\alpha)\ell_{\Delta} \tag{3-5-8}$$

其中，ℓ_{backdoor} 后门与常规损失相同，但在后门训练攻击者的目标而不是真实的目标；ℓ_{Δ} 是保持新参数接近原始参数。

④ Cao 等[41]则引入了假客户端的概念，通过精心制作的假本地更新干扰服务器，以此提升中毒成功率。他们的主要思想是强制全局模型模拟基本模型 w'。在形式上，将其攻击表述为以下优化问题：

$$g_i^t = \min_{i\in[n+1,n+m],t\in[0,T-1]} \| w^T - w' \| \tag{3-5-9}$$

其中，n 是真实客户的数量；m 是假客户的数量（$n+1,n+2,\cdots,n+m$ 是假客户端）；T 是训练期间的 FL 轮数；w^T 是所学习到的最终全局模型。

2. 隐私攻击

① Fu 等[42]针对联邦学习提出了直接标签推理攻击。在直接标签推理攻击中，攻击者直接分析联邦学习过程中传输的梯度符号来推理标签。直接标签推理攻击适用于分类任务的主流损失函数，包括交叉熵损失、加权交叉熵损失函数等。以交叉熵损失为例，一般来说，对于使用交叉熵损失训练的垂直联邦模型（没有模型分裂），有以下公式：

$$\text{Loss}(x,c) = -\lg \frac{\mathrm{e}^{\sum_k y_c^k}}{\sum_j \mathrm{e}^{\sum_k y_j^k}} \tag{3-5-10}$$

其中，x 是一个样本的特征；c 是基本真实标签；y_c^k 是第 k 个参与者的底部模型的输出层（对数）的激活；y_j^k 是第 j 个类的对数。

② Li 等[43]基于联邦学习训练过程中传输的梯度信息提出一种范数攻击来推理参与方的标签。该攻击原理使模型倾向于为正样本赋予更高的置信度，同时为负样本赋予更低的置信度。具体来说，他们首先建立了一个真实的威胁模型，并提出了一个隐私损失度量来量化联邦学习中的标签泄露。而后，其证明了在威胁模型中存在简单而有效的方法，可以让一方准确地恢复另一方拥有的真实标签。

③ Luo 等[44]首次提出一种针对联邦学习应用阶段由参与方发起的属性推理攻击。攻击者的背景知识仅仅包括完成训练的模型和模型的预测结果，以及攻击者自身具有的数据特征。针对逻辑回归的联邦学习框架，提出了等式求解攻击，攻击者在给定预测输出的情况下，构造一组方程推理出目标数据的属性值。对于多类逻辑回归，存在 c 个线性回归模型。$\theta = (\theta^{(1)},\theta^{(2)},\cdots,\theta^{(c)})$ 分别为 c 模型的参数。为了发起特征推理攻击，对手的目标是构造 $k\in\{1,2,\cdots,c\}$ 的以下线性方程：

$$x_{\text{adv}} \cdot \theta_{\text{adv}}^{(k)} + x_{\text{target}} \cdot \theta_{\text{target}}^{(k)} = z_k \tag{3-5-11}$$

其中，x_{adv} 是攻击者在预测阶段输入样本的特征值；x_{target} 是目标的特征值；z_k 为第 k 个线性回归模型的输出。

④ Geiping 等[45]利用幅度不变的损失以及基于对抗性攻击的优化策略，表明可以根据梯度信息推理高分辨率的图像，并证明这样打破隐私是可能的，即使是在训练有素的深度网络。他们分析了体系结构和参数对输入图像重建难度的影响，并证明了对全连接层的任何输入都可以独立于剩余的体系结构进行解析重建。

⑤ Yin 等[46]提出梯度反转攻击，其在优化过程中将随机噪声拟合为参与训练方的原始图像，同时正则化图像保真度。在这项工作中，他们引入了梯度反转，证明使用输入更大的图像在复杂数据集上也可以被恢复为大型网络。并且制定了优化任务，将随机噪声转换为自然图像，并正则化图像保真度。同时他们提出了一种给定梯度的目标类标签恢复算法。他们将处理大小 K 的最终标签恢复算法定义为

$$\hat{y} = \arg\ \text{sort}(\min_m \nabla_{W_{m,n}^{(FC)}} L(x^*, y^*))[:K] \tag{3-5-12}$$

其中，$\hat{y}$ 为恢复的标签；$\nabla_{W_{m,n}^{(FC)}}$ 表示网络最后一个全连接线性层的增量；m 表示输入特征的维数；n 表示目标类别；L 表示交叉熵函数；K 为输入总数。

3.5.4　面向联邦学习攻击方法及其应用

面向联邦学习的攻击方法包括基于面向联邦学习–差分隐私系统的中毒攻击、基于智能体操纵器的隐蔽中毒攻击方法和面向协作式多智能体强化学习的中毒攻击方法。

3.5.4.1　面向联邦学习–差分隐私系统的中毒攻击方法

本节设计了一种通过差分隐私掩护的新型中毒攻击（DP-Poison）来攻击全局模型。DP-Poison 与四个主要目标一起展开，但也面临四个挑战：①保持主要任务绩效；②发动成功的中毒攻击；③逃避联邦学习的中毒防御；④保持 DP 隐私保护的有效性。为了解决这四个挑战，我们将该方法分为两个优化模块：中毒优化模块和噪声优化模块。中毒优化模块通过设计两个损失来确保中毒更新能够在训练期间保持主任务性能和攻击任务。在噪声优化模块中，为了有效地生成理想的噪声，DP-Poison 使用遗传算法（genetic algorithms，GA）进行优化。DP-Poison 更具现实威胁性，因为它可以在保护客户个人隐私的同时成功发起攻击。

1. 问题定义

1）差分隐私

差分隐私一直以来被数据库用来提供个人隐私保证。如果对于 D 中的任何两个相邻数据 x，x' 和输出的任何子集 $S \subseteq R$ 都符合式（3-5-13），则具有领域 D 和范围 R 的随机化机制 $M: D \to R$ 满足 (ε, δ)- 差分隐私。

$$P_r[M(x) \in S] \leqslant \mathrm{e}^{\varepsilon} P_r[M(x') \in S] + \delta \tag{3-5-13}$$

其中，ε 参数是隐私损失的度量，控制着隐私和效用之间的权衡；δ 是一个松弛系数，这意味着允许以 δ 的概率违反严格的差别隐私；P_r 表示概率。

高斯机制（Gaussian mechanism，GM）采用任何函数 f 的 L_2 范数敏感度为 $\Delta f = \sup_{d,d'} \|f(x) - f(x')\|_2$。添加高斯噪声后的输出 $M(x)$ 可以表示为

$$M(x) = f(x) + N(0, \sigma^2 \Delta f^2) \tag{3-5-14}$$

其中，$N(0, \sigma^2 \Delta f^2)$ 是平均值为 0、方差为 $\sigma \Delta f$ 的高斯分布。

2）本地差分隐私

在联邦学习，客户使用本地差异隐私（LDP）来保护客户的隐私。LDP 保证，如果修改了一个训练数据样本，则训练模型不会有太大差异。因此，我们可以给出 LDP 的定义：

假设 D 是来自所有客户端的联合数据集，D 和 D' 是仅相差一个数据样本的相邻数据集，如果其满足定义 1）中 D 和 D' 的关系，则机制 M 为 $(\varepsilon,\delta)-\text{LDP}$ 。

具体来说，客户端需要在联邦学习培训之前将本地隐私预算成本初始化为 0。在第 $t-th$ 轮次，客户端 $i-th$ 通过运行随机梯度下降（DP-SGD）更新本地模型。在 DP-SGD 的每个步骤中，它计算梯度，裁剪每个梯度的 L_2 范数，计算平均值，然后在隐私会计的帮助下添加噪声。动量会计可以跟踪花费的隐私预算并优化私人预算。假设 g_i 表示从计算中获得的梯度，C 表示裁剪率，σ 是噪声大小，则添加 LDP 噪声后的客户端梯度可以表示为

$$\bar{g}_i=\frac{g_i}{\max\left(1,\frac{\|g\|_2}{C}\right)+N\left(0,\sigma^2C^2\boldsymbol{I}\right)} \tag{3-5-15}$$

其中，$\boldsymbol{I}$ 是一个单位矩阵，大小与 g_i 相同。然后，服务器聚合来自客户端的更新，并计算全局隐私预算成本 ε 。在多次迭代之后，输出的联邦学习全局模型是满足 $(\varepsilon,\sigma)-\text{LDP}$ 的。

2. 方法介绍

DP-Poison 系统框图如图 3-5-4 所示。分为有两个部分：模型优化模块和噪声优化模块。模型优化模块用于拟合主任务和中毒任务，噪声优化模块用于控制局部中毒模型和全局模型之间的差异，以确保攻击的隐蔽性。在模型优化模块中，DP-Poison 首先生成中毒数据，将中毒数据与正常数据混合用于训练，并设计主要任务损失和中毒损失，以确保生成有效的中毒更新。在噪声优化模块中，DP-Poison 设计了距离损失来测量局部中毒模型和全局模型之间的距离。然后利用遗传算法优化近似最优噪声。由于 DP 的随机性，在优化过程中不容易获得目标函数的梯度，因此基于种群的遗传算法是一个合适的选择。通过多目标优化，DP-Poison 确保可以生成隐秘有效的中毒更新。

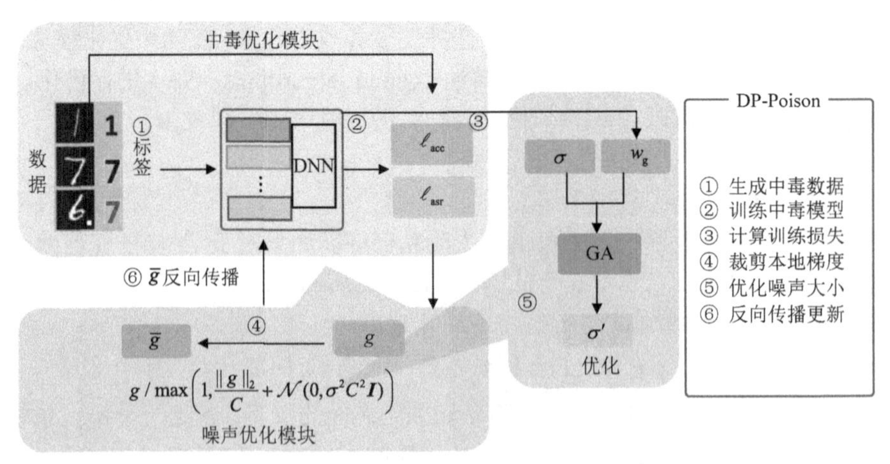

图 3-5-4　DP-Poison 攻击的系统框图

1）中毒优化模块

中毒生成模块用于生成中毒更新。在启动联邦学习训练之前，需要对本地数据进行中毒。假设 D_i 是恶意客户端 $i-th$ 保存的本地数据集，其大小为 n_i 。对于 D_i 中的数据样本 $\left\{x_j^i,y_j^i\right\}$，将中毒数据样本表示为 $\left\{x_j^i+\phi,\tau\right\}$ 。ϕ 是由恶意客户端创建的输入级触发器，τ 表示中毒任务

的目标类。恶意客户端会将原始样本转换为中毒样本，直到 q_i 比例的样本被转换。然后可以得到 $D_i^* = D_i + \left\{x_j^i + \phi, \tau\right\}_{j=1}^{q_i}$。

在联邦学习训练期间，每个恶意客户端将有一个攻击开始时间 t_p。在 t_p 之前，恶意客户端使用原始的良性数据集训练本地模型，例如 $w_i^t \leftarrow w^{t-1} - \eta_i g_i(w^{t-1}, \xi)$，其中，$w^t$ 是第 $t-th$ 轮次的全局模型，η_i 是学习率，ξ 是从数据集 D_i 采样率。当 $t \geqslant t_p$ 时，恶意客户端首先在每个训练轮次中添加固定数量的中毒样本，并测试本地模型的主任务损失 $L_{\text{acc}} = L\left(w_i^t; \left(x_j^i, y_j^i\right)\right)$ 和中毒任务损失 $L_{\text{asr}} = L\left(w_i^t; \left(\left(x_j^i + \phi\right), \tau\right)\right)$。小批量梯度可以表示为

$$g_i\left(w^t; \xi\right) = \frac{1}{n_{B_i}}\left(\sum_{j=1}^{q_{B_i}} \nabla L_{\text{acc}} + \sum_{j=q_{B_i}+1}^{n_{B_i}} \nabla L_{\text{asr}}\right) \tag{3-5-16}$$

其中，$g_i\left(w^t; \xi\right)$ 为小批量梯度；q 为中毒所占比例；∇ 表示求梯度；数据集 D_i 的毒化比是 $\frac{q_{B_i}}{n_{B_i}}$。恶意客户端约束并根据式（3-5-16）向批处理梯度添加噪声，并使用本地学习率 η_i 更新本地模型。通过多次局部迭代，用中毒的小批量样本更新局部梯度。随后恶意客户端上传中毒梯度，从而驱动全局模型适应中毒样本。

2）噪声优化模块

噪声优化模块的目标是计算当前局部中毒模型和全局模型之间的相似性，然后使用遗传算法（genetic algorithm，GA）通过相似性更新噪声大小 σ，以确保隐藏攻击。由于 GA 不依赖于优化目标的梯度，因此在优化理想噪声的过程中具有一定的优势。具体来说，在第 $t-th$ 个轮次，局部模型将更新为 $w_i^t \leftarrow w^{t-1} - \eta_i g^*\left(w^{t-1}; \xi\right)$，通过计算前一个轮次的全局模型 w^{t-1} 的皮尔逊相关性，可以量化当前局部中毒模型和全局模型之间的相似性。假设 $\sum_{k=1}^{n} \theta_{i_k}^t$ 是模型 w_i^t 的参数集，$\sum_{k=1}^{n} \theta_{i_k}^{t-1}$ 是模型 w_i^{t-1} 的参数集，可以使用相似性定义出更新之间的距离损失：

$$L_{\text{dis}} = \frac{\sum_{k=1}^{n}\left(\theta_{i_k}^t - \bar{\theta}_{i_k}^t\right)\left(\theta_{i_k}^{t-1} - \bar{\theta}_{i_k}^{t-1}\right)}{\sqrt{\sum_{k=1}^{n}\left(\theta_{i_k}^t - \bar{\theta}_{i_k}^t\right)^2}\sqrt{\left(\theta_{i_k}^{t-1} - \bar{\theta}_{i_k}^{t-1}\right)^2}} \tag{3-5-17}$$

根据距离损失 L_{dis}，可以计算 GA 优化过程中的适应度函数：

$$f(\sigma) = \frac{1}{L_{\text{dis}} + v} \tag{3-5-18}$$

其中，v 是一个小数字，用于保证 $L_{\text{dis}} + v > 0$（在实验中，v 可以取 10^{-6}）。在介绍了适应度函数的设计之后，将给出噪声优化的总体过程。

初始化：开始之前需要初始化 GA 中的种群，种群中的每个个体都被赋予随机选择的噪声水平 σ，以避免局部最优问题。然后对于长度为 8 的初始个体进行二进制编码。总体大小设置为 M=600，这意味着在每次迭代中保留 600 个中间示例（即个体）。

适应度评估：对于每个 σ，将计算相应的噪声 n_i，在将噪声 n_i 添加到剪裁的梯度之后，通过反向传播可以获得噪声更新模型，并使用适应度函数评估出当前噪声的适应度。然后，根据适应度函数计算每个个体的选择概率。选择概率应该能够反映个体的优秀程度，因此个体 i 的选择概率可以计算为

$$P_{s_i}=\frac{f_i(\sigma)}{\sum_{i=1}^{M}f_i(\sigma)} \tag{3-5-19}$$

选择：适应选择是根据所有个体的选择概率进行的，可以使用轮盘选择算法。首先根据每个人的选择概率创建一个轮盘，然后选择四次，每次生成 0～1 的随机小数，然后判断该随机数是否属于该段并选择相应的个人。在此过程中，具有高概率的个体可以被多次选择，而具有低概率的个体则可以被清除。

交叉和变异：之后，对所选噪声执行交叉和变异操作，以生成新一轮种群，并为下一轮 GA 优化做准备。交叉的操作过程是将配对库中的个体随机配对。然后，在配对的两个个体中设置交叉点，并交换两个个体的二进制信息以生成下一代。变异的操作过程是根据设定的变异概率转换二进制信息，生成下一代。

繁殖新种群后，意味着完成迭代。通过重复以上步骤，GA 可以优化近似最优噪声水平 σ 。对于每个轮次，σ 都会随着距离损失而更新，更多的局部迭代将使局部中毒模型在 DP-Poison 的训练过程中更接近全局模型。本地训练完成后，恶意客户端汇总本地模型的梯度更新，并将其上传到服务器进行聚合，以形成新的全局模型。与添加 DP 噪声后良性更新的随机变化相比，DP-Poison 控制了中毒更新的变化方向。从服务器的角度来看，它将倾向于更类似于当前全局模型的更新，这将为 DP-Poison 带来隐蔽性。

3. 实验与分析

1）实验设置

数据集与模型：此节使用 MNIST、CIFAR-10 和 MIAS 三个公用图像数据集，以及结构化数据集 Loan。MIAS 是一个由英国乳房图像分析协会建立的数字乳房 X 光数据库，所有图像均为 1024×1024 黑白 X 光图像，共有两个类别。Loan 是一个用于财务分析的真实世界数据集，记录了借贷俱乐部平台从 2007～2015 年的贷款数据，按照贷款的状态可以分为七个类别。每个数据集对应的模型如表 3-5-1 所示。

表 3-5-1　DP-Poison 实验数据集的基本信息

数据集	标签数目	训练集样本数	测试集样本数	测试模型	测试集分类准确率/%
MNIST	10	60000	10000	LeNet-5	98
CIFAR-10	10	50000	10000	ResNet-18	80
MIAS	2	256	76	AlexNet	85
Loan	7	240088	60022	MLP	82

联邦学习设置：所有的实验在具有非独立同分布（non-independent and identically distributed，Non-i.i.d）数据分布的水平联邦框架上进行。参加培训的客户数量被设置为 20。除非另有规定，否则恶意客户端的数量设置为 2，占客户端总数的 10%，并使用 Dirichlet 分布对每个客户端数据集进行分区，分布参数为 0.5。在全局分类器的训练过程中，每个客户端训练 5 个本地轮次。对于 MNIST、CIFAR-10 和 MIAS 三个数据集，学习率设定为 0.01；对于 Loan 数据集，我们将学习率设定为 0.001。本地批处理大小都被设置为 64。在每个联邦学习训练阶段，在对参与者的模型进行平均化之前，应分别训练他们的模型，然后将其平均化为一个全局模型。

攻击设置：本实验将采用两种中毒攻击：集中式中毒攻击（centralized backdoor attack，CBA）和分布式中毒攻击（distributed backdoor attack，DBA），并作为基线攻击方法。基线中毒攻击的目标和其他一些设置与 DP-Poison 攻击的目标相同。对于图像数据集 MNIST、CIFAR-10

和 MIAS，攻击者将图像右下角的四个像素值固定为 255，并作为触发器。对于 MNIST，CIFAR-10 和 MIAS 数据集，攻击者的目标是将所有类标签分别分类为{9},{9},{0}。对于预处理的贷款数据集，将选择四个高度重要的符号“out\prncp”“total\pymnt_inv”“out_prncp_inv”和“total_rec_prncp”作为中毒的触发条件[47]。攻击者的目标是将所有类标签分类为{“state:fully payed”}。对于 DBA，攻击者将原始触发器分成四个，并在不同的客户端数据集上对它们进行了修改。在四个数据集中，攻击者将中毒数据与正常数据混合，以训练中毒模型。

防御设置：将 RFA、Trimmed-Mean、Multi-Krum 和 Bulyan 四种安全聚合算法作为防御方法，以验证 DP-Poison 的性能。其中，RFA 聚合用于更新的梯度参数，并且用近似几何中值替换聚合步骤中的加权算术平均值。Trimmerd-Mean 是一个坐标聚合规则，它单独考虑每个梯度参数。对于每个渐变参数，服务器从所有本地渐变更新中收集其值并对其进行排序。Multi-Krum 基于平方距离分数在每次迭代中选择指定个数的局部梯度更新中的一个作为全局梯度更新。Bulyan 是一个结合了 Krum 和 Trimmed-mean 的变体。

评估指标：所有的实验结果均采用重复运行五次并取平均值作为最终结果。DP-Poison 性能使用三个指标进行评估，即攻击成功率（ASR）、主要任务准确率（ACC）和距离相关度（DCR）。假设中毒触发样本为正样本，良性样本为负样本，那么被分类为目标类的中毒触发样本为 TP（true positive），未被分类为目标类的中毒触发样本为 FP（false positive）。被正确分类的良性样本为 TN（true negative），未被正确分类的良性样本为 FN（false negative）。将攻击成功率与主任务准确率定义如下：

$$\mathrm{ASR}=\frac{\mathrm{TP}}{\mathrm{TP}+\mathrm{FP}} \tag{3-5-20}$$

$$\mathrm{ACC}=\frac{\mathrm{TN}}{\mathrm{TN}+\mathrm{FN}} \tag{3-5-21}$$

2）DP-Poison 中毒有效性分析

实验过程中在训练阶段将每个客户端噪声方差大小设定为 1，客户端的裁剪率统一设置为 8，记录训练阶段的平均每轮次的 ACC 和 ASR，如图 3-5-5（a）～（d）所示。

可以看出，在没有安全聚合算法的情况下，DP-Poison 攻击的攻击效率高于另外两个基线中毒攻击。这是因为 DP-Poison 同时将主任务和中毒任务的损失纳入优化。虽然这并不能完全消除噪声的影响，但可以确保将噪声对主任务和中毒任务的影响降到最低。与 DP-Poison 相比，CBA 和 DBA 攻击获得更好攻击效果的时间比 DP-Poison 更长，这说明了 DP-Poison 的高效性。DP-Poison 对主要任务的影响最小，这实现了比两种基线攻击更高的成功率。

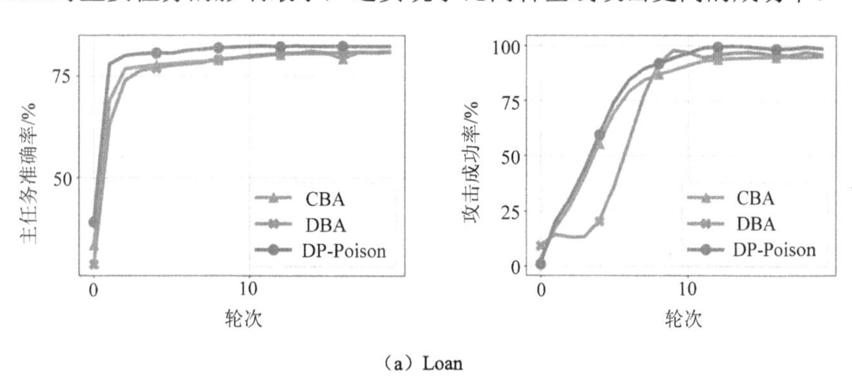

（a）Loan

图 3-5-5　DP-Poison 攻击性能验证实验图

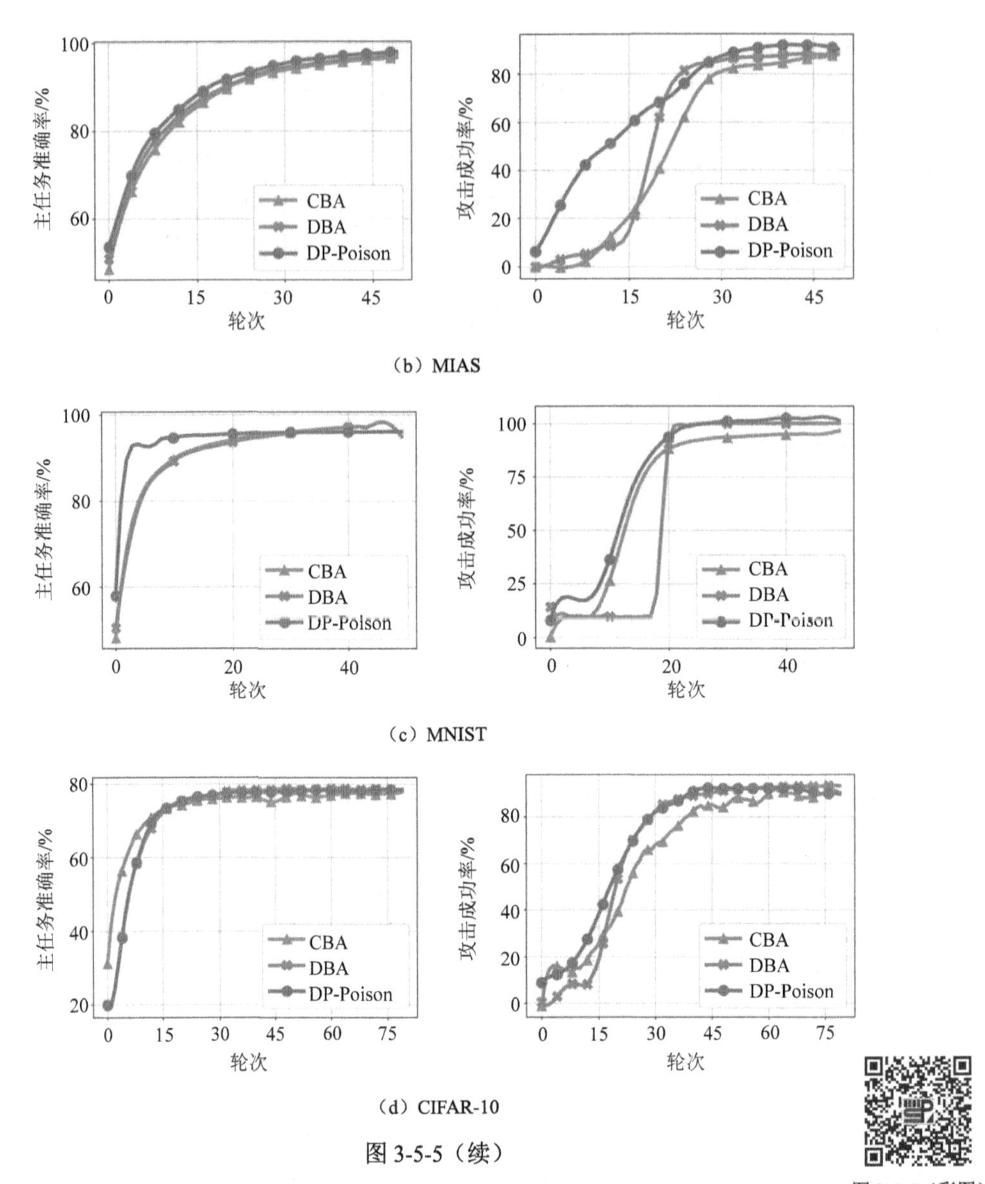

（b）MIAS

（c）MNIST

（d）CIFAR-10

图 3-5-5（续）

图 3-5-5（彩图）

3）隐私保护性能

接下来将在联邦学习模拟推理攻击的场景中，验证 DP-Poison 的隐私保护效果。具体来说，分别使用 DP 噪声和 DP-Poison 来保护客户端的隐私。除此之外还考虑了一种更为现实的场景：攻击者不遵守 DP 协议，只是希望攻击更隐蔽（定义为 DP-Poison w/o DP）。在这种情况下，攻击者可以绕过隐私约束，直接将距离损失添加到模型训练损失中。即攻击者的优化目标可以转化为

$$g_i\left(w^t;\xi\right)=\frac{1}{n_{B_i}}\left(\sum_{j=1}^{q_{B_i}}\nabla L_{\text{acc}}+\sum_{j=q_{B_i}+1}^{n_{B_i}}\nabla L_{\text{asr}}+\sum_{j=1}^{n_{B_i}}\nabla L_{\text{dis}}\right) \tag{3-5-22}$$

其中，L_{acc} 表示准确率损失；L_{asr} 表示攻击损失；L_{dis} 表示梯度差异损失；j 表示参与者的下标。

实验中选择了联邦学习中具有威胁性的隐私攻击之一：白盒成员身份推断攻击，它代表了模型更新中的意外信息泄露。在此场景中，作为一个诚实但好奇的攻击者，服务器只进行观察而不影响联邦学习训练过程。服务器执行梯度上升算法，该算法计算目标模型在样本局部梯度

的方向，使其下降以最小化损失；而对于非成员，模型不会改变其梯度，因为它们不会影响训练损失函数。为了更明显地展示出不同噪声的防御效果，参与训练的客户端数量将被调整为四个。表 3-5-2 展示了不同场景中的客户端隐私泄露情况，其中“无防御”意味着客户端执行正常训练，不保护本地更新。“DP”表示客户端使用常规的 DP 保护隐私，“DP-Poison”表示客户端实施 DP-Poison 攻击。

从表 3-5-2 可以发现，在没有任何隐私保护手段的情况下，本地更新面临隐私泄露的风险，攻击者可以轻松推断训练隐私。作为一种流行隐私保护方法，DP 能够有效地阻止隐私泄露。例如，在 MIAS 数据集上，攻击精度从大约 91%下降到大约 62%。与 DP 类似，DP-Poison 也能够减轻隐私攻击。这反映了 DP-Poison 在发动隐形中毒攻击时保留了对于客户端隐私的保护能力。这是非常符合实际的，因为该中毒攻击的目标是在不为人知的情况下毒化全局模型，因此不能以牺牲隐私为代价。为了进一步探究 DP-Poison 的保护能力，表 3-5-3 对比了 DP-Poison w/o DP 场景中的隐私保护效果。

表 3-5-2　不同场景中成员推理攻击的成功率

数据集	推理攻击成功率/%		
	无防御场景	DP 场景($\sigma=1$)	DP-Poison 场景
Loan	89	**58**	**60**
MIAS	91	**62**	**59**
MNIST	84	53	**51**
CIFAR-10	81	**52**	**49**

表 3-5-3　中毒更新和 DP-Poison 更新之间隐私泄露风险的比较

数据集	DP-Poison			DP-Poison w/o DP		
	主任务准确率/%	攻击成功率/%	推理成功率/%	主任务准确率/%	攻击成功率/%	推理成功率/%
Loan	82	**100**	**60**	81	**100**	86
MIAS	96	**84**	62	96	86	**91**
MNIST	96	98	**53**	97	99	**80**
CIFAR-10	78	**90**	52	77	**92**	76

从表中可以观察到，攻击者不遵循 DP 准则时，仍具有类似于 DP-Poison 的攻击效果，可以成功地毒害全局模型。然而，它的成员推断攻击成功率比 DP-Poison 高约 30%。这表明攻击者的隐私此时存在泄露风险，这将违背联邦学习保护数据隐私的初衷。攻击的数据将会被泄露隐私，严重影响联邦学习的正常运行与部署。

4. 小结

本节针对联邦学习的中毒攻击进行研究，并提出一种使用差分隐私噪声作为掩护的联邦学习中毒攻击方法 DP-Poison。实验结果表明，DP-Poison 攻击可以很容易启动，并在不影响主要任务的情况下实现高攻击成功率。此外，DP-Poison 攻击可以在差分隐私噪声的掩护下成功地规避多种安全聚合算法。

3.5.4.2　基于标签平滑的联邦学习中毒攻击增强

联邦学习实际场景中，中毒攻击面临以下的两个主要挑战：①当攻击者攻击受限时，中毒攻击将无法成功毒化全局模型；②中毒任务收敛通常需要比正常任务收敛多得多的时间。

为了应对这些挑战，直观的解决方案是在训练期间降低全局模型的鲁棒性，从而使得中毒攻击具有更多可能性。本节通过削弱全局模型的鲁棒性，加快中毒任务的收敛来重新思考对联邦学习的中毒攻击。基于此，提出了一种新的中毒增强攻击（poisoning enhanced attack，PoE）。具体来说，该方法在全局模型的特征空间中对于标签进行牵引，缩短中毒攻击的源类和目标类之间的类间距离，加快中毒任务的收敛速度。为了实现这一目标，攻击客户端使用标签平滑来改变模型预测分布，将全局模型拖向有利于中毒的方向。

1. 问题定义

标签平滑：标签平滑是一种广泛使用的“技巧”，以缓解模型过拟合和提高模型泛化。假设将神经网络的预测写成倒数第二层激活的函数 $P_k=\dfrac{\mathrm{e}^{f_{w_k}}}{\sum_{l=1}^{L}\mathrm{e}^{f_{w_l}}}$，其中，$P_k$ 是模型分配给第 k 个类的概率，f_{w_k} 表示最后一层的第 k 个输出，L 是类的数量。对于用硬目标训练的网络，最小化真实目标 y_k 和网络输出 P_k 之间的交叉熵的期望值，计算公式如下：

$$H(y,P)=\sum_{k=1}^{K}-y_k\lg(P_k) \tag{3-5-23}$$

其中，y_k 对于正确的类是“1”，其余的是“0”。对于使用参数 α 的标签平滑训练的系数，将修改后的目标 y_k^{LS} 与网络输出 P_k 之间的交叉熵最小化，即为

$$y_k^{LS}=y_k(1-\alpha)+\frac{\alpha}{L} \tag{3-5-24}$$

攻击者的能力：攻击者为正常参与联邦学习训练的客户端，试图通过添加精心设计的中毒更新来毒害全局模型，或者通过操纵其模型策略学习来注入中毒。具体来说，攻击者具有以下能力：①攻击者是合法的联邦学习，在其训练过程中可以获取最新一轮的全局模型以及全局的训练参数。②攻击者是以团队合作形式毒化全局模型，每个攻击者之间可以相互通信，交流并共享毒化数据。除此之外，攻击者不应该知晓联邦学习系统，即聚合规则以及服务器对于参与者的选择策略。

2. 方法介绍

中毒增强攻击 PoE 的整体框图，如图 3-5-6 所示。图中包含了 PoE 的两个不同阶段。首先在第一个训练阶段，恶意客户端启动 PoE 攻击，目的是削弱当前的全局模型。PoE 在聚合之后改变全局模型的标签分布，使得全局模型的鲁棒性下降。然后进入第二个训练阶段，恶意客户端本地生成中毒数据并发起中毒攻击。由于全局模型的鲁棒性已经被削弱，全局模型便容易被毒化并嵌入中毒数据，进而达成毒化全局模型的目标。

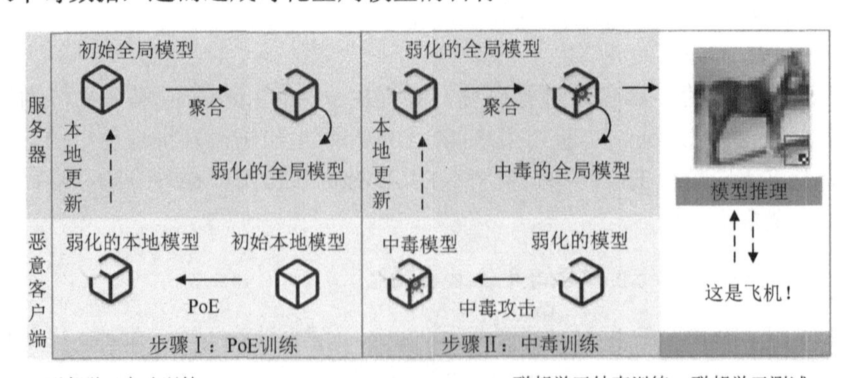

图 3-5-6　中毒增强攻击 PoE 的整体框图

1）PoE 训练

攻击者在联邦学习训练的初期首先进行 PoE 训练。这期间每个实例 x 被分配正确的标签 y，即被标记为一个精确的类。之后按照本地模型最后一层的激活函数值进行预测，并采用 Softmax 计算预测概率：

$$P_k = \frac{e^{f_{w_k}}}{\sum_{l=1}^{L} e^{f_{w_l}}} \tag{3-5-25}$$

其中，P_k 是模型分配给第 k 个类的概率；f_{w_k} 表示最后一层的第 k 个输出；L 是类的数量。PoE 从中毒攻击的源类中提取小部分概率，并将其重新分配给攻击的目标类，如图 3-5-7 所示。因此标签分布 q 将被改写为

$$q(k|x) = \begin{cases} (1-\alpha)\cdot y_k，& k = y_s \\ y_k + \alpha\cdot y_s，& k = \tau \\ y_k，其他 & \end{cases} \tag{3-5-26}$$

其中，y_s 和 τ 是中毒攻击的源类和目标类的标签。之后，PoE 训练根据式（3-5-26）最小化交叉熵的期望，对于具有源类的每个实例，PoE 驱动模型以避免过度自信的预测，并且增加目标类别的模型的预测概率。对于具有目标类的每个实例，PoE 通过迁移部分的预测概率，确保本地模型对目标类的预测概率提升，以此来改变模型在特征空间上的预测结果。值得注意的是，PoE 训练的过程并不包含任何中毒攻击，换句话说，PoE 训练与中毒训练是相互分离的。这么设计是为了保证 PoE 增强具有扩展性，可以和多种中毒攻击相结合，进一步增强了 PoE 在现实场景中的威胁性。

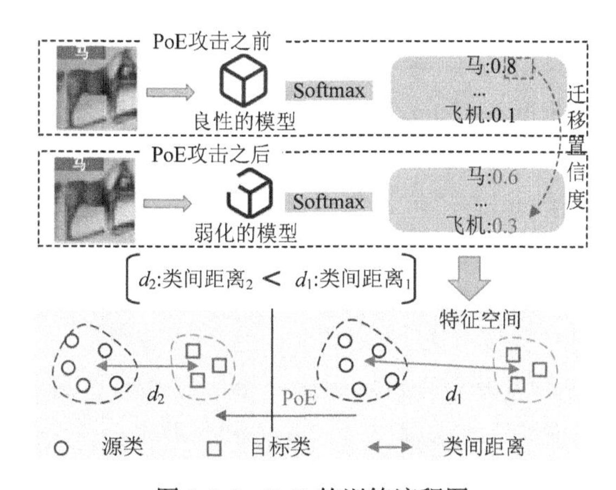

图 3-5-7　PoE 的训练流程图

2）中毒训练

在结束 PoE 训练之后，恶意客户端开始使用中毒实例来训练本地模型，发起中毒攻击。在中毒训练期间，恶意客户端 $i-th$ 首先在每个训练批中添加固定数量的中毒样本，每个被选中实例 x_i^j 被分配中毒目标的标签 τ，并测试了本地模型的主要任务的损失：

$$L_{\text{acc}} = L(w^t;(x_i^j, y_i^j)) \tag{3-5-27}$$

和中毒任务的损失：

$$L_{\text{asr}} = L(w^t;((x_i^j + \phi), \tau)) \tag{3-5-28}$$

其中，ϕ 是由恶意客户端制作的输入级触发器；w^t 是第 t 轮次中的全局模型。本地中毒训练的模型 w_i^{t+1} 可以表示为

$$w_i^{t+1} = w^t - \eta_i \frac{1}{n_{B_i}} \left(\sum_{j=1}^{q_{B_i}} \nabla L_{\mathrm{acc}} + \sum_{j=q_{B_i}}^{n_{B_i}} \nabla L_{\mathrm{asr}} \right) \tag{3-5-29}$$

其中，本地数据集 D_i 的毒化比为 $\frac{q_{B_i}}{n_{B_i}}$；η_i 是本地学习率；j 表示参与者的下标。在本地中毒训练结束后，恶意客户端将本地更新 $\Delta w_i^{t+1} = w_i^{t+1} - w^t$ 上传到服务器来毒化全局模型。

3. 实验与分析

1）实验设置

数据集： 使用四个公用图像数据库，即 MNIST、GTSRB、CIFAR-10 和 CIFAR-100。GTRSB 数据集是一个交通图像数据集，包含 51839 张图像，可以分为 43 个类别，大小将固定为 35×35。

联邦学习训练设置： 设计了 100 个客户端同时参与训练。每个客户端的数据遵循 Dirichlet 分布，分布超参数设置为 0.5，对于 CIFAR-100 数据集设置为 0.9。对于每个本地训练轮次，客户端使用 Adam 优化器训练本地模型，批次大小为 64（MNIST）、128（GTSRB）、64（CIFAR-10）和 32（CIFAR-100）。

四个数据集的学习率都设置为 0.1，每一轮联邦学习训练，本地客户端的局部训练轮次设置为 3。为了模拟真实的联邦学习训练过程，假设服务器每轮训练将随机抽取要参与客户端的 20%作为真正参与训练的客户端。所有实验中将采用不同的随机种子重复 10 次，并报告平均结果。

中毒攻击设置： 由于 PoE 作为增强方法并不依赖于特定的中毒攻击方法，选择三种不同的中毒攻击方法来充分验证 PoE 的效果，分别为集中式中毒攻击（centralized backdoor attack，CBA）、分布式中毒攻击（distributed backdoor attack，DBA）与模型中毒攻击（model poisoning，MP）。ρ 表示恶意客户端的比例，默认情况下设置 $\rho = 0.04$。中毒任务的目标是通过使用设置触发器使全局模型将实例从源标签（“0”）错误分类为目标标签（“3”）。对于 CBA，触发模式为图像右下角分配的四个白色像素。对于 DBA，触发模式将会被分裂为四个不同的部分，并分别部署在不同的客户端上。对于 MP，将会遵循 CBA 的触发模式，并以 0.2 的比例缩放中毒更新。

安全聚合算法： 采用三种安全聚合算法来进一步探究 PoE 的鲁棒性，它们是 RLR、RFA 与 FoolsGold。这些聚合旨在对抗恶意客户端，并防御中毒攻击。具体来说，对于 RLR，更新符号阈值将设置为 5。这意味着对于更新符号之和大于阈值的每个维度，学习率得以衰减。对于 RFA，最大迭代步数将被设置为 8。对于 FoolsGold 则使用置信参数 1 进行参数化，并且不使用历史梯度或显著特征滤波器。

评价标准： 在测试模型的中毒有效性时，采用攻击成功率与主任务准确率作为验证攻击有效性的指标。

2）PoE 有效性分析

下面讨论 PoE 在不同数据集上对于中毒攻击成功率的提升效果。为了展示对比效果，攻击者将被设置为两个不同的场景，①PoE 场景：恶意客户端在前 10 个轮次进行 PoE 攻击，然后再发动中毒攻击；②无 PoE 场景：恶意客户端一开始就持续发起中毒攻击，并不使用中毒增强攻击。实验结果如图 3-5-8 所示，实线表示有 PoE 增强的场景，虚线表示无 PoE 增强的场

景。同时图中黑色虚线表示主任务的收敛时期，在黑线之后表示联邦学习训练的主任务已经收敛，即可以停止联邦学习训练。

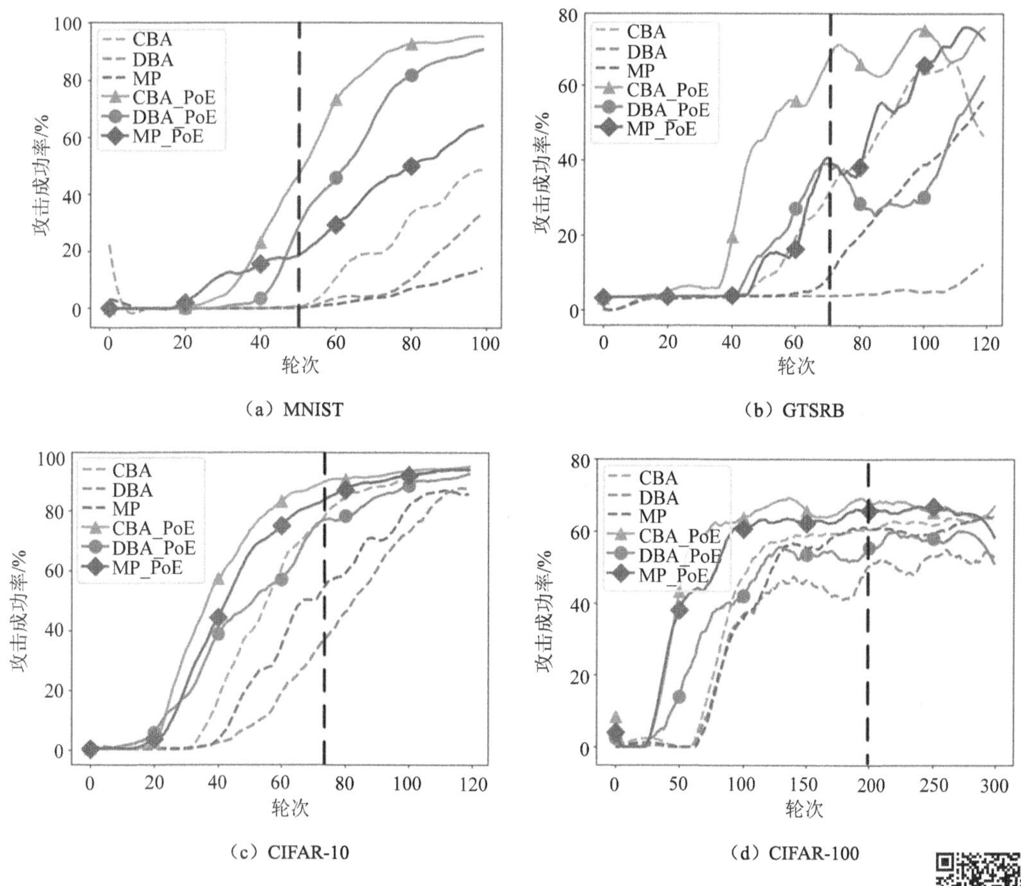

（a）MNIST　（b）GTSRB

（c）CIFAR-10　（d）CIFAR-100

图 3-5-8　PoE 攻击性能验证实验图

图 3-5-8（彩图）

从图中观察到，当联邦训练主要任务收敛时，虚线对应无 PoE 增强场景的攻击成功率要远远低于有 PoE 增强攻击场景的攻击成功率。这反映了两个事实：①PoE 攻击能够有效增强中毒攻击，大大提升中毒的效率。例如，在 GTSRB 数据集上，PoE 将 CBA 的攻击成功率提高 2.16 倍。此外，三种不同的中毒攻击在 PoE 增强后，攻击成功率皆有着明显提升，意味着 PoE 具有通用性，能与不同的中毒攻击方法配合使用，进一步提升中毒攻击在实际应用中的威胁性。②以 MNIST 数据集为例，无 PoE 场景中，主任务收敛时的攻击成功率仅为 5%，这反映了当中毒更新不能持续影响全局模型时，中毒攻击的威胁性将大大减弱。这从侧面反映了目前中毒攻击存在的问题，而 PoE 攻击是中毒受限场景一个有效的解决方案，证明了 PoE 可以帮助不同的中毒任务更快地收敛，增加中毒的威胁。最后不能忽略的是，与 CBA 和 MP 相比，PoE 对 DBA 的增强作用较弱，这是由于 DBA 的分散性要求必须选择每个恶意客户端。虽然不同数据集间类数目的变化导致了 PoE 效率的改变，但 PoE 仍然成功地提高了中毒任务的收敛速度。

为了定量展示 PoE 的增强效果，在图 3-5-9 中绘制了不同场景下中毒任务收敛时间的柱状图结果。为了比较的一致性，定义当中毒任务的损失小于 0.01 时视为中毒收敛，并统计了从开始发起中毒攻击到收敛所需要的时间。图中统计了“使用 PoE”与“不使用 PoE”两个场景中中毒收敛所需要的时间，两种场景的训练设置将遵循之前实验的设置。从柱状图中可以明显

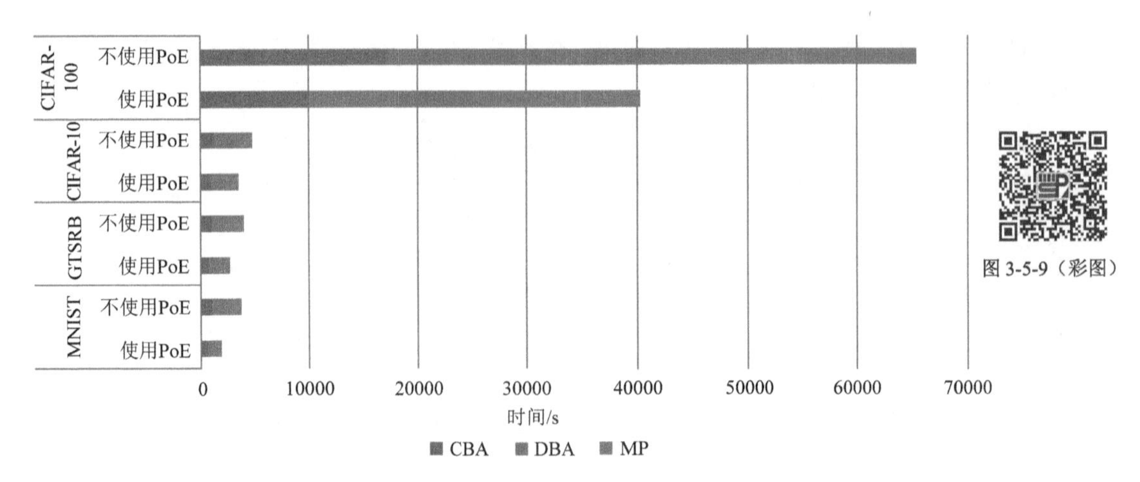

图 3-5-9　PoE 在不同场景中的时间开销统计

观察到，在使用 PoE 增强后，中毒任务所需要的时间平均减少了 1/3，这意味着中毒训练需要更少的时间便可毒化全局模型。特别是在 MNIST 这种简单的训练任务上，PoE 将中毒任务需要的训练时间减少了一半，大幅提高了中毒攻击的威胁性。对比四个不同的数据集，PoE 的增强效果随着训练任务难度波动，这是因为复杂数据集在联邦学习进行切割后，导致各个客户端数据分布的差异性变大，进一步增加了攻击的难度。总体而言，PoE 削弱了全局模型的鲁棒性，并提升了联邦学习下中毒攻击的效率，通过 PoE 加速中毒任务的收敛可以大大减少攻击者的训练时间和计算资源。

4. 小结

本节提出了基于标签平滑的联邦学习中毒增强攻击（PoE），这是实际联邦学习中毒攻击实施中的一个聚焦于提升攻击效率的方法。实验表明，PoE 具有高效的中毒提升能力，仅需少数几轮便可实现加速中毒任务收敛的效果。

3.5.4.3　面向图联邦学习的隐私窃取方法

尽管图联邦学习实现了“原始数据不出本地”的分布式训练模式，然而它仍然存在隐私泄露的风险，即图联邦学习也容易受到隐私推理攻击。当前围绕图联邦学习的大部分工作都关注模型在特定任务的预测性能上，而忽视了对方法本身隐私安全性的研究。在纵向图联邦学习场景中，参与方在正常训练过程中上传的嵌入表示以及在横向图联邦学习场景中参与方在训练过程中上传的梯度，通常包含用户关键的隐私信息，存在隐私泄露风险。目前为止，很少有研究关注图联邦学习中的隐私泄露问题。

1. 问题定义

图数据：一个具有 N 个节点的图网络可以表示为 $G=\{V,E,\boldsymbol{X}\}$ 。其中，$V=\{v_1,\cdots,v_N\}$ 为 $|V|=N$ 的节点集合，$e_{i,j}=<v_i,v_j>\in E$ 表示节点 v_i 和 v_j 存在链路，$\boldsymbol{X}_n\in\mathbb{R}^{N\times L}$ 表示特征维度为 L 的特征矩阵。

图联邦学习：在图联邦学习场景中，有 m 个本地参与方 $C=\{C_1,\cdots,C_m\}$ 以及一个服务器 S 。本地参与方的本地模型具有独立的模型参数 $\{\theta_c^1,\cdots,\theta_c^m\}$，服务器具有参数为 θ_t 的顶端模型。服务器具有图数据的标签 $\{Y_n^t\}(n=1,2,\cdots,N)$，其中，$n$ 表示图数据的索引。每个参与方使用其本地数据训练独立的图神经网络模型，并协同训练服务器模型。

纵向图联邦学习聚合策略：在纵向图联邦学习中，服务器聚合每个参与方上传的嵌入。在训练过程中嵌入的聚合方式可以表示为

$$h_{\text{global}} \leftarrow \text{AVG}(h_1, h_2, \cdots, h_K) \tag{3-5-30}$$

其中，AVG 表示平均聚合；K 是参与方的数量；h_i 是由图神经网络 $f_i\ (A_i, X_i)$ 使用本地数据生成的第 i 个参与方的嵌入，即 $h_i = f_i(A_i, X_i)$。利用 h_{global} 完成下游任务，即节点分类任务和链路预测任务。

横向图联邦学习聚合策略： 在横向图联邦学习中，每个参与方 C_i 在本地数据中训练图神经网络模型，并产生各自的梯度。服务器运行一个顶端模型聚合来自每个参与方的梯度，采用的聚合策略通常可以表示为

$$g_{\text{global}} \leftarrow AVG(g_1, \cdots, g_K) \tag{3-5-31}$$

其中，K 是参与方的数量；g_i 是由图神经网络 $f_i(A_i, X_i)$ 使用本地数据生成的第 i 个参与方的梯度；g_{global} 是聚合后的嵌入表示，用来完成下游的图分类任务。

攻击场景： K 个参与方和 1 个服务器通过图联邦学习架构进行联合训练模型。在纵向图联邦学习中，参与方利用本地数据训练本地模型并将嵌入表示上传到服务器；类似的，参与方在横向图联邦学习中用本地数据训练本地模型并上传梯度信息至服务器。在图联邦学习的训练过程中，服务器模型向每个参与方执行反向传播计算，并下发更新的梯度信息。在本节中，假设服务器是一个攻击者，这种场景具有实际意义，并得到多项工作[21, 32, 33]的深入研究。

攻击者目标： 攻击者的目标是根据联邦学习的中间传输信息发动推理攻击，从而推理出参与方的隐私数据，其中隐私数据包含链路信息以及属性信息。

2. 方法介绍

针对纵向图联邦学习和横向图联邦学习提出四种攻击方法，分别为针对纵向图联邦学习的链路推理攻击和属性推理攻击，研究出图联邦学习在训练过程中传输的嵌入表示泄露隐私的风险；针对横向图联邦学习，提出邻接矩阵推理攻击和特征矩阵推理攻击，研究出图联邦学习训练阶段以梯度作为传输介质的隐私泄露风险。方法的框图如图 3-5-10 所示。

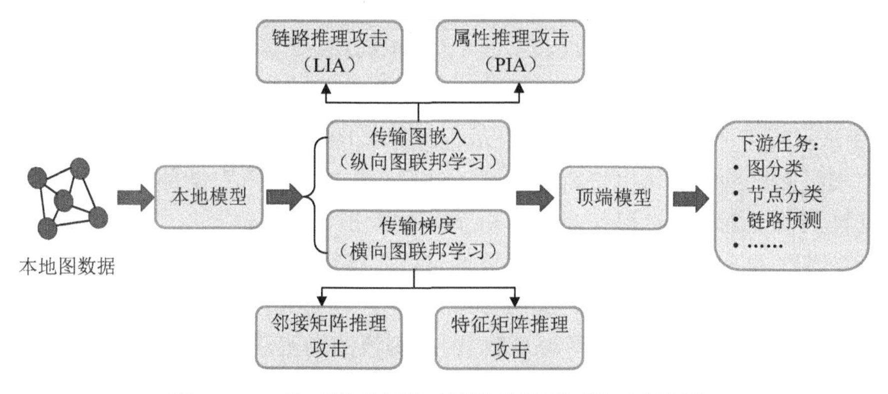

图 3-5-10　针对图联邦学习的隐私泄露风险研究框图

1）链路推理攻击

链路推理攻击（link inference attack，LIA）发生在纵向图联邦学习场景中，目的是推理参与方的图数据中的节点 i 和节点 j 之间是否存在链路。例如，在电商产品推荐业务中，攻击者试图窃取不同消费者之间是否认识的信息，而这类链路信息往往属于商业的隐私信息。在纵向图联邦学习中的链路推理攻击的具体过程如图 3-5-11 所示。作为攻击者的服务器正常执行图联邦学习的训练工作，同时通过用户上传的嵌入表示训练一个解码器，并采用图结构稀疏化方法和随机采样策略来推理图数据。链路推理攻击过程可以简要表示为

$$\text{LIA}: h_i \rightarrow \text{图的连边} \tag{3-5-32}$$

其中，h_i 是目标参与方上传的嵌入表示。

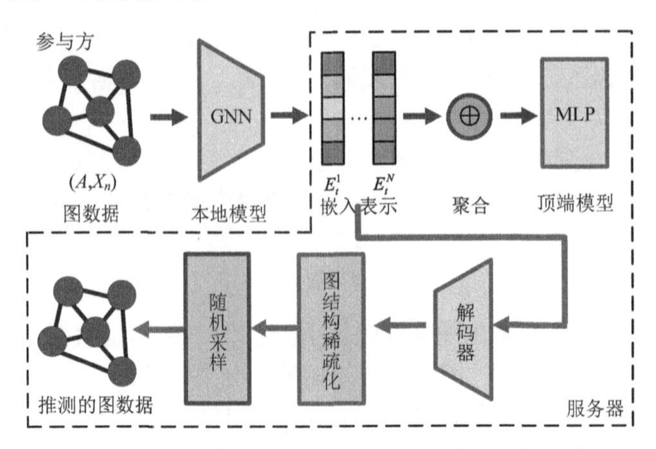

图 3-5-11　纵向图联邦学习中的链路推理攻击示意图

攻击者为了发动链路推理攻击，仅仅需要图联邦学习中参与方上传的嵌入表示，由于假定的攻击者为服务器，因此在正常的图联邦学习训练过程中就可以获得攻击所需的背景知识。利用嵌入表示来推测链路的原理是相似的节点嵌入之间存在链路的概率更高。这是因为在现实的图结构数据中，相似的节点特征存在链路的概率较大。嵌入表示是图结构数据经过本地模型提取的深层特征，相似的节点经过特征提取后仍然表现为相似的节点嵌入表示。因此，攻击者可以利用节点嵌入表示之间的相似程度来判断不同节点之间是否存在链路。为了将上述思路转为具体的节点相似度表示方法，采用图自编码器（graph auto-encoder，GAE）来分析不同节点之间的相似度，从而分析不同节点是否存在链路。通过向图自编码器中输入嵌入表示来推测邻接矩阵，从而区分不同节点之间存在连边的概率。上述过程可以表示为

$$\begin{aligned}&\hat{\boldsymbol{A}}=\sigma(\boldsymbol{H}_i\cdot\boldsymbol{H}_i^{\mathrm{T}})\\&\text{s.t.}\quad h_i=\mathrm{GNN}(\boldsymbol{X},\boldsymbol{A})\end{aligned}\tag{3-5-33}$$

其中，$\mathrm{GNN}(\cdot)$ 是图联邦学习不同参与方从本地特征矩阵 $\boldsymbol{X}$ 和邻接矩阵 $\boldsymbol{A}$ 提取特征的本地模型 $\boldsymbol{H}_i$；$\boldsymbol{H}_i^{\mathrm{T}}$ 表示转置后的嵌入表示；$\sigma(\cdot)$ 表示推理原始图的内积；$\hat{\boldsymbol{A}}$ 为概率矩阵。

攻击者根据图自编码器可以获得链路概率矩阵，根据攻击者对链路信息的了解情况，从链路概率矩阵推测节点之间的链路信息存在以下两种攻击策略。

策略一：当攻击者未知图数据的链路数量时，攻击策略为设置一个概率阈值来判断节点 i 和节点 j 之间是否存在链路。通常将阈值 B 设置为合适的值，将概率矩阵转换为元素为 0 或 1 的邻接矩阵。由于连边存在的概率为 0.5，因此阈值的选定通常为 0.5。

$$f(\hat{\boldsymbol{A}}_{i,j})=\begin{cases}1,\ 若\hat{\boldsymbol{A}}_{i,j}\geqslant B\\0,\ 若\hat{\boldsymbol{A}}_{i,j}<B\end{cases}\tag{3-5-34}$$

其中，$\hat{\boldsymbol{A}}_{i,j}$ 表示节点 i 和节点 j 之间存在链路的概率。

策略二：攻击者已知图中的链路数量，例如现实世界的攻击者通过背景调研对目标受害者的关系规模初步排查获得链路数量，因而可以根据链路数量来推理节点之间的链路。攻击者可以根据概率值最高来判定节点之间存在链路，判断原则如下：

$$\begin{aligned}&\hat{A}_{i,j}=f(\hat{A}_{i,j})\\&\text{s.t.}\ \sum_{i,j=1}^{N}f(\hat{A}_{i,j})=2L+N\end{aligned}\tag{3-5-35}$$

其中，$\hat{A}_{i,j}$ 表示节点 i 和节点 j 之间存在链路的概率；N 表示图中节点的总数；L 表示图中链路的总数。

2）属性推理攻击

属性推理攻击（property inference attack，PIA）发生在纵向图联邦学习场景中，目的是推理参与方的图数据中的属性信息。例如，在社交网络中，攻击者试图窃取用户的“性别取向”和“收入水平”等隐私信息，从而造成严重的个人信息泄露。在纵向图联邦学习中的属性推理攻击的具体过程如图 3-5-12 所示。作为攻击者的服务器正常执行图联邦学习的训练工作，同时通过用户上传的嵌入表示以及少量的辅助数据集训练一个攻击模型。属性推理攻击的过程可以简要表示为

$$\text{PIA}: h_i \xrightarrow{M_a(\cdot)} \text{图的特征} \tag{3-5-36}$$

其中，h_i 是目标参与方上传的嵌入；$M_a(\cdot)$ 是一个攻击分类器，由多个全连接层构成。

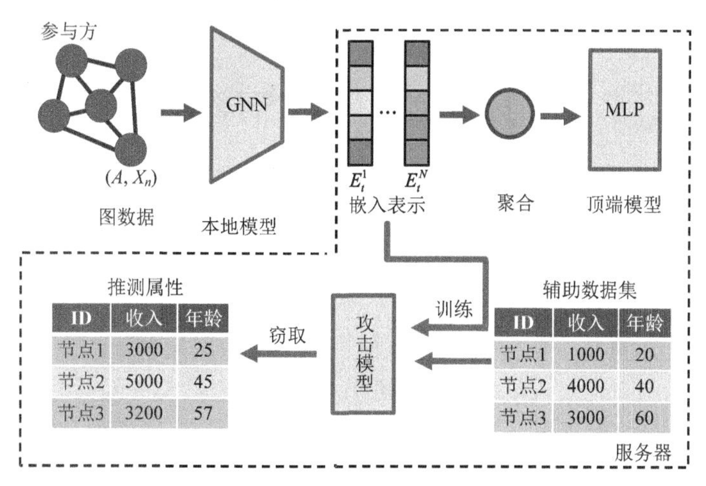

ID	收入	年龄
节点1	3000	25
节点2	5000	45
节点3	3200	57

ID	收入	年龄
节点1	1000	20
节点2	4000	40
节点3	3000	60

图 3-5-12　纵向图联邦学习中的属性推理攻击示意图

在属性推理攻击中，攻击者需要收集辅助知识 D_{aux} 来训练攻击分类器 $M_a(\cdot)$。辅助知识 D_{aux} 包括：已知样本的隐私属性 P_{aux} 以及样本对应的嵌入表示 h_{aux}。使用嵌入表示 h_{aux} 和样本对应的隐私属性 P_{aux} 训练攻击分类器 $M_a(\cdot)$。在现实场景中，攻击者收集少量样本的隐私属性信息 P_{aux} 并不困难，仅仅利用爬取或者窃听等手段就可以收集攻击所需样本的隐私属性。

在属性推断攻击中，攻击者通过攻击模型推测隐私属性是利用了特征映射的原理，即攻击模型通过训练学习到了嵌入表示和隐私属性之间的映射关系。攻击者可以利用攻击模型对未知的嵌入表示推测隐私属性。利用攻击模型推测隐私属性的过程如下：

$$P_{\text{aux}} = M_a(h_{\text{aux}}) \tag{3-5-37}$$

其中，P_{aux} 是样本的隐私属性；h_{aux} 是样本对应的嵌入表示。

此外，PIA 可以采用随机梯度下降来优化攻击模型的参数。当攻击模型完成训练，将可以用来推理未知隐私属性嵌入表示对应的隐私属性。

3）邻接矩阵推理攻击

邻接矩阵推理攻击（adjacency matrix inference attack，AIA）发生在横向图联邦学习场景中，目的是推理参与方的图数据中的邻接矩阵。例如，在不同医药机构之间联合进行药物分子图性质的预测业务，对于已知性质的药物分子结构往往被视为医疗机构的重要知识产权信息。攻击者试图窃取其他机构的分子图结构信息，此类数据的泄露将造成医疗机构的严重财产损失。在横向图联邦学习中的邻接矩阵推理攻击的具体过程如图 3-5-13 所示。攻击者的目标是通过参与

方上传的梯度信息，窃取图联邦学习中参与方的邻接矩阵信息。邻接矩阵推理攻击的过程如下：

$$\text{AIA}: g_i \to \text{图的结构} \tag{3-5-38}$$

其中，g_i 是目标参与方上传的局部梯度。

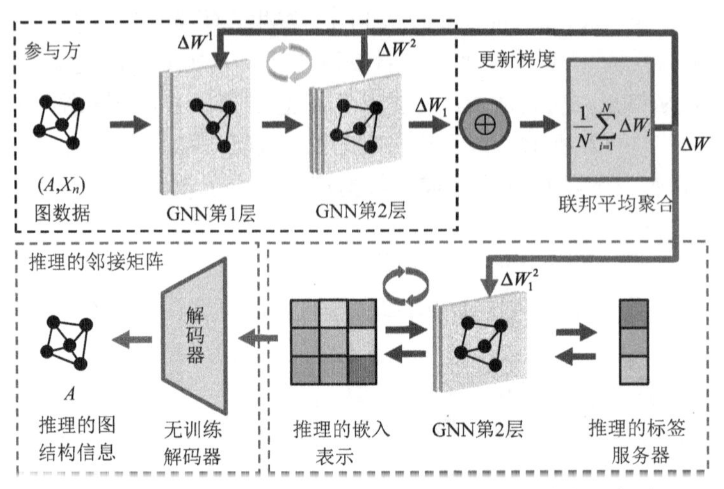

图 3-5-13　横向图联邦学习中的邻接矩阵推理攻击示意图

邻接矩阵的推理攻击主要方式是利用联邦学习中的参与方在训练过程的梯度信息推理邻接矩阵，实现上述攻击的主要分为两个步骤。步骤一是恢复参与方本地模型的嵌入表示，步骤二是恢复参与方的邻接矩阵。步骤二的攻击方法和链路推理攻击的方式保持相同。因此，邻接矩阵推理效果的主要难点在于如何完整恢复参与方上传的嵌入表示信息。本节提出了两阶段方法实现对嵌入表示的高真度恢复，包括利用梯度信息恢复参与方的标签信息，以及通过构建梯度逼近的方式，利用恢复的标签和梯度信息恢复参与方的嵌入表示。

阶段一：推测图数据的标签。由梯度信息推断隐私标签原理为梯度信息包含模型输出信息和训练数据的标签信息。为了表示横向图联邦学习的场景，考虑任务为执行图分类的场景。图联邦学习中的损失函数采用常见的交叉熵损失函数，标签以独热编码的形式表示。不失一般性，模型的损失函数可以形式化表达为

$$l(x,c) = -\lg\frac{e^{y_c}}{\sum_j e^{y_j}} \tag{3-5-39}$$

其中，x 表示输入的数据；c 为独热编码后的图标签；y_i 表示第 i 类的置信度。进一步，利用上述损失函数来计算模型的梯度，如式（3-5-40）所示。观察式（3-5-41）：当 $i=c$ 时，即数据的标签为 c 时，模型的梯度值为负数；否则模型的梯度值为正数。因此，可以通过模型梯度的正负性来判断图数据的标签。

$$g_i = \frac{\partial l(x,c)}{\partial y_i} = \frac{\partial \lg e^{y_c} - \partial \lg \sum_j e^{y_j}}{\partial y_i} \tag{3-5-40}$$

$$g_i = \begin{cases} -1 + \dfrac{e^{y_i}}{\sum_j e^{y_j}}, & i = c \\ \dfrac{e^{y_i}}{\sum_j e^{y_j}}, & \text{其他} \end{cases} \tag{3-5-41}$$

阶段二：推测图数据的嵌入表示。根据梯度信息来推测嵌入表示的方式是攻击者首先模拟参与方的本地模型设定影子模型，然后利用随机噪声以及推理的标签训练影子模型。最后，通过不断优化使得影子模型的梯度和参与方的梯度逼近，从而使得影子模型生成的嵌入表示近似参与方的真实嵌入表示，达到推理嵌入表示的目的。本节采用了卷积网络层后的全连接网络模型结构梯度信息作为梯度逼近目标，通过影子模型的梯度和参与方在全连接层的梯度不断逼近，实现对参与方嵌入表示的推理。在横向图联邦学习中，参与方采用的本地模型结构都相同，因此攻击者可以使得影子模型的结构和参与方的模型结构信息保持一致。攻击者通过影子模型的梯度 ∇W_d^i 与真实的梯度 ∇W_g^i 构建损失值 L_{noise}，如式（3-5-42）所示。在构建损失值的过程中，使用 KL 散度作为主要的约束指标。攻击者利用梯度下降的算法不断减小损失值，从而通过影子模型获得近似的嵌入表示：

$$L_{\text{noise}} = \sum_{i=1}^{L}\left(\frac{\nabla W_d^i \cdot \nabla W_g^i}{\left\|\nabla W_d^i\right\| \cdot \nabla W_g^i}\right) \tag{3-5-42}$$

通过推理的嵌入表示推理图结构，进行链路推理攻击，完成对完整邻接矩阵的推理。

4）特征矩阵推理攻击

特征矩阵推理攻击（feature matrix inference attack，FIA）发生在横向图联邦学习场景中，目的是推理参与方的图数据中的特征矩阵。例如，在不同机构针对不同的团体进行兴趣推荐，团体中成员的具体信息，例如“电话号码”属于隐私信息。攻击者试图窃取其他机构图数据的特征矩阵，从而获得感兴趣的特征信息。在横向图联邦学习中的特征矩阵推理攻击的具体过程如图 3-5-14 所示。攻击者的目标是通过参与方上传的梯度信息，窃取图联邦学习中参与方的特征矩阵信息。

攻击者的目标是窃取图联邦学习中参与方的特征矩阵信息。FIA 可以表示为

$$\text{FIA}: g_i \rightarrow \text{图的特征} \tag{3-5-43}$$

其中，g_i 是目标参与方上传的梯度。

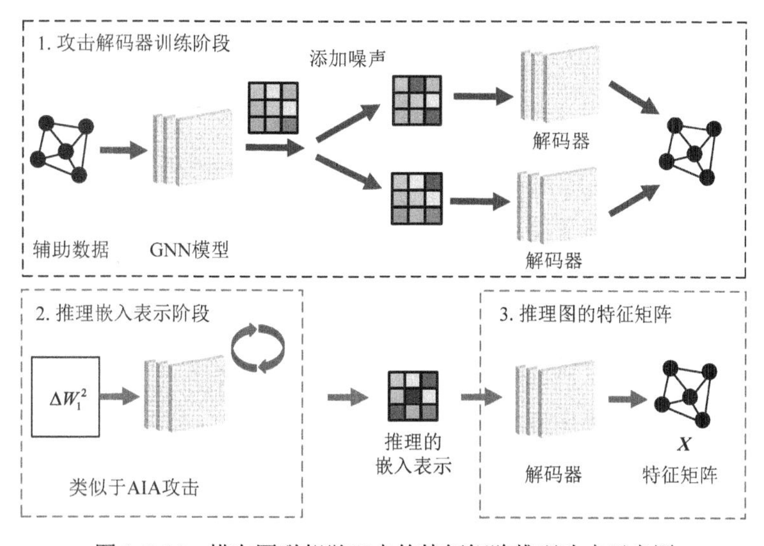

图 3-5-14　横向图联邦学习中的特征矩阵推理攻击示意图

通过梯度信息来恢复参与方的特征矩阵主要是利用特征推理模型作为解码器将嵌入表示和特征矩阵建立联系。将参与方提供的嵌入表示视为解码器（联邦学习的本地模型）的模型输出，然后利用攻击者训练的解码器实现对特征矩阵的恢复。为了增加攻击者特征推理模型对未

知嵌入推理的泛化性，特征推理模型在训练过程中增加少量随机噪声进行训练，增加模型恢复特征表示的鲁棒性。考虑到横向图联邦学习的数据输入包括图的邻接矩阵和图的特征矩阵。采用图自编码器推理特征矩阵，其中编码器采用 SAGE 卷积层和 SAG 池化层；解码器的部分为 SAGE 卷积层，解码器和编码器的层数保持相同。

特征推理攻击大致可以分为三个步骤。首先采用 AIA 方法来恢复图嵌入表示，其次利用推理的图嵌入表示推理图的邻接矩阵，最后利用自编码模型的解码器部分实现对特征矩阵的窃取。编码器的输入为推测的图邻接矩阵和随机生成的特征矩阵，编码器的输入为嵌入表示。解码器的输入为编码器输出的嵌入表示，输出为特征矩阵。通过少量背景知识 D_{aux} 来训练特征推理模型 $M_f(\cdot)$。利用训练完成的自编码器，冻结模型参数。在解码器中输入参与方的嵌入表示，可以实现窃取参与方的特征矩阵。

3. 实验与分析

1）实验设置

数据集：为测试提出的四种攻击方法的有效性，选取 13 个真实世界的图数据集进行实验，包括 CORA、CITESEER、PUBMED、COMPUTER、PHOTO、YALE、ROCHESTER、DD、ENZYMES、PROTEINS、MUTAG、AIDS、NCI1。在纵向图联邦学习场景中，主要采用的数据集为适用于节点分类和链路预测任务的数据集。

评价指标：使用以下五个评价指标评估隐私泄露情况，分别为窃取准确率 ACC、ROC 曲线下面积（area under curve，AUC）、平均精度（average precision，AP）、每类 F1 值的算术平均 Macro-F1 和均方误差（mean square error，MSE），它们的定义如下。

① ACC：表示攻击者窃取隐私属性的准确率，准确率值越低表示攻击者成功窃取的隐私信息越少。

$$\text{ACC}=\frac{\text{成功推测出属性的样本数量}}{\text{所有的样本数量}} \tag{3-5-44}$$

② AUC：当节点之间存在链路时，节点对为正；否则节点对为负。根据节点对之间存在链路的概率对节点对进行排序，AUC 表示正节点对概率高于负节点对的概率。

$$\text{AUC}=P(P_{\text{pos}}>P_{\text{neg}}) \tag{3-5-45}$$

③ AP：表示所有类别的平均精度求和除以所有类别。

$$\text{AP}=\sum_{i=1}^{n-1}(r_{i+1}-r_i)P_{\text{inter}}(r_i+1) \tag{3-5-46}$$

其中，$P_{\text{inter}}(\cdot)$ 指的是在某个插值点的召回率。

④ Macro-F1：表示所有每类 F1 分数的算术平均值。

$$\text{Macro}-\text{F1}=\sum_{i=0}^{N}\frac{2}{N_C}\cdot\frac{\text{召回率}\times\text{精准率}}{\text{召回率}+\text{精准率}} \tag{3-5-47}$$

其中，i 是类别索引；N_C 是类别的总数。

⑤ MSE：表示真实值与预测值之间的均方误差。

模型：为了全面评估图联邦学习的隐私泄露风险，使用了六个图神经网络模型，它们分别是：图卷积网络（GCN）、图注意力网络（GAT），简化图卷积网络（simplifying graph convolutional networks，SGC）、图同构网络（graph isomorphism network，GIN）、基于样条线的卷积神经网络 SplineCNN，基于注意力的图神经网络（attention-based graph neural network，AGNN）。

2）隐私窃取效果分析

为了探索纵向图联邦学习面临链路推理攻击的信息泄露，以 CORA、CITESEER、PUBMED、

COMPUTER 和 PHOTO 数据集为例，并使用了五种常见的图神经网络模型进行验证分析。实验中使用 AUC 和 AP 作为链路推理攻击的主要评估指标，值越高表示攻击者推理的隐私信息越丰富。为平衡实验中样本的正负比例，随机选择所有网络中 10%存在链路的节点对作为正样本，10%不存在链路的节点对作为负样本。实验结果如表 3-5-4 所示。

表 3-5-4　链路推理攻击性能

数据集	GCN		SpineCNN		GAT		AGNN		SGC	
	AUC	AP	AUC	AP	AUC	AP	AUC	AP	AUC	AP
CORA	0.871	0.893	0.947	0.882	0.959	0.972	0.945	0.953	0.981	0.938
CITESEER	0.932	0.918	0.945	0.946	0.991	0.996	0.972	0.977	0.991	0.949
PUBMED	0.790	0.773	0.875	0.852	0.907	0.903	0.857	0.838	0.927	0.928
COMPUTER	0.913	0.899	0.919	0.893	0.833	0.852	0.836	0.774	0.949	0.937
PHOTO	0.935	0.921	0.862	0.811	0.923	0.914	0.908	0.883	0.951	0.937

通过链路推理攻击能够有效窃取纵向图联邦学习中参与方的链路信息。例如，当图联邦学习中参与方的本地模型为 SGC 模型时，在 CORA 数据集上的窃取链路的 AUC 达到 0.981，这表明大部分的节点对之间的关系都被准确推理。实验结果表明当攻击者使用相同的本地模型，在不同数据集下的隐私推理攻击效果存在差异，这说明复杂的数据网络存在更为复杂的结构信息，增加了攻击者推理的难度，潜在表明在纵向图联邦学习中提供复杂度低的数据结构的参与方更需要关注其隐私安全。此外，实验结果表明在相同的数据集下，不同的本地模型推理的链路性能存在差异。例如，当参与方的本地模型为 SGC 模型时，在 PUBMED 数据集上的推理链路的 AUC 值比 SplineCNN 模型窃取链路的 AUC 值高 5.2%。这主要是因为 SGC 模型去除了非线性层，使模型呈现出线性，而线性模型更容易被攻击者逆向推理真实数据。

3）属性推理攻击性能

实验细节：为了探索纵向图联邦学习面临属性推理攻击的信息泄露，以社交网络的 YALE 和 ROCHESTER 数据集为例，并使用了三种常见的图神经网络模型，包括 GCN、GAT 和 SGC 模型进行验证分析。在 YALE 数据集中，攻击者推理的隐私属性为“性别”；在 ROCHESTER 数据集中，攻击者推理的隐私属性为“教育背景”。实验中使用 ACC 和 Macro-F1 作为属性推理攻击的主要评估指标，值越高表示攻击者推理的隐私信息越丰富。实验中使用训练样本总量 10%的样本作为辅助数据集来训练攻击模型。攻击模型的训练轮次为 50，学习率为 0.01。

实验结果：实验结果如表 3-5-5 所示。在纵向图联邦学习中，不同种本地模型均存在隐私属性泄露风险。例如，SGC 模型在 YALE 数据集上的推理准确率达到了 0.924，相较于随机猜测高出 0.424。这表明攻击模型通过少量的辅助知识可以很好地学习到嵌入表示和隐私属性之间的对应关系。此外，实验结果表明 GAT 作为本地模型时的推理攻击效果较好，可能的原因是 GAT 模型提取特征加入了注意力机制，减少了模型输出的冗余信息，导致推理的性能下降。

表 3-5-5　属性推理攻击性能

数据集	GCN		GAT		SGC	
	ACC	Macro-F1	ACC	Macro-F1	ACC	Macro-F1
YALE	0.912	0.905	0.790	0.786	0.924	0.922
ROCHESTER	0.940	0.934	0.812	0.803	0.945	0.932

4. 小结

本节首先将图联邦学习中的隐私泄露问题形式化，并在横向和纵向图联邦学习中分别对其进行研究。针对纵向图联邦学习提出了链路推理攻击和属性推理攻击，针对横向图联邦学习提出了邻接矩阵推理攻击和特征矩阵推理攻击。

3.6 面向强化学习的攻击

深度强化学习（deep reinforcement learning，DRL）是人工智能领域新兴技术之一，它将深度学习强大的特征提取能力与强化学习的决策能力相结合，实现从感知输入决策输出的端到端框架，具有较强的学习能力且应用广泛。

然而，由于对抗样本等攻击技术的出现，深度强化学习暴露出巨大的安全隐患。在军事领域和民用公共安全领域存在着大量以深度强化学习为基础的智能应用场景，如智能无人机控制、智能视觉导航、车联网计算控制、异构工业任务控制等，这些安全攸关的场景对于人工智能的安全、可靠、可控有极高的需求。然而，基于深度强化学习的智能算法都极易受到对抗噪声的干扰产生不可预期的错误，甚至可能被误导产生严重的安全问题。例如，对抗噪声的攻击可以造成真实世界的自动驾驶系统错误地识别路牌、做出错误的决策行为，引发危险事故；自动导航机器人在遇到对抗噪声攻击后就会执行错误的决策，执行错误的路径预测，无法达到预设终点；在多智能体博弈场景中，攻击者还能利用某个智能体的对抗行为来诱导其他智能体产生错误的动作、配合，使其最终输掉博弈比赛。

因此，系统性地分析归纳深度强化学习攻防研究发展脉络和未来方向，对于深刻认识深度强化学习鲁棒性的研究进展与方向、进一步解决研究不足之处并推动安全可靠深度强化学习技术的发展都显得尤为重要。

3.6.1 深度强化学习相关定义

深度强化学习模型：深度强化学习结合了强化学习的决策能力和深度学习的感知能力，实现了从感知输入决策输出的端到端框架。DRL 通常被建模为马尔可夫决策过程（Markov decision process，MDP），可以表示为一个四元组 $\langle S, A, \boldsymbol{P}, R\rangle$ 的形式，其中，S 表示状态空间集合，A 表示动作空间集合，$\boldsymbol{P}$ 表示状态转移矩阵，R 则表示为奖励函数。在当前状态 s_t 下，智能体会根据学习到的策略 $\pi(a|s)$ 来采取相应的动作 a_t，然后环境则会根据奖励函数 R 反馈给智能体一个对应的标量奖励值 r_t，用来评估智能体当前采取的动作好坏，最后根据状态转移矩阵 $\boldsymbol{P}(s_{t+1}|s_t, a_t)$ 从当前状态转移到下一个状态。DRL 的目标是通过不断地探索学习来找最优策略 π^*，以实现最大化长期累积奖励 $G_t = \sum_{t=0}^{\infty}\gamma^t R(s_t, a_t, s_{t+1}),\ \gamma \in [0,1]$ 为衰减因子。

对抗攻击：强化学习的对抗攻击是指攻击者扰动被攻击智能体观测的状态，包括构造对抗样本或者风格变换等操作，使得被攻击智能体获得比较低的累积期望奖励或者被误导到一些恶意的状态。这在实际应用中，可能会产生比较恶劣的安全事故。与传统计算机视觉中对抗攻击思路不同，仅仅令模型产生更多次的决策错误并不能最大化地影响强化学习的最终目标函数。强化学习中的攻击者假设可以使用的干扰集为 $B(\cdot)$，其最终目标为生成干扰噪声 $v(\cdot) \sim B(\cdot)$ 以最小化智能体目标函数，优化公式如下：

$$\min_{v(\cdot)} G_t = \sum_{t=0}^{\infty}\gamma^t R(s_t, a_t, s_{t+1}) \tag{3-6-1}$$

后门攻击：与计算机视觉领域的后门相同，强化学习场景中的后门攻击方法主要通过生成带有微小扰动中毒状态或者修改受害者的策略，使得目标模型的动作输出发生错误，从而实现后门攻击的效果。需要说明的是，由于添加的扰动十分细微，因此肉眼难以察觉原始状态与中毒状态之间的区别。

3.6.2　强化学习的基本概念

为了进一步了解面向强化学习的攻击方法，本节将从对抗攻击和后门攻击的威胁模型、攻击评价指标对其基本概念进行介绍。

1. 对抗攻击的威胁模型

对 DRL 的对抗性攻击主要集中在训练或测试期间插入有效载荷，使用单个或一系列恶意制作的输入来发起攻击，普遍使用游戏作为模拟器。

攻击者的目标是通过将扰动 r 添加到由 v 观察到的状态 s 中，以降低受害者 DRL 智能体 v 的性能。

攻击者知识可以分为白盒和黑盒。白盒攻击下攻击者可以访问智能体 v 及其测试环境，对 v 的动作值函数、策略和值函数已知。在黑盒场景下，攻击者无法获取被攻击模型的结构、参数等，他们只能获取被攻击模型的输出。在实际应用中，黑盒场景更常见而且更具有挑战性。

2. 后门攻击的威胁模型

与计算机视觉领域的后门攻击类似，攻击者的目标是使模型在没有触发器的干净环境下正常运行，而在存在触发条件的情况下表现不佳。当输入中出现触发器时，模型输出的动作为攻击者预定义的结果。

在白盒场景下，攻击者通过向真实模型添加触发数据来操纵良性模型，并向用户提供恶意模型。通过这种方式，我们假设攻击者可以访问智能体的模型和训练环境，并对模型进行操纵。在黑盒场景中，攻击者只能访问模型的训练环境。

当强化学习策略是由不可信的来源获得的，或者当在不可信的平台（如云计算提供商）上执行训练时，攻击者能得到白盒的攻击知识。除了修改观察到的状态和奖励外，攻击者还可以修改智能体所采取的行动。当在可信环境中执行训练时，攻击者只能得到黑盒知识。在这种情况下，攻击者必须进行隐身，以隐藏攻击，使其不受训练过程的外部监控。此外，攻击者不能在训练过程中直接修改模型选择的动作。在这种弱攻击中，攻击者只能修改代理观察到的状态和环境返回给智能体的奖励（例如，黑客攻击智能体用于训练的模拟器）。

在强目标攻击的情况下，除了观察到的状态和奖励外，攻击者还可以在训练期间访问和修改代理的动作。对于非目标攻击，攻击者打算在没有目标操作的情况下破坏策略。

3. 评价指标

平均回合奖励（average round reward，ARR）：在训练过程中，每隔 2×10^5 步计算一次平均奖励值，可用于评估模型的总体性能。

平均回合步数（average round steps，ARS）：在训练过程中，每隔 2×10^5 步计算一次平均回合长度，表示智能体平均回合的生存时长，用于评估模型的总体性能。

触发成功率（trigger successful rate，TSR）：针对目标中毒攻击，在测试阶段，智能体面对触发状态时执行攻击者预期的目标动作。通过测试触发成功率来评估目标中毒攻击的成功率，具体计算如下：

$$\mathrm{TSR}=\frac{\mathrm{sumNum}(s_p|a=a_T)}{\mathrm{sumNum}(s_p|a\in\pi(s_p))} \tag{3-6-2}$$

其中，s_p 表示中毒触发状态；a_T 表示目标动作；π 为智能体的策略；sumNum(·) 表示样本的数量。

3.6.3 面向强化学习攻击方法概述

不同于传统机器学习的单步预测任务，深度强化学习系统利用多步决策完成特定任务，且连续决策之间具有高度相关性，因此，智能体策略训练过程中受到的攻击会很大程度地影响整体性能，从而造成严重的损失。强化学习的安全风险主要包括对抗攻击和后门攻击。前者向模型的状态中添加扰动，以实现错误动作。后者通过恶意操纵训练过程，在智能体模型中注入后门，使其在面对带有触发器的输入时，输出预定的错误动作。

1. 对抗攻击

由于 DRL 使用 DNN 来学习动作值函数，因此将攻击 DNN 的技术扩展到 DRL 是本能的。

① Huang 等[47]提出将对抗性扰动注入每个帧的状态中。他们将 FGSM 应用于强化学习领域，假设输出 y 是对所有可能动作的加权（即：策略是随机的 $\pi_\theta : S \to \Delta_A$）。当使用 FGSM 为经过训练的策略计算对抗性扰动时，假设 y 中具有最大权重的动作是要采取的最佳动作。因此，模型的损失函数 $J(\theta, x, y)$ 是 y 和将所有权重放在 y 中最高加权作用上的分布之间的交叉熵损失。为了避免梯度为 0 的问题，当用 DQN 训练的策略计算 $J(\theta, x, y)$ 时，将 y 定义为计算的 Q 值的 Softmax。

② Qu 等[48]提出了最小化攻击，其中对输入状态的一小部分扰动可以改变受害者的行为。他们在受限的黑箱策略访问下提出了部分状态对抗攻击（fractional-state adversary，FSA）和战术迂回对抗攻击（tactically-chanced attack，TCA）。在 FSA 设置中，只干扰输入状态的一小部分即可实现攻击，如图 3-6-1 所示。在 TCA 下攻击者只攻击少数选定的帧，也可以欺骗策略网络。

③ Tretschk 等[49]提出了训练时间攻击。该攻击通过对抗性变换网络以扰动训练样本的状态。给定为原始奖励 r^O 训练的固定受害者策略网络 Q_ϕ，研究者附加对抗性变换器网络（adversarial transformer network，ATN），一个前馈深度神经网络 $g_\theta : X \to X$，其计算要添加到目标 DQN Q_ϕ 的输入的扰动。将 DQN 和 ATN 进行组合，得到 $Q_\phi(x + g_Q(x))$，将其针对对抗性奖励 r^A 进行训练，以此进行 θ 训练。攻击者的目的是学习 θ，使得扰动后的状态导致目标模型遵循任意的对抗性奖励 r^A。对优化的奖励前后变化如图 3-6-2 所示，其中绿色区域表示奖励为 1 的区域，暗红色区域表示奖励为 0 的区域。原始奖励 r^O 在球没有击中对手的垫子时给予奖励，对抗奖励在球击中对手垫子中心点时给予奖励。

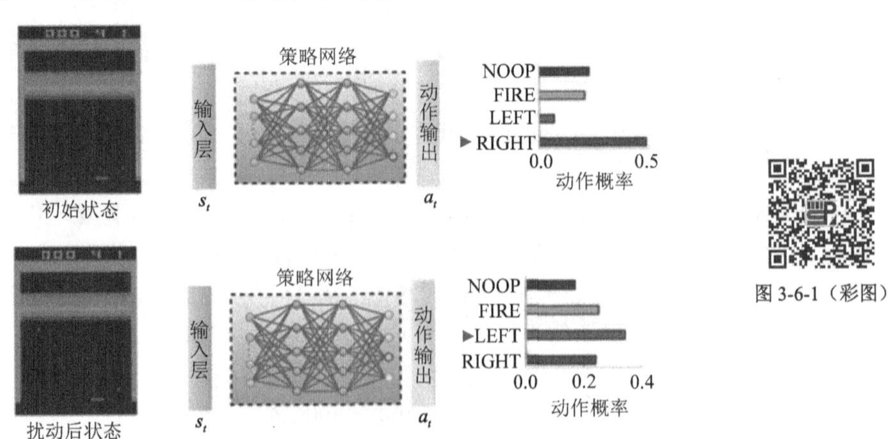

图 3-6-1 只改变输入状态中的单个像素点，实现了成功的对抗攻击

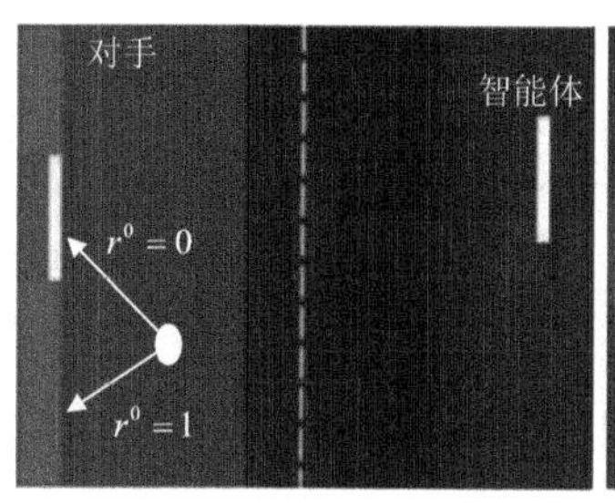

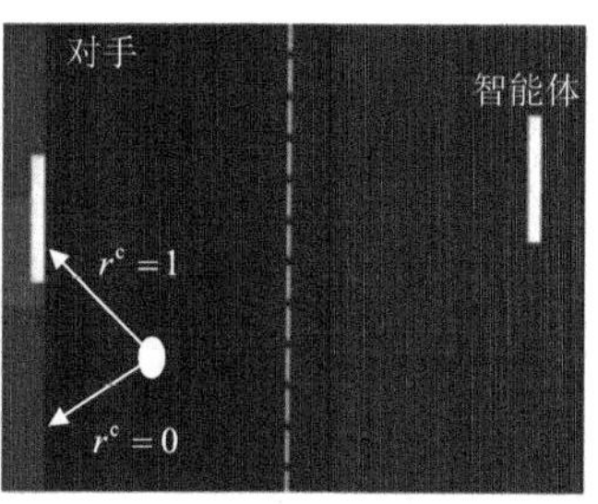

图 3-6-2（彩图）

图 3-6-2　奖励可视化

④ Hussenot 等[50]提出了一种目标攻击 CopyCAT，其中预先计算的扰动能够引诱智能体采取特定的行动。在该攻击场景下，对手不能直接修改智能体的状态，而只能攻击智能体对周围环境的感知。CopyCAT 由一组加性掩码 $\Delta=\{\delta_a\}_{a\in A}$ 组成，可用于驱动策略 π 遵循任何目标策略 π_{target}。每个加性掩码 δ_a 都是预先计算的，以引诱 π 在添加到当前观测时采取特定的动作 a，而不考虑模型观测的内容。对于每个 $a\in A$，加性掩码引诱 π 采取行动 a，通过以下公式最大化 δ_a：

$$\begin{aligned}&\underset{o_t^k\in D}{E}\left[\lg\pi(a\mid f(o_t^k+\delta_a,o_{1:t-1}^k))+\alpha\|\delta_a\|_2\right]\\&\text{s.t.}\|\delta_a\|_\infty<\varepsilon\end{aligned}\tag{3-6-3}$$

其中，π 是被攻击的策略；π_{target} 是目标策略。在 t 时刻下，策略 π 输出以状态 s_t 作为输入的动作。智能体的状态是根据过去的观测值内部计算的，观测值可以表示为状态函数：$s_t=f(o_t,o_{1:t-1})$，其中，$o_{1:t-1}=(o_1,o_2,\cdots,o_{1:t-1})$。与 FGSM 等需要在攻击过程中耗费计算资源的攻击方式相比，CopyCAT 更适合应用于对深度强化学习系统的攻击。

⑤ Sun 等[51]引入了两种新的对抗性攻击技术来对 DRL 智能体进行隐蔽和有效的攻击。这两种技术使攻击者能够在最小的关键时刻注入对抗性样本，同时对智能体造成最严重的损害。第一种是临界点攻击，攻击者首先预测接下来几步的状态，并通过损伤感知指标评估所有可能的策略，并选择最佳攻击策略。通过这种方式，它可以选择具有少量攻击步骤的最优解。第二种是对手攻击，它依赖于 DRL 模型。具体来说，基于目标智能体的奖励函数，应用对抗性智能体来学习最优攻击策略，以发现在一个事件中攻击智能体的关键时刻。实验证明，临界点攻击只需要扰动 1 个或 2 个步骤，而对手攻击需要不到 5 个步骤即可实现重构的对抗攻击。

2. 后门攻击

后门攻击与对抗性扰动在三个方面有所不同：它们是由操纵神经元触发的基于模型的攻击，而不是测试阶段输入中毒攻击。恶意行为一直处于休眠状态，直到触发器被激活，从而使这些攻击变得非常隐蔽。后门触发器不依赖于数据集，并且触发器设计在许多数据集中都相当灵活。

攻击者可以通过中毒数据集或算法优化的方法对深度强化学习模型注入后门。数据集中毒攻击是一种可以破坏模型的方法。在这种情况下，对手将不正确或错误标记的数据引入数据集，从而使其收集错误的数据。

① Kiourti 等[52]首次提出了在深度强化学习系统的训练阶段使用后门攻击。他们只在 0.025%的训练数据中加入后门触发器，并在合理范围内对这些训练数据中对应的奖励值作出修改。如果目标智能体对这些后门样本的状态做出了攻击者想要的动作，则给予该数据最大的奖励值；如果没做出攻击者想要的动作，则给予该数据最小的奖励值。在这种后门攻击下，目标智能体在正常情况下的性能并没有受到任何影响，但是一旦后门触发器被触发，智能体就会

执行攻击者预设的行为。

② Rakhsha 等[53]研究了训练阶段强化学习的安全威胁，即攻击者破坏学习环境，迫使智能体执行攻击者选择的目标策略。攻击者可以在训练时隐蔽地操纵学习环境中的奖励或过渡动态，以实现攻击。研究者提出了一个优化框架，用于衡量不同的攻击成本以找到最优隐身攻击。对于离线规划的智能体，攻击者操纵原始的马尔可夫模型 $\bar{M}=(S,A,\bar{R},\bar{P})$ 使其成为 $\hat{M}=(S,A,\hat{R},\hat{P})$，然后由 RL 智能体寻找最优策略。对于在线规划的智能体，在针对在线学习智能体的攻击中，攻击者在时间 t 操纵当前状态 s_t 的奖励函数 $\bar{R}=(s_t,a_t)$ 和转换概率 $\bar{P}(s_t,a_t)$ 以及智能体的动作。然后在时间 t，从 $\hat{R}_t(s_t,a_t)$ 获得（中毒）奖励 r_t，并且从 $\hat{P}_t(s_t,a_t)$ 采样（中毒）下一状态 s_{t+1}。

③ Zhang 等[54]提出了针对奖励值中毒的自适应攻击，并给出了奖励值扰动的上下界阈值，低于该阈值，奖励中毒攻击是不可行的，反之则是可行的。可行的攻击可以进一步分类为非自适应攻击，其中，扰动 δ_t 仅取决于 $(s_t,a_t,\ s_{t+1})$ 或者自适应攻击，δ_t 进一步取决于 RL 智能体在时间 t 的学习过程。

④ Ma 等[55]对算法进行优化以实现后门攻击。在这种类型中，攻击者利用用于学习模型的算法。攻击者使用迁移学习将其扩展到新的 RL 算法。攻击者的目标是破坏学习到的策略。目标模型是基于强化学习的控制器，它首先从批处理数据集中估计动态和奖励，然后根据估计求解最优策略。攻击者可以在学习发生之前微调数据集，并希望迫使目标模型学习攻击者选择的目标策略。在表格确定性等价问题中，环境是具有有限状态和动作空间的马尔可夫决策过程。攻击目标可以表示为以下公式：

$$Q(s,\pi^{\dagger}(s))>Q(s,a),\forall s\in S,\forall a\neq\pi^{\dagger}(s) \tag{3-6-4}$$

其中，$\pi^{\dagger}$ 为目标策略；Q 为策略对应的 Q 函数。

3.6.4 面向强化学习攻击方法及其应用

面向强化学习的攻击方法包括基于状态关键特征的对抗攻击方法、基于智能体操纵器的隐蔽中毒攻击方法和面向协作式多智能体强化学习的中毒攻击方法。

3.6.4.1 基于状态关键特征的对抗攻击方法

针对现有攻击技术在隐蔽性、攻击强度等方面存在不足之处，提出了一种面向 DRL 的基于关键特征对抗的攻击方法（key feature-based adversarial attack，KFA）。具体为：利用注意力机制获取模型深层特征表征当前状态的关键特征；利用注意力机制计算得到输入状态各像素点在深层模型中的权重，基于该权重得到关键特征，从而找到输入状态的敏感区域；利用提取的关键特征进行恶意的状态干扰以使智能体做出极具破坏性的行为。

1. 方法介绍

使用注意力机制提取状态关键特征。由于提取的关键特征与输入状态的敏感区域对应，因此可以利用该关键特征对输入状态进行干扰，破坏训练好的神经网络的策略 π_θ，进行对抗攻击，模型结构和参数可供攻击者使用。

攻击整体框图如图 3-6-3 所示。在任意模型中，假设对手可以拦截并操纵进入的游戏主状态。在提出的威胁模型中，对手可以监视奖励和行动信号。首先是强化学习环境初始化一个状态，攻击者得到当前状态的深层特征，利用注意力模块产生对抗状态。其次，在步骤⑥中，受过训练的智能体观察到一种敌对状态，并采取一个恶意的动作。最后，在第⑧步中，环境给予极小的反馈奖励。

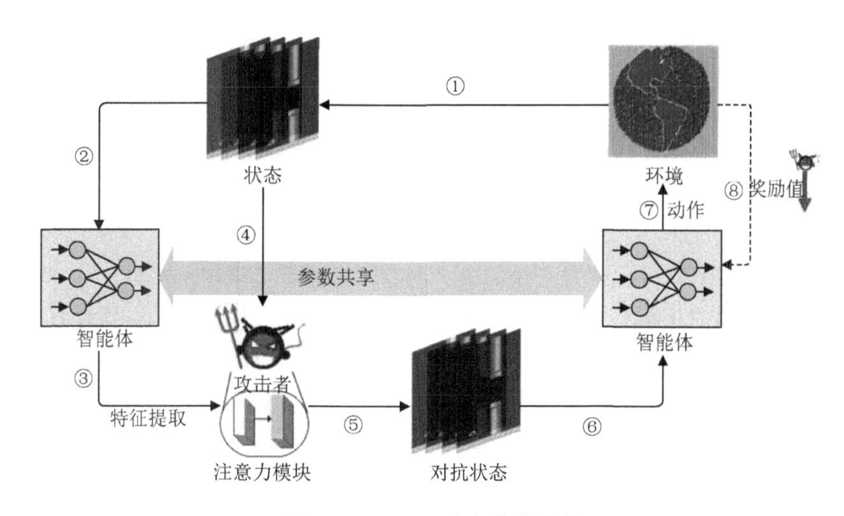

图 3-6-3　KFA 攻击整体框图

1）对抗状态生成

图 3-6-4 是基于注意力机制的攻击方法总体框图。选择基于 DQN 的神经网络模型的最后一层卷积层的输出作为关键通道，然后提取这一层的输出特征值，并进行权重和像素的注意力转换。最后利用得到的关键扰动生成对抗状态。

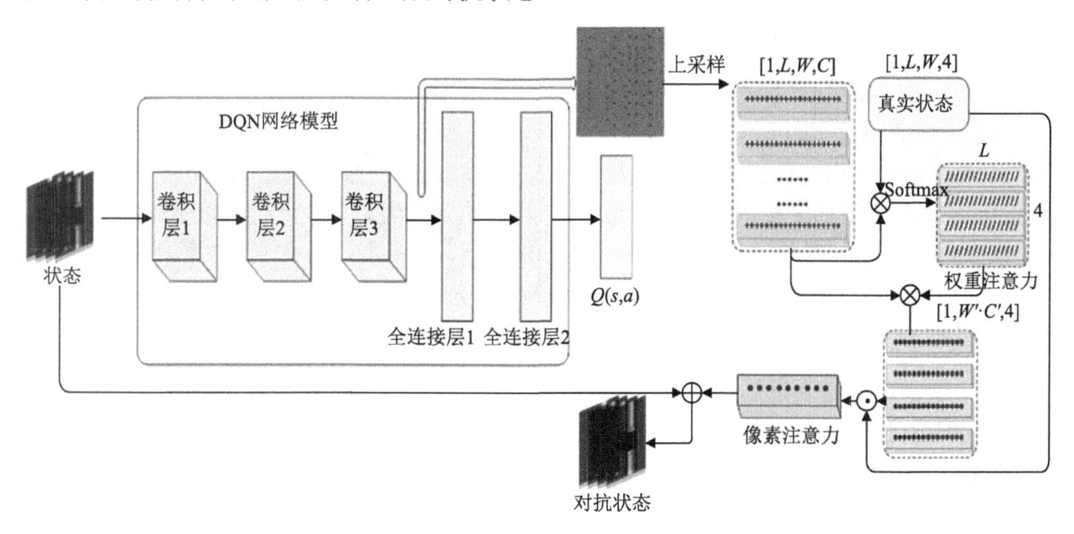

图 3-6-4　基于注意力机制的攻击方法总体框图

KFA 攻击方法需要提取深度模型的深层特征，是一种白盒对抗攻击方法。通过权重注意力和像素注意力找到输入状态的关键区域，并对关键区域增大干扰以混淆智能体决策。

测试时环境状态的尺寸为$[L,W,C]$。DQN 算法对应模型的输入是连续的四帧图像，因此模型输入尺寸为$[L,W,C,D]$，其中，W 为状态垂直方向的像素个数，L 为状态水平方向的像素个数，C 为像素通道数，D 为迭代状态个数。详细方法步骤如下。

（1）在深层网络中提取尺寸为$[1,L_1,W_1,C_1]$的深层特征图像 g，然后需要使用双三次插值对特征图 g 进行上采样，得到尺寸为$[1,L,W,C]$的重构特征图 g_s'。

（2）权重注意力提取。首先提取尺寸为$[L,W,C,4]$的原始状态 s^{re}，通过尺寸变换操作转化尺寸为$[L,4,B]$，其中，$B=W*C$；将尺寸为$[1,L,W,C]$的重构特征图 g_s'，通过尺寸变换操作转化成尺寸为$[1,C,B_s]$的重构特征图 g_s，然后计算原状态与重构特征图的相似度权重，计算

公式为

$$W_{\mathrm{rlc}} = \mathrm{Softmax}(\tanh(s^{\mathrm{re}} \otimes g_s)) \tag{3-6-5}$$

其中，$\mathrm{Softmax}(\cdot)$ 表示激活函数，然后需要将 W_{rlc} 再次进行尺寸变换操作得到尺寸大小为 $[1,1,L,4]$，最后得到重构的通道空间注意力权重：

$$W_{\mathrm{rlc}}^{\mathrm{re}} = W_{\mathrm{rlc}} \otimes g_{\mathrm{m}} \tag{3-6-6}$$

其中，W_{rlc} 是通道空间注意力的权重；g_{m} 为原状态空间变换后的特征图。

像素注意力需要进一步进行深层特征的提取，首先需要将 $W_{\mathrm{rlc}}^{\mathrm{re}}$ 进行尺寸变换操作，尺寸变为 $[1,B_s,4]$；同时需要将原状态转换尺寸为 $[L,B_s,4]$，将二者转换操作后使用 $\tanh(\cdot)$ 函数进行激活，然后得到最终注意力特征：

$$\begin{cases} W_{\mathrm{att}} = \mathrm{Softmax}(\tanh(\mathrm{vec})), \text{where } \mathrm{vec} = \dfrac{\sum_{i=1}^{n} z_i}{n} \\ x = W_{\mathrm{att}}^{\mathrm{re}^*} \otimes s^{\mathrm{re}} \end{cases} \tag{3-6-7}$$

其中，z_i 为 x 的第二维元素的平均值。

调整 W_{att} 尺寸为 $[1,L,W,1]$ 得到映射特征 W_{adv}，即对抗扰动，该扰动是测试期间动态获取的，每个状态都得到一个基于注意力的深层扰动 $\rho = W_{\mathrm{adv}}$，则状态扰动 $\rho_t = \alpha\rho$，其中 α 是扰动步长，并在输入状态上添加该扰动得到对抗扰动状态：

$$s_t^{\mathrm{adv}} = s_t^{\mathrm{re}} + \rho_t \tag{3-6-8}$$

其中，s_t^{adv} 为 t 时刻的扰动状态；s_t^{re} 为 t 时刻的原始状态；ρ_t 是 t 时刻要加的扰动。

2）DRL 模型训练

首先对基于 DQN 的 DRL 模型在 Flappybird 游戏场景下进行训练，直到累积奖励收敛。DQN 采用离线存储缓冲区机制以达到离线学习的目的，通过环境与智能体互动建立 MDP 模型，根据 Bellman 方程得到当前状态的动作-值函数 $Q(s,a)$。DQN 训练过程损失函数为

$$L(\theta_i) = E_{s,a}\left[(y_i - Q(s,a;\theta_i))^2\right] \tag{3-6-9}$$

其中，$y_i = E_{s'\sim\varepsilon}\left[r + \gamma \max Q(s',a'|\theta_{i-1})|s,a\right]$，在计算 y_i 值的时候，使用的是上一次网络更新以后的参数 θ_{i-1}；s、a 为当前状态和奖励值；θ_i 为模型参数；$Q(s,a;\theta_i)$ 为动作-值函数。

然后对训练好的 DRL 模型实施对抗攻击，提取最后一层卷积输出，通过通道注意力提取通道关键特征，然后利用像素注意力得到最终注意力特征，并加入原状态上干扰智能体决策。

2. 实验与分析

1）实验设置

实验场景：Flappybird 游戏场景。

基线攻击方法：FGSM，MI-FGSM，PGD。

扰动度量：常用扰动计算方法有 0 范数、2 范数以及 ∞ 范数。其中，0 范数用来计算像素点改变的数量，2 范数计算扰动像素点绝对值平方和的均方根，∞ 范数用来计算像素的最大扰动量。本实验使用 2 范数度量扰动大小。

2）攻击效果

实验将 l_2 的扰动范数限制在 1.15±0.1。下面给出了在相同扰动大小下的几种攻击方法的对比实验。在实验中，比较了较大扰动下的实验结果，在较大扰动下，扰动大小的选择具有很大的破坏性。图 3-6-5 给出了不同攻击方法对应的奖励值的盒形图，使用不同攻击方法，扰动大小限制在同一范围，即 $l_2(\rho) = 1.15 \pm 0.1$。图中橙色线的纵坐标是对应数据集的中值，用于测量

数据集的平均值。图 3-6-5（a）～（e）中横坐标对应游戏运行回合数（每 50 回合取一次横坐标值），纵坐标对应每回合奖励值。其中，图 3-6-5（b）～（e）是各种攻击方法在扰动大小为 1.15±0.1 时对应奖励值变化，图 3-6-5（a）是没有攻击时对应奖励值变化盒形图。从图中可以很明显地看出奖励值上界与下界，以及一些异常奖励值。

同时也给出了几种攻击方法在一个坐标图中的结果，如图 3-6-6 所示。其中图 3-6-6（b）给出了未受攻击时的奖励盒形图。图 3-6-6（a）横坐标对应各种攻击方法，图中显示了不同攻击方法下，不同扰动对应奖励均值盒形图。其中每种攻击方法的数据是对应每 50 回合数据均值所得的 8 组数据，没有攻击时用标签“REAL”表示。奖励值越小说明游戏效果越差、失败次数越多。从图 3-6-5 和图 3-6-6 中可以看出在 KFA 攻击方法下得到的奖励值相比于其他几个攻击方法要更小，其奖励值上界也要小于其他几种攻击方法对应的奖励值下界。由此可得，KFA 攻击方法在较大扰动下要比其他几种攻击方法更有优势。

同时，还针对 KFA 攻击方法在不同扰动大小下进行了大量的实验。图 3-6-7 为 KFA 攻击方法下的奖励值曲线框图，纵坐标为每轮的平均奖励值，横坐标为游戏回合数（每 50 回合取

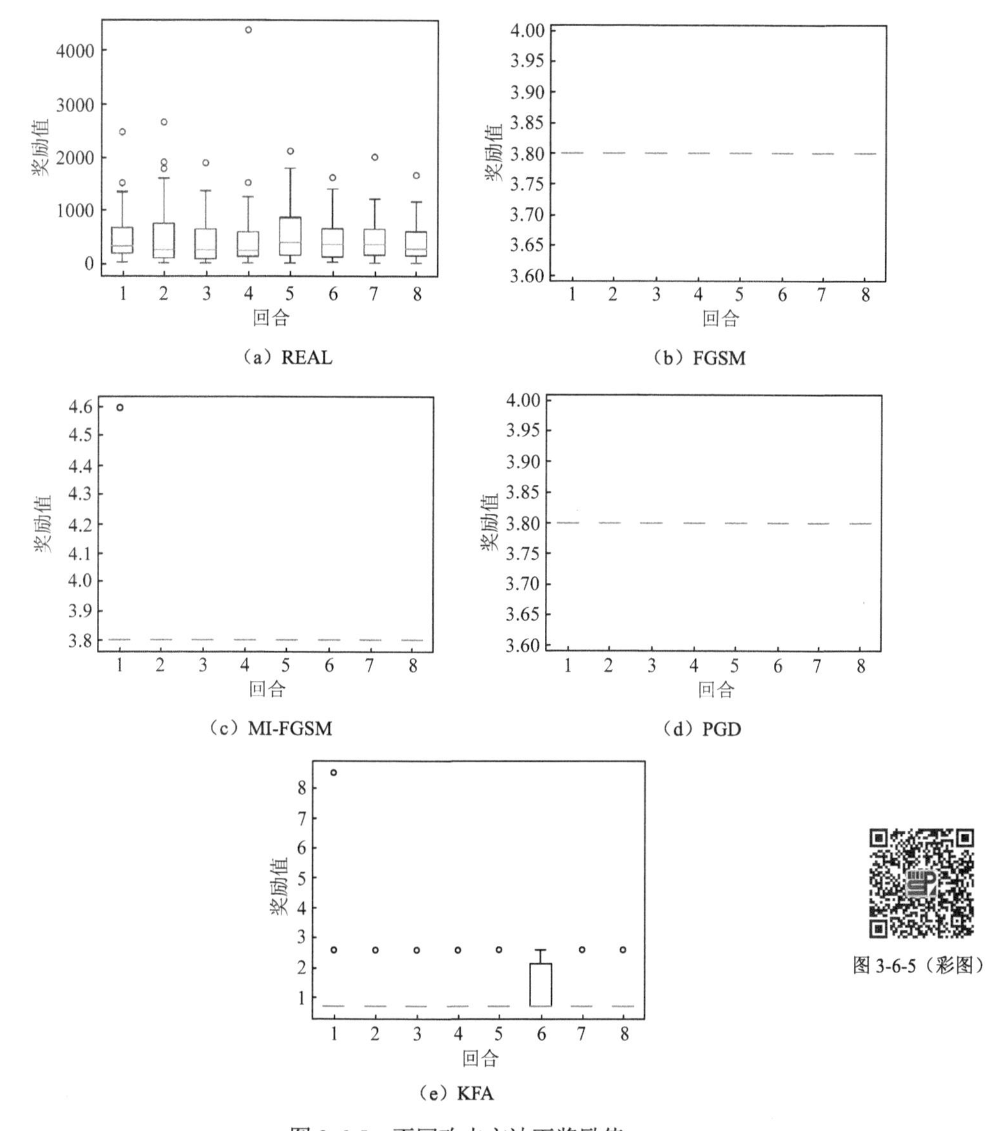

图 3-6-5　不同攻击方法下奖励值

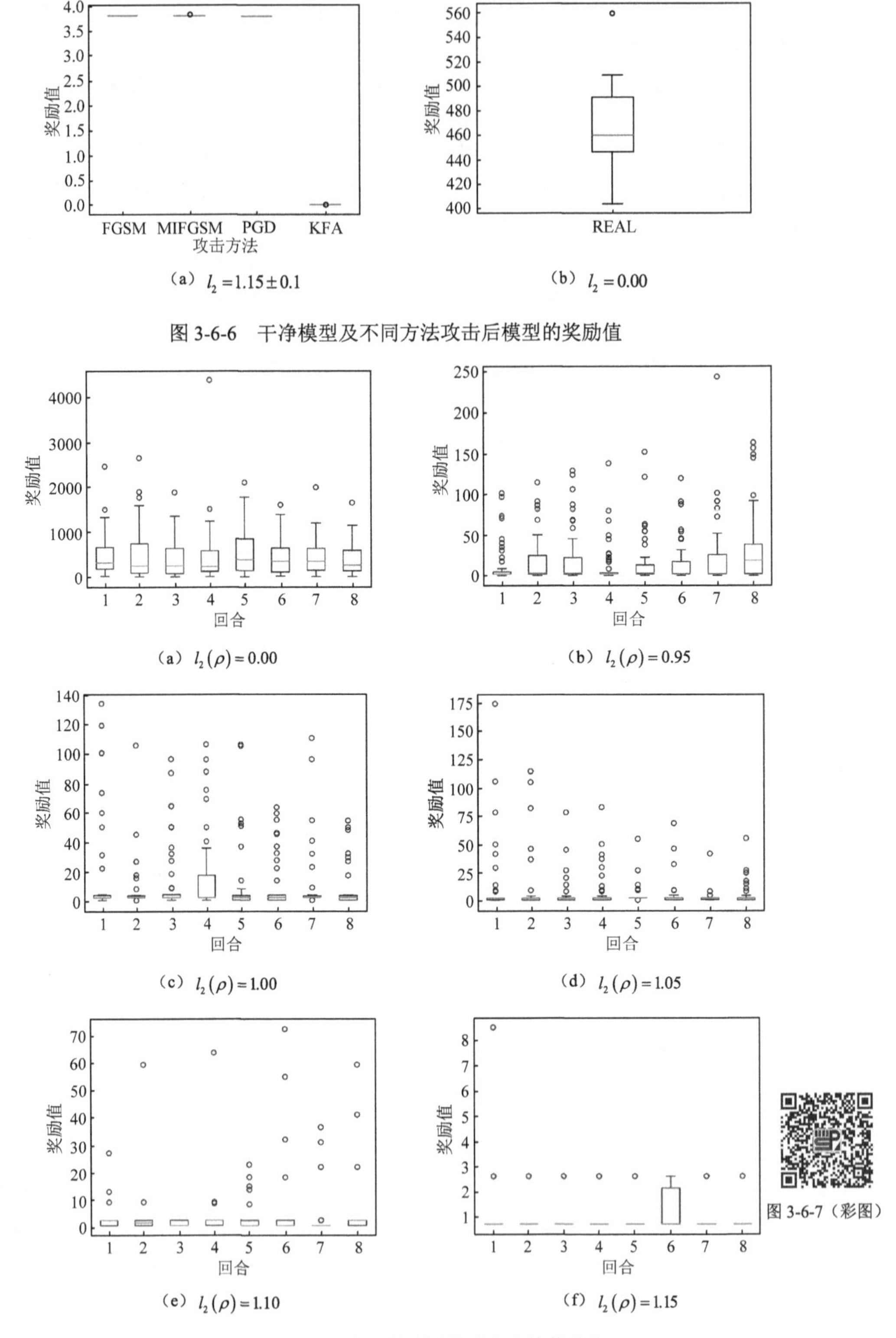

（a）$l_2 = 1.15 \pm 0.1$

（b）$l_2 = 0.00$

图 3-6-6　干净模型及不同方法攻击后模型的奖励值

（a）$l_2(\rho) = 0.00$

（b）$l_2(\rho) = 0.95$

（c）$l_2(\rho) = 1.00$

（d）$l_2(\rho) = 1.05$

（e）$l_2(\rho) = 1.10$

（f）$l_2(\rho) = 1.15$

图 3-6-7　KFA 方法对应不同扰动大小的奖励值

一次横坐标值），扰动大小限制在同一范围（$l_2(\rho) = 1.15 \pm 0.1$）。图中橘黄色的线所对应纵坐标即为对应一组数据的中值，用来衡量该组数据均值大小。如果智能体在运行时碰到障碍，则游戏可视为一轮。图中每种攻击方法的数据是对应每50回合数据均值所得的8组数据，可以看出，扰动越大，奖励值波动越小。同时给出了坐标图上不同扰动值对应的KFA攻击方法的结果，便于分析扰动大小对游戏进程的影响。

在攻击方法KFA中的注意力机制计算之前，图像大小变换阶段，对比了不同插值策略对攻击结果的影响，包括双线性插值、最近邻法和面积插值。根据不同的插值策略，攻击方法有不同的名称，包括KFA-BI、KFA-NN、KFA-AI，其中KFA-BI是基于双线性插值的关键特征对抗攻击方法，KFA-NN是基于最近邻插值法的关键特征对抗攻击方法，KFA-AI是基于面积插值的关键特征对抗攻击方法。

从实验结果图3-6-8可以看出，使用其他插值方法攻击后的累积奖励较小，攻击更具破坏性。图中横坐标对应扰动大小，无扰动时为0.00。由图3-6-7和图3-6-8可知，奖励值随着干扰值的增加而减小。因此，扰动越大，攻击能力越强。

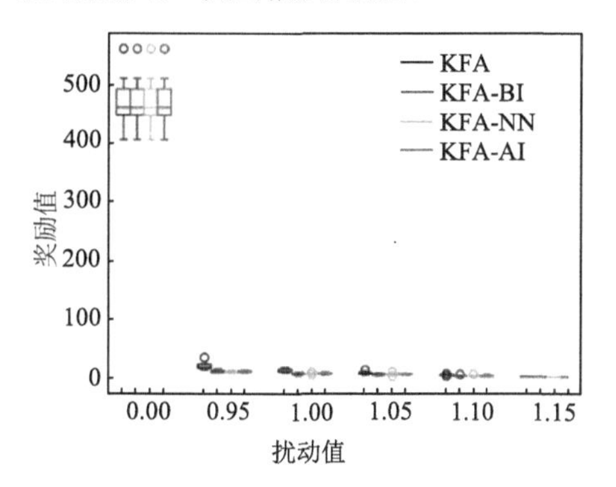

图3-6-8（彩图）

图3-6-8　KFA、KFA-BI、KFA-NN和KFA-AI攻击方法对应奖励均值

3. 小结

本节提出了一种新的攻击方法KFA，该攻击方法不再需要模型进行反向传播获取梯度信息，只需提取模型的深层特征并进行特征变换就能获得有效迷惑智能体的扰动。

3.6.4.2　基于智能体操纵器的隐蔽中毒攻击方法

目前深度强化学习DRL通过智能体与环境之间的交互经验数据来学习最优策略以获得最大化的长期奖励，成为了解决人工智能序列决策问题的主要方法。由于深度强化学习模型被广泛应用部署到决策安全攸关领域，大量研究人员对模型的安全问题进行了研究。已有研究表明DRL 的训练和测试阶段都容易受到恶意样本的攻击，使得智能体的决策出错。目前已有的中毒攻击方法虽然可以通过向状态数据添加补丁触发器来进行后门中毒攻击，但是防御者可以通过现有的神经元净化检测方法来检测触发器的位置，使得攻击者无法有效隐藏触发器以达到隐蔽中毒攻击的目的。

针对恶意数据污染的问题，本节介绍一种通过污染智能体训练数据对深度强化学习模型进行无目标投毒攻击的方法AM。

1. 方法介绍

AM中毒攻击的系统框图如图3-6-9所示。图中展示了如何通过操纵智能体来对模型进行中毒攻击并留下后门。该方法分为三个阶段，分别为生成中毒样本阶段、模型微调阶段和测试阶段。在生成中毒样本阶段，首先在干净的源状态类上（假设该类状态的动作都采取动作“Right”）添加补丁触发器并生成带有补丁的源状态类，然后将其与干净的目标状态类（假设该类状态的动作都采取动作“Fire”）进行比较，通过对干净的目标状态类进行优化来生成中毒的目标状态，使得生成的中毒目标状态与干净的目标状态在视觉上难以区分，同时在特征空间上逼近带有补丁的源状态。在模型微调阶段，利用干净的样本与中毒样本对预训练模型进行重训练，只对模型的最后两层进行微调，训练过程中中毒样本的动作值被标记为目标动作“Fire”，让模型对该状态-动作对进行学习以迷惑智能体并给模型留下后门。在测试阶段，当智能体遇到带有补丁触发器的源状态（触发状态）时，模型根据重训练后学习到的策略采取相应的动作，若智能体采取了动作“Fire”，则表示模型后门被成功触发，智能体采取了攻击者预期设定的目标动作。

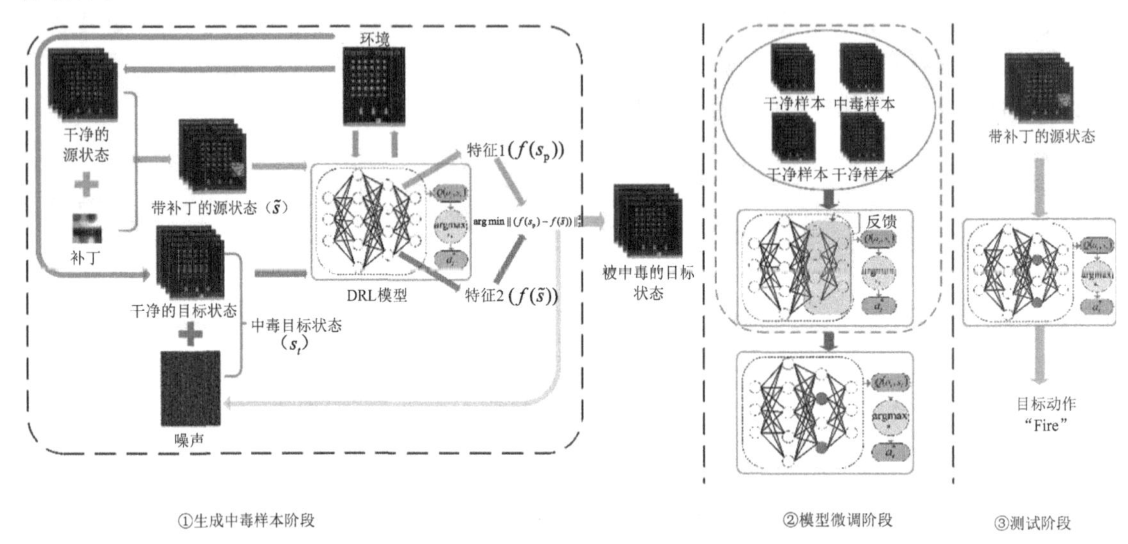

图 3-6-9 AM 中毒攻击的系统框图

1）生成策略

DRL 通过深度神经网络来对输入的状态图像进行特征提取，但是，深度神经网络又容易受到图像噪声的干扰，从而影响智能体的策略学习过程。AM 方法通过操纵智能体训练数据和策略的方式来实现中毒攻击。首先，通过添加随机噪声的方法修改训练数据中的状态值使其中毒。在攻击过程中，假设训练数据中有 $p\%$ 的中毒数据，同时使用 L_2 范数对噪声扰动大小进行约束，实现不同噪声大小的无目标噪声中毒攻击实验对比。

除了在状态观测值上添加随机噪声的方法，还考虑了策略中毒攻击，即在某个特定的状态 s_t 时，通过修改智能体采取的动作值和反馈的奖励值来诱导智能体学习错误的策略动作 a_t：

$$a_t = \min_a Q(s_t, a) \tag{3-6-10}$$

其中，a_t 表示在训练过程中，智能体在 t 时刻状态 s_t 时采取的动作值，同时给予高奖励值，使智能体去学习这种不好的策略。由于模型参数训练过程中奖励值的取值范围限制为[−1,1]，所以当动作值修改为式（3-6-10）获得的动作时，奖励值设置为 1。

针对目标中毒攻击策略，AM 中毒攻击方法分为目标动作中毒攻击和目标状态中毒攻击。

在目标动作中毒攻击过程中，利用特征嵌入方法来生成隐蔽中毒样本。首先，随机选取两类不同动作值的状态集，其中一类作为目标动作类的干净样本 s_T（根据预训练好的模型策略，该类干净状态的动作都为“Fire”），一类作为源动作类的干净样本 s（根据预训练好的模型策略，该类干净状态的动作都为“Right”），并选择要添加的补丁触发器图像 Δ。然后，将触发器粘贴到干净样本 s 上，得到带有补丁的源状态样本 $\tilde{s}$。最后，基于优化目标对状态样本 s_T 进行优化来生成相应的中毒样本。生成中毒状态后，将其与干净的状态一起对模型进行微调。在实验过程中，采取对模型最后两层的全连接层进行模型微调，在微调过程中，当智能体遇到中毒图像时，则对其采取的动作值进行修改，以确保其采取的仍为干净的目标状态时的动作，并设置奖励值为1。在测试过程中，当智能体遇到其他带有补丁的源动作类状态时，如果输出的动作为目标动作“Fire”，则表示目标动作攻击触发成功。

在目标状态中毒攻击过程中，选取某个特定的状态作为源状态，选取批量目标动作类的状态样本，同样利用特征嵌入的方式对目标状态进行优化，以生成与源状态特征空间相近的中毒状态。训练过程中，将中毒样本与干净的样本一起训练DRL模型，中毒状态的动作标记为干净目标状态的动作，让智能体学习攻击者期望的策略动作。在测试过程中，如果智能体在该特定状态下能触发目标动作，则表明目标状态攻击成功。

2）中毒样本生成

生成有效且隐蔽的中毒样本是中毒攻击成功的关键，因此生成的中毒样本与干净样本之间的区别要保证尽可能小，使得能以肉眼难以察觉的细微扰动来达到中毒攻击效果。一般情况下，采取在状态样本中添加随机噪声的方法来生成扰动样本，通过范数计算对其扰动大小进行约束，然后将其与正常样本一同进行训练，以扰乱智能体的训练效果，增加训练时间代价，具体扰动计算公式如下：

$$\begin{aligned}&\tilde{s}=s_{i,j}+\varepsilon\\&\text{s.t.}\|\tilde{s}-s\|_2^2\leqslant\delta\end{aligned}\tag{3-6-11}$$

其中，$s_{i,j}$是干净状态的第i行第j列的数据，在状态上添加随机噪声ε来生成中毒样本，利用L_2范数来约束生成的扰动值大小在阈值δ之内。

为了实现具有针对性的目标中毒攻击效果，AM方法采用特征嵌入的方式来生成有效且隐蔽的中毒样本。首先，给定一个源状态类的干净样本s、补丁触发器图像$\varDelta$和掩码信息m，其中补丁所在的位置表示为“1”，其他位置表示为“0”。攻击者将触发器添加在干净样本s中的位置(x,y)处，以获得带有补丁触发器的源状态样本$\tilde{s}$，该过程可以表示如下：

$$\tilde{s}=(1-m_{x,y})\otimes s+m_{x,y}\otimes\varDelta_{x,y}\ \tilde{s}=(1-m_{x,y})\otimes s+m_{x,y}\otimes\varDelta_{x,y}\tag{3-6-12}$$

其中，$\otimes$表示逐元素乘积；$\varDelta_{x,y}$和$m_{x,y}$表示$\varDelta$和m在状态样本的位置(x,y)处。由于这种直接添加补丁触发器的方法容易被肉眼观察到，且会被检测方法发现，因此其隐蔽性有待加强。

中毒样本生成过程框图如图3-6-10所示。通过选取另一动作类的状态样本作为目标状态样本s_t，对其像素空间进行目标优化来生成中毒样本s_p，优化目标具体计算公式如下：

$$\begin{aligned}&\arg\min\|f(s_\text{p})-f(\tilde{s})\|_2^2\\&\text{s.t.}\|s_\text{p}-s_\text{t}\|<\varepsilon\end{aligned}\tag{3-6-13}$$

其中，$f(\cdot)$表示深度强化学习模型中间层输出的特征向量；ε是一个很小的扰动值以确保生成的中毒状态s_p看起来与目标图像s_t很接近。在优化过程中，我们使用迭代的方法来联合优化多个中毒状态，在每次迭代过程中，随机采样带有补丁的源状态图像，并将其分配给需要进行调整的中毒状态，同时使用投影梯度下降法来进行小批量迭代优化，使两者在特征空间上相接近。在优化过程中还需要满足式（3-6-13）中的约束条件，使生成的中毒状态s_p与干净的目标状态在视觉上难以区分。

在中毒过程中，将生成的中毒状态与干净的状态一起对智能体模型进行微调训练，从而给模型留下后门隐患。在测试过程中，选取其他带有补丁触发器的源动作类状态作为触发状态，若智能体在触发状态下做出攻击者所预期的目标行为，则表明目标中毒攻击成功。

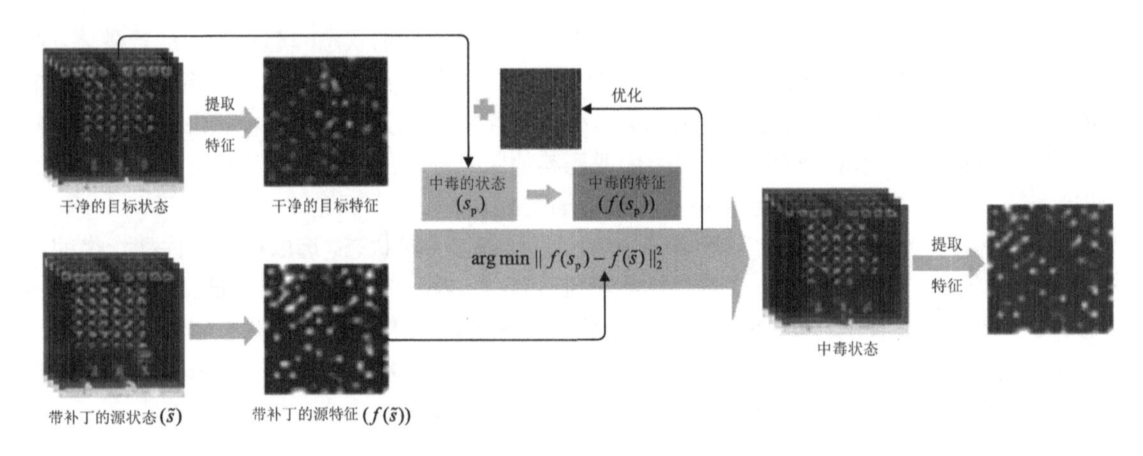

图 3-6-10 中毒样本生成过程框图

3）模型训练

上述中毒攻击方法是在基于 Rainbow 算法训练得到的模型上进行的，我们使用 Rainbow 算法在 Atari 游戏环境中训练相应的 DRL 模型。Rainbow 算法使用离线存储缓冲机制来实现离线学习，通过环境和智能体的交互，建立 MDP 模型，根据 Bellman 方程得到当前状态的动作函数。DRL 模型训练过程中模型参数更新的损失函数计算公式如下：

$$\min_\theta L_i(\theta_i) = \min_\theta E\left[r + \gamma \max_{a'} Q(s', a'; \theta_i') - Q(s, a; \theta_i)\right] \tag{3-6-14}$$

其中，$L_i(\theta_i)$ 表示模型的损失函数；r 为当前奖励值；γ 是折扣因子，取值范围为 $[0,1]$；$Q(s,a;\theta_i)$ 是预期 Q 值。

之后进行模型中毒微调训练。中毒阶段分为两个部分。第一部分涉及重训练阶段的中毒，更新整个网络的参数。第二部分涉及模型微调阶段的中毒，只更新 Softmax 层之前的两个全连接层的模型参数。在模型中毒阶段，需要生成中毒样本，通过操纵智能体来生成。

2. 实验与分析

1）实验设置

游戏场景：使用四个不同的 Atari 游戏场景，包括 Kangaroo、Qbert、Space-Invaders 和 Alien。

DRL 模型：首先采用基于 Rainbow 算法的 DRL 模型，验证 AM 中毒攻击方法的有效性。然后使用基于 DQN 算法的 DRL 模型进行中毒样本和中毒攻击方法的迁移实验。

对比算法：将 AM 攻击方法与 TrojDRL 中毒方法进行了比较，此外，无目标噪声中毒和策略中毒攻击也被视为基线对比方法。

本节所有的实验结果均为平均值。采用的评价指标包括平均回合奖励、平均回合步数和触发成功率。

2）攻击结果对比

将 AM 攻击方法与 TrojDRL、无目标中毒攻击方法进行对比，可以发现，AM 攻击方法不仅可以通过模型微调来有效影响模型整体性能，而且还能实现针对性的攻击，使得智能体在后门触发时做出攻击者预期设定的动作。

无目标噪声中毒攻击的实验，在训练阶段添加随机噪声到连续四帧的状态观测上，通过计算扰动大小，扰动阈值分别设置为 10 和 20，中毒训练数据为 20%，记录训练阶段的平均回合奖励和平均回合步数，如图 3-6-11（a）～（d）所示。可以看出，四个游戏场景在噪声中毒攻击下的平均奖励和平均时长都有明显下降，尤其是在 Kangaroo 场景中，平均奖励下降将近 0.53～0.62 倍，但是在 Alien 场景中，智能体的训练效果仅略低于正常训练的模型性能效果，并且随着时间延长，智能体的性能也会逐渐恢复到正常的训练效果，这表明智能体在面对噪声干扰的过程中可以通过“自愈”的方式进行恢复。

在 DRL 训练阶段，智能体通常采用最大 Q 值作为最大化累积奖励的最优策略，而在策略中毒攻击中，我们每隔一段时间步数对连续多个状态选择最小 Q 值对应的动作，并提供奖励值为 1 来强化策略中毒效果，记录不同中毒比例下训练阶段的平均回合奖励，如图 3-6-12(a)～(d) 所示。从图中可以明显看出，在连续状态的策略中毒攻击情况下，智能体的平均奖励值和平均时长明显低于正常训练效果，尤其是在 Kangaroo 和 Qbert 场景中，由于在两个连续状态（中毒比例为 0.02%）下多次进行投毒，智能体的性能分别下降到正常性能的近 15%和 20%，与连续 7 个（中毒比例为 0.07%）或 10 个（中毒比例为 0.1%）状态下进行中毒攻击达到的效

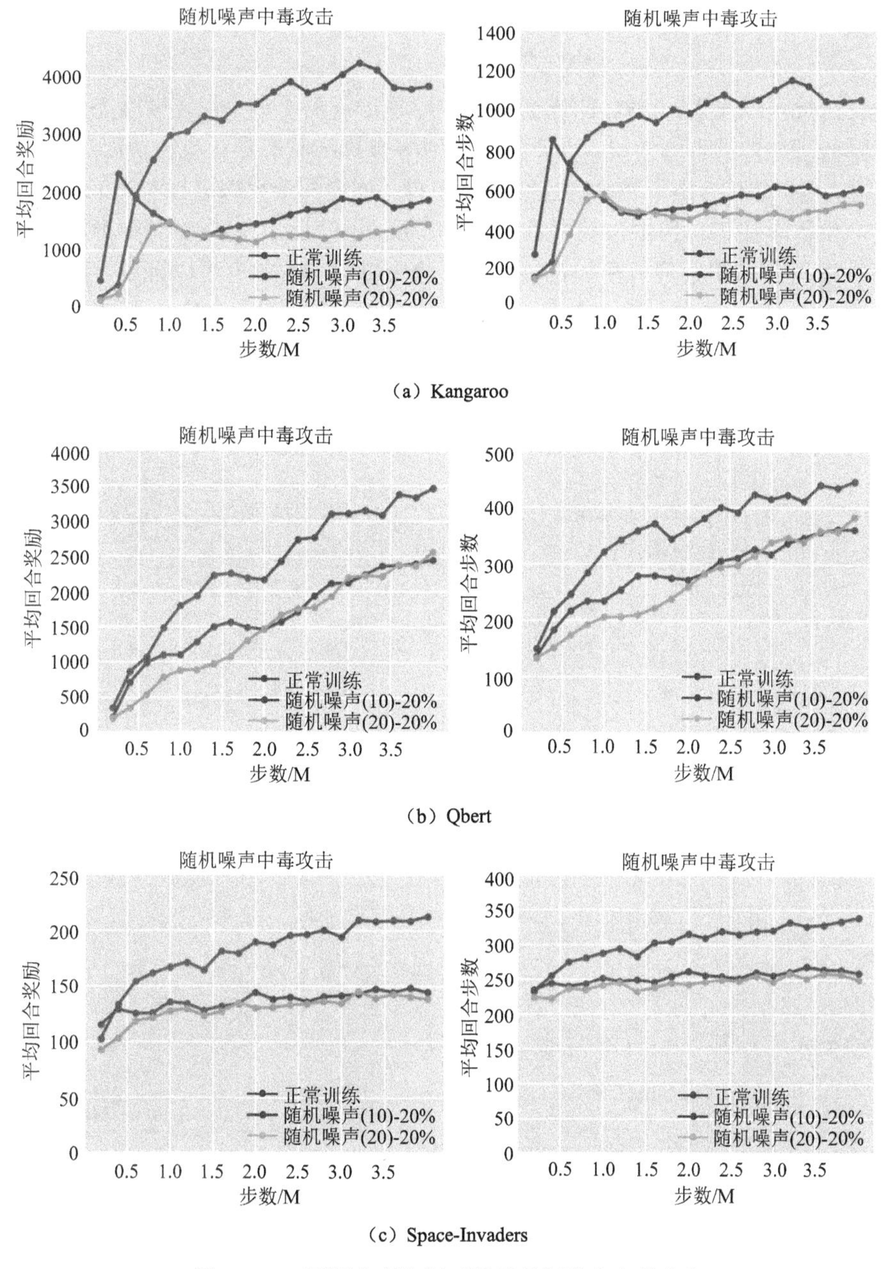

（a）Kangaroo

（b）Qbert

（c）Space-Invaders

图 3-6-11　不同中毒比例下的无目标噪声中毒攻击

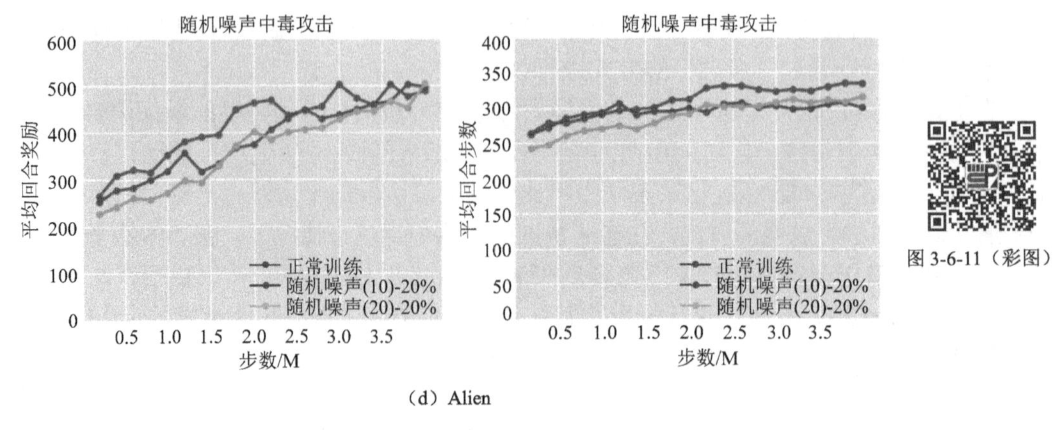

（d）Alien

图 3-6-11（续）

果几乎相同。由此可以发现，DRL 的连续策略中毒攻击只需要对少量连续状态进行多次攻击就可以明显地降低智能体的训练效果，而不需要针对多个连续状态进行攻击。而从 Space-Invaders 和 Alien 场景中可以看出，由于较少的连续策略中毒（连续两个状态进行中毒）就可以对智能体的训练效果产生严重损害，当中毒数据量增加时，反而因为攻击过程中对中毒的策略给予了高奖励值而对训练得到的奖励值有所提高，降低了攻击效果。由此也可以证明，连续策略中毒攻击只需对少量的连续状态进行攻击就可以达到较好的攻击效果。此外，通过比较图 3-6-11 和图 3-6-12 可以看出，与中毒比例为 20%的无目标的噪声中毒攻击相比，连续策略中毒攻击只需对 0.02%的状态下进行策略中毒攻击就可以达到比噪声中毒攻击的更明显的攻击效果。

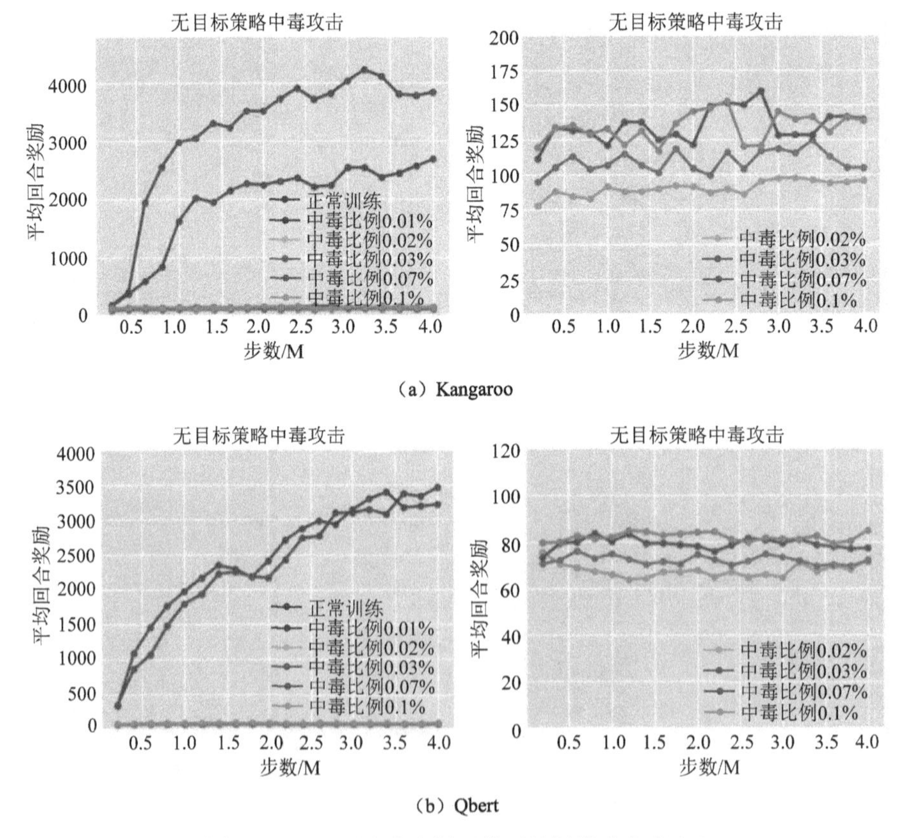

图 3-6-12 不同中毒比例下的无目标策略中毒攻击

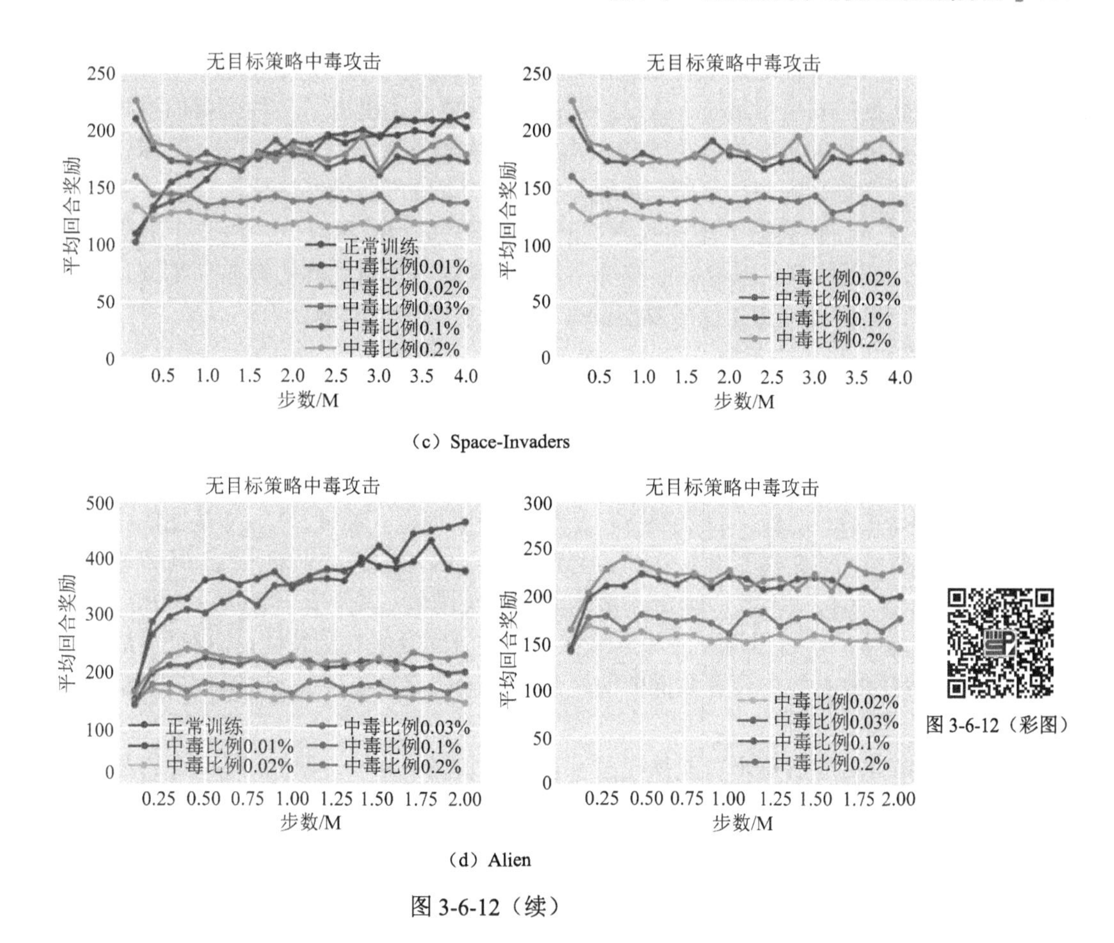

图 3-6-12（彩图）

图 3-6-12（续）

3. 小结

本节针对强化学习的中毒攻击进行研究，并提出一种受 TrojDRL 启发的更具隐蔽性效果的 DRL 智能体操纵器中毒攻击方法 AM。通过与 TrojDRL 进行的大量实验对比表明，AM 方法生成的中毒样本扰动小，还可以实现目标动作中毒和目标状态中毒，且中毒后的触发成功率高。

3.6.4.3　面向协作式多智能体强化学习的中毒攻击方法

随着强化学习的发展与应用，任务场景从单一智能体的参与扩展到多个智能体参与，这种多个玩家共同参与决策的过程被建模为多智能体强化学习（multi-agent reinforcement learning，MARL）问题。根据智能体参与的任务类型，MARL 分为完全竞争式、完全协作式和竞争-协作式。在协作式多智能体强化学习（cooperative multi-agent reinforcement learning，c-MARL）中，智能体以团队为整体进行策略协作学习，从而最大化团队的整体奖励值。目前，c-MARL 算法在交通灯信号控制、自动驾驶和基站控制等基础设施应用领域得到广泛关注。由于协作式多智能体被应用于关键的基础建设和安全领域，使得智能体模型的安全鲁棒性问题显得尤为重要。

不同于单个智能体的 RL 任务场景，c-MARL 系统中涉及多个智能体与环境交互，每个智能体之间的策略互相协作，攻击其中单个智能体的时候会受到更多的限制条件。

（1）难以估计团队奖励以及单个智能体的决策失误对整体性能的影响，单个智能体 RL 系统中，智能体的奖励就是团队总奖励，其模型性能就是整体性能，一旦该智能体受到攻击，就能使整体性能下降。

（2）状态空间是低维的，不一定表示图像的像素值。

针对训练数据的安全性给 c-MARL 带来的安全威胁，提出了一种全新的操控智能体训练数据方式来实现协作式多智能体中毒的攻击方法。在协作式多智能体场景中，通过攻击其中的单个智能体来扰乱整体的协作策略，实现协作策略之间的安全漏洞挖掘。首先，通过在单个受害者智能体的状态训练数据上添加噪声扰动来对模型进行中毒攻击，进一步提出了目标动作中毒攻击方法，在不修改状态数据的情况下，通过操纵单个智能体的策略训练来使模型留下后门，解决了防御者通过检测图像触发器的位置来进行防御的问题。

1. 问题定义

协作式多智能体强化学习模型： c-MARL 中每个智能体通过相互协作来达到其共同目标，并将其建模为多个玩家 $(\text{player}_1,\text{player}_2,\cdots,\text{player}_N)$ 的马尔可夫决策过程，其中 N 个玩家合作执行任务，目标是最大化团队的总奖励。一个多个玩家的马尔可夫决策过程也可由一个元组 $(S,(A_1,A_2,\cdots,A_N)),P,(R_1,R_2,\cdots,R_N)$ 组成。S 是状态空间集，$(A_1,A_2,\cdots,A_N)$ 是团队中每个智能体的动作空间集。$P:S\times(A_1,A_2,\cdots,A_N)\to S$ 是从 $s\in S$ 到 $s'\in S$ 的状态概率转移函数。$(R_1,R_2,\cdots,R_N):S\times(A_1,A_2,\cdots,A_N)\times S\to R$ 为玩家的奖励值，其中 $R_1=R_2=\cdots=R_N$。c-MARL 系统中，每个智能体需要通过与环境和其他智能体进行交互来找到使团队总奖励 R 最大化的最优策略，通过对所有智能体设置共同的奖励函数来使所有智能体的利益保持一致，从而实现共同目标。

因此，c-MARL 中的每个智能体模型都可以分别表示为一个四元组 $\langle S,A,\boldsymbol{P},R\rangle$ 的形式，其中，S 表示状态空间集合，A 表示动作空间集合，$\boldsymbol{P}$ 表示状态转移矩阵，R 则表示为奖励函数。RL 智能体在自学习的训练过程中需要与环境不断地进行交互，在当前状态 s_t 下，智能体会根据学习到的策略 $\pi(a|s)$ 来采取相应的动作 a_t，然后环境则会根据奖励函数 R 反馈给智能体一个对应的标量奖励值 r_t，用来评估智能体当前采取的动作好坏，最后根据状态转移矩阵 $\boldsymbol{P}(s_{t+1}|s_t,a_t)$ 从当前状态转移到下一个状态。RL 的目标是通过不断地探索学习来找最优策略 π^* 以到最大化长期累积奖励 G_t。

攻击者的目标： 攻击者分别针对多智能体的整体协作性能和目标动作触发率，设计状态噪声中毒攻击和目标动作中毒攻击来达到降低整体性能和注入模型后门的目的。在状态噪声中毒过程中，攻击者首先通过限制噪声扰动大小来生成中毒样本，然后按比例进行投毒，通过影响单个智能体的策略训练来扰乱整体协作性能。攻击者的另一目的是向受害者模型注入后门，使其能通过后门触发来执行预期的目标动作。在受害者智能体训练过程中，攻击者根据观测智能体之间的交互位置信息来设置后门触发器，然后通过位置信息反馈来训练受害者中毒策略，通过提高奖励值的方式来不断强化中毒策略效果。模型的后门中毒策略训练会使模型对某些状态输入进行自发触发，从而影响整体协作策略。

攻击者的目标可以概括为以下四项。①状态噪声生成：攻击者需要限制噪声扰动大小，生成微小扰动的中毒噪声，从而将其添加到状态观测数据上进行数据中毒攻击；②整体协作性能：通过对单个智能体进行中毒攻击来干扰策略训练，其他参与者执行正常训练，使其在团队协作中成为“恶意”参与者，从而扰动整体协作性能；③目标中毒策略：向受害者模型注入隐蔽后门，通过位置信息反馈来学习正常策略和中毒策略，使其在中毒情况下能强化目标动作的学习效果；④后门触发效果：中毒过程对整体性能影响不大，但是在测试过程中一旦触发后门，能以极大概率执行攻击者预期目标动作，从而影响整体协作性能。

攻击者的能力： 攻击者伪装成多智能体团队中的良性参与者，试图通过添加精心设计的噪声扰动来毒害受害者模型，或者通过操纵其模型策略学习来注入后门。具体来说，攻击者具有以下能力:①攻击者是合法的团队参与者,在其训练过程中可以获取对其他参与者的位置信息,但是采集过程中可能带有传感器的噪声，因此可以获取修改状态观测数据的权限。②攻击者是团队中某个恶意模型开发者，可以操纵受害者模型的训练策略来影响受害者智能体与其他智能体之间的交互，从而给模型注入后门。

2. 方法介绍

本节提出一种面向 c-MARL 的目标中毒攻击方法，系统框图如图 3-6-13 所示。假设在多智能体协作任务场景中，受害者智能体的数量是有限且少量的，即通过恶意攻击单个智能体来影响整体协作策略。恶意智能体的目的一方面是降低整体协作性能，即将由微小扰动生成的中毒样本按比例添加到受害者智能体的状态训练数据中，从而影响整体协作性能。另一方面，为了注入隐蔽后门，即在不修改智能体观测数据的情况下训练对抗策略来向受害者模型注入后门，使其在测试过程中被成功触发。团队中的良性参与者对于攻击者来说都是黑盒，此外，状态噪声中毒过程中，攻击者在 c-MARL 场景中执行正确的训练算法，以更新其模型策略。

图 3-6-13 展示了通过两种不同的投毒方式来对 c-MARL 系统环境进行中毒攻击的方法步骤，分别针对基于 DQN 算法的 c-MARL 系统进行状态中毒攻击以及具有高触发率的目标动作中毒攻击，用标号①、②来表示。首先，攻击者确定团队中的单个智能体作为攻击对象，在攻击方法①中，攻击者在获取修改状态训练数据的权限前提下，通过直接在状态数据上添加噪声扰动来影响受害者智能体的策略，从而扰乱团队整体协作策略，达到降低整体协作性能的目的。其次，在攻击方法②中，当攻击者作为恶意的模型开发者而拥有操纵模型策略的权限时，可以通过观察受害者与目标之间的位置数据来操纵受害者智能体的动作和奖励函数，当受害者智能体与目标之间的距离 dis 在触发阈值 threshold 范围内时，受害者采取攻击者预先设置的中毒策略，并给予高奖励值强化该目标动作，得到带有后门的受害者中毒模型，使得受害者智能体在测试过程可以达到高目标动作触发率，触发过程如图 3-6-13 中的过程③所示，从而影响了整体策略协作，并极大程度地降低了团队的获胜率。

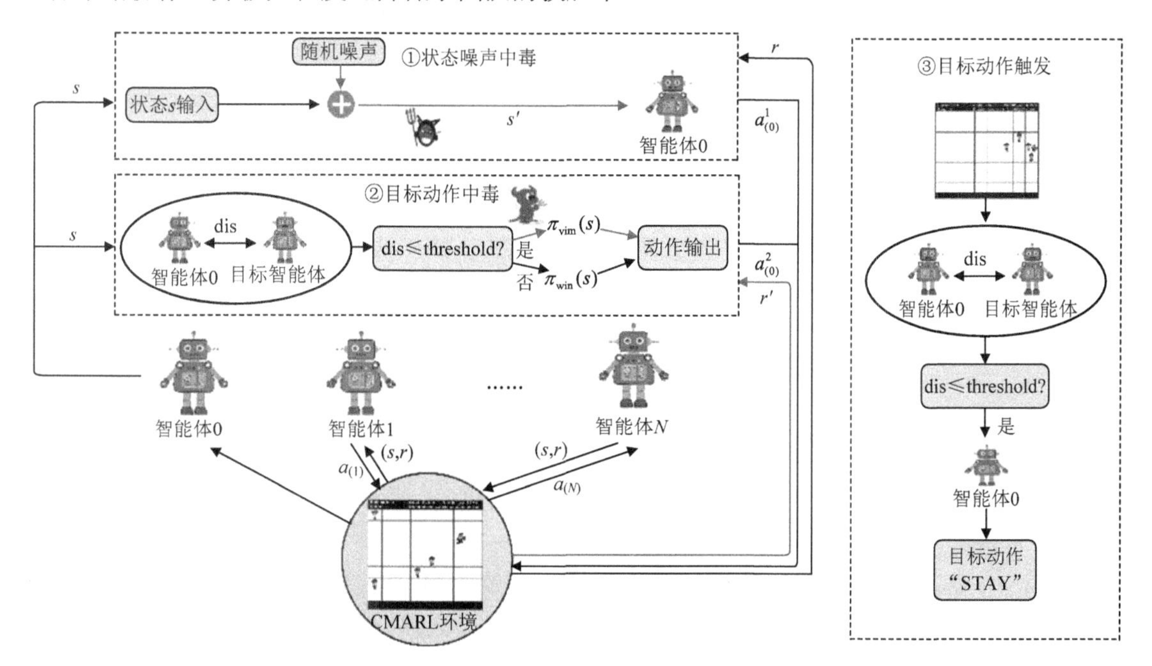

图 3-6-13　面向 c-MARL 中毒攻击的整体框图

1）中毒状态生成

要研究单个智能体中毒场景下的攻击效果，首先考虑状态噪声扰动对整体任务性能的影响，通过在受害者智能体的观测数据上按比例添加微小扰动，来模拟现实场景中传感器的噪声干扰，这样可以保证以较少的中毒样本来实现状态噪声中毒攻击。

针对攻击者可以获取直接修改状态观测数据的攻击场景，最简单的方法就是攻击者直接在状态数据上添加随机噪声来对受害者智能体的策略学习进行干扰，在现实世界可以视为是传感器在采集其他智能体位置信息时带有噪声干扰。在多智能体训练过程中，假设以 P%的概率对受害者智能体的状态数据进行投毒，其生成中毒样本的过程如下：

$$\begin{gathered}\tilde{s}_t = s_t + \text{rand}(\,) \\ \text{s.t.}\|\tilde{s}_t - s_t\|_2^2 \leqslant \varepsilon\end{gathered} \tag{3-6-15}$$

其中，s_t 为 t 时刻的状态观测数据；rand( )表示随机生成的扰动数据，使用 L_2 范数的方式进行扰动约束；ε 为约束的扰动上限。

2）目标动作中毒攻击

为了向模型注入后门来影响整体协作，还提出了具有针对性的目标动作中毒攻击方法。在现实世界的无人驾驶系统中，攻击者无法直接通过修改状态观测数据来使环境中的某部分直接消失来误导智能体的训练。多智能体实验环境状态数据是低维数据，表示智能体在环境当中的相对位置，而不同于简单 RL 系统中的图像像素信息。因此，在不直接修改状态数据来使智能体位置“突变”的情况下，通过操纵受害者的动作和奖励值来间接地修改团队中其他智能体的观测，以使其协作过程中产生策略漏洞，从而影响团队的整体性能。实验过程中奖励函数通过计算团队中每个智能体与目标之间的相对距离来进行累计求和，可以表示为

$$r = -\sum_{i=0}^{N} \|\text{position}_i - \text{position}_t\|_1 \tag{3-6-16}$$

其中，N 表示玩家的个数；position_i 表示玩家的位置信息；position_t 表示目标的位置信息，玩家与目标之间的距离通过 L_1 范数进行计算。奖励值为累计距离的负值，当每个智能体都越靠近目标时，那么获得的奖励值也就越高。每个智能体都使用团队总奖励值作为自己获得的奖励值，以使得每个智能体获得的利益一致。

在目标中毒攻击过程中，攻击者通过获取观测数据中智能体与目标之间的位置信息来设置触发阈值，即当受害者智能体与目标智能体的距离在阈值范围内，在该状态下就会自动进行触发，此时的受害者智能体会采取目标动作 a_{T} “STAY”，即保持不动。而在其他状态下，该智能体与其他智能体正常协作训练，以获得团队最大奖励。因此，受害者智能体的攻击策略 π_{vim} 可以表示为

$$\pi_{\text{vim}}(s) = \begin{cases} a_{\mathrm{T}}, & \text{dis} \leqslant \delta \\ \pi_{\text{win}}(s), & \text{其他} \end{cases} \tag{3-6-17}$$

其中，$\text{dis} = \|\text{position}_v - \text{position}_i\|_1$ 为受害者智能体的位置 position_v 与目标的位置 position_i 之间的距离，利用 L_1 范数进行计算；δ 则为距离阈值超参数。

3）目标动作中毒触发

c-MARL 训练过程中，通过智能体之间的状态位置数据来设置触发，除触发范围外，智能体都正常进行各自的训练，而在触发范围内，受害者智能体则执行目标动作，并给予高奖励值反馈，以强化其后门触发效果。由于每个智能体的奖励值都是总奖励值，通过计算每个智能体与目标之间的距离累计负值，所以每个时间步能获得的奖励值最高为 0，且当一个回合的智能

体协作获胜时，总奖励值也为0。因此，攻击者可以通过修改团队总奖励值的方式来给予高奖励值，如在计算受害者与目标的位置距离时，在阈值范围内，将其设置为0，即表示受害者智能体已经找到目标智能体；也可以通过修改反馈得到的总奖励值来给予高奖励值，即在阈值范围内，直接将受害者智能体的奖励值设置为0。在多智能体协作寻找目标位置点场景中，智能体的数量与目标位置点的数量一致，每个智能体通过协作最终都能在目标位置点上则表示任务获胜。这种场景中每个智能体并没有明确的目标位置点，只在最终训练好的策略后才能根据其协作策略来找到最终对应的目标位置。因此，在训练过程中，可以采用直接修改受害者智能体获得的奖励值的方式来进行中毒强化。但是，在多智能体围捕目标的场景中，目标智能体是唯一的，可以通过状态观测来获取受害者智能体与其位置距离信息，从而可以通过修改总奖励值的方式来进行攻击。

测试过程中，当受害者智能体与目标的距离在阈值内时，可以自动实现后门触发，因为任务获胜的前提是智能体需要靠近寻找目标。触发时受害者智能体通过策略执行目标动作来实现中毒攻击，从而极大程度地降低团队整体性能。这种攻击方法通过观测智能体之间的位置更新来自动实现触发，不易被通过对状态数据进行触发器检测的方法所防御，从而在一定程度上具有触发隐蔽性。

3. 实验与分析

1）实验设置

游戏场景：使用2个不同的c-MARL游戏场景。①多智能体协作查找定点目标：设计了8个智能体协作查找8个定点位置的目标，目标使用红旗作为标志，最终如果8个智能体在限定的回合时长内能够一对一地找到目标并同时与目标保持在相同的位置点，则表明团队任务获胜。②多智能体协作围捕目标：设计了4个智能体对目标智能体进行“围捕”行动，与定位目标不同的是，该目标智能体在“围捕”过程中一直采取随机动作，以防止其被捕获，而团队中的多智能体通过协作对其进行围捕，最终在限定的回合时长内能够将目标智能体进行包围捕获，则表明团队任务胜利。

DRL模型：对于两种不同的游戏场景，分别采用了基于DDQN算法和DQN的DRL模型来训练多智能体模型，通过攻击其中单个DRL模型来验证提出的中毒攻击方法的有效性。

对比算法：据文献调研可知，本书是第一个提出了关于c-MARL系统的中毒攻击方法，因此主要分析提出的状态中毒攻击方法和目标动作中毒攻击的攻击效果。

2）目标动作中毒攻击性能分析

为了验证目标中毒攻击的有效性，针对两种c-MARL实验场景，进行了目标动作中毒攻击实验，这是一种白盒场景下具有目标针对性的中毒攻击方法，其目的是中毒模型在测试触发条件下能执行攻击者预期的目标策略动作，目标动作设置为“保持不动”，通过设置位置触发阈值δ来作为隐藏的后门，触发阈值δ设置为5，在中毒条件下让受害者学习执行攻击者的预期目标策略，并给予高奖励值来进行学习强化，多智能体协作查找定点目标场景和多智能体协作围捕目标场景下的训练过程如图3-6-14所示。由于多智能体协作围捕目标场景中是通过修改团队总奖励值的方式来进行攻击策略学习强化的，因此训练过程的平均奖励值会造成“虚高”的现象。表3-6-1展示了受害者智能体模型的100个回合的平均测试效果，以及在面对后门激活时的目标动作触发率。

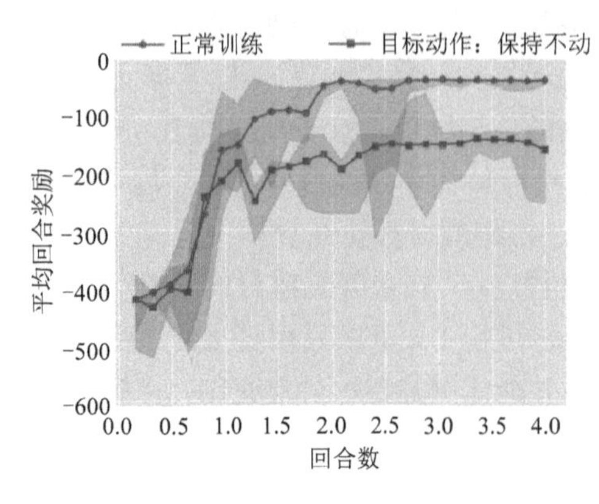

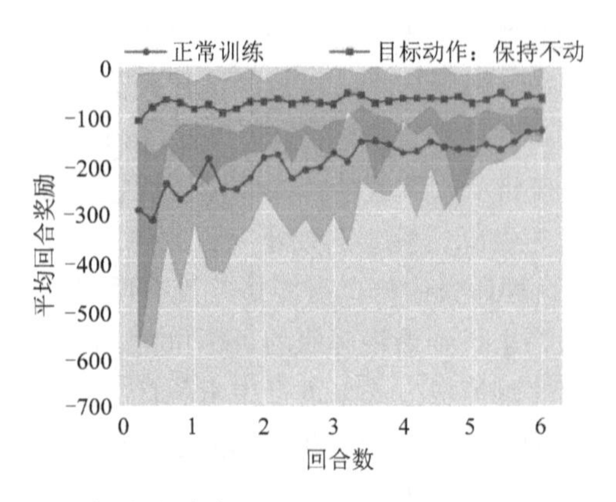

图 3-6-14　不同 c-MARL 场景下的目标中毒攻击训练过程对比

表 3-6-1　不同 c-MARL 场景下的目标中毒攻击测试效果

游戏场景	模型	平均回合奖励值	平均回合长度	获胜率/%	目标动作触发率/%
多智能体协作查找定点目标	正常模型	−37.2	8.61	100	0.27
	中毒模型	−141.56	98.61	4	99.31
多智能体协作围捕目标	正常模型	−169.47	22.22	100	14.47
	中毒模型	−910.27	86.18	32	99.01

从表中可以发现，在多智能体协作查找定点目标场景中，中毒模型的平均回合奖励值下降到原来的 1/3，获胜率也只有 4%，与 0.1%比例下的状态噪声中毒攻击达到的性能下降相似，都已经极大程度地降低了团队整体的获胜率。但是，在目标动作中毒攻击中，当中毒模型的后门被触发时，即在触发状态条件下，受害者智能体的目标触发率还可以达到 99.31%。而在多智能体协作围捕目标场景中，比较图 3-6-14 和表 3-6-1 可以发现，目标动作中毒攻击对团队协作性能的影响明显高于状态噪声中毒攻击，平均奖励值和获胜率下降明显，且目标中毒攻击在后门触发时也能达到 99.01%的目标动作触发率。

为了解释中毒模型与正常模型在后门触发时的决策过程，利用 t-SNE 对模型的状态动作进行可视化展示，解释了中毒模型在后门触发时采取的策略，两种 c-MARL 场景下的可视化效果如图 3-6-15 所示。图中图例里的数字“0、1、2、3、4”分别表示动作“向上、向下、向左、向右、保持不动”。

比较图 3-6-15（a）和（b）的左图可以发现，多智能体协作围捕目标场景中动作分布均匀，而多智能体协作查找定点目标场景正常训练得到的模型策略则具有偏见，其动作执行更偏向于“向上”和“向左”的动作，这与智能体与目标的位置关系相符。

4. 小结

本节提出了面向 c-MARL 场景的中毒攻击方法，通过攻击单个智能体来影响团队整体协作。针对 c-MARL 训练过程中存在的安全漏洞，一方面通过恶意修改状态数据或者操纵受害者智能体的策略来极大程度地影响团队整体的协作性能，获得低获胜率。另一方面还可以通过目标动作中毒攻击使受害者智能体执行预期的目标动作，从而扰乱整体协作。实验结果验证了状态噪声中毒攻击和目标动作中毒攻击的有效性，实现了黑盒场景下的中毒攻击，包括添加了防御策略的中毒模型性能。

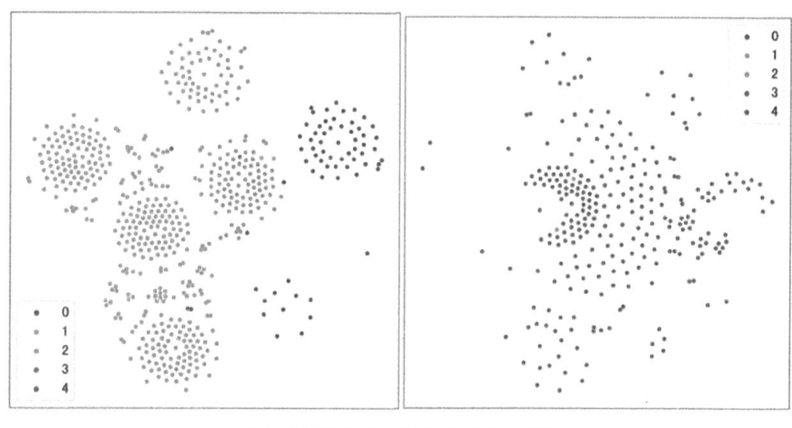

（a）多智能体协作查找定点目标场景

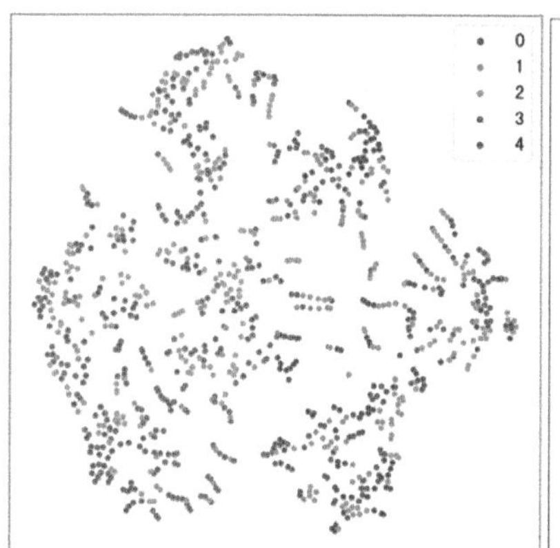

图 3-6-15（彩图）

（b）多智能体协作围捕目标场景

图 3-6-15　不同 c-MARL 场景面对后门触发时的决策过程可视化

本章小结

由于外部数据污染和模型内生脆弱性等问题，深度学习模型容易在实际应用过程中受到对抗攻击、中毒攻击的影响而出现误分类，存在数据隐私泄露和模型隐私泄露的风险，并在决策过程中产生偏见，输出不公平的结果。这些问题也同样在联邦学习和强化学习场景中出现，对数据安全、算法安全、信息安全和应用安全带来了极大威胁。

本章对对抗攻击、中毒攻击、隐私窃取攻击和偏见操控攻击进行了详细的阐述，并在实际场景中进行应用，比较分析了性能表现，从而帮助读者对攻击威胁有较为全面的了解。

对模型攻击的研究为其安全可靠部署提供了理论基础。在实际应用中，如何挖掘深度学习模型多样化、高隐蔽的潜在漏洞，仍然是值得进一步深入研究的课题。

参 考 文 献

[1] ZHANG J, LI C. Adversarial examples: Opportunities and challenges[J]. IEEE transactions on neural networks and learning systems, 2019, 31(7): 2578-2593.

[2] AKHTAR N, MIAN A. Threat of adversarial attacks on deep learning in computer vision: A survey[J]. IEEE access, 2018, 6: 14410-14430.

[3] PAPERNOT N, MCDANIEL P, GOODFELLOW I, et al. Practical black-box attacks against machine learning[C]// Proceedings of the 2017 ACM on Asia Conference on Computer and Communications Security. Abu Dhabi: ACM, 2017: 506-519.

[4] SZEGEDY C, ZAREMBA W, SUTSKEVER I, et al. Intriguing properties of neural networks[J]. arXiv preprint arXiv:1312.6199, 2013.

[5] GOODFELLOW I J, SHLENS J, SZEGEDY C. Explaining and harnessing adversarial examples[J]. arXiv preprint arXiv:1412.6572, 2014.

[6] KURAKIN A, GOODFELLOW I, BENGIO S. Adversarial examples in the physical world [C]// Proceedings of the 5th International Conference on Learning Representations (ICLR 2017). Toulon: OpenReview, 2016: 1-14.

[7] DONG Y, LIAO F, PANG T, et al. Boosting adversarial attacks with momentum[C]// Proceedings of the IEEE Conference on Computer Vision and Pattern Recognition. Salt Lake City: IEEE, 2018: 9185-9193.

[8] PAPERNOT N, MCDANIEL P, JHA S, et al. The limitations of deep learning in adversarial settings[C]// 2016 IEEE European Symposium on Security and Privacy. Saarbrucken: IEEE, 2016: 372-387.

[9] MOOSAVI-DEZFOOLI S M, FAWZI A, FROSSARD P. Deepfool: a simple and accurate method to fool deep neural networks[C]// Proceedings of the IEEE conference on computer vision and pattern recognition. Las Vegas: IEEE Computer Society, 2016:2574-2582.

[10] MOOSAVI-DEZFOOLI S M, FAWZI A, FAWZI O, et al. Universal adversarial perturbations[C]// Proceedings of the IEEE Conference on Computer Vision and Pattern Recognition. Honolulu: IEEE Computer Society, 2017: 1765-1773.

[11] CARLINI N, WAGNER D. Towards evaluating the robustness of neural networks[C]// 2017 IEEE symposium on security and privacy (sp). San Jose: IEEE, 2017: 39-57.

[12] CHEN P Y, ZHANG H, SHARMA Y, et al. Zoo: Zeroth order optimization based black-box attacks to deep neural networks without training substitute models[C]// Proceedings of the 10th ACM workshop on artificial intelligence and security. Dallas:ACM, 2017: 15-26.

[13] BRENDEL W, RAUBER J, BETHGE M. Decision-based adversarial attacks: Reliable attacks against black-box machine learning models[J]. arXiv preprint arXiv: 1712.04248, 2017.

[14] 杜巍, 刘功申. 深度学习中的后门攻击综述[J]. 信息安全学报, 2022, 7(3):1-16.

[15] GU T, DOLAN-GAVITT B, GARG S. Badnets: Identifying vulnerabilities in the machine learning model supply chain[J]. arXiv preprint arXiv:1708.06733, 2017.

[16] NGUYEN T A, TRAN A. Input-aware dynamic backdoor attack[J]. Advances in neural information processing systems, 2020, 33: 3454-3464.

[17] NGUYEN A, TRAN A. Wanet--imperceptible warping-based backdoor attack[J]. arXiv preprint arXiv: 2102.10369, 2021.

[18] SHAFAHI A, HUANG W R, NAJIBI M, et al. Poison frogs! targeted clean-label poisoning attacks on neural networks[J]. Advances in neural information processing systems, 2018: 31.

[19] SAHA A, SUBRAMANYA A, PIRSIAVASH H. Hidden trigger backdoor attacks[C]// Proceedings of the AAAI Conference on Artificial Intelligence. New York: AAAI Press, 2020, 34(7): 11957-11965.

[20] SHOKRI R. Bypassing backdoor detection algorithms in deep learning[C]// 2020 IEEE European Symposium on Security and Privacy (EuroS&P). Genoa: IEEE, 2020: 175-183.

[21] LIN J, XU L, LIU Y, et al. Composite backdoor attack for deep neural network by mixing existing benign features[C]// Proceedings of the 2020 ACM SIGSAC Conference on Computer and Communications Security. Virtual Event: ACM, 2020: 113-131.

[22] LIU Y, MA S, AAFER Y, et al. Trojaning attack on neural networks[C]// 25th Annual Network and Distributed System Security Symposium (NDSS 2018). San Diego: Internet Soc, 2018: 1-15.

[23] GUO C, WU R, WEINBERGER K Q. Trojannet: Embedding hidden trojan horse models in neural networks[J]. arXiv preprint arXiv: 2002.10078, 2020.

[24] RIGAKI M, GARCIA S. A survey of privacy attacks in machine learning[J]. arXiv preprint arXiv: 2007.07646, 2020.

[25] SALEM A, ZHANG Y, HUMBERT M, et al. Ml-leaks: Model and data independent membership inference attacks and defenses on machine learning models[C]// Proceedings of the 26th Annual Network and Distributed System Security Symposium (NDSS). San Diego: Internet Soc, 2019: 1-15.

[26] YEOM S, GIACOMELLI I, FREDRIKSON M, et al. Privacy risk in machine learning: Analyzing the connection to overfitting[C]// 2018 IEEE 31st Computer Security Foundations Symposium (CSF). Oxford: IEEE Computer Society, 2018: 268-282.

[27] KAHLA M, CHEN S, JUST H A, et al. Label-only model inversion attacks via boundary repulsion[C]// Proceedings of the IEEE/CVF Conference on Computer Vision and Pattern Recognition. New Orleans: IEEE& CVF, 2022: 15045-15053.

[28] CHEN S, KAHLA M, JIA R, et al. Knowledge-enriched distributional model inversion attacks[C]// Proceedings of the IEEE/CVF International Conference On Computer Vision. Montreal: IEEE & CVF, 2021: 16178-16187.

[29] ATENIESE G, MANCINI L V, SPOGNARDI A, et al. Hacking smart machines with smarter ones: How to extract meaningful data from machine learning classifiers[J]. International journal of security and networks, 2015, 10(3): 137-150.

[30] GANJU K, WANG Q, YANG W, et al. Property inference attacks on fully connected neural networks using permutation invariant

representations[C]// Proceedings of the 2018 ACM SIGSAC Conference on Computer and Communications Security. Toronto: ACM, 2018: 619-633.

[31] ZAHEER M, KOTTUR S, RAVANBAKHSH S, et al. Deep sets[J]. Advances in neural information processing systems, 2017: 30.

[32] ZHU Y, CHENG Y, ZHOU H, et al. Hermes Attack: Steal DNN Models with Lossless Inference Accuracy[C]// USENIX Security Symposium. Virtual Event: USENIX Association, 2021: 1973-1988.

[33] SANYAL S, ADDEPALLI S, BABU R V. Towards data-free model stealing in a hard label setting[C]// Proceedings of the IEEE/CVF Conference on Computer Vision and Pattern Recognition. New Orleans: IEEE & CVF, 2022: 15284-15293.

[34] KARIYAPPA S, PRAKASH A, QURESHI M K. Maze: Data-free model stealing attack using zeroth-order gradient estimation[C]// Proceedings of the IEEE/CVF International Conference on Computer Vision. Montreal: IEEE & CVF, 2021: 13814-13823.

[35] MEHRABI N, NAVEED M, MORSTATTER F, et al. Exacerbating algorithmic bias through fairness attacks[C]// Proceedings of the AAAI Conference on Artificial Intelligence. Virtual Event: AAAI Press, 2021, 35(10): 8930-8938.

[36] SOLANS D, BIGGIO B, CASTILLO C. Poisoning attacks on algorithmic fairness[C]// Machine Learning and Knowledge Discovery in Databases: European Conference, ECML PKDD 2020. Ghent: Springer, 2021: 162-177.

[37] 顾育豪, 白跃彬. 联邦学习模型安全与隐私研究进展[J]. 软件学报, 2022: 1-32.

[38] SUN Z, KAIROUZ P, SURESH A T, et al. Can you really backdoor federated learning?[J]. arXiv preprint arXiv: 1911.07963, 2019.

[39] BAGDASARYAN E, VEIT A, HUA Y, et al. How to backdoor federated learning[C]// International Conference on Artificial Intelligence and Statistics. Online: PMLR, 2020: 2938-2948.

[40] BARUCH G, BARUCH M, GOLDBERG Y. A little is enough: Circumventing defenses for distributed learning[C]// Advances in Neural Information Processing Systems. Vancouver:NeurIPS, 2019: 8632-8642.

[41] CAO X, GONG N Z. Mpaf: Model poisoning attacks to federated learning based on fake clients[C]// Proceedings of the IEEE/CVF Conference on Computer Vision and Pattern Recognition. New Orleans: IEEE, 2022: 3396-3404.

[42] FU C, ZHANG X, JI S, et al. Label inference attacks against vertical federated learning[C]// 31st USENIX Security Symposium (USENIX Security 22). Boston: USENIX Association, 2022: 1397-1414.

[43] LI O, SUN J, YANG X, et al. Label leakage and protection in two-party split learning[J]. arXiv preprint arXiv: 2102.08504, 2021.

[44] LUO X, WU Y, XIAO X, et al. Feature inference attack on model predictions in vertical federated learning[C]// 2021 IEEE 37th International Conference on Data Engineering (ICDE). Chania: IEEE, 2021: 181-192.

[45] GEIPING J, BAUERMEISTER H, DRÖGE H, et al. Inverting gradients-how easy is it to break privacy in federated learning?[J]. Advances in neural information processing systems, 2020, 33: 16937-16947.

[46] YIN H, MALLYA A, VAHDAT A, et al. See through gradients: Image batch recovery via gradinversion[C]// Proceedings of the IEEE/CVF International Conference on Computer Vision. Montreal:IEEE, 2021: 16337-16346.

[47] HUANG S, PAPERNOT N, GOODFELLOW I, et al. Adversarial attacks on neural network policies[J]. arXiv preprint arXiv: 1702.02284, 2017.

[48] QU X, SUN Z, ONG Y S, et al. Minimalistic attacks: How little it takes to fool deep reinforcement learning policies[J]. IEEE transactions on cognitive and developmental systems, 2020, 13(4): 806-817.

[49] TRETSCHK E, OH S J, FRITZ M. Sequential attacks on agents for long-term adversarial goals[J]. arXiv preprint arXiv: 1805.12487, 2018.

[50] HUSSENOT L, GEIST M, PIETQUIN O. CopyCAT: Taking control of neural policies with constant attacks[J]. arXiv preprint arXiv: 1905.12282, 2019.

[51] SUN J, ZHANG T, XIE X, et al. Stealthy and efficient adversarial attacks against deep reinforcement learning[C]// Proceedings of the AAAI Conference on Artificial Intelligence. New York: AAAI Press, 2020, 34(4): 5883-5891.

[52] KIOURTI P, WARDEGA K, JHA S, et al. TrojDRL: Evaluation of backdoor attacks on deep reinforcement learning[C]// 2020 57th ACM/IEEE Design Automation Conference (DAC). San Francisco: IEEE, 2020: 1-6.

[53] RAKHSHA A, RADANOVIC G, DEVIDZE R, et al. Policy teaching via environment poisoning: Training-time adversarial attacks against reinforcement learning[C]// Proceedings of the 37th International Conference on Machine Learning. Virtual Event: PMLR, 2020: 7974-7984.

[54] ZHANG X, MA Y, SINGLA A, et al. Adaptive reward-poisoning attacks against reinforcement learning[C]// Proceedings of the 37th International Conference on Machine Learning. Virtual Event: PMLR, 2020: 11225-11234.

[55] MA Y, ZHANG X, SUN W, et al. Policy poisoning in batch reinforcement learning and control[C]// Advances in Neural Information Processing Systems. Vancouver:NeurIPS, 2019: 14543-14553.

第 4 章　面向深度学习模型的防御方法

由于深度学习模型自身的缺陷，其存在的内生安全问题对人脸支付、医疗诊断、自动驾驶等安全关键的人工智能应用系统带来了巨大威胁。对此，研究者们提出了多种防御方法以提升模型在应用时的安全性与可靠性。本章将对深度学习模型的防御方法——对抗样本检测、对抗防御、后门检测、隐私保护和算法去偏进行详细介绍，阐述其基本概念以及几种具有代表性的算法，并将介绍的算法拓展应用于联邦学习和强化学习场景。

4.1　对抗样本检测

深度学习模型容易受到对抗样本中的微小扰动而出现误分类。对抗样本给基于深度神经网络的人工智能应用系统带来了巨大安全威胁。因此，防御对抗样本是目前实现人工智能安全的当务之急。如何在智能算法的长期使用过程中，有效地检测和识别出恶意样本和攻击方法，是保障人工智能算法推理安全的必不可少的手段。

对抗样本检测就是判断一个特定输入是否具有对抗性。如果能在数据输入模型之前筛选出对抗样本，就能避免对抗样本对模型的影响，且这一方法不需要对训练完成的模型进行修改。对抗样本检测通过区分对抗样本和正常样本，在恶意数据进入模型时起到风险预警作用。

4.1.1　对抗样本检测定义

对抗样本检测的目的在于实现对样本的正常和异常判别，给定输入样本和一个目标模型，检测者判断这个输入是否含有对抗性。若该样本为对抗样本，可以拒绝其输入。对抗样本检测可以表示为

$$D(\cdot): X \to \{0,1\} \tag{4-1-1}$$

其中，D 表示检测器；0 表示检测器判断输入样本 X 为对抗样本；1 表示检测器判断输入样本为正常样本。

检测对抗样本的原理主要是通过对比真实样本和对抗样本的特征或行为差异，来判断输入样本是否为对抗样本。对于真实样本，它们通常具有一些特征或行为模式，例如在像素分布、频域分布、形状、文本语义等方面具有一定的规律性和连续性。这些规律性和连续性可以被模型学习并用于分类任务。而对于对抗样本，它们通常是通过对真实样本进行一定的扰动得到的，扰动可能是非常小的、不可察觉的，但足以使得模型的分类结果发生错误。因此，对抗样本可能会打破真实样本的特征或行为模式，产生一些异常的特征或行为。大多数的对抗样本检测方法都是基于以上原理设计的。

4.1.2　对抗样本检测相关的基本概念

为了进一步了解检测防御，本节将从对抗样本检测方法的主要目标、评估策略和评估指标进行介绍。

1. 对抗样本检测的主要目标

（1）轻量化的检测器结构：设计结构简单有效的检测器，这是因为检测任务大多通过附加

网络执行，简单的附加网络能够降低检测算法的复杂度。

（2）高效的检测速度：尽可能降低附加检测器对原始深度模型运行速度的影响，因为运行时间对于需要处理海量大规模数据的深度模型十分重要。

（3）避免二次攻击的逃逸：在面对二次攻击时仍然能保持高的检测率，这是因为当攻击者获取检测操作的信息后，容易通过混淆梯度进行二次攻击。

（4）低误检率和漏检率：对于良性样本的误检率和对抗样本的漏检率要低，这是因为检测不能以牺牲原始深度模型主任务性能为代价。

2. 对抗样本检测的威胁模型

对于通用的对抗样本检测方法，防御者定义了攻击者知识的两种场景。对于白盒场景，攻击者完全了解目标模型，例如模型结构、权重和预测概率。对于黑盒场景，攻击者只知道模型置信度或预测，或者依靠查询来优化对抗性扰动。

防御者的目标是检测对抗性攻击，即提前发现对抗样本。防御者事先未知攻击的具体类型和方法，但他们可以从训练数据集中访问部分正确分类的良性样本及其相应的类标。

3. 对抗样本检测方法的评估策略

（1）使用强攻击进行评估。使用已知的最强攻击评估提出的防御方法，而不是使用 FGSM 或 JSMA。这是因为大多数能够检测这些攻击的防御都会被更强的攻击绕过。尤其是 FGSM，它的设计不是为了产生高质量的对抗样本，而是为了证明深度神经网络是高度线性的。这些算法可以作为初步的测试，但是还需要考虑使用更强的攻击进行深入测试，从而评估检测防御效果。

（2）验证对二次攻击的有效性。仅仅证明防御方法可以检测到对抗样本是不够的，还必须验证了解防御策略的攻击者难以产生绕过检测的攻击。为此，可以构造一个可微函数，当对抗样本欺骗了目标深度模型但是被检测器视为良性样本时，最小化该函数，并对这个函数使用强攻击。

（3）展示假阳性和真阳性率。在执行基于检测的防御时，仅报告检测器的准确性是不够的，因为 60%的准确率可能是有效的（例如，以 0%的假阳性率实现高的真阳性率）或完全无用的（例如，虽然能够将大多数对抗样本判定为对抗样本，但是以将许多良性样本也判定为对抗样本为代价）。为此，需要报告假阳性率和真阳性率，从而与其他工作进行公正的比较。

4. 评价指标

对抗样本的检测率表示被检测出的样本所占比，定义如下：

$$\mathrm{DR}=\frac{\mathrm{TP}+\mathrm{TN}}{\mathrm{TP}+\mathrm{TN}+\mathrm{FP}+\mathrm{FN}} \tag{4-1-2}$$

其中，TP 表示真阳性样本数；TN 表示真阴性样本数；FP 表示假阳性样本数；FN 表示假阴性样本数。注意这里对抗样本表示阳性，良性样本表示阴性。

漏报率（false positive rate，FPR）表示对抗样本没有被检测出来的比例。漏检率（miss rate，MR）表示正常样本被错误识别为对抗样本的比例，定义如下：

$$\begin{cases}\mathrm{FPR}=\dfrac{\mathrm{FP}}{\mathrm{FP}+\mathrm{TN}}\\[2ex]\mathrm{MR}=\dfrac{\mathrm{FN}}{\mathrm{RN}+\mathrm{TN}}\end{cases} \tag{4-1-3}$$

通常情况下，检测率越高，误报率和漏检率越低，则说明检测效果越好。

4.1.3 基础对抗样本检测方法概述

面对对抗攻击的威胁，检测出模型输入是否是对抗样本能有效防御对抗攻击。根据检测机制的不同，对抗样本检测方法分为以下三类：基于预处理的检测、基于特征的检测和基于模型的检测。这些检测方法的优缺点总结如表 4-1-1 所示。

表 4-1-1 不同对抗样本检测方法总结

检测方法	分类	是否需要对抗样本	所需模型知识	是否需要训练额外的模型
MagNet[1]	基于预处理	否	灰盒	是
Feature Squeezing[2]	基于预处理	否	黑盒	否
45C-Detector[3]	基于预处理	否	黑盒	是
ANR[4]	基于预处理	否	黑盒	否
LID[5]	基于特征	是	白盒	是
DkNN[6]	基于特征	是	白盒	否
NNIF[7]	基于特征	是	白盒	是
ML-LOO[8]	基于特征	否	白盒	是
模型变异[9]	基于模型	是	白盒	否
NIC[10]	基于模型	是	白盒	是

1. 基于预处理的检测

基于预处理的检测对输入的样本进行预处理操作，根据操作前后的类标变化，以判断样本是否为对抗样本。

① MagNet：Meng 等[1]提出了对抗检测框架 MagNet。该框架使用一个或多个外部检测器将输入图像分类为对抗样本或良性样本。MagNet 由一个或多个独立的检测器网络和一个重整器（reformer）网络组成，检测器根据深度学习的流形假设来区分原始样本和对抗样本。对于所有正常样本的训练集合，研究者训练了一个 autoencoder 使得这个训练集的损失函数最小，其训练的损失函数定义为

$$L(X_{\text{train}})=\frac{1}{X_{\text{train}}}\sum_{x\in X_{\text{train}}}\|x-ae(x)_2\| \tag{4-1-4}$$

其中，ae 为自编码器的输出函数；X_{train} 为训练集。

一旦训练得到 autoencoder 的模型，对于任意待测试的样本，若其重构误差超过阈值，则待检测的样本是对抗样本。

② Feature Squeezing：Xu 等[2]提出了一种新的策略——特征压缩（feature squeezing），它可以通过检测对抗性的例子来强化 DNN 模型。他们关注的特征压缩方法有减少图像的颜色深度以及使用（局部和非局部）平滑来减少像素之间的变化。局部平滑方法是利用附近的像素平滑每个像素。通过在相邻像素的加权中选择不同的机制，可以将局部平滑方法设计为高斯平滑、平均平滑或中值平滑方法。非局部平滑不同于局部平滑，因为它在更大的区域内平滑相似的像素，而不仅仅是附近的像素。对于给定的图像斑块，非局部平滑可以在图像的大区域中找到几个相似的斑块，并用这些相似斑块的平均值替换中心斑块。

③ 45C-Detector：该方法是 Tian 等[3]提出的检测图像分类中对抗样本的有效方法。对于对抗样本，他们发现图像的微小变换可能会导致分类结果的显著变化，如图 4-1-1 所示。对于测试集中的每一张样本，他们使用 C&W 攻击算法生成三个具有不同置信水平的对抗样本。然后，他们将原始图像及其相应的对抗样本旋转到一定的角度，再将旋转后的图像集输入分类

器，然后计算每个图像集的平均预测精度。最后，利用这些结果训练一个检测器，以分辨良性样本和对抗样本。该方法存在以下问题：变换类型和参数靠经验设置；变换通道数量过多增加计算复杂度；不同的变换通道存在冗余。因此，自适应地确定合适的变换类型和参数，对改进检测方法具有重要意义。

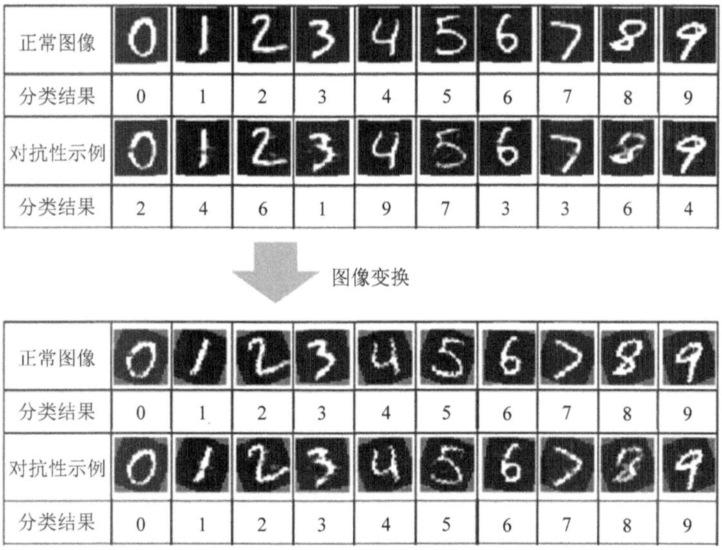

正常图像										
分类结果	0	1	2	3	4	5	6	7	8	9
对抗性示例										
分类结果	2	4	6	1	9	7	3	3	6	4

正常图像										
分类结果	0	1	2	3	4	5	6	7	8	9
对抗性示例										
分类结果	0	1	2	3	4	5	6	7	8	9

图 4-1-1　图像变换对正常和对抗样本的影响

④ adaptive noise reduction (ANR)：Liang 等[4]将图像的扰动视为一种噪声，并引入了标量量化和平滑空间滤波器，以减少对抗扰动的影响。该方法使用图像熵，以针对不同种类的图像实现自适应降噪。通过比较给定样本的分类结果及其去噪版本，可以有效地检测对抗性样本，而无须参考任何攻击的先验知识。对于 256 像素级（0～255）的 $M \times N$ 灰度图像，其图像熵 H 计算公式为

$$\begin{cases} p_i = \dfrac{f_i}{M \times N} \\ H = -\sum\limits_{i=0}^{255} p_i \log_2(p_i) \end{cases} \tag{4-1-5}$$

其中，f_i 表示像素 $i(i = 0,1,\cdots,255)$ 的频率。对于一个 RGB 的彩色图像，它的熵是其三个彩色平面熵的平均值。

2. 基于特征的检测

对抗样本和良性样本在模型隐藏层所激活的特征差异悬殊，基于特征的检测方法通过比较模型特征的变化判断输入样本的性质。

① LID：Ma 等[5]基于数据流形，提出了局部固有维度（local intrinsic dimensionality，LID）来揭示普通样本和对抗样本的本质区别。给定一个参考样本 $x \sim P$，其中，P 表示数据分布，LID 在 x 处的最大似然估计定义如下：

$$\widehat{\mathrm{LID}}(x) = -\left(\frac{1}{k}\sum_{i=1}^{k}\log\frac{r_i(x)}{r_k(x)}\right)^{-1} \tag{4-1-6}$$

其中，$r_i(x)$ 表示从 P 中抽取的点样本中 x 和它的第 i 个最近邻之间的距离；$r_k(x)$ 表示邻域距离的最大值。样本集是从可用的训练数据中统一抽取的，而 x 本身被假定是从 P 中随机抽取

的。一般而言，对抗样本的 LID 比正常样本要高。图 4-1-2 显示了来自 CIFAR-10 数据集的 100 个正常（蓝色）、噪声（绿色）和对抗攻击（红色叉）样本在 Softmax 层的 LID 值。使用最小-最大归一化将分数缩放到区间[0,1]。由于正常和噪声样本的 LID 分数相似，蓝线和绿线看起来是叠加的。代表对抗样本的红色线远高于正常样本的蓝线。

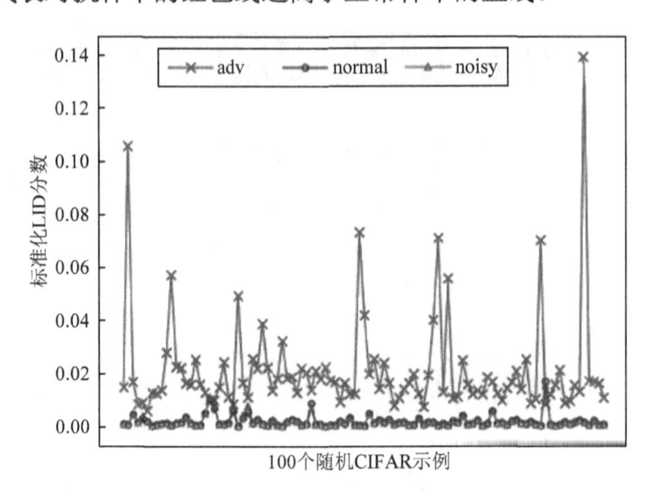

图 4-1-2（彩图）

图 4-1-2　对抗样本和正常样本的 LID 值可视化

② DkNN：Papernot 等[6]提出了一种深度 k-最近邻（DkNN）算法，用于在测试时检查模型的内部，以提供置信度、可解释性和鲁棒性属性。DkNN 算法将层表示预测与用于训练模型的最近邻进行比较，由此产生的可信度度量评估表示预测与训练数据的一致性。当训练数据和预测一致时，预测可能是准确的。如果预测和训练数据不一致，则预测不具有可信的训练数据支持。

③ NNIF：该方法是 Cohen 等[7]提出的检测对抗攻击的方法，适用于任何预先训练的神经网络分类器。他们使用影响函数来衡量每个训练样本对验证集数据的影响，并从影响得分中找到了任何给定验证示例的最具支持性的训练样本。他们采用拟合在 DNN 激活层上的 k-最近邻（k-NN）模型来搜索这些支持训练样本的排序，并使用 k-NN 秩和距离训练对抗性检测器，成功地区分了对抗样本，完成了对抗样本检测。

④ ML-LOO：Yang 等[8]提出了多层扩展方法 ML-LOO，这是一种基于特征归因的对抗样本检测方法。他们通过捕捉原始示例和对抗样本之间特征归因得分的比例差异来检测具有多层特征归因的对抗样本。ML-LOO 方法的主要思想为：当所考虑的特征被某个参考值（例如 0）掩蔽时，其将所选择类别的概率的减少分配给每个特征。将第 i 个特征被 0 遮蔽的样本表示为 x_i，用 f_n 表示从输入模型中间层的任意神经元 n 的映射，Φ 函数定义如下：

$$\Phi_{f_n}(x)_i = f_n(x) - f_n(x_{(i)}) \qquad (4\text{-}1\text{-}7)$$

为了协调不同神经元之间的尺度差异，他们在保持训练集上对不同神经元的特征归因的离散度进行了逻辑回归，以区分对抗样本和原始图像。ML-LOO 方法能够检测不同置信水平的对抗样本，以及不同攻击之间的迁移。

3. 基于模型的检测

与基于特征的检测方法不同，基于模型的检测方法观察到模型的行为，并以此作为输入样本属性的判断依据。

① 模型变异：Wang 等[9]提出了一种在运行时检测对抗性样本的替代方法。他们在给定的 DNN 模型的基础上生成一组稍微变异的 DNN 模型，这些变异模型更有可能用于原始 DNN 模

型生成的类标不同的类来标记对抗性样本。他们的方法是基于区分对抗性样本和正常样本的灵敏度衡量而设计的。算法将 DNN 模型作为输入，生成一组 DNN 突变体，并应用统计假设检验来检查给定的输入样本是否具有高标签变化率（label change rate，LCR），从而判断其是否是对抗样本，可解释框图如图 4-1-3 所示。在样本 x 上定义 LCR 如下：

$$\varsigma(x)=\frac{|\{f_i \mid f_i \in \text{and } f_i \neq f(x)\}|}{|F|} \tag{4-1-8}$$

其中，$|F|$ 是集合 F 中元素的数量；$\varsigma(x)$ 衡量输入样本 x 在 DNN 模型的突变的敏感程度。

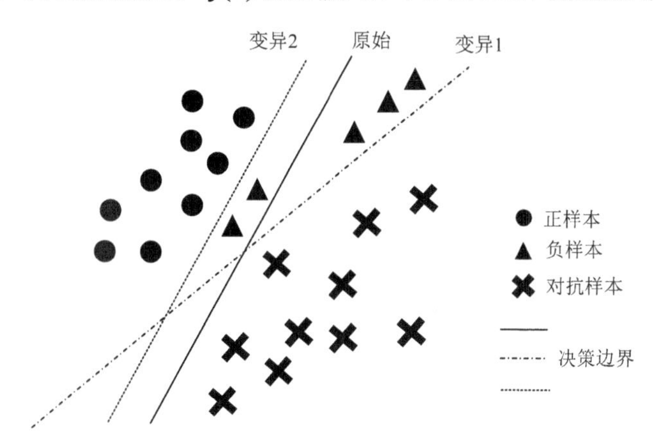

图 4-1-3　模型变异进行对抗样本检测的可解释模型

② NIC：Ma 等[10]通过观察分析各种攻击下的 DNN 模型的内部结构，发现了攻击会使起源通道（provenance channel）和激活值分布通道（activation value distribution channel）发生变化。基于此提出了一种基于不变量的对抗样本的检测技术，提取出起源不变量（provenance invariants，PI）和激活值不变量（activation value invariants，VI），将这些不变量在运行时进行检查，以此来保护这两个通道。

4.1.4　对抗样本检测方法及其应用

下面详细介绍两种对抗样本检测的方法：基于多通道优化的轻量检测防御方法和基于可解释语义与模型激活特征的对抗检测方法。

4.1.4.1　基于多通道优化的轻量检测防御方法

已有研究表明，对抗样本对通道变换操作很敏感，例如角度旋转和尺度缩放，而干净样本则不受这些操作的影响。同时，检测效率取决于变换操作的通道数量和通道类型。因此，围绕检测器特征通道的优化任务，本小节介绍一种基于自适应多通道变换的轻量检测方法 ACT-Detector。该方法构建了通道变换候选池，提供了多样化且全面的差异特征用于检测；采用了二进制布谷鸟搜索算法剔除冗余的特征通道，实现近似最优的通道变换类型选择和最小通道变换数确定；通过介绍轻量化的检测器结构和权重参数随机共享训练策略，能够加速训练过程并保障检测效率。

1. 问题建模

1）置信度矩阵建模

ACT-Detector 方法主要使用了深度模型输出层的置信度信息进行良性样本和对抗样本的区分，这是因为对抗样本在变换前后的置信度变化比良性样本的更剧烈。然后，通过对置信度矩阵进行优化得到其中能够有效表征剧烈变化的特征通道。

置信度矩阵由置信度向量组成，可作为检测器的输入，为后续的通道优化做准备。首先介绍置信度矩阵的生成方法。对于一个样本 x，实施第 j 种通道变换方式，得到变换后的样本 $x^{\mathrm{CT},j}$，其中 $j\in\{0,1,2,\cdots,K\}$，K 表示通道变换类型总数。当 $j=0$ 时，$x^{\mathrm{CT},0}$ 表示原始的良性样本。将 $x^{\mathrm{CT},j}$ 输入深度模型并获得对应的置信度向量 $\boldsymbol{y}^{\mathrm{CT},j}\in\mathbb{R}^{1\times N}$，其中 N 表示类别数。进行不同的变换操作，则可以得到 $(K+1)$ 条置信度向量。

置信度矩阵包含两个维度，一维是变换的通道数 $(K+1)$，另一维是原始深度模型的类别数 N。因此，ACT-Detector 方法中使用的置信度矩阵可以表示为 ${}^{c}\boldsymbol{x}=\left((\boldsymbol{y}^{\mathrm{CT},0})^{\mathrm{T}},(\boldsymbol{y}^{\mathrm{CT},1})^{\mathrm{T}},\cdots,(\boldsymbol{y}^{\mathrm{CT},j})^{\mathrm{T}},\cdots,(\boldsymbol{y}^{\mathrm{CT},K})^{\mathrm{T}}\right)^{\mathrm{T}}$，其维度为 $(K+1)\times N$。

2）变换通道建模

通道变换类型包括尺度缩放（resize）、角度旋转（rotate）、像素移位（shift）和噪声添加（noise）。不同通道类型的变换参数设置如表 4-1-2 所示。以一张来自 CIFAR-10 数据集的良性图像为例，其原始大小为 32×32，“尺度缩放+2”表示将图像先放大到 34×34，然后再缩小为 32×32；“尺度缩放−2”表示将图像先缩小为 30×30，然后再放大为 32×32；“角度旋转 +2°”表示将图像顺时针旋转 2°；“角度旋转−2°”表示将图像逆时针旋转 2°；“像素移位 u1, d1, l1, r1”分别表示将图像向上、下、左、右移动 1 个像素；“噪声(0, 0.01)”表示在良性图像中加入高斯噪声，其中高斯噪声的均值和方差分别为 0 和 0.01。实验中图像的像素值都被归一化为 [0, 1]。当图像旋转后，会再次进行反向旋转，以避免角度旋转造成边缘信息的丢失。

表 4-1-2 不同通道类型的变换参数设置

检测方法	变换方式	参数	通道数	通道总数
ACT-Detector	尺度缩放	+2, +4, +6, +8, +10; −2, −4, −6, −8, −10	10	54（通道数相加）
	角度旋转	+2°, +5°, +10°, +15°, +20°, +30°, +40°, +50°; −2°, −5°, −10°, −15°, −20°, −30°, −40°, −50°	16	
	像素移位	u1, u2, u3, u4, u5; d1, d2, d3, d4, d5; l1, l2, l3, l4, l5; r1, r2, r3, r4, r5	20	
	噪声添加	(0, 0.01), (0, 0.02), (0, 0.03), (0, 0.04), (0, 0.05), (0, 0.1), (0, 0.15), (0, 0.2)	8	
45-Detector	角度旋转	−30°, −15°, 0°, 15°, 30° (for MNIST) or −50°, −25°, 0°, 25°, 50°(for CIFAR-10)	5	45（通道数相乘）
	像素移位	0; u1, d1, l1, r1; u2, d2, l2, r2	9	

2. ACT-Detector 方法介绍

1）总体框架

ACT-Detector 整体框架包括三个部分：通道变换候选池生成、基于布谷鸟搜索的自适应通道变换、轻量级检测器训练，具体框图如图 4-1-4 所示。

首先，生成通道变换候选池。对良性样本进行 K 种通道变换，得到变换后的图像样本 $\{\boldsymbol{x}^{\mathrm{CT},1},\boldsymbol{x}^{\mathrm{CT},2},\cdots,\boldsymbol{x}^{\mathrm{CT},j},\cdots,\boldsymbol{x}^{\mathrm{CT},K}\}$，其中 $\boldsymbol{x}^{\mathrm{CT},0}$ 是原始图像。由于二进制布谷鸟搜索的可行解是基于二进制编码的，因此候选池的质量会影响优化结果。生成的候选池决定了搜索空间的大小，需要考虑多样性和全面性。为此，候选池提供了尽可能多的变换类型和参数。

其次，实现基于二进制布谷鸟搜索的自适应通道优化。来自候选池的变换样本被输入深度模型中，从而生成置信度矩阵 ${}^{c}\boldsymbol{x}\in\mathbb{R}^{(K+1)\times N}$。为了得到优化后的置信度矩阵，将 ${}^{c}\boldsymbol{x}$ 的每一行元素乘以 $[\mathrm{nest}_s(t)]^{\mathrm{T}}$ 的每一行元素，定义如下：

$$^{oc}\boldsymbol{x}_i(j_r, j_c) = {}^{c}\boldsymbol{x}_i(j_r, j_c) \times [\text{nest}_s(t)]^{\mathrm{T}}(j_r, 0) \tag{4-1-9}$$

其中，$^{c}\boldsymbol{x}_i(j_r, j_c)$表示$^{c}\boldsymbol{x}_i$在第$j_r$行第$j_c$列的元素；$^{oc}\boldsymbol{x}_i$与$^{c}\boldsymbol{x}_i$具有相同的维度；$[\text{nest}_s(t)]^{\mathrm{T}}(j_r, 0)$表示$[\text{nest}_s(t)]^{\mathrm{T}}$在第$j_r$行的元素；$[\text{nest}_s(t)]^{\mathrm{T}}$是$\text{nest}_s(t)$的转置，且$\text{nest}_s(t) \in \mathbb{R}^{1\times(K+1)}$是布谷鸟搜索算法在第$t$次迭代的第$s$个解。

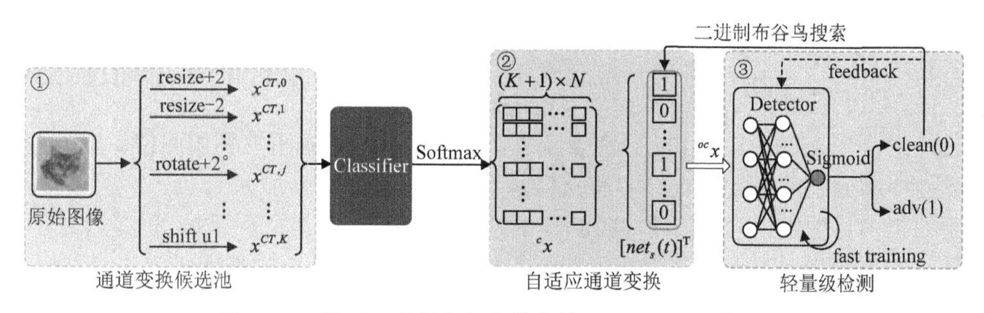

图 4-1-4 基于二进制布谷鸟搜索的 ACT-Detector 框图

然后，训练轻量检测器，包括对训练数据集、检测器结构、损失函数和训练超参数的介绍。良性样本表示为$X = \{x_0, x_1, x_2, \cdots, x_i, \cdots, x_{m_c-1}\}$，对抗样本则表示为$X' = \{x'_0, x'_1, x'_2, \cdots, x'_i, \cdots, x'_{m_{\text{adv}}-1}\}$，其中$m_{\text{c}}$和$m_{\text{adv}}$分别表示良性样本和对抗样本的数量。$x_i$和$x'_i$对应的置信度矩阵分别表示为$^{c}\boldsymbol{x}_i \in {}^{c}\boldsymbol{X}$和$^{c}\boldsymbol{x}'_i \in {}^{c}\boldsymbol{X}'$，其真实标签分别为“0”和“1”，这构成了检测器的训练数据集。

最后，根据全局最优解$\text{nest}_{\text{global}}$计算每个$x_i$的近似最优置信度矩阵$^{oc}_{g}\boldsymbol{x}_i$。在该阶段，$^{oc}_{g}\boldsymbol{x}_i$被输入检测器中，从而确定原始输入是否为对抗样本。

2）通道变换候选池搭建

由于对抗样本和良性样本在经过变换后会表现出不同的特征，因此能够利用特征差异实现较高的检测率。更具体地，不同的变换方法对检测结果具有不同的贡献。ACT-Detector 的候选池具有更多的通道类型和参数选择，代表了更全面的搜索空间。在构建通道变换候选池时，主要根据检测结果考虑每种变换方式的贡献度。对于每种变换方式，训练一个单通道检测器，当检测率高于 55%时，将其存入候选池。这是因为大于 55%的检测率表明该检测器可以根据变换后的差异区分对抗样本而不是随机区分。

通道变换数量越多，则候选池的规模越大，这会增加优化算法的空间复杂度和数据预处理的难度。但是，这只是增加训练阶段的成本，经过优化后，推理阶段就能使用轻量的检测器。此外，为了降低训练成本，进一步介绍了加速策略，以减少增加的通道数对算法复杂度的影响。

3）基于二进制布谷鸟搜索的自适应通道变换

不同的变换参数对检测结果的贡献不同，有的变换操作是冗余的甚至可能妨碍对抗样本的检测。因此，接下去将优化通道变换组合以确定近似最优的类型和数量。本小节提出基于二进制布谷鸟搜索的自适应通道变换方法，目的是在保持检测效果的同时使用尽可能少的通道数量。具体包括两个主要步骤：基于二进制布谷鸟搜索的近似最优解和基于帕累托的多目标优化，其中帕累托优化是对更新后的解进行排序，加快算法收敛。

二进制布谷鸟搜索算法采用随机初始化过程，定义如下：

$$\text{nest}_i^j(0) = \text{rand}\{0,1\} \tag{4-1-10}$$

其中，$i \in \{0,1,2,\cdots,N_{\text{nest}}-1\}$；$j \in \{0,1,2,\cdots,N_{\text{dime}}-1\}$；$\text{nest}_i^j(0)$表示在第 0 次迭代时第$i$个解的第$j$维的值；$N_{\text{nest}}$表示解的数量；$N_{\text{dime}}$表示每个解的维度；$\text{rand}\{0,1\}$函数返回随机生成的“0”或“1”。

将两个目标函数定义为f_1和f_2，分别表示检测率的倒数和通道变换规模。每个解的适应度函数定义如下：

$$\begin{cases} f_1(\text{nest}_i(t)) = \dfrac{1}{\text{DR}} \\ f_2(\text{nest}_i(t)) = \sum\limits_{j=0}^{N_{\text{dime}}-1} \text{nest}_i^j(t) \end{cases} \tag{4-1-11}$$

其中，$\text{DR} = \dfrac{\text{TP}+\text{TN}}{\text{TP}+\text{TN}+\text{FP}+\text{FN}}$表示检测率；$\sum\limits_{j=0}^{N_{\text{dime}}-1} \text{nest}_i^j(t)$表示解$\text{nest}_i(t)$选择的通道数量；$t$表示迭代轮次；TP、FP、TN、FN 分别表示真阳性、假阳性、真阴性和假阴性。实验中，对抗样本和良性样本分别被定义为正样本和负样本。

这是一个多目标优化问题，期望检测器的检测率更高、通道数量更少，但是检测率会随着通道数量的减少而降低。因此，需要根据帕累托曲线寻找f_1和f_2的平衡。

每个解的更新公式如下：

$$\text{nest}'^j_i(t) = \begin{cases} 1, & S(\phi) > \sigma \\ 0, & \text{其他} \end{cases} \tag{4-1-12}$$

其中，$S(\cdot)$表示更新解的概率 Sigmoid 函数；$\sigma \sim U(0,1)$，$U(\cdot,\cdot)$表示均匀分布，返回 0 到 1 之间的值。具体的，$S(\cdot)$函数定义如下：

$$S(\phi) = \frac{1}{1+\text{e}^{-\phi}} \tag{4-1-13}$$

其中，$\phi = \text{nest}_i^j(t-1) + \alpha_{\text{bcs}} \oplus \text{Levy}(\lambda_{\text{bcs}})$，$\alpha_{\text{bcs}}$是步长缩放因子，$\oplus$表示元素逐项相乘，$\text{Levy}(\cdot)$表示莱维飞行，通过莱维分布进行随机游走，$1 < \lambda \leqslant 3_{\text{bcs}}$。

生成解后，得到一个大小为$2 \times N_{\text{nest}}$的种群，包括$\text{nest}'(t)$和$\text{nest}(t-1)$。然后按照非支配顺序的排序层选择一个大小为N_{nest}的新种群$\text{nest}(t)$。此后，新的种群将经历替换过程，使得每个解都有改变内部值的机会。

为保证新种群的质量，糟糕解将根据p_a的概率被替换。替换公式如下：

$$\text{nest}_i(t) = \begin{cases} 1-\text{nest}_i(t), & p_{\text{r}} < p_{\text{a}} \\ \text{nest}_i(t), & \text{其他} \end{cases} \tag{4-1-14}$$

其中，$i \in \{0,1,2,\cdots,N_{\text{nest}}-1\}$；$p_{\text{r}} \sim U(0,1)$；$p_{\text{a}} = 0.25$表示解的替换概率。

为了保证解的多样性，还需要进行变异操作，即按照一定的概率随机翻转二进制解中某个维度的值，具体定义如下：

$$\text{nest}_i^j(t) = \begin{cases} 1-\text{nest}_i^j(t), & p_{\text{s}} < p_{\text{m}} \\ \text{nest}_i^j(t), & \text{其他} \end{cases} \tag{4-1-15}$$

其中，$i \in \{0,1,2,\cdots,N_{\text{nest}}-1\}$；$j \in \{0,1,2,\cdots,N_{\text{dime}}-1\}$；$p_{\text{s}} \sim U(0,1)$；$p_{\text{m}} = 0.01$表示解的变异概率。

帕累托曲线前一层的解比后一层的好；同一层的解将根据拥挤度进行排序，拥挤度越大的解越好。拥挤度定义如下：

$$CD_i = \frac{f_{1,i+1} - f_{1,i-1}}{f_{1,\max} - f_{1,\min}} + \frac{f_{2,i+1} - f_{2,i-1}}{f_{2,\max} - f_{2,\min}} \tag{4-1-16}$$

其中，$f_{1,i+1}$和$f_{2,i+1}$分别表示与nest_i相邻的nest_{i+1}的目标函数f_1和f_2的适应度值；$f_{1,\max}$和$f_{1,\min}$分别表示目标函数f_1在这一层中的最大值和最小值。

为了进一步优化检测效果和通道数量，需要进行快速非支配排序。如果解nest_i中每个目标函数适应度值都小于另一个解nest_j的（即$\text{nest}_i(f_1, f_2)$的f_1和f_2都小于$\text{nest}_j(f_1, f_2)$的），则记录每个解的支配关系并表示为S_{p}和N_{p}两个参数。其中S_{p}表示被解nest_{p}支配的所有解的集合，N_p 表示所有支配 $nest_p$ 的解。快速非支配排序算法的具体步骤如下：①l_k 表示帕累托曲线的层，k 表示层的秩，$k=0$ 作为初始化，l_0 层由解 $nest_p$ 组成，其中 N_p 为 0。②在第 l_k 层的 S_p 中遍历 $nest_q$，并执行 $N_q = N_q - 1$；如果 $N_q = 0$，则 $nest_q$ 属于第 l_{k+1} 层。③执行 $k = k+1$。④返回步骤②，直到所有的解都完成排序。

4）检测器结构介绍和训练策略

每个 nest 表示一个可行解，每个解的适应度值 f_1 是根据训练好的检测器计算的。因此，检测器的训练时间限制了 ACT-Detector 的算法复杂度。这里从两个方面加速检测器的训练：搭建简单的神经网络结构和介绍快速训练策略。网络结构方面，使用两层稠密全连接，最后用 Sigmoid 激活输出，可以表示为“Fully Connected + ReLU”“Fully Connected + ReLU”“Fully Connected + Sigmoid”。

作为二分类问题，检测器的损失函数定义如下：

$$\text{Loss}_D = -\left(y_{\text{true}} \times \lg(y_p) + (1 - y_{\text{true}}) \times \lg(1 - y_p)\right) \tag{4-1-17}$$

其中，y_p 表示 $\text{Sigmoid}(\cdot)$ 函数激活后的预测结果；y_{true} 表示真实标签。对于训练数据集，首先使用不同的攻击方法制作对抗样本，然后执行不同的通道变换方式生成置信度矩阵，并标记为正样本“1”；而良性样本对应的置信度矩阵标记为负样本“0”。

进一步介绍基于权重参数随机共享的训练方法，用于加速训练进程，具体包括共享权重参数和随机交叉参数。在初始化过程中，所有初始解对应的检测器都经过了 10 轮训练，以达到较高的检测率。更新解后，检测器的初始权重定义如下：

$$w_i(t) = \frac{w_{j1}(t-1) + w_{j2}(t-1)}{2} \tag{4-1-18}$$

其中，$w_i(t)$ 表示第 t 次迭代的第 i 个解对应的检测器的权重参数；$w_{j1}(t-1)$ 和 $w_{j2}(t-1)$ 表示从上一次迭代中随机选择的检测器的权重参数。

3. 实验与分析

1）实验设置

数据集：实验在 MNIST、CIFAR-10 和 ImageNet 数据集上评估 ACT-Detector 的检测防御能力。ImageNet 数据集由超过百万张图像组成，包含 1000 个类，考虑到若使用 ImageNet 中的全部图像存在较大的计算成本，为此选择了其中 5000 张良性样本进行实验。

分类器：实验中对各种数据集采用了不同的分类器。为 MNIST 数据集设计了三个基于 CNN 的分类器，即 CNN-MA、CNN-MB 和 CNN-MC，其结构如表 4-1-3 所示。对于 CIFAR-10 数据集，使用了基于 ResNet、VGG16 和 VGG19 的分类器。对于 ImageNet 数据集，采用了 ResNet-v2 和 Inceptionv3 (Inc-v3)模型。

攻击方法：实验中使用了多种对抗攻击方法来验证 ACT-Detector 的检测性能。白盒攻击包括 FGSM、MI-FGSM、DeepFool 和 C&W；黑盒攻击包含 LSA、PWA、CRA 和 GBA。所有这些攻击都基于 Adversarial Robustness Toolbox 工具箱。

表 4-1-3　针对 MNIST 数据集的分类器结构

层类型	CNN-MA（acc=98.90%）	CNN-MB（acc=98.80%）	CNN-MC（acc=99.10%）
Conv+ReLU	5×5×32	5×5×32	5×5×32
Max Pooling	2×2	2×2	2×2
Conv+ReLU	5×5×64	5×5×64	5×5×64
Max Pooling	2×2	2×2	2×2
Conv+ReLU	—	5×5×64	5×5×64

续表

层类型	CNN-MA（acc=98.90%）	CNN-MB（acc=98.80%）	CNN-MC（acc=99.10%）
Conv+ReLU	5×5×64	5×5×128	5×5×128
Max Pooling	2×2	2×2	2×2
Dropout	—	0.5	0.5
Conv+ReLU	5×5×128	5×5×128	5×5×128
Max Pooling	2×2	—	—
Dropout	0.5	—	—
Conv+ReLU	5×5×256	5×5×256	5×5×256
Max Pooling	2×2	2×2	2×2
Conv+ReLU	—	5×5×256	5×5×512
Dense (Fully Connected)	512	512	1024
Softmax	10	10	10

对比算法：实验中使用了 8 种检测防御基线算法与 ACT-Detector 的检测效果进行比较，包括 45C-Detector、Sta-D、AdvT-D、Ens-D、Per-D、非成对检测（not twins detection，NT-D）、基于 PGD 的检测（PGD-based detection，PGD-D）和生成式对抗训练防御（generative adversarial training，GAT）。

2）检测结果比较与分析

首先，采用 ACT-Detector 选择的 ACT 区分对抗样本和良性样本，并根据不同的指标分析检测结果，如表 4-1-4 所示。因为 MNIST 数据集上的三个模型性能十分相似，在后续的实验中只展示 CNN-MA 和 CNN-MB 模型的结果。由于使用了 8 种攻击，对抗样本数量远多于良性样本，这将导致样本不均衡问题。因此，实验中混合所有对抗样本，并随机选择了一些与良性样本数量相等的对抗样本。随机选择的对抗样本与干净的样本混合在一起，其中的 70%作为训练集，剩下的 30%作为测试集。以 ImageNet 数据集为例，实验中使用了 5000 个良性样本，使用不同的攻击获得了 37621 个针对 ResNet-v2 模型的对抗样本。从 37621 个样本中随机选择 5000 个对抗样本，并与 5000 个良性样本混合，得到 10000 个样本。然后，选择其中 7000 个作为训练集，3000 个作为测试集。

表 4-1-4　ACT-Detector 在不同数据集上的对抗样本检测结果

数据集	分类器	指标/%				
		DR	FPR	PR	RR	MR
MNIST	CNN-MA	99.80	0.26	99.74	99.86	0.14
	CNN-MB	99.86	0.16	99.84	99.89	0.11
	CNN-MC	99.95	0.01	99.99	99.91	0.09
CIFAR-10	ResNet32	98.89	1.55	98.46	99.33	0.67
	ResNet56	99.24	1.47	98.55	99.96	0.04
CIFAR-10	VGG16	99.51%	0.15	99.85	99.18	0.82
	VGG19	99.13%	1.33	98.68	99.59	0.41
ImageNet	ResNet-v2	91.60%	6.38	92.46	89.29	10.71
	Inc-v3	98.67%	0.88	98.99	98.14%	1.86

检测结果表明，ACT-Detector 在 MNIST 和 CIFAR-10 数据集上实现了很高的检测率，几

乎达到了 100.00%，而在 ImageNet 数据集上的检测效果略有下降。这主要是因为 ImageNet 数据集的图像尺寸大，导致各种通道变换之间的差异降低。此外，ACT-Detector 表现出较高的 PR 和 RR 值和较低的 MR 值，表明其检测结果的可靠性。在区分对抗样本和良性样本的任务中，不同数据集和各种分类器对应的混淆矩阵如图 4-1-5 所示，可以观察到对角线上的值都很大，表明 ACT-Detector 具有较优的检测效果。

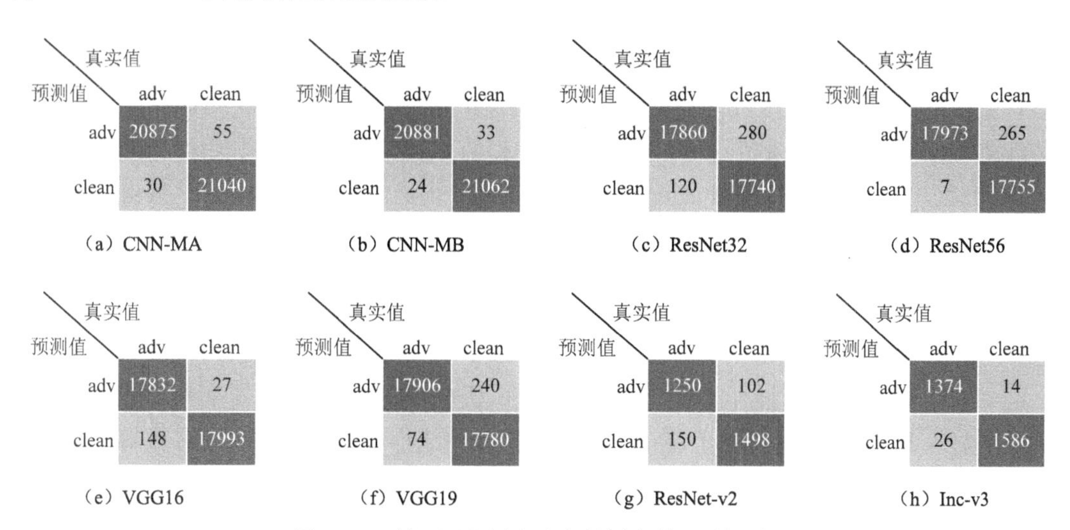

（a）CNN-MA　（b）CNN-MB　（c）ResNet32　（d）ResNet56

（e）VGG16　（f）VGG19　（g）ResNet-v2　（h）Inc-v3

图 4-1-5　检测对抗样本和良性样本的混淆矩阵

3）不同通道的可视化分析

实验分析了不同通道变换在检测器中的作用。以 ImageNet 数据集上的 ResNet-v2 分类器为例，使用 Grad-CAM 方法可视化经过不同通道变换后图像的注意力图，如图 4-1-6 所示。图中展示了从 45C-Detector 中随机选择的五个通道和从 ACT-Detector 中选择的五个通道变换后生成的注意力图，图中第一列表示不同的原始图像，随后的五列表示进行不同通道变换后的注意力图变化。红色区域表示分类器的关注范围，区域大小和位置的变化表明了分类器关注的特征差异。可以观察到，45C-Detector 的部分通道的注意力图很接近，表明通道之间的特征存在冗余，而 ACT-Detector 不同通道之间的注意力图存在明显差异，这就是可以使用尽可能少的通道实现高检测率的原因。可以推断，尽管 ACT-Detector 选择的通道数很少，但已包含检测对抗样本所需的关键特征。

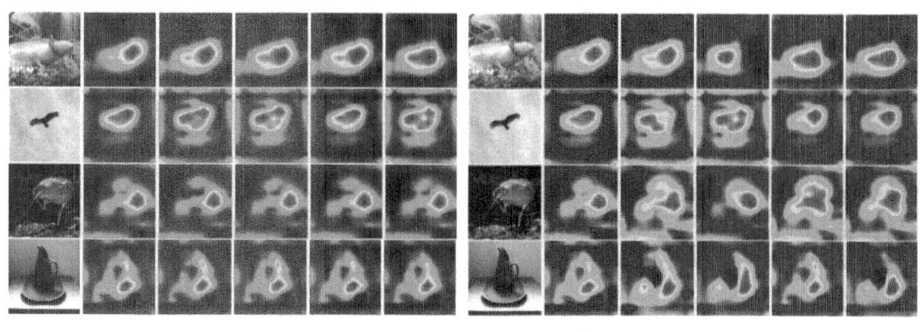

（a）45C-Detector　（b）ACT-Detector

图 4-1-6（彩图）

图 4-1-6　不同通道变换后图像的注意力图

4. 小结

本小节提出了一种基于自适应通道变换的轻量对抗样本检测器——ACT-Detector。ACT-Detector 不仅可以检测对抗样本和良性样本，还可以进一步区分对抗样本的白盒/黑盒攻击类型。实验结果有效验证了 ACT-Detector 的检测效率。

4.1.4.2 基于可解释语义与模型激活特征的对抗检测方法

本节从样本特征和模型激活特征两方面进行研究，提出基于逐层相关性传播可解释样本特征与模型激活特征融合的对抗检测方法。从样本的可解释细粒度外部特征和模型激活的内部特征两个角度对对抗样本进行检测，实验表明本方法在不同的攻击下，均能达到最先进的效果，在 MNIST、CIFAR-10 和 ImageNet 三个数据集上均能达到良好的效果，具有良好的通用性和泛化性。由于本节的方法所选择的特征是两个互补的特征，因此即便是检测方法已知的情况下，依旧具备良好的检测效果。

1. 方法介绍

1）系统框图

图 4-1-7 展示了如何通过可解释语义特征与模型激活特征融合，进行对抗样本的检测。首先，样本输入 DNN 模型后，基于层相关性传播技术生成样本可视化图，同时计算样本的像素级别的样本相关性，相关性越高，表示像素点对于分类的作用越重要。然后，保存在样本识别过程中模型输出层的激活置信度作为模型的激活特征。最后统计输入样本的相关性特征阈值范围和激活特征相关性阈值作为判别样本异常的特征条件。

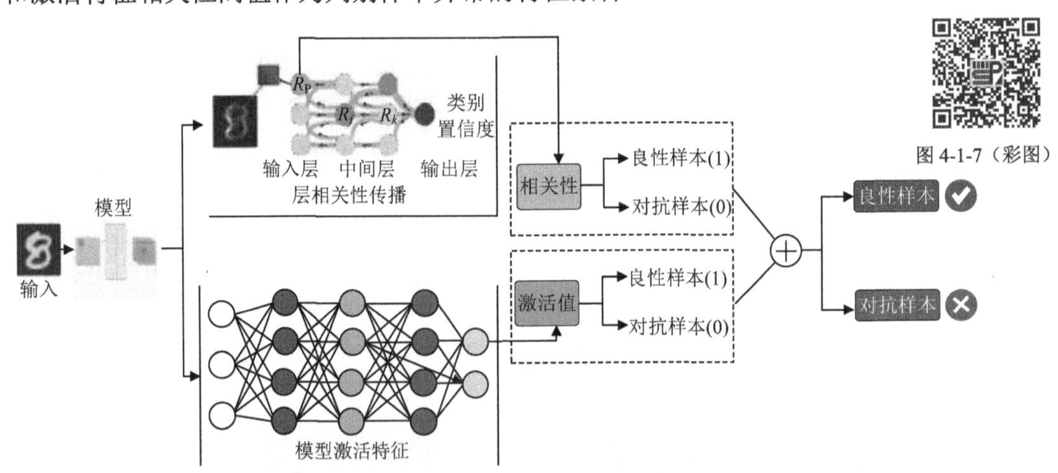

图 4-1-7 基于语义特征与激活特征融合和对抗检测系统框图

基于可解释语义与模型激活特征的对抗检测方法主要步骤包括：①将正常样本输入 DNN 模型中，获取可解释语义特征和模型激活特征；②保存可解释语义相关性特征与模型激活特征，分别构建二分类数据集；③初始化二分类器，使用步骤②的数据集训练二分类器；④通过基于两个特征的二分类器对输入样本进行检测，实现对抗样本的检测。

2）对抗样本检测

通过基于层相关性传播（layer-wise relevance propagation，LRP）的可解释语义特征和模型的激活特征融合，拟合量化两个特征值的正常阈值范围，实现对抗样本的检测。为了有效检测对抗样本，构建了一个二分类检测器，通过提取基于 LRP 的相关性阈值特征和模型激活特征阈值特征，训练二分类检测器，实现对抗样本的检测。

可解释语义特征提取：基于 LRP 的可解释语义特征的方法，提取在模型解释的过程中经过反向传递形成的样本像素级相关性特征。

模型激活特征提取：选择模型输出层的激活矩阵进行归一化，保存样本的对应的类标和输出置信度，作为该样本的模型激活特征。

二分类数据集构建：为了让检测器能够有效区分对抗样本和正常样本，首先构建二分类数据集。数据集包括提取的正常样本的可解释语义相关性阈值特征和模型激活阈值特征以及对应的类标，将对抗样本与正常样本分别标记为 0 和 1。

二分类检测器训练：为了提高两个特征融合后的对抗样本检测，将对抗样本的二分类检测器分成两个部分：一部分用于基于相关性特征的对抗样本检测，另一个部分用于基于模型激活特征的对抗样本检测。只有当两个部分同时判定输入样本为正常样本时，认为此样本为正常样本，否则判定为对抗样本。二分类的两个部分分别由两层的全连接层组成，输入为待测的样本，输出为待测样本的分类结果，即为正常样本或对抗样本。

3）可解释语义特征与模型激活特征

由于数据的高维度特征，导致深度学习模型并不能完美提取数据的全部特征，也正是由于模型对特征提取的不完全，导致对抗样本能够以极小的扰动对模型进行欺骗和攻击。LRP 是从模型输出开始，进行反向传播，直到模型输入开始为止，达到对由输入特征导致其预测结果的解释的目的，这是一种利用 DNN 的图形结构快速可靠地计算并解释的技术。

利用 LRP 量化样本的输入与预测结果的相关性，可以形成在特征层面的直接解释，但是这种解释方法在深度神经网络的应用中是不稳定的，这种不稳定性主要来源于两个方面：①DNN 的梯度函数存在噪声；②对抗样本的存在使得微小的扰动会对 DNN 的函数发生剧烈变化。利用这两个方面的不稳定性，实施对抗样本的检测。LRP 是一种对 DNN 模型的解释技术，可对图像、视频或者文本进行预测解释。LRP 的工作原理是通过有目的地设计局部传播规则，将 DNN 模型的预测 $f(x)$ 反向传播到神经网络中。LRP 相关性守恒定律示意图如图 4-1-8 所示。LRP 在传播的过程中服从守恒定律，从某一个神经元开始，到最后的输出节点，其相关性总量是不变的，由于解释的不稳定性，加入的对抗噪声会极大程度地干扰相关性在样本上的解释分布。

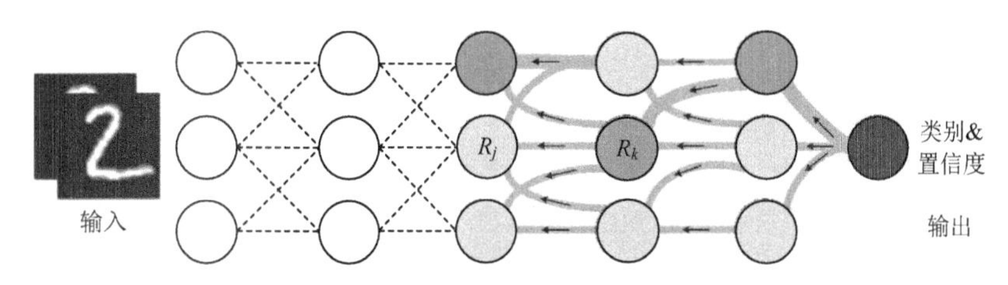

图 4-1-8　LRP 相关性守恒定律示意图

DNN 模型激活：LRP 算法的核心是追溯各个输入节点对最终输出节点的贡献大小。下面以一个简单的神经网络为例介绍 LRP 算法的传播过程。定义神经网络中每层的神经元为

$$x_j = F_{\text{Activation}}\left(\sum_{i=1} w_{ij} x_i + b\right) \tag{4-1-19}$$

其中，x_j 表示神经元 j 的输出；$F_{\text{Activation}}$ 表示神经元 j 的激活函数；w_{ij} 是神经元 i 到神经元 j 的连接权重；b 表示连接偏差。如图 4-1-9 所示，黑色线条表示在 DNN 模型的预测阶段的传输方向；红色线条表示 LRP 算法进行相关性计算的传播方向。模型在样本输入后，经过每一层的神经元以及对应的激活函数，进行逐层的激活和传递，最终实现样本的分类。

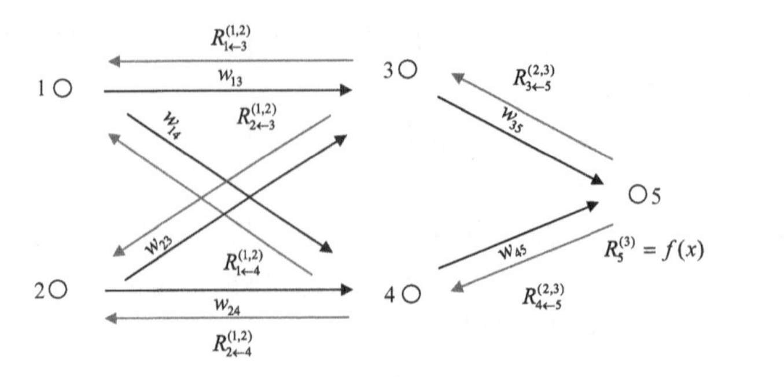

图 4-1-9（彩图）

图 4-1-9　模型激活与 LRP 相关性传播示意图

通过 LRP 对攻击前后的样本进行可视化，结果如图 4-1-10 所示。攻击失败的样本，由于对抗扰动添加不足，导致识别后的类标未发生反转。经过层相关性传播可视化后，其扰动被放大，扰动会大范围改变可视化的结果，使可视化结果的特征转移。当对抗样本以极高的置信度被分为错误类别时，可视化结果已经完全被破坏。

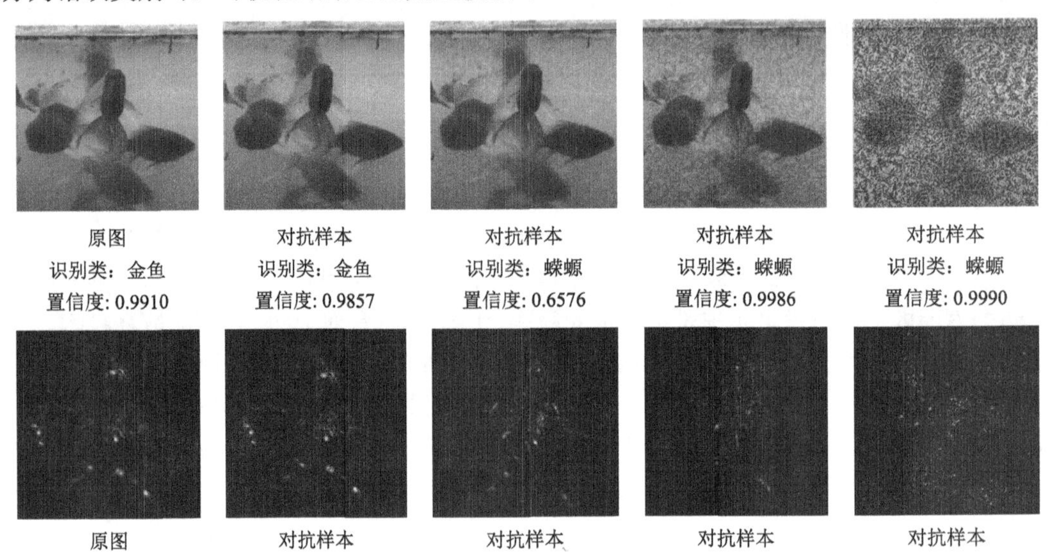

图 4-1-10　金鱼的 LRP 可视化图

图 4-1-10（彩图）

4）LRP 可解释语义传播规则

假设有两个相邻层的神经元 i 和神经元 j ，其中 $R_i^{(l)}$ 表示待计算相关性的神经元，在这里即是输入样本时模型的输出值，i 表示神经元的序号，l 表示模型的某一层。如图 4-1-9 中的 $R_5^{(3)}$ 表示第 3 层模型、序号为 5 的神经元的输出值。$R_{i\leftarrow j}^{(l,l+1)}$ 表示相关性传播的信息量，如图 4-1-8 所示，在相关性传播过程中，总的信息量是服从守恒定律的。对于已知的第 $l+1$ 层神经元 j 的信息量为 $R_j^{(l+1)}$，可将 $R_j^{(l+1)}$ 分解到第 l 层的所有神经元上，具体公式如下：

$$R_j^{(l+1)} = \sum_{i\in(l)} R_{i\leftarrow j}^{(l,l+1)} \tag{4-1-20}$$

第 l 层神经元 i 的相关性信息量可以表示为：第 $l+1$ 层中所有的神经元的信息量分解后再进行求和，具体公式如下：

$$R_i^{(l)} = \sum_{j\in(l+1)} R_{i\leftarrow j}^{(l,l+1)} \tag{4-1-21}$$

其中，$R_{i\leftarrow j}^{(l,l+1)}$ 表示的含义是：若在模型预测阶段，第 l 层某个神经元 i 对第 $l+1$ 层神经元的一个

神经元 j 做出主要贡献，那么第 l 层神经元 i 应该占第 $l+1$ 层神经元 j 的相关性信息量 $R_j^{(l+1)}$ 的较大份额，即神经元 i 收集它对后一层所连接的神经元 j 的贡献值。目前有许多不同的将给定层的贡献度分数 $R_{i\leftarrow j}^{(l+1)}$ 传播到下层神经元的规则，主要包括 LRP-0、LRP-ε 和 LRP-β 三种传播规则。

① LRP-0 传播规则：

$$R_{i\leftarrow j}^{(l,l+1)}=\frac{z_{ij}}{z_j}R_j^{(l+1)} \tag{4-1-22}$$

其中，$z_{ij}=\sum_{i=1} w_{ij}x_i+b$ 表示为第 l 层神经元 i 对第 $l+1$ 层神经元 j 的加权激活；z_j 为第 l 层所有神经元对第 $l+1$ 层神经元 j 的加权激活。LRP-0 传播规则是根据每个输入对神经元激活的贡献按照比例重新分配。显而易见，当加权激活为零时，即权重为零或者激活值为零时，表示相邻神经元之间没有连接，也就无贡献度可言。

② LRP-ε 传播规则：

$$R_{i\leftarrow j}^{(l,l+1)}=\frac{z_{ij}}{z_j+\varepsilon\cdot \operatorname{sign}\left(z_j\right)}R_j^{(l+1)} \tag{4-1-23}$$

其中，ε 表示一个常量系数；sign(·) 是一个符号函数。ε 的作用是当神经元的激活作用较弱或者相互矛盾时，能够吸收一些相关性。当 ε 增大时，只有相关性最显著的解释因子才能在吸收中存在，这通常会导致解释在输入特性方面更稀疏、噪声更小。

③ LRP-β 传播规则：

$$R_{i\leftarrow j}^{(l,l+1)}=\left((1+\beta)\frac{z_{ij}^{+}}{z_j^{+}}-\beta\frac{z_{ij}^{-}}{z_j^{-}}\right)R_j^{(l+1)} \tag{4-1-24}$$

其中，z_{ij}^{+} 和 z_{ij}^{-} 分别表示正负的加权激活，正负加权激活被分开处理。变量 β 控制多少抑制激活（负加权激活）被纳入相关性再分配。β 值为零时，LRP 只允许在热图中显示正的贡献，而非零 β 值额外校正了神经元激活的抑制效应。在对抗样本的检测过程中，发现较低的 β 值能够使得样本关注到更多的扰动干扰，达到更好的对抗样本检测效果。

在不同的传播规则下，信息量不断地进行分解传递和求和，最终到达输入层的样本上，得到样本的各个像素相关性，形成基于样本像素贡献度的解释：

$$f(x)\approx\sum_p R_p^{(1)} \tag{4-1-25}$$

其中，$R_p^{(1)}$ 是逐像素点相关性分数，表示输入样本的像素点对于预测结果的影响。具体而言，当 $R_p^{(1)}>0$，表示像素点对预测结果有正贡献，反之则说明有负贡献。预测结果可以表示为每个像素点对应的 $R_p^{(1)}$ 的总和，所以 $f(x)\approx\sum_p R_p^{(1)}$ 。

2. 实验与分析

1）实验设置

数据集：使用的数据集包括小数据集 MNIST、CIFAR-10 和大数据集 Tiny-ImageNet。

深度模型：针对 MNIST 数据集，使用 LeNet 模型和自己搭建的一个基于卷积和全连接网络的模型（M_MNIST）作为实验的分类模型；针对 CIFAR-10 数据集，使用 AlexNet 模型和 VGG19 模型；针对 Tiny-ImageNet 数据集，使用 VGG19 模型和 ResNet101 模型。

攻击方法：梯度估计：ZOO、Auto-ZOO 和 Boundary++；等价模型：基于雅可比的模型等价方法，等价模型上的白盒攻击为 FGSM、MI-FGSM 和 C&W；概率优化：One-pixel、NES(PI)、

POBA-GA；基于粒子群优化算法的路牌识别黑盒攻击方法和基于多目标遗传算法的车牌识别黑盒攻击方法。

攻击算法：使用不同的对抗攻击方法生成大量的对抗样本进行实验，包括白盒对抗攻击 FGSM、DeepFool、PGD、MI-FGSM、BIM、C&W、JSMA；黑盒对抗攻击 ZOO、Boundary 和 AGNA。

检测对比算法：选择 7 种检测方法作为对比算法，包括 NIC、ANR、LID、MagNet、NNIF、基于马氏距离的对抗检测（Mahalanobis based detect，MBD）和 Feature Squeezing。

2）不同攻击的检测性能对比

表 4-1-5 是不同的攻击方法的攻击算法针对不同数据集、不同模型的攻击成功率，表 4-1-6 是对不同攻击方法在不同的数据集下的检测率。可见在不同的数据集上检测效果良好，同时具备良好的模型迁移性。

表 4-1-5　不同攻击方法的攻击成功率　（单位：%）

数据集	MNIST		CIFAR-10		Tiny-ImageNet	
攻击方法	LeNet	M_MNIST	AlexNet	VGG19	VGG19	ResNet101
FGSM	96.41	99.50	90.49	89.05	82.75	79.03
DeepFool	98.88	99.38	92.31	88.18	77.01	79.90
PGD	92.95	98.99	90.38	87.61	82.29	85.03
MI-FGSM	98.83	99.80	91.46	89.75	82.88	86.70
BIM	92.97	99.10	90.59	96.34	82.29	88.58
C&W	98.70	97.10	79.36	77.59	83.36	81.01
JSMA	98.70	97.18	90.50	91.32	82.54	79.25
ZOO	95.28	97.10	87.10	82.17	81.87	83.90
AGNA	90.42	98.30	92.10	91.03	93.60	89.60

表 4-1-6　不同攻击方法的检测率　（单位：%）

数据集	MNIST		CIFAR-10		Tiny-ImageNet	
攻击方法	LeNet	M_MNIST	AlexNet	VGG19	VGG19	ResNet101
FGSM	100	100	99.40	98.65	94.15	93.40
DeepFool	100	100	98.31	95.30	95.30	95.80
PGD	100	100	99.60	99.20	96.60	94.45
MI-FGSM	99.70	99.70	99.00	98.35	94.10	95.20
BIM	98.10	98.70	97.25	98.90	95.50	97.25
C&W	97.70	96.25	97.86	94.70	97.50	96.60
JSMA	100	99.58	100	94.30	96.60	93.90
ZOO	98.10	98.15	96.80	98.30	94.20	95.10
AGNA	97.30	97.30	97.10	97.50	96.30	97.00

3）对不同扰动强度的对抗样本检测效果

由于对抗样本通过优化算法的更新迭代，可以达到低扰动、高攻击的效果。在对抗检测的过程中，对不同扰动强度的对抗样本都需要具备良好的检测效果，实现强鲁棒性的检测。实验选择 MNIST 数据集，攻击方法为 FGSM，使用二范数距离计算扰动强度，表格中的扰动大小为所有攻击成功样本添加的扰动均值，在实验过程中，将扰动过大、肉眼无法识别的样本去除，不计入扰动均值的计算。max epsilon 是攻击过程中添加的最大扰动步长，实验结果如表 4-1-7

所示。从实验结果可知，本节的方法在不同扰动强度下保持良好的检测鲁棒性。

表 4-1-7　对不同扰动强度的对抗样本检测结果

max epsilon	0.1	0.2	0.3	0.4	0.5	0.6	0.8	0.9	1.0
扰动大小（L_2 距离）	0.0716	0.088	0.093	0.129	0.153	0.195	0.223	0.275	0.297
检测率/%	99.85	100	100	100	100	100	100	100	100

3. 小结

利用可解释语义特征与模型激活特征的融合特征进行对抗样本的检测，是一种攻击无关的轻量级对抗检测算法，通过对各种不同对抗攻击的样本检测，以及与对比算法的比较，可知所提出的算法是一种高效且稳定的对抗样本检测算法，具有良好的鲁棒性与迁移性。

4.2　对 抗 防 御

虽然对抗样本检测可以避免一部分对抗样本进入模型，但由于需要拥有大量对抗样本数据库，不断改进攻击方式以及模型本身的未完全保密等客观条件的局限，研究对抗样本的防御方法，提高模型本身的鲁棒性，仍是学者们关注的重点问题。不同于检测防御，对抗防御的目的是能够重新正确识别对抗样本，因此需要对样本上添加的扰动进行缓解甚至消除，或者对模型进行鲁棒性提升从而使扰动生成失败。

4.2.1　对抗防御定义

学者们提出了许多对抗防御的算法，一定程度上缓解了对抗攻击带来的鲁棒性问题。对抗防御可以是基于预处理方法的被动防御，也可以是基于重训练的主动防御。总体而言，将防御方法和目标模型整体定义为 f'，则对抗防御的过程可以表示为

$$\underset{w}{\operatorname{argmin}}\ d(f'_w(x^*), y) \tag{4-2-1}$$

其中，y 为对抗样本 x^* 的正确分类标签；d 为距离度量，如 l_0、l_2 距离等。在实际训练时也可使用交叉熵等函数，通过找到最佳的防御模型参数 w，使被处理后的对抗样本能被正确地预测、分类。不同的防御方法关于 w 的选择不同，但是其基本目标都是使防御后的对抗样本被目标模型正确预测。

4.2.2　对抗防御相关的基本概念

1. 对抗防御的主要目标

对抗防御是为了缓解甚至消除对抗扰动对深度模型识别结果的影响，其主要目标包括以下四个方面。

（1）对模型架构的影响低。在构建针对对抗样本的防御时，需要考虑对深度神经网络架构的最小修改，从而降低对原始目标深度模型的影响。

（2）保障模型运行速度。运行效率对于深度模型的可用性非常重要，在防御过程中不应受到影响，因此需要同时考虑防御算法的复杂度。

（3）保持良性样本的识别准确率。为了保障目标深度模型的正常运行，不能以牺牲良性样本的识别准确率为代价来提高模型鲁棒性，需要兼顾两者。

（4）抵御无约束攻击。防御者需要考虑防御过程中的各种可能情况，其中就包括防御策略

泄露时，防御方法仍然能够抵御无约束的攻击。

2. 对抗防御方法的威胁模型

对于攻击者，他们可能有两种攻击场景。对于白盒攻击，攻击者可能掌握有关模型结构和参数的详细信息。高阶的攻击者甚至已知特定的防御方法，可以针对防御方法设置自适应攻击。对于黑盒攻击，攻击者只知道模型置信度或预测，或者依靠查询进行攻击。

防御者的目标是在事先不知道具体攻击类型的情况下防御未知攻击。对于防御者来说，他们只能从训练数据集中访问部分正确分类的良性示例及其相应的标签。此外，他们可以访问目标模型，控制其训练过程或模型参数。

3. 对抗防御的评价指标

与检测防御不同，对抗防御关注于防御后模型能否正确识别对抗样本。通常用防御成功率（defense success rate，DSR）来衡量防御效果，定义如下：

$$\mathrm{DSR}=\frac{1}{N}\sum_{i=1}^{N}\mathrm{num}(f'(x_i^{\mathrm{adv}})=y_i) \tag{4-2-2}$$

其中，$\mathrm{num}(\cdot)$ 函数表示使括号内等式成立的数量；N 为输入样本总数；f' 为防御后的模型；x^{adv} 表示良性样本 x 的对抗样本；y 为良性样本的正确类标。DSR 值越大，说明防御方法越有效。

4.2.3 基础对抗防御方法概述

对抗防御分为被动防御和主动防御。前者在将输入图像输入目标模型之前，对输入执行预处理操作和变换；后者在训练过程中修改训练数据或网络结构。不同对抗防御方法的总结如表 4-2-1 所示。防御效果好的防御模型需要较大的计算量，对模型和数据的修改较大，这往往会影响模型正常情况的分类性能。在设计防御时需要进行防御能力和分类性能的平衡。

表 4-2-1 不同对抗防御方法的总结

防御方法	分类	目标模型知识	是否需要重训练	修改对象
JPG 压缩[11]	被动防御	黑盒	否	样本
TVM[13]	被动防御	黑盒	否	样本
SR[14]	被动防御	黑盒	否	样本
STL[15]	被动防御	黑盒	否	样本
特征蒸馏[16]	被动防御	黑盒	否	样本
对抗性训练[17]	主动防御	白盒	是	模型
防御蒸馏[18]	主动防御	白盒	是	模型
SAP[19]	主动防御	白盒	否	模型
特征降噪[20]	主动防御	白盒	是	模型
CAS[21]	主动防御	白盒	是	模型
Defense-GAN[22]	主动防御	黑盒	否	样本

1. 被动防御

预处理是被动防御中主要的一类方法，利用对抗样本空间位置的不稳定性，在图像输入深度神经网络之前对图像进行一些变换操作，如去噪、JPEG 压缩、旋转、缩放、重构等。数据预处理应用于各种类型的对抗样本，防御不同类型的攻击，在不降低模型对干净样本预测精度的情况下保持可用性。由于这种防御方式无须对模型进行修改，可以直接运用于已经训练好的模型，计算量较低。

① JPG 压缩：Dziugaite 等[11]评估了 JPG 压缩对对抗性图像分类的影响，对于小幅度的快速梯度符号扰动，他们发现 JPG 压缩通常在很大程度上逆转分类精度的下降。但随着扰动幅度的增加，JPG 再压缩本身不足以扭转这种影响。他们认为 JPG 压缩并非是防御对抗攻击的解决之道，并且他们还没有明白为什么 JPG 压缩能逆转微小的对抗性扰动。Das 等[12]证明了 JPG 压缩之所以有效，是因为对高频噪声有抑制作用。

② TVM：Guo 等[13]发现通过压缩感知方法将像素丢失与总方差最小化相结合，也可以消除对抗性扰动，他们由此提出了总方差最小化（total variance minimization，TVM）。该方法先随机选择一小组像素，并重构与所选像素一致的“最简单”图像。这里重构的图像往往不包含对抗性扰动，因为这种人为设计的扰动往往很小且局部化。具体地，首先通过伯努利随机变量 $X(i,j,k)$ 对每个像素位置 (i,j,k) 进行随机采样得到一组随机像素。然后，基于总方差最小化的原则来构造一个图像，它类似于所选像素组的扰动输入图像 x 。

③ SR：Mustafa 等[14]提出了一种计算效率高的对抗样本防御方法：图像超分辨率（super resolution，SR）。该方法基本假设是，深层超分辨率网络会学习一个映射函数，该映射函数将被扰动的图像映射到其对应类图像的流形上。通过深层 CNN 学习的这种映射功能，可以对真实的非扰动图像数据的分布进行建模。SR 简单且具有以下优点：不需要任何模型训练或参数优化；补充了其他现有的防御机制；不需要知道被攻击的模型和攻击类型。图 4-2-1（a）显示对抗性图像特征（红色）和相应的干净图像特征（绿色）的 3D 图。图 4-2-1（b）显示了相应防御图像的特征（蓝色）。该图清楚地表明，SR 将对抗样本重新映射到自然图像流形，使其被正确分类。

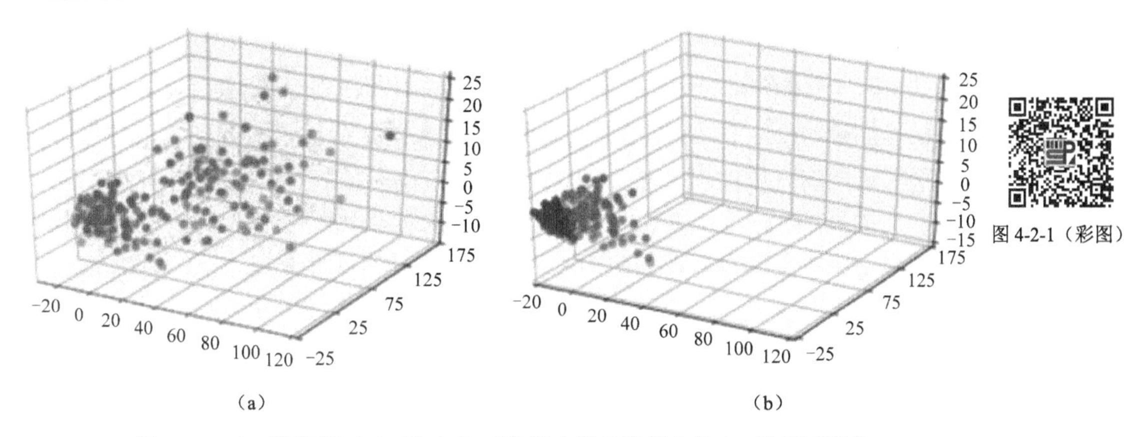

（a）　　　　　　　　（b）

图 4-2-1　SR 防御前（a）后（b）对抗样本和良性样本的 3D 特征可视化

④ STL：Sun 等[15]受卷积稀疏编码的启发，在输入图像和神经网络的第一层之间引入了一个新的稀疏变换层（sparse transformation layer，STL），有效地将图像投影到准自然图像空间中，经过重新训练的分类器可以做出更可靠的决策。该方法在攻击不可知的对抗性防御中实现了最先进的性能，同时保持了对输入分辨率、对抗性扰动规模和数据集大小规模的鲁棒性。STL 层中的投影遵循卷积稀疏编码算法。该算法通过解决以下优化问题实现卷积学习：

$$\underset{\{f_{i,c}\},\{z_i\}}{\text{minimize}}\frac{1}{2}\sum_{c=1}^{C}\| x_c - T(x)_c \|_2^2 + \lambda\sum_{i=1}^{K}\| z_i \|_1 \tag{4-2-3}$$

其中，$T(x)_c=\sum_{i=1}^{K} f_{i,c}\otimes z_i$ ，$\| f_{i,c} \|_2^2=1, 1\leqslant i\leqslant K, 1\leqslant c\leqslant C$ ，$\otimes$ 表示卷积算子；C 为输入通道的数量；K 为每个输入通道的滤波器数量；$f_{i,c}\,|_{i=1,2,\cdots,K;c=1,\cdots,C}$ 表示一组滤波器；$z_i\,|_{i=1,2,\cdots,K}$ 是每个滤

波器的特征图。图 4-2-2 展示了自然图像空间和 STL 的准自然图像空间之间的特征提取比较。在自然图像空间中，从自然图像训练的神经网络可以为对抗性样本和干净图像分配不同的标签，因为它们在特征空间中可能相距很远。在投影到准自然图像空间之后，它们往往在特征空间中紧密地挨在一起。

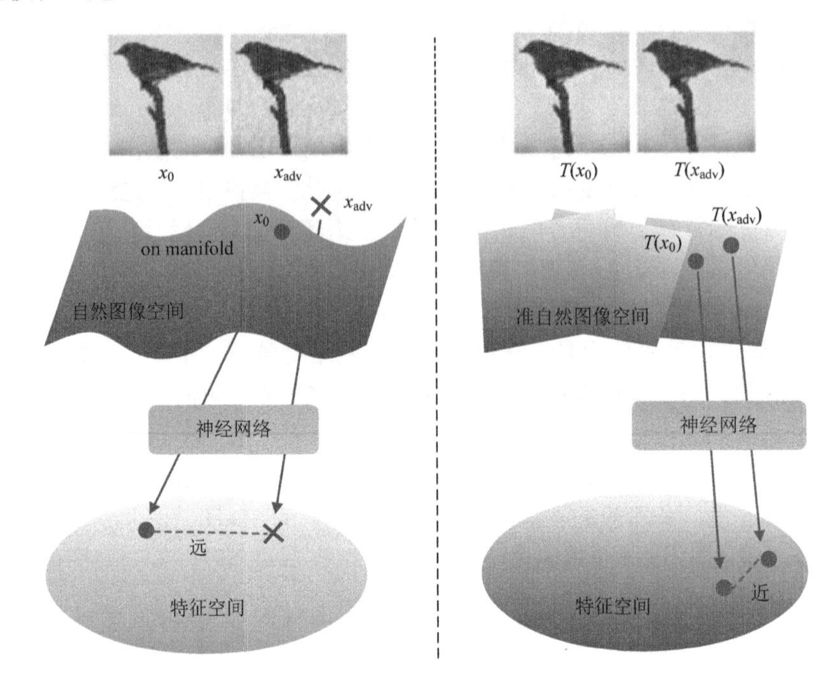

图 4-2-2　自然图像空间和 STL 的准自然图像空间之间的特征提取比较

⑤ 特征蒸馏：Liu 等[16]通过重新构造 JPEG 压缩框架，提出了特征蒸馏（feature distillation）方法，最大化图像压缩期间对抗样本干扰的恶意特征损失，同时抑制对于高精确 DNN 分类至关重要的良性特征的失真。他们通过使用频谱滤波器在对抗样本上利用 JPEG 中的量化过程来减轻对抗性扰动，以达到提高防御效率的防御量化的目的。量化可近似为

$$\mathrm{Round}(C_X + C_{\delta_X}/\mathrm{QS}) \approx \mathrm{Round}(C_X/\mathrm{QS}) + \mathrm{Round}(C_{\delta_X}/\mathrm{QS}) \tag{4-2-4}$$

其中，δ_X 表示向样本 X 中添加的对抗性扰动；C_X 和 C_{δ_X} 分别是 X 和 δ_X 的离散余弦变换系数，QS 是防御量化步长。

为了进一步细化防御量化，他们通过启发式设计流程来补偿因防御对抗性样本而导致的准确性降低，即通过对良性图像的频率分析来表征每个频率分量的重要性；基于统计信息降低最敏感频率分量的量化步长，以提高精度。

2. 主动防御

主动防御通过修改训练方式、重新定义模型架构、添加正则化等，使得模型对于对抗样本依然能够给出正确的分类结果。主动防御需要对模型进行重新训练，计算量比较大。

① 对抗性训练：Goodfellow 等[17]首先将对抗样本加入模型的训练集，对模型进行重训练，以提高其鲁棒性。除了提高模型鲁棒性，他们还认为对抗性训练可以作为正则化方法减少过拟合，提高模型的泛化能力。基于此，学者们对基础的对抗性训练进行改进，提出了多种新的对抗性训练方法，可以统一写成如下 min-max 公式：

$$\min_{\theta} \mathbb{E}_{(x,y)\sim D}[\max_{\Delta x\in\Omega} L(x+\Delta x, y;\theta)] \tag{4-2-5}$$

其中，D 代表输入样本的分布；x 代表输入；y 代表标签；θ 是模型参数；$L(\cdot,\cdot;\cdot)$ 是单个样本的损失函数；Δx 是扰动；Ω 是扰动空间。内部的最大化 max 函数向 x 中添加扰动 Δx，Δx 的目的是让损失函数越大越好，即：尽可能让现有模型预测出错。Δx 的约束为：要在 Ω 范围内，且 $\|\Delta x\| \leqslant \varepsilon$，其中 ε 是一个常数。外部的 min 函数保证了找到最鲁棒的参数 θ 是预测的符合原数据集的分布。

尽管对抗训练可以提高模型的泛化能力，从而在一定程度上防御对抗攻击，但这种防御方法只针对单步迭代的对抗攻击方法有效，攻击者仍可以针对新的网络构造其他的对抗样本。因此，如何构建足够强的对抗样本成为对抗训练的关键问题。

② 防御蒸馏：Papernot 等[18]提出了一种防御蒸馏方法，主要思路为：首先根据原始训练样本 X 和标签 Y 训练一个初始的深度神经网络，得到概率分布 $F(X)$。然后利用样本 X 并且将第一步的输出结果 $F(X)$ 作为新的标签，训练一个架构相同、蒸馏温度 T 也相同的蒸馏网络，得到新的概率分布 $F^d(X)$。再利用整个网络来进行分类或预测，这样就可以有效地防御对抗样本的攻击。他们将对数似然平均到了每一个训练样本上，所以训练蒸馏网络时的优化问题定义为

$$\underset{\theta F}{\operatorname{argmin}} -\frac{1}{|\chi|}\sum_{X\in\chi}\sum_{i\in 0,1,2,\cdots,N} F_i(X)\lg(F_i^d(X) \tag{4-2-6}$$

其中，$F_i(X)$ 是第二个网络的软标签（概率分布）。

③ SAP：Dhillon 等[19]提出了一种用于对抗性防御的混合策略，称为随机激活修剪（stochastic activation pruning，SAP）。SAP 修剪激活的随机子集（优先修剪幅度较小的激活），并放大幸存的激活值以进行补偿。SAP 可以应用于预训练网络，包括对抗性训练的模型，无须微调，提供对抗样本的鲁棒性。给定第 i 层的激活图 $\boldsymbol{h}^i \in \mathbb{R}^{m^i}$，采样第 j 层激活值的概率计算公式为

$$p_j^i = \frac{|(h^i)_j|}{\sum_{k=1}^{m^i}|(h^i)k|} \tag{4-2-7}$$

在给定上述概率分布的情况下，从激活图中随机提取样本并进行替换。对于一个被采样的激活图，将所有激活图中对其采样的概率的倒数作为其放大倍数。如果没有，则将其激活设置为 0。新的激活图 $M_p(h^i)$ 计算如下：

$$\begin{cases} M_p(h^i) = h^i \odot m_p^i \\ (m_p^i)_j = \dfrac{\mathbb{I}((h^i)_j)}{1-(1-p_j^i)^{r_p^i}} \end{cases} \tag{4-2-8}$$

其中，$\mathbb{I}((h^i)_j)$ 是指示符函数，如果 $(h^i)_j$ 被采样至少一次，则返回 1，否则返回 0。通过这种方式，模型参数从 θ 改变为 $M_p(\theta)$。

④ 特征去噪：基于对抗性的图像干扰会导致网络构造特征噪声这一观察，Xie 等[20]开发了一种新的网络架构 feature denoise，通过执行特征去噪来增加对抗鲁棒性。他们在卷积网络的中间层添加使用非本地方法或其他过滤器去噪特征的模块来提高对抗鲁棒性。使用对抗性训练，将去噪块与网络的所有层以端到端的方式联合训练。去噪操作之前的对抗样本（左）和其特征图（中），去噪后的特征图（右）如图 4-2-3 所示。特征去噪操作可以成功地抑制特征图中的大部分噪声，并使响应集中在视觉上有意义的内容上。

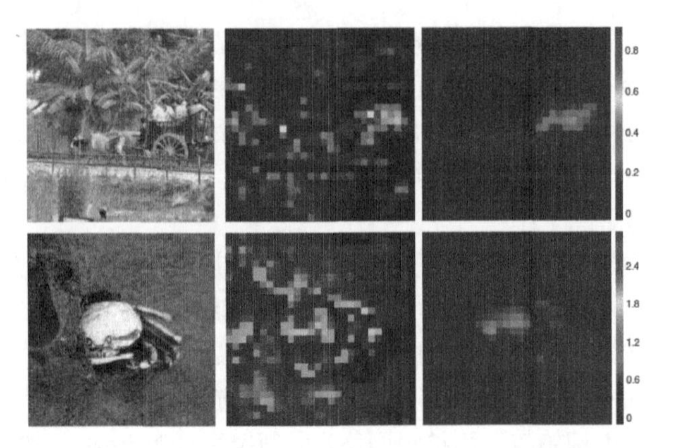

图 4-2-3（彩图）

图 4-2-3　去噪操作之前的对抗样本（左）和其特征图（中），去噪后的特征图（右）可视化

⑤ CAS：Bai 等[21]提出了一种“通道激活抑制”方法（channel-wise activation suppressing，CAS）。他们发现对抗样本对于通道（神经元）输出值的激活幅度大于良性样本。此外，如图 4-2-4 所示，一些没有被良性样本激活的冗余神经元会被对抗样本激活，即对抗样本比良性样本更均匀地激活了神经元。他们通过抑制神经元激活策略抑制冗余激活，使其免于被对抗性扰动激活而导致模型误分类。CAS 的损失函数定义为

$$L_{\text{CAS}}(\hat{p}^l(x',\theta,M),y)=-\sum_{c=1}^{C}\{c=y\}\cdot\lg\hat{p}_c^l(x') \tag{4-2-9}$$

其中，C 是类的数量；$\hat{p}^l=\text{Softmax}(\hat{f}^l M^l)\in R^C$ 是分类器在 CAS 模块中的预测分数；x' 是用于训练的对抗样本。利用 CAS 策略进行对抗训练的总体损失函数为

$$L(x',y;\theta,M)=L_{CE}(p(x',\theta),y)+\frac{\beta}{S}\cdot\sum_{s=1}^{S}L_{CAS}^{S}(\hat{p}^s(x',\theta,M),y) \tag{4-2-10}$$

其中，β 是平衡 CAS 强度的可调参数；s 表示不同的中间层。

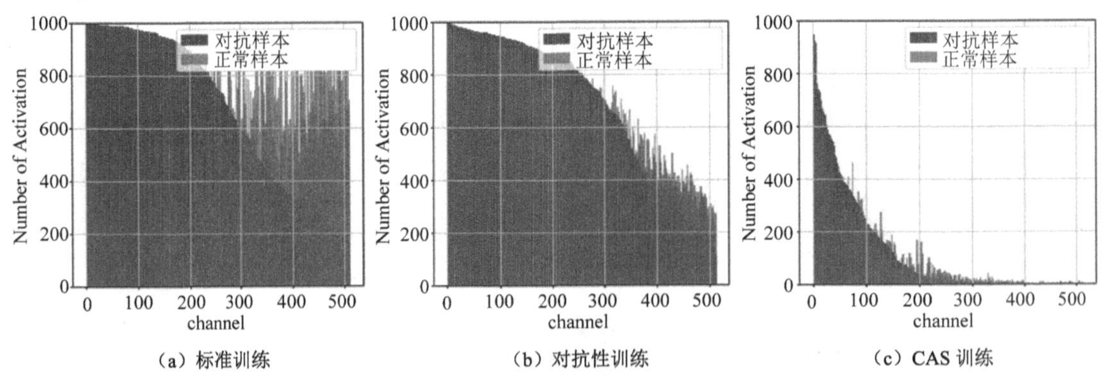

图 4-2-4　倒数第二层通道激活的激活频率可视化

图 4-2-4（彩图）

⑥ Defense-GAN：Samangouei 等[22]基于生成对抗网络提出了一种新的防御机制：Defense-GAN。这是一个利用生成模型的表达能力来保护深度神经网络免受对抗攻击的新框架。基于 GAN 进行防御，是希望 Defense-GAN 经过训练后，可以模拟未受干扰图像的分布，然后在输入对抗样本时，会生成一个该对抗样本的满足干净样本分布的近似样本，然后再将该样本输入分类器进行分类。这也意味着所提出的方法可以与任何分类模型一起使用，并且不修改分类器结构或训练过程。它还可以用作抵御任何攻击的防御，因为它不会对生成对抗样本的攻击进行任何假设。

4.2.4　对抗防御方法及其应用

下面详细介绍两种对抗样本防御方法：基于通用逆扰动的对抗攻击防御方法和基于差分隐私重激活的对抗攻击防御方法。

4.2.4.1　基于通用逆扰动的对抗攻击防御方法

通用对抗扰动攻击方法是不断对对抗样本的扰动进行叠加和优化，得到通用扰动，随后叠加到任意良性样本上都能够实现攻击。对抗样本鲁棒特征指出，样本包含鲁棒特征与非鲁棒特征，且两者都会影响到模型的识别结果。受到通用对抗扰动攻击和对抗样本鲁棒特征的启发，本节提出一种基于通用逆扰动的对抗样本防御方法（universal inverse perturbation defense，UIPD）。通过设计具有通用逆扰动的矩阵，叠加到对抗样本，实现对抗样本的重识别防御。防御过程中只需要使用良性样本训练通用逆扰动矩阵，不依赖于对抗样本，因此对良性样本的识别无影响，生成的通用逆扰动防御矩阵对不同的攻击方法均有效果，是一种泛化性良好的通用防御方法。

1. 方法介绍

1）系统框图

基于通用逆扰动的对抗攻击防御方法系统框图如图 4-2-5 所示。图中显示了如何通过良性样本的迭代训练提取良性样本的特征，生成通用逆扰动（universal inverse perturbation，UIP）。首先初始化 UIP，初始化的 UIP 是一个尺寸和维度与训练样本一致的全 0 矩阵。然后将初始化的 UIP 与训练样本集叠加后输入 DNN 模型中进行训练，通过计算损失函数对 UIP 进行反馈训练。最后经过 N 轮的迭代训练后，得到 UIP，将 UIP 与对抗样本叠加，实现基于通用逆扰动的对抗防御。通用逆扰动经过训练集样本在特征空间中不断迭代强化训练而来，良性样本的特征在训练过程中被不断提取并通过反馈训练映射到 UIP 中，因此 UIP 是训练样本集的特征强化提取。

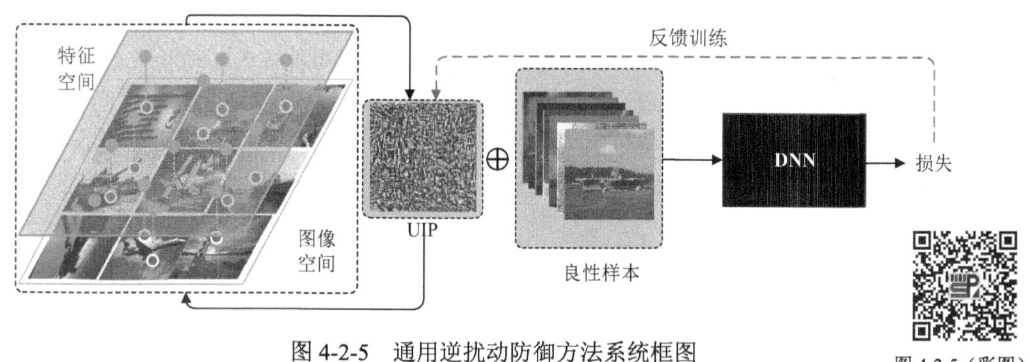

图 4-2-5　通用逆扰动防御方法系统框图

图 4-2-5（彩图）

如图 4-2-6 所示，基于通用逆扰动的对抗防御方法主要分为两个阶段：UIP 的训练阶段和 UIP 的防御阶段。具体步骤包括：初始化通用逆扰动防御矩阵，根据训练数据集的尺寸和维度将 UIP 初始化为全 0 矩阵；将初始化的 UIP 与训练样本叠加，输入 DNN 模型中；计算叠加 UIP 后 DNN 模型的损失函数，进行反馈训练，调整更新 UIP；达到训练最大的迭代次数 N 后保存 UIP；将保存的 UIP 与输出和对抗样本叠加，完成对抗样本的重识别防御。

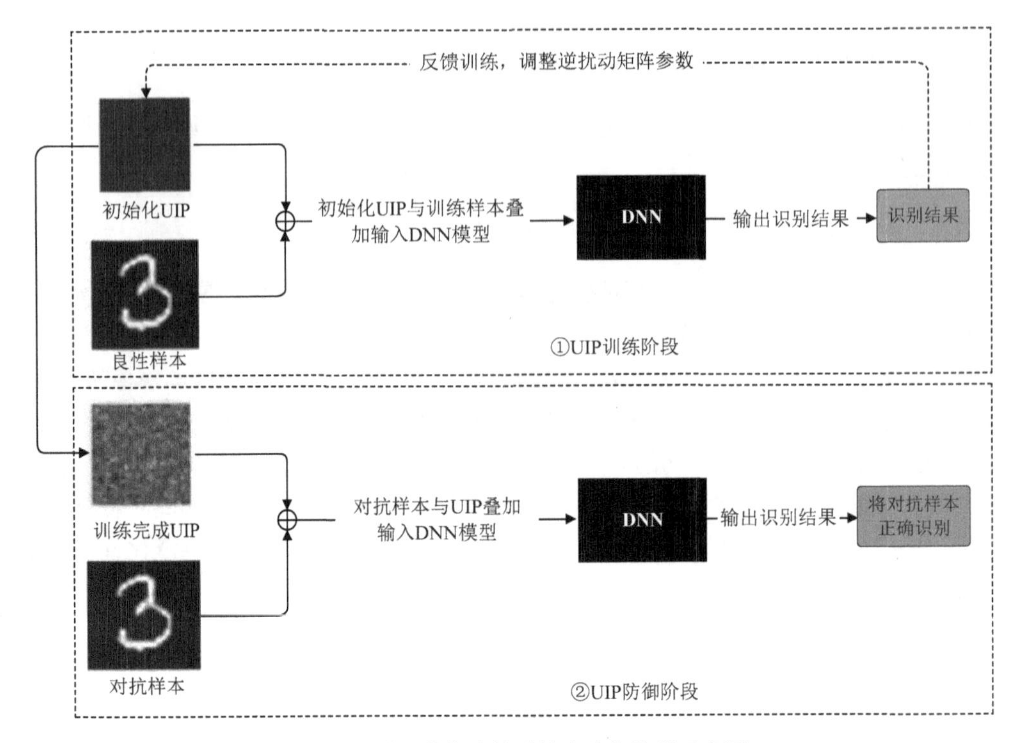

图 4-2-6　通用逆扰动的训练和防御阶段示意图

2）通用逆扰动的生成

通用逆扰动的通用性体现在：在测试阶段，只需单个逆扰动，就可以对不同攻击方法生成的任意对抗样本实现防御；训练阶段，不涉及攻击方法和对抗样本，仅仅通过良性样本对 UIP 进行训练生成。生成过程如图 4-2-5 所示，其中 UIP 首先初始化为 0，其尺寸和维度都与训练集样本的尺寸和维度保持一致；然后分别和训练集中的每一张样本叠加后输入深度模型中，计算模型的损失函数；最后根据损失的趋势得到逆扰动在特征空间中的位置，利用优化器对 UIP 进行反馈训练更新，得到最终训练完成的通用逆扰动。

对于对抗攻击而言，经过防御方法加固模型后，可以重新实现损失的最小化，从而抵消对抗攻击带来的损失偏移，完成对抗防御。UIPD 方法是对样本进行更新实现了防御，其可以表示为

$$x'_{i+1} = x'_i - \xi g_x \tag{4-2-11}$$

为避免混淆，使用 x'_i 表示良性样本的更新过程，注意此处为“−”号。式中，g_x 表示梯度，ξ 为扰动参数。

图 4-2-5 的方法框图中包括 UIP、良性样本和 DNN 模型三部分，UIP 通过对图像空间的特征进行不断迭代强化，提取良性样本的特征并通过反馈训练对 UIP 不断进行加强。在迭代过程中，图 4-2-5 形象地展示了通用逆扰动与良性样本、特征空间的关系。通用逆扰动强化了良性样本的类相关特征，因此，UIPD 不仅不会对模型的识别精度造成负面影响，反而能够提升模型的识别准确率。但是由于通用逆扰动不是直接采样自样本空间，而是通过损失反馈训练学习其在高维特征空间中的分布，这解释了通用逆扰动对数据样本和攻击方法具有较好的通用性，但是对同一个数据集的训练模型的通用性则较差。

根据图 4-2-5 的说明可以得到通用逆扰动的生成公式。首先令 $x'_i = x_i + \boldsymbol{\rho}_i^{\text{uip}}$，则深度模型变为

$$f(x) = f(x_i + \boldsymbol{\rho}_i^{\text{uip}}) \tag{4-2-12}$$

其中，x_i 表示原样本；$\boldsymbol{\rho}_i^{\text{uip}}$ 表示通用逆扰动矩阵；x_i' 表示原样本叠加上通用逆扰动矩阵后的样本。

此时的梯度是损失函数对叠加后的输入进行求导，得到

$$g_{x_i} = \frac{\partial \text{Loss}_{\text{CE}}}{\partial (x_i + \boldsymbol{\rho}_i^{\text{uip}})} \tag{4-2-13}$$

其中，g_{x_i} 表示此时的梯度；Loss_{CE} 表示交叉熵损失函数。

进一步得到修改后的 UIP 迭代公式为

$$(x_i + \boldsymbol{\rho}_i^{\text{uip}})_{\text{new}} = (x_i + \boldsymbol{\rho}_i^{\text{uip}})_{\text{old}} - \xi^{\text{uip}} g_{x_i} \tag{4-2-14}$$

因为良性样本在迭代前后不变，所以两边减去一个 x_i 得到最终 UIP 迭代公式：

$$\boldsymbol{\rho}_{i+1}^{\text{uip}} = \boldsymbol{\rho}_i^{\text{uip}} - \xi^{\text{uip}} g_{x_i} \tag{4-2-15}$$

其中，ξ^{uip} 表示通用逆扰动矩阵的迭代步长。

UIP 是在 ImageNet 数据集（VGG19 模型）上训练优化得到的通用逆扰动可视化结果图，在可视化过程中，为了得到较好的可视化效果，将其归一化到[0, 1]，原始的 UIP 的均值为 −0.0137，方差为 0.0615，是十分微小的。

基于鲁棒安全边界的 UIPD 分析示意图如图 4-2-7 所示。从最优化的观点出发，将模型的鲁棒性等价为一个最大最小模型：最大化攻击者的目标函数，最小化防御者的目标函数。最大化攻击的目标函数指的是通过算法优化寻找到合适的扰动，使损失函数在 $(x+\Delta x, y)$ 这个样本点上的值越大越好；最小化防御者的目标函数，使模型在遇到对抗样本时，在整个数据样本分布上的损失的期望还是最小的。基于最优化观点建模的公式为

$$\begin{gathered} \min_{\boldsymbol{w}} \quad \rho(\boldsymbol{w}) \\ \text{where} \quad \rho(\boldsymbol{w}) = E_{(\boldsymbol{x},y)\sim D}[\max_{\Delta x \in S_x} L(\boldsymbol{w}, \boldsymbol{x}+\Delta x, y)] \end{gathered} \tag{4-2-16}$$

其中，$\rho(\cdot)$ 是需要最小化的防御目标；$\boldsymbol{w}$ 表示权重矩阵；$\boldsymbol{x}$ 表示输入矩阵；y 表示样本标签；$E_{(\boldsymbol{x},y)\sim D}[\cdot]$ 表示平均损失；$D(\boldsymbol{x}, y)$ 表示输入和标签所在的联合概率分布；Δx 表示对抗扰动；$L(\cdot,\cdot,\cdot)$ 表示损失函数。公式中 $\Delta x \in S_x$，即此时对抗样本的扰动落在 S_x 范围内都是安全的，因此将 S_x 称为输入扰动的安全边界。

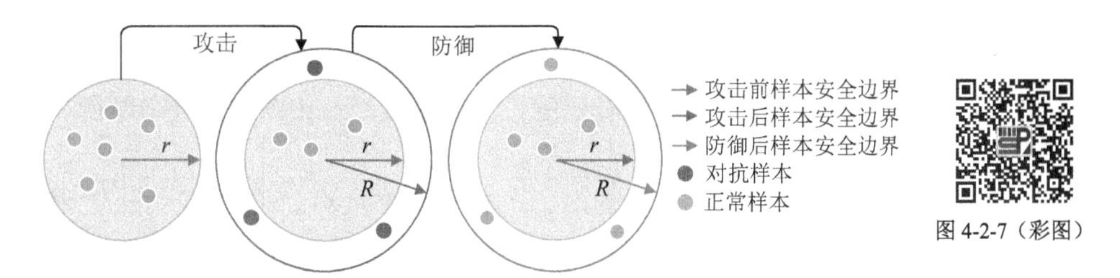

图 4-2-7 基于鲁棒安全边界的 UIPD 分析示意图

良性样本的安全边界原本是 r，即 $S_x \leqslant r$ 时为安全；在遭受对抗样本攻击后，使样本点落在半径 r 以外，但如果这时能够通过防御措施将安全边界由 r 拓展到 R，就能完成鲁棒边界的延伸；UIPD 方法的防御过程可以等价于将 $S_x \leqslant r$ 的安全边界拓展为 $S_x \leqslant R$，通过良性样本的迭代训练，学习数据样本在高维特征空间中的类相关重要特征，然后反映在图像空间中，实现安全边界的扩展。

2. 实验与分析

1）实验设置

数据集：实验采用 MNIST、Fashion-MNIST（FMNIST）、CIFAR-10 和 ImageNet 四个公共

数据集。

深度模型：针对 MNIST 数据集，分别使用 AlexNet、LeNet 和搭建的网络结构（M_CNN）；针对 FMNIST 数据集，分别使用 AlexNet 和搭建的网络（F_CNN）；针对 CIFAR-10 和 ImageNet 数据集，使用 VGG19 网络。搭建的网络结构 M_CNN/F_CNN 如表 4-2-2 所示。以上所有的深度模型训练参数采用 Tflearn[①]提供的默认参数。

表 4-2-2　搭建的网络模型结构

层类型	M_CNN/F_CNN
Conv+ReLu	5×5×5
Max Pooling	2×2
Conv+ReLu	5×5×64
Max Pooling	2×2
Dense（Fully Connected）	1024
Dropout	0.5
Dense（Fully Connected）	10
Softmax	10

攻击方法：包括 FGSM、BIM、MI-FGSM、PGD、C&W、L-BFGS、JSMA、DeepFool、UAP、Boundary、ZOO、AGAN、AUNA、SPNA 共 14 种攻击方法，攻击调用 foolbox[②]的函数，参数默认。

防御对比算法：选择 8 种防御方法作为对比算法，分别是 resize、rotate、Distillation Defense（Distil-D）、Ensemble Defense（Ens-D）、Defense GAN（D-GAN）、添加 Gaussian 噪声（GN）、DAE 和 APE-GAN。其中 resize、rotate 和 GN 属于基于数据预处理的防御；Distil-D 属于基于网络修正的防御；Ens-D、D-GAN、DAE 和 APE-GAN 属于基于附加网络的防御。

评价指标：使用分类准确率（ACC）、攻击成功率（ASR）、防御成功率（DSR）和相对置信度变化（Rconf）对 UIPD 的性能进行评估。

$$\begin{aligned}\mathrm{Rconf} = &(\mathrm{confD}(l_{\mathrm{true}}) - \mathrm{confA}(l_{\mathrm{true}})) \\ &+(\mathrm{confA}(l_{\mathrm{adv}}) - \mathrm{confD}(l_{\mathrm{adv}}l))\end{aligned} \tag{4-2-17}$$

其中，$\mathrm{confD}(l_{\mathrm{true}})$ 表示防御后真实类标的预测置信度；$\mathrm{confA}(l_{\mathrm{true}})$ 表示攻击后真实类标的预测置信度；$\mathrm{confA}(l_{\mathrm{adv}})$ 表示攻击后对抗类标的预测置信度；$\mathrm{confD}(l_{\mathrm{adv}})$ 表示防御后对抗类标的预测置信度。

实验步骤：输入包括：良性样本集 X、样本分类器 $f(x)$、逆扰动步长 ε^{uip} 和最大 epoch 数 N。首先对通用逆扰动 $\boldsymbol{\rho}^{\mathrm{uip}}$ 进行初始化，$\boldsymbol{\rho}^{\mathrm{uip}}$ 初始化为全 0 矩阵，其尺寸大小与维度与良性样本集的样本一致；然后利用良性样本集的样本特征和标签对通用逆扰动进行迭代训练，达到最大训练 epoch 数后停止，训练完成后得到通用逆扰动；接着在 $f(x)$ 分类器上生成大量对抗样本；最后将训练得到的通用逆扰动添加到对抗样本中，完成识别防御。

2）UIPD 对攻击方法通用性

实验主要验证了由同一个数据集和模型生成的 UIP，对于不同攻击方法的防御通用性，如表 4-2-3 所示。由表可知，UIP 对不同攻击方法的防御能力在小数据集上普遍比大数据集上更优秀，这是由于小数据集的图像尺寸小，所包含的特征信息也远小于 ImageNet 大数据集中的

① https://github.com/tflearn/tflearn

② https://foolbox.readthedocs.io/en/latest/index.html

图像，所以包含的非鲁棒性特征更加全面，所以 UIP 的防御效果也就更优。除此之外，可以观察到，虽然同一个 UIP 对不同的攻击方法都有效果，但是在不同攻击的防御效果上也是存在差异的。同一个 UIP 对 DeepFool 和 PGD 这两种攻击的防御效果明显优于对于 JSMA 的防御效果，这是由不同攻击生成的对抗扰动的大小和约束条件不同引起的。DeepFool 和 PGD 要求扰动的 L2 范数尽可能小，因此这些攻击方法生成的对抗样本更加隐蔽，但也导致了对抗样本中包含的非鲁棒性特征更容易被 UIP 抵消，所以防御效果更好。但在 JSMA 的攻击中，限制了扰动的个数而非单个像素点的扰动大小，在攻击过程中一旦发现非鲁棒性特征的像素点，像素值就会发生较大的改变导致非鲁棒性特征被激活，所以 UIP 很难完全抵消被激活的非鲁棒性特征。

表 4-2-3 UIPD 针对不同攻击方法的防御通用性（单位：%）

类别	MNIST			FMNIST		CIFAR-10	ImageNet
	AlexNet	LeNet	M_CNN	AlexNet	F_CNN	VGG19	VGG19
良性样本识别准确率	92.34	95.71	90.45	89.01	87.42	79.55	89.00
FGSM	73.31	85.21	77.35	79.15	80.05	78.13	43.61
BIM	99.30	93.73	99.11	95.28	97.61	85.32	72.90
MI-FGSM	69.65	90.32	98.99	88.35	85.75	56.93	44.76
PGD	99.31	95.93	99.19	97.80	95.83	81.05	73.13
C&W	99.34	96.04	92.10	96.44	94.44	80.67	46.67
L-BFGS	98.58	70.12	67.79	66.35	71.75	68.69	31.36
JSMA	64.33	55.59	76.61	72.31	69.51	60.04	37.54
DeepFool	98.98	97.98	94.52	93.54	91.63	83.13	62.54
UAP	97.46	97.09	99.39	97.85	96.55	83.07	72.66
Boundary	93.63	94.38	95.72	92.67	91.88	76.21	68.45
ZOO	77.38	75.43	76.39	68.36	65.42	61.58	54.18
AGNA	75.69	76.40	81.60	64.80	72.14	62.10	55.70
AUNA	74.20	73.65	78.53	65.75	62.20	62.70	52.40
SPNA	92.10	88.35	89.17	77.58	74.26	72.90	60.30

使用最优化观点看待 UIP 的防御过程，具体公式可表示为

$$\rho(\Delta x)=\min\{E_{(x,y)\sim D}[\min_{\Delta x^{\text{uip}}\in S_x} L(x+\Delta x^{\text{uip}},y)]\} \tag{4-2-18}$$

其中，$\rho(\cdot)$ 是需要最小化的优化目标；x 表示输入；y 表示样本标签；$E_{(x,y)\sim D}[\cdot]$ 表示平均损失；$D(x,y)$ 表示输入和标签的所在的联合概率分布；Δx^{uip} 表示通用逆扰动；$L(\cdot,\cdot,\cdot)$ 表示损失函数。在上述过程中 $\Delta x^{\text{uip}}\in S_x$，即此时扰动落在 S_x 范围内都是安全的，因此将 S_x 称为安全边界。UIP 通过基于梯度下降的优化算法进行迭代训练，在训练已完成的模型基础上，进一步朝着损失函数下降的方向进行 UIP 的优化。训练过程中，UIP 能够提取更多的样本特征，实现良性样本中的类相关特征强化，使得样本向着类中心移动。UIP 使用训练集所有样本进行训练，因此同一个 UIP 能够对不同类的样本都实现防御效果。

3）不同防御方法的防御效果对比

表 4-2-4 和表 4-2-5 分别是不同防御方法针对基于梯度和基于优化各种攻击的防御效果。使用 DSR 和 Rconf 两个指标来评估不同防御方法之间的防御有效性。表中的 DSR 均是两类攻击方法中不同攻击的平均防御成功率。

表 4-2-4　不同防御方法针对基于梯度攻击的防御效果比较

类别		MNIST			FMNIST		CIFAR-10	ImageNet
		AlexNet	LeNet	M_CNN	AlexNet	F_CNN	VGG19	VGG19
平均 ASR/%		95.46	99.69	97.88	98.77	97.59	87.63	81.79
DSR/%	resize1	78.24	74.32	81.82	79.84	77.24	69.38	47.83
	resize2	78.54	64.94	78.64	79.34	69.65	64.26	43.26
	rotate	76.66	80.54	84.74	77.63	61.46	72.49	42.49
	Distil-D	83.51	82.08	80.49	85.24	82.55	75.17	57.13
	Ens-D	87.19	88.03	85.24	87.71	83.21	77.46	58.34
	D-GAN	72.40	68.26	70.31	79.54	75.04	73.05	51.04
	GN	22.60	30.26	27.56	27.96	22.60	23.35	13.85
	DAE	84.54	85.25	85.68	86.94	80.21	75.85	59.31
	APE-GAN	83.40	80.71	82.36	84.10	79.45	72.15	57.88
	UIPD	**88.92**	**86.89**	**87.45**	**87.77**	**83.91**	**78.23**	**59.91**
Rconf	resize1	0.9231	0.9631	0.9424	0.8933	0.9384	0.6742	0.4442
	resize2	0.8931	0.9184	0.9642	0.9731	0.9473	0.7371	0.4341
	rotate	0.9042	0.8914	0.9274	0.9535	0.8144	0.6814	0.4152
	Distil-D	0.9221	0.9053	0.9162	0.9340	0.9278	0.6741	0.4528
	Ens-D	0.9623	0.9173	0.9686	0.9210	0.9331	0.7994	0.5029
	D-GAN	0.8739	0.8419	0.8829	0.9012	0.8981	0.7839	0.4290
	GN	0.1445	0.1742	0.2452	0.1631	0.1835	0.1255	0.0759
	DAE	0.9470	0.9346	0.9633	0.9420	0.9324	0.7782	0.5090
	APE-GAN	0.8964	0.9270	0.9425	0.8897	0.9015	0.6301	0.4749
	UIPD	**0.9788**	**0.9463**	**0.9842**	0.9642	**0.9531**	**0.8141**	**0.5141**

表 4-2-5　不同防御方法针对基于优化攻击的防御效果比较

类别		MNIST			FMNIST		CIFAR-10	ImageNet
		AlexNet	LeNet	M_CNN	AlexNet	F_CNN	VGG19	VGG19
平均 ASR/%		93.28	96.32	94.65	95.20	93.58	88.10	83.39
DSR/%	resize1	78.65	70.62	79.09	74.37	66.54	65.31	38.28
	resize2	63.14	67.94	77.14	66.98	63.09	62.63	41.60
	rotate	76.62	72.19	71.84	66.75	64.42	65.60	42.67
	Distil-D	82.37	82.22	80.49	82.47	83.28	71.14	45.39
	Ens-D	86.97	83.03	85.24	83.41	82.50	74.29	47.85
	D-GAN	82.43	80.34	86.13	79.35	80.47	70.08	43.10
	GN	20.16	21.80	25.30	19.67	18.63	21.40	13.56
	DAE	83.66	84.17	86.88	82.40	83.66	74.30	51.61
	APE-GAN	82.46	85.01	85.14	81.80	82.50	73.80	49.28
	UIPD	**87.92**	**85.22**	**87.54**	**83.70**	**83.91**	**75.38**	**52.91**
Rconf	resize1	0.8513	0.8614	0.8460	0.7963	0.8324	0.6010	0.3742
	resize2	0.7814	0.8810	0.8655	0.8290	0.8475	0.6320	0.3800
	rotate	0.8519	0.8374	0.8319	0.8100	0.8040	0.6462	0.4058
	Distil-D	0.9141	0.8913	0.9033	0.9135	0.9200	0.7821	0.4528
	Ens-D	0.9515	0.9280	0.8720	0.8940	0.9011	0.8155	0.4788

续表

类别		MNIST			FMNIST		CIFAR-10	ImageNet
		AlexNet	LeNet	M_CNN	AlexNet	F_CNN	VGG19	VGG19
Rconf	D-GAN	0.8539	0.8789	0.8829	0.8733	0.8820	0.7450	0.4390
	GN	0.1630	0.1920	0.2152	0.1761	0.1971	0.1450	0.0619
	DAE	0.9120	0.9290	0.9510	0.9420	0.9324	0.7782	0.5090
	APE-GAN	0.8964	0.9270	0.9425	0.8897	0.9015	0.6301	0.4749
	UIPD	**0.9210**	**0.9340**	**0.9520**	**0.9512**	**0.9781**	**0.8051**	**0.5290**

由实验结果可知，对于任意模型和数据集，UIPD 的 DSR 均高于图像缩放、图像旋转、基于 GAN 的防御、基于自编码器的防御、高斯噪声、蒸馏防御和集成防御。与其他算法相比，UIPD 防御效果是最好的。通过简单的预处理操作：图像缩放和图像旋转，也能有效防御对抗样本的攻击，这间接说明了造成对抗攻击的非鲁棒性特征的脆弱性。对抗样本的攻击效果能够被 UIP 所抵消，说明了 UIPD 方法的防御可行性。在对抗样本上添加高斯随机噪声的防御方法，效果非常微弱，这体现了通过训练获得 UIP 的必要性。此外，由于大型数据集的图像所包含的特征信息远多于小数据集中的特征信息，导致了小数据集的 ASR 和 DSR 均高于大型的数据集。

在任意模型数据集下，UIPD 的 Rconf 均高于图像缩放、图像旋转、蒸馏防御、基于 GAN 的防御、基于自编码器的防御、高斯噪声和集成防御。置信度变化越大，说明经过防御后的对抗样本鲁棒性越强。由实验结果可知，置信度变化与防御成功率具有高度的一致性，这显示了 UIPD 在防御成功率和防御可靠性上都有良好的表现。

3. 小结

本节提出了一种基于通用逆扰动的对抗样本防御方法，能够对数据样本、攻击方法都具有通用性。在训练生成 UIP 的过程中，只需要使用良性样本，不需要任何关于对抗样本的先验知识，即不依赖于对抗样本。该方法防御对抗攻击是可行且高效的。

4.2.4.2　基于差分隐私概率重激活的防御方法

基于差分隐私概率重激活的防御方法（differential privacy probability reactivation，DPPR）是一种针对黑盒攻击的轻量级的快速防御，系统框图如图 4-2-8 所示。DPPR 不参与模型的训

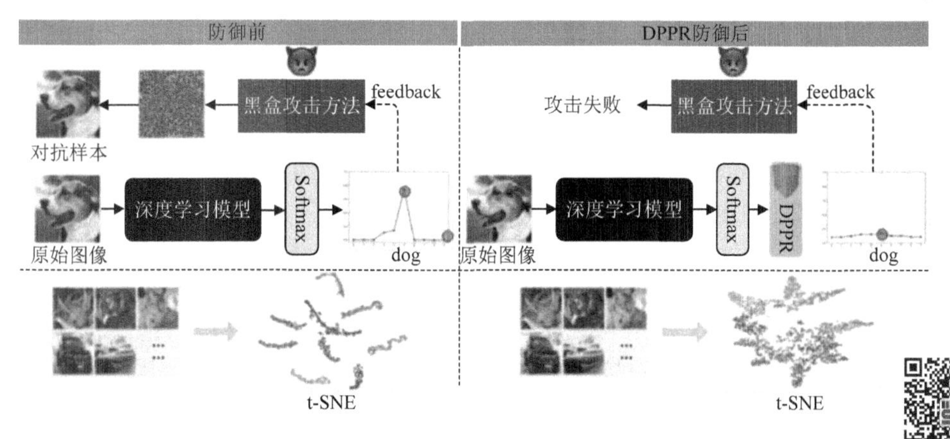

图 4-2-8　基于差分隐私概率重激活的防御方法系统框图

图 4-2-8（彩图）

练，直接在推理阶段对目标模型的输出概率进行重新激活，通过引入差分隐私保护机制，在不

改变模型原始性能的情况下实现对黑盒攻击的防御。DPPR 的实现不依赖对抗攻击方法与对抗样本，不仅避免了制作大量对抗样本的负担，也实现了攻击的事前主动防御。

1. 问题建模

1）深度神经网络的输出表示

正常情况下神经网络的前向传播过程可以表示为 $f:\mathrm{R}^M \to \mathrm{R}^N$，其中 M 表示输入的维度，N 表示输出的维度。将样本 $x \in X$ 输入深度模型中进行分类预测，在经过最后一层全连接后会得到一个向量 $\boldsymbol{Z}(x,i)$，其中 $i \in \{0,1,2,\cdots,C-1\}$，$C$ 表示数据集的分类总数，向量 $\boldsymbol{Z}(x,i)$ 表示输入 x 被分类成第 i 类时的权重值，即得分情况，该向量被称为目标模型的逻辑输出（logits）。为了将每一类的 logits 值归一化，使用 Softmax 函数对其进行激活，得到一个包含各类 logits 值归一化后的概率 $f(x)$，$f(x)$ 表示输入 x 被分类成各类时的概率大小，概率值最大的那一类即为模型分类结果。逻辑输出向量 $\boldsymbol{Z}(x,i)$ 通过 Softmax 激活函数转化为概率 $f(x)$ 的计算方式如下：

$$f^{(i)}(x) = \frac{\mathrm{e}^{\boldsymbol{Z}(x,i)}}{\sum_{i=0}^{C-1} \mathrm{e}^{\boldsymbol{Z}(x,i)}} \tag{4-2-19}$$

其中，e 表示自然底数；x 为目标模型的输入；$f^{(i)}(x)$ 表示输入被分类为第 i 类的概率。目标模型的输出类标表示为 $\hat{y} = \arg\max(f(x))$，其中 $\hat{y}$ 表示 x 的预测类标，$\arg\max(\cdot)$ 返回数值元素值最大位置的坐标。给定 x 的真实标签为 y，当 $\hat{y}=y$ 时，预测正确，反之则预测错误。

2）基于概率的黑盒攻击表示

在黑盒对抗攻击中，主要分为基于概率和基于决策两种攻击方式。基于决策的黑盒攻击的查询次数远远高于基于概率的黑盒攻击，且攻击得到的对抗样本扰动一般较大，在实际系统中基于概率的黑盒攻击得到的对抗样本往往更具有威胁性，所以 DPPR 主要针对基于概率的黑盒攻击。在这种黑盒攻击方法中，攻击者通常能获取模型预测各类的输出概率 $f(x)$，然后利用不断改变的输入样本 x，查询模型的输出，以达到攻击的目的。以图像分类任务为例，具体实现定义为

$$\begin{cases} \hat{y}^* = \arg\max(f(x^*)) \\ \text{s.t.} \quad \| x - x^* \|_p \leqslant \rho \\ x, x^* \in [0,1]^{c\times w\times h} \end{cases} \tag{4-2-20}$$

其中，x^* 表示对抗样本；$\hat{y}^*$ 表示对抗样本的预测类标；ρ 表示可允许的对抗扰动尺寸；$c\times w\times h$ 表示输入图像的通道和尺寸；$\|\cdot\|_p$ 表示计算 L_p 范数。当 $\hat{y}=y$ 且 $\hat{y}^* \neq y$ 时，则对抗样本攻击成功。

基于概率的黑盒攻击主要包括梯度估计、模型等价、概率优化三种，具体介绍如下。

基于梯度估计的黑盒攻击：通过对细微修改的输入进行重复查询并记录返回值的细微差异，直接估计目标模型的梯度。梯度估计公式如下：

$$\hat{g}(x') := \frac{\partial f(x')}{\partial x'} \approx \frac{f(x'+h\boldsymbol{e}) - f(x'-h\boldsymbol{e})}{2h} \tag{4-2-21}$$

其中，h 是一个很小的常数；$\boldsymbol{e}$ 是标准基向量；x' 表示在生成对抗样本的迭代过程中的中间量；$\hat{g}(\cdot)$ 表示估计梯度。最终的对抗样本为 $x^* = x + \xi \times \hat{g}(x)$，其中 ξ 表示扰动步长。

基于模型等价的黑盒攻击：攻击者首先利用目标模型的输出 $f(x)$ 训练一个与目标模型分类边界相似的替代模型，替代模型的概率输出表示为 $f'(\cdot)$，进一步对替代模型进行白盒攻击得到对抗样本；然后利用得到的对抗样本攻击目标模型。由于替代模型和目标模型十分相似，因此能够攻击替代模型的对抗样本也能攻击目标模型。替代模型的梯度表示为

$$g'(x') := \frac{\partial f'(x')}{\partial x'} \tag{4-2-22}$$

其中，x' 表示在生成对抗样本的迭代过程中的中间量；$g'(\cdot)$ 表示替代模型 $f'(\cdot)$ 的梯度。最终的对抗样本为 $x^* = x + \xi \times g'(x)$，其中 ξ 表示扰动步长。

基于概率优化的黑盒攻击：攻击者利用目标模型的输出概率 $f(x)$ 作为优化目标，通过判定查询前后优化概率的大小，确定下一步的搜索方向。在限制对抗扰动尺寸的情况下，最小化目标类的输出概率，优化目标如下：

$$\begin{aligned} &\underset{\rho_r}{\text{minimize}} \quad \{f^{(i)}(x+\rho_r)\} \\ &\text{s.t.} \quad \| \rho_r \|_p \leqslant \rho \end{aligned} \tag{4-2-23}$$

其中，minimize{·}表示通过优化 ρ_r 实现 $f(\cdot)$ 在真实类 i 上的概率最小化，ρ_r 的 L_p 范数受限于 ρ。

3）差分隐私和指数机制的定义

定义 1　给定机制 A 是一个随机函数，将数据集 D 作为输入，则输出一个随机变量 $A(D)$。

定义 2　对于任意两个数据集 D 和 D'，两者的距离为 $d(D,D')$，表示将 D 更改为 D' 所需的最小改动。当 D 和 D' 最多只有一个样本差异时，则有 $d(D,D')=1$，此时也称 D 和 D' 为相邻数据集。

定义 3　对于随机机制 A，输入数据集 D 和 D' 满足 $d(D,D')=1$，可能的输出表示为 $S=\{A(D), A(D')\} \subseteq O$，如果随机机制 A 满足 (ε,δ)-差分隐私保护，则有

$$P(A(D)\in S) \leqslant \delta + \mathrm{e}^{\varepsilon} \times P(A(D')\in S) \tag{4-2-24}$$

其中，$P(A(D)\in S)$ 表示输入为 D 时，随机算法 A 的输出属于集合 S 的概率；e 表示自然底数，$\varepsilon>0$ 和 $\delta\in[0,1]$ 用于 A 衡量隐私保护的程度。ε 又称为隐私保护预算。ε 和 δ 的值越小，表示 $P(A(D)\in S)$ 和 $P(A(D')\in S)$ 越接近，即隐私保护效果越好。当 $\delta=0$ 时，可以进一步避免隐私泄露，保护效果更好，此时称为 ε-差分隐私保护。

ε 反映了算法 A 的隐私保护水平，ε 越小，隐私保护水平越高。在极端情况下，当 ε 取值为 0 时，即表示算法 A 针对 D 与 D' 输出的概率分布完全相同。由于 D 与 D' 为邻近数据集，根据数学归纳法可以很显然地得出结论，即当 $\varepsilon=0$ 时，算法 A 的输出结果不能反映任何关于数据集的有用信息。

定义 4　指数机制是一种 ε-差分隐私保护方式。当算法 A 以等价于 $\mathrm{e}^{\frac{\varepsilon q(D,a)}{2\Delta q}}$ 的概率输出 a 时，算法 A 满足差分隐私保护。因为 $\mathrm{e}^{\frac{\varepsilon q(D,a)}{2\Delta q}}$ 不是概率值，所以需要对所有可能的值进行归一化，从而得到输出概率，可由以下公式表示：

$$P(a)=\frac{\exp\left(\dfrac{\varepsilon q(D,a)}{2\Delta q}\right)}{\sum_i \exp\left(\dfrac{\varepsilon q(D,i)}{2\Delta q}\right)} \tag{4-2-25}$$

其中，$P(a)$ 表示随机算法 A 输出为 a 的概率；ε 表示隐私保护预算；$q(D,a)$ 表示输入为 D、输出为 a 时的得分函数；Δq 表示得分函数的敏感度，定义为

$$\Delta q = \max_{D,D'} \| q(D,a) - q(D',a) \|_1 \tag{4-2-26}$$

当式（4-2-27）成立时，算法 A 满足 ε-差分隐私保护方式。

2. 方法介绍

在 $f(x)$ 上添加扰动，让攻击者无法获取确切的概率输出，但是不影响目标模型的准确率，且允许使用者正常查看模型输出的概率分布。基于上述思想，提出一种基于特征重激活的防御方法，在模型的输出层引入差分隐私的保护机制，对 Softmax 层后的概率进行重激活，使得模型最后的输出概率随机且具有可用性。

将差分隐私保护中的指数机制引入深度神经网络，可得到如下深度神经网络的新的概率输出公式：

$$f_{\mathrm{dp}}^{(i)}(x)=\frac{\exp\left(\dfrac{\varepsilon f^{(i)}(x)}{2\Delta q}\right)}{\sum\limits_{j=0}^{C-1}\exp\left(\dfrac{\varepsilon f^{(j)}(x)}{2\Delta q}\right)} \tag{4-2-27}$$

其中，$f_{\mathrm{dp}}^{(i)}(x)$ 表示引入差分隐私保护后的深度模型分类为 i 的概率；$f^{(i)}(x)$ 表示原始模型分类为 i 的概率；Δq 表示敏感度函数，可由式（4-2-27）计算得到 $\Delta q=\max\limits_{x,x'}\|f^{(i)}(x)-f^{(i)}(x')\|_1=1$，$\{0,1,2,\cdots,C-1\}$ 为模型可输出的类标集合；ε 为隐私保护预算，用来控制隐私保护程度。为了提高模型的隐私保护能力，将 ε 设为一个很小的可变参数。对应不同隐私保护预算反应在具体目标模型的输出概率上，如图 4-2-8 所示。以 CIFAR-10 数据集在 ResNet50 模型上的输出概率保护为例，图 4-2-9 展示了单张样本在不同 ε 下的概率信息泄露。当 ε 变小，输出概率逐渐趋于平缓，但是为了保证模型的正常工作，其真实类标的概率值一直保持最大。

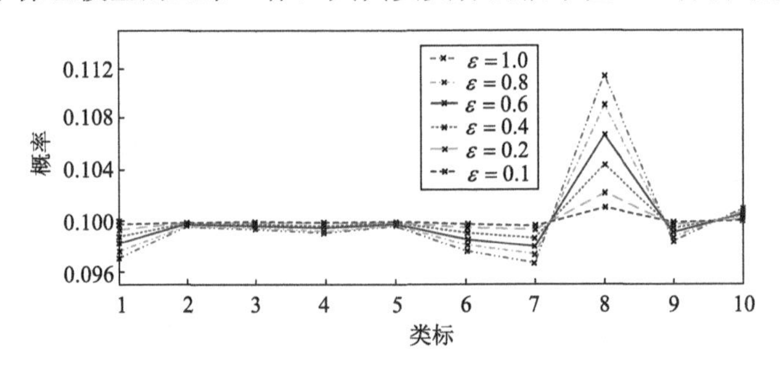

图 4-2-9（彩图）

图 4-2-9 不同隐私保护预算下的输出概率趋势

1）针对基于梯度估计的黑盒攻击的防御可行性分析

将差分隐私保护引入深度模型后，梯度估计公式可演变成如下公式：

$$\hat{g}(x'):=\frac{\partial f_{\mathrm{dp}}(x')}{\partial x'}\approx\frac{f_{\mathrm{dp}}(x'+he)-f_{\mathrm{dp}}(x'-he)}{2h}=\frac{\Delta f_{\mathrm{dp}}}{\Delta x} \tag{4-2-28}$$

其中，h 为 x' 邻域内区间；$g(x)$ 表示梯度；f_{dp} 表示引入差分、隐私后的输出；Δf_{dp} 表示输出的变化量。

由于 ε 的可变性，导致 $f_{\mathrm{dp}}(x'+he)$ 和 $f_{\mathrm{dp}}(x'-he)$ 中的隐私预算 ε 值不一致，从而使得 $f_{\mathrm{dp}}(x'+he)-f_{\mathrm{dp}}(x'-he)=\Delta f_{\mathrm{dp}}+E$，其中 Δf_{dp} 表示由于输入的微小变化引起的输出变化，E 表示由于 ε 的变化引起的输出变化，因此梯度估计式（4-2-29）可变成

$$\hat{g}(x'):=\frac{\partial f_{\mathrm{dp}}(x')}{\partial x'}\approx\frac{\Delta f_{\mathrm{dp}}}{\Delta x}+\frac{E}{\Delta x} \tag{4-2-29}$$

其中，Δx 表示样本上扰动的变化量。

由式（4-2-29）可知，$\dfrac{E}{\Delta x}$ 对梯度的估计具有误导作用，引入差分隐私保护后模型的梯度无

法被正常估算，从而导致基于梯度估计的黑盒攻击失败，且ε动态变化越大，误差E越大，模型防御效果越强。

2）针对基于模型等价的黑盒攻击的防御可行性分析

在基于模型等价的黑盒攻击中，其本质是利用了对抗样本在相似模型间的攻击迁移性，因此替代模型和目标模型之间的分类边界拟合程度直接决定了对抗样本的黑盒攻击效果。在替代模型的生成过程中，使用了目标模型的输出概率作为真实概率值，实现替代模型的输出概率分布逼近目标模型。

由图4-2-9可知，当ε的值足够小时，同一个样本每一类的概率输出几乎一致，该结果可由式（4-2-28）做以下等价得出：

$$f_{\mathrm{dp}}^{(i)}(x)=\frac{\exp\left(\dfrac{\varepsilon f^{(i)}(x)}{2\Delta q}\right)}{\sum_{j=0}^{C-1}\exp\left(\dfrac{\varepsilon f^{(j)}(x)}{2\Delta q}\right)}\approx\frac{\exp(0)}{\sum_{j=0}^{C-1}\exp(0)}=\frac{1}{C} \tag{4-2-30}$$

由式（4-2-30）可知，引入差分隐私保护的目标模型的每一类概率输出都接近于$1/C$，导致目标模型的分类边界模糊。对于该类攻击，差分隐私保护使得模型的等价过程出错，从而导致该类攻击的失败。

3）针对基于概率优化的黑盒攻击的防御可行性分析

设扰动搜索函数为$\mathrm{Search}(x,\min(f^{(i)}(x)))$，表示向着最小化目标概率$f^{(i)}(x)$的方向优化，返回搜索方向$\mathrm{dire}\leftarrow\mathrm{Search}(\cdot,\cdot)$。根据搜索方向更新输入样本：$x_{j+1}=x_j+\mathrm{dire}\times\xi$，其中$x_j$和$x_{j+1}$表示迭代前后的样本，$\xi$表示迭代步长。

目标模型引入差分隐私保护后，由于ε的可变性，可得$f_{\mathrm{dp}}^{(i)}(x_{j+1})-f_{\mathrm{dp}}^{(i)}(x_j)=\Delta f_j+E$。当$\Delta f_j<0$时，继续往dire方向搜索，但是由于$E$的存在，$f_{\mathrm{dp}}^{(i)}(x_{j+1})-f_{\mathrm{dp}}^{(i)}(x_j)<0$不等价于$\Delta f_j<0$，所以差分隐私保护会误导攻击算法的优化方向，从而导致基于概率优化黑盒攻击的失败。

3. 实验与分析

1）实验设置

数据集：实验采用MNIST、CIFAR-10和ImageNet三个公共数据集，以及路牌和车牌两个专用数据集。

深度模型：MNIST、CIFAR-10和ImageNet三个数据集的默认模型均为ResNet50，等价模型均为VGG19，模型集成防御由ResNet50、AlexNet和VGG19组成。

攻击方法：梯度估计：ZOO、Auto-ZOO和Boundary++；等价模型：基于雅可比的模型等价方法，等价模型上的白盒攻击为FGSM、MI-FGSM和C&W；概率优化：One-pixel、NES(PI)、POBA-GA；基于粒子群优化算法的路牌识别黑盒攻击方法和基于多目标遗传算法的车牌识别黑盒攻击方法。

防御方法：采取四种防御方法作为对比算法，分别为对抗训练（AdvTrain）、通道变换（Transform）、模型集成（Ensemble）和模型自集成（RSE）。

评价指标：在验证防御有效性时，采取了防御超前性的方法，即对模型先防御后攻击的形式，而非先攻击再利用防御模型重新识别对抗样本，前者更能表现防御模型在面对攻击时的防御效果。所以实验的评价指标是攻击成功率而非防御成功率。

2）基于梯度估计的黑盒攻击防御效果对比

实验主要分析DPPR在基于梯度估计的黑盒攻击上同其他防御方法的防御效果对比。在

MNIST、CIFAR-10 和 ImageNet 三个数据集上利用基于梯度估计的三种黑盒攻击（ZOO、Auto-ZOO 和 Boundary++）直接对六个模型进行攻击，模型分别为不采取防御的原始模型、AdvTrain、Transform、Ensemble 和 RSE。从实验结果可知，在面对基于梯度估计的不同黑盒攻击方法时，DPPR 相比于其他防御方法具有更强的鲁棒性。

具体实验结果如表 4-2-6 所示。每一种攻击方法下的括号中都对应着一个数字，该数字代表每种攻击方法在攻击不同策略的防御模型时所允许的最大模型访问次数，例如“ZOO”对应的“(10000)”，是指利用 ZOO 去攻击每一种防御模型时，最多允许访问防御模型 10000 次，超出则视为攻击失败。由于不同攻击方法的攻击性能不一致，实验为了保证每种攻击方法在原始模型上都具有较高的攻击成功率，设定每一个数据集下的每一种攻击方法都对应着不同的模型访问次数，该访问次数由对应论文中涉及的访问次数和本次实验中在不防御情况下攻击成功率达到一定指标后的访问次数共同决定。基于梯度估计的黑盒攻击的成功率与允许的模型访问次数有很大关联，通常攻击成功率与被允许的访问次数成正比，所以在实验中，相同攻击方法攻击不同防御模型时设定一样的访问次数，能够更加客观真实地反映不同防御方法的防御效果。

表 4-2-6　基于梯度估计的黑盒攻击防御效果对比

模型	MNIST（ASR/%）			CIFAR-10（ASR/%）			ImageNet（ASR/%）		
	ZOO (10000)	Auto-ZOO (1000)	Boundary++ (5000)	ZOO (5000)	Auto-ZOO (1000)	Boundary++ (5000)	ZOO (250000)	Auto-ZOO (5000)	Boundary++ (80000)
原始模型	99.57	100.00	100.00	97.42	100.00	100.00	89.31	100.00	84.54
AdvTrain	28.56	30.18	35.73	27.76	28.10	30.12	21.36	25.54	24.79
Transform	23.52	24.56	29.25	23.93	24.43	22.65	14.31	16.96	15.62
Ensemble	20.49	25.63	19.54	23.15	20.53	17.53	14.49	13.84	10.89
RSE	13.43	14.15	9.43	8.59	12.61	10.75	8.31	9.62	**3.63**
DPPR	**6.42**	**9.74**	**8.83**	**7.93**	**8.94**	**7.53**	**7.65**	**8.32**	6.38

由表 4-2-6 可知，仅仅利用模型输出的概率，三个数据集下的三种攻击方法在攻击原始模型时，攻击成功率都能达到 80%以上，甚至在两个小数据集上几乎能达到 100%。由此可知，不采取防御措施的原始模型在面对基于梯度估计的黑盒攻击时是脆弱的，防御措施必不可少。在攻击防御模型时，攻击成功率大幅度下降，但是对抗训练的防御效果明显弱于其他攻击方法，这是因为对抗训练是攻击相关性防御，只对特定的攻击有很好的防御作用，其他攻击防御效果不佳。此外，RSE 的防御效果优于一般的 Ensemble 防御，这是因为在 RSE 中不管是训练阶段还是推理阶段都加了随机扰动，具有随机性的防御模型往往要比一般的固定性防御更难被攻击，因为攻击过程中往往会被随机性引到错误的方向，但具有随机性的模型通常会以降低准确率为代价。最后，由表 4-2-6 最后一行可得知，在大多数情况下 DPPR 的防御效果相比于其他防御方法都是最优的。

3）基于模型等价的黑盒攻击防御效果对比

本节实验主要分析 DPPR 在基于模型等价的黑盒攻击上同其他防御方法的防御效果对比。通过基于雅可比的模型等价方法，用 VGG19 模型分别拟合六组模型的分类边界，得到对应的六个等价模型，然后利用三种白盒攻击方法（FGSM、MI-FGSM 和 C&W）攻击这六个等价模型获取不同的对抗样本，最后利用这些对抗样本对六个被等价的目标模型进行攻击。从实验结果可知，相比于其他四个防御模型，DPPR 明显具有更好的防御效果。具体实验结果如

表 4-2-7 所示。

表 4-2-7　基于模型等价的黑盒攻击防御效果对比

模型	MNIST（ASR/%）			CIFAR-10（ASR/%）			ImageNet（ASR/%）		
	FGSM	MI-FGSM	C&W	FGSM	MI-FGSM	C&W	FGSM	MI-FGSM	C&W
原始模型	75.83	84.38	72.75	73.27	86.84	70.53	69.94	80.72	67.52
AdvTrain	23.57	29.47	35.38	21.52	29.99	35.41	16.10	34.27	30.63
Transform	37.84	44.42	35.45	33.40	46.13	31.14	30.92	43.71	22.64
Ensemble	30.45	39.72	28.42	31.48	40.25	32.29	25.55	38.12	23.41
RSE	18.83	28.31	16.37	17.37	25.58	16.91	15.82	27.96	12.92
DPPR	**3.97**	**6.14**	**4.32**	**3.32**	**6.54**	**2.57**	**3.37**	**5.41**	**2.25**

由表 4-2-7 可知，在不防御的原始模型中，基于模型等价的黑盒攻击的攻击效果比梯度估计的攻击效果差，这是因为模型等价攻击依赖于对抗样本的迁移性，即使等价模型和原模型的分类边界几乎一致，但其结构以及参数上的差异性仍然会影响对抗样本的迁移效果。通过比较不同攻击方法的攻击成功率，可以观察到，MI-FGSM 的对抗样本的迁移性明显优于其他两种方法，这是因为 MI-FGSM 利用动量迭代的方式生成对抗样本，大幅提升了对抗样本的迁移性。此外，AdvTrain 对 FGSM 的防御效果明显优于其他两种攻击方法，这是因为对抗训练的训练集中包含了 FGSM 在 ResNet50 上的对抗样本。最后，由表 4-2-7 最后一行可得，DPPR 在等价模型上的防御效果远好于其他防御模型，因为 DPPR 虚假输出了原始模型的分类边界，等价模型拟合的是扰乱后的边界，并非模型真正的分类边界，所以由该等价模型生成的对抗样本的迁移性很弱。

4. 小结

本节提出了一种基于差分隐私的攻击无关的防御方法 DPPR，能够对黑盒攻击实现快速、轻量的防御。DPPR 的激活过程具有单调性，因此不会影响正常样本的识别。实验结果表明，DPPR 在降低攻击成功率、防御成本、参数敏感性方面优于许多已有的对抗防御方法。

4.3　中毒检测和防御

模型的开发越来越依赖开源数据集、预训练模型和计算框架等第三方资源，模型被植入后门的风险越来越高。一旦被植入后门，基于深度神经网络技术的各类应用将面临较大安全风险，如攻击者可以利用人脸识别、语音识别和指纹识别等模型中存在的后门绕过授权机制，获取非法权限，进而造成用户隐私泄露、财产损失等后果。在自动驾驶、智慧医疗等对可靠性要求极高的应用领域，攻击者可能利用后门引发交通或医疗事故，危及人身安全。因此，研究深度神经网络模型的中毒检测和防御相关技术十分必要。

4.3.1　中毒样本检测定义

中毒检测通过分析中毒数据或后门模型来检测攻击的存在。中毒检测方法可以从数据和模型两个维度进行划分，包括针对后门样本的检测和对后门模型的检测方法。具体而言，后门样本检测是在模型的应用部署阶段，对输入数据进行检测，判断其是否含有后门触发器。后门模型检测是在模型部署阶段检测模型是否存在后门。

对于中毒样本检测，给定目标模型和待测输入样本，检测者判断这个输入是否含有中毒触

发器。该过程可以表示为

$$D(\cdot): X \to \{0,1\} \tag{4-3-1}$$

其中，D 表示检测器；0 表示检测器判断输入样本为含有触发器；1 表示检测器判断输入样本为正常样本。

对于后门模型的检测，令 $f: X \to Y$ 表示 DNN 模型，将输入域映射到输出类标域。给定一组经过训练的模型 $F = \{f_n\}_{n=1}^{N}$，其中部分模型存在后门。中毒检测的目标是识别出后门模型，数学表示为 $\phi: F \to \{0,1\}$，其中 0 表示良性模型，1 表示后门模型。

与中毒检测不同，后门防御需要在不影响模型分类准确率的情况下移除模型中的潜在后门，即给定一个可能包含后门触发器的测试样本，其预测保持不变，与模型是在有后门还是没有后门的情况下训练无关。后门防御的目标为以下公式：

$$f'(x+r, D_{\text{BD}}(r)) = f'(x+r, D_{\text{BD}}(\varnothing)) \tag{4-3-2}$$

其中，f' 表示防御后的模型；r 为触发器样式；$D_{\text{BD}}(r)$ 表示触发器为 r 的后门样本集；$D_{\text{BD}}(\varnothing)$ 表示没有任何后门触发器的数据集。

4.3.2 后门检测和防御的基本概念

简单而言，后门检测是个二分类问题，即判断样本或模型是良性或后门的。而后门防御主要针对后门模型，需要将其中的后门作用消除。两者的关系如图 4-3-1 所示。

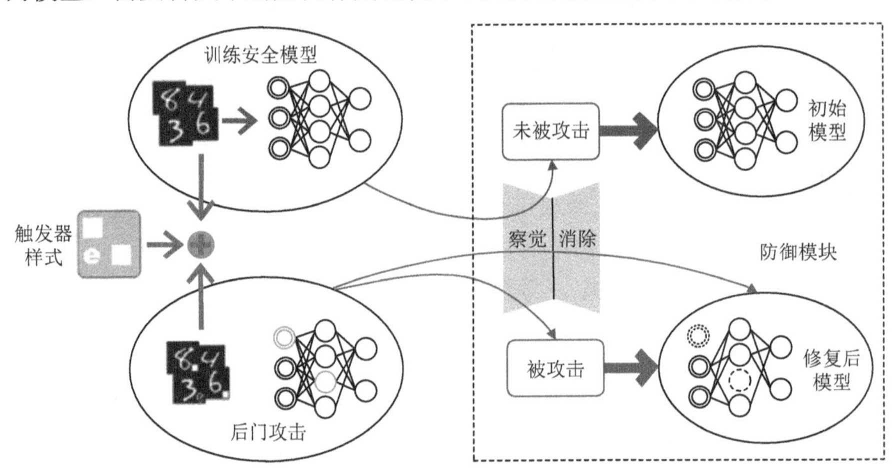

图 4-3-1 DNN 模型的后门检测和防御概述

1. 后门检测的威胁模型

攻击者的目标是故意向目标模型中注入一个或多个后门。后门模型在干净样本上表现良好，而它将攻击样本（携带触发器的样本）错误分类为预定义的目标类别。攻击者可以访问模型的训练集，并且能够在没有主要约束的情况下对训练数据进行污染，通过中毒训练数据以注入后门，也可以直接访问模型，对其权重参数进行修改以实现后门注入。进一步，高阶的攻击者可能对后门的检测方法已知，并试图绕过后门检测。

后门数据的检测者对输入执行检测，以确定该输入是否会在不受信任的模型中触发恶意行为。此外，防御者的目标是根据模型分类的样本来判断后门模型的具体中毒类标。检测者可以访问目标模型，包括中间层中的特征表示。此外，检测者还需要一小部分干净的数据来帮助其进行检测。

后门模型检测者的目标是判断给定模型是否存在隐藏后门。检测者未知后门攻击的种类、触发器和中毒类，可以使用白盒或黑盒访问目标模型。通过白盒访问，检测者拥有模型结构和参数的所有知识；通过黑盒访问，只能查询具有输入数据的模型，以获得每个类的输出预测概率。绝大部分现有工作中，模型检测者也需要一定量的良性样本以帮助后门检测。

2. 后门检测面临的挑战

由于后门攻击的隐蔽性和模型行为的多样性，后门检测方法面临以下挑战：

（1）输入模型没有统一的表示，它们可能具有不同的架构，包括不同数量的神经元、不同的深度、不同的激活函数等，导致激活的后门特征差异悬殊，难以区分。

（2）后门攻击可能彼此不同，因为目标类别可能不同，或者触发扰动在训练和测试期间可能显著不同，给后门的通用性检测增加了难度。

（3）动态的后门攻击可能具有较大的触发器尺寸，若难以还原出该触发器样式，就很难触发中毒类标以确定隐藏后门。

3. 后门防御的威胁模型

假设防御者知道模型结构，并且可以通过解构 DNN 模型来获得权重参数。防御者从不受信任的一方外包了一个后门模型，并假设有一小部分干净的训练数据来对模型进行重训练。后门防御的目标是从模型中移除后门，同时保留模型在干净样本上的性能。

4. 后门检测的评价指标

（1）检测率：指针对后门攻击所采用的防御方法，能够有效检测出后门攻击的比例。这个指标越高，说明防御方法的有效性越好。

（2）误报率：指防御方法错误地将正常模型识别为带有后门的模型的概率。这个指标越低，说明防御方法的精度越高。

（3）效率：指防御方法所需的计算时间和内存资源。防御方法效率越高，越能满足实际应用场景的需求。

（4）适用范围：指防御方法适用的模型类型、攻击方式和数据集等方面。防御方法适用范围越广，越能应对不同的攻击情况。

5. 后门防御的评价指标

后门防御关注于防御后模型能否正确识别带有触发器的样本。通常用攻击成功率（ASR）来衡量防御效果，定义如下：

$$\mathrm{ASR}=\frac{1}{N}\sum_{i=1}^{N}\mathrm{num}(f'(x+r)=y_{\mathrm{t}}) \tag{4-3-3}$$

其中，num 函数表示使括号内等式成立的数量；N 为输入样本总数；f' 为防御后的模型；x 表示良性样本；r 为触发器；y_{t} 为后门攻击的目标类。

此外，后门防御还需要兼顾良性样本分类准确率（accuracy），指模型在后门防御后，对于正常样本预测准确率，定义如下：

$$\mathrm{Acc}=\frac{N\mid f(x)=y}{N} \tag{4-3-4}$$

其中，y 为良性样本 x 对应的正确类标。通常来说，防御后攻击成功率越低，同时良性样本分类准确率越高，防御算法性能越优。

4.3.3 基础中毒检测方法概述

根据不同的检测对象，中毒检测方法可以分为中毒数据检测和后门模型检测，分别负责检测后门样本和后门模型。不同后门检测方法如表 4-3-1 所示。

表 4-3-1　不同后门检测方法总结

后门检测方法	分类	目标模型知识	是否需要良性验证集	任务领域	计算资源
SS[23]	后门样本检测	白盒	是	图像	中
AC[24]	后门样本检测	白盒	是	图像、文本	中
STRIP[25]	后门样本检测	黑盒	是	图像	中
SCAn[26]	后门样本检测	白盒	是	图像	中
SPECTRE[27]	后门样本检测	白盒	是	图像	中
NC[28]	后门模型检测	黑盒	是	图像	高
ABS[29]	后门模型检测	白盒	是	图像	高
TND[30]	后门模型检测	黑盒	否	图像	高
K-Arm[31]	后门模型检测	黑盒	是	图像	高
ULP[32]	后门模型检测	白盒	是	图像	非常高
MNTD[33]	后门模型检测	黑盒	是	图像、音频、文本	非常高

1. 中毒样本检测

后门样本检测方法在推理阶段发挥作用，其目的是检测输入是否包含能导致误分类的触发器样式。这些检测方法基于原始输入数据或隐藏特征表示以区分后门样本和良性样本，或者被设计用于分析特定输入邻域内模型的行为。

① spectral signature（SS）：Tran 等[23]发现后门攻击会在神经网络学习的特征表示的协方差谱中留下可检测的痕迹，称之为光谱特征，并使用该特征对毒化样本进行检测并直接丢弃他们，然后使用剩下的良性样本对模型进行重训练。首先使用数据集训练神经网络，然后对于每个类，都提取每个输入学到的表示，然后使用奇异值算法，对这些表示的协方差矩阵进行运算，并使用它们来计算每个样本的离群值分数，删除有高分的输入样本并进行重训练。

② activation clustering（AC）：Chen 等[24]通过激活聚类的方法检测后门样本，其通过分析训练数据导致的神经网络激活情况来确定训练数据是否被污染，以及哪些样本是后门样本。该方案关键思想是，当后门样本和正常样本都被分到目标类别时，模型做出这种决策的原因是不同的，对于正常样本而言，会根据学习到的输入特征进行分类，而对于后门样本，肉眼会识别和原类别、触发器关联的特征并进行分类。这种机制上的差异会在网络激活中体现出来。图 4-3-2 显示了最后一个隐藏层的激活，将良性样本和后门样本投影到它们的前三个主成分上。从图中可以很容易地看出后门数据和良性样本的激活被分为两个不同的簇，而良性样本的激活未被分成两个不同的簇。

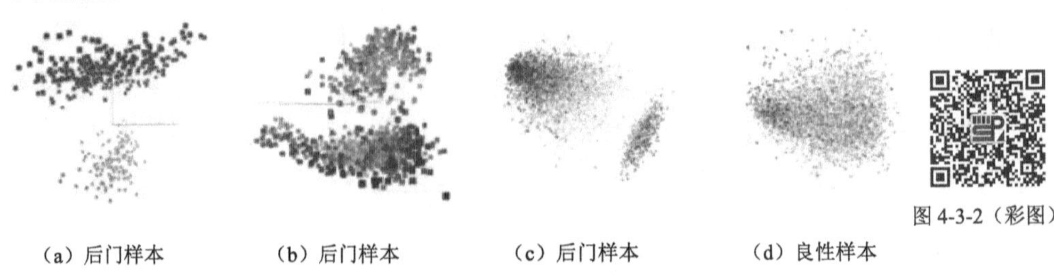

（a）后门样本　（b）后门样本　（c）后门样本　（d）良性样本

图 4-3-2　模型激活层上的特征分布

③ STRIP：Gao 等[25]提出了 STRIP，他们将触发器的输入不可知的强度变成了用来检测后门输入的切入口。他们故意对输入样本进行扰动，比如叠加各种图像模式，并观察模型会对扰动后的样本如何分类。如果分类结果的熵值较低，则不符合良性样本低熵的特性。将输入样

本 x 复制 N 份，对每一份复制后的样本用不同的模式进行扰动，然后根据扰动后的样本被模型分类的结果，分析结果的熵值来判断输入样本是否为后门样本，较低熵值的 x 则为毒化样本。因为对于毒化样本而言，不管输入图像受到怎样的强烈扰动，扰动得到的样本的预测往往是一致的，都会是目标类别。

对于单张输入样本，熵的计算表示如下：

$$H_n = -\sum_{i=1}^{i=M} y_i \times \log_2 y_i \tag{4-3-5}$$

其中，y_i 是属于类 i 的扰动输入的概率；M 是类的总数。

④ statistical contamination analyzer（SCAn）：Tang 等[26]证明，简单的目标污染会导致中毒样本的表现与良性样本的表现难以区分，因此大多数现有的基于过滤的防御措施可以很容易地绕过。为了解决这个问题，提出了一种基于表示分解及其统计分析的双成分分解样本滤波器。图 4-3-3 显示了一个例子，其中后门类（右）中样本的特征表示可以被视为两组混合物，即攻击样本和正常样本，每个样本被分解为不同的同一成分和共同的变异成分。相比之下，在没有双成分分解的情况下，样本在后门类和正常类中的特征表示是无法区分的。

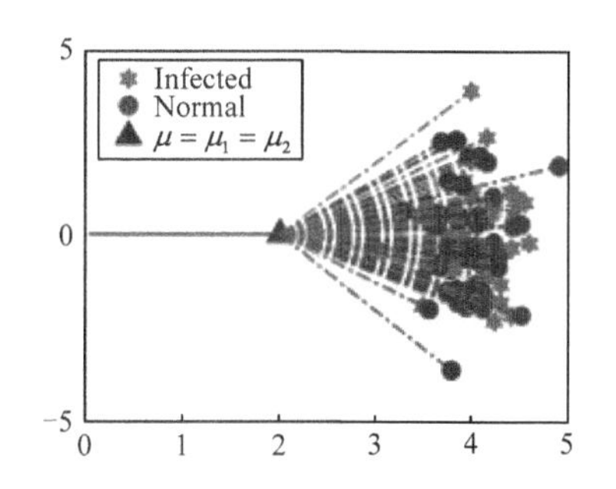

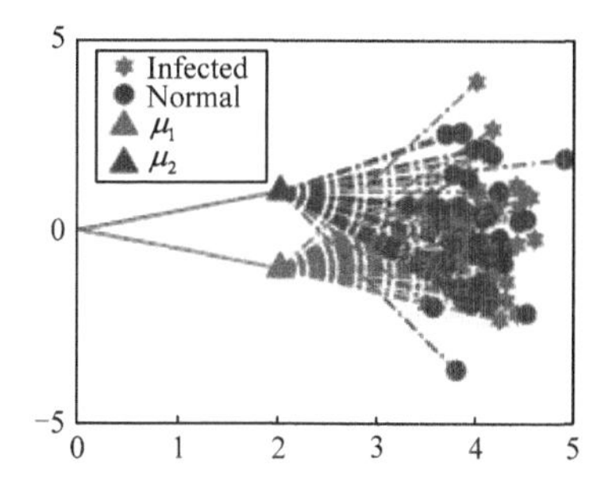

图 4-3-3（彩图）

图 4-3-3　无双成分分析（左）和有双成分分析（右）的比较示意图

⑤ SPECTRE：Hayase 等[27]提出了一种新的防御算法，利用协方差估计来放大损坏数据的频谱特征。这种防御能完全消除后门。具体而言，首先在中毒数据 $\{(x_i, y_i)\}_{i=1}^{N}$ 上训练一个模型，并提取训练后的神经网络隐藏层的激活 $h_i \in R^d$ 作为数据 x_i 的表示。然后，在算法中使用该表示来识别目标标签。算法中使用目标标签 $\{h_i \mid y_i = y_{\text{target}}\}$ 来检测和删除可疑的样本 T。最后，再用清理后的数据重新训练一个模型。

2. 后门模型检测

后门模型检测方法旨在检测给定的模型是否含有后门。其中的一类方法基于良性样本，对触发器样式进行逆向生成，以触发中毒类标，对模型进行检测。这些方法通常对于大的触发器尺寸还原效果不佳。也有方法训练元分类器以区分良性模型和后门模型。这类方法不需要良性样本，但是存在过拟合的问题，且在不可见触发器的后门攻击上检测效果不佳。

① Neural Cleanse（NC）：Wang 等[28]提出了 NC，以识别后门并重建可能的触发器。给定一个 DNN 模型 M 和一小组干净的样本 X，触发逆向工程方法试图改造注入的触发器。如果逆向工程成功，则该模型被标记为恶意模型。该方法提出通过求解方程来执行逆向工程：

$$\min_{m,t} \quad L(M(1-m)\odot x + m\odot t), y_t) + r^* \tag{4-3-6}$$

其中，$x \in X$ 和 m 是触发掩码（例如具有与输入相同大小的二进制矩阵，用来确定该值是否将被触发器替换）；t 是触发模式（例如与包含触发值的输入具有相同大小的矩阵）；r^* 是攻击约束（例如触发器大小小于图像的 1/4）；L 是交叉熵损失函数。该方法逆向生成的触发器可视化如图 4-3-4 所示。

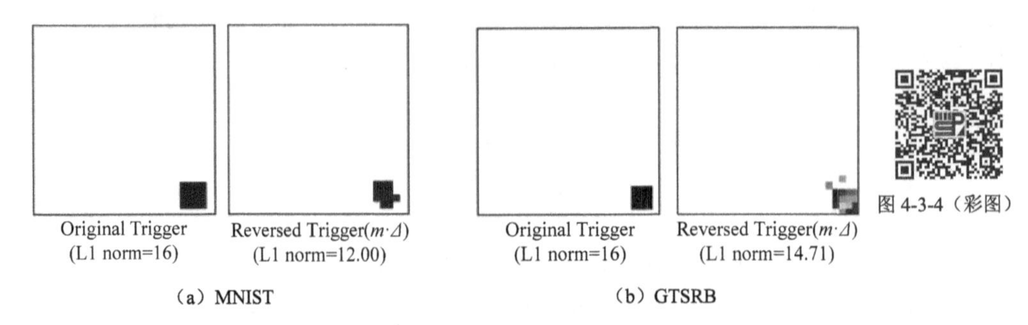

图 4-3-4　NC 在 MNIST 和 GTSRB 数据集上逆向生成的触发器

② Artificial brain stimulation（ABS）：Liu 等[29]提出了一种基于神经网络的人工智能模型检测技术，以确定它们是否含有后门。ABS 避免对单个标签/标签对进行优化，它系统地放大良性输入的内部神经元激活值，并观察是否可以实现一致的错误分类（达到一定的标签）。若出现该现象，则认为该神经元被后门攻击所损害。然后，该方法使用优化来通过最大化这些神经元的激活值来生成触发器。如果生成器可能导致预期的错误分类，则模型被认为后门模型。ABS 的有效性取决于正确识别受损的神经元。该方法仅对于部分后门攻击有效。如图 4-3-5 所示，左边 BadNets 后门模型的神经元激活值在受到模拟信号的刺激输入时会出现突变的尖峰，这些神经元容易被 ABS 找到而试做受损神经元，而在右边的 Hidden trigger 后门模型中，ABS 找不到受损神经元，因此无法检测该后门攻击。

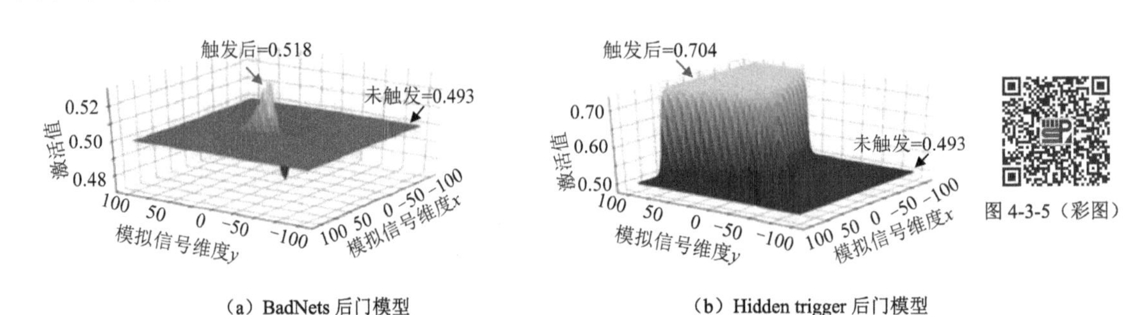

图 4-3-5　神经元激活值受到模拟信号刺激而出现的变化

③ TrojanNet detector（TND）：通过探索每幅图像的对抗扰动如何与普遍扰动存在后门耦合，Wang 等[30]提出了一个检测器。基本原理是：由于后门的存在，每个图像和普遍的扰动将在干扰图像到后门目标类时保持强大的相似性。给定图像$\{x_i \in D_{k-}\}$，目标是找到一个通用扰动元组$u^{(k)}=(m^{(k)},\delta^{(k)})$，在后门模型中，这些图像在$D_{k-}$中的预测被改变。但要求$u^{(k)}$不改变属于$k$类的图像的预测，即$\{x_i \in D_k\}$。由此，$u^{(k)}=(m^{(k)},\delta^{(k)})$的设计可以转换为以下优化问题：

$$\begin{cases}\underset{m,\delta}{\text{minimize}}\ l_{\text{atk}}(\hat{x}(m,\delta);D_{k-})+\bar{l}_{\text{atk}}(\hat{x}(m,\delta);D_k)+\lambda\|m\|_1\\ \text{subject to}\ \{\delta,m\}\in C\end{cases} \tag{4-3-7}$$

其中，$\lambda>0$是一个正则化参数；C表示优化变量m和δ的约束集，$C=\{0\leqslant\delta\leqslant 255, m\in\{0,1\}^n\}$。TND 对触发样本的还原结果如图 4-3-6 所示，最后一列的种子样本是随机噪声。

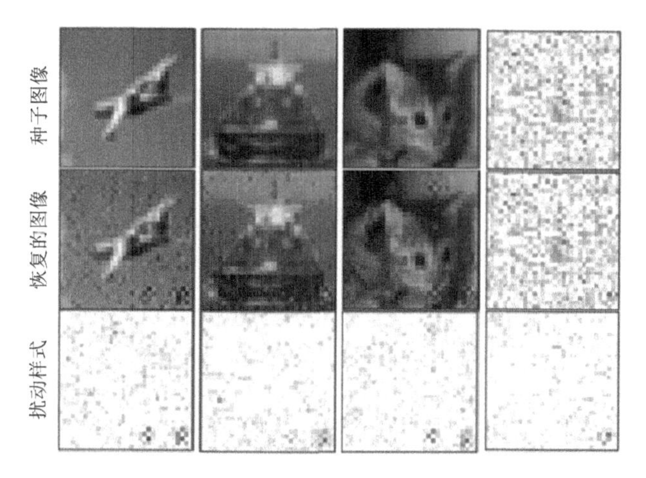

图 4-3-6（彩图）

图 4-3-6　TND 在 CIFAR-10 数据集上对触发样本的还原结果

④ K-Arm：Shen 等[31]受到 Multi-Arm Bandit 强化学习的启发，提出了一种用于后门检测的 K-Arm 优化方法。通过在目标函数的指导下迭代和随机地选择最有机会成功的标签进行优化，降低了后门检测复杂性，并可以检测多个后门类的模型。此外，通过迭代细化要优化的标签选择，大幅降低了选择正确标签的不确定性，提高了检测精度。给定一个干净的输入 x 和一个触发器，输入 $\hat{x}$ 的定义如下：

$$\hat{x}=(1-M)\cdot x+M\cdot P \tag{4-3-8}$$

给定一个维度为 $x[C,H,W]$，模式 P 和 M 的维度与 x 相同。P 的值在[0,255]的范围内，M 的值在[0,1]的范围内。通过掩模 M 将 x 和 P 混合来触发触发器。给定模型 F、目标标签 t 和一组输入 X，t 的触发优化目标定义如下：

$$\min_{P,M}(l(t,F((1-M)\cdot X+M\cdot P))+\alpha\|M\|_1),\forall x\in X \tag{4-3-9}$$

对于生成通用触发器，X 包含一组来自 t 以外的类的干净输入；对于生成特定于标签的触发器，X 包含一组来自受害者类的干净输入。L 表示交叉熵损失函数。超参数 α 平衡了攻击成功率和优化后的触发器的大小。

⑤ ULP（universal litmus patterns）：Kolouri 等[32]借鉴了通用石蕊试纸的概念，通过向网络提供这些通用模式并进行分析输出（即将网络分类为干净或“后门”）来检测后门攻击。给定模型对及其二进制标签（即后门或干净），$\{(f_n,c_n\in\{0,1\})\}_{n=1}^{N}$，他们提出了通用模式 $Z=\{z_m\in X\}_{m=1}^{M}$，分析 $\{f_n(z_m)\}_{m=1}^{M}=1$ 将最优地检测后门攻击。他们使用 $f_n(z_m)$ 来表示分类器 f_n 的输出对数。该方法的优化公式为

$$\arg\min_{z,h}\sum_{n=1}^{N}L(h(g(\{f_n(z_m)\}_{m=1}^{M})),c_n)+\lambda\sum_{m=1}^{M}R(z_m) \tag{4-3-10}$$

其中，$g(\cdot)$ 是应用于 Z 的池化运算符；$h(\cdot)$ 是一个分类器，它接收合并的向量作为输入，并提供 f_n 包含后门的概率；$R(\cdot)$ 是 ULP_s 的正则化器；λ 是正则化参数。

⑥ MNTD（meta neural trojan detection）：Xu 等[33]设计了一种适用于音频和文本等不同领域的通用后门检测。防御者训练许多干净和后门模型作为元分类器的训练样本。元分类器是预测新模型是否干净的另一种神经网络。为了近似后门模型的一般分布，在不同的触发模式和后门目标上训练后门模型。为了生成元分类器的特征输入，对每个后门模型进行许多查询输入，并将来自后门模型的置信度分数连接起来，作为后门模型的特征表示。其主要思想是联合优化查询集和元分类器，以最小化训练损失。因此，优化目标为

$$\underset{\substack{\theta \\ X=\{x_1,\cdots,x_k\}}}{\operatorname{argmin}} \; L\left(\sum_{i=1}^{m}\left(\operatorname{META}\left(\boldsymbol{R}_i(X);\theta\right),b_i\right)\right) \tag{4-3-11}$$

其中，$\operatorname{META}(\boldsymbol{R}_i(X);\theta)$ 表示元分类器；θ 表示 META 的参数；X 为查询集；$\boldsymbol{R}_i$ 为表示向量；b_i 为相应标签；L 是使用二进制交叉熵的损失函数。

4.3.4　基础中毒防御方法概述

与中毒检测不同，中毒防御方法不区分后门模型和干净模型，也不区分触发输入和干净输入。中毒防御主要目的是消除或抑制后门效应，同时保持干净输入的良性样本分类准确率。由于在前向传播干净样本期间后门不会被激活，因此，通过修改模型或对其进行重训练，可以删除中毒行为，消除后门的影响。

① Fine-pruning：Liu 等[34]试图通过修剪休眠神经元来进行后门防御。具体来说，他们的防御用干净的输入测试后门模型，记录每个神经元的平均激活，并以平均激活的递增顺序迭代修剪神经元。修剪完毕之后，用干净的输入来微调神经元上的权重。因为后门神经元与正常的神经元是重叠的，所以可以使用干净的输入来微调神经元，使权重发生改变，以此来控制后门控制的权重。然而，这种修剪防御显著影响了模型的分类性能。

② Februus：Doan 等[35]提出了一种在运行时防御后门攻击的方法 Februus，它能够在不需要异常检测方法、模型再训练或昂贵的标记数据的情况下清除后门。Februus 对输入进行净化以有效缓解后门的影响，而不影响良性样本的分类识别率。Februus 防御方法主要分为三个阶段：后门清除阶段、去除已受影响区域阶段和图像复原阶段。Februus 使用 Grad-CAM 定位触发器所在位置，定位之后使用中和色框进行替换。为了高保真度地重建被移除的区域的信息，基于 GAN 对图像进行复原，生成器 G 根据输入图像描绘掩码区域，并由判别器 D 判别图像是真实的还是人为描绘的。原图、后门移除图、修复图的对比如图 4-3-7 所示。Februus 防御方法无须事先了解模型结构以及后门攻击方法，对自适应攻击具有鲁棒性。

图 4-3-7　通过 Februus 对不同视觉分类任务的后门和良性输入进行可视化

③ MESA（maximum entropy spectral analysis）：由于触发分布是完全未知的，现有的用于图像生成的建模技术不适用于后门场景。对此，Qiao 等[36]提出了最大熵阶近似器（Maxium entropy spectral analysis，MESA）用于高维无采样生成建模的逼近器，并使用它来恢复触发分布。该方法的目标是建立一个生成模型 G，其具有支持集 X 和上界密度函数 $f:\chi\to[0,W]$ 的未知分布的 $R_n\to\chi$。重复执行 MESA 算法以获得多个子模型 G_i。从一批随机噪声开始，生成一批触发器，并将它们输入后门模型以及带有另一批独立噪声的统计网络，这两个分支分别计算 Softmax 输出和触发器的熵，使用合并后的损失来更新触发器和统计网络。

对于子模型 G_i 的不可计算的优化问题，使用以下近似来解决：

$$L=\max(0,\beta_i-F\circ G_{\theta_i}(z))-\alpha\hat{I}_{T_i}(G_{\theta_i}(z);z') \tag{4-3-12}$$

其中，z、z'是用于MI估计的两个独立的随机噪声；α是平衡参数；β为阈值；F为测试函数；$\hat{I}_{T_i}$是互信息估计器；θ为模型G的参数。

④ NAD (neural attention distillation)：Li 等[37]提出一种新型的防御框架 NAD，用于去除 DNN 中的后门。该防御方法利用教师网络来对后门学生网络进行微调，以使学生网络的中间层注意力与教师网络的注意力一致。NAD 中网络的第 l 层的蒸馏损失函数定义为

$$L_{\text{NAD}}(F_{\text{T}}^l,F_{\text{S}}^l)=\left\|\frac{A(F_{\text{T}}^l)}{\left\|A(F_{\text{T}}^l)\right\|_2}-\frac{A(F_{\text{S}}^l)}{\left\|A(F_{\text{S}}^l)\right\|_2}\right\|_2 \tag{4-3-13}$$

其中，$A(F_{\text{T}}^l)$、$A(F_{\text{S}}^l)$分别是教师、学生网络的计算注意力图。总体训练损失为交叉熵（cross eutropy，CE）损失和所有K个残差组的神经元注意力蒸馏损失之和：

$$L_{\text{total}}=E_{(x,y)\sim D}\left[L_{\text{CE}}(F_{\text{S}}(x),y)+\beta\cdot\sum_{l=1}^{K}L_{\text{NAD}}(F_{\text{T}}^l(x),F_{\text{S}}^l(x))\right] \tag{4-3-14}$$

其中，$L_{\text{CE}}(\cdot)$测量学生网络的分类误差；D是用于微调的干净数据的子集；β为平衡参数；l是残差组的索引，并且是控制注意力蒸馏强度的超参数。

⑤ ANP（adversarial neuron pruning）：Wu 等[38]发现，当后门 DNN 的神经元受到对抗性干扰时更容易崩溃，并倾向于预测干净样本上的目标标签。基于此，提出了对抗性神经元修剪，该方法修剪了一些敏感神经元以去除隐藏的后门。他们期望修剪后的模型不仅在干净的数据上表现良好，而且在对抗性神经元扰动下保持稳定。因此，通过解决以下最小化问题实现防御：

$$\min_{m\in[0,1]^n}\left[\alpha \text{L}_{D_{\text{v}}}(m\odot w)+(1-\alpha)\max_{\delta,\xi\in[-\varepsilon,\varepsilon]}L_{D_{\text{v}}}((m+\delta)\odot w,(1+\xi)\odot b\right] \tag{4-3-15}$$

其中，w为权重；b为偏置；δ为神经元的相对权重扰动大小；ξ为相对偏置扰动；m为 01 掩码；ε是扰动预算，它限制了最大扰动大小；D_{v}是验证集；α为[0,1]区间之间的平衡参数，如果接近 1，最小化对象更关注修剪后的模型在干净数据上的准确性，而如果接近 0，则更关注对后门攻击的鲁棒性。

⑥ I-BAU (implicit bacdoor adversarial unlearning)：Zeng 等[39]提出了一个最大最小值公式，基于一小组干净数据从给定数据模型中移除后门，并提出了隐式背门对抗遗忘算法 I-BAU 来求解最大最小值。他们希望，即使攻击者将后门触发器补丁到给定的输入时，分类器仍能保持正确的标签，所以提出了一个后门去除的最小最大优化公式：

$$\theta^*=\text{argminmax}_{\|\delta\|\leqslant C_\delta}H(\delta,\theta):=\frac{1}{n}\sum_{i=1}^{n}L(f_\theta(x_i+\delta),y_i) \tag{4-3-16}$$

其中，δ为触发器；x为输入；y_i为输入的正确类；f为模型；θ为模型的权重；$L(\cdot)$为损失函数。I-BAU 算法将最大最小问题分解为单独的内部和外部优化问题，通过推导隐式超基数来解释内部和外部最优化之间的相互依赖性，并使用它来更新中毒模型。

⑦ RAB：Weber 等[40]提出了第一个鲁棒训练过程 RAB，以平滑训练后的模型，并证明了经 RAB 平滑训练后的模型对后门攻击的鲁棒性。平滑训练过程为：给定中毒的训练集$D+\varDelta$和易受后门攻击的训练过程A，RAB 生成N个平滑的训练集$\{D_i\}_{i\in[N]}$，并训练N个不同的分类器A_i。目标是获得鲁棒性界限R，使得无论何时后门的大小之和低于R，后门分类器的预测都与在良性数据上训练分类器时相同。在 RAB 中，首先添加从平滑中采样的噪声向量分布到

给定的训练实例，以获得“平滑”训练集的集合。随后，在每个训练集上训练一个模型，并将它们的最终输出聚合在一起，作为最终的“平滑”预测。

4.3.5 中毒检测防御方法及其应用

针对模型后门隐蔽性高、传递成本低、中毒攻击触发性高，以及现有的模型后门检测存在攻击依赖等问题，下面介绍基于神经通路的后门检测方法和基于对比学习的图后门防御方法。

4.3.5.1 基于神经通路的后门检测方法

下面介绍针对后门攻击的检测方法 CatchBackdoor。基于后门行为与后门神经通路之间的密切联系来触发错误，CatchBackdoor 从良性通路开始，并通过差分模糊逐渐逼近后门神经通路。然后，从后门神经通路逆向生成触发器，以触发由各种后门攻击引起的错误。

1. 问题建模

（1）神经元激活值：给定一个 DNN 神经网络，其中，$x \in X$ 表示输入样本，$X = \{x_1, x_2, \cdots, x_n\}$ 表示输入样本空间，$n_{i,j}$ 表示在第 i 层中的第 j 个神经元。神经元的激活值 $\varphi_{n_{i,j}}$ 通过下式得到：

$$\varphi_{n_{i,j}}(x) = \frac{1}{\text{Height} \times \text{Width}} \sum_{\text{Width}} \sum_{\text{Height}} A_{n_{i,j}}(x) \tag{4-3-17}$$

其中，$A_{n_{i,j}}(x) \in R^{\text{Height} \times \text{Width} \times \text{Channel}}$ 表示当输入为 x 时 $n_{i,j}$ 的特征图。

（2）激活的神经元：当输入为 x，若 $\varphi_{n_{i,j}}(x) > 0$，则 $n_{i,j}$ 被认为是一个激活的神经元。

（3）神经元的贡献：给定一个 DNN 模型，模型参数为 θ，当输入样本为 x，且其正确标签为 y 时，第 $n_{i,j}$ 个神经元的贡献由下式计算：

$$\xi n_{i,j}(x) = \frac{\partial L(x, y, \theta)}{\partial \varphi_{n,i,j}(x)} \tag{4-3-18}$$

其中，$\xi n_{i,j}(x)$ 表示为输入样本为 x 时的神经元贡献；∂ 表示为偏导数函数；L 为模型的损失函数。神经元贡献反映了神经元激活值对模型决策的影响，贡献较大的神经元在变化模型预测中更占优势。

（4）关键神经元：给定一个 l 层的 DNN 模型，以输入层的神经元作为起点，以输出层的神经元作为终点，关键神经元是隐藏层中的一组神经元，定义如下：

$$\text{Critical Neurons}(x) = \bigcup_{i=1}^{l-1} \bigcup_{j=1}^{k} \arg\max \xi_{n_{i,j}}(x) \tag{4-3-19}$$

其中，$n_{i,j}$ 表示在 DNN 中第 i 层中的第 j 个神经元；k 表示所选神经元的数量；$\bigcup$ 表示取并集，具有较大神经元贡献的神经元将被选择并包括在该集合中，通常选择每层中的前 k 个神经元。

（5）数据流向：将给定 DNN 中从神经元 $n_{i,j}$ 到 $n_{i+1,j}$ 的数据流方向定义为

$$\text{Data Flow}(n_{i,j}; n_{i+1,j}) : w^{(i;j)} \to w^{(i+1,j)} \tag{4-3-20}$$

它反映了前向传播中权重的方向，并表示神经元之间的连接关系。

（6）神经通路：对于输入样本 $x \in X$，神经通路可以定义为

$$\text{Neural Path}(x) = \bigcup_{i=1}^{l-1} \bigcup_{j=1}^{k} \{n_{i,j}, \text{Data Flow}(\cdot)\} \tag{4-3-21}$$

其中，$n_{i,j} \in$ 关键神经元，$i < j$ 表示 DNN 中的第 i 层，神经通路将在改变模型预测中起决定性作用的神经元与它们之间的数据流联系起来。它代表了触发决策变化的脆弱方向。

2. 方法介绍

CatchBackdoor 的工作流程如图 4-3-8 所示。它包括四个步骤：良性神经通路构建，通过差分模糊识别关键后门神经通路，触发反向工程和后门模型确定。为了表达简洁，将良性神经通路和后门神经通路分别称为“良性通路”和“后门通路”。

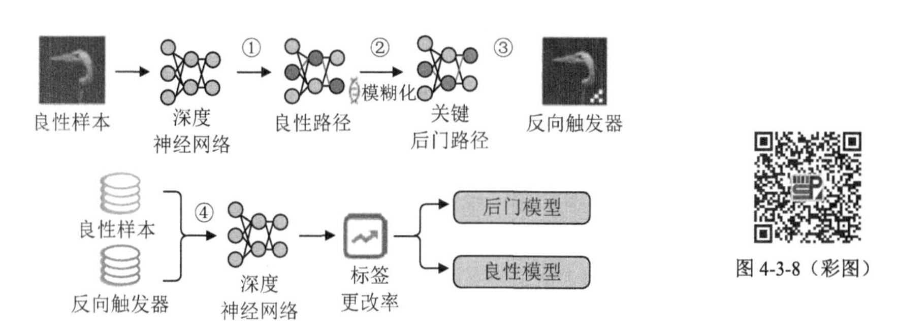

图 4-3-8　CatchBackdoor 的工作流程

良性样本被输入 DNN 以构建良性神经通路。通过最大化神经元贡献来模糊良性神经通路，最终它收敛到关键后门通路，可以用于生成测试样本。给定一批良性样本，可以获得相同数量的测试样本。这些样本连同良性样本一起被送入 DNN。CatchBackdoor 通过计算标签更改率（label change rate，LCR）来确定模型是否被后门，即较大的 LCR 表示存在模型被后门的概率较高。

1）良性通路构建

首先，良性样本用于搜索具有较大神经元贡献的关键神经元。通过连接这些神经元，可以构建良性通路。每一层（除了全连接的层）中的前 k 神经元连接起来形成良性通路。随着颜色的加深，神经元的贡献增加。

计算模型中每个神经元的神经元贡献，并按降序排列。选择前 k 个神经元作为关键神经元。具体来说，k_1 用于卷积层。对于给定的良性样本 x，通过连接关键神经元和它们之间的数据流，构建良性通路，表示为 $\text{Benign Path}(x)$。在计算良性通路时，不考虑全连接层中的神经元。这些神经元比浅层神经元与模型预测更相关。因此，为了在以下步骤中获得更多的模糊神经通路的多样性，只选择卷积层和池化层中的前 k_1 个神经元。

2）基于差分模糊测试的关键后门通路识别

采用差分模糊进行通路模糊，在获得关键后门通路后，触发器将从关键后门通路反转。通路差分模糊化的目标是最大化良性通路中每个神经元的贡献，以放大它们改变模型预测的能力。最大化以下适应度函数：

$$\text{Fitness} = \xi_{n_{i,j}}(x), \forall n_{i,j} \in \text{Fuzzed Path}(x) \tag{4-3-22}$$

其中，$\text{Fuzzed Path}(x)$ 表示迭代期间输入 x 的模糊通路。该步骤中，在模糊通路中考虑全连接层中的神经元。通过 k_2 来控制这些神经元，即将全连接层中的前 k_2 个将神经元选择到模糊通路中。

经过 s 轮迭代后，可以得到每个 x 的 s 个模糊通路。模糊通路的集合 $H(x)$ 可以计算为

$$H(x) = \bigcup_{l=1}^{s} \text{Fuzzed Path}(x)_l \tag{4-3-23}$$

通过模糊良性样本刺激的良性通路，可以获得不同的模糊通路，以触发不同的模型预测。对于训练完全的后门模型，只有一个后门标签，即模糊化的最优解是唯一的。在模糊迭代结束

时，模糊通路将逐渐收敛到触发后门标签的通路，即关键后门通路。但模糊化可能会陷入局部最优状态，即模糊化通路会触发另一个类作为后门标签。为了解决这个问题，在神经元贡献的基础上，可以使用激活频率来进一步选择在触发标记变化方面更具代表性的神经元。在多个模糊通路中具有较高激活频率的神经元对改变最终预测的贡献更大。下面从集合 H 计算每个神经通路中的每个神经元的激活频率。选择前 k 个神经元以形成关键后门神经元，定义如下：

$$\text{Critical Trojan Neurons}(x)=\bigcup_{i=1}^{l-1}\bigcup_{j=1}^{k}\arg\max f(n_{i,j},x) \tag{4-3-24}$$

其中，$f(\cdot,\cdot)$ 是神经元的激活频率。对于每个输入 $x\in X$，将关键后门神经元与数据流相连，以形成关键后门通路，表示为 Critical Trojan Path(x)，这可以像后门样本那样触发正确的后门标签。为保证通路收敛，需进一步检查关键后门程序通路是否通过附加迭代 S' 收敛，$S'<S$。当 Critical Trojan Path(x)中的神经元不再改变时，则认为通路是收敛的，即发现了潜在的关键后门通路。

3）反向触发器

关键后门程序通路与后门程序通路具有相似的效果。因此，我们利用它来对触发器进行反向，以实现与后门样本相同的效果。

对于输入的良性样本 x，通过求取关键后门程序通路的偏导数来得到反向触发器 t。通过将反向触发器 t 添加到良性样本 x 来生成测试样本 x_t。计算公式如下：

$$\begin{cases}t=\nabla_x\text{Critical Trojan Path}(x)\\ x_t=\text{Clip}(\mu\times t+x,(0,255))\end{cases} \tag{4-3-25}$$

其中，∇ 表示为偏导数；$\mu\in[0,1]$ 控制扰动的透明度，通常设置为 0.5；测试样本 x_t 的像素值被 $\text{Clip}(\cdot)$ 函数限制在[0,255]内。

4）后门模型确定

当输入后门样本时，后门模型将输出后门标签。如果输入包含触发器，则后门模型的预测输出将是后门标签。因此，给定带有多个后门样本的后门模型，最频繁出现的标签被认为是目标标签，即后门标签。至于良性模型，它们在触发样本上表现正常，即目标标签很少出现。因此，如果我们统计由于携带触发器（真实或反向）的示例而出现的目标标签的数量，可以将后门模型与良性模型区分开来。

将 LCR 变化定义为检测标准，该标准对反向样本预测的标签变化进行计数。向模型中输入逆向生成的样本 $R=\{x_{r1},x_{r2},\cdots,x_{ri}\}$。$R$ 的 LCR 定义如下：

$$\text{LCR}=\frac{\sum_{i=1}^{N}1\,|\,n_F(x_{ri}=y^c)}{N},x_{ri}\in R,c\in C \tag{4-3-26}$$

其中，N 表示为逆向生成的样本数；C 表示为总标签的集合；$n_F(x_{ri}=y^c)$ 表示为由模型预测的目标标签 y^c 的数目。

如果模型有潜在的后门，则反向样本将触发高 LCR，反之亦然。考虑到被错误地标记为正面的样本的影响，为实验中进行的所有数据集设置了 LCR 阈值，λ=50%。如果超过 50%的预测标签转向一个特定标签 y_c，我们认为 y_c 是木马标签（$y_c=y_t$），模型很可能存在后门。

3. 实验与分析

1）实验设置

数据集：实验采用 MNIST、CIFAR-10 和 ImageNet 三个公共数据集。

深度模型：对于 MNIST，使用 LeNet 家族（LeNet-1、LeNet-4、LeNet-5）进行后门测试

分析。在 CIFAR-10 上，采用了 AlexNet 和 ResNet20。在更大、更复杂的数据集 ImageNet 上采用 VGG16 和 VGG19 模型。

攻击方法：后门攻击方法包括修改攻击、混合攻击、神经元劫持攻击和防御自适应攻击。修改攻击包括 BadNets［即一个补丁（OP）、多个补丁（MP）和不规则补丁（IP）］和 Dynamic backdoor。对于 BadNets，我们从三个补丁中随机选择一种来生成特洛伊木马模型。混合攻击包括 Poison Frogs、BullseyePolytope（BP）和 Sleeper Agent。对于神经元劫持攻击，我们采用了 TrojanNN，包括人脸贴纸和苹果贴纸。两种防御自适应攻击包括对抗性后门嵌入（ABE）和深度特征空间特洛伊木马攻击（DFST）。DFST 不能处理灰度图像，因此它不能在 MNIST 数据集上做攻击。

对比算法：在实验中采用了 SOTA 检测算法作为基线，包括 NC、TABOR、ABS、TND 和 K-Arm。

评价指标：采用分类准确率、攻击成功率 ASR、LCR 作为评价指标。

实验参数：在 CatchBackdoor 中设置 $k_1=k_2=3$，LCR 阈值 $\lambda=50\%$。对于所有图像数据，将每个像素的范围归一化为[0,1]。

2）后门检测的有效性分析

我们进一步评估了 CatchBackdoor 对各种后门攻击的有效性，并将结果与基于 LCR 的基线进行了比较。随机选择后门攻击，总共生成 50 个后门模型。将中毒比例设置为 0.1、0.2、0.3、0.4 和 0.5。对于中毒率，分别训练 10 个模型。所有木马模型的 ASR 都超过 90%。从每个模型的良性样本生成 500 个逆向触发的样本，计算 CatchBackdoor 和 5 个基线的 LCR。实验结果如表 4-3-2 所示，LCR 低于 50%时，方法无法检测出后门。

CatchBackdoor 可以检测所有中毒模型，并在大多数情况下实现最高的 LCR。这意味着我们生成的触发样本可以有效地触发比基线更多的标签更改。例如，平均而言，CatchBackdoor 在 CIFAR-10 的 ResNet20 上的 LCR 为 80.18%，分别是 NC 和 TND 的 1.9 倍和 1.4 倍。通过构建连接贡献更大、激活频率更高的神经元的关键神经通路，可以通过测试生成的触发样本来触发后门行为。当 λ 设置为 50%时，无论触发器类型和大小如何，CatchBackdoor 几乎可以检测到大多数攻击类型的所有潜在后门。

对于试图躲避可能的防御自适应攻击，可以明显观察到 CatchBackdoor 的优势。例如，CatchBackdoor 对 ABE 的 LCR 平均为 83.71%，几乎是基线（28.73%）的 3 倍。我们推测可能的原因是，通过定位激活频率较高的神经元，CatchBackdoor 仍然可以触发错误。

表 4-3-2　不同检测方法在不同后门攻击下的检测效果　　（单位：%）

数据集	模型	方法	修改补丁攻击		特征融合攻击				神经元攻击		防御的自适应攻击	
			BadNets	Dynamic Backdoor	Poison Frogs	Hidden Trigger	BP	Sleeper Agent	TrojanNN (Apple)	TrojanNN (Face)	ABE	DFST
MNIST	LeNet-1	NC	82.60	78.60	40.00	34.60	65.20	61.40	60.40	51.60	13.00	—
		TABOR	83.20	79.20	43.20	36.60	62.40	68.00	70.60	69.20	20.20	—
		ABS	89.80	81.20	68.00	41.80	77.60	60.20	76.80	81.80	43.00	—
		TND	88.79	82.20	65.20	39.00	70.00	72.60	70.40	64.20	37.80	—
		K-Arm	**92.00**	83.98	78.40	62.80	**78.20**	74.80	78.20	80.20	57.00	—
		Catch-Backdoor	91.00	**84.60**	**94.00**	**72.60**	77.80	**78.00**	**81.60**	**82.40**	**86.00**	—

续表

数据集	模型	方法	修改补丁攻击		特征融合攻击				神经元攻击		防御的自适应攻击	
			BadNets	Dynamic Backdoor	Poison Frogs	Hidden Trigger	BP	Sleeper Agent	TrojanNN (Apple)	TrojanNN (Face)	ABE	DFST
MNIST	LeNet-4	NC	82.80	80.00	37.00	37.80	72.00	64.20	63.00	55.40	20.00	—
		TABOR	90.40	83.20	42.40	36.80	72.40	78.00	63.80	62.00	22.80	—
		ABS	**92.00**	83.40	79.00	58.80	84.20	82.40	79.20	70.20	41.00	—
		TND	90.21	80.20	64.20	42.60	78.60	82.00	64.40	65.00	42.00	—
		K-Arm	91.00	78.60	82.60	58.80	**85.00**	**86.80**	80.00	71.00	59.80	—
		Catch-Backdoor	91.20	**83.80**	**91.00**	**70.60**	83.20	82.00	**81.00**	**73.60**	**87.00**	—
	LeNet-5	NC	80.60	78.41	37.00	33.20	34.20	56.00	61.60	62.60	14.00	—
		TABOR	89.20	80.00	21.20	39.00	66.40	64.60	64.40	59.40	23.80	—
		ABS	91.80	**83.60**	74.00	51.80	78.60	74.40	75.20	71.80	47.00	—
		TND	90.74	81.40	43.80	39.80	72.60	71.00	68.60	64.80	33.40	—
		K-Arm	**93.40**	81.60	84.40	58.20	78.40	**78.00**	74.00	**81.20**	49.80	—
		Catch-Backdoor	92.20	82.60	**93.00**	**74.80**	**80.00**	**78.00**	**78.00**	80.20	**91.00**	—
CIFAR-10	AlexNet	NC	81.60	74.60	17.00	24.20	45.60	44.20	51.20	47.60	11.00	18.20
		TABOR	87.60	76.60	29.00	32.80	56.00	42.00	67.20	66.60	21.20	32.00
		ABS	90.40	79.40	75.00	47.60	68.00	72.60	75.80	64.20	35.00	44.20
		TND	89.52	77.60	50.80	52.60	70.80	70.00	70.80	60.00	38.20	24.80
		K-Arm	92.00	82.00	75.20	58.60	**74.20**	66.60	76.80	76.40	43.80	51.20
		Catch-Backdoor	**93.60**	**83.20**	**87.00**	**70.80**	72.40	**70.20**	**79.40**	**79.20**	**83.00**	**61.40**
	ResNet20	NC	83.60	78.80	17.00	25.40	44.60	34.80	60.00	53.80	7.00	11.20
		TABOR	84.00	79.80	24.20	36.60	56.80	34.60	63.00	50.20	18.20	18.80
		ABS	89.60	82.80	77.00	53.20	72.00	46.00	81.00	60.60	38.00	56.80
		TND	88.29	78.20	47.40	47.20	68.80	47.20	74.80	51.60	31.60	38.20
		K-Arm	91.00	79.36	81.40	70.20	72.00	51.40	81.20	**78.00**	42.20	56.80
		Catch-Backdoor	**90.80**	**83.40**	**88.00**	**74.00**	**80.00**	**70.60**	**82.20**	77.20	**85.00**	**60.80**
ImageNet	VGG-16	NC	81.40	76.20	23.00	19.80	22.40	26.40	57.20	51.20	0.00	13.80
		TABOR	82.80	76.80	28.60	20.00	27.60	19.60	64.80	66.20	12.80	21.00
		ABS	86.00	**79.80**	69.00	41.20	56.20	78.40	73.00	68.80	21.00	51.60
		TND	86.11	77.20	58.00	40.40	48.00	67.00	72.60	65.00	18.20	43.00
		K-Arm	89.00	78.80	69.20	48.80	70.80	**78.40**	76.80	**77.60**	42.37	48.20
		Catch-Backdoor	**90.20**	79.40	**76.00**	**76.40**	**71.40**	77.80	**80.20**	**77.60**	**79.00**	**54.80**
	VGG-19	NC	79.20	76.40	21.00	22.20	34.80	43.40	56.40	57.20	5.00	14.60
		TABOR	80.20	78.40	23.40	30.40	34.00	53.20	58.80	63.20	13.40	20.00
		ABS	85.60	77.80	65.00	48.40	62.00	77.00	74.40	70.20	19.00	48.20
		TND	84.33	77.00	57.00	40.20	58.40	77.00	70.20	53.40	24.80	43.40
		K-Arm	88.80	78.20	70.00	50.80	64.20	74.00	**79.40**	**75.20**	38.20	50.00
		Catch-Backdoor	**90.00**	**80.80**	**79.00**	**76.80**	**80.60**	**77.20**	79.20	73.20	**75.00**	**56.60**

我们还注意到，在大型数据集和复杂模型上，LCR 会降低。例如，在 ImageNet 的 VGG19 上，LCR 平均约为 76%。原因在于模型深度的增加可能导致神经元的冗余。神经通路中的一些神经元激活值可能不会显著大于冗余神经元的激活值，这导致这些模型的 LCR 降低。

3）神经元行可视化分析

从上面实验中随机选择 6 个特洛伊木马率为 0.1 的模型。100 个良性样本、后门样本和 CatchBackdoor 反向生成的样本输入模型中。然后，通过不同的输入计算并比较倒数第二层中的 top-1 神经元的贡献和频率。实验结果如图 4-3-9 所示。

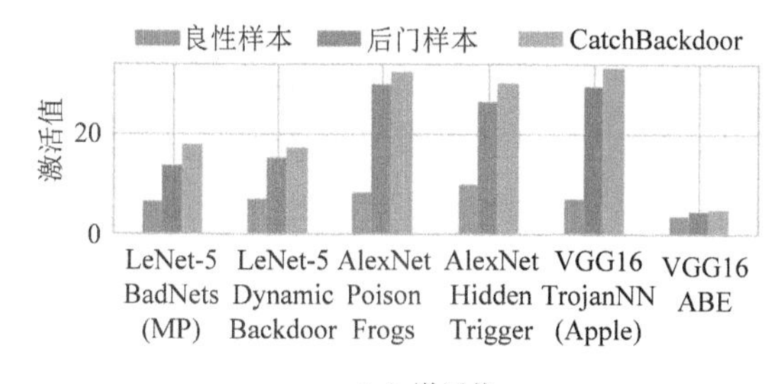

（a）激活值

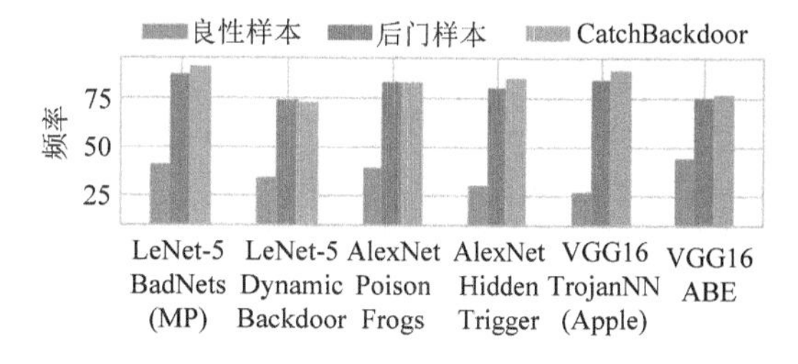

（b）激活频率

图 4-3-9　良性样本、后门样本和 CatchBackdoor 生成的触发样本的激活值和频率

从图中可以看到良性和后门样本在激活值和激活频率方面都有很大的差异。与假设一致，当后门样本触发后门时，神经元的激活值会显著增加。CatchBackdoor 生成的样本所激发的激活值和频率接近但高于后门样本，这很好地触发了木马行为。此外，触发器的大小和位置对激活值几乎没有影响。

图 4-3-9（彩图）

4. 小结

本节介绍了基于神经通路的后门检测方法 CatchBackdoor。大量的实验验证了 CatchBackdoor 在检测各种后门方面的有效性。

4.3.5.2　基于对比学习的图后门防御方法

下面介绍基于对比学习的图后门攻击防御算法 CLB-Defense。现有的图神经网络后门攻击方法是利用触发器与标签之间训练搭建的强相关系作为攻击媒介，即在部分训练数据中注入触发器以及网络标签修改为攻击目标类，进而在模型中留下后门。根据后门攻击工作原理，CLB-Defense 针对训练数据集纠正样本错误标签，过滤样本中的触发器，得到干净的训练数据集，从而有效地防御图神经网络后门攻击。

1. 问题建模

定义 1（图）　假设将图表示为 $G=\{V,E,\boldsymbol{X}\}$，其中，$V=\{v_1,v_2,\cdots,v_n\}$ 表示为 n 个节点的集合，E 表示连边集合。图中节点所包含的特征信息通过特征矩阵 $\boldsymbol{X}$ 来表示。图所包含的网络拓扑信息通过邻接矩阵 $\boldsymbol{A}\in\mathbb{R}^{n\times n}$ 来表示，当节点 v_i 和节点 v_j 存在直接连边时，$A_{i,j}=1$，否则 $A_{i,j}=0$。为此，图可以简洁地表示为 $G=\{A,\boldsymbol{X}\}$。

定义 2（图分类任务的图神经网络）　图分类数据集表示为 $\mathcal{G}=\{(G_1,y_1),(G_2,y_2),\cdots,(G_N,y_N)\}$，包含 N 个图，其中 G_i 表示第 i 个图，y_i 表示为第 i 个图对应的标签。$Y=\{c_1,c_2,\cdots,c_L\}$ 表示为数据集有 L 类的标签空间。图神经网络模型 $F_\theta(\cdot)$ 是一个图分类器，其目标是通过已有标签的数据训练图神经网络模型 $F_\theta(\cdot)$ 来预测数据集中无标签的图，即构建映射函数为 $F_\theta:\mathcal{G}\to Y$。

定义 3（图神经网络后门防御）　给定一个图分类的数据集 $\mathcal{G}$、良性模型 $F(\cdot)$、后门模型 $F_{\mathrm{b}}(\cdot)$。攻击者通过混合函数 $M(\cdot)$ 将触发器 g 注入良性样本 G 中生成后门样本 G_{b}，使得后门模

型 $F_{\rm b}(\cdot)$ 预测标签为预设的目标类 $y_{\rm t}$。因此，防御图神经网络后门攻击的目标是攻击者生成后门样本 $G_{\rm b}$，但防御下的目标模型 $F_{\rm d}(\cdot)$ 仍可以进行准确的分类，公式化表示如下：

$$\begin{cases} F_{\rm b}(M(G,g)) = y_{\rm t} \\ F_{\rm d}(M(G,g)) = F(G) \end{cases} \quad {\rm s.t.} G \in \mathcal{G} \tag{4-3-27}$$

其中，$M(\cdot)$ 是负责将触发器 g 注入良性样本中的混合函数；$y_{\rm t}$ 是攻击者选定的目标类。防御的目标是使得攻击者无法通过触发器误导目标模型，同时目标模型与良性模型有着相同的表现性能。

2. 方法介绍

1）方法框架

CLB-Defense 算法框图如图 4-3-10 所示，可分为三个阶段：对比学习构建对比模型、差值查找可疑样本、图重构及标签平滑。

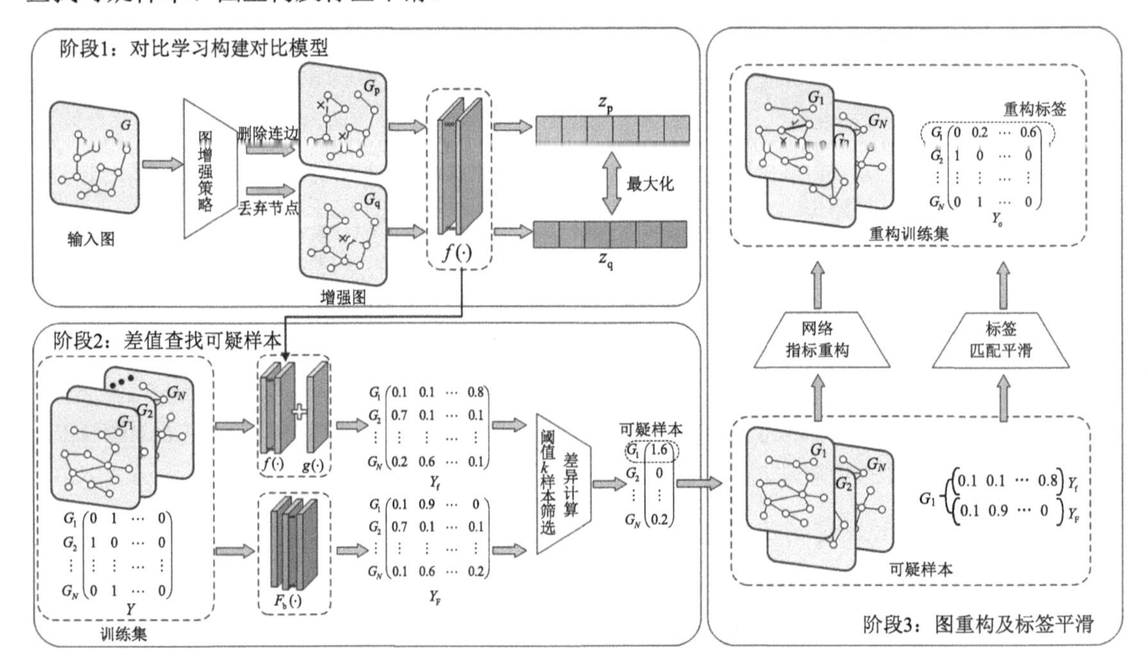

图 4-3-10 CLB-Defense 算法框图

阶段 1 对比学习构建对比模型，是采用对比学习的策略训练出不依赖数据标签的对比模型，不依赖数据标签的训练得到的模型可以避免受到后门攻击。阶段 2 差值查找可疑样本，计算目标模型和对比模型关于训练数据集的输出置信分数之间的差异，通过差值查找到可疑的后门样本。阶段 3 图重构及标签平滑，针对可疑的后门样本，利用网络重要性指标对样本的拓扑结构进行重构，过滤不合理的连边。并使用标签平滑的策略对后门样本的标签进行重置，是结合对比模型和目标模型对后门样本的输出置信分数得到新的样本标签。

2）构建对比模型

图神经网络后门攻击会篡改部分训练数据的标签，首先基于对比学习的策略构建一个不依赖训练数据标签的对比模型，流程可见图 4-3-10 中的阶段 1。对训练数据进行图增强操作构建正负样本，考虑到大多数触发器以子图结构的形式被注入样本中，为此图增强选用随机丢弃连边或节点两种方式来构建正负样本。这样不仅可以快速得到大量的增强数据，同时也能够破坏数据中存在的触发器。公式化表示如下：

$$G_{\mathrm{p}}, G_{\mathrm{q}} = D_{\mathrm{aug}}(G) \\ \text{s.t. } G \in \mathcal{G}_{\mathrm{train}} \tag{4-3-28}$$

其中，$D_{\mathrm{aug}}(\cdot)$ 表示为图增强操作；$\mathcal{G}_{\mathrm{train}}$ 为训练数据集，包含 N 个图样本；G 为 $\mathcal{G}_{\mathrm{train}}$ 中的某样本；G_{p}、G_{q} 分别表示由删除连边策略和丢弃节点策略所得到的增强图，共有 $2N$ 个样本，其中，来自同一样本的增强图认定为正样本，而不同样本增强图之间认定为负样本。

而后，构建一个基于图神经网络的编码器 $f(\cdot)$，用来提取增强图的特征，对于增强图 G_{p}、G_{q} 分别可以得到对应的嵌入特征 z_{p}、z_{q}。对比学习的损失函数定义为最大化正样本之间的一致性，使得正样本在特征空间中相互靠近，而负样本在特征空间中相互远离。这里使用归一化温度标度交叉熵损失，公式化表示如下：

$$l_{\mathrm{p,q}} = -\lg \frac{\exp(\mathrm{sim}(z_{\mathrm{p}}, z_{\mathrm{q}})/\tau)}{\sum_{m=1}^{2N} \mathbb{I}[m \neq q] \exp(\mathrm{sim}(z_{\mathrm{p}}, z_{\mathrm{m}})/\tau)} \tag{4-3-29}$$

其中，$\mathrm{sim}(z_{\mathrm{p}}, z_{\mathrm{q}}) = z_{\mathrm{p}}^{\mathrm{T}} z_{\mathrm{q}} / \|z_{\mathrm{p}}\| \|z_{\mathrm{q}}\|$ 为计算 z_{p}、z_{q} 两个特征的余弦相似度；τ 为温度参数；$\mathbb{I}[m \neq q]$ 为指示函数，满足 m 不等于 q 时，指示函数值为 1，否则为 0。最后优化的损失为将一小批次的正样本对的损失累加在一起。

3）差值查找可疑样本

基于对比学习构建的对比模型编码器 $f(\cdot)$，是在无标签的情况下构建正负样本对，使得正样本对的嵌入特征相互靠近，负样本对的嵌入特征相互远离，而且编码器的训练不依赖于数据标签。为了构成一个端到端的预测模型，在编码器后续加了两层的多层感知器作为解码器 $g(\cdot)$，用于实现下游任务。为了使得基于对比模型搭建的一个分类器有着良好表现性能，作为防御方提供了对比样本率 ς 的训练数据集带有正确标签，用于解码器参数训练。为此，对比模型 $f(\cdot)$ 与依赖训练数据集（存在后门样本）标签所得到的目标模型 $F_{\mathrm{b}}(\cdot)$ 对训练数据集中的后门样本预测置信分数会有着不同的表现。直观上，带有后门的目标模型 $F_{\mathrm{b}}(\cdot)$ 对带有触发器的后门样本会将其预测到攻击者的目标类，而对比模型 $f(\cdot)$ 与解码器 $g(\cdot)$ 构成的分类器则不会受到触发器的干扰，计算这两种端到端模型在面对后门样本的表现时存在的差异，以此找到可疑的后门样本。首先分别得到输入训练数据集到相应分类器的输出置信分数，公式表示如下：

$$\begin{cases} Y_{\mathrm{f}} = g(f(\mathcal{G}_{\mathrm{train}})) \\ Y_{\mathrm{F}} = F_{\mathrm{b}}(\mathcal{G}_{\mathrm{train}}) \end{cases} \tag{4-3-30}$$

其中，$\mathcal{G}_{\mathrm{train}}$ 是训练数据集，包含 N 个图样本和 L 类标签；$Y_{\mathrm{f}} \in \mathbb{R}^{N \times L}$ 表示基于对比模型的分类器输出的训练数据集对应的置信分数；$Y_{\mathrm{F}} \in \mathbb{R}^{N \times L}$ 表示带有后门的目标模型输出的训练数据集对应的置信分数。采用曼哈顿距离来计算 Y_{f} 和 Y_{F} 之间的差异，公式化表示如下：

$$\mathrm{Diff}_i = \sum_{j=1}^{L} |Y_{\mathrm{f}}(i,j) - Y_{\mathrm{F}}(i,j)| \\ \text{s.t. } i \in \{1, 2, \cdots, N\} \tag{4-3-31}$$

其中，Diff_i 表示第 i 个图样本输入图分类器中得到输出置信分数之间的差异；L 为数据集的类别数。根据差异阈值 k 筛选出可疑的后门样本，公式表述如下：

$$\mathrm{Sus\_idx} = \mathrm{Choose}(\mathrm{Diff}, k) \tag{4-3-32}$$

其中，Sus_idx 是通过差异值筛选出来的训练数据集中可疑后门样本的序号。

4）图重构及标签平滑

经由差值查找出了可疑后门样本，紧接着需要过滤可疑后门样本中的触发器以及对其原有标签进行重塑，进而实现对后门攻击的防御。具体分为两个步骤，即图重构和标签平滑。

首先，对可疑样本中的图结构进行处理，达到过滤可疑样本中触发器的目的。具体来说，对于可疑的后门样本，利用边介数中心性指标计算图中的所有连边重要性程度。边介数中心性是复杂网络研究中的一种经典结构相似度算法。它计算图中连边 e 之间的最短通路，其值越大表明连边越重要。边介数中心性被定义为

$$\mathrm{BEC}_e=\sum_{i\neq j}\frac{\sigma_{ij}(e)}{\sigma_{ij}} \tag{4-3-33}$$

其中，σ_{ij} 表示节点 v_i 到节点 v_j 的最短通路数；$\sigma_{ij}(e)$ 表示从 v_i 到 v_j 通过连边 e 的最短通路数。对于可疑的后门样本，利用边介数中心性指标计算图中的所有连边重要性程度，并进行升序排序筛选出不重要的连边进行删除，公式化表示如下：

$$\mathcal{G}_{\mathrm{del}}=R_{\mathrm{del}}(\mathcal{G}_{\mathrm{train}},\mathrm{Sus\_idx},\mathrm{del\_rate}) \tag{4-3-34}$$

其中，$\mathcal{G}_{\mathrm{train}}$ 表示为训练数据集；Sus_idx 为训练数据集中可疑样本的序号；del_rate 表示删除连边的数量占图中连边数的比例，即连边丢弃率；$\mathcal{G}_{\mathrm{del}}$ 表示经过删除处理的训练数据集。

同时，为了避免错误删除的连边，采用复杂网络研究中的共同邻居数指标来增加连边。共同邻居数是一种衡量结构相似度的算法指标，两个节点的公共邻居越多，则说明两者在网络中的关系越近，定义表述如下：

$$CN=\left|\Gamma(i)\cap\Gamma(j)\right| \tag{4-3-35}$$

其中，$\Gamma(i)$ 和 $\Gamma(j)$ 分别表示节点 v_i 和节点 v_j 周围的邻居节点集合。对于可疑的后门样本，利用共同邻居数指标计算图中的所有连边重要性程度，并进行降序排序，筛选出重要的连边进行添加，公式化表示如下：

$$\mathcal{G}_{\mathrm{add}}=R_{\mathrm{del}}(\mathcal{G}_{\mathrm{del}},\mathrm{Sus\_idx},\mathrm{add\_rate}) \tag{4-3-36}$$

其中，$\mathcal{G}_{\mathrm{del}}$ 表示经过删除处理的训练数据集；Sus_idx 为训练数据集中可疑样本的序号；add_rate 表示增加连边的数量占图中连边数的比例，即连边增强率；$\mathcal{G}_{\mathrm{add}}$ 表示经过添加连边处理的训练数据集，即对于可疑样本完成了图重构的数据集。

对于可疑后门样本的标签，利用基于对比模型的图分类器与后门目标模型输出的置信分数相匹配，得到平滑后的置信分数作为可疑后门样本新的标签：

$$Y_{\mathrm{o}}(i)=\begin{cases}Y_{\mathrm{f}}(i)+\alpha\cdot Y_{\mathrm{F}}(i) & i\in\mathrm{Sus\_idx}\\ Y(i) & \text{其他}\end{cases} \tag{4-3-37}$$

其中，α 为标签平滑率，表示新的标签中对比模型输出的置信分数在其中所占比例；i 表示训练数据集中对应样本的序号；Sus_idx 为训练数据集中可疑样本的序号；Y_{f} 是对比模型构建的图分类器输出的置信分数；Y_{F} 是后门目标模型输出的置信分数；Y 表示训练数据集原有的标签。

为了便于描述，将经过对可疑后门样本的图重构和标签平滑处理的训练数据集 $\mathcal{G}_{\mathrm{train}}$ 称为防御后的训练数据集 $\mathcal{G}_{\mathrm{def}}$。

5）防御算法

根据上述分析，CLB-Defense 防御可以分为三个阶段：阶段 1 是利用对比学习构建对比模型，通过无监督方式训练下得到不受标签影响的模型。阶段 2 是将对比模型与目标模型相结合，差值查找可疑的后门样本。阶段 3 是采用图重要性指标和标签平滑对可疑的后门样本的结构以及标签进行修正，得到处理后的训练数据集。目标模型在基于处理后的训练数据集进行训练。

3. 实验与分析

1）实验设置

数据集：在四个广泛使用的真实数据集上评估 CLB-Defense 的防御性能：生物信息学的 PROTEINS、来自小分子的 AIDS、来自小分子的 NCI1 和来自社会网络的 DBLP_v1。基本统

计数据总结在表 4-3-3 中。

后门攻击方法及目标模型：选用了五种攻击性能最优的后门攻击方法，即 erdős-rényi backdoor (ER-B)、most important nodes selecting attack (MIA)、MaxDCC、graph trojaning attack (GTA)以及 Motif-Backdoor。选择 GIN 模型作为目标模型。

对比算法：目前没有针对图神经网络后门攻击防御的相关研究来验证 CLB-Defense 的有效性。为此，迁移了三种有效防御图神经网络对抗攻击的方法作为对比防御方法，分别为 Jaccard-based、Label-Smooth 和 Adv-Training。

评价指标：为了客观、准确地衡量 CLB-Defense 的防御性能，采用了攻击成功率（ASR）、平均防御置信分数（average defense confidence，ADC）和分类准确率（ACC）三个评价指标。

ADC 指标表示被成功防御样本的平均输出置信分数，表示为

$$\mathrm{ADC}=\frac{\sum_{n=1}^{N_{\text{suc-def}}}\mathrm{Con}_n}{N_{\text{suc-def}}} \tag{4-3-38}$$

其中，$N_{\text{suc-def}}$ 表示成功防御的攻击样本数量；Con_n 表示样本对应标签类的置信分数。ADC 的值越高，表明防御性能越好。

2）防御实验

防御实验结果如表 4-3-3 所示。其中，五种图神经网络后门攻击方法在四个数据集上平均达到 81.86%的攻击成功率和 80.29%的分类准确率。

表 4-3-3　防御实验结果

数据集（ACC/%）	评价指标	防御方法	后门攻击方法				
			ER-B	MIA	MaxDCC	GTA	Motif-BAckdoor
PROTEINS（76.23）	ASR/%	无防御	64.57	64.89	84.75	86.72	89.46
		Jaccard-Based	29.41	26.72	58.82	24.98	75.62
		Label-Smooth	26.39	17.48	55.46	26.05	63.87
		Adv-Training	23.86	17.14	48.76	18.64	61.27
		CLB-Defense	9.41	4.54	15.79	3.36	11.76
	ADC/%	无防御	—	—	—	—	—
		Jaccard-Based	83.06	81.07	90.95	92.06	88.21
		Label-Smooth	84.35	79.58	91.16	90.21	91.07
		Adv-Training	84.78	81.54	91.27	92.53	92.81
		CLB-Defense	86.29	82.28	96.48	95.59	98.51
	ACC/%	无防御	71.16	70.82	72.06	71.56	71.43
		Jaccard-Based	72.51	70.73	72.85	71.53	72.08
		Label-Smooth	73.16	73.29	72.92	72.13	73.26
		Adv-Training	73.85	73.54	73.04	74.35	74.68
		CLB-Defense	74.24	73.95	74.39	74.76	75.03
AIDS（98.92）	ASR/%	无防御	93.62	95.48	96.57	98.92	99.86
		Jaccard-Based	73.33	81.87	86.25	89.06	90.75
		Label-Smooth	56.82	72.31	79.75	88.82	88.72
		Adv-Training	48.32	70.81	71.81	85.75	82.93
		CLB-Defense	4.31	1.06	8.63	7.94	20.63
	ADC/%	无防御	—	—	—	—	—
		Jaccard-Based	72.89	88.05	81.09	90.56	85.72
		Label-Smooth	80.58	91.48	82.65	90.97	87.68
		Adv-Training	83.67	92.26	87.79	92.89	95.87
		CLB-Defense	91.85	98.27	96.14	99.76	99.89

续表

数据集（ACC/%）	评价指标	防御方法	后门攻击方法				
			ER-B	MIA	MaxDCC	GTA	Motif-BAckdoor
AIDS（98.92）	ACC/%	无防御	96.28	96.85	98.12	97.39	97.64
		Jaccard-Based	96.58	96.15	98.34	97.58	97.83
		Label-Smooth	96.92	96.98	98.52	97.92	97.92
		Adv-Training	97.48	97.65	98.64	98.41	98.25
		CLB-Defense	98.46	98.39	98.72	98.74	98.68
NCI1（77.01）	ASR/%	无防御	78.32	96.98	98.95	100	100
		Jaccard-Based	72.25	87.63	78.54	74.25	92.64
		Label-Smooth	62.97	72.85	62.07	72.31	82.86
		Adv-Training	55.07	71.59	60.25	69.40	81.64
		CLB-Defense	45.39	57.53	42.47	46.48	48.94
	ADC/%	无防御	—	—	—	—	—
		Jaccard-Based	85.85	78.52	84.67	91.34	75.63
		Label-Smooth	98.50	93.73	99.03	92.46	96.29
		Adv-Training	98.45	96.24	99.39	96.24	98.15
		CLB-Defense	99.25	98.07	99.92	99.54	99.46
	ACC/%	无防御	73.85	73.36	74.38	74.05	73.25
		Jaccard-Based	73.04	74.09	75.03	74.67	73.82
		Label-Smooth	74.57	75.47	75.64	75.18	75.35
		Adv-Training	75.38	75.78	75.78	76.30	75.40
		CLB-Defense	75.74	76.06	76.53	76.87	75.78
DBLP_v1（80.83）	ASR/%	无防御	41.28	43.65	62.86	68.42	71.84
		Jaccard-Based	21.57	15.17	22.54	18.95	52.78
		Label-Smooth	20.28	13.05	26.79	15.74	46.92
		Adv-Training	17.03	11.04	23.25	13.59	45.76
		CLB-Defense	15.28	10.84	9.45	10.28	24.39
	ADC/%	无防御	—	—	—	—	—
		Jaccard-Based	75.01	66.98	84.11	85.94	85.91
		Label-Smooth	78.39	68.95	82.17	86.23	86.73
		Adv-Training	78.54	70.53	84.98	86.42	86.94
		CLB-Defense	80.11	72.20	86.03	87.19	91.69
	ACC/%	无防御	78.52	78.46	79.23	78.49	78.85
		Jaccard-Based	78.92	78.86	78.95	78.06	79.20
		Label-Smooth	79.05	78.25	78.39	78.26	80.18
		Adv-Training	79.83	79.90	79.36	79.65	80.23
		CLB-Defense	80.01	79.98	79.87	79.93	80.48

从整体防御性能角度分析，CLB-Defense 使得五种后门攻击方法在四个数据集上实现的 ASR 为 19.92%，同时 ADC 达到 0.9293，而 Jaccard-Based、Label-Smooth 和 Adv-Training 实现的 ASR 分别为 58.66%、52.58%和 48.89%，ADC 分别是 0.8338、0.8761 和 0.8956。CLB-Defense 能实现最优的防御性能，原因主要有两个。其一，CLB-Defense 利用对比学习构建对比模型，通过差值查找出了训练数据集中标签存在错误的样本，并对其标签进行平滑操作，使

得模型对于这部分数据进行的是软标签的学习。其二，CLB-Defense 基于两个网络重要性指标对可疑的后门样本进行了图重构，删除部分网络不重要的连边，增加网络中重要的连边。CLB-Defense 清洗可疑的后门样本中的触发器以及标签，使得目标模型基于这一批数据集训练时，无法被留下后门，从而实现防御目的。此外，CLB-Defense 使得五种攻击方法在 PROTEINS、AIDS、NCI1 和 DBLP_v1 数据集上分别降低了 88.50%、91.21%、49.22%和 75.61%。值得注意的是在 AIDS 数据集上，CLB-Defense 起到了最佳的防御效果，原因主要是图神经网络模型 GIN 在 AIDS 数据集的 ACC 为 98.92%，这就意味着数据集中不同类之间的分类边界划分是准确的，因此利用对比模型识别数据集中的标签也能较为准确，从而高效、精确地筛选出数据集中的后门样本，达到防御目的。

从图神经网络模型表现性能的角度，CLB-Defense 平均实现的 ACC 为 82.33%，而 Jaccard-Based、Label-Smooth 和 Adv-Training 分别为 80.54%、81.17%和 81.88%。与无防御机制下后门模型的 ACC 为 80.29%相比，CLB-Defense 是实现了分类准确率的最优提升，但与良性模型实现的 ACC 为 83.25%还有差距。造成该现象的原因是 CLB-Defense 通过构建对比模型和差值查找可疑样本的策略，筛选出数据集中可疑的后门样本，其次，采用图重要性指标对样本进行重构，滤除掉样本中可能存在的触发器，同时对样本中的真实标签用标签平滑策略得到的新标签进行替换。CLB-Defense 重构了数据集中可能存在的后门样本，使得目标模型的 ACC 得到了改善。而与良性模型的分类准确率仍有差距的原因是经过 CLB-Defense 防御之后的目标模型还存在一些后门攻击的样本。

4. 小结

为了缓解图神经网络后门攻击的威胁，本节提出了一种基于对比学习的后门攻击防御方法 CLB-Defense，利用对比学习构建对比模型，基于输出置信分数的差值查找可疑后门样本，然后采用图重要性指标重构训练数据中可疑后门样本的结构，而且标签平滑策略对可疑后门样本的标签进行重塑。同时，通过丰富的防御实验，验证了 CLB-Defense 面对多样性后门攻击方法情况下防御的有效性，且不影响良性模型的正常表现性能。

4.4 隐私窃取防御

深度学习技术在高速发展的同时面临着严峻的隐私泄露风险。深度模型的参数需要得到保护，否则将给模型拥有者带来巨大的经济损失。此外，深度学习模型所需要的样本数据往往包含了个人的隐私数据，这些隐私数据一旦被泄露，将会为模型拥有者带来巨大的经济风险和法律风险。

近年来，许多研究者提出了各种机制来防御针对隐私窃取的攻击。通过对模型结构的修改，为输出向量添加特定噪声，结合差分隐私等技术，能够有效防御特定的隐私窃取攻击。

4.4.1 隐私窃取防御定义

根据隐私保护的不同目标，隐私窃取防御方法可以分为针对数据窃取攻击的防御和针对模型窃取攻击的防御。通过使用加密、扰动方案，可以在根本上保护数据和模型的隐私。

针对数据窃取攻击的防御可以分为成员推理攻击的防御、模型逆向攻击的防御、属性推断攻击的防御。成员推理攻击对模型的训练数据集进行推断，对此，防御者的目标是通过减少训练集成员和非成员之间的过拟合和输出置信度差异，或向输出中添加噪声向量，使攻击者无法得到准确的推断结果。对成员推断攻击最突出的防御是差分隐私，它保证了单个数据记录对算法或模型输出的影响。模型逆向攻击的攻击者旨在通过目标机器学习模型重构恢复一个或者多个训练样本，导致训练数据的隐私泄露。对此，防御者通过降低输入样本和潜在特征之间的依赖性，以混淆训练样本和模型输出之间的关系，使攻击者难以重构出训练样本。属性推断攻击的目标是推断目标模型中训练数据的敏感隐私属性，对此，防御者主要是通过向输出中添加差分隐私扰动以保护敏感属性。模型窃取攻击目标是反演出模型的结构参数或功能，通常要求攻击者对目标模型进行多次查询。与此相关，防御者通过检测这些查询以阻止攻击者对模型的反演。

4.4.2 隐私窃取防御的基本概念

1. 防御的目标

对于数据窃取攻击的防御，防御者对目标模型的输出或者结构进行操作，使攻击者对于模型训练集的推断是不准确的。减少成员和非成员样本的可区分性，同时避免牺牲目标模型的性能。

对于模型窃取攻击的防御，首先要保证模型的分类精度，即：当不使用防御方法时，模型分类精度应该与原始精度相同。防御者需要干扰模型返回的预测，以避免攻击者推断模型的结构、参数、功能等隐私信息。

2. 防御的实现角度

为了减轻深度学习模型在训练和测试过程中可能会造成的模型与隐私泄露风险，包括训练阶段模型参数更新导致的训练数据信息泄露、测试阶段模型返回查询结果造成的模型数据泄露和数据隐私泄露，这些模型正常使用过程中间接引起的数据隐私泄露，学术界和工业界从不同角度都进行了许多尝试。

在没有被直接攻击破解的情况下，模型正常训练和使用的过程中产生的信息也会导致数据隐私的间接泄露。为了解决这类数据泄露，采用的主要思想就是在不影响模型有效性的情况下，尽可能减少或者混淆这类交互数据中包含的有效信息。可以采用以下几类数据隐私保护措施。

（1）模型结构防御。该类方法是指在模型的训练过程中对模型进行有目的性的调整，降低模型输出结果对于不同样本的敏感性。

（2）信息混淆防御。该类方法通过对模型输出、模型参数更新等交互数据进行一定的修改，在保证模型有效性的情况下，尽可能破坏混淆交互数据中包含的有效信息。

（3）查询控制防御。该类防御通过对查询操作进行检测，及时拒绝恶意的查询从而防止数据泄露。

3. 评价指标

对于隐私窃取的防御，一般从效用（通过受害者模型的测试准确性来衡量）和隐私两个方面进行评估。

对于效用，使用目标模型的良性样本识别率进行衡量。该指标显示了目标模型在分类任务上的性能。它是在目标模型的训练集和测试集上测量的。此外，还可以使用置信度扭曲度来计算模型效用，即目标模型预测的原始置信度和使用防御方法计算的置信度之间的距离的 L2 范数。防御后的良性样本识别率越高，置信度扭曲度越小，说明防御方法对模型效用影响越小，性能越优。

对于隐私性，考虑推断准确性，即目标模型在预测输入关系方面的分类准确性，可以由曲线下面积 AUC 来计算。防御后推断 AUC 越低，表明防御方法性能越优。

此外，还可以根据防御的时间开销对方法的效率进行评价。时间开销包括这些防御方法引入的任何模型的训练时间和使用这些模型时的测试时间。时间开销越小，算法越高效。

4.4.3　基础隐私保护方法概述

随着隐私窃取技术的不断发展，与其相应的防御技术也是层出不穷。目前，针对成员推理攻击、模型逆向攻击和属性推理攻击的防御技术研究也逐渐受到了研究人员的关注。本节将根据数据窃取攻击和模型窃取攻击对防御方法进行介绍。

1. 数据窃取攻击的防御

针对数据的窃取技术的一个出发点就是智能模型的过拟合性质，即相较于测试数据（非训练数据），智能模型在面对训练数据时，往往会返回比较高的预测置信度。由于上述情况的存在，针对智能模型的训练数据逆向推理技术往往可以通过分析模型在不同数据上预测置信度的差异进行训练数据的还原；同时，这一情况也为设计相应的防御技术提供了思路。一个最直观的方式就是利用正则化的方法缩小智能模型在训练集和测试集上的表现差异，如在目标模型训练时加入 dropout 层或者使用 label-smoothing 的方法来减小目标模型在训练集和非训练集上的差异。此外，研究人员开始对不需要参与模型训练过程的防御方法展开研究，或使用差分隐私方法对数据进行保护。

成员推理攻击的防御目的是使攻击者无法判断样本是否属于某目标模型对应的训练数据集。

① MemGuard：Jia 等[41]提出了 MemGuard，这是针对黑盒成员推断攻击的第一个具有正式效用损失保证的防御。MemGuard 没有篡改目标分类器的训练过程，而是向目标分类器预测的每个置信度分数向量添加噪声。成员推理攻击中攻击者使用分类器来预测成员或非成员，分类器容易受到对抗示例的攻击。基于观察结果，Jia 等建议将一个精心制作的噪声向量添加到一个置信度分数向量中，将其转化为一个对抗性示例，从而误导攻击者的分类器。

MemGuard 的目标本质上是找到一个噪声向量 $\boldsymbol{r}$，使置信度分数向量的效用损失最小化，决策函数 g 在将噪声置信度评分向量作为输入时输出 0.5 作为成员的概率。形式上，通过求解以下优化问题得到这样的噪声向量：

$$\begin{cases} \min\limits_{r} d(\boldsymbol{s},\boldsymbol{s}+\boldsymbol{r}) \\ \text{subject to: } \operatorname*{argmax}\limits_{j}\{\boldsymbol{s}_j+\boldsymbol{r}_j\} = \operatorname*{argmax}\limits_{j}\{\boldsymbol{s}_j\} \\ g(\boldsymbol{s}+\boldsymbol{r})=0.5 \\ \boldsymbol{s}_j+\boldsymbol{r}_j \geqslant 0, \forall j \\ \sum\limits_{j}\boldsymbol{r}_j = 0 \end{cases} \tag{4-4-1}$$

其中，$\boldsymbol{s}$ 为真置信度得分向量。目标函数表示置信度得分失真最小化，第一个约束表示噪声不改变查询数据样本的预测标签，第二个约束表示防御分类器的决策函数输出 0.5（即防御分类器的预测是随机猜测），最后两个约束表示噪声置信度得分向量仍然是概率分布。

② RelaxLoss ：Chen 等[42]提出了一种新的基于松弛损失（RelaxLoss）的训练框架。该框架具有更可实现的学习目标，从而缩小了泛化差距，减少了隐私泄露。RelaxLoss 适用于任何分类模型，具有易于实现和可忽略开销的额外好处，是第一个能够抵御各种攻击，同时保留（甚至改进）目标模型效用的防御。其公式为

$$A_{\text{opt}}(z_i, f(\cdot;\theta)) = \mathbb{1}[-l(\theta, z_i) > \tau(z_i)] \tag{4-4-2}$$

其中，τ 表示阈值函数；f 为模型；θ 是分类模型的参数；A 表示攻击函数；z_i 是给定的查询

样本；l 函数表示 0 或 1。如果目标模型上的损失值较小，则 z_i 更有可能被用于训练，通过降低成员和非成员损失分布之间的可比性来减轻成员推理攻击。

模型逆向攻击的防御者目标是混淆类标与相应数据的对应关系，在不影响分类精度的情况下，使攻击者无法重建与标签相对应的数据特征。

③ BiDO：Peng 等[43]提出了一种双边依赖优化（BiDO）策略，其目的是最小化潜在表示与输入之间的依赖关系，同时最大化潜在表示与输出之间的依赖关系。BiDO 策略是通过使用依赖约束作为深度神经网络常用损失之外的普遍适用的正则化器来实现的，可以根据不同的任务使用适当的依赖标准进行实例化。

BiDO 的目标是迫使 DNN 通过最小化 $d(X,Z_j)$ 来学习健壮的潜在表示，以限制从输入传播到潜在表示的冗余信息，同时最大化 $d(Z_j,Y)$ 来保持潜在表示的标签信息足够丰富。其公式为

$$\tilde{L}(\theta)=L(\theta)+\lambda_x\sum_{j=1}^{M}d(X,Z_j)-\lambda_y\sum_{j=1}^{M}d(Z_j,Y) \tag{4-4-3}$$

其中，L 为标准损失；d为依赖测度；$\lambda_x,\lambda_y\in R_+$ 为平衡超参数。式中的第二项和第三项共同构成了 BiDO 策略。提出前一个约束是为了限制冗余信息从输入传播到潜在表示，这些冗余信息可能被模型逆向对手利用来成功攻击，从而提高了模型防止隐私泄露的能力。此外，仅最小化 $d(X,Z_j)$ 也会导致有用信息的丢失，因此有必要保留 $d(Z_j,Y)$，以确保 Z_j 对Y提供足够的信息，并保持分类器的鉴别性质。

④ Ye 等[44]提出了一种不同的私有防御方法，通过只调优一个参数(隐私预算)，以高效的方式处理模型逆向攻击。其核心思想是利用差分隐私机制对置信度评分向量进行修改和归一化，以保护隐私，模糊重构数据。此外，该方法可以保证向量中分数的顺序，避免了分类精度的损失。

该方法的目标是扰动目标模型的置信度分数向量输出，用 u_j^i 表示第 j 个分数的效用，其公式为

$$\begin{cases} u_j^i=\dfrac{1}{\left|\boldsymbol{y}_i-\left(\dfrac{i-1}{k}+(j-1)\rho\right)\right|} \\ z_i=\dfrac{\exp\left(\dfrac{\varepsilon u(\boldsymbol{y}',\boldsymbol{y}_i')}{2\Delta u}\right)}{\sum\limits_{1\leqslant j\leqslant k}\exp\left(\dfrac{\varepsilon u(\boldsymbol{y}',\boldsymbol{y}_j')}{2\Delta u}\right)} \end{cases} \tag{4-4-4}$$

其中，$\boldsymbol{y}$ 为置信度分数向量；$\boldsymbol{y}'$ 为归一化后的向量；k 为 y 的不重叠的子范围个数；i 为第 i 个子范围；j 为效用分数；Δu 为灵敏度；$\boldsymbol{z}$ 为最终输出扰动向量；ε 为差分隐私预算；$\rho=\dfrac{y_{i+1}-y_{i-1}}{zm}$，$m$ 是表示离散化粒度的正整数。

2. 模型窃取攻击的防御

由于大部分模型逆向反演方法是基于“输入数据、预测输出”对，并通过查询来实现的，因此，防御者可以以更改预测输出、限制查询次数等方式来防御模型窃取攻击。

① PRADA：Juuti 等[45]观察到，模型窃取需要对目标模型进行多次查询，查询样本是专门生成和/或选择以提取最大信息的，对手提交的样本应该具有与良性查询中提交的样本分布不同的特征分布。PRADA 通过分析连续 API 查询的分布，并在该分布偏离正常行为时发出警报实现模型窃取防御。

PRADA 的目标是检测给定客户查询的样本之间距离的正态分布的偏差，量化新查询的样本 x_i 与任何之前的样本 x_0 之间的最小距离集合 D 中的距离有多接近正态（高斯）分布，如果这些距离的分布太过偏离正态分布，则标记攻击。其公式为

$$W(D)=\frac{\left(\sum_{i=1}^{n} a_i {x_{(i)}}^2\right)}{\left(\sum_{i=1}^{n} x_i-\overline{x}\right)^2},\ D=\{x_1,x_2,\cdots,x_n\} \tag{4-4-5}$$

其中，$x_{(i)}$ 是样本 D 中的 i 阶统计量；x 是样本均值；a_i 是与顺序统计量的期望值相关的常数；W 是定义在[0,1]上的一个偏离正态分布的低值。

② APMSA：Zhang 等[46]建议利用对抗性置信度扰动来隐藏给定不同查询的不同置信度分布，从而防止模型窃取攻击（称为 APMSA）。对于来自特定类别的查询，现在返回的置信度向量是相似的，这大幅减少了被攻击模型的信息泄露。为了实现这一目标，他们通过自动优化，建设性地在每个输入查询中添加精细噪声，使其置信度接近被攻击模型的决策边界。

APMSA 通过向输入中注入对抗性噪声扰动，将输入转换为对抗样本，最终返回转换后的对抗输入对应的置信度向量。对抗性输入扰动的优化与对抗性示例攻击的优化相似，但 APMSA 在硬标签改变之前停止交互，因此 APMSA 中的对抗性输入不会改变其 ground-truth 标签。其公式为

$$\begin{cases} L_1=J(x_{\mathrm{c}})=J(x+\delta)=\min\limits_{\delta}\max(Z(x+\delta))_{\mathrm{s}}-Z(x+\delta)_{\mathrm{t}},0) \\ L_2=\mathrm{Clip}_{(0,\infty)}(\max\{Z(x+\delta)_i:i\neq t,0\}-Z(x+\delta)_{\mathrm{t}}) \\ L_3=\mathrm{Clip}_{(0,\infty)}(\max\{Z(x+\delta)_i:i\neq t,s\}-Z(x+\delta)_{\mathrm{s}}) \\ L_4=\mathrm{distance}(y,y_{\mathrm{c}})=\min\limits_{\delta}\|y-y_{\mathrm{c}}\|=\min\limits_{\delta}\|f(x)-f(x+\delta)\| \\ L=L_1+c_1\cdot L_2+L_3+c_2\cdot L_4 \\ \quad =\min\limits_{\delta}J(x+\delta)+c_1\cdot L_2+L_3+c_2\cdot\|f(x)-f(x+\delta)\| \end{cases} \tag{4-4-6}$$

其中，x 为原始输入；x_{c} 为经过模糊处理的输入。损失函数 $J(x_{\mathrm{c}})$ 将样本偏移到指定对抗示例（AE）方向。对于损失函数 L_1，如果优化过程使 $Z(x_{\mathrm{c}})_{\mathrm{s}}-Z(x_{\mathrm{c}})_{\mathrm{t}}$ [$Z(x_{\mathrm{c}})_{\mathrm{t}}$ 表示目标类别 t 的 logits 值，$Z(x_{\mathrm{c}})_{\mathrm{s}}$ 表示源类别] 变小，则指定类别的 logits 值与源类别的差距越大，则经过模糊处理的输入 x_t 更接近具有目标类别的 AE。局部约束 L_2 和 L_3 限制除源类别和目标类别外的其他类别的概率，以提高优化速度。Clip(·) 表示范围约束，只有当最有可能的类别既不是源类别也不是目标类别时才会发生损失。损失函数 L_4 用于测量扰动注入前后的置信度差，以减轻 APMSA 对正常用户模型效用的影响。

4.4.4 隐私保护方法及其应用

本小节详细介绍两种模型隐私保护方法：基于通用 O(1)噪声的成员推理攻击防御方法和基于激活函数变换的黑盒攻击防御方法。

4.4.4.1 基于通用 O(1)噪声的成员推理攻击防御方法

基于通用 O(1)噪声的成员推理攻击防御方法 GONE（generic O(1) noise），即在目标模型的测试阶段，向模型输出的置信度中添加基于差分隐私指数机制的噪声，降低了模型的信息泄露。在 O(1)的时间复杂度下，GONE 在原始置信度中添加了噪声并模糊了输出概率分布，防止模型

信息泄露。另外 GONE 具有单调性，保留了原始置信度排序，所以不影响正常样本的识别。

1. 方法介绍

GONE 在模型输出层后面添加通用噪声层，通过添加基于差分隐私指数机制的噪声，从而模糊了置信度分数分布以实现隐私保护。

1）系统框图

图 4-4-1 展示了 GONE 的一般流程和防御前后的攻击结果。通过一个典型的图像多分类任务展示 GONE 对抗 MIA 的过程。红框显示的是没有添加防御的 MIA 的结果。狗的图像是成员数据，鸟的图像是非成员数据。在黑盒环境中，攻击者将图像输入目标模型中，得到置信度分数，将其输入攻击者构建的攻击模型中。通过 MIA 得到的攻击模型是一个二元分类器，可以判断图像是否为成员数据。绿色框显示了 GONE 的工作过程，在模型的 Softmax 层后面添加一个不参与训练阶段的噪声层。噪声层将噪声添加到置信度分数中，可以表示为

$$f_i'(x) = \frac{\mathrm{e}^{\varepsilon f_i(x)/\lambda}}{\sum_{i=1}^{N} \mathrm{e}^{\varepsilon f_i(x)/\lambda}} \tag{4-4-7}$$

其中，$f_i(x)$ 表示置信度分数 $f(x)$ 中第 i 个类的分数；ε 表示噪声因子；λ 表示放缩因子；N 表示类的总数；$f_i'(x)$ 表示添加了噪声后第 i 个类的置信度分数；e表示自然底数。

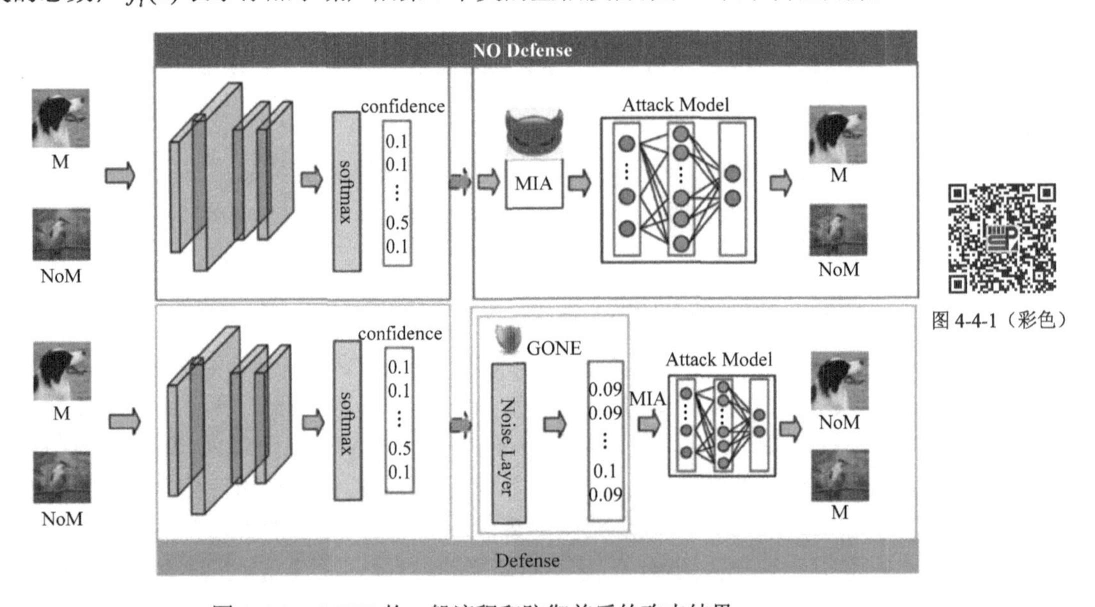

图 4-4-1　GONE 的一般流程和防御前后的攻击结果

GONE 虽然改变了置信度分数分布，但并没有改变原始概率在置信度分数中的排名，即 GONE 是单调的。例如，在添加防御之前，置信度分数 $f(x)$ 中最大的是第 i 个类的置信度分数 $f_i(x)$，添加防御之后，$f_i(x)$ 仍旧最大。单调性保证了 GONE 不会影响目标模型在正常样本上的识别准确率。另一方面，添加防御后，样本中不同类别的概率差异变小。不同样本之间的置信度分数差异也变小，从而阻止了攻击模型获得有用的信息，从而达到有效防御成员推理攻击的目的。

2）噪声生成方法

下面介绍噪声生成过程以及如何确定噪声因子 ε 和放缩因子 λ 。λ 计算公式如下：

$$\lambda = \max_{D,D':D\neq D'} \|f(D,r) - f(D',r)\| \tag{4-4-8}$$

其中，D 表示目标模型的训练数据集；D' 表示与 D 分布相同但不重叠的数据集；$f(D,r)$ 表示将 D 分类为 r 的得分函数。

噪声因子 ε 服从平均值为 0，方差为 $\sigma_l = 0.01\times\lambda$ 的正态分布，其中方差为正数。当 GONE 防御 MIA 时，将乘法因子分别设置为 0.1、0.01 和 0.001，发现当乘法因子为 0.01 时，GONE 的性能最佳。

图 4-4-2 显示了噪声生成和置信度分数模糊的过程。通过计算同一类中不同输入之间的分数差异的最大值来设置缩放因子 λ。然后，根据缩放因子 λ 得到噪声因子 ε。噪声因子 ε 服从正态分布，均值为 0，方差 $\sigma_l = 0.01\times\lambda$，为正数。最后，根据式（4-4-8）添加噪声从而模糊置信度分数。

噪声层中的噪声对于每个输入都是新的。噪声层将根据输入和模型输出的置信度产生新的噪声来改变置信度分数分布。由于只涉及一层，GONE 确保了“动态”噪声生成的效率。

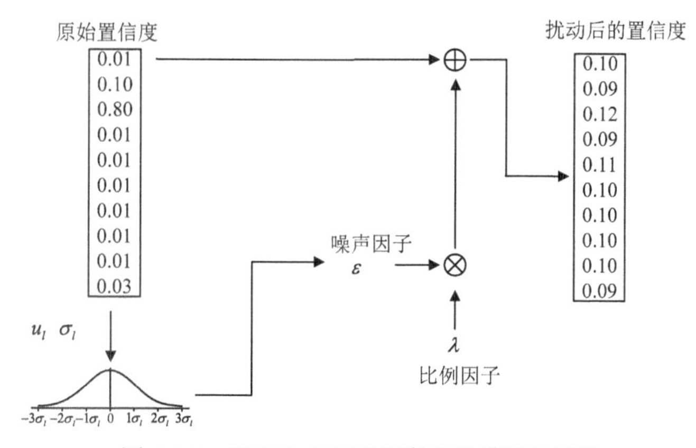

图 4-4-2 噪声生成和置信度分数模糊的过程

2. 实验与分析

1）实验设置

数据集：使用 MNIST 数据集、CIFAR-10 数据集、CIFAR-100 数据集、Face 数据集、Purchase 数据集、Location 数据集和 News 数据集来验证 GONE 算法的防御性能。

GONE 方法的防御性能需要通过攻击方法来检验。使用四种攻击方式：FMIA、GMIA1、GMIA2 和 GMIA3。

攻击方法和防御对比算法：为客观比较 GONE 算法的防御性能，将 GONE 算法和现阶段效果最优的防御方法 Dropout 和 Regularization 进行对比。Dropout 应用在模型训练阶段，冻结部分模型参数，缓解模型的过拟合程度，从而达到防御成员推理攻击的目的。同样的，Regularization 通过对模型训练阶段目标函数的修改，在目标函数中添加正则项，也能缓解模型的过拟合程度，从而实现成员推理攻击的防御。

评价指标：为评价 GONE 的防御效果，使用 F_1 分数来评价防御效果的好坏。F_1 分数的计算公式为

$$F_1 = \frac{2\times\text{precision}\times\text{recall}}{\text{precision}+\text{recall}} \tag{4-4-9}$$

其中，precision 是精确率，指目标模型训练集中的数据被正确判定为成员数据的比例；recall 是召回率，表示攻击的覆盖率，即攻击者判定的成员样本中确实为目标模型的成员数据的比例。

2）防御性能对比

图 4-4-3 分别显示了 GONE 和其他防御方法针对 FMIA、GMIA1、GMIA2 和 GMIA3 攻

击的防御效果。在防御之前，可以观察到除了 MNIST 数据集外，其他数据集的 F_1 分数都很高，可见这些数据集存在严重的隐私泄露问题。而且数据集越复杂，F_1 分数就越高。如图 4-4-3（a）所示，当 FMIA 攻击 CIFAR-100 数据集上的模型时，F_1 得分为 0.916。Dropout 和 Regularization 将 F_1 分数分别降低到 0.609 和 0.647。与其他防御相比，GONE 的 F_1 分数更小。F_1 分数从 0.916 下降到 0.057，这意味着 GONE 拥有更强大的防御性能。同样，在图 4-4-3（b）中，GMIA1 下 CIFAR-100 的 F_1 分数为 0.903。在 Dropout、Regularization 和 GONE 防御之后，F_1 分数分别下降到 0.595、0.648 和 0.053。GONE 对 MIA 有更强大的防御性能，这是因为 GONE 在置信度分数中加入了噪声，减少了不同类别在置信度分数上的差异，最大限度地模糊了置信度分数的分布，使得攻击者从置信度分数的分布中学到的信息很少，因此具有更好的防御性能。

图 4-4-3（彩图）

从图 4-4-3（a）可观察到在 Purchase2 上防御 GMIA1 时，F_1 分数与其他情况相似的现象。这是因为 GMIA1 在 Purchase2 中表现不佳，导致 F_1 分数下降幅度不大，防守效果不明显。

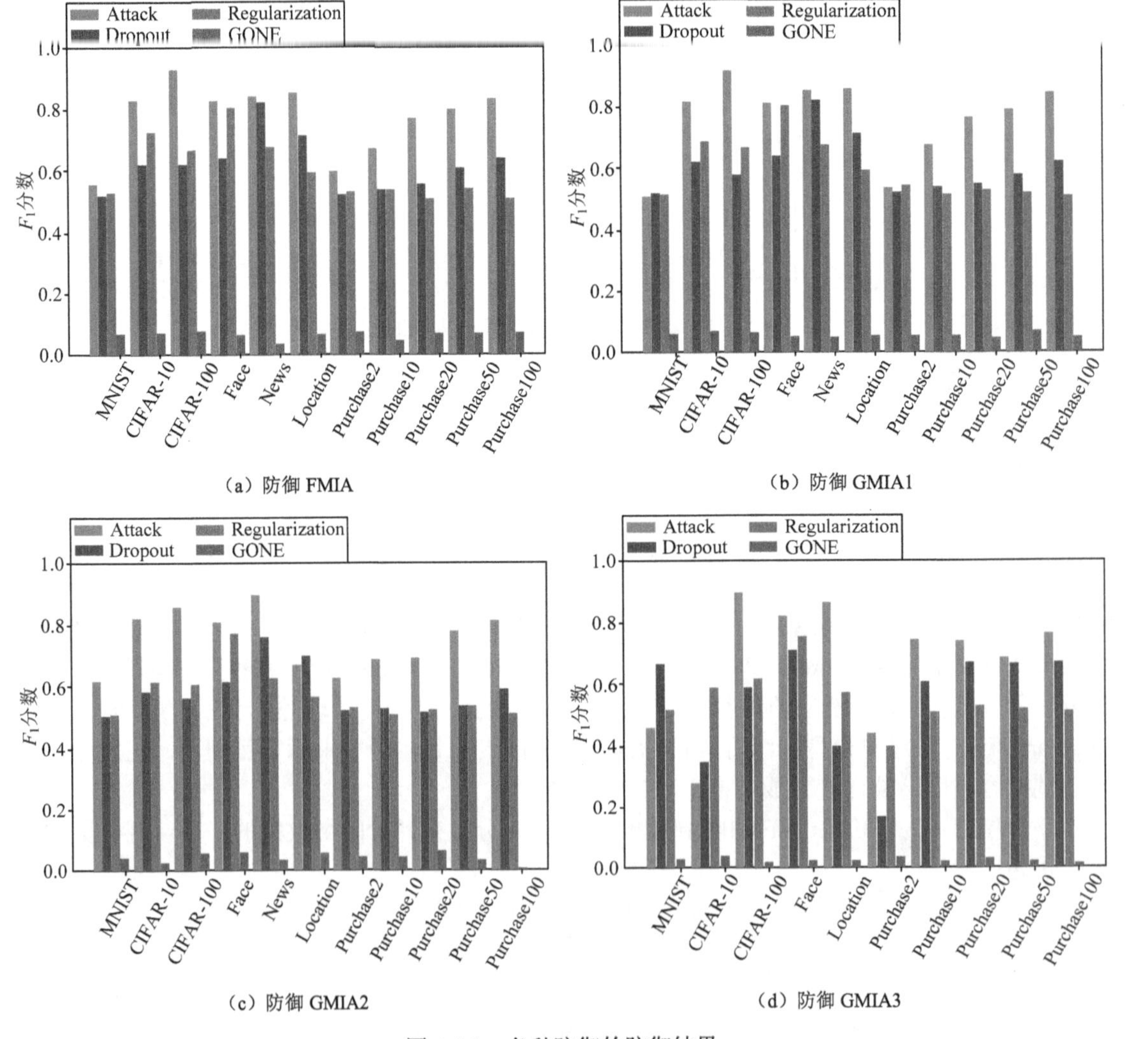

（a）防御 FMIA
（b）防御 GMIA1
（c）防御 GMIA2
（d）防御 GMIA3

图 4-4-3　各种防御的防御结果

在图 4-4-3（c）和（d）中可以观察到对于所有数据集，GONE 的 F_1 分数几乎接近 0，这意味着攻击模型几乎失去了识别成员数据的能力。观察攻击模型的分类结果，发现几乎所有的输入样本都被分类为非成员数据，这表明本节的方法对 GMIA2 和 GMIA3 非常有效。这是因为加入噪声后，成员样本和非成员样本的置信度分数没有显著差异，攻击者无法进行有效分辨。

3）有效性可视化分析

以下实验在 CIFAR-10 数据集上进行。在实现 GONE 之前，将成员数据和非成员数据输入目标模型中以获得置信度分数。然后使用 t-Distributed Stochastic Neighbor Embedding (t-SNE) 将这些置信度分数映射进二维空间。然后对 GONE 防御后的成员数据和非成员数据进行相同的处理。

在图 4-4-4 中，点共有 10 组，这是因为 CIFAR-10 有 10 个类别。从图 4-4-4（a）可以看出，在防御前，蓝点和黄点有着清晰的分布边界，可见成员数据点和非成员数据点的分布有明显区别。这也解释了为什么 MIA 可以成功。然而，在图 4-4-4（b）中，经过 GONE 防御后，可以发现蓝色和黄色点分布之间没有明确的边界，这表明成员和非成员数据之间的分布是模糊的，这解释了 MIA 攻击失败、GONE 防御成功的原因。

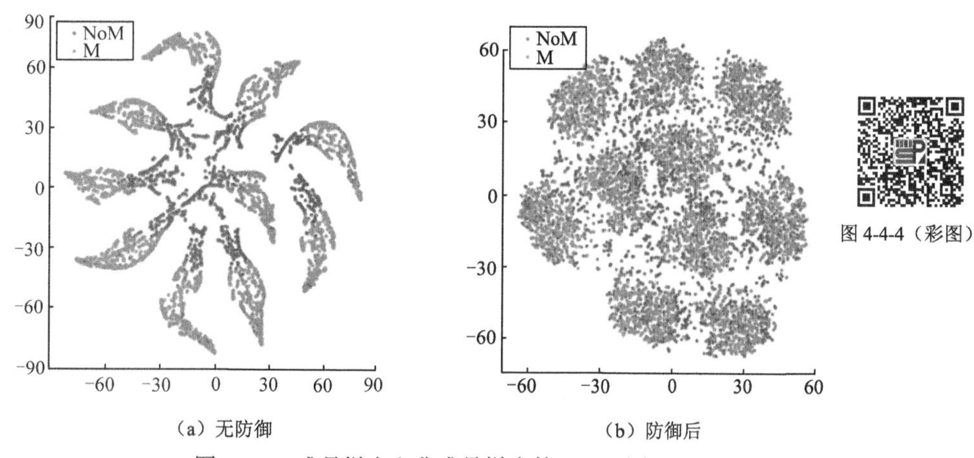

（a）无防御　　（b）防御后

图 4-4-4　成员样本和非成员样本的 t-SNE 图

3. 小结

本节介绍了一种基于通用噪声的防御方法 GONE。GONE 在模型的输出层添加噪声层，不参与模型的训练阶段，在模型测试阶段向置信度中添加基于差分隐私指数机制的噪声，模糊置信度的分布，从而有效提升模型的鲁棒性。实验结果表明，GONE 在面对基于置信度的成员推理攻击时有较好的防御性能，可以有效提升模型的鲁棒性。

4.4.4.2　基于激活函数变换的黑盒攻击防御方法

随着深度学习技术的不断发展与应用，深度学习模型已经被应用到实际生活中的各个方面。然而，深度学习模型在部署为黑盒提供服务后，恶意攻击者能够通过输入-查询的方式得到模型的输出分布，进一步利用输出分布训练出等价模型。由于等价模型与目标模型具有相似的分类边界，基于等价模型实施的对抗攻击生成的对抗样本具有良好的迁移性，使模型遭受严重的黑盒模型窃取攻击威胁。

本节提出了一种基于激活函数自适应变换的黑盒攻击防御方法（defense based on activation transformation，DAT），通过在模型输出中，对激活函数进行自适应变化，降低攻击者从模型输出中获取的信息量，隐藏模型输出的置信度信息中的敏感信息，达到对于模型窃取攻击的防御目的。

1. 方法介绍

模型窃取防御有两个目标。首先是保证目标模型的识别准确率性能。引入噪声干扰后，势必影响目标模型在原任务上的识别准确率。DAT 通过目标模型的激活函数变换，实现模型窃取攻击的防御，同时不改变目标模型的最高置信度输出，是一种模型性能无损的防御方法。第二是防复制性，通过窃取模型的识别准确率在防御前后的下降程度进行防御效果评估。在本节的实验部分，通过比较 DAT 与对比算法在不同数据集的测试准确率进行防御性能对比，DAT 在各个数据集上都表现出良好的效果。

图 4-4-5（彩图）

1）系统框图

DAT 方法系统框图如图 4-4-5 所示。

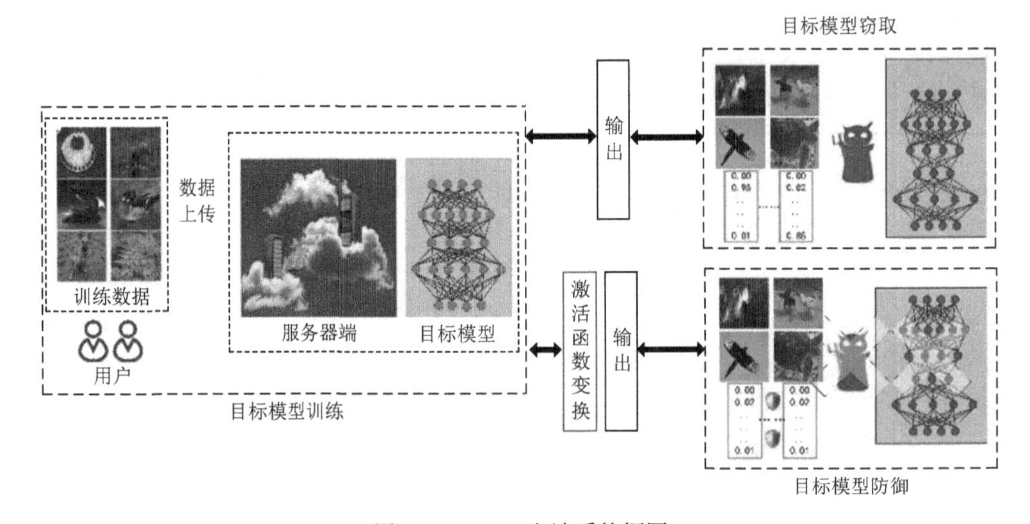

图 4-4-5 DAT 方法系统框图

图 4-4-5 展示了如何通过激活函数的变换实现基于等价模型训练的黑盒对抗攻击防御。在模型的输出阶段，对输出层的激活函数进行变换，同时保证模型输出的最大置信度类标不变。经过激活函数变换后，模型输出的置信度分布发生变化，原本攻击者利用输入的样本以及获得的输出置信度分布能够对目标模型进行等价拟合。但是由于经过防御后的置信度信息发生了变换，虽然模型识别的类标结果不变，但模型的输出置信度分布被隐藏，攻击者无法拟合模型的分边界，依赖于等价模型拟合的黑盒对抗攻击也就无法完成。

DAT 方法运行的主要步骤包括：①训练目标模型，作为实施基于等价模型的黑盒对抗攻击的目标模型；②对目标模型进行黑盒访问，模拟目标模型的等价窃取过程，获取目标模型的输出置信度分布；③利用获取的目标模型输出与输入样本集，进行等价模型的训练，利用训练得到的等价模型进行对抗攻击；④初始化激活函数变换系数，在目标模型的输出层进行激活函数的变换；⑤重新执行步骤②，对防御后的目标模型进行等价模型训练；⑥每一轮训练结束后计算等价模型的识别准确率；⑦根据每一轮的等价模型识别准确率对激活函数变换系数进行优化；⑧训练达到最大训练迭代数后，对等价模型进行对抗攻击，与步骤③的防御前黑盒对抗攻击进行对比。

2）激活函数变换

攻击者通过查询-攻击的方式对目标模型进行模型窃取，然后利用构建的等价替代模型实施对抗攻击，最终完成对目标模型的黑盒迁移攻击。窃取模型的过程依赖于对目标模型输出的后验概率分布拟合。在模型输出层引入激活函数变换机制，对模型输出的概率分布进行保护，在不影响模型识别准确率的前提下，保护模型的隐私安全，并完成黑盒攻击防御。

在模型的训练过程中，经过最后的全连接层后会输出一个特征向量$\boldsymbol{Z}(x,i)$，其中，$i=1,2,\cdots,C$，C是模型训练的样本类别总数。为了将输出向量转化为概率$P\left(P\in[0,1]\right)$，将向量$\boldsymbol{Z}(x,i)$输入Softmax层，通过Softmax层的激活函数，将向量$\boldsymbol{Z}(x,i)$映射到[0,1]的概率区间，得到一个包含各类得分归一化后的概率向量$\boldsymbol{Y}(x,i)$，$i=1,2,\cdots,C$，C是样本类别总数。向量$\boldsymbol{Y}(x,i)$表示输入的样本x被分类成第i类时的概率，概率值最大的一类即为模型分类结果，通常称该向量为置信度，公式如下：

$$\boldsymbol{Y}(x,i)=\frac{\mathrm{e}^{\boldsymbol{Z}(x,i)}}{\sum_{i=1}^{C}\mathrm{e}^{\boldsymbol{Z}(x,i)}} \tag{4-4-10}$$

为了减少输出置信度中的敏感信息，受到差分隐私保护的指数机制的启发，对激活函数进行变换，在激活函数中添加自适应变换项系数，得到以下激活函数的变形形式：

$$\boldsymbol{Y}(x,i)=\frac{\mathrm{e}^{\boldsymbol{Z}(x,i)}}{\sum_{i=1}^{C}\mathrm{e}^{\boldsymbol{Z}(x,i)}}\rightarrow\boldsymbol{Y}(x,i)=\frac{\mathrm{e}^{\varepsilon\boldsymbol{Z}(x,i)/2}}{\sum_{i=1}^{C}\mathrm{e}^{\varepsilon\boldsymbol{Z}(x,i)/2}} \tag{4-4-11}$$

其中，ε为自适应变换项系数。如图4-4-6所示，通过自适应算法优化ε，不断更新ε的值，使图4-4-6中目标模型的识别准确率降低，实现对模型窃取攻击的自适应动态防御。

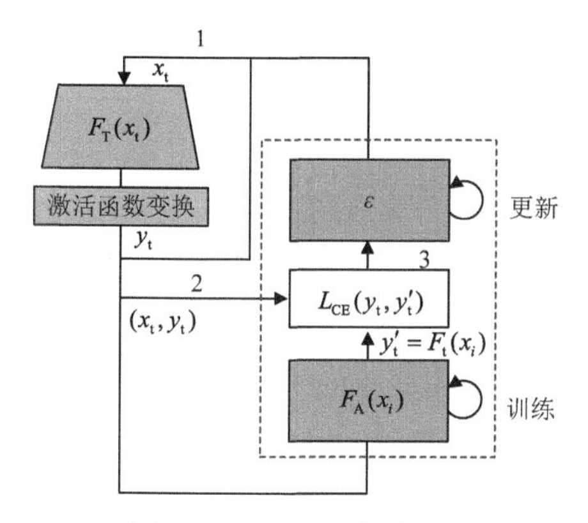

图4-4-6　DAT运行流程图

3）变换系数自适应优化

为了实现自适应动态防御，通过激活函数的变换系数进行自适应优化，在等价模型的训练阶段，以等价模型的测试集识别准确率为判断条件。每一轮训练结束后，比较与前一轮训练得到的等价模型在测试集上的识别准确率，若识别准确率上升，则调整自适应变换系数的值。变换系数优化的方向为等价模型识别准确率下降的方向。

4）防御方法可行性分析

模型窃取攻击实施的重要环节是通过输入查询的方式获得如图4-4-7所示的DAT系统框图中“输出”的目标模型的后验概率输出分布。在DAT防御中，将激活函数自适应变换引入后验概率，旨在改变后验概率的分布，而不是简单地添加噪声来隐藏某些置信度信息。DAT采用激活函数自适应变换机制，可以使转移集的样本分布远离目标模型的边界。

攻击者原本精心制作的转移数据集的分布接近目标模型的边界（图4-4-7左侧）。引入激活函数自适应变换机制后，转移数据集的样本分布变得凌乱且远离目标模型边界（图 4-4-7 右侧）。最终导致窃取模型的训练失败，无法对目标模型进行等价替换，也就无法进一步实现对目标模型的黑盒迁移攻击。

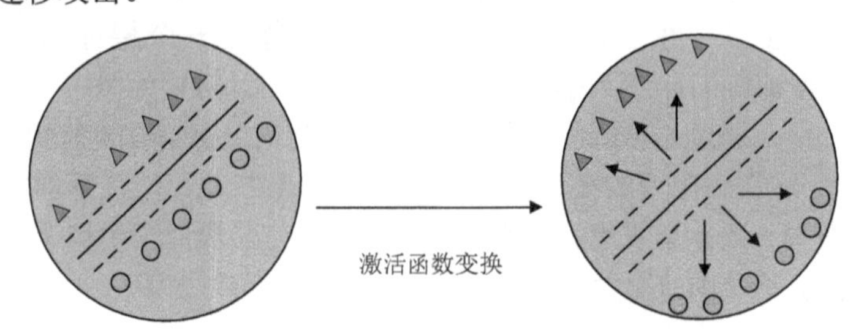

图 4-4-7　转移数据集样本边界分布破坏示意图

2. 实验与分析

1）实验设置

数据集： 使用五个公开数据集来评估模型窃取攻击防御以及黑盒迁移攻击防御，包括 MNIST、Fashion-MNIST（F-MNIST）、CIFAR-10、CUBS200 和 CalTech-256。

深度模型： 在模型窃取攻击中，目标模型与窃取攻击使用的模型结构一致。对于 MNIST 和 Fashion-MNIST 数据集，使用 LeNet 模型；对于 CIFAR-10 数据集，使用 AlexNet 模型；对于 CUBS200 和 CalTech-256 数据集，采用 Vgg16 和 ResNet34 模型。

攻击方法： 对于模型窃取攻击，使用的攻击算法包括 JBDA、JB-self、JB-top3 和 Knockoff，使用的防御算法包括 Rounding、Top-k、Random noise、Mad 和 Reverse_Sigmoid。

评价指标： 使用对应数据集防御前后测试集识别准确率（ACC）评估模型窃取攻击和防御性能。

2）模型窃取攻击防御性能

表 4-4-1 的内容是在不同的数据集下，不同的模型窃取攻击的效果，第二列的 ACC(F_T) 表示被窃取的目标模型在测试集上的识别准确率。ACC(F_A) 表示在不同的模型窃取攻击下窃取模型在测试集上的识别准确率。可以看到，Knockoff 是所有模型窃取攻击算法中攻击效果最好的，在各种数据集上都达到与目标模型相近的识别准确率。

表 4-4-1　防御前窃取模型识别准确率

数据集	ACC (F_A) /%				
	ACC (F_T)	JB-self	JBDA	JB-top3	Knockoff
MNIST	98.7	89.0	87.0	94.7	**98.4**
F-MNIST	92.1	45.3	56.4	77.8	**89.0**
CIFAR-10	91.5	37.4	33.6	78.6	**81.0**
CUBS200	80.4	8.0	3.9	21.7	**67.3**
CalTech-256	79.6	15.5	16.0	35.4	**76.5**

为了比较 DAT 与其他模型窃取攻击算法的性能，选择攻击性能最强的 Knockoff 作为攻击，进行不同算法的性能对比，结果如表 4-4-2 所示，其中每种攻击的查询次数统一设置为 40000 次。可以看到，DAT 的防御效果优于其他对比算法。特别是在高维复杂数据集上，观察到 DAT 在 CUBS200 数据集上使攻击者的测试准确率降低了 66.1%(67.3%→0.7%)，在 CalTech-256 数据集上降低了 75.0%(76.5%→0.4%)。在这些复杂的大型数据集上的优越防御性能使 DAT 更具现实意义，因为复杂数据集的模型训练更复杂，训练成本更高，因此，对这些模型的保护

更有现实价值和意义。

表 4-4-2 模型窃取攻击防御的效果对比

评价指标		MNIST	F-MNIST	CIFAR-10	CUBS200	CalTech-256
ACC (F_A) /%	无防御	97.8	66.7	79.0	66.8	75.4
	Rounding	90.2	60.5	72.8	57.2	68.7
	Top-k	88.5	63.0	75.0	55.3	70.5
	Random noise	74.4	43.8	42.2	11.4	22.5
	Mad	59.6	35.4	47.6	29.2	53.8
	Reverse_Sigmoid	58.8	45.7	59.7	7.5	11.2
	DAT	**53.1**	**27.8**	**16.7**	**0.7**	**0.4**

图 4-4-8 表示 DAT 防御后目标模型的识别准确率。准确率越高，说明防御方法对目标模型的造成负面影响越小。与其他对比算法相比，DAT 对目标模型的原始识别准确率完成没有影响，这是由于 DAT 不是直接引入噪声，而是通过输出层的激活函数的自适应变换，使输出信息脱敏，导致攻击者无法获取足够的信息完成模型窃取攻击。

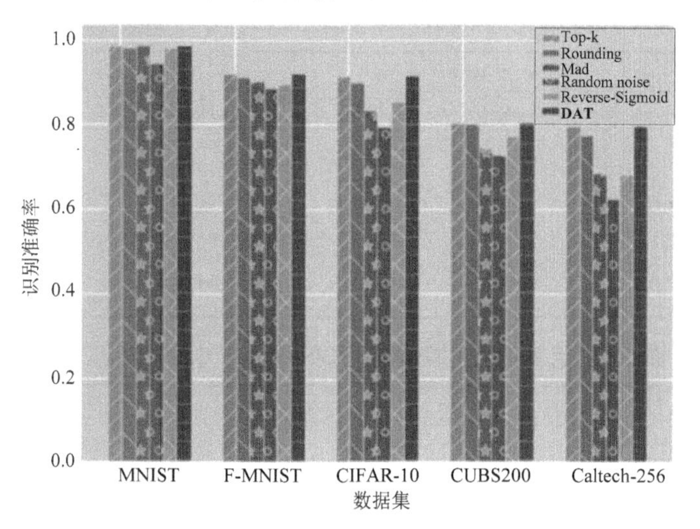

图 4-4-8 DAT 防御后目标模型的识别准确率

图 4-4-8（彩图）

3）防御迁移性

为了验证 DAT 防御在不同模型上的可迁移性，在实验中对每个数据集使用不同的模型结构进行验证：其中 MNIST 和 Fashion-MNIST 数据集使用模型包括 CNN_M、Lenet 和 Alexnet；CIFAR-10、CUBS200 和 CalTech-256 使用模型包括 Alexnet、Vgg16 和 ResNet34。实验结果如表 4-4-3 和表 4-4-4 所示。

表 4-4-3 MNIST 和 Fashion-MNIST 数据集上不同模型的防御迁移性

数据集模型	MNIST			Fashion-MNIST		
	CNN_A	LeNet	AlexNet	CNN_A	LeNet	AlexNet
ACC(F_T)/%	98.10	98.70	99.40	89.10	92.10	91.80
ACC(F_A)/%（防御前）	97.50	98.60	99.30	65.40	69.20	76.50
ACC(F_A)/%（防御后）	57.30	59.00	59.00	14.30	29.10	32.10

表 4-4-4 CIFAR-10、CIBS200 和 CalTech-256 数据集上不同模型的防御迁移性

数据集模型	CIFAR-10			CIBS200			Caltech-256		
	AlexNet	Vgg16	ResNet34	AlexNet	Vgg16	ResNet34	AlexNet	Vgg16	ResNet34
ACC(F_T)/%	68.90	91.50	72.40	71.40	80.40	81.30	74.90	81.60	78.40
ACC(F_A)/%（防御前）	58.50	78.70	60.10	52.70	67.30	68.70	64.90	79.60	78.40
ACC(F_A)/%（防御后）	10.20	17.90	12.10	0.50	0.50	0.50	0.40	0.40	0.50

在不同的模型中，DAT 均可以实现良好的防御效果。在实验过程中发现攻击者使用的窃取模型结构复杂度与窃取效果相关。正常情况下，攻击者无法获得模型的结构信息。假设攻击者对于目标模型的结构未知，并采用不同的模型结构进行模型窃取攻击。每个数据集对应的目标模型结构：MNIST 和 Fashion-MNIST 使用 LeNet，CIFAR-10、CUBS200 和 CalTech-256 使用 Vgg16，实验结果如表 4-4-5 和表 4-4-6 所示。

表 4-4-5 窃取模型复杂度对防御的影响（MNIST、Fashion-MNIST）

数据集模型	MNIST			Fashion-MNIST		
	CNN_A	LeNet	AlexNet	CNN_A	LeNet	AlexNet
ACC(F_T)/%		98.70			92.10	
ACC(F_A)/%（防御前）	97.30	98.60	98.80	63.20	69.20	76.50
ACC(F_A)/%（防御后）	57.30	59.00	59.00	14.30	29.10	32.10

表 4-4-6 窃取模型复杂度对防御的影响（CIFAR-10、CIBS200、CalTech-256）

数据集	CIFAR-10			CIBS200			Caltech-256		
模型	AlexNet	Vgg16	ResNet34	AlexNet	Vgg16	ResNet34	AlexNet	Vgg16	ResNet34
ACC(F_T)/%		91.50			80.40			81.60	
ACC(F_A)/%（防御前）	52.90	78.70	63.70	41.50	67.30	63.10	58.10	79.60	75.20
ACC(F_A)/%（防御后）	10.20	17.90	12.10	0.30	0.50	0.80	0.40	0.40	0.50

从表 4-4-5 和表 4-4-6 可知，当目标模型和窃取模型具有相同的模型结构时，模型窃取攻击的效果最好。同时，DAT 保持良好的防御效果，尤其是在 CUBS200 和 CalTech-256 这两个大型数据集上，经过 DAT 防御后，攻击效果几乎为零。

3. 小结

本节提出了一种基于深度学习模型激活函数变换的黑盒攻击防御方法 DAT，能够实现对模型窃取攻击和基于模型窃取等价的黑盒对抗攻击防御。通过实验结果和可行性分析，验证了 DAT 方法的有效性。

4.5 偏见去除

近年来，深度学习依靠其强大的特征提取能力和在复杂任务决策上有效的判断能力，被广

泛应用在刑事司法、信用贷款、医疗诊断等诸多领域。然而，训练数据中存在对弱势群体、少数族裔的偏见信息，会被深度学习模型在训练时学习并放大，从而导致模型预测结果的不公平性。研究深度学习去偏算法是有广阔前景的，依靠去偏算法提高分类结果公平性，减少评估结果带来的负面影响，提供更加准确的判断参考信息，对深度学习未来进一步的开发和利用具有十分重要的作用。

4.5.1　偏见去除问题定义

偏见去除的基本任务是将一般的深度学习算法扩展到保证公平性的算法。

给定数据集 $D \in X \times Y$，其中 X 表示样本，Y 为正确类标，该数据集中观察不到受保护的成员敏感属性 S，例如种族或性别，以及模型 $f: X \to Y$。偏见去除的目标是寻求最佳的模型参数 θ^* 满足以下公式：

$$\theta^* = \underset{\theta}{\operatorname{argmin}} \ \max_{s \in S} L_{D_s}(f_\theta) \tag{4-5-1}$$

其中，$L_{D_s}(f_\theta) = \mathbb{E}_{(x_i, y_i) \sim D_s}[\ell(f(x_i), y_i)]$ 为 S 中的预期损失函数。同时该模型应具有良好的分类准确率，满足以下公式：

$$\theta^* = \underset{\theta}{\operatorname{argmin}} \ L_D(f_\theta) \tag{4-5-2}$$

其中，$L_D(f_\theta) = \mathbb{E}_{(x_i, y_i) \sim D}[\ell(f(x_i), y_i)]$ 为模型的分类交叉熵损失函数。

4.5.2　偏见去除的基本概念

1. 偏见去除的威胁模型

深度学习的公平性分为群体公平和个体公平。群体公平性是指平等对待不同群体，要求根据敏感属性划分的不同群体在某些统计指标（如概率均等、机会均等）上尽可能相等。而个体公平性是指对相似的个体给出相似的预测，即要求相似个体经过深度学习模型的预测应该得到相似的结果。

偏见操控的攻击者希望目标模型的输出在敏感属性上出现偏向性，与此相反，偏见去除方法希望模型在敏感属性上输出概率均等。根据偏见操控的不同目标，攻击者知识也有所差异。

对于群体公平，攻击者可以得到模型的预测类标，即允许攻击者使用预测类标，使模型输出敏感属性。对于指定类上的机会均等问题，攻击者只能得到指定类的训练样本。对于概率均等问题，攻击者可以得到模型的输出及其对应的真实类标。

偏见去除的防御者可以得到模型的训练数据以执行数据去偏，也可以得到白盒模型，更改其结构或对其进行重训练以减少偏见。

2. 评价指标

由于群体公平和个体公平的定义不同，对其评价指标也存在差异。

对于群体公平，可以通过以下三个指标对去偏效果进行衡量。

在数据集 X 中，敏感属性 A（受保护属性）是指数据样本所属的社会群体，如性别、种族和年龄。Y 表示数据的真实标签，$\hat{Y}$ 表示预测标签，Y 的值是 1 或 0，分别对应有利标签 T 和不利标签 F。

概率均等差异（average odds difference，AOD）为非特权和特权群体的假阳率 FPR 和真阳性率 TPR 差异的平均值，计算公式如下：

$$\text{AOD} = [(\text{FPR}_\text{U} - \text{FPR}_\text{P}) + (\text{TPR}_\text{U} - \text{TPR}_\text{P})]/2 \tag{4-5-3}$$

其中，FPR_U 为非特权群体的假阳率；FPR_P 为特权群体的假阳率；TPR_U 为非特权群体的真阳

率；TPR_P为特权群体的真阳率。

机会均等差异（equal opportunity difference，EOD）为非特权和特权群体真阳性率的差异，计算公式如下：

$$EOD = TPR_U - TPR_P \tag{4-5-4}$$

人口平价差异（statistical parity difference，SPD）为非特权组获得有利标签的概率与非特权组获得有利标签概率之差，计算公式如下：

$$SPD = P(\hat{Y}=1 \mid A=0) - P(\hat{Y}=1 \mid A=1) \tag{4-5-5}$$

以上公平性指标都是越接近0，则认为去偏效果越好。

对于个体公平，则可以沿用歧视样本对的概念对去偏效果进行衡量。首先从数据集中抽取大量样本x，修改敏感属性，生成歧视样本x'，然后将歧视样本输入深度模型f，统计$f(x')$的输出结果，记录个体歧视对的数量。如果深度模型在数据集中存在的个体歧视对越多，则说明模型个体公平性越低。计算公式如下：

$$\bar{M} = K^{-1}\sum_{i=1}^{K}\frac{m' \times 100}{m}(K \to \infty, \bar{M} \to M^*) \tag{4-5-6}$$

其中，m表示抽取的样本总数量；m'表示生成的个体歧视对的数量；K表示实验重复的次数，直至歧视发生比$\bar{M}$收敛；$\bar{M}$值越小表示模型越公平。

4.5.3 基础去偏方法概述

根据不同的对象，偏见去除方法可以分为数据去偏和模型去偏。数据去偏技术通过对数据进行处理，以减轻预测模型潜在的歧视。模型去偏是指通过训练模型来减少模型的偏差，使其更好地适应训练数据和测试数据。

1. 数据去偏

在深度学习模型训练过程中，由于样本选取、数据收集或处理等原因，导致数据中存在某些特定的倾向或偏差，可能会影响到数据分析的结果。为了消除或减少数据偏差的影响，使得数据更加公正和客观，常用数据去偏方法来处理数据。

① Burnaev 等[47]通过实验研究了重采样对分类准确性的影响，比较了重采样方法并突出了重采样的重点和难点。对于数据集中类的不平衡，作者引入不平衡率来衡量，若不平衡率$IR(S)\geqslant 1$或更高，则数据集S越不平衡。数据重采样的方法分两步完成：首先，使用重采样方法r对数据集S进行重采样，即丢弃S中的某些观测值或向S添加一些新的合成观测值。接下来，在$r(S)$上学习一些标准分类模型h，从而得出分类器$h_{r(S)}$：$R^d \to \{0,1\}$。不平衡率计算公式如下：

$$IR(S) = \frac{|C_0(S)|}{|C_1(S)|} \tag{4-5-7}$$

其中，$C_0(S) = \{(X_i, y_i) \in S \mid y_i = 0\}$；$C_1(S) = \{(X_i, y_i) \in S \mid y_i = 1\}$。

② 样本类别分布不均衡也是导致深度模型不公平的一个原因，类别均衡采样是解决这类问题一种方法。常用的类别均衡方法就是根据每个类别的观察次数重新采样和重新加权。Cui 等[48]认为随着样本数量的增加，新添加的数据点带来的好处将减少。他们提出了一种新颖的理论框架，通过将每个样本与其较小的邻域相关联来测量数据。有效样本数通过简单公式$(1-\beta^n)/(1-\beta)$来计算，其中，n是样本数，$\beta \in [0,1)$是超参数。

③ Chawla 等[49]提出了一种叫作 SMOTE（synthetic minority over-sampling technique）的合成数据的方法。SMOTE 通过创建“综合”示例而不是通过替换来对少数群体进行过采样。通

过获取每个少数种群样本以及基于距离度量选择类别下两个或者更多的相似样本引入综合示例，对少数种群进行过采样。

人造数据是通过以下方式生成的：取所考虑的特征向量（样本）与其最近邻域之间的差，将该差乘以 0 到 1 之间的一个随机数，并将其添加到所考虑的特征向量中。这将导致沿着两个特定特征之间的线段选择一个随机点，这样就构造了许多新数据。但是人造数据可能会引入重复样本。

④ 基于代价敏感[50]的去偏方法是使用代价来调整分类器的权重，代价敏感的特性能够在分类器上得到满足。若某个训练集存在 N 个样本，形如 $[x_n, y_n]_{n=1}^{N}$，所谓的代价敏感方法是指利用 $K\times K$ 的矩阵 $\boldsymbol{C}$ 对不同样本类别施加权重[51]。$\boldsymbol{C}\left(y_i, y_j\right)\in[0,\infty)$ 表示类别 y_i 错分为类别 y_j 的惩罚。训练目标被施加代价后将会变为

$$\underset{\theta}{\operatorname{argmin}} \sum_{n} \boldsymbol{C}(y_n, g(x_n)) \tag{4-5-8}$$

其中，θ 为分类器 g 的参数；$\sum_{n} \boldsymbol{C}(y_n, g(x_n))$ 为期望之和。

2. 模型去偏

模型去偏方法通常可以分为模型正则化和对抗性训练两类。前者通过在总体目标函数中添加辅助正则化项来实现，显式或隐式地对某些公平性度量施加约束，后者可以从深度模型的中间表示中去除敏感属性的信息，从而得到一个公平的分类器。

① Holland 等[52]采用一种名为 CREX（credible explanation）的方法对深度模型进行正则化训练，使用的损失函数如下所示：

$$L(\theta, x, y, r) = \boldsymbol{L}_{\text{supv}} + \lambda_1 \boldsymbol{L}_{\text{rationale}} + \lambda_2 \boldsymbol{L}_{\text{sparse}} \tag{4-5-9}$$

其中，使用的正态分类损失函数为交叉式损失 $\boldsymbol{L}_{\text{supv}}$。CREX 的核心思想是：深度模型应该依靠合理的证据来做出决定。CREX 示意图如图 4-5-1 所示，黑色实线表示向前的通路，两端带箭头的虚线是损失，一侧带有箭头的虚线表示坡度流。三个向量从左到右分别是输入、解释和基本原理。

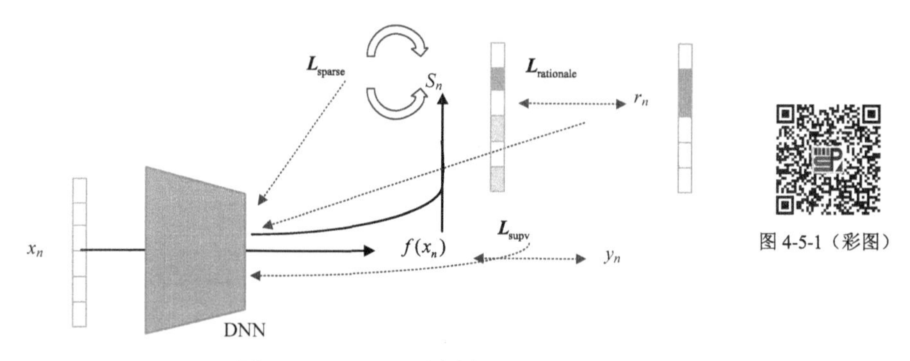

图 4-5-1　CREX 示意图

从模型训练的角度来看，对抗性训练是一种典型的解决方案，可以从深度模型的中间表示中去除敏感属性的信息，从而得到一个公平的分类器。其目标是学习一种高级输入表征，该表征对主要预测任务具有最大信息量，同时对受保护属性具有最小预测性。对抗性训练过程可以表示为

$$\begin{cases} \underset{g}{\operatorname{argmin}} L(g(h(x), z)) \\ \underset{h,c}{\operatorname{argmin}} L(c(h(x)), y) - \lambda L(g(h(x))) \end{cases} \tag{4-5-10}$$

深度模型可以记为 $f(x)=c(h(x))$，其中，$h(x)$ 是输入 x 的中间表示，$c(\cdot)$ 负责将中间表示映射到最终的模型预测。$f(x)$ 可以是通过反向传播学习的任意深度模型。要检查的受保护属性使用 z 表示，主任务 $f(x)=c(h(x))$ 本身并没有与受保护的属性 z 进行排序。构造了一个对抗性分类器 $g(h(x))$，从表示 $h(x)$ 中预测受保护属性 z。训练是在 $f(x)$ 和对抗分类器 $g(h(x))$ 之间迭代进行的。经过一定的迭代次数，就可以得到去偏的深度模型。

② Zhang 等[53]提出了一个框架，以减轻从关联的数据中学习到的模型中的偏见。他们提出了一个模型，试图最大限度地提高真实类标 y 的预测精度，同时最小化输出受保护或敏感变量的概率。假设该模型是通过尝试修改权重 W 来训练的，以使用基于梯度的方法（如随机梯度下降）最小化损失 $L_{\mathrm{p}}(\hat{y},y)$。然后，预测器的输出层被用作另一个网络的输入，该网络为攻击者的目标模型，即攻击者想要该模型输出敏感变量。假设攻击者有损失项 $L_{\mathrm{A}}(\hat{y},y)$ 和权重 U，根据梯度 ∇UL_{A}，该方法在每个训练时间步长更新 U 以最小化 L_{A}。

$$\nabla_{\mathrm{W}}L_{\mathrm{P}}-\mathrm{proj}_{\nabla_{\mathrm{W}}L_{\mathrm{A}}}\nabla_{\mathrm{W}}L_{\mathrm{P}}-\alpha\nabla_{\mathrm{W}}L_{\mathrm{A}} \tag{4-5-11}$$

其中，α 表示可以在每个时间步长变化的可调超参数。如果 $v=0$，则定义 $\mathrm{proj}_v x=0$。

4.5.4 偏见去除方法及其应用

目前，面向深度模型的去偏方法仍然存在以下挑战：①在去偏过程中缺少对偏见的解释，因此导致无法进一步降低偏见；②降低模型偏见的同时会导致模型的分类性能下降。对此，本节提出了于约束优化的生成式对抗网络数据去偏方法和基于偏见神经元的个体去偏方法。

4.5.4.1 基于约束优化的生成式对抗网络数据去偏方法

基于约束优化的生成式对抗网络的数据去偏方法主要通过搭建以自编码器为核心的生成式对抗网络结构模型，在给定敏感属性的情况下，通过对抗式的迭代训练，识别原始数据集中与敏感属性相关的偏见信息，并根据信息的相关程度生成权重，消除偏见信息。

1. 方法介绍

数据集中的偏见信息不仅仅是敏感属性，还有与敏感属性相关的偏见信息，因此可以依靠训练模型提取偏见信息特征，找出关联属性偏见信息。本小节的方法介绍了一个包含自编码器的 GAN 结构模型，通过对抗式训练控制自编码器优化方向，将偏见信息模糊，以提高数据集本身的公平性。去偏算法如图 4-5-2 所示。

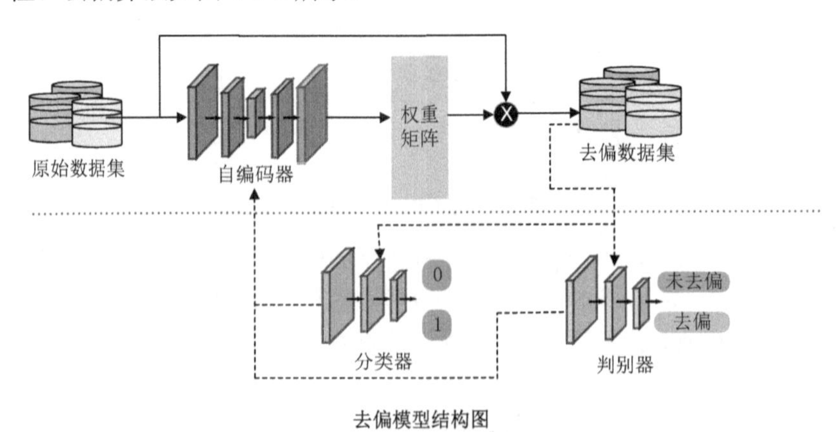

图 4-5-2 基于生成式对抗网络的数据集群体去偏算法

1）损失函数介绍

去偏方法依靠对抗式训练生成损失函数，为自编码器结构提供了优化方向，因此，损失函数将直接影响最终在数据集上的去偏效果。在模型中的自编码器、分类器及判别器上，各自需要一个损失函数更新优化方向，包括作用于分类器的损失函数 L_{C}、作用于判别器的损失函数 L_{D} 及作用于自编码器的损失函数 L_{A}。L_{C} 用来优化分类器准确率，计算公式如下：

$$L_{\mathrm{C}}=\sum_{i} L(\hat{Y}_i, Y_i) \tag{4-5-12}$$

判别器 D 试图预测数据集是否经过自编码器去偏处理后给出结果 $\hat{g}$ 和实际结果 g，L_{D} 鼓励提高判别器判断准确性，公式如下：

$$L_{\mathrm{D}}=\sum_{i} L(\hat{g}_i, g_i) \tag{4-5-13}$$

在自编码器 A 上，引入对抗式和去偏两部分损失函数。L_{A} 一方面在数据集上保留足够的信息量，另一方面引入公平性损失以期望优化去偏任务性能：

$$L_{\mathrm{A}}=\sum_{i} L(\hat{Y}, S)-\lambda \sum_{i} L(\hat{g}_i, g_i) \tag{4-5-14}$$

其中，第一项基于人口均等的公平性定义，使分类结果与敏感属性尽可能不相关，消除敏感信息。第二项试图增加 L_{D}，和 D 进行对抗式的训练，在博弈过程中向保留信息量方向优化。第二项额外增加了 λ 权重，调整两部分优化方向优先度。

2）模型训练

在模型训练时，在判别器 D 和自编码器 A 之间进行双方博弈的对抗式训练，更新两者优化目标，判别器通过自编码器的输出更新自身特征提取方向，自编码器输出的对抗式编码结构被判别器损失函数有效限制，分类器 C 也同时参与交替迭代训练过程优化分类性能。

在交替训练过程中，去偏数据集输入分类器 C 进行一轮数据分类训练，再将去偏数据集和原始数据集分别送入判别器作为一轮判别训练，在最后的自编码器训练过程中输入原始数据集，优化方向结合另外两个结构的本轮训练结果，被整合进自编码器损失函数 L_{A}，用以更新自编码器偏见信息特征提取能力。三个训练过程作为一轮训练，并选择合理的总训练轮数进行训练。

3）收敛性分析

数据去偏方法模型能够在理论上保证其收敛性。模型包括自编码器和判别器之间的对抗式训练过程以及分类器的优化过程。

分类器属于 DNN 网络，其损失函数在训练后将向稳定值收敛。自编码器和判别器之间的博弈过程可以看作一对零和博弈，其中自编码器 A 的优化目标如下：

$$\text{minimize} E_{x \sim P_{\mathrm{A}}(x^*)}[\lg(1-D(x))], D(x) \rightarrow 1 \tag{4-5-15}$$

其中，x 表示原始数据；x^* 表示去偏处理后的数据；$P_{\mathrm{A}}(x^*)$ 表示生成去偏数据的分布；$D(x)$ 表示判别器输出结果。

判别器 D 的任务是准确判别输入数据类型：

$$\begin{cases} \text{maxmize} E_{x \sim P_{\mathrm{r}}(x)}[\lg(D(x))], D(x) \rightarrow 1 \\ \text{maximize} E_{x \sim P_{\mathrm{A}}(x^*)}[\lg(1-D(x))], D(x) \rightarrow 0 \end{cases} \tag{4-5-16}$$

其中，$P_{\mathrm{r}}(x)$ 表示判别结果的分布，在对抗式训练过程中的综合优化目标如下：

$$A_{\min} D_{\max} L(A, G)=E_{x \sim P_{\mathrm{r}}(x)}[\lg(D(x))]+E_{x \sim P_{\mathrm{A}}(x^*)}[\lg(1-D(x))] \tag{4-5-17}$$

2. 实验与分析

1）实验设置

实验数据集：实验使用 Adult 数据集、COMPAS 数据集和 German 数据集。数据集均按照 7∶3 的比例划分为训练集和测试集。

对照模型及标准：用于对照的去偏模型算法包括数据预处理去偏的 Reweighing 算法、模型去偏的 Adversarial debiasing 算法和后验去偏的 Equal odds 算法。其中 Reweighing 算法阈值设定为 10^{-6}，Adversarial debiasing 算法有 200 个隐藏节点，批处理大小 128，训练轮数 50 轮，Equal odds 算法阈值设定为 0.5，其他均采用默认设置。用于对照的普通分类器采用 DNN 结构分类模型，包含 3 层，每层各 200 个隐藏节点，该模型结构未添加去偏算法，用于对比去偏算法和常规算法之间的差别。

评价指标：准确性指标选用分类准确率。采用机会均等差异（equal opportunity difference）、机会概率差异（average odds difference）、数据公平差异（statistical parity difference）和分离影响（disparate impact）作为公平性指标。在这些指标中，结果标签分为正负两类 $y \in \{y^+, y^-\}$，$\hat{Y}$ 为预测的标签结果，S 表示敏感属性，敏感属性变量 S 的二值被分为 $S = s^+$ 特权组及 $S = s^-$ 普通组。

机会均等差异是优势组和非优势组预测结果正确率的差异，较小的真阳性率差异表示公平性较好。公式表示如下：

$$\mathrm{Eq} = P(\hat{Y} = y^+ \mid S = s^+,\ Y = y^+) - P(\hat{Y} = y^+ \mid S = s^-,\ Y = y^+) \tag{4-5-18}$$

机会概率差异综合真阳性率和假阳性率，为优势组和非优势组两者差值之和。公式表示如下：

$$\begin{aligned}\mathrm{Av} = &\left[P(\hat{Y} = y^+ \mid S = s^+,\ Y = y^+) - P(\hat{Y} = y^+ \mid S = s^-,\ Y = y^+)\right] \\ &+ \left[P(\hat{Y} = y^+ \mid S = s^+,\ Y = y^-) - P(\hat{Y} = y^+ \mid S = s^-,\ Y = y^-)\right]\end{aligned} \tag{4-5-19}$$

数据公平差异为优势组和非优势组 y^+ 结果标签比例之差。公式表示如下：

$$\mathrm{St} = P(\hat{Y} = y^+ \mid S = s^+) - P(\hat{Y} = y^+ \mid S = s^-) \tag{4-5-20}$$

分离影响指标倾向于整体上的公平，分类器在对待优势组和非优势组时，分类结果类型占比应保持均衡。公式表示如下：

$$\mathrm{Di} = \frac{P(\hat{Y} = y^+ \mid S = s^-)}{P(\hat{Y} = y^+ \mid S = s^+)} \tag{4-5-21}$$

2）模型去偏实验结果

首先评估模型架构训练完成后，在训练模型上对数据偏见信息的去除能力。数据集经过训练好的模型架构，将其分类结果与其他去偏方法对比，以判别去偏算法本身的去偏能力。

图 4-5-3 对几种去偏算法的去偏效果进行对比分析。横坐标代表分类准确率以及不同的公平性指标，纵坐标代表指标的值，柱状图包含四种类型的模型分类结果。为了便于比较，实验中将几种模型的准确率控制在同一水平。与几种对比算法相比，本节的方法和 Reweighing 方法在分离影响指标上有更好的结果，该指标表示整体公平，说明在优势组和非优势组上都有良好的去偏效果。Adversarial debiasing 方法和 Equal odds 算法在大部分场景下性能优秀，但在某些实验场景下去偏能力较差，可能是数据集或敏感属性需要满足某些条件。总体上，相比对照算法，本节的去偏方法在三个数据集的不同敏感属性上的去偏都拥有相似或更好的效果，即在保证分类结果准确性稳定的同时，提高结果的公平性。在几个数据集上，对 German 数据集公平性提升相对较少，可能由于 German 数据集的数据量和信息维度较少，影响模型对偏见信息的识别和去除。

图 4-5-3（彩图）

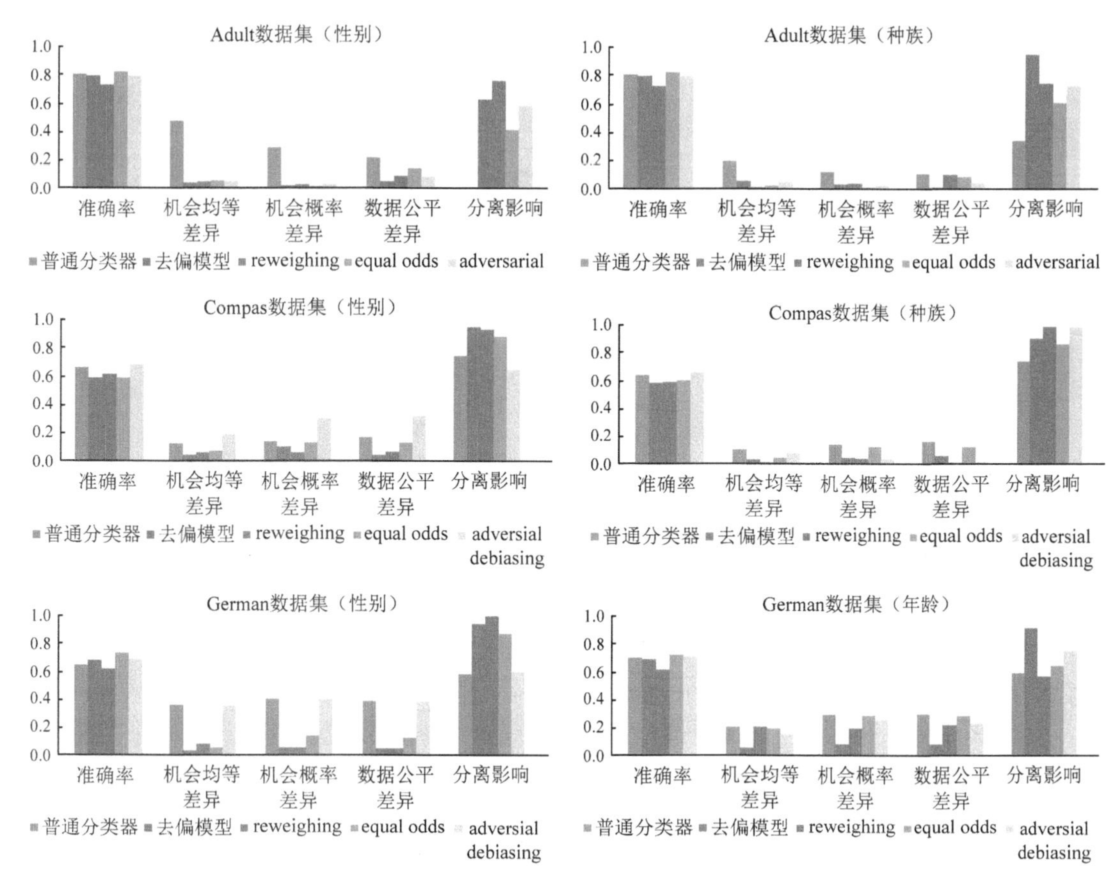

图 4-5-3　模型去偏实验结果图

3. 小结

本节提出了一种基于约束优化的生成式对抗网络数据去偏方法。该方法以自编码器为核心，引入 GAN 结构网络模型及对抗式训练，并以人口均等定义优化群体公平性，达到分类准确性与公平性的良好权衡。该方法有效去除了训练数据中的偏见信息，并尽可能减少了准确率损失，在多个数据集实验测试下具有较好的效果，满足多个公平性指标的要求。

4.5.4.2　基于偏见神经元抑制的个体去偏方法

目前已有研究者提出了较多用于改善模型个体公平的方法，但是仍然在去偏效果、去偏后模型可用性、去偏效率等方面存在缺陷。为此，本节分析了深度模型存在个体偏见时神经元异常激活现象，提出了一种基于偏见神经元抑制的个体去偏方法 NeuronSup，具有显著降低个体偏见、对主任务性能影响小、时间复杂度低等优势。

1. 方法介绍

NeuronSup 去偏过程如图 4-5-4 所示。首先修改原始样本的敏感属性值，生成歧视样本，并将原始样本和歧视样本分别输入深度模型，验证模型的输出是否一致，如果输出结果不同，则将原样本和歧视样本组合成为歧视样本对。接着将深度模型对应层的每个神经元中的最大权重值排序，定位主性能神经元，如图中的蓝色神经元所示。然后将歧视样本对分别输入神经网络，比较神经元的激活值，确定偏见神经元，如图中橘色神经元所示。如果主性能神经元与偏见神经元在空间上存在重合，为了降低偏见的同时保证模型的分类性能，将重合的神经元和偏见神经元以外的神经元参数冻结。最后使用歧视本对在重新介绍的损失函数上对偏见神经元进行重训练，直到新的损失函数收敛。

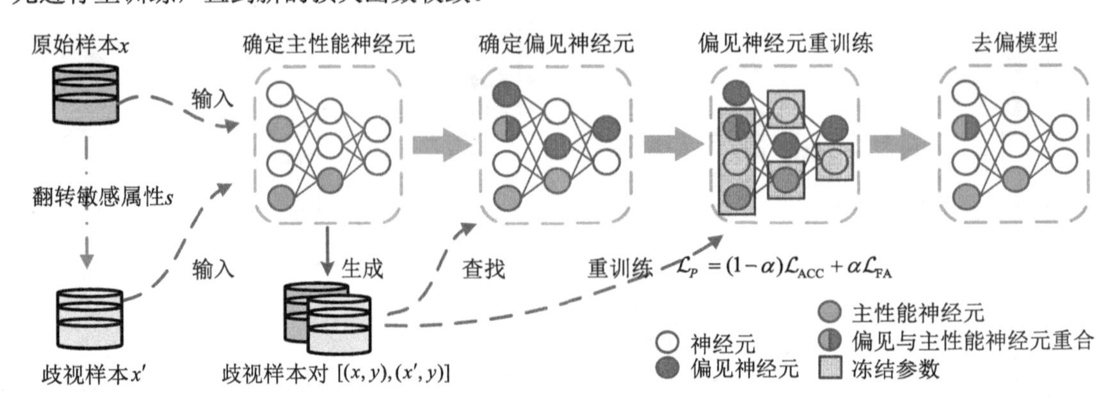

图 4-5-4　NeuronSup 去偏过程

1）确定主性能神经元

图 4-5-4（彩图）

已有的研究证明在深度模型内部，不同神经元在模型进行分类任务时贡献度不同。具有较大输出权重边的神经元主导模型的分类能力，较小权重边的神经元对神经网络分类性能贡献较小。将较大输出权重边的神经元定义为主性能神经元，并给出定位主性能神经元的一般性方法。

考虑一个拥有 l 个隐藏层的深度模型 f，假设第 i 个隐藏层有 a 个神经元，每个神经元有 b 个权重，则第 i 层神经元权重的绝对值可以用矩阵 $\boldsymbol{H}^i$ 表示：

$$\boldsymbol{H}^i=\begin{bmatrix}\omega_{1,1}^i & \omega_{2,1}^i & \cdots & \omega_{a,1}^i\\ \omega_{1,2}^i & \omega_{2,2}^i & \cdots & \omega_{a,2}^i\\ \vdots & \vdots & & \vdots\\ \omega_{1,b}^i & \omega_{2,b}^i & \cdots & \omega_{a,b}^i\end{bmatrix} \tag{4-5-22}$$

然后查找每个神经元的最大权重，即矩阵 $\boldsymbol{H}^i$ 每列的最大值，得到一个拥有 a 个权重的集合 D_a^i：

$$D_a^i=[\omega_{1,n1}^i,\ \omega_{2,n2}^i,\ \cdots,\ \omega_{a,na}^i] \tag{4-5-23}$$

这里假设每一列的第 n 个权重最大。接下来计算 D_a^i 中权重的均值 μ^i 和标准差 σ^i：

$$\mu^i=\frac{1}{a}\sum_{k=1}^{a}\omega_{k,nk}^i,\quad \sigma^i=\sqrt{\frac{\sum_{k=1}^{a}(\omega_{k,nk}^i-\mu^i)^2}{a-1}} \tag{4-5-24}$$

并以集合 D_a^i 中权重远离均值 3 倍标准差作为判定主性能神经元的阈值，则深度模型的主性能神经元集合 D_{N} 可以表示为

$$D_{\mathrm{N}}=\begin{cases}D_{\mathrm{N}}\leftarrow(i,k), & \omega_{k,nk}^i\geqslant\mu^i+3\sigma^i,\omega_{k,nk}^i\in D_a^i\\ D_{\mathrm{N}}, & \text{其他}\end{cases} \tag{4-5-25}$$

其中，$i=1,2,\cdots,l;\ k=1,2,\cdots,a$，集合 D_{N} 记录深度模型的主性能神经元标号，而不是神经元权重信息。深度模型的输入层和输出层并不参与主性能神经元的查找，因为输入层神经元通常只用于获取输入的信息，不设置权重，而输出层神经元通常直接对应输出的类别，对分类任务都很重要。

2）定位偏见神经元

对个体偏见产生的原因大多从训练数据的统计分布和敏感属性与标签之间的联系进行分

析，但从训练数据到深度模型之间存在多个过程，因此即使使用公平的训练数据训练深度模型，公平性依然会在训练过程中逐渐降低，因此建议在深度模型的隐藏层中探索个体偏见与神经元之间的联系，在模型层面降低个体偏见。

对于一个样本总数为 z 的训练集 D，以 x_i 表示第 i 个样本的所有属性，y_i 表示其分类标签，将样本的敏感属性 s 取反（如男性改为女性，黑人改为白人）得到这个样本的歧视样本 (x_i',y_i)，将歧视样本的属性 x_i' 输入模型 f，如果满足 $f(x_i')\neq f(x_i)$，则说明深度模型仅因为同一个样本的敏感属性不同而给出了不同的分类结果，对样本存在个体歧视行为，然后将 $[(x_i,y_i),(x_i',y_i)]$ 作为歧视样本对保存在歧视样本对集合 D_{b} 中：

$$D_{\mathrm{b}}=\begin{cases}D_{\mathrm{b}}\leftarrow[(x_i,y_i),(x_i',y_i)],\ f(x_i)\neq f(x_i'),i=1,2,\cdots,z\\ D_{\mathrm{b}}, \qquad 其他\end{cases} \tag{4-5-26}$$

将 D_{b} 中所有歧视样本对中原始样本依次输入模型 f 并取平均后，得到 l 个隐藏层的神经元激活值矩阵 $\boldsymbol{J}$：

$$\boldsymbol{J}=\begin{bmatrix}v_{1,1} & v_{2,1} & \cdots & v_{l,1}\\ v_{1,2} & v_{2,2} & \cdots & v_{l,2}\\ \vdots & \vdots & & \vdots\\ v_{1,a1} & v_{1,a2} & \cdots & v_{l,al}\end{bmatrix} \tag{4-5-27}$$

其中，$a1,a2,\cdots,al$ 分别代表每个隐藏层神经元的总数，同理将所有歧视样本依次输入模型 f 并取平均后，得到激活值矩阵 $\boldsymbol{J}'$。计算隐藏层神经元激活值差异，将激活值差异的归一化值大于 τ 的神经元记为偏见神经元，将偏见神经元的标号记录到集合 D_{p} 中：

$$D_{\mathrm{p}}=\begin{cases}D_{\mathrm{p}}\leftarrow(i,k),\mathrm{Tanh}(|v_{i,k}-v_{i,k}'|)\geqslant\tau,v_{i,k}\in\boldsymbol{J},v_{i,k}'\in\boldsymbol{J}'\\ D_{\mathrm{p}}, \qquad 其他\end{cases} \tag{4-5-28}$$

其中，$i=1,2,\cdots,l;\ k=1,2,\cdots,a$。为了减少去偏过程对深度模型主性能的损失，将从偏见神经元的集合中删除与主性能神经元重合的神经元，得到最终的偏见神经元集合 $D_{\mathrm{p}}=D_{\mathrm{p}}-D_{\mathrm{N}}$。

3）偏见神经元重训练

为了精确降低模型的个体偏见，同时降低计算成本和深度模型分类性能的损耗，NeuronSup 在定位深度模型的偏见神经元之后，冻结除偏见神经元以外的神经元参数，使用重新介绍的损失函数对偏见神经元重训练。

用于偏见神经元重训练的损失函数分为两部分，其中一部分最大化深度模型的分类正确率，这里以交叉熵损失为例，其优化过程为

$$\min\mathcal{L}_{\mathrm{ACC}}=\sum_{i=1}^{n}[-y_i\lg\hat{y}_i-(1-y_i)\lg(1-\hat{y}_i)] \tag{4-5-29}$$

其中，$\hat{y}_i=f(x_i)$。上述交叉熵损失适用于二分类问题，即 $y_i\in\{0,1\}$。在处理多分类问题时，该部分损失函数可与深度模型训练阶段的损失函数保持一致。

损失函数的第二部分以最小化深度模型对正常样本与歧视样本的偏见神经元激活值差异为目标，计算公式如下：

$$\min\mathcal{L}_{\mathrm{FA}}=\frac{1}{n}\sum_{i=1}^{n}[f(x_i)-f(x_i')]^2 \tag{4-5-30}$$

当使用 D_{b} 中的样本对模型的偏见神经元进行重训练时，将在每轮学习中逐渐抑制偏见神经元在输入歧视样本对时的异常激活现象，缩小偏见神经元的激活差异值，同时由于冻结了偏见神经元以外的其他神经元，防止了新的偏见神经元的生成。当所有神经元的输出差异均低于

阈值τ时，模型对歧视样本将产生相同的分类结果，歧视样本对的数量逐渐减小，个体公平性逐渐提高。

最后将用于训练偏见神经元：

$$\mathcal{L}_{\mathrm{P}}=(1-\alpha)\mathcal{L}_{\mathrm{ACC}}+\alpha\mathcal{L}_{\mathrm{FA}} \quad \alpha\in(0,1) \tag{4-5-31}$$

其中，α为平衡偏见神经元重训练时的精度损失和公平性损失的超参数。α值越大，偏见神经元越关注个体公平性的提升，α值越小，偏见神经元越关注分类性能。

2. 实验与分析

1）实验设置

数据集：实验采用 Adult、German credit 和 Bank marketing 数据集。

模型：深度模型采用包含输入输出层共 6 层的全连接神经网络，其中隐藏层L^1-L^4分别拥有 64 个、32 个、16 个、8 个神经元，输入和输出层神经元不参与偏见神经元的查找过程。模型训练的优化器使用 Adam，根据以往工作中的经验，将不同数据集的学习率设置为最优：人口收入普查数据集最优学习率设置为 0.01；德国信贷学习率设置为 0.001；银行营销学习率设置为 0.005。为提高测量数据的准确性，每组实验均独立重复 5 次后取均值。

对比算法：在“去偏性能”与“对模型分类性能的影响”中将 NeuronSup 与 Reweighing、FairSMOTE、xFAIR 数据预处理去偏和 Adversarial Debiasing 模型去偏以及 Flip Debiasing 后处理去偏方法进行对比，其中 Reweighing 和 Adversarial Debiasing 来源于 AIF360，Flip Debiasing 是 NeuronSup 的简化版本，目的是体现 NeuronSup 的去偏效率和对深度模型分类能力的保护能力。

评价指标：为了评价 NeuronSup 与对比算法的性能，使用 THEMIS 评价不同方法的去偏能力，最后用时间复杂度表征去偏效率。

THEMIS 个体公平评价方法首先从数据集中抽取大量样本x，修改敏感属性，生成歧视样本x'，然后将歧视样本输入深度模型f，统计$f(x')$的输出结果，记录个体歧视对的数量。深度模型在数据集中存在的个体歧视对越多，说明模型个体公平性越低。计算公式如下：

$$\bar{M}=K^{-1}\sum_{i=1}^{K}\frac{m'\times 100}{m}(K\to\infty,\bar{M}\to M^{*}) \tag{4-5-32}$$

其中，m表示抽取的样本总数量；m'表示生成的个体歧视对的数量；K表示实验重复的次数，直至歧视发生比$\bar{M}$收敛，$\bar{M}$值越小表示模型越公平。

2）个体偏见解释的有效性分析

实验分别使用 Adult、Credit、Bank 数据集，训练了具有四个隐藏层的全连接神经网络，对偏见神经元与主性能神经元进行一致性分析。通过实验定位到三个网络结构中主性能神经元和对应属性的偏见神经元位置如图 4-5-5 所示。在图 4-5-5（a）、（c）、（d）中颜色的深浅表示每个神经元中最大权重边的大小，颜色越深代表当前神经元中最大权重值在本层所有神经元的权重值越大，对主任务的性能越重要，颜色越浅则说明其权重值越小，对模型的分类性能贡献越小。图 4-5-5（b）、（d）、（f）中颜色的深浅则代表神经元对歧视样本对输出差异的大小，颜色越深代表差异越大，颜色越浅则说明神经元激活差异值越小，与个体偏见的相关性越小。同时可以观察到不同数据集的偏见神经元和主性能神经元位置并不相同，这是由数据中特征的结构差异所导致的。

3）去偏性能

针对 NeuronSup 和对比方法是否减小了深度模型的个体偏见的问题，将 NeuronSup 与对比算法在不同数据集和不同敏感属性分别进行实验。由于提高深度模型的公平性可能带来分类正确率的降低，因此为了公平比较，实验中优先将每种去偏算法的分类准确率降低控制在

0.1 以内，然后得到最优的去偏效果，如表 4-5-1 所示，其中括号内的数据代表使用该去偏方法导致的分类正确率的降低值。

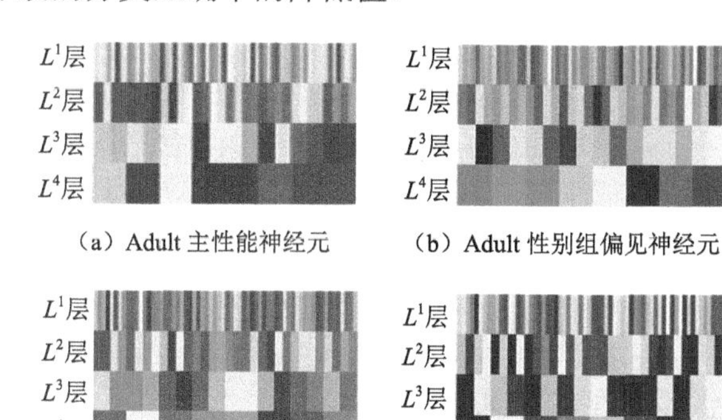
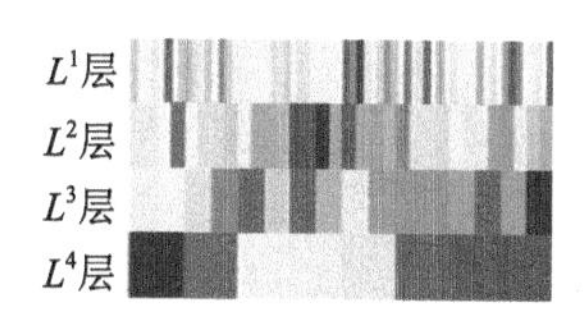
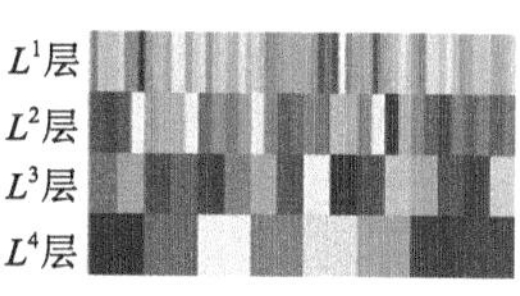

（a）Adult 主性能神经元　（b）Adult 性别组偏见神经元　（c）Credit 主性能神经元

（d）Credit 性别组偏见神经元　（e）Bank 主性能神经元　（f）Bank 年龄组偏见神经元

图 4-5-5　主性能神经元及偏见神经元位置图

图 4-5-5（彩图）

表 4-5-1　NeuronSup 与对比算法的歧视发生比

数据集	敏感属性	去偏前	去偏后深度模型的歧视发生比					
			Reweighing	SMOTE	xFAIR	Adversarial Debiasing	Flip Debiasing	NeuronSup
Adult	性别	2.1657	1.7234 (↓0.068)	1.7462 (↓0.081)	1.5105 (↓0.057)	1.9805 (↓0.031)	1.6011 (↓0.087)	0.2641 (↓0.024)
	种族	6.0793	2.3435 (↓0.052)	4.5645 (↓0.068)	3.8635 (↓0.041)	3.826 (↓0.066)	2.1354 (↓0.094)	0.7218 (↓0.016)
	年龄	8.1832	3.4098 (↓0.049)	5.0248 (↓0.044)	3.2014 (↓0.073)	2.7605 (↓0.048)	2.0054 (↓0.083)	0.8777 (↓0.021)
Credit	性别	3.1518	1.0342 (↓0.075)	2.0078 (↓0.021)	1.9052 (↓0.077)	0.8995 (↓0.049)	0.7572 (↓0.091)	0.4286 (↓0.025)
	年龄	16.642	5.2393 (↓0.093)	7.0325 (↓0.069)	5.5192 (↓0.054)	4.362 (↓0.063)	1.0333 (↓0.086)	0.7517 (↓0.019)
Bank	年龄	3.358	1.0934 (↓0.086)	2.0346 (↓0.032)	2.3041 (↓0.049)	1.4483 (↓0.057)	0.8805 (↓0.088)	0.2401 (↓0.013)

从表 4-5-1 中可以看到，NeuronSup 在六组实验中取得了最低的歧视发生比，说明 NeuronSup 有更好的个体去偏效果。在原始模型歧视发生比较高的 Credit 年龄组，NeuronSup 降低了 95.5%的个体偏见，在歧视发生比较低的 Adult 性别组，NeuronSup 依然降低了 87.8%的个体偏见，歧视发生比都在 1 以内，说明 NeuronSup 去偏能力受原始个体偏见值的影响较小，更加稳定。而 Reweighing 和 SMOTE 在 Credit 数据集年龄组分别有 68.5%、57.7%的去偏效果，在 Adult 性别组的去偏效果仅有 20.4%、19.4%，体现出较大的去偏性能差异，可能是由于数据集的差异引起的，说明 NeuronSup 在神经元层面查找、降低偏见受数据集的影响更小。另外，从整体上看，NeuronSup 和 Adversarial Debiasing 的模型去偏方法要好于传统通过平衡数据集的预处理去偏方法。我们认为模型去偏不但能降低由训练数据层面导致的个体偏见，还能降低训练过程中引入的误差，而数据预处理的去偏方法仅能处理数据中的个体偏见，因此导致预处理去偏方法的去偏能力较低。

3. 小结

本节提出了一种基于偏见神经元抑制的个体去偏方法 NeuronSup。该方法给出了个体偏见在神经元层面的解释，引入了偏见神经元和主任务性能神经元的概念，使用歧视样本对对偏见神经元进行重训练，保护主任务性能神经元不受影响，抑制偏见神经元的异常激活，达到了保证模型的分类性能的情况下降低模型的个体偏见的目的。在 Adult 和 Credit 性别组的去偏结果显示，NeuronSup 能够降低深度模型 80%以上的个体偏见。

4.6 面向联邦学习攻击的防御

随着联邦学习的快速发展和广泛应用，联邦学习模型的安全和隐私问题吸引了许多学者的兴趣和关注，产生了不少瞩目的研究成果，但目前相关的研究还处于初级阶段，尚有许多关键问题未解决。近年来，大量研究成果表明，联邦学习机制中仍存在安全问题，如易受到后门攻击以及会出现隐私泄露等问题。

在联邦学习应用到实际工业界之前，研究面向联邦学习系统攻击的防御，保证联邦学习在实际应用过程中的安全与可靠性，也可以帮助工业界在使用联邦学习时避免潜在的风险，对于提高联邦学习的安全性与鲁棒性具有十分重要的研究意义。

4.6.1 面向联邦学习攻击防御问题定义

在当前的研究背景下，针对联邦学习的中毒攻击方法卓有成效。为了防御这些攻击，研究者提供了不同的防御策略。现有的防御策略可以分为训练阶段的聚合策略加固防御、模型处理加固防御和推理阶段的数据预处理防御。

聚合策略加固防御的目标是在聚合过程对参与设备的本地数据或模型参数进行处理使其潜在中毒具有更大的鲁棒性。可以利用鲁棒梯度聚合在中心节点聚合各个节点传来的梯度，如几何中值（geometric median）、裁剪平均值（trimmed mean）等方式。

模型处理加固防御的目标是对中毒模型的模型参数进行细微改变来帮助模型进行加密。防御者可以在上传的模型中添加差分隐私噪声来进行防御，并且添加的差分隐私噪声有助于模型加密。

数据预处理防御的目标是对输入数据进行预处理来使得中毒攻击无效。例如在输入数据和神经网络之间放置一个自动编码器作为输入预处理器，自解码器的目的是过滤或减弱中毒补丁对模型分类的影响，或者通过注意力机制找到样本异常关注区域，并利用生成式对抗网络对异常区域进行修补来达到防御效果。

为了提高联邦学习的隐私安全，现已有研究提出各种防御方法，基本可分为三类：基于加密、基于扰动和基于对抗训练的方法。这些防御方法具体包括同态加密技术、秘密共享技术、差分隐私技术、梯度压缩技术和对抗训练技术等。

基于加密的防御方法目标是对数据进行加密以达到防御攻击的目的。同态加密的主要目的是在保护数据隐私的同时，允许进行安全的计算和数据处理。在加密数据上对明文执行任何操作，而无须解密。秘密共享的主要目的是增强数据的安全性和保密性，并提供对敏感信息的更好控制。共享的秘密在一个用户群体里进行合理分配，以达到由所有成员共同掌管秘密的目的。

基于扰动的防御方法目标是通过对敏感数据进行随机化或扰动保护个人隐私和敏感信息以防止模型或数据推断。差分隐私目的是提高数据查询的准确性，同时最小化查询统计数据库时识别其记录的机会，其实现原理主要是通过匿名、扰乱、混淆等方式为数据添加噪声。梯度压缩防御策略的目的是共享较少的梯度，起到提高通信效率和保护隐私的作用。其关键思想是只共享一部分绝对值最大的梯度值参与模型的训练。

基于对抗训练的防御方法目标是增强模型对对抗攻击的鲁棒性，使其能够抵御各种对抗性样本的影响。推断攻击目标是推断联邦学习中各参与方的隐私信息，包括数据特征、成员 ID、属性信息和标签信息，而针对其的防御方法目的就是针对隐私目标尽可能优化其边缘模型。重构攻击的目标是利用中间嵌入信息重建原始输入，而针对其防御方法的目的就是使参与者的边缘模型抵御提取原始输入敏感信息的重构攻击且更具鲁棒性。

4.6.2　面向联邦学习攻击防御的基本概念

1. 联邦学习隐私防御的基本方法

联邦学习隐私防御的基本方法包括差分隐私和密码学机制。差分隐私最初由 Dwork[54]提出，它使得某一条数据是否存在于数据集中几乎不会影响模型的输出结果。考虑两个只相差一个样本的相邻数据集#1 和#2，差分隐私通过在模型的输出上加入噪声，从而使攻击者无法根据输出结果从统计学上严格地区分两个数据集。当攻击者无法区分数据集#1 和#2 时，它也无法判断个体数据是否存在于当前数据集中。差分隐私并不保护整体数据集的隐私安全，而是通过噪声机制对数据集中的每个个体的隐私数据进行保护。

基于密码学的防御策略指利用密码学中的基本原语完成隐私保护的方法。联邦学习中应用的密码学策略主要包括混淆电路、不经意传输、秘密分享和同态加密。

混淆电路是一种加密协议。根据该协议，两个参与方可以在不知道对方数据的前提下实现某个函数的计算。在混淆电路中，目标函数被转换成布尔电路。例如，在姚氏[55]百万富翁问题中，目标函数就是求最大值。

不经意传输中存在两个角色，即发送方和接收方。发送方拥有一对消息$(\mathrm{msg}_0,\mathrm{msg}_1)$，而接收方拥有一个位数据$b\in\{0,1\}$。当执行完不经意传输后，接收方得到$b$对应的消息$\mathrm{msg}_0$，而发送方不知道$b$的值。

秘密分享允许用户将秘密信息划分成m份，并将它们分发给一组参与者。只有当所有的m份信息被聚合在一起时，原始的秘密信息才可以被推导出来。

同态加密允许使用者基于密文进行基础运算，而不用对密文解密。其中，同态表示加密和解密在原文空间和密文空间下是同态的。根据支持基础运算的类型和数量，同态加密被划分成加法同态加密、全同态加密等。

2. 联邦学习防御目前存在的问题

现有的联邦学习中训练阶段的安全研究主要分为保证数据隐私和保证模型安全两个目标，尽管许多工作对这两个目标进行了研究和改进，但仍存在一些未能解决的问题。当前研究仍存在的问题如下。

（1）现有的采用扰动机制保护用户数据隐私的方法无法防御恶意服务器中基于生成对抗网络的图像重建攻击。由于该攻击在恶意模型下相当于在用户数据集上进行训练，经过多轮迭代之后，用户级别的特征信息会在模型中累积，因此单轮级别的扰动方法无法起到很好的防御作用。

（2）当前研究中提出的各种安全联邦学习方案有一个共同的缺点，即需要修改联邦学习的联邦方式，使它们难以与其他防御方案兼容。比如基于同态加密的安全聚合方案阻止了攻击者访问客户端的更新，从而保护了隐私。然而，这使得基于评估客户端模型更新的防御方法无法生效。

（3）现有的非联邦场景下中毒攻击的防御方案主要致力于在模型中毒之后，对模型进行修复，或者对激活后门的输入数据进行过滤。这些方法没有关注中毒模型的训练过程，不能很好地防止联邦学习中全局模型的中毒。

（4）现有的联邦场景下中毒攻击的防御方案往往将防御过程放在中央服务器。但是在一些场景下，比如联邦学习的参与者是企业或者机构时，客户端所拥有的数据量比较大，防御机制所产生的大量计算开销将会集中于服务器。而向一个可信的第三方服务器购买计算资源需要付出额外的成本。往往这些企业和机构自身都拥有一定的计算能力，将计算开销集中于服务器的做法，没有很好地联合各方的计算资源。

4.6.3 基础防御方法概述

根据不同的攻击方法，联邦学习的防御方法可以分为针对中毒攻击的防御和针对隐私窃取的防御。

1. 中毒攻击防御方法

在服务器可以访问训练数据的集中式学习中，可以通过直接在数据样本上评估训练后的模型，利用另一个可信的数据集重新训练一个检测模型，或修剪训练模型、识别与类相关的特征来实现中毒模型的检测。然而，在联邦学习中这些方法并不适用，因为服务器不能访问训练数据。更重要的是，在后门攻击中，中毒模型仍然可以在主要任务上保持较高的准确性，使得异常检测更加困难。

后门攻击者一般在训练阶段将后门嵌入本地模型，通过本地模型参数来感染联邦全局模型。后门攻击的防御方法可分为：①主动对各参与方上传的参数或聚合后的模型进行检测，若发现异常则对异常部分进行删除或舍弃；②通过优化聚合协议增强联邦学习鲁棒性进而降低全局模型被后门攻击的概率。

异常检测通常利用含后门的模型参数更新与良性更新之间具有数字特征方面的差异作为异常检测依据。在服务器上异常检测的典型方法包括范数阈值方法、光谱异常检测方法、基于特征的异常检测方法、基于智能合约的异常检测方法、基于动态聚类的异常检测等。

① Sun 等[56]利用含毒更新的范数较大这一特点，提出了一种在中心服务器设置范数阈值的方案，即通过更新范数阈值，利用阈值过滤含毒的参数来防御后门攻击。他们假设攻击者知道阈值 M，并且因此可以总是返回这个量级内的恶意更新。在该方法中，规范边界防御等同于以下规范裁剪方法：

$$\Delta w_{t+1}=\sum_{k\in S_t}\frac{\Delta w_{t+1}^k}{\max\left(1,\dfrac{\left\|\Delta w_{t+1}^k\right\|_2}{M}\right)} \tag{4-6-1}$$

其中，Δw 为更新的权重。这种方法的模型更新确保了每个模型更新的范数很小，因此不太容易受到服务器的影响，即在一定程度上达到了防御效果。

② Li 等[57]利用光谱异常检测提升中心服务器的检测能力，他们让中心服务器学习使用强大的检测模型来检测和删除恶意模型更新，从而实现有针对性的防御。光谱异常检测的思想是捕获正常数据的特征以找出异常数据实例，他们将恶意的和良性的模型更新输入编码器中，训练得到光谱异常检测模型。在获得频谱异常检测模型后，他们将其应用于每一轮的联邦学习模型训练，以检测恶意客户端更新，最后对恶意模型的更新进行删除，就达到了防御的目的。他们所提出的光谱异常检测方法可以准确检测恶意模型更新并消除其影响，在模型精度方面优于现有的基于防御的方法。

③ Fu 等[58]提出一种基于特征的异常检测方案，能够对后门攻击进行检测和抵御。他们方法的原理为：当后门网络的特征提取层嵌入了新的特征来检测触发器的存在时，随后的分类层在检测到触发器时就学会了预测错误。为了检测后门使用了两个在干净的验证数据上训练的协同异常检测器：第一个是检查异常特征的新颖检测器，而第二个通过与在验证数据上训练的单

独分类器进行比较来检测从特征到输出的异常映射的检测器。方法的总体框架结合使用了对新颖探测器 N 提取特征的似真性验证和决策函数 g_{n} 对特征输入的映射的验证，这种“融合方法”结合了新颖探测器 N 和决策函数 g_{n} 。数学上，对融合函数 $g(\cdot)$ 的定义如下：

$$g(x)=\begin{cases}0, & N\left(C_{\mathrm{b}}(x)\right)=0, F_{\mathrm{n}}(x)=F_{\mathrm{b}}(x) \\ 1, & \text{其他}\end{cases} \tag{4-6-2}$$

其中，C_{b} 为特征提取器；$F_{\mathrm{b}}=g_{\mathrm{b}}\circ C_{\mathrm{b}}$，$F_{\mathrm{n}}=g_{\mathrm{n}}\circ C_{\mathrm{b}}$；$g_{\mathrm{b}}$ 为决策函数，g_{n} 为新的决策函数。该防御方法是根据特征和输入制定的，中毒输入上实现了较低后门攻击成功率。

④ Ozdayi 等[59]通过调整聚合学习参数来抵御后门攻击，提出了一种称为 Robust Learning Rate（RLR）的防御。他们在服务器端引入了一个叫作学习阈值 θ 的超参数，对于更新符号之和小于 θ 的每个维度，学习率乘以 -1。这是为了最大化该维度的损失。其中，对于学习阈值 θ，第 i 个维度的学习率 η 由下式给出：

$$\eta_{0,1}=\begin{cases}\eta, & \left|\sum_{k\in S_t}\operatorname{sgn}(\Delta_{t,i}^{k})\right|\geqslant\theta \\ -\eta, & \text{其他}\end{cases} \tag{4-6-3}$$

RLR 防御方法背后的关键思想是根据代理更新的符号信息调整聚合服务器的每维度和每轮的学习率。基于针对分布式机器学习的 signSGD 方法[60]，根据更新梯度的符号对参数更新进行过滤，滤除异常参数更新，确保聚合后模型的精确度。

⑤ Wan 等[61]在聚合协议里引入注意力机制，不再采用原始简单的聚合函数，而是利用基于注意力机制的神经网络来完成聚合任务。基于注意力机制的聚合方式具有攻击自适应性，能够防御不同类型的后门攻击。在鲁棒性聚合方面，他们仅将真实更新向量的平均值表示为鲁棒平均值：

$$u_{\text{robust}}=\sum_{i=1}^{n}\frac{l(x_i\in D_{\text{benign}})}{\sum_{j=1}^{n}l(x_j\in D_{\text{benign}})}x_i \tag{4-6-4}$$

其中，$l(\cdot)$ 是指示符函数，如果条件为真，则该指示符函数求值为 1，否则求值为 0。鲁棒聚合策略 $g(\cdot)$ 旨在逼近鲁棒平均值 u_{robust}，即解决最小化问题：

$$\operatorname{argmin}\left\|g\left(\{x_i\}\right)-u_{\text{robust}}\right\| \tag{4-6-5}$$

2. 隐私窃取攻击的防御方法

根据隐私保护采用的技术手段，主要可分为以下五类：安全多方计算、差分隐私、加密、混淆和共享部分参数。

① 安全多方计算（secure multi-party computation，SMC）允许多个数据所有者在互不信任的情况下进行协同计算，最早是由 Yao[55]于 1982 年提出。联邦学习是由多个参与方和服务器合作训练全局模型，可以引入安全多方计算保护参与方隐私。SMC 的数学描述如下：有个参与方 $\{P_1,P_2,\cdots,P_n\}$ 并各自拥有秘密数据 $\{x_1,x_2,\cdots,x_n\}$，他们共同计算一个约定函数 $f(x_1,x_2,\cdots,x_n)=(y_1,y_2,\cdots,y_n)$，其中，$y_i$ 为 P_i $x_j(i\neq j)$ 获得的输出结果。在计算过程中，P_i 除了 y_i 外无法获知其他参与方的输入数据，即 SMC 是密码学技术的综合运用，可以通过函数加密、秘密共享等技术实现。

Khazbak 等[62]则利用秘密共享技术实现 SMC。秘密共享是将秘密进行拆分，交由不同的参与者进行管理，需要多个参与者协作且合作数量超过阈值时才可以恢复秘密，其形式化定义如下：

$$\begin{cases} S(s,t,n) \to \{\langle s_0\rangle, \langle s_1\rangle, \cdots, \langle s_n\rangle\} \\ R(\langle s_0\rangle, \langle s_1\rangle, \cdots, \langle s_m\rangle) \to s, t \leqslant m \leqslant n \end{cases} \tag{4-6-6}$$

其中，$S(\cdot)$是拆分函数；s为要拆分的秘密；t为恢复门限；n为拆分数量；$R(\cdot)$为恢复函数；m为协作参与者的数量。他们设计的联邦学习系统需要两台聚合服务器。在每轮迭代中，参与方利用秘密共享将本地模型更新拆分成两部分，分别发给不同的服务器，之后每个服务器先聚合自身拥有的参与方共享，再联合起来计算全局模型。在这过程中每台服务器都只能获取参与方的部分模型更新，无法从中推断参与方的隐私信息。

② 差分隐私（differential privacy）是一种广泛应用的隐私保护技术，它通过在用户的数据上添加扰动，保证在一定概率范围内，攻击者无法从用户发布的信息中推导出用户的隐私。差分隐私的具体定义如下[63]：一个随机化算法 M 提供$\varepsilon-$差分隐私保护，当且仅当对于任意两个只相差一条数据的邻近数据集D和D'满足以下公式：

$$\Pr[M(D) \in S_M] \leqslant \exp(\varepsilon) \times \Pr(M(D')) \in S_M \tag{4-6-7}$$

其中，Pr为算法M的输出概率；$M(D)$和$M(D')$为算法M在数据集D和D'上的输出；S_M为M值域的子集；ε是隐私保护预算，代表隐私保护的标准。ε值越小，标准越严格，输出概率越接近，隐私保护效果越好。基于差分隐私的特性，可以将聚合算法作为M，在参与方的模型更新D上添加噪声，成为D'，使聚合的全局模型与真实的全局模型尽可能接近，同时也可以防止攻击者从D'中推断出参与方的隐私信息。差分隐私也可以在全局模型上应用，以保护模型隐私。

Geyer 等[64]通过在服务器聚合全局模型时添加高斯噪声实现差分隐私，隐藏单个参与方对全局模型的贡献，实现客户端级别的隐私保护。为了将单个客户端的贡献隐藏在聚合中，从而隐藏在整个去中心化学习过程中，Geyer 等使用随机机制来改变和近似平均值。用于逼近平均值的随机机制包括两个步骤：随机字抽样和扭曲。他们使用高斯机制用于扭曲所有更新的和。高斯机制差分隐私机制逼近实值函数：$f: D \to R$。具体来说，高斯机制增加了校准到函数数据集灵敏度S_f的高斯噪声，该灵敏度被定义为绝对距离$\|f(d)-f(d')\|_2$的最大值，d和d'为两个相邻的输入。则高斯机制可被定义为$M(d)=f(d)+N(0,\sigma^2 S_f^2)$，于是可得到以下利用高斯机制更新模型的公式：

$$w_{t+1} = w_t + \frac{1}{m_t}\left(\sum_{k=0}^{m_t} \Delta w^k / \max\left(1, \frac{\|\Delta w^k\|_2}{S}\right) + N(0,\sigma^2 S^2)\right) \tag{4-6-8}$$

其中，w_t为当前中心模型；w_{t+1}为新的中心模型；$N(0,\sigma^2 S^2)$表示将噪声缩放至S；$\sum_{k=0}^{m_t} \Delta w^k / \max\left(1, \frac{\|\Delta w^k\|_2}{S}\right)$表示在$S$处修剪的更新总数。

③ 加密是利用密码学算法将联邦学习的模型更新转换为密文进行计算，避免隐私数据直接暴露在攻击者面前，主要是利用同态加密（homomorphic encryption，HE）算法实现。HE 是一种允许用户直接在密文上进行运算的加密方法，运算结果仍是密文，且解密后与直接在明文上运算的结果是一致的，即满足以下公式[65]：

$$\mathrm{Dec}(\mathrm{Enc}(m_1) \odot \mathrm{Enc}(m_2)) = m_1 \oplus m_2 \tag{4-6-9}$$

其中，$\mathrm{Dec}(\cdot)$和$\mathrm{Enc}(\cdot)$分别是解密运算和加密运算；m_1和m_2是明文；$\odot$和$\oplus$分别是在密文域和明文域上的运算。根据密文支持的运算和次数，HE 可以分为全同态加密、类同态加密和部分同态加密[65]。

Phong 等[66]是利用同态加密算法对参与方上传的模型更新进行加密，使服务器聚合更新密文，防止服务器提取参与方隐私。他们所提出的加密算法不是共享梯度而是共享权重。其权重更新过程为：首先，每个训练者 i 从服务器获取当前的 $\boldsymbol{W}_{\text{server}}$，并且初始地将权重向量设置为

$$\boldsymbol{W}^{(i)} := \boldsymbol{W}_{\text{server}} \tag{4-6-10}$$

然后训练器通过随机梯度法使用其本地数据集重复执行 $\boldsymbol{W}^{(i)}$ 的本地训练：

$$\boldsymbol{W}^{(i)} := \boldsymbol{W}^{(i)} - \alpha G_{\text{local}} \tag{4-6-11}$$

并将 $\boldsymbol{W}^{(i)}$ 上传到服务器以更新 $\boldsymbol{W}_{\text{server}}$：

$$\boldsymbol{W}_{\text{server}} := \boldsymbol{W}^{(i)} \tag{4-6-12}$$

训练器将使用共享对称密钥（对服务器保密）来使用式（4-6-10）和式（4-6-12）加密 $\boldsymbol{W}^{(i)}$ 和 $\boldsymbol{W}_{\text{server}}$。由于训练器持有解密密钥，所以每个训练器在式（4-6-11）中的本地更新可以在解密后原样执行。由于式（4-6-11）的重复应用，共享权重在直觉上等同于共享所有梯度的加权和。因此，从保护隐私的角度来看，共享权重对信息泄露更具鲁棒性。Phong 等[66]提出的加密方法让所有参与方共享一对公私钥，在上传更新时用公钥进行加密，等服务器聚合后在本地用私钥解密全局模型，但这种方案只适用于不存在恶意方的场景，否则恶意方可以与服务器勾结还原其他参与方的梯度。基于加密的隐私保护方案受限于加密算法，目前只支持简单的聚合算法，且同态加密会引入大量通信和计算开销。

④ 混淆（masking）是指对参与方的模型更新进行混淆，使攻击者无法从中推断出参与方隐私，同时又可以保证混淆后模型更新的聚合结果是正确的。Bonawitz 等[67]提出了一种简单的混淆方案：假定任意两个参与方 (u,v) 事先协商了一个随机矢量 $\boldsymbol{S}_{u,v}$，如果 u 在模型更新中添加 $\boldsymbol{S}_{u,v}$，而 v 减去 $\boldsymbol{S}_{u,v}$，则 u 和 v 相加聚合时混淆会抵消，而且过程中 u 和 v 真实的模型更新也不会透露。参与方 u 的混淆更新的具体公式如下：

$$y_u = x_u + \sum_{v \in U: u<v} \boldsymbol{S}_{u,v} \tag{4-6-13}$$

其中，x_u 是参与方 u 真实的模型更新；U 是所有参与方的集合；u 和 v 的大小关系可以通过比较参与方的 ID 确定。显然混淆模型更新的聚合结果是正确的：

$$z = \sum_{u \in U} y_u = \sum_{u \in U} x_u \tag{4-6-14}$$

但是上述混淆方案只适用于聚合所有参与方的场景，聚合过程中如果部分参与方掉线会导致错误的聚合结果且无法恢复。对此 Bonawitz 等[67]利用秘密共享技术，要求参与方 u 将 $\boldsymbol{S}_{u,v}$ 拆分后发送给其他参与方，后续聚合时即使 u 掉线，服务器也可以从在线参与方收集共享的秘密恢复 $\boldsymbol{S}_{u,v}$。但这也为服务器推导 x_u 创造了条件，服务器可以基于 y_u，借助其他参与方恢复的 $\boldsymbol{S}_{u,v}$ 计算 x_u，因此 Bonawitz 等最终提出一个双重混淆方案：

$$y_u = x_u + \text{PRG}(b_u) + \sum_{v \in U: u<v} \text{PRG}(\boldsymbol{S}_{u,v}) - \sum_{v \in U: u>v} \text{PRG}(\boldsymbol{S}_{u,v}) \tag{4-6-15}$$

其中，PRG 是伪随机生成器；$\text{PRG}\left(S_{u,v}\right)$ 表示以 $\boldsymbol{S}_{u,v}$ 为种子生成随机数；b_u 为参与方 u 选择的随机数，参与方 u 会将 b_u 和 $\boldsymbol{S}_{u,v}$ 通过秘密共享的方式发送给其他参与方，并限制每个参与方只能单独响应服务器对 b_u 或 $\boldsymbol{S}_{u,v}$ 共享的请求，增加服务器同时恢复 b_u 和 $\boldsymbol{S}_{u,v}$ 的难度，从而保护参与方 u 的隐私。在聚合过程中，服务器需要恢复所有掉线参与方的 $\boldsymbol{S}_{u,v}$ 和所有在线参与方的 b_u。

基于混淆的隐私保护方案主要用于防范不可信的服务器，需要参与方之间相互通信协商。对于存在恶意方的攻击场景，需要借助第三方的公钥基础设施（public key infrastructure）保证参与方之间通信消息的准确性。

⑤ 共享部分参数：为解决参与方上传的模型梯度泄露本地数据隐私的问题，部分学者提出只上传梯度的部分参数，减少梯度泄露的隐私。这类方法的难点在于减少参与方上传参数的同时，如何保证全局模型的性能。对于带有批标准化（batch normalization，BN）层的联邦学习型，Andreux 等[68]提出参与方只上传 BN 层的学习参数，而在本地保留 BN 层的统计信息，从而减少隐私的泄露，并提高联邦学习在数据异构场景中的表现。

虽然共享部分参数的计算开销低，在部分场景中防御效果明显，但是其具体可提供的隐私保护能力尚未得到充分验证。

4.6.4 面向联邦学习的防御方法及其应用

下面介绍三种面向联邦学习攻击的防御方法：基于特征对抗的联邦学习后门防御方法，基于对抗扰动触发的联邦学习中毒防御方法和基于最大最小策略的联邦学习隐私保护方法。

4.6.4.1 基于特征对抗的联邦学习中毒防御方法

本节提出了一种在测试阶段进行后门防御的方法。首先利用防御客户端植入防御后门，该后门只会在防御者想要触发的时候进行触发。当某张样本通过联邦模型时，首先模型判断无防御后门的情况下的识别结果，之后模型则会判断存在防御后门时的识别结果，并将两次识别结果通过识别映射表进行比对来判断是否是中毒样本。该方法在触发阶段进行防御，只要触发样本中的中毒特征和防御补丁的防御特征发生冲突，触发样本就会被检测出。此外，该方法与联邦聚合规则是兼容的，不会对联邦学习的主任务产生过大的影响。

1. 方法介绍

基于特征对抗的联邦学习中毒防御方法系统框图如图 4-6-1 所示。首先，防御客户端将防御补丁放在各个图像上，并且根据防御标签映射图来改标签。然后在训练阶段，防御客户端和

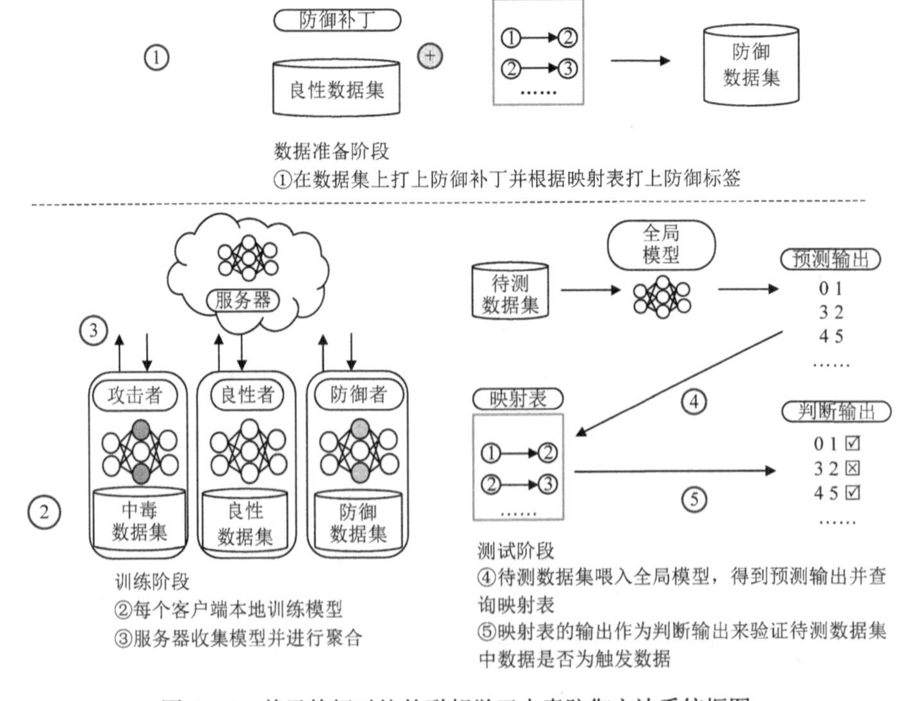

图 4-6-1 基于特征对抗的联邦学习中毒防御方法系统框图

其他客户端共同进行训练并上传模型，重复训练过程直至模型收敛。最后在测试阶段，训练好的联邦模型首先对测试样本进行推理得到测试结果，之后测试样本打上防御补丁并进行推理，将两次的推理结果放入防御映射表中来判断测试样本是否是中毒触发样本。

从防御的安全性角度来看，防御补丁策略需要满足以下三个要求：①防御客户端的任何更新都应尽快影响主要任务的准确性；②来自防御客户端的更新应该保证防御补丁被激活的可能性尽可能大；③防御客户端的更新都应尽快生效。通过在防御客户端添加良性样本可以轻松地满足前两个要求，对于第三个要求，可以通过使用模型缩放攻击在不损失主要任务精度的前提下提高防御客户端的学习率。

基于特征对抗的联邦学习后门防御方法有一个关键参数，也就是防御标签映射表，它决定了防御补丁如何从真实标签转移到防御标签，以及如何区分良性样本和触发样本。如果它被暴露，攻击者可能会利用其来逃避特征对抗后门防御。具体来说，攻击者可能会训练本地模型来匹配防御标签映射图，并在未被检测到的情况下进一步激活后门。

攻击者的三种攻击策略：①让攻击补丁覆盖防御补丁使得防御补丁失效；②将防御补丁的样本作为目标标签，使得防御补丁失效；③将防御补丁和攻击补丁打上样本后设置为防御标签来使防御补丁失效。前两种攻击策略在分析后是无效的，即使方法成功执行，防御补丁失效，但是防御特征映射仍然存在。特征对抗中毒防御是利用原始样本与防御样本的预测冲突来进行防御，假设防御补丁失效，两次预测结果也无法保证一定符合映射关系。对于第三种攻击策略，它是在利用防御特征映射图的同时修改防御补丁的特性。因此我们提议可以使用动态的防御特征映射图来插入后门，例如将动态间隔设置为 I ，每当回合数运行至 I 的整数倍时，防御特征映射表动态更新，以此来提升防御方法的安全性。

2. 实验与分析

1）实验设置

数据集：使用三个公用图像数据库，即 MNIST、CIFAR-10 和 Tiny-ImageNet。

深度模型：MNIST 数据集用的模型是 MLP，CIFAR-10 用的模型是 ResNet18，Tiny-ImageNet 和 GTRSB 用的模型是 ResNet34。

对比方法：我们将基于特征对抗的中毒防御方法与三种不同的防御方法进行比较，它们都是在模型推理阶段进行的后门样本检测和防御，即 STRIP、NEO、Februus。

攻击方法：防御方法将防御六种中毒攻击，这里分别采用了三种补丁类型的攻击以及三种策略类型的攻击。补丁类型的攻击分别是 CBA、DBA、DeepPoison，策略类型的攻击分别是 Attack of Tails、Class-specific、NPFA。此处在攻击时采用相同的中毒比例 30%。

防御方法实现：对于 MNIST 数据集，防御客户端使用的特征补丁尺寸为 2×2，对于 CIFAR-10 和 GTRSB，防御客户端使用的特征补丁尺寸为 3×3，对于 Tiny-ImageNet，防御客户端使用的特征补丁尺寸为 4×4。

2）防御效果对比

分析基于特征对抗的中毒防御方法在模型受到七种不同后门攻击的情况下以及存在其他防御方法的情况下的有效性。基于特征对抗的中毒防御方法在面临七种后门攻击时与三种检测方法进行比较，以证明基于特征对抗的中毒防御方法攻击的有效性。为了进行公平比较，我们设置了相同的中毒数据集。从图 4-6-2 可以看出，特征对抗防御可以对所有七种后门攻击实现稳健的检测性能。但是对于 STRIP 和 Februus，使用可以吸引大部分模型注意力的相同策略来检测后门。Class-specific 攻击将后门嵌入模型中，这使得 STRIP 和 Februus 无法检测到。对于 NEO，在 MNIST 数据集这种背景比较单一的情况下，可以达到很高的检测性能。但是对于

GTRSB 和 Tiny-ImageNet 数据集，NEO 需要对其主色进行分割，检测效果比较差。

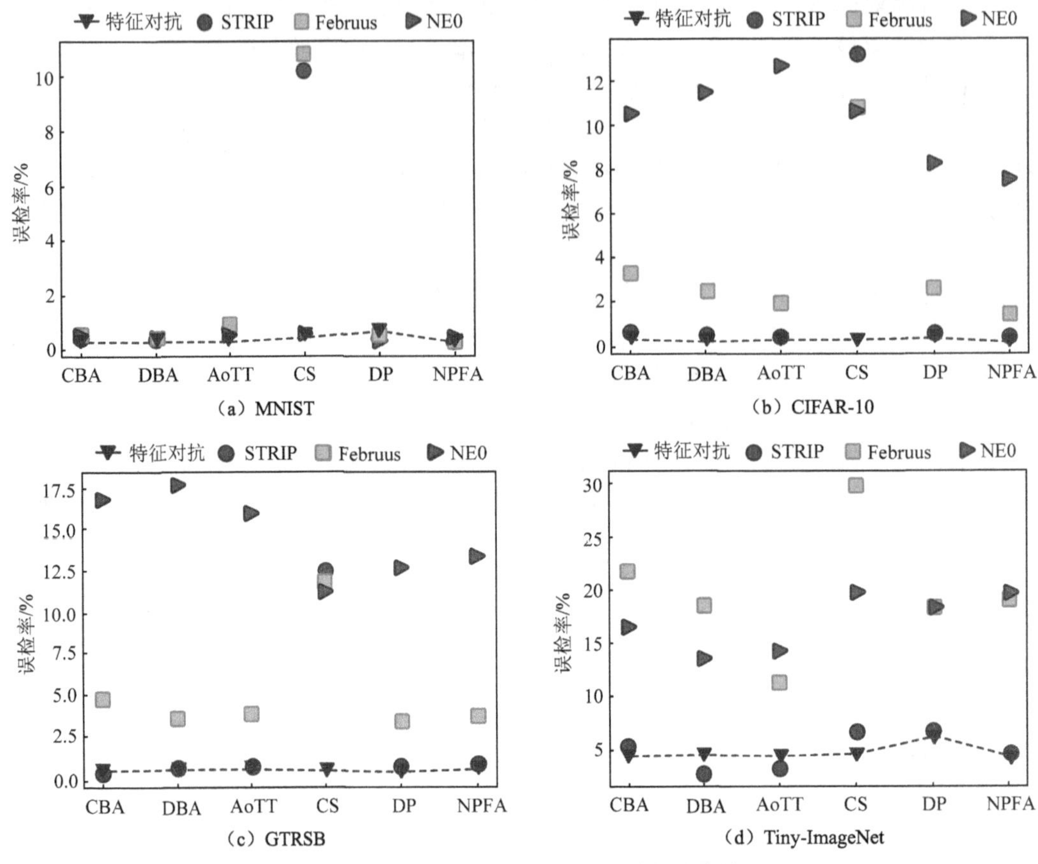

（a）MNIST（b）CIFAR-10（c）GTRSB（d）Tiny-ImageNet

图 4-6-2　防御方法对不同攻击方法的防御效果

尽管检测率可以看出防御方法对攻击方法的防御性能，但误检率可以看出防御方法对全局模型的影响程度。图 4-6-3 展示了使用评估矩阵误检率进行的实验。对于 NEO 和 Februus 来说，都需要训练一个极不稳定的模型来寻找可能的后门位置，这使得更有可能将良性样本误分类为触发样本。但是对于特征对抗防御，一旦模型收敛，全局模型会按照预设的方式对良性样本和带有补丁的良性样本进行分类。因此，特征对抗防御将实现比其他基线更低的误检率。

图 4-6-2（彩图）

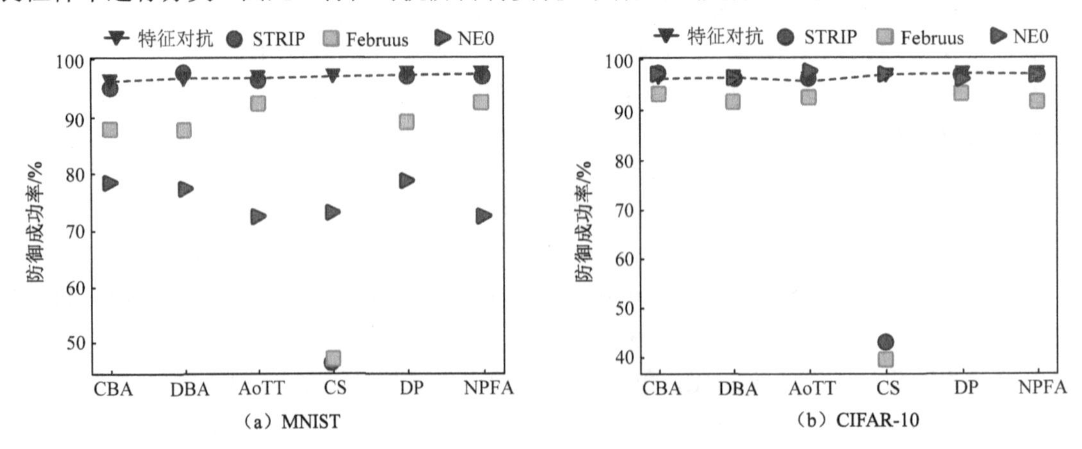

（a）MNIST（b）CIFAR-10

图 4-6-3　防御方法对不同攻击方法的误检率效果

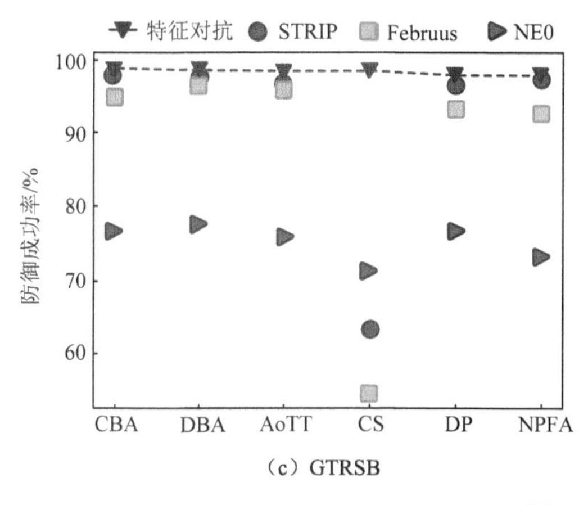

（c）GTRSB

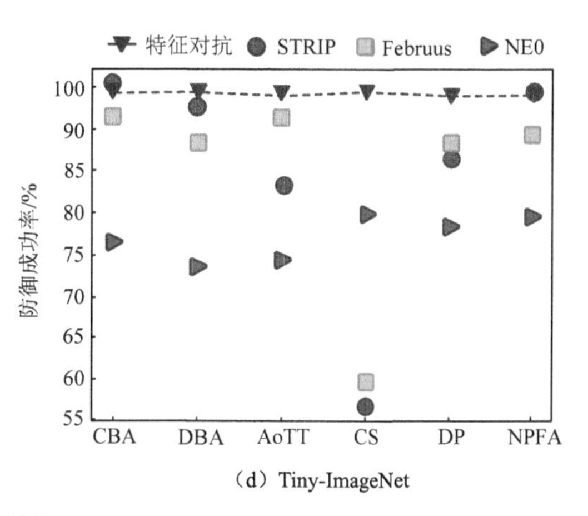

（d）Tiny-ImageNet

图 4-6-3（续）

3. 小结

本节提出了一种基于特征对抗的联邦学习中毒防御方法。结果表明，特征对抗防御方法不仅防御代价低、与聚合规则的兼容性强，并且面对不同的攻击方法或者攻击策略都有很好的防御效果，可以达到 95%以上的触发样本检测率。

图 4-6-3（彩图）

4.6.4.2　基于对抗扰动触发的联邦学习中毒防御方法

EVE 是一种基于对抗扰动触发的联邦学习中毒防御方法，用于高效防御联邦学习中毒攻击。EVE 系统整体框图如图 4-6-4 所示。首先在联邦学习的准备阶段，服务端虽然无权访问客户端上的原始训练数据，但会向参与训练的客户端查询训练任务。该查询可以是模糊的，例如客户端只需提供类似于“本次训练目标为猫狗分类”的答案即可。之后服务器会根据训练任务相应维护小批量的检测数据集。在正式开启联邦学习训练后，如图 4-6-4 所示，EVE 包含两个步骤：模型检测和模型聚合。在第一步中，服务器从客户端接收更新后的模型，根据模型生成对应的对抗样本，并使用生成的对抗样本来测试该模型，并记录测试结果。在第二步中，服务器将接受被归类成“良性”簇对应的更新模型，根据客户端的信任评分聚合它们，并更新客户端的信任分数。最后，服务器将最新的全局模型广播给各个客户端。

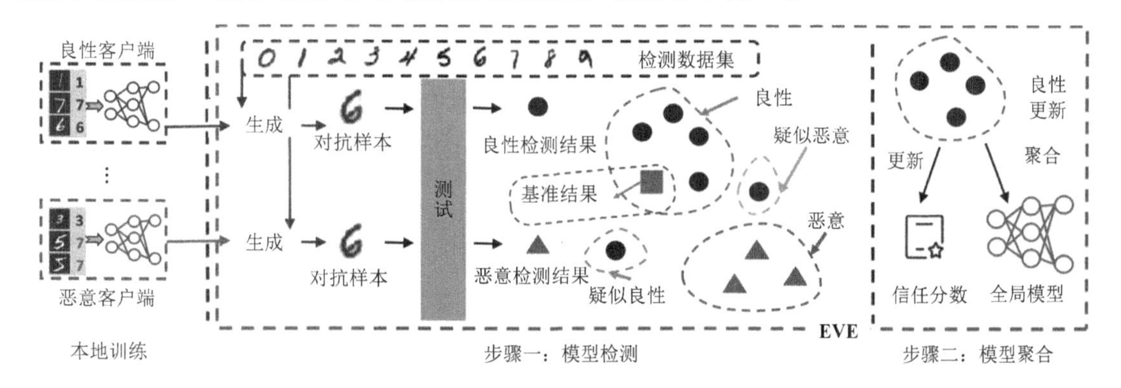

图 4-6-4　EVE 系统整体框图

1. 模型检测

受益于中毒模型嵌入的触发器容易被对抗扰动触发，EVE 使用包含干净样本和正确标签的检测数据集 D_R，在服务器端为每个客户端更新的模型进行

图 4-6-4（彩图）

检测。模型中扮演中毒角色的神经元将由于对抗性扰动而被激活。这些神经元的激活值往往异常大，导致模型倒数第二层输出异常。因此，测试结果可以作为划分更新模型的指标。考虑到检测数据集中的一对样本$(x,y)\in D_{\mathrm{R}}$，合适的损失函数可以表示为$L(w,x,y)$，w是训练模型，通过式（4-6-16）可以生成对应的对抗样本x_{adv}。根据每个本地模型更新，EVE 为每个客户端生成一个对应的对抗样本集。之后，给定一个具有L层网络的模型w_i的客户端$i-th$，在对抗样本对$\{x_{\mathrm{adv}},y\}$输入时，$L-1$层的测试结果X_i为

$$X_i=\sum_{j=1}^{D_{a_i}} f_{w_i}^{L-1}(x_{\mathrm{adv}_i}^j) \tag{4-6-16}$$

其中，D_{a_i}是对抗样本集；$f_{w_i}^{L-1}$是$L-1_{层}$的输出模型。

在测试完所有更新的模型后，服务器可以得到一组测试结果$\{X_1,X_2,\cdots,X_n\}$。在此基础上，EVE 将使用检测数据集训练一个干净的模型作为检测的基准X_{bm}。如果当前本地更新模型的测试结果与基准模型的测试结果更相似，则本地更新模型可能“更有希望”是良性的。由于簇数是事先已知的，一个简单有效的方法是使用 K-means 对局部更新模型进行聚类分组。

然后，基于当前基准测试结果X_{bm}，服务器可以使用 K-means 聚类将测试结果分为四类：“良性”“恶意”“疑似良性”“疑似恶意”。考虑到联邦学习中客户端数据的异构性，将所有客户端明确分为“良性”和“恶意”是困难的，同时这样的方法也容易遭受到针对性的攻击。EVE将在联邦学习训练的每一轮中都应用聚类方式进行划分客户更新，然后将接受被认为是“良性”的那些更新，排除被认为是“恶意”“疑似良性”“疑似恶意”的那些更新。这可以确保方法更强的安全性与鲁棒性，每次运行不需要筛查出所有的恶意更新。假设服务器首先在所有的测试结果中随机选取四个测试结果作为初始聚类中心$\{J_1,J_2,J_3,J_4\}$，然后根据式（4-6-17）可以计算每个结果到每个聚类中心的欧几里得距离。

$$\sum_{i=1}^{n}\sum_{k=1}^{4}\mathrm{dis}(X_i,J_k)=\sqrt{(X_i-J_i)^2} \tag{4-6-17}$$

根据欧几里得距离，每个X都会被分配到最近的簇中。所有测试结果$\{X_1,X_2,\cdots,X_n\}$分配后，根据距离的平均值更新一个簇的聚类中心，然后继续开启迭代。在聚类收敛之后，服务端需要计算每个聚类中心到基准测试结果X_{bm}的欧式距离，定义集群中最接近X_{bm}的更新模型集为“良性”(表示为$\mathrm{Set_b}$)。如此一来，EVE 便选择出了本轮中需要参与全局模型聚合的更新模型。

2. 模型聚合

通过 K-means 聚类对更新后的模型进行划分后，服务器会在$\mathrm{Set_b}$中聚合更新后的模型，得到一个新的全局模型。为了保证可以尽可能地排除中毒更新模型，EVE 在培训期间为每个客户分配一个信任分数，设置N个客户的信任分数为$\{Tr_1,Tr_2,\cdots,Tr_n\}$。在第$t$轮，客户端$i-\mathrm{th}$的信任度$\mathrm{Tr}_i$如下：

$$\mathrm{Tr}_i^t=\begin{cases}\mathrm{Tr}_i^{t-1}+1, & X_i\in\mathrm{Set_b},t\geqslant 1\\ \mathrm{Tr}_i^{t-1}, & X_i\notin\mathrm{Set_b},t\geqslant 1\\ 1, & t=0\end{cases} \tag{4-6-18}$$

信任分数由每个客户端被接受的轮数累加得到，每个客户端的初始信任分数为 1。在每个轮次中，一旦客户端更新的模型被标记为“良性”，客户端的信任分数就会加 1。简而言之，客户端的信任分数越高，表明服务器接受该客户端的次数越多，意味着该客户端就越值得“信任”。因此，最终全局模型聚合的方程可以表示为

$$w_g^{t+1}=\sum_{i=1}^{\mathrm{Set_b}}\frac{\mathrm{Tr}_i^t}{\sum_{i=1}^{\mathrm{Set_b}}\mathrm{Tr}_i^t}w_i^t \tag{4-6-19}$$

在聚合过程中，EVE 仅根据客户端的信任评分选择“良性”更新模型进行加权聚合。如此一来，在训练的后期，即使某些恶意更新模型在某一轮中被误选，也会因为信任度低而被赋予低权重，也难以对全局模型造成大的影响。而在训练的前期，由于全局模型的快速更新，中毒攻击很难有效地毒化全局模型。与矢量或者维度过滤的防御方法相比较，EVE 仅在平均聚合的基础上排除了一定数量的恶意客户端，因此维护简单并且代价低。

此外，值得注意的是，在每个轮次中为更新的模型生成对抗样本会增加 EVE 的复杂性。因此，有必要考虑对于检测用途的对抗样本进行间隔更新。EVE 为此引入了一个称为更新间隔 γ 的超参数，假设对抗上一次更新是在 $u-\mathrm{th}$ 时刻，对于 $t-\mathrm{th}$ 时刻的全局模型，模型 w_g^t 对抗样本的更新条件将表示为

$$\begin{cases}\text{更新：} & \left(\sum_{j=1}^{D_R}L(w_g^t;x_j;y_j)-\sum_{j=1}^{D_R}L(w_g^u;x_j;y_j)\right)\geqslant\gamma \\ \text{不更新：} & \left(\sum_{j=1}^{D_R}L(w_g^t;x_j;y_j)-\sum_{j=1}^{D_R}L(w_g^u;x_j;y_j)\right)<\gamma\end{cases} \tag{4-6-20}$$

其中，$\sum L(w;x;y)$ 计算对抗样本中的损失和。具体来说，在新的全局模型聚合后，EVE 会取检测数据集 D_R 来计算全局模型的损失之和 L。通过将损失与上一次更新时的损失进行比较，服务器可以获得两次损失的更新值。如果损失更新值大于等于更新间隔，说明此时全局模型较上一次计算对抗样本时有了明显的变化，应该及时更新对抗样本，保证对抗样本能够适应最新更新的模型。否则，如果损失更新值小于间隔，EVE 不需要更新对抗样本。这确保了对抗样本能够及时适应更新后的模型，而不需要在每轮重新生成对抗样本，减少了每轮重复生成对抗样本带来的开销。

3. 实验与分析

1）实验设置

数据集：使用四个公用图像数据库：MNIST、Fashion-MNIST、CIFAR-10 和 LFW（labeled faces in the word，野外标记人脸）数据集。

联邦学习训练设置：数据在客户端之间以非 i.i.d 的形式分布，分布超参数设置为 0.5。客户端的数量设置为 40，意味着每轮有 40 个客户端参与训练。客户端使用 Adam 优化器训练本地模型。四个数据集的学习率都设置为 0.1，每一轮联邦学习训练，本地客户端的本地训练轮次设置为 3。恶意客户端的本地训练轮次设置为 6。所有实验采用不同的随机种子重复 10 次，并报告平均结果。

服务器设置：从测试数据集中为每个标签随机选择 20 张图像以形成检测数据集，从而确保测试模型从未见过测试数据。对于 LFW 数据集，为每个标签选择了五张图像来构成检测数据集。设置默认的聚类数为 4，更新间隔为 0.2，对抗攻击的扰动默认为 0.4。

中毒攻击设置：在方法评估中选择了较为恶劣的场景，即 40%的客户端是恶意的。选择集中式中毒攻击（centralized backdoor attack，CBA）与分布式中毒攻击（distributed backdoor attack，DBA）作为基线攻击方法，中毒任务是通过设置触发器使模型将基础标签中的实例错误分类为目标标签。

安全聚合算法：采用五种安全聚合算法：FedAvg、Muilt-Krum、RFA、FoolsGold 与 RLR。具体来说，对于 Muilt-Krum，筛选率设置为 20%。对于 RFA，最大迭代步数设置为 8。FoolsGold 则使用置信参数 1 进行参数化，并且不使用历史梯度或显著特征滤波器。对于 RLR，将更新

符号阈值设置为 5。这意味着对于更新符号之和大于阈值的每个维度，学习率得以衰减。

评价标准：使用 ASR、ACC 和防御效率（defensive efficiency rating，DER）验证方法的有效性。DER 的定义如下：

$$\mathrm{DER} = \mathrm{ACC} \times (1 - \mathrm{ASR}) \tag{4-6-21}$$

2）有效性分析

为了探索 EVE 的防御性能，在保持使用相同设置的前提下，评估了 EVE 对 CBA、DBA 以及前文所提出的 DP-Poison 攻击的防御效能，结果如图 4-6-5 所示。越高的 DER 意味着越好的防御性能，能够尽可能在不影响 ACC 的情况下降低 ASR。四个数据集的结果中，基线防御方法在中毒攻击持续影响下，都出现了不同程度的失效，FedAvg、RLR 和 RFA 三种方法的 DER 值不断下降，最后甚至接近于 0，说明此时全局模型被成功毒化。FoolsGold 和 Krum 方法保持着相对的有效性，然而，它们的 DER 值低于 EVE，表明 EVE 对 ACC 的影响小于这两种方法。这意味着 EVE 将会对主任务性能带来更小的影响，保证了联邦学习的正常运行。

图 4-6-5（彩图）

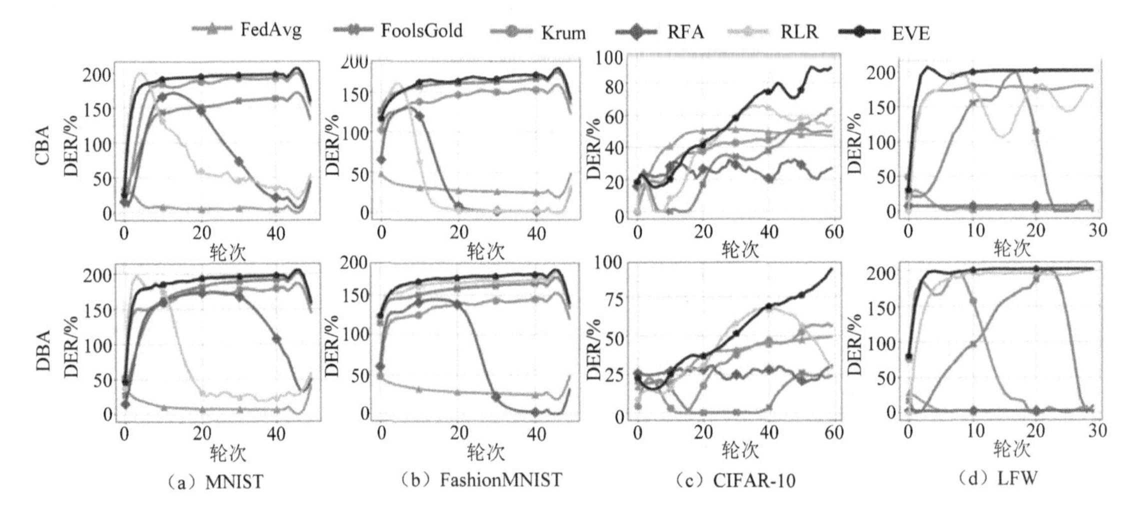

图 4-6-5 EVE 防御性能验证实验图

3）可解释分析

根据中毒模型与良性模型的本质区别出发，对抗扰动可以激活模型中的中毒神经元，导致模型倒数第二层神经元的异常输出。首先，我们在良性样本、对抗样本和中毒样本输入下可视化 MNIST 数据集上中毒模型的倒数第二层神经元的激活，如图 4-6-6 所示。

图 4-6-6（彩图）

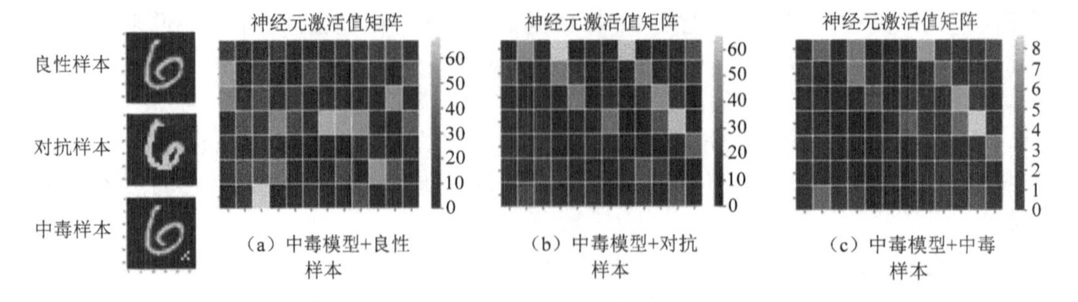

图 4-6-6 不同样本输入时神经元激活可视化结果图

可以清楚地观察到，模型中神经元的激活值在输入良性样本时与输入中毒样本时有截然不同的区别，输入对抗样本时与输入中毒样本时却有一定的相似性。这不仅仅证明中毒模型中确实存在一些负责中毒任务的中毒神经元，还反映这些神经元只有在输入中毒触发器时才会被激活。从图 4-6-6（b）与（c）中观察到，在输入对抗样本与中毒样本时，高激活值神经元是相似的。这表明对抗性扰动可以激活中毒模型中的中毒神经元，导致模型的错误分类，并获得比良性模型更高的攻击成功率。

4. 小结

本节提出了一种基于对抗扰动的更强劲的联邦学习中毒防御方法 EVE。EVE 的关键是服务器收集检测数据集，然后生成对抗样本来测试本地更新的模型。本节验证了 EVE 面对自适应攻击下的攻击可能性，证明了 EVE 的有效性。

4.6.4.3　基于最大最小策略的联邦学习隐私保护方法

为了同时保护参与方的隐私属性和保证主任务的预测性能并且降低防御的时间成本，本节提出了一种基于最大最小策略的联邦学习隐私保护方法 PPVFL（privacy preservation VFL）。通过对本地模型实施最大化主任务的预测性能和最小化嵌入表示的隐私信息这两种操作，PPVFL 能够在滤除隐私属性信息的同时保证联邦学习主任务的性能。

1. 方法介绍

防御场景定义如下。

联邦学习场景：假设联邦学习中存在 1 个主参与方、m 个从参与方和 1 个协作方。

防御者：联邦学习中的主参与方或从参与方。

防御者目标：目标 1 防止攻击者在联邦学习训练、推理阶段中推测隐私属性信息；目标 2 保证联邦学习主任务的预测性能。

防御原理：通过掩藏参与方上传的嵌入表示与隐私属性之间的映射关系，实现对参与方的隐私属性保护。防御者首先在本地维护一个推理组件，评估当前嵌入表示的泄露风险；然后利用最小化隐私属性策略破坏嵌入与隐私属性之间的映射关系；最后引入梯度正则组件保证主任务性能。

首先从信息论中的角度表示上述两个目标，目标 1 表示为

$$\min I(D(f_{\text{local}}(X));P) \tag{4-6-22}$$

其中，$D(\cdot)$ 表示推理组件模型；$f_{\text{local}}(\cdot)$ 表示本地模型；P 表示隐私属性信息；$I(x;y)$ 表示变量 x 和变量 y 之间的互信息。

目标 1 是最小化推理组件预测结果和隐私属性之间的互信息，即破坏本地模型输出的嵌入表示和隐私属性之间的映射关系。上述表达式等价于：

$$\min H(P)-H(P\,|\,D(E_i)) \tag{4-6-23}$$

其中，E_i 表示参与方 i 上传给协作方的嵌入表示；$H(x\,|\,y)$ 表示变量 x 和 y 的联合交叉熵。

保证联邦学习中主任务性能的目标 2 表示为

$$\max H(Y\,|\,g(E_{\text{aggr}})) \tag{4-6-24}$$

其中，聚合完成后的嵌入表示 E_{aggr} 为

$$E_{\text{aggr}}=\text{concat}(f_{\theta_1}(X_i),\cdots,f_{\theta_m}(X_m),f_{\theta_a}(X_a)) \tag{4-6-25}$$

其中，$\text{concat}(x,y)$ 表示两个变量按照相同维度拼接。

结合上述两个目标，联合目标可表示为

$$\min_{f,g}\max_{D} H(P)-H(P\mid D(E_i))+H(Y\mid E_{\text{aggr}}) \tag{4-6-26}$$

由于 $H(P)$ 恒定不变，上述可转化为

$$\min_{f,g}\max_{D} C-H(P\mid D(E_i))+H(Y\mid E_{\text{aggr}}) \tag{4-6-27}$$

其中，C 为常数。

图 4-6-7 为隐私保护联邦学习的更新示意图。图中左侧区域表示参与方的嵌入包含敏感属性信息，右侧区域表示参与方上传给协作者的嵌入不包含敏感属性信息，图 4-6-7 中向下的箭头表示主任务优化的方向。为达到目标 1，本地模型参数在第 t 次更新的方向 $\nabla\theta_f^t$ 朝隐私保护的方向移动。

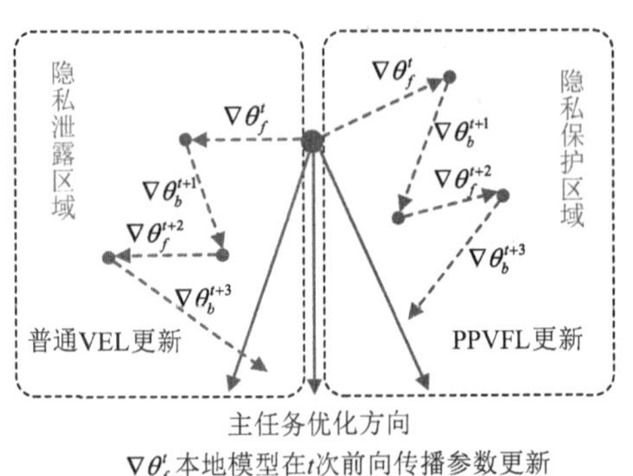

图 4-6-7（彩图）

图 4-6-7 防御方法的更新示意图

采用 Ganin 等[69]提出的梯度反转方法解决上述优化问题，即将计算梯度方向自动取反，在前向传播过程中实现恒等变换。

$$\theta_i=\theta_i-\eta\lambda\frac{\partial L_{\text{adv}}}{\partial\theta_i} \tag{4-6-28}$$

其中，λ 控制梯度的更新方向和强度，通常取值为−1。

由于梯度反向之后，本地模型更新的方向朝向推理组件损失增加的方向，推理组件损失增加将会导致攻击者推理出的隐私属性准确率下降，达到隐私保护效果。

推理组件首先根据式（4-6-29）计算损失函数后进行梯度反向传播。在本地模型和推理组件参数更新期间，推理组件参数按照沿梯度下降的方向更新步长 η，最后本地模型参数按照沿梯度上升的反向更新步长 η，迭代 n 次。其中本地模型迭代次数 n 为本地模型达到收敛状态时需要的最小迭代次数。当本地模型在训练迭代过程中，相邻两次训练迭代过程中的损失值差值小于 0.0001，则本地模型达到收敛状态。

$$\theta_i=\theta_i+\eta\frac{\partial L_{\text{adv}}}{\partial\theta_i} \tag{4-6-29}$$

推理组件在模拟攻击者推测隐私属性采用的损失函数表示为

$$L_{\text{adv}}=-\sum_{i=1}^{M}\sum_{j=1}^{N}\left[p_{i,j}\lg(p'_{i,j})+(1-p'_{i,j})\lg(1-p'_{i,j})\right] \tag{4-6-30}$$

其中，$p'_{i,j}=\operatorname{argmax}D_{\theta_D}(E_i)$，$\theta_D$ 为推理组件的模型参数。

在联邦学习反向传播阶段，为了实现目标 2，PPVFL 在随机梯度下降的基础上引入了梯度正则组件，使得本地模型参数更新在第 $t+1$ 次更新的方向 $\nabla\theta_b^{t+1}$ 朝主任务优化的方向移动。利

用反向传播算法计算参与方训练产生的梯度 g_i，通过对梯度 g_i 乘以正则系数 λ 更新梯度信息，完成对本地模型参数更新。

正则系数 λ 表示为当前嵌入表示 E_{aggr} 和联邦学习前一轮次嵌入表示 E_{his} 的二范数值，表示为

$$\lambda = \left\| E_{\text{aggr}} - E_{\text{his}} \right\|_2 \tag{4-6-31}$$

此外，联邦学习中的主任务预测损失函数表示为

$$L_{\text{utility}} = -\sum_{i=1}^{M}\sum_{j=1}^{N}\left[y_{i,j}\lg(y'_{i,j}) + (1-y_{i,j})\lg(1-y'_{i,j}) \right] \tag{4-6-32}$$

其中，$y'_{i,j} = \arg\max f_{\theta_{\text{top}}}(E_{\text{aggr}})$。

2. 实验与分析

1）实验设置

数据集：采用 VFL 研究中三个常用的真实数据集：结构化数据集 ADULTS 和网络数据集 ROCHESTER、YALE。

数据集分割方式：ADULTS 数据集依据参与方的数量将特征进行均匀分割，每个参与方获得相同数量的特征，其中主任务的标签分配给联邦学习的主参与方。ROCHESTER 和 YALE 数据集依据参与方的数量将节点特征进行均匀分割，每个参与方获得相同数量的特征，并且具有相同的邻接矩阵，其中主任务的标签分配给主参与方。数据集按照 4∶1 划分训练集和测试集。

模型：针对不同的数据集，联邦学习采取不同的本地模型和顶端模型。表 4-6-1 列举了联邦学习中本地模型和顶端模型结构信息。

表 4-6-1　模型结构介绍

数据集	本地模型	顶端模型
ADULTS	FCNN-1	FCNN-2
ROCHESTER	GCN-2	FCNN-2
YALE	SGC-2	FCNN-2

对比算法：采用了四种针对联邦学习的先进防御方法作为对比算法，包括随机噪声 Noisy、差分隐私 DP（differential privacy）、随机丢弃 Dropout 和降维 DR（dimension reduction）。

评价指标：使用如下三个指标评估 PPVFL 的隐私保护能力和主任务效用。

① 效用准确率 PTA：表示图联邦学习进行节点分类任务的预测性能，数值越高表示模型预测性能越好。

$$\text{PTA} = \frac{\text{ITP+ITN}}{\text{IP+IN}} \tag{4-6-33}$$

其中，ITP 表示实际为目标正样本被推测为正的样本数；ITN 表示实际为目标负样本被推测为负的样本数；IP 为目标正样本数；IN 为目标负样本数。

② 窃取准确率 PIA：由于隐私属性为分布平衡的情况，因此采用了隐私研究中常见的窃取准确率来评估隐私泄露风险。数值越低表示隐私保护效果越好。

③ 权衡值 TOV：表示为隐私保护和主任务性能的权衡效果，根据权衡值衡量防御方法在维持主任务预测性能和隐私保护性能的有效性。表示为

$$\text{TOV} = \frac{\text{PTA}}{\text{PIA}} \tag{4-6-34}$$

2）隐私保护效果分析

为了展现 PPVFL 隐私保护和维持主任务性能的效果，将 PPVFL 与 3.3 节介绍的四种先进

的隐私保护方法进行对比。此外，也展现了联邦学习框架在没有任何防御方法时面临属性推理攻击的隐私泄露情况。值得注意的是，假设攻击者具有的背景知识和攻击阶段都处于攻击者推理准确度最高的设置，以此充分评估防御方法的有效性。

图 4-6-8 和图 4-6-9 展示了 PPVFL 和基准方法在权衡隐私保护任务和维持主任务方面的性能。图的横轴表示主任务准确率，值越高表示主任务性能越好；图的纵轴表示隐私推理准确度，值越低表示泄露的隐私风险越低。最佳的防御方法维持推理准确度最低且主任务性能最高，即结果处于图中的右上角区域。如图 4-6-8 所示，针对训练数据的保护中，PPVFL 数据点往往位于图的右上角区域。这体现了该方法在保护数据隐私和维持主任务的性能上取得了最佳效果。例如针对 PPVFL 的攻击，攻击者在 ADULTS 数据集上的推理准确度降低到 17%，相比没有任何防御方法时隐私属性的推理准确度下降了 63%左右。其中，在 PPVFL 上的推理准确度接近随机猜测。

如图 4-6-9 所示，PPVFL 对联邦学习的测试数据也具有很好的保护效果。这是因为在训练阶段，联邦学习中的本地模型提取数据特征时，具有滤除隐私信息的能力。因此，在测试阶段本地模型能够自动滤除测试样本中的隐私属性信息。

图 4-6-8（彩图）

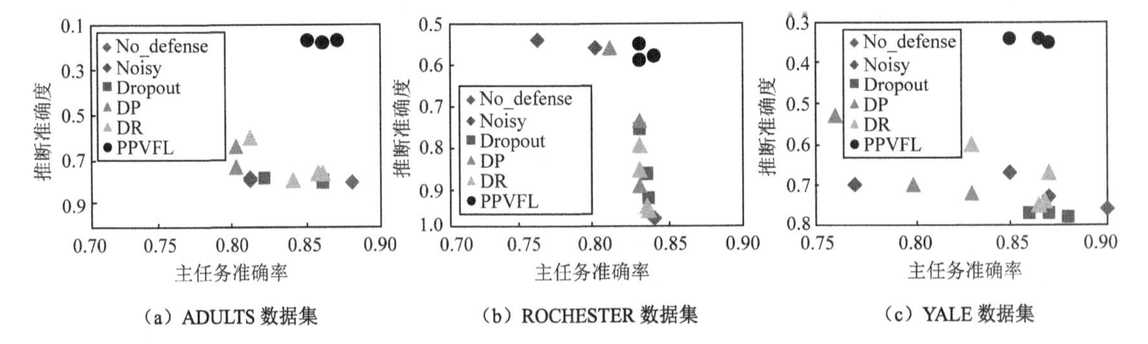

图 4-6-8　PPVFL 对训练数据的隐私保护性能

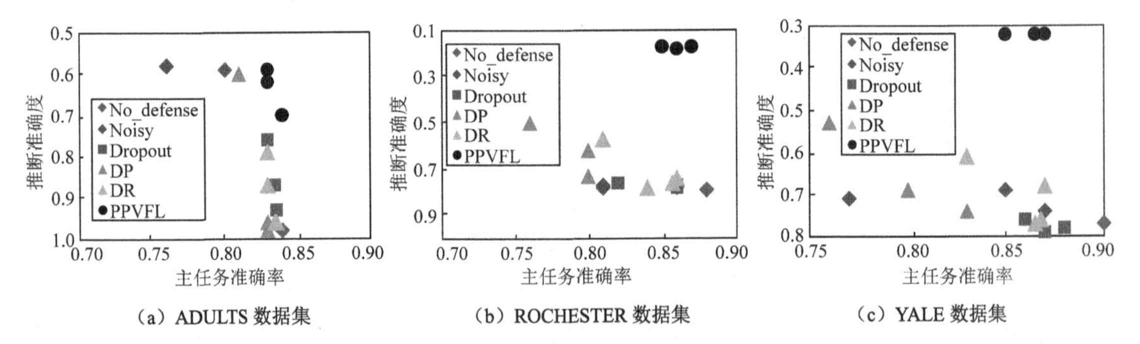

图 4-6-9　PPVFL 对测试数据隐私保护性能

3）可解释分析

为了进一步理解 PPVFL 成功抵御属性推理攻击的原因，利用 t-NSE 可视化技术进行分析。本小节将参与方本地模型输出的嵌入表示利用主成分分析方法进行聚类，并将不同的节点依据不同的隐私属性类别赋予不同的颜色。

图 4-6-9（彩图）

图 4-6-10 展示了在 ADULTS 数据集防御前后 t-NSE 示意图，图 4-6-11 展示了在 ROCHESTER 数据集防御前后 t-NSE 示意图。图中相同颜色的点表示样本为相同隐私的属性类别。观察图 4-6-10 和图 4-6-11 发现，在没有任何防御的联邦学习，不同的隐私属性能够被明显地划分开，即隐私属性存在严重的泄露风险。PPVFL 防御之后的图中，不同颜色的隐私属性混合在

一起而无法划分，达到了保护隐私属性的效果。

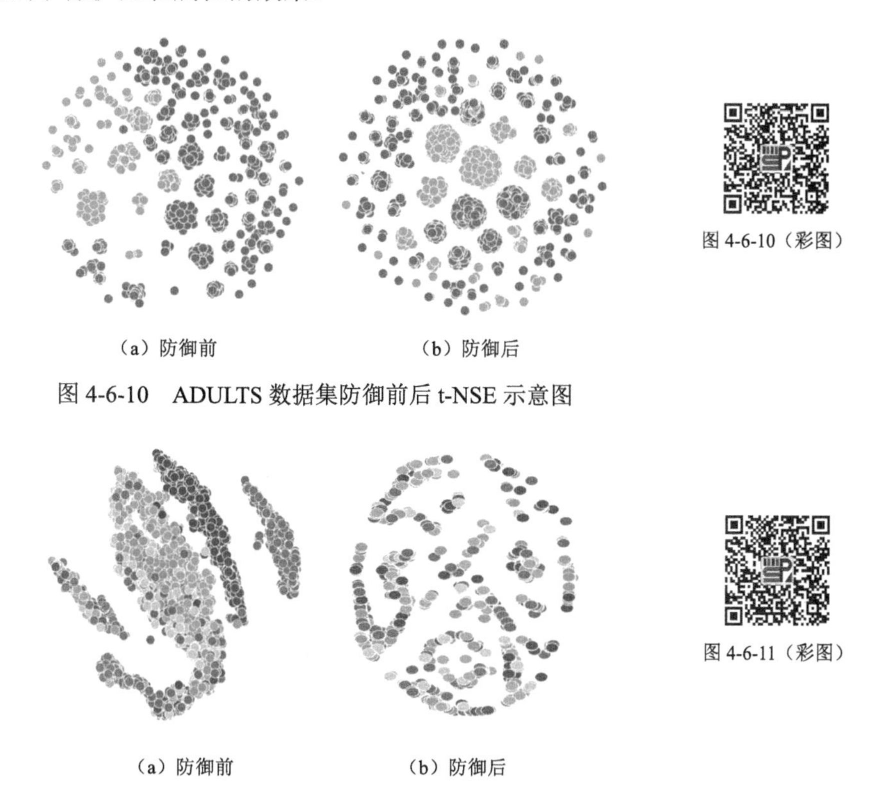

（a）防御前　　（b）防御后

图 4-6-10　ADULTS 数据集防御前后 t-NSE 示意图

（a）防御前　　（b）防御后

图 4-6-11　ROCHESTER 数据集防御前后 t-NSE 示意图

3. 小结

为了应对隐私泄露风险，本节提出一种基于最大最小策略的纵向联邦学习隐私保护方法 PPVFL，其引入梯度正则组件保证训练过程主任务的预测性能，同时引入推理组件掩藏参与方嵌入表示中包含的隐私属性信息。实验结果表明：相比于没有任何防御方法的联邦学习，PPVFL 将攻击推理准确度从 95%降到 55%以下，接近于随机猜测的水平，同时主任务预测准确率仅下降 2%。

4.7　面向深度强化学习的防御

DRL 中仍然存在安全隐患，比如环境容易遭受恶意攻击，从而影响整个模型的安全。深度学习已经被证明容易受到恶意样本的对抗攻击，这也增加了 DRL 的安全隐患。若在推理阶段，模型的输入状态、策略或者环境受到恶意干扰，极大程度会使 DRL 在推理阶段执行决策失误，对决策系统造成很大影响。因此，提高强化学习模型鲁棒性，研究面向强化学习模型的防御加固方法，对于其在实际场景中的安全可靠应用，避免出现重大的故障和严重后果具有重要意义。

4.7.1　面向深度强化学习防御问题定义

针对深度强化学习模型的安全性漏洞，学者们研究针对对抗攻击和中毒攻击的防御方法，以抵御不确定性扰动和训练数据污染导致的模型后门威胁。

在深度强化学习模型中，对抗攻击者的目标是误导智能体以最大限度地减少目标智能体所获得的累积奖励。对此，对抗攻击的防御方法目标是缓解或消除对抗性攻击导致的恶意影响。由于 DRL 任务中状态以时间序列的形式连续不断输入，无法要求模型在中途拒绝某些可疑状态，因此 DRL 中的防御方法需要满足“完全防御”这一要求，即目标模型能够在对抗样本的存在下实现正确决策。

中毒攻击是指在 DRL 训练过程中操纵智能体的输入数据，从而影响目标模型学习的策略。对于策略中毒攻击，防御者的目标是去除策略中的后门，使得模型在存在触发器的情况下，也能最优地执行经过后门消除的良性策略。对于奖励值中毒攻击，防御者的目标是设计一个鲁棒的智能体模型，最大化真实奖励值函数的最坏情况效用，以限制后门的影响。

4.7.2 面向基于强化学习防御方法的基本概念

1. 安全可靠的强化学习

研究人员意识到，长期的奖励最大化不仅是学习的关键因素，而且也是避免损害的关键因素。在这种背景下，安全 RL 的研究领域应运而生。安全 RL 被定义为“在学习和/或部署过程中，确保合理的系统性能和/或尊重安全约束非常重要的问题中，最大限度地期望回报的学习策略过程”。强化学习的风险定义不尽相同，它们可能与环境的不确定性/随机性有关。安全的强化学习算法的目标是最大限度地减少甚至避免智能体在训练和/或部署过程中必须面对的危险情况，保证其在工作时输出可靠的决策结果。

2. 强化学习的防御目前存在的问题

（1）现有的防御方法大多是传统对抗防御算法在强化学习中的迁移应用，未来还需要从强化学习本身特性进一步探索。

（2）现有防御方法的泛化能力不足，需要探索更通用的防御方法，保障智能体在动态复杂环境面对不确定干扰时的鲁棒表现。

（3）目前主要的防御方法都是针对状态扰动攻击的加固，而针对其他类型对抗攻击的防御较少。

4.7.3 基础防御方法概述

下面分为两个部分介绍面向强化学习攻击的防御方法，即面向对抗攻击的防御方法和面向中毒攻击的防御方法。

1. 面向对抗攻击的防御方法

结合传统的对抗防御方法，针对强化学习的对抗防御方法分为对抗训练、对抗检测、可证明鲁棒性和鲁棒学习这四类。基于对抗训练防御的算法示意图如图 4-7-1 所示。

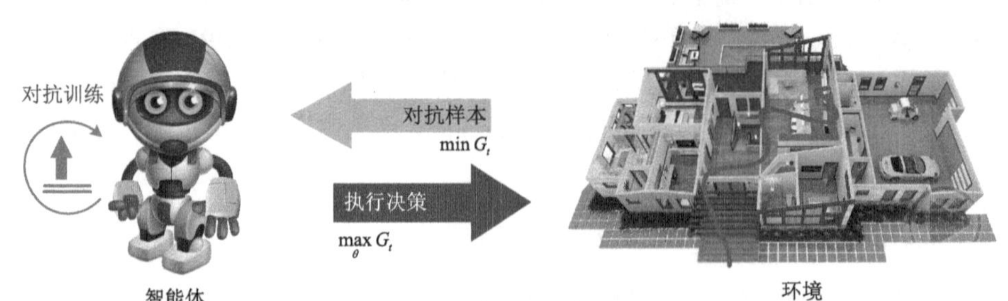

图 4-7-1 基于对抗训练防御的算法示意图

在传统对抗攻防领域，最常用且最有效的对抗防御方法便是对抗训练[70-72]。对抗训练通过为输入图像添加对抗噪声生成对抗样本，并将其作为训练集的一部分训练模型，从而有效提升模型的对抗鲁棒性，其标准定义如下：

$$\min_{\theta} E_{(x,y)\sim D}\left[\max_{r\in S} L\left(y, f_{\theta}\left(x_{\mathrm{adv}}\right)\right)\right] \tag{4-7-1}$$

其中，r 表示干扰噪声量级；S 表示扰动集合；x_{adv} 表示对抗样本；x 表示数据分布 D 上的样本；y 表示相对应的标签；$L(x,y)$ 表示神经网络的损失函数；$\theta \in R^{p}$ 表示模型参数集合。对抗训练可以被认为是一个最小-最大优化问题，即攻击者希望生成最具有攻击性的扰动，从而最小化攻击者的总目标 G^{t}。相反，防御者则希望训练出最鲁棒的模型，从而使得在攻进行攻击的情况下，最大化自身的总目标 G^{t}。若攻击者与防御者的策略均为强化学习算法，则双方的强化学习策略均需要不断更新以适应对方的策略，对抗防御开销极高，往往无法收敛。若攻击者基于神经网络梯度[73]生成针对神经网络的噪声，则无须不断训练自身的策略，而是只需针对防御者的策略生成自身的攻击。这种防御方式虽然仍具有较高开销，但实际训练中可以接受。由于对抗训练效果较好，在实际防御中被广泛采用。

① Pattanaik 等[74]从对抗训练的方法和损失函数入手，研究了在强化学习任务下使用新型对抗攻击算法进行对抗训练对模型鲁棒性的提升效果。他们基于其特殊设计的损失函数应用梯度优化来实现对抗攻击，从而有效提升强化学习算法在训练时对于参数的敏感性，让算法更加鲁棒。梯度由以下式子给出：

$$\nabla_{s} Q^{*}(s,a) = \frac{\partial Q^{*}}{\partial s} + \frac{\partial Q^{*}}{\partial U^{*}}\frac{\partial U^{*}}{\partial s} \tag{4-7-2}$$

其中，U^{*} 代表行动者给出的最优策略；$Q^{*}(s,a)$ 为最优值函数。Chen 等[75]则将对抗训练引入更复杂的智能体自动寻路问题中。智能体寻路问题与 Atari 等游戏的不同之处在于，智能体没有对于全局的观测，仅能获取局部信息。针对智能体寻路的特点，作者通过在寻路环境中添加真实存在的障碍进行对抗攻击。通过对抗训练的模型可以有效降低对抗攻击成功率，使智能体做出正常的决策。

对抗检测是对抗防御中一种常见的技术手段，其通过训练额外的模型对输入样本进行检测。通过对输入样本的类型进行判别，将对抗样本直接丢弃，将正常的干净样本输入给强化学习智能体，从而在起到防御效果的同时保留了原有的强化学习策略（图 4-7-2）。由于对抗检测本质上是训练一个判别是否存在对抗样本的分类器，其防御开销较小。但是基于对抗检测的防御仅具有识别对抗样本的功能，强化学习本身不具有对抗鲁棒性。

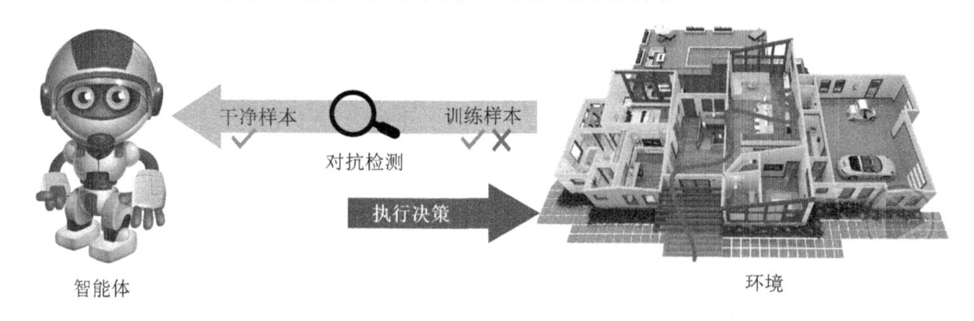

图 4-7-2　基于对抗检测防御的算法示意图

② Lin 等[76]首先提出一个在强化学习场景中利用动作帧进行对抗检测的模型防御方法。作者认为传统的计算机视觉领域的对抗样本检测都是基于单帧图像来进行的，忽略了历史帧

的交互关系和信息关联。因此，根据历史观测与行为数据，设计了一个模块来预判观测帧。如果预测值与观测有较大差别，则认为该帧为对抗样本，并根据预测进行决策，否则基于真实观测进行行动。进一步，Havens 等[77]提出一种基于元学习的模型无关的层级化攻击检测框架，称之为元学习优势层次（meta-learned advantage hierarchy，MLAH），具有较强适应性的在线防御能力。MLAH 框架基于决策空间进行对抗样本防御，因此可以直接降低由攻击方法带来的过拟合问题。

在对抗训练与对抗检测之外，还有一些学者从可证明鲁棒性等角度出发，对强化学习对抗防御领域进行研究。相比其他基于"经验性"的防御手段，这种防御方式会形式化地推导并给出防御方法带来的鲁棒性下界，给出"可证明"的模型防御（图 4-7-3）。显然，这种防御手段在更加严谨的同时也引入了更多的约束条件。可证明鲁棒性严格证明了模型的鲁棒性下界，这种证明往往在特殊设计的训练算法下成立。部分可证明鲁棒性算法训练一个新的强化学习智能体以帮助防御，具有中等开销。还有部分可证明鲁棒性算法使用修改后的对抗训练以帮助防御，具有较高开销。其具体开销则根据增强鲁棒性的方法而定。

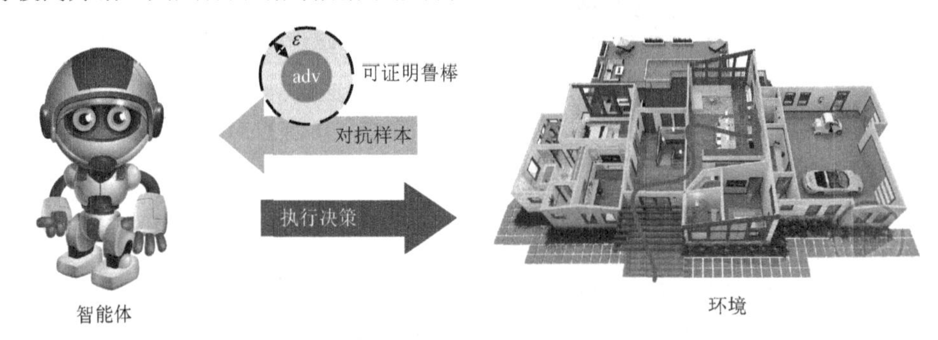

图 4-7-3　基于可证明鲁棒性防御的算法示意图

③ Tessler 等[78]则针对强化学习智能体的鲁棒性和泛化性，提出了两种鲁棒的马尔可夫决策过程，分别是概率动作鲁棒的 PR-MDP 与噪声动作鲁棒的 NR-MDP。这其中，作者证明了对于 NR-MDP 而言，最优策略是稳定且确定的；在 PR-MDP 下，最优策略存在且服从某一随机概率。他们将 PR-MDP 中最大代理的最优策略称为最优概率鲁棒策略并给出以下概率联合策略公式：

$$v_{P,\alpha}^{\pi}=\min_{\bar{\pi}\in\Pi}E^{\pi_{P,\alpha}^{\text{mix}}(\pi,\bar{\pi})}\left[\sum_{t}\gamma^{t}r(s_{t},a_{t})\right] \tag{4-7-3}$$

其中，$a_{t}\sim\pi_{P,\alpha}^{\text{mix}}(\pi(s_{t}),\bar{\pi}(s_{t}))$。随后可得到最优概率鲁棒策略公式：

$$\pi_{P,\alpha}^{*}\in\underset{\pi\in P(\Pi)}{\text{argmax}}\min_{\bar{\pi}\in\Pi}E^{\pi_{P,\alpha}^{\text{mix}}(\pi,\bar{\pi})}E\left[\sum_{t}\gamma^{t}r(s_{t},a_{t})\right] \tag{4-7-4}$$

NR-MDP 的价值由以下公式得到：

$$v_{N,\alpha}^{\pi}=\min_{\bar{\pi}\in\Pi}E^{\pi_{P,\alpha}^{\text{mix}}(\pi,\bar{\pi})}\left[\sum_{t}\gamma^{t}r(s_{t},a_{t})\right] \tag{4-7-5}$$

其中，$a_{t}\sim\pi_{N}^{\text{mix}}(\pi(s_{t}),\bar{\pi}(s_{t}))$，随后可得到最优 $\alpha-$ 噪声鲁棒策略是 NR-MDP 的最优策略公式：

$$\pi_{N,\alpha}^{*}\in\underset{\pi\in P(\Pi)}{\text{argmax}}\min_{\bar{\pi}\in\Pi}E^{\pi_{N}^{\text{mix}}(\pi,\bar{\pi})}E\left[\sum_{t}\gamma^{t}r(s_{t},a_{t})\right] \tag{4-7-6}$$

他们通过在 MuJoCo 环境下的大量实验表明，PR-MDP 与 NR-MDP 可以帮助智能体学到更加鲁棒且安全的策略。此外，即便在攻击者不存在的情况下，经过 PR-MDP 与 NR-MDP 训练的智能体也会在正常环境中取得更好的结果。

除了上述防御方法，研究人员还结合强化学习算法和任务本身的特殊性，设计并研究了一系列和强化学习算法本身紧耦合的鲁棒学习方法。与传统的计算机视觉中的对抗防御方法不同，这一类方法通常结合了强化学习算法本身的特点，设计和研究出与强化学习场景、算法相适配的防御技术（图 4-7-4）。它们不是通用的，无法直接应用于传统的图像分类任务上，且视具体方法不同而具有不同的开销。

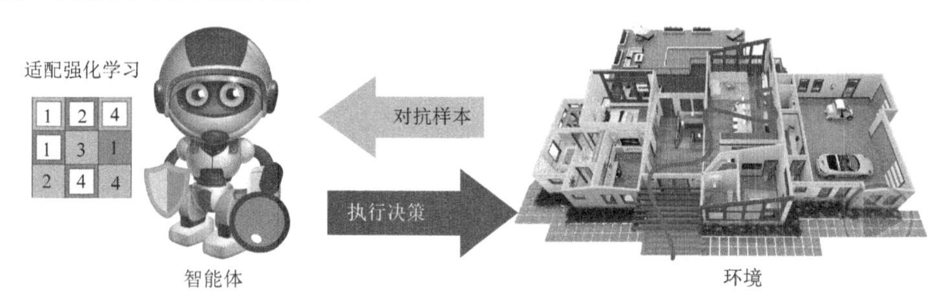

图 4-7-4　和强化学习算法本身紧耦合的鲁棒学习防御的算法示意图

④ 针对奖励遭受扰动这一问题，Gallego 等[79]在多智能博弈背景下提出一个鲁棒学习框架，称为受威胁的马尔可夫决策过程（threatened Markov decision processes，TMDP）。具体来说，作者引入 K 级思维这一概念，将攻击者视为 K-1 级，而决策者在第 K 级去思考问题，也即决策者会考虑到攻击者的动作后再选择最优动作，决策者的代价函数将攻击者的估计代价纳入考量，从而使得决策者获得更高的鲁棒性。根据 K 级思维。顶层 DM 的策略可由以下式子给出：

$$\underset{a_{i_k}}{\operatorname{argmax}}\, Q_k\left(a_{i_k}, b_{j_{k-1}}, s\right) \tag{4-7-7}$$

其中，$b_{j_{k-1}}$ 可由以下式子给出：

$$\underset{b_{j_{k-1}}}{\operatorname{argmax}}\, Q_{k-1}\left(a_{i_{k-2}}, b_{j_{k-1}}, s\right) \tag{4-7-8}$$

然后依此类推，直到得出归纳基础（1 级）。他们在 Repeated Matrix Games、Friend Or Foe[80]两个环境中进行实验，证明以二级思维训练的智能体相比传统方法有更好表现。

2. 面向中毒攻击的防御方法

中毒攻击是一种安全威胁，攻击者发布了一个看似行为良好的策略，实际上隐藏了触发器。在部署过程中，攻击者可以以特定的方式修改观察到的状态，以触发意外行动并损害多智能体。目前针对中毒攻击的防御仍处于起步阶段。

① Bharti 等[81]在子空间触发假设下，提出了一种面向强化学习中后门策略攻击的可证明防御机制。他们的防御机制是利用自编码器将观察到的状态投影到“安全子空间”来清除后门策略，该子空间是根据与干净（非触发）环境的少量交互来估计的。他们提出的净化算法，允许用户在子空间触发攻击者的情况下安全地使用后门策略。此清除算法以无监督的方式工作，首先使用来自 $d_M^{\pi^+}$ 的干净样本恢复安全子空间的估计，并将每个状态投影到这个干净子空间上，在输入后门策略 π^+ 之前清除状态。

② Banihashem 等[82]研究了强化学习中针对奖励中毒攻击的防御策略。他们考虑了在中毒奖励下，最低限度地改变奖励值的中毒攻击。防御的目标是设计能够在最坏情况下抵抗此类攻击的代理，即真正的、未受污染的奖励值，同时在中毒的奖励下计算其策略。防御转化为攻击参数 ε 的优化问题：

$$\max_{\psi \in \Psi} \langle \psi, \hat{R} \rangle$$
$$\text{s.t. } \langle \psi^{\pi_{\dagger}\{s;a\}} - \psi^{\pi_{\dagger}}, \psi \rangle \geqslant 0 \ \forall s, a \in \Theta^{\varepsilon} \tag{4-7-9}$$

其中，Θ^{ε} 表示状态动作对 (s,a)。给定马尔可夫决策过程 M，Ψ 表示任何随机策略 π 下的可实现状态动作占用。

4.7.4 面向强化学习的防御方法及其应用

面向强化学习的防御方法包括基于模仿对抗策略的强化学习鲁棒性增强方法和基于垂直联邦的深度强化学习模型防御方法。

4.7.4.1 基于模仿对抗策略的强化学习鲁棒性增强方法

现有研究的防御方法针对某几种或某几类攻击方法有效。因此，本节提出一种基于模仿对抗策略的 DRL 鲁棒增强方法，即 REIL，可以实现对多种对抗攻击方法的有效防御。

1. 方法介绍

DRL 模型增强整体框图如图 4-7-5 所示。首先进行模型训练，即图中 REIL-PPO 模型训练阶段；然后进行测试阶段验证模型鲁棒性。在 DRL 模型的训练阶段加入模型加固技术，模型在训练过程中需要采样数据到缓冲区，并通过批量数据迭代训练模型，每次模型更新时以一定比例掺入 REIL 生成的扰动样本，提高模型对强破坏性样本的适应能力，然后在模型测试阶段验证鲁棒性。本节采用几种比较成熟的攻击方法对原模型进行攻击，通过实验效果验证 REIL 确实对模型鲁棒性有一定增强能力，并能应对各种攻击方法。

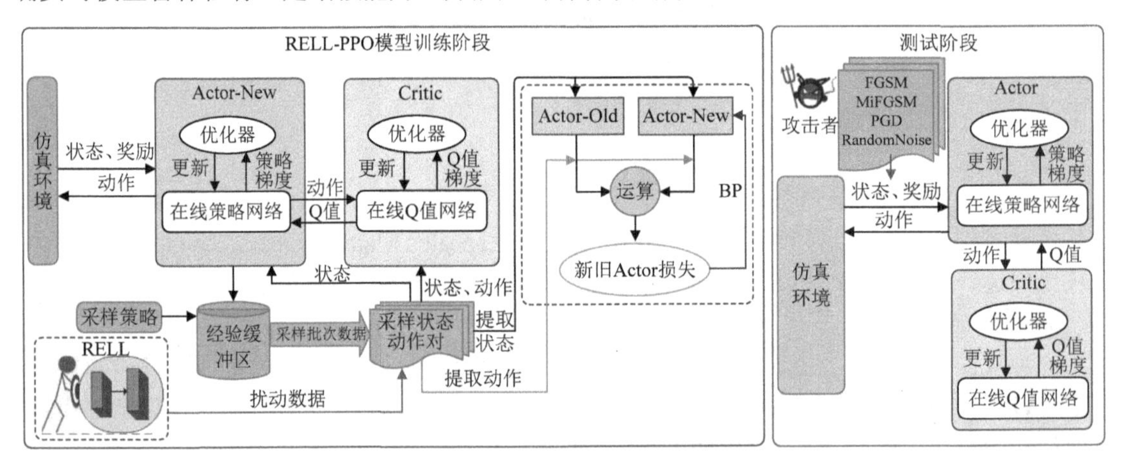

图 4-7-5 DRL 模型增强整体框图

利用模仿学习训练对抗样本生成器，不断逼近专家策略。与 GAN 不同的是，模仿学习不是学习生成图像，而是学习到接近专家的策略。本节提出的 REIL 对抗样本生成器模型就利用了模仿学习专家策略这一特点，搭建对抗样本生成器生成接近专家状态的样本，而且又结合目标模型的反馈保证生成的对抗样本能完全迷惑智能体。REIL 对抗样本生成器的训练损失函数由两部分组成。第一部分由模仿学习的判别器提供，第一部分损失函数定义为

$$L_{\text{IL}} = \hat{E}_{\tau i} \lg D_{\varphi}(s,a) + \hat{E}_{\tau i} \lg(1 - D_{\varphi}(G(x), A(G(x)))) \tag{4-7-10}$$

其中，x 是生成器的输入噪声；s 和 a 分别是状态和动作；D 是模仿学习中的判别器，用于判别专家策略和学习者策略之间的相似度；G 是生成器，用于生成扰动状态；A 是模仿学习的

动作（actor）网络，用于生成动作。通过极小化这个损失函数使生成器模型生成的扰动状态无限接近专家状态。

第二部分损失函数由预训练 PPO 模型提供。该损失函数的目的是使生成的状态能达到迷惑目标模型智能体的目的，使目标模型预测出错。第二部分损失函数为

$$L_{\mathrm{ppo}} = -(L_{\mathrm{a}} + L_{\mathrm{c}}) \tag{4-7-11}$$

其中，L_{a} 是 PPO 模型的 actor 网络对应的损失；L_{c} 是 PPO 模型的评价（critic）网络对应的损失；L_{ppo} 是 PPO 网络的总损失。为了使对抗状态对模型噪声的影响越大越好，因此将 PPO 模型的负损失作为生成器网络损失函数的第二项。

生成器模型的总损失函数为

$$L_{\mathrm{total}} = L_{\mathrm{IL}} + L_{\mathrm{ppo}} \tag{4-7-12}$$

通过与模仿学习模型的博弈生成接近专家数据的样本，同时又通过与目标模型的博弈生成能迷惑目标智能体的状态，以此实现多样泛化的对抗样本，实现既接近专家状态又能完全迷惑目标智能体的目的。

图 4-7-6 是 REIL 方法框图，图中包含预训练好的 PPO 模型、IL 模型中的 actor 网络、IL 中的判别器网络（discriminator）以及生成器模型（generator）。

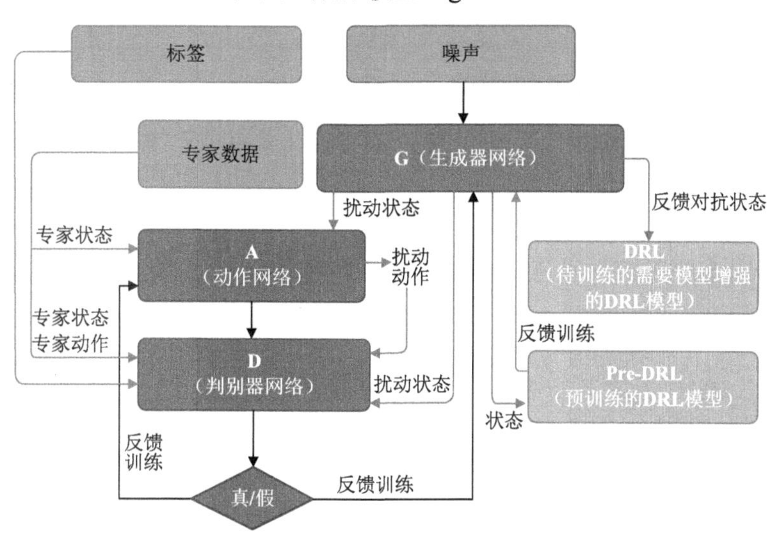

图 4-7-6　REIL 方法框图

REIL 扰动样本生成器主要目标是生成器的训练，同时保证 IL 模型接近专家水平。如图 4-7-6 所示，首先给 IL 模型中的动作网络输入专家状态，并输出动作；同时制造随机噪声输入生成器网络中，生成扰动状态，并通过动作网络生成对应扰动动作。然后利用动作网络输出动作与专家状态输入 IL 中的判别器网络进行判别，并利用反馈损失更新动作网络参数；同时也将专家状态和动作输入判别器网络中保证能正常判别专家数据，与此同时将扰动状态以及对应扰动动作输入判别器网络进行判别，并反馈训练生成器网络，生成器网络的损失也需要预训练的 DRL 模型提供，以保证生成的扰动状态能迷惑目标智能体。接着利用判别器对正常智能体动作的判别结果与对应非专家标签的交叉熵损失、判别器对扰动状态及动作的判别结果与非专家标签的交叉熵损失，以及判别器对专家数据的判别结果与专家标签的损失等三个损失作为判别器的损失，并更新判别器网络参数。最后利用训练好的生成器参与 DRL 模型的训练，在训练过程中增强 DRL 模型鲁棒性。

2. 实验与分析

1）实验设置

实验场景：BipedalWalkerHardcore-v2（Gym游戏中box2d场景里的连续动作双足机器人）。

基线防御方法：采用六种对比防御方法，分别是噪声网络NoiseNet、基于FGSM攻击的对抗训练方法adv_FGSM、基于MIFGSM攻击的对抗训练方法adv_MIFGSM、基于PGD攻击的对抗训练方法adv_PGD以及基于随机噪声攻击的对抗训练方法adv_RandomNoise，同时也结合FGSM、MIFGSM、PGD和RandomNoise等多种攻击方法生成的对抗样本进行对抗训练，该方法命名为adv_Various，通过加入多种对抗样本验证能否防御多种对抗攻击。

攻击方法：在测试阶段进行对抗攻击验证模型的鲁棒性。分别进行黑盒攻击白盒攻击，白盒攻击方法包括FGSM、MIFGSM、PGD，黑盒攻击采用随机噪声RandomNoise。

扰动度量：使用2范数度量扰动大小。

2）基于对抗训练的模型鲁棒性增强

通过各种攻击方法生成对抗样本参与到目标模型的训练，经过对抗训练得到鲁棒性增强的目标模型。其中实验场景统一使用BipedalWalkerHardcore-v2，训练过程的输入数据从环境中采样得到。智能体在与环境交互的过程中会动态采样大量样本，而且实验场景单一，采样空间有限，最终各个模型的输入数据分布会在同一有限空间中，样本分布一致，由此也保证了训练环境以及输入数据的一致性。

在目标PPO模型的训练过程中间隔插入对抗样本进行对抗训练，结合经验在模型训练过程中加入10%对抗样本，模型训练结果如图4-7-7所示。图4-7-7（a）是在插入10%对抗样本比例下的模型训练结果。除了10%对抗样本量的加入，也对较少对抗样本进行了实验，图4-7-7（b）则是在插入0.1%对抗样本比例下的模型训练结果，其中标签Nature是没有对抗样本下正常目标模型的训练结果。

图4-7-7（彩图）

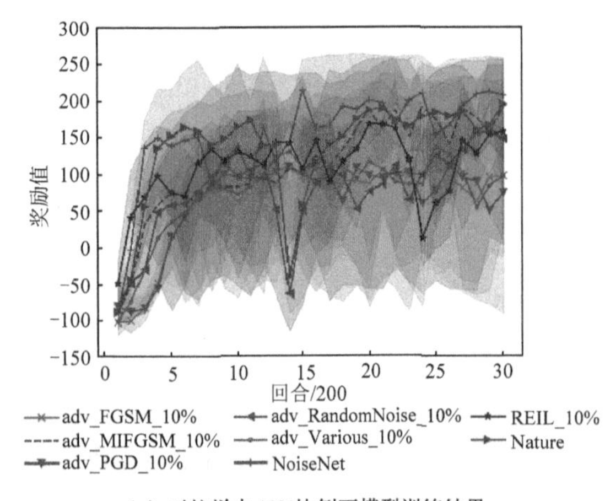

（a）对抗样本10%比例下模型训练结果

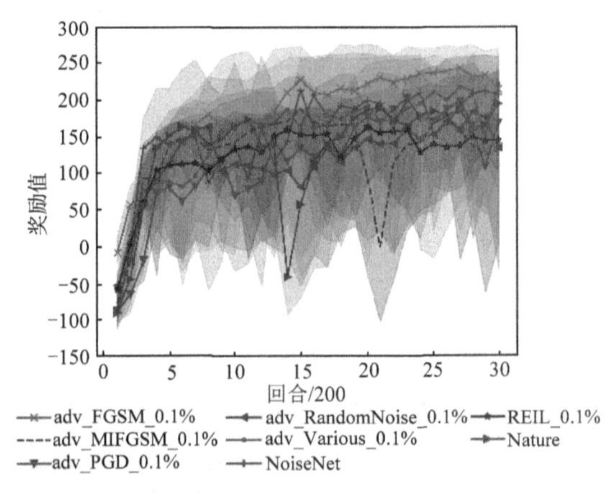

（b）对抗样本0.1%比例下模型训练结果

图4-7-7 不同对抗样本比例下模型训练结果

从图中可以看出各种防御方法下模型训练后奖励值都在正常训练后奖励值上下波动，只有随机噪声以及PGD对抗训练下奖励波动较大，其他都能达到与目标模型训练相当的效果。但正常模型训练过程中也会有波动，训练结束时奖励都能达到与正常模型相当水平，说明各种防御方法下不影响模型整体训练效果，达到了预期训练效果。主要原因是DRL智能体的训练是不断探索学习的过程，掺杂的对抗样本量在目标智能体能承受的范围内，不足以让它不断受挫无法恢复，反而能在学习的过程中克服制造的阻碍，并能学习应对这些对抗状态达到期望效果。

3）面向白盒攻击的模型鲁棒性验证

面向白盒的攻击方法包括 FGSM、PGD 和 MIFGSM。实验结果如图 4-7-8 所示，图中横坐标表示扰动大小，纵坐标表示奖励值，不同形状的点线代表不同防御方法，每张图下方标出了防御方法与图中点线的对应关系，该防御过程对抗样本加入量都是 10%。图 4-7-8（a）是 FGSM 攻击后的奖励值，图 4-7-8（b）是 PGD 攻击后的奖励值，图 4-7-8（c）是在 MIFGSM 攻击下的奖励值。该部分对抗攻击的样本分布是一致的，从而保证实验的合理性与科学性。其中每种攻击和模型以及不同扰动对应的奖励值都是取 100 个回合的平均值，每个回合最大步数限制到 1500 步。该场景类似游戏场景，主要对比每个回合结束玩家的得分，实验环境不变，输入分布一致，最终可以对比回合奖励。为了降低测试代价同时保证实验对比结果的科学性，采用 100 回合的平均奖励值进行对比分析。

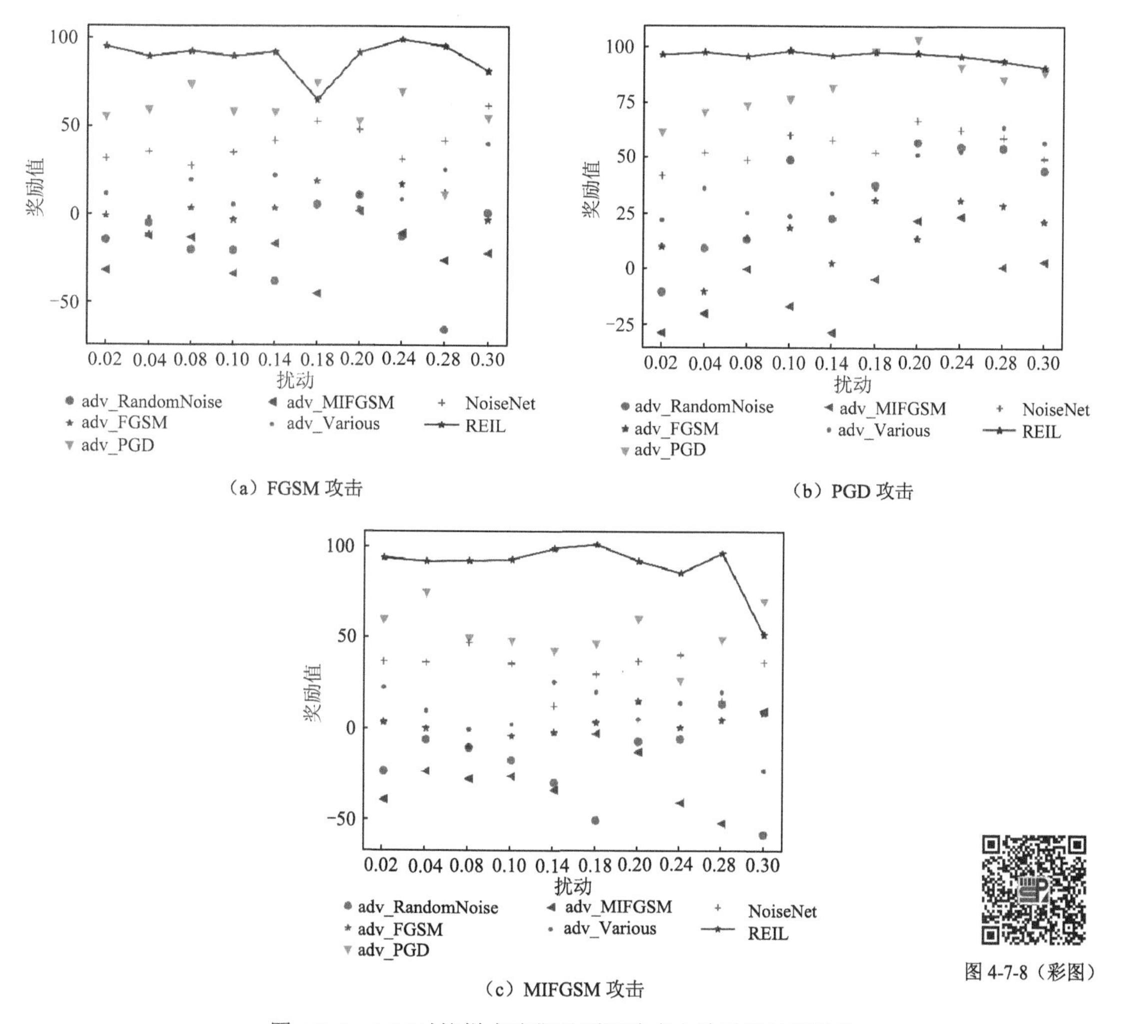

（a）FGSM 攻击

（b）PGD 攻击

（c）MIFGSM 攻击

图 4-7-8（彩图）

图 4-7-8　10%对抗样本防御及不同攻击方法对应的奖励值

从图 4-7-8 中可以看出，REIL 防御后的效果都较好，在各种攻击方法下的奖励值都较大。虽然有个别扰动下奖励有波动，比如图 4-7-8（a）中，扰动值大小为 0.18 时，adv_PGD 防御效果较好些，图 4-7-8（b）中扰动值大小为 0.20 以及图 4-7-8（c）中扰动值大小为 0.30 时奖励值比不过 adv_PGD 的防御效果，但整体上看，REIL 有较好的防御效果，对模型鲁棒性有一定增强能力。

REIL 之所以能达到较好的防御效果，关键原因是利用 REIL 生成的对抗样本能很接近专家状态同时又能很好地迷惑智能体。而其他防御方法在对抗训练阶段加入的对抗样本并不能保证很接近专家状态，而且不能保证一定能迷惑智能体。利用 REIL 生成的对抗状态保证了完全迷惑智能体，而且对抗状态又具有泛化性，因此防御也具有泛化性，能防御多种攻击。

3. 小结

本节提出了一种基于模仿学习对抗策略的鲁棒性增强方法 REIL，创新性搭建基于模仿学习的对抗策略生成器。本节也对比了五种基线方法，同时在测试阶段进行黑盒攻击以及白盒攻击，验证了 REIL 方法能较好地增强模型鲁棒性，优于基线方法。

4.7.4.2 基于垂直联邦的深度强化学习模型防御方法

基于垂直联邦的 DRL 模型（deep reinforcement learning model based on vertical federation，V-FDRL），探索了垂直联邦在深度强化学习场景的应用，将本地模型划分为多个客户端，并保证每个客户端输入数据特征重叠度极低甚至不重叠。假设其中一个客户端是恶意方即攻击者能拿到其中一个客户端的数据和模型，将很难对总体任务产生很大影响，而且服务器端模型的输入将是各个客户端上传的隐藏层特征，保护了数据和模型。

1. 方法介绍

V-FDRL 防御模型整体框图如图 4-7-9 所示。图中红色实线表示前向传播，红色虚线便是反向传播。仿真环境可以是各种强化学习场景，这里使用了两个连续动作的游戏场景。在模型训练阶段，首先进行状态采样；然后将状态进行拆分分发给各个客户端，各个客户端拿到不同特征的数据以建立垂直联邦环境，各个客户端拿到数据之后需要在本地进行训练。然后将本地模型输出的隐藏层特征上传到服务器，服务器端首先利用聚合器将隐藏层特征聚合然后输入服务器端模型进行训练。考虑测试阶段的攻击，训练过的模型分布在各个服务器端很难被同时操纵，假如攻击者能拿到其中一个客户端模型并通过各种攻击策略对输入加噪声，这一操作较难对整体任务造成很大影响。

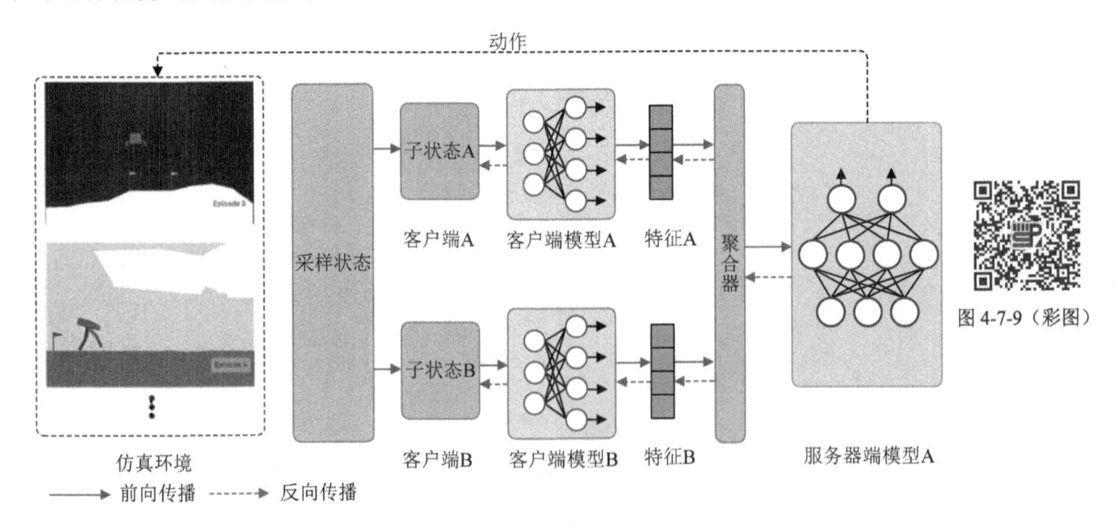

图 4-7-9 V-FDRL 防御模型整体框图

1）服务器端模型

服务器端模型是基于 PPO 算法构建的，整体框图如图 4-7-10 所示。该模型决策过程由元组(S,A,P,R,γ)描述，其中$S=\{s_1,s_2,\cdots,s_t\}$为有限的状态集；$A=\{a_1,a_2,\cdots,a_t\}$为有限的动作集；P为状态转移概率；R为奖励函数；γ为折扣因子，用来计算长期累积回报。DRL模型训练中智能体需要不断与环境进行交互，在当前状态s_t是智能体，根据学习的策略采取动作a_t。同时，环境会给智能体反馈一个奖励值$r(s_t,a_t)$来评价当前动作的好坏。

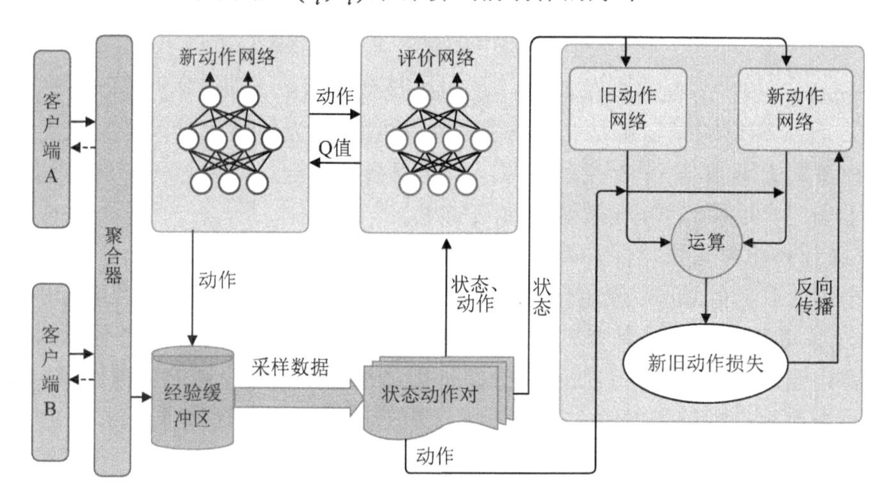

图 4-7-10　服务器端模型整体框图

基于PPO算法的服务器端模型使用了重要性采样。当PPO将重要性采样与actor-critic框架结合时，智能体由两部分组成：一部分是actor，负责与环境互动收集样本；另一部分是critic，负责评判actor的动作好坏。actor的更新即可使用PPO梯度更新公式：

$$J_{\text{ppo}}^{\theta'}(\theta)=\hat{\mathrm{E}}_t[\min\left(\frac{p_\theta(a_t\mid s_t)}{p_{\theta'}(a_t\mid s_t)},\ \operatorname{clip}\left(\frac{p_\theta(a_t\mid s_t)}{p_{\theta'}(a_t\mid s_t)},\ 1-\varepsilon,\ 1+\varepsilon\right)\right)A_{\theta'}(s_t,a_t)] \tag{4-7-13}$$

其中，θ是策略参数；$\hat{\mathrm{E}}_t$指时间步长的经验期望；$p_\theta(a_t\mid s_t)$指需要训练的动作网络的状态转移概率；$p_{\theta'}(a_t\mid s_t)$指旧的动作网络状态转移概率；ε是一个超参数，通常取值0.1或0.2。优势函数计算公式为

$$A_t=\delta_t+(\gamma\lambda)\delta_{t+1}+\cdots+(\gamma\lambda)^{T-t+1}\delta_{T-1} \tag{4-7-14}$$

其中，$\delta_t=r_t+\gamma V(s_{t+1})-V(s_t)$；$V(s_t)$是$t$时刻的评价网络计算得到的状态值函数；$r_t$是$t$时刻奖励值。critic的损失计算如下：

$$L_{\text{c}}=(r+\gamma(\max(Q(s',a')))-Q(s,a)) \tag{4-7-15}$$

其中，$r+\gamma(\max(Q(s',a')))$是目标值函数；$Q(s,a)$是预测值；s和a分别是状态和动作。

2）垂直联邦强化学习模型框架搭建

将传统深度强化学习的模型训练分为若干个客户端和一个服务器端，本节以设计两个客户端为例进行分析；然后进行数据处理，将从环境中采样得到的状态进行划分并发给不同的客户端；接下来搭建客户端模型和服务器端模型，每个客户端模型结构一致，都由两个子模型组成，子模型结构一致而且都包含两层全连接；然后各个客户端模型输出的特征信息在服务器端进行聚合并作为服务器端模型的输入，此处聚合器是对服务器端传送的特征进行拼接操作。最后进行模型训练，服务器端模型训练的损失函数为

$$L_{\theta'}(\theta)=L_{\theta'}^{\text{actor}}(\theta)+L_{\theta'}^{\text{critic}}(\theta) \tag{4-7-16}$$

其中，$L_{\theta'}^{\text{actor}}(\theta)$是动作网络对应损失函数；$L_{\theta'}^{\text{critic}}(\theta)$是评价网络对应损失函数；$\theta$是模型参数。动作网络对应损失函数公式为

$$L_{\theta'}^{\text{actor}}(\theta) = -A_t^{\theta'} \min\left(\frac{p_\theta(a_t \mid s_t)}{p_{\theta'}(a_t \mid s_t)},\ \text{clip}\left(\frac{p_\theta(a_t \mid s_t)}{p_{\theta'}(a_t \mid s_t)},\ 1-\varepsilon,\ 1+\varepsilon\right)\right) \tag{4-7-17}$$

其中，$p_\theta(a_t \mid s_t)$ 指动作网络的状态转移概率；$p_{\theta'}(a_t \mid s_t)$ 指旧的动作网络状态转移概率；ε 是一个超参数；A_t 是时间步 t 时的估计优势。评价网络对应损失函数公式为

$$L_{\theta'}^{\text{critic}}(\theta) = \lambda_1(r + \gamma(\max(Q(s',a')))) - \lambda_2 Q(s,a) \tag{4-7-18}$$

其中，$r + \gamma(\max(Q(s',a')))$ 是目标值函数；$Q(s,a)$ 是预测值；s 和 a 分别是状态和动作；λ_1 和 λ_2 是超参数。各个客户端模型也是利用服务器端模型的损失反馈进行模型参数更新。虽然服务器端模型训练损失函数与 PPO 模型相似，但网络模型不同，此处服务器端的动作网络和评价网络都用了一层全连接加 Tanh 激活函数来构建。

3）垂直联邦强化学习数据保护及鲁棒性增强分析

假设一个垂直联邦的场景，原始完整数据是 x，有两个客户端，它们的数据分别是 x_1 和 x_2，而且 x_1 和 x_2 没有特征重叠。另有客户端模型 $f_1(\cdot)$、客户端模型 $f_2(\cdot)$ 和服务器端模型 $f(\cdot)$。模型攻击者在客户端进行模型攻击，假设攻击者能拿到其中一个客户端的数据模型，攻击者将通过各种策略对当前客户端模型的输入进行干扰，加干扰后模型执行如下:

$$f(x) \to f(\text{cat}(f_1(x_1 + \rho), f_2(x_2))) \tag{4-7-19}$$

其中，ρ 是噪声；x_1、x_2 分别是两个客户端的输入；$\text{cat}(\cdot)$ 是特征连接的操作。此时客户端模型的输入变化是 $\Delta = |\text{cat}(f_1(x_1 + \rho), f_2(x_2)) - \text{cat}(f_1(x_1), f_2(x_2))|$，显然如果 x 的维度为 a，则 x_1 和 x_2 的维度将都为 $a/2$，如果 a 足够小，这个时候噪声 ρ 将造成影响比较大，如果噪声大于一定阈值将对整体影响较小。假如有 n 个客户端模型，每个客户端模型的输入维度为 a/n，如果 n 足够大，则一个客户端受噪声干扰也不会对总体任务造成很大影响。因此，对于输入特征维度越大的模型，客户端模型输入特征维度越小，模型的防御能力就越强，即模型鲁棒性越强。

4）训练与实施

首先搭建垂直联邦强化学习模型，然后在模型训练阶段先从环境中采样状态，将采样的状态进行维度划分，平均拆分为两部分，并分别分发给不同客户端，客户端分别搭建了模型输出隐藏层特征，然后将服务器端获取的特征进行聚合并作为服务器端模型输入，服务器端映射函数为

$$a, \_ = f(\text{cat}(\text{embedding\_1}, \text{embedding\_2})) \tag{4-7-20}$$

其中，$\text{cat}(\cdot)$ 是聚合函数，将服务器端上传的隐藏层特征进行拼接操作；a 是执行动作；embedding_1 和 embedding_2 是服务器端 1 和服务器端 2 输出的隐藏层特征。然后根据式（4-7-17）的损失函数进行模型参数更新。

最后在测试阶段进行模型攻击，假设攻击者可以获取客户端的某一个模型，然后利用各种攻击策略对模型输入加噪声。假设其中一个客户端是恶意方，即攻击者知道其中一个客户端的模型和数据，使用多种攻击方法进行攻击验证了模型的防御能力。

2. 实验与分析

1）实验设置

实验场景：BipedalWalkerHardcore-v2（Gym 游戏中 box2d 场景里的连续动作双足机器人）、LunarLanderContinuous-v2（Gym 游戏中 box2d 场景里的机器人登月实验）。

DRL 算法：采用三种对比深度强化学习算法，分别是双延迟深度确定性策略梯度算法 TD3、软演员评论家算法 SAC 和近端策略优化算法 PPO。

攻击方法：在测试阶段进行对抗攻击验证模型的鲁棒性，攻击方法包括 RandomNoise、

FGSM、MIFGSM 和 PGD。

2）鲁棒性验证

为了验证模型鲁棒性，在测试阶段使用多种攻击方法进行对抗攻击，对比了多种基线算法。首先在较大状态维度的环境进行实验，实验场景是两足机器人行走，状态维度为 25 维。实验结果如表 4-7-1 所示，表中第一列是各种攻击方法，第二列是模型，剩下若干列对应不同扰动大小的奖励值。

表 4-7-1　面向不同攻击方法的 V-FDRL 模型鲁棒性验证结果

攻击方法	模型	扰动大小							
		0.12	0.14	0.16	0.18	0.22	0.24	0.26	0.28
		奖励值							
FGSM	PPO	58.51	55.45	73.66	73.96	68.73	77.72	70.61	69.53
	SAC	161.58	123.19	98.27	136.69	70.31	78.15	−20.82	−35.65
	TD3	−53.48	−50.40	135.84	**254.86**	−40.53	−67.13	−41.08	−70.74
	V-FDRL	**240.28**	**233.73**	**237.77**	237.98	**235.52**	**242.45**	**238.00**	**240.79**
PGD	PPO	84.51	93.02	84.80	85.91	85.63	91.15	80.12	80.88
	SAC	−89.85	−100.35	−99.66	−101.70	−100.07	−104.02	−103.02	−105.63
	TD3	−42.67	−63.56	−30.98	23.62	107.25	−99.91	−80.81	−38.81
	V-FDRL	**209.14**	**205.18**	**175.87**	**197.47**	**173.02**	**164.46**	**180.96**	**148.76**
MIFGSM	PPO	73.16	65.73	56.80	74.82	73.40	51.21	74.60	53.34
	SAC	−92.22	−65.03	−58.64	−61.02	−68.01	−69.15	−73.57	−77.79
	TD3	59.14	195.64	47.98	194.03	−77.72	21.26	−101.57	−98.96
	V-FDRL	**234.99**	**240.50**	**247.20**	**243.18**	**243.86**	**232.49**	**239.88**	**247.31**
random_noise	PPO	72.05	84.90	82.88	87.31	84.29	85.83	86.07	84.01
	SAC	−91.61	−96.17	−101.19	−102.22	−103.90	−104.66	−104.76	−104.51
	TD3	5.94	−16.13	−40.79	−58.63	−87.99	−94.57	−96.59	−99.94
	V-FDRL	**197.21**	**211.56**	**211.93**	**183.67**	**214.05**	**203.32**	**202.63**	**208.32**

首先，对比表 4-7-1 中 PPO 和 V-FDRL 模型。在表中所有攻击方法下 V-FDRL 模型受攻击后奖励值都最高，而且几乎没有较大波动，因此 V-FDRL 模型的鲁棒性较 PPO 有很大提升，改进后模型防御能力较强。其次，对比 SAC 和 TD3，这两种算法模型都是基于 AC 的改进版，自身的训练稳定性都较强。从表中可以看出，在各种攻击方法下 V-FDRL 的奖励值都最高，除了 0.18 扰动大小下 FGSM 攻击后 TD3 模型对应奖励值较高，但与 V-FDRL 模型相比奖励值相差 17.08，并没有很大差距。出现这种较大值波动，与智能体本身的探索学习离不开，训练后的模型本身会有微小波动，在 TD3 测试过程中，可能遇到一些状态并不关键，加躁动并不会造成很大影响，但这种只是特例。表中可以看出，整体上 V-FDRL 的鲁棒性较强。

而 V-FDRL 之所以受攻击能力较强，与其本身的模型结构和训练数据相关。实验中攻击者获取到的只是一个客户端，即其中一个客户端是恶意方，而且攻击者并不知道完整的数据特征，只能拿到同一状态的部分特征，实验结果也验证了这部分特征并不能对整体模型造成很大影响。另一方面，实验场景的状态特征是 25 维，相比于一些 2 维、4 维和 8 维状态特征的场景是比较高维的，相比于完整状态攻击单客户端的干扰并不是很大，输入特征维度较大时 V-FDRL 模型的鲁棒性也较强。

表 4-7-1 对比了不同模型面向不同攻击方法的奖励值，扰动大小取值在 0.12 到 0.28 范围

内，如果加更大的扰动是否会产生不一样的结论仍有待验证。为了增加结论的可信性，进一步加大扰动证明 V-FDRL 模型的鲁棒性，实验结果如图 4-7-11 所示，图中横坐标是扰动大小，纵坐标是对应奖励值。从图中可以看出，随着扰动大小的增加，V-FDRL 模型对的奖励值也在不断降低，其中 PGD 攻击扰动大小为 0.82 时 V_FDRL 与 PPO 模型对应奖励几乎相等，MIFGSM 攻击扰动大小为 1.02 时 V_FDRL 与 PPO 模型对应奖励也相差较小，其余情况都是 V_FDRL 模型对应奖励值较大。PPO 是个别波动点奖励值偏高，而 V_FDRL 则是比较稳定，整体奖励都较高。原因猜测是 V_FDRL 模型是有个别客户端受到干扰，整体性能不会产生很大波动，但干扰太大时，比如扰动为 1.02 时，也会有明显性能降低，但相比于其他模型总体性能较优。

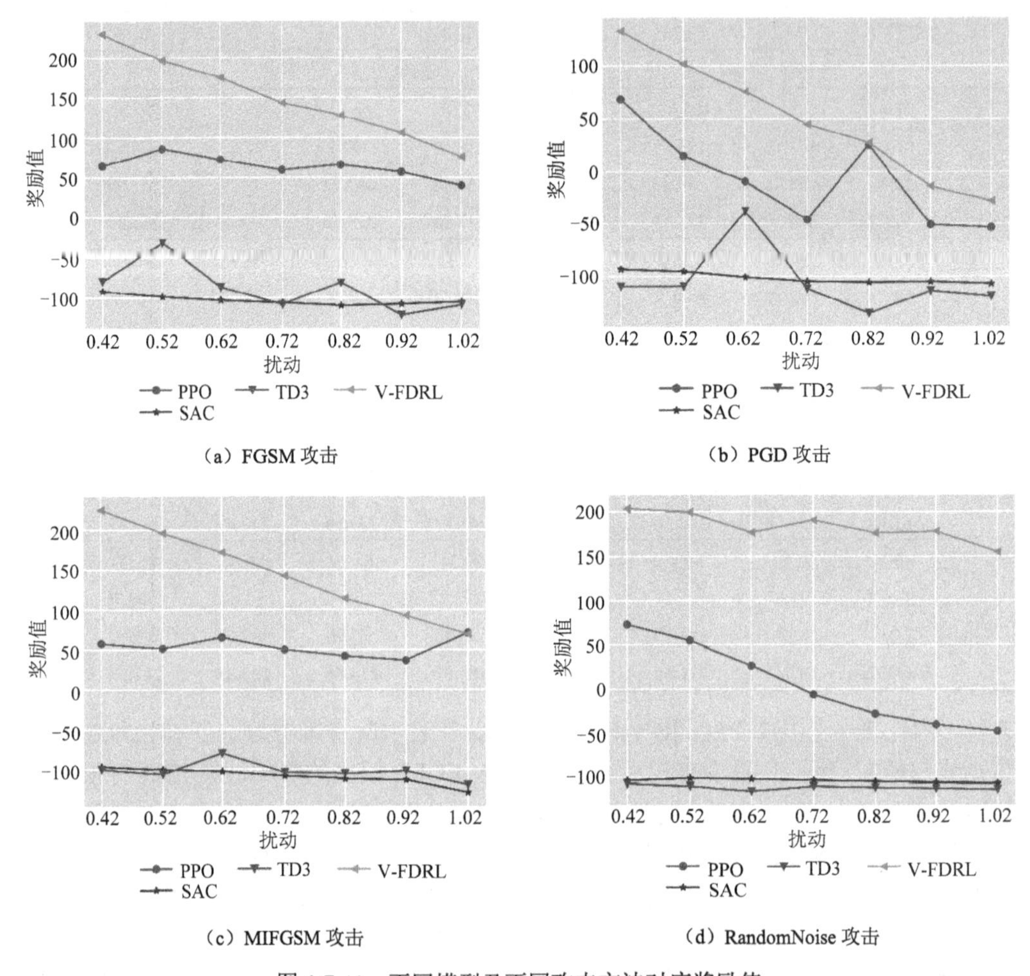

(a) FGSM 攻击　(b) PGD 攻击

(c) MIFGSM 攻击　(d) RandomNoise 攻击

图 4-7-11　不同模型及不同攻击方法对应奖励值

3. 小结

本节借鉴了垂直联邦学习本身数据保护功能，探索垂直联邦在强化学习领域的应用可行性，提出了基于垂直联邦了深度强化学习模型 V-FDRL。实验对比了多种深度强化学习算法，并在多种攻击方法下验证了 V-FDRL 模型的鲁棒性。

本章小结

本章对现有深度神经网络攻击的防御方法进行了较为全面和系统的整理，包括对抗检测、对抗防御、后门检测、隐私窃取防御和偏见去除，介绍了现有防御方法，对其进行总结和讨论，在实际场景中进行应用。

近年来，提升深度学习模型的鲁棒性成为研究热点。目前的防御工作大多围绕对抗和后门攻击展开，对隐私窃取和模型偏见的防御工作研究较少。此外，如何设计高效率、高通用性和低成本的威胁检测和模型加固方法值得进一步研究和深思。如何将传统模型加固方法与联邦学习、强化学习模型相结合，以提升其安全可靠性，也是很值得探索的研究方向。

参 考 文 献

[1] MENG D, CHEN H. Magnet: A two-pronged defense against adversarial examples[C]// Proceedings of the 2017 ACM SIGSAC Conference on Computer and Communications Security. Dallas Texas: ACM, 2017: 135-147.

[2] XU W, EVANS D, QI Y. Feature squeezing: Detecting adversarial examples in deep neural networks[J]. arXiv preprint arXiv: 1704.01155, 2017.

[3] TIAN S, YANG G, CAI Y. Detecting adversarial examples through image transformation[C]// Proceedings of the AAAI Conference on Artificial Intelligence. New Orleans: AAAI Press, 2018: 4139-4146.

[4] LIANG B, LI H, SU M, et al. Detecting adversarial image examples in deep neural networks with adaptive noise reduction[J]. IEEE transactions on dependable and secure computing, 2018, 18(1): 72-85.

[5] MA X, LI B, WANG Y, et al. Characterizing adversarial subspaces using local intrinsic dimensionality[J]. arXiv preprint arXiv: 1801.02613, 2018.

[6] PAPERNOT N, MCDANIEL P. Deep k-nearest neighbors: Towards confident, interpretable and robust deep learning[J]. arXiv preprint arXiv: 1803.04765, 2018.

[7] COHEN G, SAPIRO G, GIRYES R. Detecting adversarial samples using influence functions and nearest neighbors[C]// Proceedings of the IEEE/CVF Conference on Computer Vision and Pattern Recognition. Seattle: IEEE Computer Vision Foundation, 2020: 14453-14462.

[8] YANG P, CHEN J, HSIEH C J, et al. Ml-loo: Detecting adversarial examples with feature attribution[C]// Proceedings of the AAAI Conference on Artificial Intelligence. New York: AAAI Press, 2020, 34(4): 6639-6647.

[9] WANG J, DONG G, SUN J, et al. Adversarial sample detection for deep neural network through model mutation testing[C]//2019 IEEE/ACM 41st International Conference on Software Engineering (ICSE). Montreal/Quebec: IEEE, 2019: 1245-1256.

[10] MA S, LIU Y, TAO G, et al. Nic: Detecting adversarial samples with neural network invariant checking[C]// 26th Annual Network And Distributed System Security Symposium. San Diego: The Internet Society, 2019: 1-15.

[11] DZIUGAITE G K, GHAHRAMANI Z, ROY D M. A study of the effect of jpg compression on adversarial images[J]. arXiv preprint arXiv: 1608.00853, 2016.

[12] DAS N, SHANBHOGUE M, CHEN S T, et al. Keeping the bad guys out: Protecting and vaccinating deep learning with jpeg compression[J]. arXiv preprint arXiv: 1705.02900, 2017.

[13] GUO C, RANA M, CISSE M, et al. Countering adversarial images using input transformations[J]. arXiv preprint arXiv: 1711.00117, 2017.

[14] MUSTAFA A, KHAN S H, HAYAT M, et al. Image super-resolution as a defense against adversarial attacks[J]. IEEE Transactions on Image Processing, 2019, 29: 1711-1724.

[15] SUN B, TSAI N, LIU F, et al. Adversarial defense by stratified convolutional sparse coding[C]// Proceedings of the IEEE/CVF Conference on Computer Vision and Pattern Recognition. California: IEEE, 2019: 11447-11456.

[16] LIU Z, LIU Q, LIU T, ET AL. Feature distillation: Dnn-oriented jpeg compression against adversarial examples[C]// 2019 IEEE/CVF Conference on Computer Vision and Pattern Recognition (CVPR). Long Beach: IEEE Computer Vision Foundation, 2019: 860-868.

[17] GOODFELLOW I J, SHLENS J, SZEGEDY C. Explaining and harnessing adversarial examples[J]. arXiv preprint arXiv: 1412.6572, 2014.

[18] PAPERNOT N, MCDANIEL P, WU X, et al. Distillation as a defense to adversarial perturbations against deep neural networks[C]// 2016 IEEE Symposium on Security and Privacy (SP). California: IEEE, 2016: 582-597.

[19] DHILLON G S, AZIZZADENESHELI K, LIPTON Z C, et al. Stochastic activation pruning for robust adversarial defense[J]. arXiv preprint arXiv: 1803.01442, 2018.

[20] XIE C, WU Y, MAATEN L, et al. Feature denoising for improving adversarial robustness[C]// 2019 IEEE/CVF Conference on Computer

Vision and Pattern Recognition (CVPR). Long Beach: IEEE Computer Vision Foundation, 2019: 501-509.

[21] BAI Y, ZENG Y, JIANG Y, et al. Improving adversarial robustness via channel-wise activation suppressing[J]. arXiv preprint arXiv: 2103.08307, 2021.

[22] SAMANGOUEI P, KABKAB M, CHELLAPPA R. Defense-gan: Protecting classifiers against adversarial attacks using generative models[J]. arXiv preprint arXiv: 1805.06605, 2018.

[23] TRAN B, LI J, MADRY A. Spectral signatures in backdoor attacks[C]// Advances in Neural Information Processing Systems. Montreal: NeurIPS, 2018: 8011-8021.

[24] CHEN B, CARVALHO W, BARACALDO N, et al. Detecting backdoor attacks on deep neural networks by activation clustering[J]. arXiv preprint arXiv: 1811.03728, 2018.

[25] GAO Y, XU C, WANG D, et al. Strip: A defence against trojan attacks on deep neural networks[C]// Proceedings of the 35th Annual Computer Security Applications Conference. San Juan: ACM, 2019: 113-125.

[26] TANG D, WANG X F, TANG H, et al. Demon in the variant: statistical analysis of DNNs for robust backdoor contamination detection[C]//30th USENIX Security Symposium. Virtual Event: USENIX Association, 2021: 1541-1558.

[27] HAYASE J, KONG W, SOMANI R, et al. Spectre: Defending against backdoor attacks using robust statistics[C]// Proceedings of the 38th International Conference on Machine Learning. Virtual Event: PMLR, 2021: 4129-4139.

[28] WANG B, YAO Y, SHAN S, et al. Neural cleanse: Identifying and mitigating backdoor attacks in neural networks[C]// 2019 IEEE Symposium on Security and Privacy (SP). California: IEEE, 2019: 707-723.

[29] LIU Y, LEE W C, TAO G, et al. ABS: Scanning neural networks for back-doors by artificial brain stimulation[C]// Proceedings of the 2019 ACM SIGSAC Conference on Computer and Communications Security. London: ACM, 2019: 1265-1282.

[30] WANG R, ZHANG G, LIU S, et al. Practical detection of trojan neural networks: Data-limited and data-free cases[C]// 16th European Conference on Computer Vision. Glasgow: Springer, 2020: 222-238.

[31] SHEN G, LIU Y, TAO G, et al. Backdoor scanning for deep neural networks through k-arm optimization[C]// Proceedings of the 38th International Conference on Machine Learning. Virtual Event: PMLR, 2021: 9525-9536.

[32] KOLOURI S, SAHA A, PIRSIAVASH H, et al. Universal litmus patterns: Revealing backdoor attacks in cnns[C]// Proceedings of the IEEE/CVF Conference on Computer Vision and Pattern Recognition. Seattle: IEEE, 2020: 301-310.

[33] XU X, WANG Q, LI H, et al. Detecting ai trojans using meta neural analysis[C]// 2021 IEEE Symposium on Security and Privacy (SP). San Francisco: IEEE, 2021: 103-120.

[34] LIU K, DOLAN-GAVITT B, GARG S. Fine-pruning: Defending against backdooring attacks on deep neural networks[C]// Research in Attacks, Intrusions, and Defenses: 21st International Symposium. Heraklio: Springer, 2018: 273-294.

[35] DOAN B G, ABBASNEJAD E, RANASINGHE D C. Februus: Input purification defense against trojan attacks on deep neural network systems[C]//Annual Computer Security Applications Conference. Virtual Event: ACM, 2020: 897-912.

[36] QIAO X, YANG Y, LI H. Defending neural backdoors via generative distribution modeling[C]// Advances in Neural Information Processing Systems. Vancouver: NIPS, 2019: 14004-14013.

[37] LI Y, LYU X, KOREN N, et al. Neural attention distillation: Erasing backdoor triggers from deep neural networks[J]. arXiv preprint arXiv: 2101.05930, 2021.

[38] WU D, WANG Y. Adversarial neuron pruning purifies backdoored deep models[J]. Advances in neural information processing systems, 2021, 34: 16913-16925.

[39] ZENG Y, CHEN S, PARK W, et al. Adversarial unlearning of backdoors via implicit hypergradient[J]. arXiv preprint arXiv: 2110.03735, 2021.

[40] WEBER M, XU X, KARLAS B, et al. RAB: Provable robustness against backdoor attacks[C]// 2023 IEEE Symposium on Security and Privacy (SP). San Francisco: IEEE Computer Society, 2022: 640-657.

[41] JIA J, SALEM A, BACKES M, et al. Memguard: Defending against black-box membership inference attacks via adversarial examples[C]// Proceedings of the 2019 ACM SIGSAC conference on computer and communications security. London: ACM, 2019: 259-274.

[42] CHEN D, YU N, FRITZ M. RelaxLoss: defending membership inference attacks without losing utility[J]. arXiv preprint arXiv: 2207.05801, 2022.

[43] PENG X, LIU F, ZHANG J, et al. Bilateral dependency optimization: Defending against model-inversion attacks[C]// Proceedings of the 28th ACM SIGKDD Conference on Knowledge Discovery and Data Mining. Washington: ACM, 2022: 1358-1367.

[44] YE D, SHEN S, ZHU T, et al. One parameter defense: Defending against data inference attacks via differential privacy[J]. IEEE transactions on information forensics and security, 2022, 17: 1466-1480.

[45] JUUTI M, SZYLLER S, MARCHAL S, et al. PRADA: Protecting against DNN model stealing attacks[C]// 2019 IEEE European Symposium on Security and Privacy (EuroS&P). Stockholm: IEEE, 2019: 512-527.

[46] ZHANG J, PENG S, GAO Y, et al. APMSA: Adversarial perturbation against model stealing attacks[J]. IEEE transactions on information forensics and security, 2023, 18: 1667-1679.

[47] BURNAEV E, EROFEEV P, PAPANOV A. Influence of resampling on accuracy of imbalanced classification[C]// Eighth international conference on machine vision (ICMV 2015). Barcelona: SPIE, 2015, 9875: 423-427.

[48] CUI Y, JIA M, LIN T Y, et al. Class-balanced loss based on effective number of samples[C]// Proceedings of the IEEE/CVF conference on computer vision and pattern recognition. Long Beach: IEEE Computer Vision Foundation, 2019: 9268-9277.

[49] CHAWLA N V, BOWYER K W, HALL L O, et al. Smote: Synthetic minority over-sampling technique[J]. Journal of artificial intelligence research, 2002, 16: 321-357.

[50] WEISS G M, MCCARTHY K, ZABAR B. Cost-sensitive learning vs. sampling: Which is best for handling unbalanced classes with unequal error costs?[J]. Dmin, 2007, 7(35-41): 24.

[51] HANCOCK J T, KHOSHGOFTAAR T M. Survey on categorical data for neural networks[J]. Journal of Big Data, 2020, 7(1): 1-41.

[52] HOLLAND S, HOSNY A, NEWMAN S, et al. The dataset nutrition label: A framework to drive higher data quality standards[J]. arXiv preprint.arXiv: 1805,03677, 2018.

[53] ZHANG B H, LEMOINE B, MITCHELL M. Mitigating unwanted biases with adversarial learning[C]// Proceedings of the 2018 AAAI/ACM Conference on AI. New Orleans: ACM, 2018: 335-340.

[54] DWORK C. Differential privacy: A survey of results[C]// International Conference on Theory and Applications of Models of Computation. Berlin, Heidelberg: Springer Berlin Heidelberg, 2008: 1-19.

[55] YAO A C. Protocols for secure computations[C]// 23rd Annual Symposium on Foundations of Computer Science (sfcs 1982). Chicago: IEEE Computer Society, 1982: 160-164.

[56] SUN Z, KAIROUZ P, SURESH A T, et al. Can you really backdoor federated learning?[J]. arXiv preprint arXiv: 1911.07963, 2019.

[57] LI S, CHENG Y, WANG W, et al. Learning to detect malicious clients for robust federated learning[J]. arXiv preprint arXiv: 2002.00211, 2020.

[58] FU H, VELDANDA A K, KRISHNAMURTHY P, et al. Detecting backdoors in neural networks using novel feature-based anomaly detection[J]. arXiv preprint arXiv: 2011.02526, 2020.

[59] OZDAYI M S, KANTARCIOGLU M, GEL Y R. Defending against backdoors in federated learning with robust learning rate[C]// Proceedings of the AAAI Conference on Artificial Intelligence. Virtual Event: AAAI Press, 2021, 35(10): 9268-9276.

[60] BERNSTEIN J, ZHAO J, AZIZZADENESHELI K, et al. SignSGD with majority vote is communication efficient and fault tolerant[C]// 7th International Conference on Learning Representations. New Orleans: OpenReview, 2018: 1-20.

[61] WAN C P, CHEN Q. Robust federated learning with attack-adaptive aggregation[J]. arXiv preprint arXiv: 2102.05257, 2021.

[62] KHAZBAK Y, TAN T, CAO G. Mlguard: Mitigating poisoning attacks in privacy preserving distributed collaborative learning[C]// 2020 29th International Conference on Computer Communications and Networks (ICCCN). Honolulu: IEEE, 2020: 1-9.

[63] 熊平，朱天清，王晓峰. 差分隐私保护及其应用[J]. 计算机学报，2014, 37(1):101-122.

[64] GEYER R C, KLEIN T, NABI M. Differentially private federated learning: A client level perspective[J]. arXiv preprint arXiv: 1712.07557, 2017.

[65] LI Z Y, GUI X L, GU Y J, et al. Survey on homomorphic encryption algorithm and its application in the privacy-preserving for cloud computing[J]. Journal of software, 2018, 29(7): 1830-1851.

[66] PHONG L T, AONO Y, HAYASHI T, et al. Privacy-preserving deep learning: Revisited and enhanced[C]// Applications and Techniques in Information Security: 8th International Conference. Auckland: Springer, 2017: 100-110.

[67] BONAWITZ K, IVANOV V, KREUTER B, et al. Practical secure aggregation for privacy-preserving machine learning[C]// proceedings of the 2017 ACM SIGSAC Conference on Computer and Communications Security. Dallas: ACM, 2017: 1175-1191.

[68] ANDREUX M, DU TERRAIL J O, BEGUIER C, et al. Siloed federated learning for multi-centric histopathology datasets[C]// Domain Adaptation and Representation Transfer, and Distributed and Collaborative Learning. Lima: Springer, 2020: 129-139.

[69] GANIN Y, LEMPITSKY V. Unsupervised domain adaptation by backpropagation[C]// Proceedings of the 32nd International Conference on Machine Learning. Lille: JMLR, 2015: 1180-1189.

[70] GOODFELLOW I J, SHLENS J, SZEGEDY C. Explaining and harnessing adversarial examples[J]. arXiv preprint arXiv: 1412.6572, 2014.

[71] MADRY A, MAKELOV A, SCHMIDT L, et al. Towards deep learning models resistant to adversarial attacks[J]. arXiv preprint arXiv: 1706.06083, 2017.

[72] LIU A, LIU X, YU H, et al. Training robust deep neural networks via adversarial noise propagation[J]. IEEE transactions on image processing, 2021, 30: 5769-5781.

[73] SZEGEDY C, ZAREMBA W, SUTSKEVER I, et al. Intriguing properties of neural networks[C]// 2nd International Conference on Learning Representations Poster. Banff: ICLR, 2014:1-10.

[74] PATTANAIK A, TANG Z, LIU S, et al. Robust deep reinforcement learning with adversarial attacks[C]// Proceedings of the 17th International Conference on Autonomous Agents and MultiAgent Systems. Stockholm: ACM, 2018: 2040-2042.

[75] CHEN T, NIU W, XIANG Y, et al. Gradient band-based adversarial training for generalized attack immunity of A3C path finding[J]. arXiv preprint arXiv: 1807.06752, 2018.

[76] LIN Y C, LIU M Y, SUN M, et al. Detecting adversarial attacks on neural network policies with visual foresight[J]. arXiv preprint arXiv: 1710.00814, 2017.

[77] HAVENS A, JIANG Z, SARKAR S. Online robust policy learning in the presence of unknown adversaries[C]// Advances in Neural Information Processing Systems. Montreal: NIPS, 2018: 9938-9948.

[78] TESSLER C, EFRONI Y, MANNOR S. Action robust reinforcement learning and applications in continuous control[C]// Proceedings of the 35th International Conference on Machine Learning. Long Beach: PMLR, 2019: 6215-6224.

[79] GALLEGO V, NAVEIRO R, INSUA D R. Reinforcement learning under threats[C]// Proceedings of the AAAI Conference on Artificial Intelligence. Honolulu: AAAI Press, 2019: 9939-9940.

[80] YING C, ZHOU X, YAN D, et al. Towards safe reinforcement learning via constraining conditional value at risk[C]// Proceedings of the Thirty-First International Joint Conference on Artificial Intelligence. Vienna: IJCAI, 2022: 3673-3680.

[81] BHARTI S, ZHANG X, SINGLA A, et al. Provable defense against backdoor policies in reinforcement learning[J]. Advances in neural information processing systems, 2022, 35: 14704-14714.

[82] BANIHASHEM K, SINGLA A, RADANOVIC G. Defense against reward poisoning attacks in reinforcement learning[J]. arXiv preprint arXiv: 2102.05776, 2021.

第5章　深度学习模型的测试与评估方法

深度学习系统在图像处理、文本分析、语音识别等领域得到了广泛应用。人类在享受深度学习系统所带来的便捷的同时，也必须正视深度学习系统所蕴藏的风险与隐患。深度模型在面对不确定输入时，往往会出现意料之外的错误行为。为了避免由于安全缺陷导致的不可挽回的后果，有必要对深度神经网络进行相关方面的测试。软件测试理论和技术经过几十年的研究和发展已经相对成熟。然而，面向深度学习系统的测试却还处于萌芽阶段。由于深度神经网络结构与传统软件迥然不同，对深度神经网络的测试并不能直接套用传统测试方法和相关度量指标。现阶段，很多研究者受传统软件测试理论和技术的启发在现有的方法上进行改进，提出适用于深度学习系统的测试方法。多样性测试样本，并由模型的输出得到测试报告，面向深度模型的测试技术能够在早期阶段对模型进行可靠性评估和潜在缺陷的检测，降低模型在运行过程中发生错误的概率，并有助于提高深度学习模型的可靠性。在现实中，如何全面且高效地对深度模型进行测试，实现极端情况的评估和监督，进一步提高模型应用的可靠性，成为安全可靠人工智能研究中的一个关键问题。

本章对深度学习系统测试的相关基本概念进行介绍，将深度学习系统的测试分为深度模型和深度学习框架库，分别对这两个方向的测试算法进行介绍，并在实际场景中对其进行应用。其中，对模型的测试可以分为安全性、公平性和隐私性三个不同的角度，对框架库的测试可以分为对算子、API 和编译器的测试。

5.1　测试的基本概念

为了防止深度学习系统在应用时出现由于模型训练、不确定性输入、偏见操控和隐私泄露而产生的风险，在部署前需要对其进行可靠性测试，通过生成测试样本来评估模型风险，发现潜在缺陷，使其在工作时安全可靠。

与开发人员直接指定系统逻辑的传统软件不同，深度学习模型自动从数据中学习特征规律，这些规律大多不为开发人员所知。因此，深度学习的可靠性测试，依托神经网络所学习到的规律，查找触发错误行为的漏洞输入，并提供如何使用这些输入修复错误行为的初步依据。

面向传统软件安全的测试与面向深度学习模型安全的测试有着显著的区别，主要体现在测试对象、测试属性以及测试预言三方面。

（1）测试对象。传统软件测试的对象一般为一段程序代码，代码按照人工设计的算法手动或者自动地生成，并可以通过编译在特定输入下实现对应的功能。而深度模型测试的对象一般为数据、算法以及实现三部分共同组成的模型文件。和传统软件测试不同，机器学习模型的算法程序并非经过良好的人工设计，而需要在数据集上经过充分的训练后才能够指导模型正确地完成任务。因此在深度模型的测试中，需要对数据、算法、实现三部分进行测试，而传统软件测试主要测试代码的实现。

（2）测试属性。深度模型具备鲁棒性、公平性、隐私性等多种安全相关的测试属性，在测试中通过评估这些特性，研究人员可以找到模型设计与实现的缺陷并加以修复，从而改善模型的安全性。在传统软件测试中，主要测试软件的正确性与效率。由于传统软件的行为是直接由代码确定的，不同于深度模型需要经过训练确定具体行为，因此传统软件不容易出现潜在的公平性、可解释性等问题，这类测试属性一般不作为传统软件安全测试的重点关注对象。

（3）测试预言。传统软件测试中，研究人员可以根据代码实现的逻辑提前构造测试预言并与代码的执行结果进行验证。而深度模型在模型训练与框架实现中存在大量的随机操作，因此难以提前预测给定输入的输出结果。现有的测试工作中，一般通过同一功能的不同实现交叉验证的方法[1]或者构造等效关系（例如等效图[2]、蜕变测试[3]等）作为测试预言。由于难以获得可靠的预言，在深度模型测试中往往存在较多的误报、漏报现象。对于测试的结果，研究人员也往往需要人工检查深度模型或者框架实现来进行确认。

5.1.1 测试过程

目前面向深度模型的测试研究主要集中在离线测试，其工作流程如图 5-1-1 所示。由测试种子生成或选取测试样本作为测试输入，以模型输出计算的测试指标为指导，进一步生成测试样本。在深度模型中测试这些样本，获得最终的测试报告。测试样本的生成过程可以采取多种方式，包括模糊测试和符号执行。

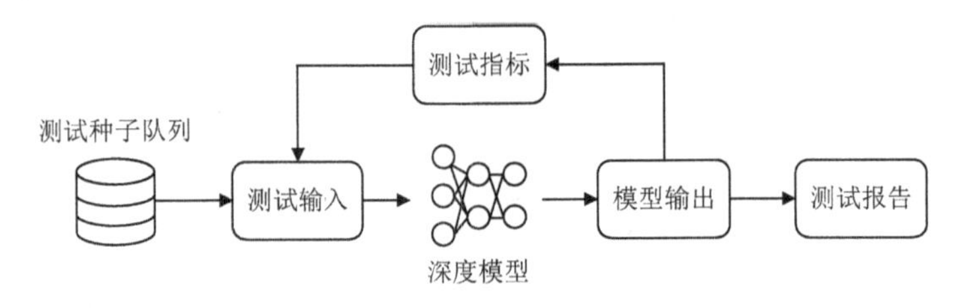

图 5-1-1 测试流程图

模糊测试通过多种策略随机生成大量测试样本来进行多次测试，以观察模型是否出现误分类，由此发现模型中可能存在的漏洞。模糊测试的基本工作流程可以用来描述一个完整的模糊测试工作流程。如图 5-1-2 所示，该流程可以划分为五步：预处理、输入构造、输入选择、评估、结果分析。生成输入的策略可以基于变异、搜索和组合测试。基于变异的方法对现有的测试样本进行变异以生成新的测试样本[4]。组合测试[5]是一种平衡测试探索和缺陷检测能力的有效测试技术，在获得期望的覆盖率的同时最小化测试集的大小。

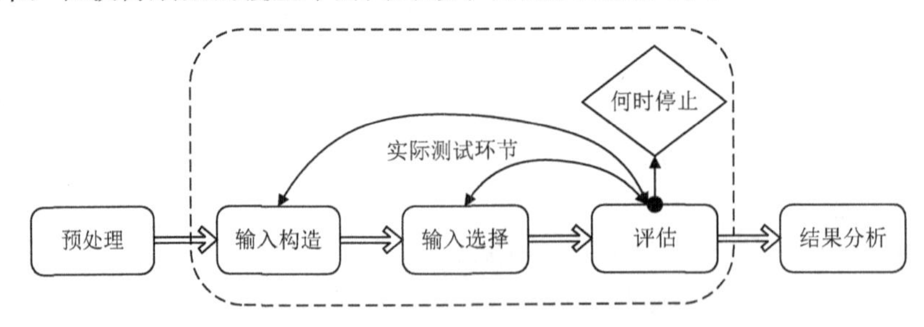

图 5-1-2 模糊测试基本工作流程

符号执行通过分析程序，找到能使待测模型出现错误的符号化输入[6]。使用符号值作为输入值，根据程序语义利用符号集对程序变量、表达式和语句进行符号翻译，沿着程序路径执行，通过收集条件送往求解器进行求解，最后的输出值可表示为输入值的符号函数。在遇到状态分支时，相应的分叉探索每支路径状态，收集每支路径上的约束条件，通过约束求解器验证约束条件的可满足性问题。若路径约束是可满足的，则说明该路径是可达的，并生成测试用例，程序执行到该路径；若路径约束是不可满足的，则说明路径不可达，终止对该路径分析。符号执行技术又称 Concolic 测试[7]，可以大致分为经典符号执行、混合符号执行、执行生成测试、选择符号执行、符号后向执行和融合性符号执行。将符号执行应用于深度程序测试，将程序执行和符号分析相结合，通过自动生成测试输入实现高覆盖率。

软件测试预言问题是指软件在测试过程中需要在给定的输入下能够区分出软件正确行为和潜在的错误行为。与其他软件系统的测试一样，深度神经网络测试也需要解决测试预言问题，即如何判断对给定的测试输入，深度神经网络的输出是否符合预期。目前可以通过蜕变测试和差分测试来解决测试预言问题。

蜕变测试是一种解决测试预言问题的常用方法，它的核心思想是构造蜕变关系，即描述待测系统的测试输入变化与输出变化之间的关系。例如，当测试 sin 函数时，假设给定测试输入为 1，确定 sin(1)的预期输出是十分困难的。然而，sin 函数具有一些数学属性，例如 $\sin(-x)=-\sin(x)$，可以辅助测试该函数。对于上述给定的测试输入 1，我们可以通过比较−sin(1)和 sin(−1)是否相等来辅助测试 sin 函数。

差分测试的主要理念是相同输入在基于相同规约的多个实现下的输出是相同的。测试 DNN 时，可以引入其他功能相同的模型进行交叉验证，即给定相同的输入，如果模型 A 的输出不同于其他参考模型，那么有很大概率 A 的输出是错误的。

5.1.2　测试组件

为了构建深度学习模型，软件开发人员通常需要收集数据、标记数据、设计学习程序架构，并基于特定框架实现所提出的架构。深度学习模型开发过程需要与数据、学习程序和学习框架等多个组件进行交互，而每个组件都可能包含漏洞。

与传统软件系统相比，深度学习系统通常涉及更复杂的组件，例如平台/硬件基础设施、深度学习库、模型、用于训练的源程序以及训练和测试语料库。每个组件都可能会在深度学习系统中引入错误。图 5-1-3 显示了构建深度学习模型的基本过程和过程中涉及的主要组件。组件包括数据、学习程序、框架库和基础架构。开发者收集并预处理数据以供使用；学习程序是用于运行以训练模型的代码；计算框架（如 TensorFlow、PyTorch、Keras 等）提供了算法和其他库供开发人员在编写程序时选择；基础架构 CPU 或 GPU 提供算力支持。

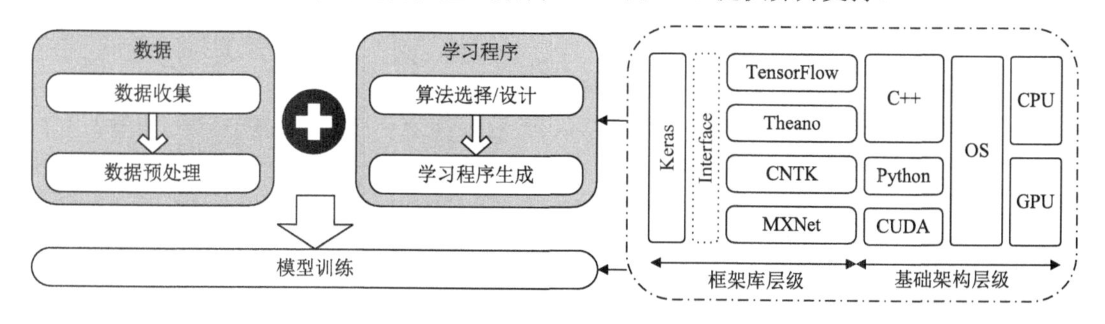

图 5-1-3　深度模型构建中涉及的组件

在进行深度模型测试时，开发人员可能需要在各个组件中查找错误。特别需要指出的是，错误传播在模型开发中构成了一个更为严重的问题，原因在于，这些组件间的关联性比传统软件要更为紧密。

深度学习系统的漏洞一般包括以下四个[8]：

（1）数据中的漏洞。数据中的缺陷会影响生成模型的质量，并且会在一段时间内被放大，从而产生更严重的问题。数据中的漏洞需要检测，如数据是否存在可能影响模型性能的数据中毒或对抗性信息、数据是否包含大量噪声（如有偏差的标签）。

（2）模型中的漏洞。由于模型训练、对抗或中毒引起的不确定性输入、偏见操控和隐私泄露而产生的风险，深度学习模型可能存在缺陷。因此，为了在部署之前保证其分类准确、风险鲁棒、决策无偏、隐私安全，需要对模型进行测试。

（3）计算框架的漏洞。深度学习模型需要大量的计算资源。深度学习框架提供了帮助编写学习程序的算法和帮助训练机器学习模型的平台，使开发人员更容易为复杂问题设计、训练并验证算法和模型的解决方案。它们在模型开发中扮演着比传统软件开发更重要的角色。

（4）程序中的漏洞。学习程序可以分为两部分，由开发人员设计或从框架中选择的算法，以及开发人员为实现、部署或配置算法而编写的实际代码。学习程序中的错误可能是因为算法设计、选择或配置不当，也可能是因为开发人员在执行设计的算法时出现错误。

5.1.3 测试目标

测试目标是指在深度学习系统测试中要测试的内容，通常与训练后深度模型的行为相关。深度学习系统的测试对象分为深度学习模型、框架库、程序代码。数据检测已在第 4 章详细介绍。

1. 深度学习模型

深度学习模型需要满足分类准确、风险鲁棒、决策公平、隐私安全的基本条件。因此，将测试目标分为安全性、公平性和隐私性。

安全性：模型的安全性衡量了模型抵御内生脆弱性和由外部攻击所引起的风险的能力，其定义如下：

$$r = E(S) - E(S') \tag{5-1-1}$$

其中，S 表示深度学习系统，包括数据、模型参数等；S' 表示扰动后的数据或模型；$E(\cdot)$ 表示模型分类结果。安全性较低的模型往往在训练阶段容易受到中毒攻击的影响，在推理阶段容易受对抗攻击而出现误判断。

公平性：由于训练数据和模型结构设计上存在偏见，深度模型的预测结果会在敏感属性（如性别、种族等）方面存在偏见的现象。公平性可以被分为群体公平和个体公平。决策公平的模型在面对具有相同敏感属性的群体或个体时，会输出相同的判断。群体公平定义如下：

$$\Pr(h(x_i)=1 \mid x_i \in G_1) = \Pr(h(x_j)=1 \mid x_j \in G_2) \tag{5-1-2}$$

其中，G_1 和 G_2 是拥有共同敏感属性的群体；x_i 和 x_j 是分别来自 G_1 和 G_2 的样本；$h(\cdot)$ 为模型预测类标。个体公平定义如下：

$$\Pr(h(x_i)=a \mid x_i \in X) = \Pr(h(x_j)=a \mid x_j \in X) \tag{5-1-3}$$

其中，X 表示具有相同敏感属性 a 的样本集。模型的公平性衡量了模型输出结果的公平程度，公平性越高，则模型输出结果存在的偏见越少，可靠性越高。

隐私性：模型的隐私性指的是模型对于私密数据信息的保护能力，常用差分隐私进行定义：

$$\Pr(h(D_1) \in Y) \leqslant \mathrm{e}^{\varepsilon} \Pr(h(D_2) \in Y) \tag{5-1-4}$$

其中，D_1 和 D_2 为同一训练集中的子集，仅有一张样本存在差异；Y 为模型 $h(\cdot)$ 的输出集合；ε 为非常小的常数。隐私保护能力强的模型在接受多次查询时的输出概率保持一致，使攻击者难以推断训练集中的隐私信息。深度模型的隐私性越高，在应用时就更为可靠。

2. 框架库

计算框架是构建深度学习模型的基础，其安全性问题可以分为精度误差、数值错误和性能错误。

计算框架库包括库算子和 API 函数，其安全性问题可以分为框架库前后输出差异、库算子精度误差、API 函数的输出错误和第三方依赖库缺陷漏洞。

输出差异往往揭示了隐藏错误。输出差异由以下指标来衡量：

$$\begin{cases} \delta_{O,G} = \dfrac{1}{m}\sum_{i=0}^{m} |\boldsymbol{o}_i - \boldsymbol{g}_i| \\ \mathrm{D\_MAD}_{G,O_j,O_k} = \dfrac{|\delta_{O_j,G} - \delta_{O_k,G}|}{\delta_{O_j,G} + \delta_{O_k,G}} \end{cases} \tag{5-1-5}$$

其中，$\boldsymbol{o}_i$ 和 $\boldsymbol{g}_i$ 表示两个向量；m 为向量数目；δ 表示 $\boldsymbol{o}_i$ 和 $\boldsymbol{g}_i$ 之间的距离。D_MAD 考虑每个输出向量中的所有元素，以计算其与真实类标的距离。给定真值向量表示为 $\boldsymbol{G} = (g_1, g_2, \cdots, g_m)$，预测输出向量 $\boldsymbol{O}_j$ 和 $\boldsymbol{O}_k$。当 D_MAD 值大于预定阈值时，检测到不一致，D_MAD 的值表示了标记的不一致程度。

深度学习算子是由各种深度学习算法及其接口组成的基本构建块。深度学习框架库在深度学习算子的基础上构建而成，因此，算子的错误会直接影响框架库的稳定性和安全性。算子的安全性问题主要是存在精度错误，它表示了产生的输出与期望值之间的差异。精度误差衡量了对于特定的输入，算法输出中的干扰是否在可接受的范围内，即误差可以有界。精度误差定义如下：

$$|P(i) - O_i| < \varepsilon \tag{5-1-6}$$

其中，P 表示算法；i 表示输入；O_i 表示对于输入 i 期望的输出；ε 表示可接受的区间。

API 函数输出错误是指 API 函数崩溃或输出无效。这往往由错误的 API 文档、文档和代码之间不一致或边界值外的无效输入导致。

第三方依赖库的调用也会导致漏洞出现。智能算法框架往往会使用大量的第三方库，如 NumPy、OpenCV 等依赖包，系统越复杂，包含的依赖关系越多，越有可能存在安全隐患。常见的第三方依赖缺陷库主要包括非法内存访问攻击漏洞、目录遍历攻击漏洞、拒绝服务攻击漏洞。

非法内存访问攻击漏洞是由于计算框架内部依赖的 XLA 编译器存在堆缓冲区所溢出的漏洞，该漏洞源于网络系统或产品在内存上执行操作时，未正确验证数据边界，导致关联的其他内存位置上执行了错误的读写操作。攻击者可利用该漏洞导致缓冲区溢出或堆溢出等。

目录遍历攻击漏洞是当智能计算框架应用于自然语言处理时，NLTK 依赖库提供大量自然语言处理数据集，通过 ZIP 归档文件传输给计算框架调用，攻击者可以在提取期间处理不当的 ZIP 存档中的“../”（点点斜杠操作）写入任意文件，实现恶意控制。

拒绝服务攻击漏洞是网络系统或产品的代码开发过程中存在设计或实现不当的问题。在 TensorFlow 1.12.2 之前的版本已经被证实，存在“空指针解引用”漏洞，可以通过构造特殊的 GIF 文件对系统进行“拒绝服务攻击”，导致系统崩溃，无法进行正常工作。此外，依赖包 NumPy 也会引入拒绝服务攻击漏洞，已在 NumPy 1.13.1 及之前的版本中的“numpy.pad”函数中得到验证，攻击者利用该漏洞可以控制程序陷入无限循环状态。

3. 程序代码

代码层面的错误主要包括数值错误、模型参数声明错误和张量维度不一致错误。

数值错误是深度学习算法中最突出的缺陷之一。数值错误会导致异常值，如 NaN（Not-a-

Number）和 INF（Infinite）。具体而言，数值错误包括 Division(y,x)(x=0)，Exp(x)(x>88)，Log(x)(x≤0)，sqrt(x)(x<0)。它们通常是由违反数学属性或浮点数表示错误引起的。一旦计算中触发了一个数值错误，它将继续传播并最终导致无效的输出。

代码中模型参数或结构不正确会导致执行阶段的异常行为。这些错误通常来自不适当的模型参数（如学习率）或不正确的模型结构（如缺失节点或层）。这往往会导致模型运行效率低下，例如低准确度和巨大的损失。

未对齐的张量会导致代码运行报错。当输入张量的形状与预期不匹配时，在计算图构建阶段发现的错误称为未对齐张量错误。因为 TensorFlow 中的张量允许具有动态形状，可以从一次迭代到另一次迭代，诸如数组大小不匹配等传统错误，检查输入张量的 API 函数会执行出错。

5.2 面向深度模型的测试

随着神经网络技术部署在自动驾驶系统、疾病预防与检测系统、恶意软件检测系统等安全要求高的领域，对深度模型进行全面的检验，及时发现其中存在的缺陷和隐患，进而保证神经网络应用的质量就显得更为重要。目前，针对深度模型测试方面的研究越来越多，这些研究围绕如何有效测试和发现神经网络存在缺陷等问题进行了积极探索，并取得了一定的进展。

根据不同的测试目标，面向深度模型的测试方法可以分为安全性测试、公平性测试和隐私性测试。此外，由于深度模型输入维数高，内部潜在特征空间大，需要大量的测试样本对其进行测试，也需要大量人力成本对样本进行标记。面向测试样本的选取方法对大量待标记的测试样本进行优先级排序，以降低标记成本，提升测试效率。

5.2.1 安全性测试

深度模型由于内生脆弱性，在推理阶段容易受到不确定性输入而出现误判断。安全性测试主要针对输入的不确定性。根据测试样本生成的指导指标，它们可以分为基于覆盖率的测试方法和基于变异的测试方法，其中覆盖率指标借鉴了软件测试中代码覆盖率的概念，用于衡量测试的充分性。但由于深度模型和代码的显著差异，它也存在一定的局限。基于变异的测试方法通过计算变异分数来发现模型中隐藏的缺陷。此外，在得到模型的测试报告后，基于修复的方法生成样本对模型进行调试和修复，以进一步提高其鲁棒性和分类精度。

1. 基于覆盖率的测试方法

传统软件测试中，测试覆盖率是衡量测试充分性的一个重要指标，能够帮助客观认识软件质量，提高测试效果。受此启发，深度模型测试借鉴了覆盖率的概念来定量衡量测试的充分性，并指导测试样本的生成。

深度模型由多层神经元相互连接组成，每层神经元作用不尽相同。神经网络一般都是由多层神经元构成的，通常称为深度神经网络。在 DNN 系统中，神经元的值一般会通过前向传播的方式计算得到，前层神经元的计算结果会反馈给下一层的神经元。前层神经元的值加上偏置、权重等参数信息再经过函数运算会得出下一层神经元的值，如此反复直到完成所有的计算过程。

基于覆盖率的测试方法认为，覆盖率更高的测试样本能对模型进行更充分的测试，经过更系统测试（即具有更高覆盖率）的深度模型，在面对不确定性输入时更安全可靠。图 5-2-1 展示了三个测试样本在同一个模型中神经元的激活行为，深色的代表激活的神经元，无色的代表未激活的神经元。不同的测试样本在深度神经网络下会表现出不同的神经元激活状态，基于覆盖率的测试方法以最大化覆盖率为指导以生成测试样本。

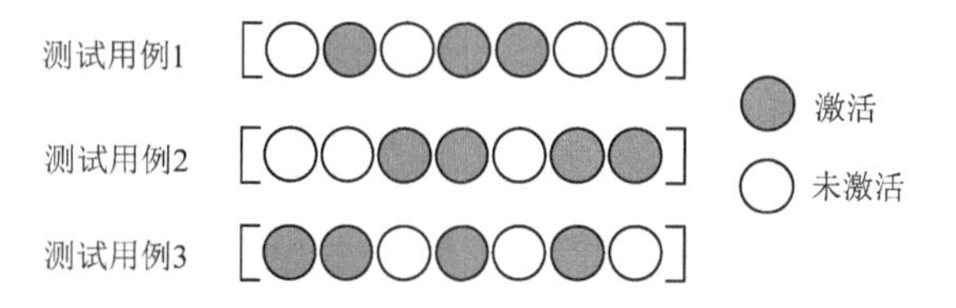

图 5-2-1　不同测试样本下神经元的激活状态

具体而言，覆盖率指标可以分为神经元覆盖率、多粒度神经元覆盖率、改进条件/判定范围（modified condition/decision coverage，MC/DC）覆盖率和状态覆盖率，方法总结如表 5-2-1 所示。

表 5-2-1　基于覆盖率的测试方法总结

指标类型	测试方法	覆盖率指标	样本生成方法	适用模型	应用领域
神经元覆盖率	DeepXplore[9]	NC	差分	CNN	自动驾驶
	DLFuzz[10]	NC	差分模糊测试	CNN	图像
	TensorFuzz[13]	NC	变异模糊测试	CNN、RNN	图像、语音
	DeepTest[14]	NC	差分贪婪搜索	CNN	自动驾驶
多粒度神经元覆盖率	DeepGauge[15]	NC、KMNC、NBC、SNAC、TKNC、TKNP	差分	CNN	图像
	DeepHunter[16]	NC、KMNC、NBC、SNAC、TKNC、TKNP	变异模糊测试	CNN	图像
	DeepCT[17]	SparseCov、DenseCov	组合测试	CNN	图像
MC/DC 覆盖率	DeepCover[18]	SSC、VSC、SVC、VVC	符号执行	CNN	图像
	DeepConcolic[19]	NC、SSC、NBC	自动符号执行	CNN	图像
状态覆盖率	DeepCruiser[20]	BSC、k-SBC、BTC、ISC、WIC	变异	RNN	语音、文本
	DeepStellar[21]	BSC、WSC、n-SBC、BTC、WTC	变异	RNN	图像、语音

① DeepXplore：Pei 等[9]提出了首个用于系统地测试深度模型的白盒框架 DeepXplore，并引入了神经元覆盖率（neuron coverage，NC）指标来评估由测试输入执行的模型的各个部分。给定神经元集合为 $N=\{n_1,n_2,\cdots\}$，测试样本集为 $T=\{t_1,t_2,\cdots\}$，其中一个测试样本为 t。当模型的输入为 t 时，记录神经元的值为 $v(n,t)$。设神经元的激活阈值为 0，如果某个神经元在测试输入 t 下的值大于激活阈值，那么认为神经元是激活态。神经元覆盖率定义如下：

$$NC=\frac{|\{n\,|\,\exists t\in T:v(n,t)>0\}|}{|N|} \tag{5-2-1}$$

神经元覆盖率的分子就是 DNN 系统中值大于阈值的神经元数，分母为所有神经元数。

如图 5-2-2 所示，对于输入[图（a）]，基于 DNN 的自动驾驶汽车正确地决定向左转弯，但降低亮度之后[图（b）]，汽车错误地决定向右转弯，并撞上了护栏。

② DLFuzz：基于 NC，Guo 等[10]提出了首个差分模糊测试框架 DLFuzz，不断对输入进行细微的变异，以最大化神经元覆盖率以及原始输入和变异输入之间的预测差异，因此无须额外的测试预言和或者其他程序的交叉验证，即可高效地发掘模型的错误行为并测试算法程序的正确性问题。在 MNIST[11]和 ImageNet[12]数据集上，DLFuzz 在和 DeepXplore 的对比实验中取得了更高的神经元覆盖率和更少的时间开销。

（a）输入 1　　（b）输入 2（降低输入 1 亮度）

图 5-2-2　DeepXplore 在 Nvidia DAVE-2 自动驾驶汽车平台中发现的错误行为示例

③ TensorFuzz：Odena 等[13]将基于覆盖率的模糊测试和基于属性的测试结合并设计了开源测试工具 TensorFuzz，用于发现神经网络版本之间的差异与不一致问题，以发现仅在稀有输入中发生的错误。输入的随机突变由覆盖度量引导，以达到指定约束的目标。

④ DeepTest：Tian 等[14]设计了 DeepTest，用于自动检测深度模型驱动的车辆的错误行为。该方法对种子图像应用九种图像变换方法生成逼真的合成图像，在模拟真实世界驾驶图片的同时提升模型神经元覆盖率，随后对自动驾驶系统设计对应的蜕变规则以测试并发掘系统的错误行为，在不同的现实驾驶条件（如下雨、雾等）下发现了数千种错误行为。

基于神经元覆盖率，研究者们提出了多粒度神经元覆盖率，旨在通过神经网络覆盖情况反映模型的学习逻辑和行为规则，进而发掘异常行为并评估模型质量。

⑤ DeepGauge：Ma 等[15]将神经元覆盖率进行了更细粒度的划分，提出了一套基于多层次、多粒度覆盖的测试准则 DeepGauge，通过神经元边界覆盖率、Top-k 神经元覆盖率等神经元级别和层级别的多粒度覆盖率准则引导机器学习系统的测试。其中包括强神经元激活覆盖率（strong neuron activation coverage，SNAC），k 节神经元覆盖率（k-multisection neuron coverage，KMNC），前 k 个活跃神经元覆盖率（top-k neuron coverage，TKNC），前 k 个活跃神经元模式（top-k neuron coverage pat-terns，TKNP）和神经元边界覆盖率（neuron boundary coverage，NBC）。

假设神经网络模型一共有 l 层[去除输入层或 flatten（展平）层等]，对于第 i 层，用 $\text{top}_k(t,i)$ 表示当模型输入为 t 时，第 i 层中前 k 大的神经元值的集合。TKNC 就是每层中前 k 大的神经元数量与总神经元数量的比值，计算如下：

$$\text{TKNC}=\frac{\left|\sum_{i=0}^{l}\text{top}_k(t,i)\right|}{|N|} \tag{5-2-2}$$

假设神经元的输出都位于一个区间 $[\text{low}_n,\text{high}_n]$ 中，这个区间称为主功能区域。神经元边界覆盖就是在 $(-\infty,\text{low}_n)$ 或 $(\text{high}_n,+\infty)$ 两个非主功能区域的神经元数量与总神经元数量的比值。NBC 可以由以下公式计算得到：

$$\text{NBC}=\frac{|\{n\in N\mid \exists t\in T: v(n,t)\in[(-\infty,\text{low}_n)\cup(\text{high}_n,+\infty)]\}|}{|N|} \tag{5-2-3}$$

SNAC 类似 NBC，指的是覆盖上边界的神经元数量和总神经元数量的比值，计算如下：

$$\text{SNAC}=\frac{|\{n\in N\mid \exists t\in T: v(n,t)\in(\text{high}_n,+\infty)\}|}{|N|} \tag{5-2-4}$$

⑥ DeepHunter：Xie 等[16]更进一步提出了 DeepHunter，这是一个覆盖率引导的模糊测试系统，基于八种图像变换方法生成测试输入样本并利用神经元覆盖率、神经元边界覆盖率等五种覆盖率准则评估测试。该系统可以有效地增加神经网络的覆盖率并检测模型迁移等行为引

发的模型算法程序缺陷问题，取得了优秀的测试效果。

⑦ DeepCT：Ma 等[17]引入了组合测试的概念，提出了通过 DeepCT 平衡缺陷检测能力和测试样本的数量。同时，他们提出了组合测试指标，包括 t 路组合稀疏覆盖率（t-way combination sparse coverage，SparseCov）和 t 路组合密集覆盖率（t-way combination dense coverage，DenseCov），通过相对较少的测试来实现合理的缺陷检测能力。

定义 $A(n_i,x)\in\{0,1\}$ 表示神经元 n_i 在输入 x 上的激活状态。若存在至少一个测试输入 $x\in T$，使得对于所有 i，满足 $b_i = A(n_i,x)$，则称神经元激活状态 $c=(b_1,b_2,\cdots,b_k)$ 被测试样本集 T 覆盖。假设 $L_i=\{n_1,n_2,n_3,n_4\}$ 是同一层中的一组神经元，SparseCov 定义为 t 路神经元组合的百分比，其中，所有神经元的激活都被测试样本 T 覆盖，计算公式如下：

$$\mathrm{SparseCov}(t,L_i,T)=\frac{|\{\theta\in\Theta(t,L_i)\mid\theta\in\Theta(t,L_i,T)\}|}{|\Theta(t,L_i)|} \tag{5-2-5}$$

其中，L_i 是第 i 层的神经元；Θ 是 t 路的神经元组合；T 是测试集；θ 表示元素；$||$表示满足条件的数目；$\Theta(t,L_i)$ 表示 L_i 中神经元的所有 t 向组合的集合。

将 t 路组合稀疏覆盖率 DenseCov 定义为 L_i 中 t 路神经元组合的百分比，计算如下：

$$\mathrm{DenseCov}(t,L_i,T)=\frac{\left|\sum\limits_{\theta\in\Theta(t,L_i)}|C(t,\theta,T)|\right|}{2^t\,|\Theta(t,L_i)|} \tag{5-2-6}$$

其中，$C(t,\theta,T)$ 表示 t 覆盖的神经元激活配置集合。

传统软件测试中的 MC/DC 覆盖要求每个条件都对最终结果独立起作用，基于此也有研究者提出了基于 MC/DC 覆盖率的指标对深度模型进行测试。

⑧ DeepConcolic：Sun 等[18]把 MC/DC 概念应用到神经网络中，把上一层的所有神经元看作一个分支条件布尔型变量表达式中的各个子条件，本层的某个神经元看作结果，由此为测试 DNN 提出了新思路。基于此，他们提出了能够直接应用于 DNN 模型的四个测试覆盖率标准和基于线性规划的测试样本生成算法，在小型神经网络中表现出较高的缺陷检测能力。此外，Sun 等[19]开发了首个面向深度模型的混合测试方法 DeepConcolic，将具体执行和符号分析进行结合，实现了更高的覆盖率，其测试样本如图 5-2-3 所示。

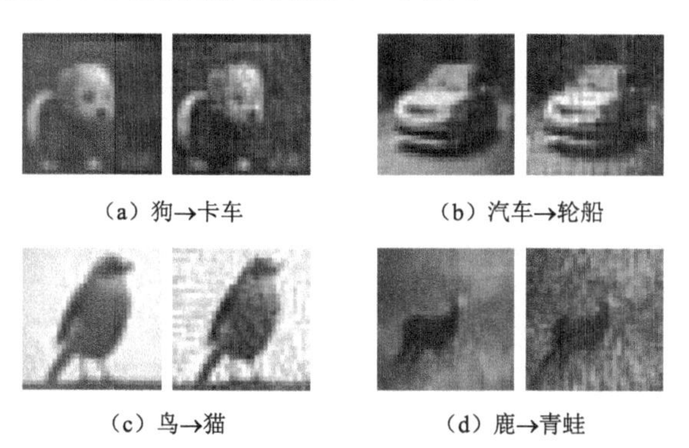

（a）狗→卡车　（b）汽车→轮船

（c）鸟→猫　（d）鹿→青蛙

图 5-2-3 原始图像（左）和 DeepConcolic 生成的测试样本（右）

随着测试充分性评估的研究发展，研究人员将覆盖率指标拓展到循环神经网络，提出了状态覆盖率，用于测试 RNN 模型的正确性。

⑨ DeepCruiser：Du 等[20]将有状态的 RNN 建模为一个抽象的状态转换系统，并定义了一组专门用于有状态深度模型的测试覆盖标准，包括基础状态覆盖率（basic state coverage，

BSCov），k 阶状态边界覆盖率（k-step state boundary coverage，k-SBCov）。此外，他们提出了一个自动化测试框架 DeepCruiser，可以系统地大规模生成测试样本，以通过覆盖率指导发现有状态深度模型的缺陷，在语音和文本数据集上证明了测试质量和可靠性方面的有效性。

BSCov 计算公式如下：

$$\mathrm{BSCov}(T,M)=\frac{|\hat{S}_T\cap\hat{S}_M|}{|\hat{S}_M|} \tag{5-2-7}$$

其中，$\hat{S}_M$ 和 $\hat{S}_T$ 表示训练输入和测试输入激活的一组状态。

k 阶状态边界覆盖率 k-SBCov 测量测试输入 T 对极端情况区域的覆盖程度，极端情况区域 $\hat{S}_{M^C}$ 是 $\hat{S}_M$ 之外的状态集合。$\hat{S}_M$ 可以进一步划分为不同的边界区域，由它们到 $\hat{S}_M$ 的距离来定义，例如，k 阶边界区域 $\hat{S}_{M^C}(k)$ 包含与 $\hat{S}_M$ 最近距离 k 的所有状态。k-SBCov 计算公式如下：

$$\text{k-SBCov}(T,M)=\frac{|\hat{S}_T\cap\bigcup_{i=1}^{k}\hat{S}_{M^C}(i)|}{|\bigcup_{i=1}^{k}\hat{S}_{M^C}(i)|} \tag{5-2-8}$$

⑩ DeepStellar：在 DeepCruiser 基础上，Du 等[21]设计了状态和转移轨迹的相似性指标和五个状态覆盖率准则，并提出了 DeepStellar，对 RNN 进行引导测试。实验证明，他们提出的相似性指标能有效检测出对抗样本。

2. 覆盖率方法的局限性

目前已提出的覆盖率指标基于以下假说：神经元覆盖率与对抗性输入的生成和测试方法的错误揭示能力相关。但新的研究对此提出了质疑。

目前提出的大多数覆盖率指标都基于深度模型的结构，但神经网络与程序软件之间存在根本差异，这导致了当前覆盖率指标的局限性。Li 等[22]发现从高覆盖率测试中推测的故障检测“能力”，更有可能是由于面向对抗性输入的搜索，而不是真正的“高”覆盖率。他们对自然输入的初步实验发现，测试集中错误分类的输入数量与其结构覆盖率之间没有强相关性。由于深度模型的黑盒性质，尚不清楚这些指标如何与系统的决策逻辑直接相关。

Harel-Canada 等[23]设计了一个新的多样性促进正则器，在缺陷检测、输入真实性和公正性三个方面对覆盖率指导的测试样本进行评估，发现神经元覆盖率增加反而降低了测试样本的有效性，即减少了检测到的缺陷，产生了更少的自然输入和有偏的预测结果。

通常认为，用覆盖率更高的测试样本对模型进行重训练，可以提高模型的鲁棒性。对此，Dong 等[24]对 100 个深度模型和 25 个指标进行了实验，结果说明覆盖率和模型鲁棒性之间的相关性有限。因此，高覆盖率对提高模型的鲁棒性没有意义。

因此，基于高覆盖率生成测试样本可能是片面的，在深度模型测试中衡量测试有效性还有很大的改进空间。

3. 基于变异的测试方法

在传统的软件测试中，变异测试通过注入故障来评估测试套件的故障检测能力。检测到的故障与所有注入故障的比率称为变异分数。在深度模型的测试中，数据和模型结构也在一定程度上决定了模型的行为。

① DeepMutation：Ma 等[25]提出了专门用于深度模型的变异测试框架 DeepMutation，不观察模型的运行时内部行为，通过在数据和源码层面引入突变体并设计模型和权重的变异方法以检测并杀死引入的突变体，从源级（训练数据和训练程序）或模型级（无须训练直接注入）注入故障用来以评估测试数据质量，从而验证模型变异方法在检测框架实现正确性问题的有效性。

对于k-分类问题，设$C=\{c_1,c_2,\cdots,c_k\}$是所有k类的输入数据，突变体$m'\in M'$。对于测试数据点$t'\in T'$，如果t'被原始模型M正确分类为c_1，或t'未被m'分类为c_1，则t'杀死了$c_i\in C$类的突变体m'。系统的突变分数如下：

$$\text{MutationScore}(T',M')=\frac{\sum_{m'\in M'}|\text{KilledClasses}(T',m')|}{|M'|\times|C|} \tag{5-2-9}$$

其中，$\text{KilledClasses}(T',M')$是被$T'$中的测试数据杀死的$m'$的集合。

② DeepMutation++：Hu等[26]提出了DeepMutation++，在DeepMutation的基础上做了改进，为前馈神经网络和循环神经网络设计了权重、神经元、模型层等不同层次的总计17个模型的变异方法，以有效地检测植入的突变体。它不仅能够针对整个输入静态分析模型的鲁棒性，而且还能在模型运行时分析识别顺序输入（例如音频输入）的脆弱部分。

DeepMutation++当前支持两个杀伤得分指标，以近似估计输入或段的易受攻击性。给定输入t、一个模型m及其变异体m'，如果输出在t处不一致，则定义t被m'杀死，即$m(t)\neq m'(t)$。给定一组变异体M，将杀伤得分定义为

$$\text{KS}_1(t,m,M)=\frac{|\{m'\mid m'\in M\wedge m(t)\neq m'(t)\}|}{|M|} \tag{5-2-10}$$

其中，$|\cdot|$表示满足条件的数目；$\wedge$表示取交集。对于RNN模型，给定输入t的第i个段t_i，一个RNN模型m和其通过使用动态算子对t_i进行变异生成的变异体m'。给定一组变异M，将片段的杀伤得分定义为

$$\text{KS}_2(t,m,M)=\frac{\sum_{m'\in M}\|\text{prob}(t_i,m)-\text{prob}(t_i,m')\|_p}{|M|} \tag{5-2-11}$$

其中，prob表示概率；p表示距离衡量的范数。该公式指示了输出上的预测概率差异。KScore1用于计算整个数据的杀伤得分，而KScore2用于计算一个片段的杀伤得分。对于输入，KScore1的值越大，则针对输入的模型的鲁棒性就越差。对于输入的一个段，KScore2的值越大，针对该段的模型的鲁棒性就越差。

③ MuNN：Shen等[27]提出了MuNN，利用五个变异算子评估了MNIST数据集上的变异属性，并指出需要域特定的变异算子来增强变异分析。五个变异算子具体包括删除输入神经元、删除隐藏的神经元、更改激活功能、更改偏差值、更改权重值。作者对模型进行突变后，统计模型的输出并计算突变分数，以较高的突变得分指导测试样本生成。

4. 基于修复的测试方法

与软件漏洞不同，深度模型的缺陷不能通过直接修改模型来轻松修复。受到软件调试的启发，基于修复的测试方法通过选择合适的输入对模型进行调试，提高其精度或鲁棒性。

① MODE：Ma等[28]提出了一种新的模型调试技术MODE，评估每一层以识别有缺陷的神经元，并进一步生成用于再训练的修复补丁。该方法通过分析模型差分状态，以识别导致模型错误的模型内部特征与导致错误分类的“故障神经元”，然后该方法选择对故障神经元影响重大的输入样本重新训练，进而改善模型的分类错误等问题。

作者认为过拟合的错误本质上是由于具有偏见的训练样本造成的，所以需要具有更多多样性的样本来修复错误。作者对这些输出进行差分分析，以计算差分热力图HWI_l，公式如下：

$$\begin{cases}\text{MHWI}_l[i]=\text{HWI}_{l,k}[i],\text{with}\,k\neq l,k\in L,\text{abs}(\text{HWI}_{l,k}[i])=\max\\ \text{DHWI}_l[i]=\text{MHWI}_l[i]-\text{HCI}_l[i]\end{cases} \tag{5-2-12}$$

其中，$\text{HWI}_{l,k}$表示被错误分类为标签k的l的输入的热图；abs表示取绝对值；max表示最大

值；$MHWI_l[i]$ 计算特征 i 对于某些错误分类的最大重要性值；HCI_l 表示 l 的正确预测输入的热力图。图 5-2-4（a）和（b）显示了类标为 1 的良性和错误样本的热力图。图 5-2-4（c）为差分热力图，显示的红色部分是对错误分类负责的神经元。图 5-2-4（d）中 4 和 8 的图像被错误分类为 1。图 5-2-4（e）显示了具有高优先级且更有可能被选择用于进一步训练的图像，图 5-2-4（f）显示了优先级低且不太可能被选择的图像。

图 5-2-4（彩图）

（a）良性样本

（b）错误样本

（c）差分热力图

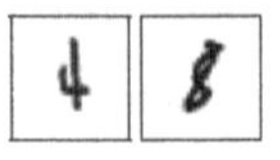
（d）错误案例

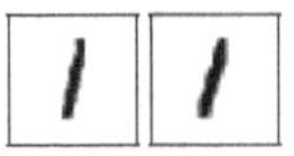
（e）良好样本

（f）优先级低的不佳样本

图 5-2-4　样本及热力图可视化

② Apricot：Zhang 等[29]设计了一种权重自适应方法 Apricot 来迭代地修复模型。他们用原始训练集的不同子集训练缩减模型，以此提供权重大小和方向的调整依据。Apricot 既不需要额外的样本，也不需要额外训练神经网络架构，因此更为通用。

③ Plum：在 Apricot 的基础上，Zhang 等[30]还提出了超启发式模型修复方法 Plum，通过应用低层级修复策略生成一组模型候选，然后根据这些模型候选所表现出的整体修复效果来评估修复策略，并对其进行优先级排序，通过应用排名靠前的修复策略来输出固定的模型，以寻求每个策略在验证和测试数据集上的模型性能之间的平衡。

5.2.2　测试样本排序方法

生成面向深度模型的测试样本往往需要涵盖非常大的输入空间，而这些测试样本需要花费昂贵的人力成本来进行标记，显著影响可执行测试的数量和质量。因此，以有意义的方式优先选择测试模型的输入数据，可以降低标记成本，大幅提高测试效率。

根据不同的排序指标，测试样本的优先级排序方法可以分为基于激活特征的排序方法和基于模型变异的排序方法。本节将对这两类排序方法进行介绍，并阐述其中几种经典算法，并将这些方法总结在表 5-2-2 中。

表 5-2-2　测试样本排序方法总结

方法名称	核心思想	应用场景	局限
DeepGini[31]	优先选取输出置信度平均的样本	图像	无法对分类置信度差异悬殊的样本进行选择
NSATP[32]	噪声灵敏度	图像	未提供有关鲁棒增强的指导
Zhang et al.[33]	神经元激活模式和频率	图像	需要获得训练集的先验知识；神经元经验性频率需要一定量的统计；模型不能存在过拟合与欠拟合现象
SADL[34]	计算样本对于训练集的意外程度	图像、自动驾驶	需要获得训练集的先验知识；模型不能存在过拟合与欠拟合现象
MCP[35]	多决策边界聚类	图像	极端情况的样本可能远离边界，可能无法找全
PRIMA[36]	对突变进行智能组合	图像、文本、自动驾驶	需要一定量的训练集的先验知识；计算过程空间复杂度高，不仅需要存储特征值，还需要存储特征对应样本的梯度统计值的索引

1. 基于激活特征的排序方法

基于激活特征的排序方法用样本在模型中的输出（例如分类置信度或模型激活特征）来衡量其对待测模型的影响，基于相关的特征指标对测试样本进行排序。

① DeepGini：Feng 等[31]基于深度模型的统计视角，首先提出了测试样本优先级排序技术 DeepGini，可以快速识别可能导致模型误分类的测试样本。他们假设正确分类的测试样本应该具有很高的概率。如果 DNN 分类模型对测试输入各个类别预测概率相似，则证明模型无法准确对其进行分类，预测置信度较低，对应的测试输入更容易暴露 DNN 行为的错误，应置于更高的优先级。给定测试样本 t 和目标 DNN 的输出 $\langle p_{t,1}, p_{t,2}, \cdots, p_{t,N} \rangle \left(\sum_{i-1}^{N} p_{t,i} = 1 \right)$，使用 $\xi(t)$ 来衡量 t 被误分类的概率，并以此对样本进行排序：

$$\xi(t) = 1 - \sum_{i=1}^{N} p_{t,i}^2 \tag{5-2-13}$$

其中，$p_{t,i}$ 是样本 t 属于类 i 的概率。如果 DNN 为每个类别输出相似的概率，则测试很可能被错误分类。DeepGini 在优先级排序的有效性和运行效率方面优于基于覆盖率的方法。

② NSATP：Zhang 等[32]提出基于测试输入的噪声敏感性来对测试输入进行优先级排序，通过在测试输入中添加相同的噪声，因噪声灵敏度较高的测试输入更有可能导致 DNN 的错误预测，故对其赋予更高的优先级。给定模型输出 $\left\langle p^1, p^2, \cdots, p^n \right\rangle$，分别使用概率差（probability difference，PD）、概率方差（probability variance，PV）和概率熵（probability entropy，PE）来计算噪声灵敏度，定义如下：

$$\mathrm{PD} = \sum_{i=1}^{n-1} \frac{(p'^i - p'^{i+1})}{i}, \mathrm{PV} = \sum_{i=1}^{n} (p'^i - \overline{p})^2, \mathrm{PE} = \sum_{i=1}^{n} p'^i \lg p'^i \tag{5-2-14}$$

概率差是具有不同权重的不同排序级别之间的差异之和。首先对给定概率向量的每个值进行排序，以生成降序排列的向量 $\left\langle p'^1, p'^2, \cdots, p'^n \right\rangle$，然后计算排序向量的两个相邻数字之间的差值，并将权重从 1/1 标记为 1/(n-1)，最后计算所有差值及其权重之和。

③ Zhang 等[33]观察了神经元的激活模式，根据训练集中获得的神经元的激活模式和从特定输入中收集的激活神经元来计算测试样本的优先级。给定 DNN 和测试样本 x，其输出为 $f(x) = k$。模型中被 x 激活的神经元记为 N_{kx}。令 $S_p = N_{k_x} \cap N_k^f$ 表示模式中触发的有效神经元的集合，$S_n = N_{k_x} \cap N_k^u$ 表示不应该被触发的神经元集合。使用以下公式计算输入 x 对输出 k 的熟悉程度：

$$\tau(x) = \frac{\dfrac{|S_p|}{|N_k^f|}}{\dfrac{|S_p|}{|N_k^f|} + \dfrac{|S_n|}{|N_k^u|}} \tag{5-2-15}$$

其中，f 为待测 DNN；k 为模型输出；N_k^f 是被频繁激活的神经元集合。该公式衡量输入 x 对训练集中输出指定样本模式的熟悉程度。熟悉度值越高的输入越接近所获得的模式，输出越可靠。理想情况下，输入的所有激活神经元都属于与输出相关的特定类别中的一组频繁激活神经元。

结果表明，具有较高优先级的测试样本更容易被误分类。此外，对相同数据集中的模型进行优先排序的测试样本，也能使其他具有相似结构的模型误分类。

④ SADL：Kim 等[34]将输入的意外程度（surprise adequacy，SA），即样本在输入和训练数据之间的行为差异，作为衡量样本对于深度模型测试充分性的指标。他们认为，与训练数据相比，一个理想的测试输入，应是充分的，但不应具有很高的意外程度。排序指标包括 LSA（likelihood-based surprise adequacy）和 DSA（distance-based surprise adequacy）。LSA 是指测试

样本的嵌入特征在训练数据上的核密度，定义如下：

$$\mathrm{LSA}(x) = -\log(\hat{f}(x)) \tag{5-2-16}$$

其中，$\hat{f}(x)$ 表示核密度函数；LSA 是该核密度函数对数的负值。

DSA 是测试样本的激活特征与训练数据之间的欧氏距离。将参考点 x_a 定义为与 x 同一类的最近邻居，c_x 为预测的新类，x_b 为除 c_x 类外、与 x_a 距离最近的邻居。DSA 定义如下：

$$\begin{cases} x_a = \underset{D(x_i)=c_i}{\operatorname{argmin}} \| a_N(x) - a_N(x_i) \|, x_b = \underset{D(x_i)\in C\setminus\{c_i\}}{\operatorname{argmin}} \| a_N(x) - a_N(x_i) \| \\ \mathrm{dist}_a = \| a_N(x) - a_N(x_a) \|, \mathrm{dist}_b = \| a_N(x_a) - a_N(x_b) \| \\ \mathrm{DSA}(x) = \dfrac{\mathrm{dist}_a}{\mathrm{dist}_b} \end{cases} \tag{5-2-17}$$

其中，将 $a_N(x)$ 称为 N 中神经元上 x 的激活轨迹；dist 表示距离函数；DSA 旨在比较从新输入 x 的激活轨迹到属于其自身类别 c_x 的已知激活轨迹的距离，以及类别 c_x 中的激活轨迹与 C 中其他类别中的激活轨迹之间的已知距离。如果前者相对大于后者，则 x 将是 c_x 类中的一个意外程度很高的输入。

⑤ MCP：Shen 等[35]提出了多边界聚类和优先级方法（multiple-boundary clustering and prioritization，MCP），将测试样本聚类到模型多个边界区域，并根据优先级从所有边界区域均匀选择样本。具有多个边界的多分类深度模型示例如图 5-2-5 所示。在有效性方面，经过 MCP 评估重新训练的深度模型性能得到显著提高。

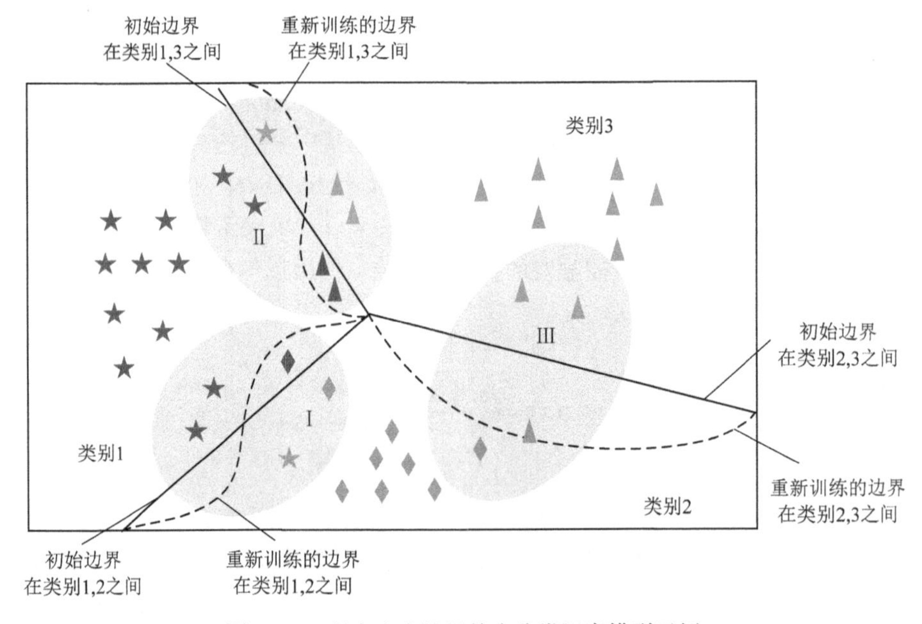

图 5-2-5　具有多个边界的多分类深度模型示例

2. 基于模型变异的排序方法

PRIMA：Wang 等[36]优先考虑那些通过许多变异而产生不同预测结果的测试输入，认为它们更有可能揭示出模型的缺陷。他们提出了一种基于突变分析的测试输入优先级方法。首先，分别为 DNN 模型和测试输入设计了一系列突变规则，然后通过 learning-to-rank 对验证集构建排序模型，最后利用此模型对从突变体中提取到的特征进行排序，得到测试输入的优先级序列。

5.2.3　公平性测试

公平的研究侧重于发现、衡量、理解和应对观察到的不同群体或个人在表现上的差异。这种差异与偏见有关，它可能会冒犯甚至伤害用户，导致种种社会问题。公平性测试旨在发现和减少深度模型中的偏见，以提升模型在相关领域中应用时的公平性和可靠性。根据不同的测试目标，公平性测试可以分为个体公平测试和群体公平测试。

具有个体公平性的模型应该在相似个体之间给出相似的预测结果。个体公平性测试方法关注模型对于不同个体之间的公平性。

① Aequitas：Udeshi 等[37]提出了 Aequitas，生成测试样本以发现偏见性输入，以理解个体公平。Aequitas 首先对输入空间进行随机采样以发现偏见样本，然后搜索这些输入的邻域以找到更多偏见。除了检测公平性错误外，Aequitas 还重新训练了机器学习模型，并减少这些模型决策中的偏见。然而，Aequitas 对所有输入使用全局采样分布，这导致它只能在狭窄的输入空间中搜索，容易陷入局部最优。

② ADF：Zhang 等[38]提出了专门针对深度模型公平性的测试方法 ADF，基于梯度计算和聚类来搜索模型输入空间中的个体偏见样本，如图 5-2-6 所示。ADF 在全局生成阶段和局部生成阶段生成个体偏见样本。在全局生成阶段，算法目标是从原始数据集 X 中识别决策边界附近的个体偏见样本，并将其用作局部生成阶段的种子数据。全局生成的样本生成遵循以下公式：

$$x' = \arg\max\{\text{abs}(G_y(x') - G_y(x)) \mid \forall x'_p \in \Pi, x'_p \neq x_p\} \tag{5-2-18}$$

其中，x'是 x 的偏见样本，只在敏感属性 p 上存在区别；G 表示模型的输出；y 为 x 的预测类标。

在本地生成阶段，该方法认为种子数据附近的样本很可能是个体偏见样本，以此找到更多的样本。实验证明，基于梯度的指导，生成偏见样本的有效性和计算效率得到了极大的提高。

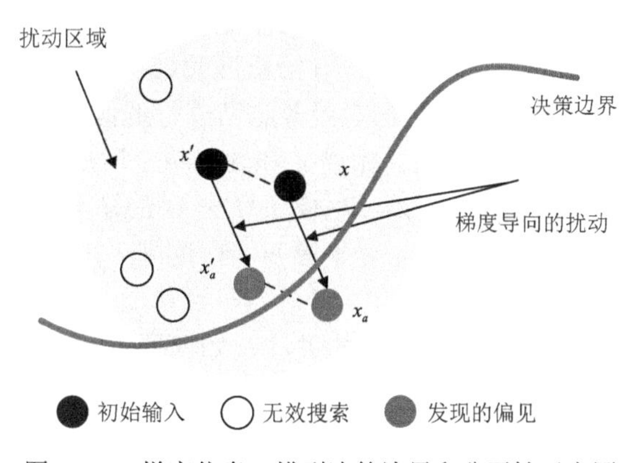

图 5-2-6　梯度信息、模型决策边界和公平性示意图

③ EIDIG：Zhang 等[39]基于梯度设计了白盒公平测试框架 EIDIG，采用先验信息来加速迭代优化的收敛。EIDIG 分为两个步骤：全局生成阶段用于快速生成一组不同偏见种子，局部生成阶段在模型输出梯度的指导下，围绕这些种子生成尽可能多的个体偏见样本。在每个阶段，充分利用连续迭代的先验信息来加速迭代优化的收敛或降低梯度计算的频率。

与个体公平性不同，群体公平是指模型具有相同的决策概率选择敏感属性的群体。

④ Themis：Galhotra 等[40]提出了一种面向群体公平性的软件测试方法 Themis，它利用因果推理生成一个测试套件，用公平性分数来衡量软件的公平性，并通过计算模型输入空间中个

别偏见样本的频率来衡量软件的偏见程度。例如，可以使用 Themis 检查软件系统是否歧视种族和年龄，以及歧视程度。

针对深度模型的公平性测试处于起步阶段，如何更全面地定义偏见，更细粒度地定量描述偏见并以此系统地测试深度模型，将成为今后公平性测试的主要研究方向。

5.2.4 隐私性测试

隐私是深度模型保存私人数据信息的能力。在模型部署前需要检查使用敏感数据计算的程序是否保护了用户隐私。

① DP-Finder：较早提出的方法主要讨论如何确保模型的隐私性。Bichsel 等[41]提出了 DP-Finder，引入了一种有效且精确的采样方法来估计样本泄露隐私的可能性，并将搜索任务描述为优化目标，使它们能系统地搜索到大量泄露隐私的样本。

如果对于每对相邻输入 $x, x' \in X$，并且对于每一个（可测量的）集合 $\varnothing \in Y$，事件 $F(x) \in \varnothing$ 和 $F(x') \in \varnothing$ 的概率都比 exp(ε)的因子更接近，则算法 $F: X \to Y$ 满足 ε-差分隐私。DP-Finder 的替代优化定义问题为

$$\underset{\text{s.t.}(x,x')\in\text{Neigh}}{\operatorname{argmax}_{x,x',\varnothing}} \hat{\varepsilon}^{d}(x,x',\varnothing) \tag{5-2-19}$$

DP Finder 使用现成的数值优化器来查找具有高度隐私侵犯的三元组 $(x, x', \varnothing)$，记为 $\hat{\varepsilon}^{d}(x, x', \varnothing)$。

② DPCheck：Zhang 等[42]提出了首个用于自动化差分隐私的框架 DPCheck，无须程序员注释，就能测试算法中的隐私泄露问题。DPCheck 结合程序的仪表化和符号执行的信息，为特定执行构建隐私证明，然后结合这些来自大量执行的证明，以提供随机差分隐私的统计保证。他们在 2020 年美国人口普查信息保护系统上证明了方法的有效性。

③ CheckDP：基于静态程序分析，Wang 等[43]提出了 CheckDP 对模型的差分隐私机制进行评估。CheckDP 采用概率程序以及相邻规范（即两个相邻输入可以相差多少）和声称的差分隐私级别作为输入。它将源代码转换为带有断言的非概率程序，以确保差分隐私。该方法可以在 70s 内判断模型是否违反了差分隐私机制，并给出证明或生成反例。

④ DP-Sniper: Bichsel 等[44]训练分类器对差分隐私进行近似最优攻击，以发现模型在违反差分隐私方面的情况，提出了 DP-Sniper。如果 A 和 a'在单个用户的数据中不同，则差异隐私使攻击者无法决定是否使用数据 $A=a$ 或 $A=a'$生成了算法 M 的输出 $M(A)$。DP-Sniper 训练机器学习分类器以确定算法使用 $A=a$ 而不是 $A=a'$生成 $b=M(a)$的概率。实验证明，他们的方法在有效性和高效性方面具有很大的提升。

对模型隐私的测试方法正受到越来越多的关注，如何通过测试使模型具有更高的隐私保护能力，也是学者们关注的关键问题。

5.2.5 深度模型测试及其应用

针对模型的安全性测试，提出了边界指标的模型安全性测试方法和基于兴奋神经元的模型安全性测试方法；针对测试样本排序，提出了基于模型激活图的测试用例优先级排序方法和基于可变空间容忍度的测试用例排序方法；针对模型的公平性测试，提出了基于偏见神经元的模型公平性测试方法。

5.2.5.1 基于边界指标的模型安全性测试方法

针对目前的鲁棒性度量指标依赖于攻击、被动性、在智能算法模型精度相似情况下度量不

准确等问题，根据高维特征空间中基于决策边界分布，设计全局统计特征指标，提出了基于边界指标的模型安全性测试方法 ROBY，计算特征空间数据分布的多粒度特征刻画指标，以解决模型在不同维度上的鲁棒性度量问题。

1. 方法介绍

深度学习模型对分类问题的分类准确率能够直观体现模型性能差异，但仅仅通过输出分类标签难以从细节上，如深度学习模型结构、神经网络隐藏层数量等深层角度分析模型性能的差异。而深度学习模型的决策边界则恰恰在分类问题中，一定程度上反映了模型对数据的拟合情况与泛化能力。对于基于反向传播的神经网络构建的深度学习模型，其模型结构与所拥有的隐藏层数量决定了模型可以学习的决策边界类型。如图 5-2-7 所示，对于同一数据集，不同深度学习模型所学习得到的决策边界存在差异，同时，特征空间中不同决策边界得到的数据分布结果也体现了模型对于数据特征映射的差异。

图 5-2-7（彩图）

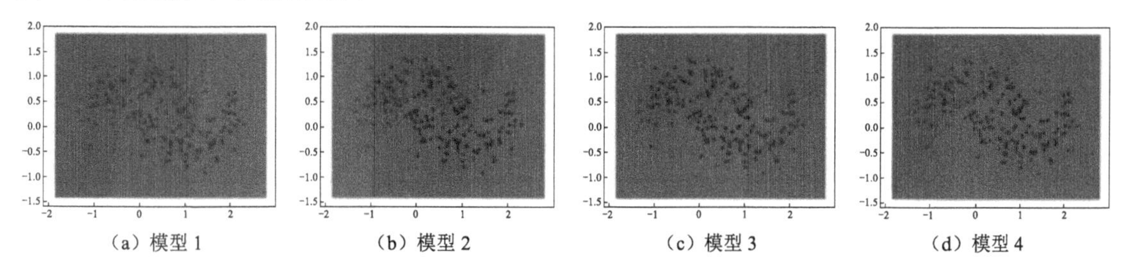
（a）模型 1　（b）模型 2　（c）模型 3　（d）模型 4

图 5-2-7　不同深度学习模型对同一数据集的决策边界可视化结果

基于深度学习模型的决策边界，通过模型在特征空间中对对抗样本的特征映射和数据分布定义相关指标，评价模型对对抗样本的鲁棒性差异，评估模型安全性。

1）基于鞍点值的深度学习模型安全性优化

从模型的决策边界上下界定义攻击样本，实现等价攻击，并采用基于鞍点值指标评估深度学习模型安全性。首先，让攻击算法干扰输入产生鞍点问题，其优化目标公式如下：

$$\min_{\theta} \rho(\theta), \quad 其中 \quad \rho(\theta) = E_{(x,y)\sim D}[\max_{\delta \in S} L(\theta, x+\delta, y)] \tag{5-2-20}$$

然后，将鞍点问题看作一个最大最小形式的目标函数，一方面是内部最大化问题，内层目标函数 $\max_{\delta \in S} L(\theta, x+\delta, y)$ 是对抗攻击的目标，即寻找合适的扰动 δ 生成对抗样本，使模型的损失函数在样本 $(x+\delta, y)$ 上的损失值最大化，导致模型对样本的错误分类。另一方面是外部最小化问题，外层目标函数 $\min_{\theta} \rho(\theta)$ 是具有较强安全性的模型的目标。最后，内部最大化问题可以通过寻找合适的攻击算法对已知智能算法模型进行攻击解决，外部最小化问题可以通过对智能算法模型进行对抗训练解决。鞍点问题指定了理想的鲁棒模型应该实现的明确目标，即当模型最后的损失值较小时，可以保证模型的鲁棒性。

2）边界指标定义

以模型的决策边界与特征空间为基础，通过数据分布刻画相关指标，评价模型性能，深度学习模型基于决策边界的统计特征指标包括同一类数据的特征子空间聚合度（feature subspace aggregation，FSA）、不同类的特征子空间距离（feature subspace distance，FSD）、特征子空间重合度（feature subspace coincidence，FSC）。

对于 FSA，同一类样本在特征空间与该类的特征子空间中心距离越小，则表明数据聚合度高，模型更加鲁棒。定义如下：

$$\mathrm{FSA}_K = 1 - \frac{\mathrm{norm}\left(\sum_{j=1}^{n_k}\mathrm{dist}(f_{x_j,k}, f_{c_k})\right)}{n_k} \tag{5-2-21}$$

其中，n_k 表示该数据集中第 k 类数据的样本数；norm(·)表示标准化函数；$f_{x_j,k} \in R^m$ 表示属于第 k 类的样本 x_j 在高维特征空间中的坐标；f_{c_k} 表示第 k 类数据的特征子空间的中心。

对于 FSD，所有类两两之间的距离平均值越大，则模型越鲁棒。定义如下：

$$\mathrm{FSD}_{k,k+1} = \mathrm{dist}(f_{c_k}, f_{c_{k+1}}) \tag{5-2-22}$$

其中，f_{c_k} 和 $f_{c_{k+1}}$ 分别表示第 k 类和第 $k+1$ 类数据的特征子空间的中心。

FSC 的本质是衡量不同类数据在特征空间中的决策边界距离，重合度值越小，则不同特征子空间的重合度越低，决策边界距离越大，深度模型越鲁棒，计算公式如下：

$$\mathrm{FSC}_{k,k+1} = \mathrm{FSA}_k + \mathrm{FSA}_{k+1} - \mathrm{FSD}_{k,k+1} \tag{5-2-23}$$

其中，FSA_k 和 FSA_{k+1} 分别表示第 k 类和第 $k+1$ 类数据的特征子空间聚合度；$\mathrm{FSD}_{k,k+1}$ 表示第 k 类和第 k+1 类数据的特征子空间距离。进一步可以计算所有数据类两两之间的特征子空间重合度，得到决策边界的平均距离，评估模型的整体安全性。

3）指标间的关联性分析

对于基于鞍点值的深度学习模型安全性评价指标，其大小反映了深度学习模型对对抗样本的鲁棒性。使用相关系数评价鞍点值与基于决策边界的统计特征指标间的相关性，体现模型安全性与模型对对抗样本拟合能力间的关联性。

对于基于决策边界的统计特征指标，同一类数据的 FSA、不同类的 FSD 和 FSC 本质上由各类样本位于特征空间中的坐标定义，通过数据分布与决策边界体现深度模型的数据映射与拟合能力。使用相关系数评价各指标间的关联性，分析其线性关系，体现深度模型决策边界与数据分布的整体依赖关系，并可以据此分析不同深度模型中，同一类数据的 FSA 和 FSD 对 FSC 的影响大小，以及不同类数据和同一类数据分布间的差异与关联。

同时，经过对抗训练得到的鲁棒深度学习模型的数据映射与拟合能力也发生了改变。因此，使用相关系数评价自然深度学习模型与鲁棒深度学习模型在原始数据集和对抗样本上的基于决策边界的统计特征指标间的关联性，实现深度学习模型安全性的横向比较，体现基于决策边界的统计特征指标对深度学习模型安全性评估的有效性。

2. 实验与分析

1）实验设置

实验数据集和模型：图像分类数据集包括 MNIST、Fashion-MNIST、CIFAR-10、CIFAR-100 和 Tiny-ImageNet 数据集，深度学习模型包括 DenseNet（DN）、MobileNetV1（MN-V1）、MobileNetV2（MN-V2）、ResNet50（Res-50）、ResNet101（Res-101）、InceptionV1（Inc-V1）、InceptionV2（Inc-V2）、AlexNet、SqueezeNet（SN）和 LeNet-5（LeNet）模型。所有模型在训练后都收敛到自然模型，并达到类似的分类精度，以便更好地进行比较。

评价指标：评价指标包括分类准确率（ACC）、攻击成功率（ASR）和鲁棒评估指标。

ACC 用于评价深度学习模型性能，实现深度学习模型在同一数据集上基于相同分类成功率条件限定下的安全性评估。

ASR 用于评价深度学习模型安全性，并验证安全性指标的有效性。使用基于 PGD 算法生成的对抗样本对自然模型的攻击成功率验证所提出指标的有效性，攻击成功率越小，安全性越强。

鲁棒评估指标用于评估深度学习模型安全性，其中，FSA 与 FSD 指标越大，FSC 指标越小，模型越鲁棒。

此外，实验中还使用模型鲁棒边界评估的 ER 和 CLEVER 分数两个指标作为对比算法。

2）ROBY 衡量深度模型的鲁棒性

为了全面评估 ROBY 与 ASR 的一致性，我们计算了每个自然模型的 ROBY 值和 PGD 攻击在 l-∞和 l-2 范数形式的下的 ASR，计算 ER（ER_∞，ER2）和 CLEVER 分数（$CLEVER_\infty$，CLEVER2）以进行公平比较。为了概述每个数据集上模型的鲁棒性，我们按 ASR 的降序对模型进行了排名。给定 ASR 建立的鲁棒性评估，我们将 ROBY 指标、ER 和 CLEVER 分数与其相应的 ASR 进行范数形式的比较，结果如表 5-2-3 所示。

表 5-2-3　ASR、ROBY 和对比指标的鲁棒性评估结果

数据集	模型	ACC	ASR_∞	FSA_∞	FSD_∞	ER_∞	$CLEVER_\infty$	$ROBY_\infty$	ASR_2	FSA_2	FSD_2	ER_2	$CLEVER_2$	$ROBY_2$
MNIST	MN-V2	0.9936	0.6559	0.8553	0.6222	0.0100	0.0107	0.2557	0.8912	0.8674	0.7382	0.1224	0.1418	0.2948
	MN-V1	0.9802	0.7843	0.7816	0.6014	0.0139	0.0124	0.3899	0.9003	0.8542	0.5584	0.1319	0.1538	0.4062
	Res-101	0.9931	0.8221	0.6706	0.5754	0.0141	0.0135	0.4002	0.9137	0.7452	0.4680	0.1415	0.1436	0.4525
	LeNet	0.9892	0.8540	0.5946	0.5493	0.0144	0.0151	0.4304	0.9245	0.6832	0.4538	0.1527	0.1602	0.5237
	DN	0.9906	0.8794	0.5411	0.5207	0.0167	0.0174	0.4859	0.9371	0.6101	0.4205	0.1633	0.1597	0.5671
	Res-50	0.9842	0.8996	0.4737	0.4865	0.0156	0.0193	0.5006	0.9459	0.5881	0.4169	0.1685	0.1714	0.5986
	AlexNet	0.9880	0.9217	0.4703	0.4486	0.0211	0.0225	0.5512	0.9586	0.5623	0.4117	0.1734	0.1811	0.6054
	SN	0.9868	0.9254	0.3879	0.4133	0.0267	0.0277	0.5705	0.9603	0.4523	0.3559	0.2199	0.2340	0.6097
	Inc-V2	0.9910	0.9377	0.2573	0.3835	0.0263	0.0292	0.6257	0.9662	0.4509	0.2736	0.2742	0.2937	0.6485
	Inc-V1	0.9844	0.9859	0.2217	0.3679	0.0278	0.0341	0.7209	0.9722	0.4257	0.2524	0.3513	0.3977	0.7284
Fashion-MNIST	MN-V1	0.9068	0.7985	0.8291	0.8198	0.0134	0.0107	0.2060	0.9063	0.8394	0.7100	0.1552	0.1619	0.1543
	MN-V2	0.9137	0.8071	0.8113	0.8004	0.0270	0.0194	0.2573	0.9124	0.7872	0.5457	0.1844	0.1915	0.2721
	DN	0.8950	0.8486	0.7757	0.6819	0.0267	0.0271	0.2954	0.9397	0.7815	0.5248	0.1872	0.2007	0.3763
	LeNet	0.8985	0.8653	0.7261	0.5274	0.0412	0.0389	0.3480	0.9463	0.7778	0.4932	0.1905	0.2148	0.3961
	Res-50	0.9164	0.8763	0.7001	0.4717	0.0478	0.0437	0.3907	0.9486	0.7442	0.4707	0.2236	0.2302	0.4295
	Res-101	0.9189	0.8816	0.5886	0.4375	0.0466	0.0455	0.4513	0.9518	0.6864	0.4493	0.2375	0.2391	0.4842
	Inc-V2	0.9159	0.9030	0.5392	0.3804	0.0603	0.0622	0.4991	0.9657	0.5765	0.4485	0.2463	0.2577	0.5001
	AlexNet	0.9140	0.9071	0.5007	0.3521	0.0848	0.0716	0.5520	0.9690	0.5523	0.4482	0.2479	0.2644	0.5772
	SN	0.8920	0.9409	0.4472	0.3326	0.0900	0.0901	0.6029	0.9704	0.5004	0.4412	0.2508	0.2790	0.6260
	Inc-V1	0.8869	1.0000	0.4395	0.3118	0.0979	0.1020	0.6716	0.9882	0.4284	0.3657	0.3444	0.3678	0.6853
CIFAR-10	Res-101	0.7548	0.3854	0.8327	0.7435	0.0433	0.0488	0.2876	0.8792	0.8422	0.7614	0.2678	0.2571	0.2088
	DN	0.6928	0.4310	0.7292	0.6841	0.0486	0.0491	0.3152	0.8947	0.7462	0.6729	0.2991	0.3002	0.3148
	MN-V2	0.7039	0.4961	0.6480	0.6342	0.0605	0.0579	0.3379	0.9189	0.7248	0.6670	0.3096	0.3149	0.3480
	MN-V1	0.6913	0.5497	0.6301	0.5739	0.0650	0.0630	0.3509	0.9205	0.6621	0.6052	0.3107	0.3227	0.3796
	Res-50	0.7015	0.5504	0.6155	0.5124	0.0740	0.0681	0.3697	0.9362	0.6548	0.5431	0.3577	0.3329	0.4138
	Inc-V2	0.7485	0.5508	0.6129	0.5502	0.0723	0.0757	0.3889	0.9410	0.5436	0.5081	0.3556	0.3473	0.4257
	AlexNet	0.7366	0.5590	0.5483	0.4752	0.0771	0.0768	0.3952	0.9518	0.5192	0.5011	0.3685	0.3588	0.4853
	LeNet	0.6809	0.6216	0.5051	0.4017	0.0809	0.0814	0.4176	0.9663	0.4799	0.4799	0.3551	0.3651	0.5171
	Inc-V1	0.6918	0.6793	0.4990	0.3688	0.0827	0.0830	0.4307	0.9774	0.4558	0.4427	0.3741	0.3842	0.5516
	SN	0.6923	0.8930	0.4902	0.3619	0.0838	0.0957	0.4431	0.9814	0.4362	0.3097	0.3999	0.4214	0.6274

续表

数据集	模型	ACC	ASR$_\infty$	FSA$_\infty$	FSD$_\infty$	ER$_\infty$	CLEVER$_\infty$	ROBY$_\infty$	ASR$_2$	FSA$_2$	FSD$_2$	ER$_2$	CLEVER$_2$	ROBY$_2$
CIFAR-100	MN-V2	0.7526	0.7172	0.8075	0.5102	0.0405	0.0312	0.5479	0.5479	0.6981	0.5394	0.2766	0.2544	0.4222
	DN	0.7461	0.7762	0.7649	0.5061	0.0628	0.0507	0.4434	0.6337	0.6258	0.5303	0.2967	0.2905	0.4231
	Inc-V2	0.7201	0.7765	0.6521	0.4895	0.0610	0.0626	0.4975	0.6742	0.6127	0.5007	0.2899	0.2877	0.4714
	MN-V1	0.6426	0.7787	0.6334	0.4722	0.0607	0.0649	0.5213	0.7002	0.6089	0.4721	0.3011	0.2963	0.5083
	AlexNet	0.7596	0.7818	0.6180	0.4584	0.0615	0.0623	0.5315	0.7176	0.5072	0.4560	0.3035	0.3055	0.5104
	Res-101	0.7446	0.8728	0.6024	0.4183	0.0677	0.0685	0.5563	0.7301	0.4835	0.4531	0.3297	0.3097	0.5111
	LeNet	0.7309	0.9049	0.5785	0.4087	0.0699	0.0697	0.5576	0.7953	0.4807	0.4343	0.3431	0.3304	0.5483
	SN	0.7637	0.9141	0.5647	0.3876	0.0721	0.0714	0.5675	0.9549	0.4044	0.4227	0.3575	0.3471	0.5516
	Res-50	0.7641	0.9347	0.4944	0.3233	0.0743	0.0765	0.5753	0.9811	0.3832	0.3796	0.3702	0.3689	0.5536
	Inc-V1	0.7225	0.9565	0.4457	0.3109	0.1058	0.1173	0.6378	0.9823	0.3742	0.3651	0.3754	0.3872	0.5847
Tiny-ImageNet	MN-V2	0.7806	0.7004	0.9409	0.9682	0.0120	0.0106	0.0595	0.6015	0.9440	0.9440	0.2015	0.2473	0.0621
	Res-50	0.7624	0.7945	0.9318	0.6389	0.0134	0.0132	0.1017	0.6360	0.9407	0.6564	0.2522	0.2741	0.0812
	Inc-V1	0.7671	0.8271	0.9217	0.5029	0.0142	0.0144	0.1269	0.6622	0.8691	0.5068	0.2747	0.2930	0.1720
	LeNet	0.7364	0.8330	0.8254	0.4587	0.0171	0.0161	0.3545	0.8423	0.7953	0.4981	0.3137	0.2813	0.2377
	MN-V1	0.7715	0.8790	0.5969	0.4521	0.0199	0.0172	0.3791	0.8830	0.5773	0.4757	0.3520	0.3433	0.3803
	Res-101	0.7627	0.9213	0.5906	0.3672	0.0215	0.0189	0.4818	0.9031	0.4975	0.4470	0.4033	0.4199	0.4931
	AlexNet	0.7697	0.9640	0.3972	0.3481	0.0267	0.0209	0.4986	0.9222	0.4105	0.3475	0.4236	0.4420	0.5148
	DN	0.7576	0.9911	0.3897	0.3381	0.0411	0.0421	0.5862	0.9472	0.3828	0.2626	0.4724	0.4837	0.5195
	Inc-V2	0.7698	0.9957	0.3586	0.3372	0.0513	0.0593	0.5987	0.9476	0.3694	0.2431	0.4913	0.4955	0.5719
	SN	0.7452	1.0000	0.3148	0.2666	0.0856	0.0845	0.6132	0.9899	0.3018	0.2297	0.5170	0.4846	0.6217

我们发现，基于 ASR$_\infty$或 ASR$_2$ 的模型鲁棒性排序是相同的，表明了黄金标准的一致性。具体而言，对 l-2 攻击的鲁棒性弱于 l$_\infty$攻击。每个模型的 ROBY 度量与其对应的 ASR 很好地匹配：对 l∞攻击具有较高鲁棒性的模型显示出较低的 ASR$_\infty$。它们往往具有较大的 FSA$_\infty$和 FSD$_\infty$，以及较小的\$ROBY$_\infty$值。对于 l-2 攻击，模型显示出相同的趋势，这可以在所有五个数据集上观察到。

至于对比指标，当 ASR 非常接近时，ER 偶尔会显示出与 ASR 排名不一致的情况（即，在 Fashion MNIST 数据集上，AlexNet 的 ASR$_\infty$高于 SqueezeNet，但 SqueezeNet 的 ER$_\infty$高于 AlexNet）。这种现象反映了 ER 评估的不准确。另一方面，基于最大估计理论，CLEVER 分数与 ASR 表现出很强的一致性。

3. 小结

本节提出了一种新的基于模型决策边界的通用攻击无关鲁棒性度量 ROBY。ROBY 通过类间和类内统计特征来描述决策边界，并在没有对抗性样本的情况下评估目标神经网络分类器的鲁棒性。大量实验表明，在各种自然和防御网络上，ROBY 鲁棒性评估指标与基于攻击的鲁棒性指标 ASR 相匹配。

5.2.5.2 基于兴奋神经元的模型安全性测试方法

现有的模型安全性方法，仅集中于追求模型高覆盖率作为测试标准。由于 DNN 和软件代码之间的显著差异，较高的神经元覆盖率并不意味着测试方法具有更好的有效性和缺陷发现能力。此外，现有的覆盖引导方法从训练完成的模型的训练数据中计算激活边界，它们可能由于错误的训练过程（使用污染数据训练的错误和不完整的训练过程）而无法发现缺陷。

本节从智能算法模型的最小结构单位——神经元出发，设计了基于兴奋神经元的模型安全性测试技术 DeepSensor。模型决策错误的实质是样本受到轻微扰动后，神经元激活状态发生剧烈变化，致使模型工作到主功能区以外的行为区域而产生错误。通过最大化兴奋神经元得到最优的测试样本，对其进行安全性测试，以提前发现模型潜在风险。

1. 问题建模

神经元的边际贡献：令 $N=\{n_1,n_2,\cdots\}$ 是深度模型中的神经元集合，s 是 N 中的一个随机子集。对于单个神经元 $n\in s$，其边际贡献计算公式如下：

$$m(n,s)=\zeta(s)-\zeta(s\setminus\{n\}) \tag{5-2-24}$$

其中，$\zeta(\cdot)$ 是效用函数。使用模型损失函数的改变量 $\Delta L(x,\Delta x)$ 来计算神经元的边际贡献，其中，x 表示良性样本，Δx 是添加的扰动。$s\setminus\{n\}$ 表示从集合中移除 n，我们将该神经元的激活值置零。

神经元的 Shapley 值：Shapley 值衡量的是在一个集合中工作的几个参与者的贡献。神经元 n 的 Shapley 值 $\psi(n)$ 可以通过取边际贡献的平均值来计算：

$$\begin{cases}\omega(|s|)=\dfrac{(|s|-1)!(|N|-|s|)!}{|N|!}\\ \psi(n)=\sum\limits_{s\in N}\omega(|s|)m(n,s)\end{cases} \tag{5-2-25}$$

其中，s 为 N 中的子集合；$\omega(|s|)$ 表示集合 N 中相关的重要性；$|\cdot|$ 表示元素数目。

兴奋神经元：给定模型中的神经元 n 和阈值 λ，如果 $\psi(n)>\lambda$，它被认为是可兴奋的神经元，表示为 n_e。具有较大 Shapley 值的兴奋神经元在模型输出变化上更占主导地位，它们可以进一步被用来诱导更多的错误预测。

2. 方法介绍

DeepSensor 的工作流程如图 5-2-8 所示。中间示例表示在模糊化过程中生成但未被选为最终测试示例的示例。兴奋的神经元被用来指导测试例子的模糊化。在这个过程中，粒子群算法（particle swarm optimization，PSO）被用于扰动的优化。

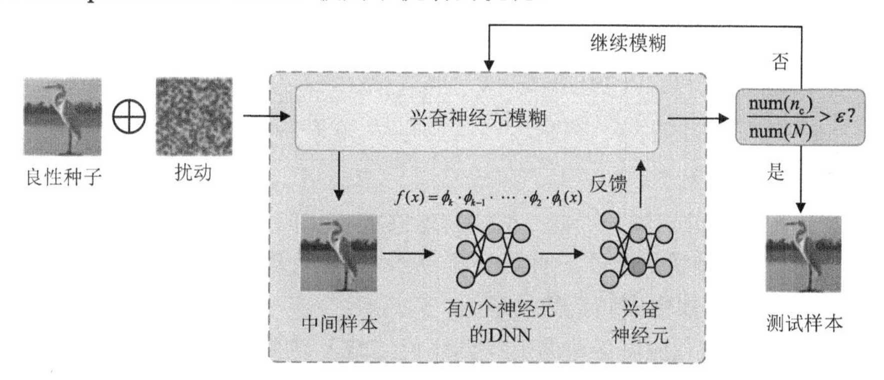

图 5-2-8　DeepSensor 测试 DNN 的工作流程

良性种子是 DeepSensor 的输入。在添加小扰动之后，这些样本构成中间样本，将被送到 DNN 中。在模糊过程中识别和定位兴奋神经元，并将其数量用于适应度函数。ε 表示适应度函数值的阈值。当适应度函数大于阈值 ε 时，迭代终止，即，由生成的中间样本激活的可兴奋神经元的数量足以触发错误，将这些样本作为最终测试样本。

1）兴奋神经元模糊

模糊是 DeepSensor 的主要组成部分，它是通过最大化可兴奋神经元的数量来完成的。该过程主要包括兴奋神经元选取和适应度函数设计。

假设具有较大 Shapley 值的神经元更有可能触发错误分类。为了达到优化的目标，我们首先识别并定位兴奋神经元。通过向给定的良性种子 x 添加小扰动，遍历模型中的每个神经元来计算其 Shapley 值。

适应度函数是迭代的主要基础，也是生成测试样本的指导。在这个过程中，我们最大限度地增加了兴奋神经元的数量。因此，适应度函数的设计如下：

$$\text{fitness} = \frac{\sum_{i=1}^{l} \text{num}(n_{e,i})}{\text{num}(N)} \tag{5-2-26}$$

其中，$\text{num}(N)$ 表示神经元的总数；$\text{num}(n_{e,i})$ 分别是第 i 层中可兴奋神经元的数量；l 是模型中的层总数。

可兴奋神经元的比率被计算为适应度函数的值，该值在开始时为 0，在迭代过程中显著增加。适应度函数的阈值表示为 ε。如果适应度值大于 ε，即生成的样本激活的兴奋神经元的比率高到足以触发错误，则模糊过程结束。我们将这些生成的样本视为最终测试样本。

2）基于粒子群优化的测试样本生成

由于计算复杂度较低，采用粒子群算法进行优化。首先，需要初始化粒子群。对于图像数据集，初始位置矩阵 $\boldsymbol{x}_{\text{p}}$ 被设置为每个种子样本 $\boldsymbol{x}$ 中像素的 RGB 值。速度矩阵 $\boldsymbol{v}$ 被设置为扰动值$\Delta\boldsymbol{x}$。粒子群是随机初始化的，以避免局部最优问题。种群大小设置为 100，这意味着在每次迭代中保留 100 个中间样本（即粒子）。

在迭代过程中，单个粒子 $\boldsymbol{x}_{\text{p}} = \boldsymbol{x}_{\text{p}} + \boldsymbol{v}$ 的位置表示中间样本 $\hat{x} = x + \Delta x$。每个粒子 x_{p} 的适应度值根据式（5-2-27）计算。具有最佳适应度值的粒子被称为 p_{best}。类似地，具有全局最优位置的粒子称为 g_{best}。在每次迭代中，将当前值与种群中粒子群的先前最佳值进行比较，并更新每个粒子的 p_{best} 和 g_{best}。

接下来，将粒子群的速度 $\boldsymbol{v}$ 和位置 $\boldsymbol{x}_{\text{p}}$ 根据以下方程进行更新。速度更新公式由动量部分、个体部分和群体部分三部分组成。动量部分负责维持速度，个体和群体部分分别保证接近 p_{best} 和 g_{best}。更新过程中采用了非负惯性权重，避免了局部最优问题。

$$\begin{cases} \boldsymbol{\omega}^g = (\boldsymbol{\omega}_{\text{initial}} - \boldsymbol{\omega}_{\text{end}})(G_k - g)/G_k + \boldsymbol{\omega}_{\text{end}} \\ v_i = \boldsymbol{\omega}^g \cdot v_i + c_1 \cdot \text{rand}(\cdot) \cdot (p_{\text{best}} - x_p) + c_2 \cdot \text{rand}(\cdot) \cdot (g_{\text{best}} - x_p) \\ \boldsymbol{x}_p = \boldsymbol{x}_p + \boldsymbol{v} \end{cases} \tag{5-2-27}$$

其中，$\boldsymbol{\omega}^g$、$\boldsymbol{\omega}_{\text{initial}}$ 和 $\boldsymbol{\omega}_{\text{end}}$ 分别表示当前、初始和最终的权重向量；g 表示当前迭代次数；g_{k} 是最大迭代次数；c_1 和 c_2 是学习因子，通常设置为 2，前者负责个体学习，后者负责群体学习；$\text{rand}(\cdot)$ 表示在[0,1]的区间内生成随机数的函数。

重复上述步骤，直到适应度函数的值达到阈值 ε 或 g 达到最大迭代 g_{k}。使用近似最优解 $\boldsymbol{x}_{\text{p}}$ 和样本 x^* 作为最终测试样本。算法 5-2-1 给出了生成测试样本的伪代码。

算法 5-2-1 测试样本生成

输入：良性种子 $X = \{x_1, x_2, \cdots\}$，适应度函数 $\text{Fitness}(\cdot)$ 及其阈值 ε，速度矩阵 $\boldsymbol{v}$，种群数目 NUM，最大迭代数 G_k。

输出：生成测试样本 $X^* = \{x_1^*, x_2^*, \cdots\}$。

1 $X^* = \{\varnothing\}$

2 **For** x in X **do**

```
3        p_best, g_best = InitializeSwarm(x)
4       For current iteration  g ≤ G_k  do
5         Intermediate example  x̂ = x + v
6         Fitness(x̂) = CalculateFitness(x̂)
7         For i = 0 : NUM do
8           If  Fitness(x̂) > p_best  then
9             p_best = Fitness(x̂)
10            If  Fitness(x̂) > g_best  then
11              g_best = Fitness(x̂)
12            End if
13          End if
14          CalculateSpeed(x̂)
15          UpdatePosition(x̂)
16        End for
17        g+=1
18        If  g_best > ε  then
19          break
20        End if
21      End if
22      x* = x̂ , the best  x* is found
23      X* ← X* ∪ x*
24    End for
```

粒子群算法的全局版本收敛速度很快，但很容易陷入局部最优。为了避免这个问题，在迭代之前随机分配每个群的初始位置。这样，在更新粒子位置的过程中，可以以更高的概率达到全局最优。

3. 实验与分析

1）实验设置

实验数据集和模型：实验中使用 MNIST、CIFAR-10 和 ImageNet 三个数据集。在 MNIST 数据集上训练了 LeNet-1、LeNet-4 和 LeNet-5，在 CIFAR-10 数据集上使用 ResNet-20 和 VGG16 模型，在 ImageNet 数据集上使用 MobileNet 和 ResNet-50 模型。

对比算法：采用了最先进的 SOTA 测试方法与 DeepSensor 进行比较，包括 DeepXplore、DLFuzz、DeepHunter 和 Test4Deep。这四个对比算法都通过梯度下降生成测试样本。对于超参数，DeepXplore 是在 NC 的指导下进行的，并使用“blackout”。我们用表现最好的策略实例化了 DLFuzz，其中神经元覆盖 num=10 和 k=4。DeepHunter 是基于 SNAC 计算的，在此基础上可以找到更多的极端情况案例。通过 1000 个例子计算了 SNAC 的神经元边界。Test4Deep 的默认设置为 λ_1=0.5，λ_2=0.1，s=0.005。对于三种基于神经元覆盖的方法（即 DeepXplore、DLFuzz 和 Test4Deep），神经元激活阈值设置为 0.25。

参数设置：DeepSensor 中的参数设置为 $c_1=c_2=2$，$\omega_{\text{initial}}=0.4$，$\omega_{\text{end}}=0.9$，$\lambda$=0.5，$\varepsilon$=1，$G_k$=10，种群规模为 100。

2）对抗性输入的测试结果

使用 1000 个良性种子运行 DeepSensor，并和基线进行 20 次迭代，考虑了模糊处理过程中的中间样本。对于质量测量，统计测试样本发现的测试错误总数（#测试错误）。对于多样性测量，计算不同方法发现的错误类别总数（#错误类别）和每个良性种子发现的错误类型的数量（#平均类别）。实验结果如表 5-2-4 所示。

表 5-2-4 发现对抗性输入的有效性

数据集	模型	测试方法	#测试错误	#错误类别	#平均类别
MNIST	LeNet-1	DeepXplore	17528	2667	2.667
		DLFuzzBest	17490	1682	1.682
		DeepHunter	18124	2682	2.682
		Test4Deep	18515	3031	3.031
		DeepSensor	18747	3168	3.168
	LeNet-4	DeepXplore	18474	2379	2.379
		DLFuzzBest	16809	1473	1.473
		DeepHunter	18420	2489	2.489
		Test4Deep	18124	2763	2.763
		DeepSensor	18771	2060	2.060
	LeNet-5	DeepXplore	18076	2224	2.224
		DLFuzzBest	16914	1509	1.509
		DeepHunter	18323	2469	2.469
		Test4Deep	18306	2203	2.203
		DeepSensor	18349	2906	2.906
CIFAR-10	ResNet-20	DeepXplore	16723	1162	1.162
		DLFuzzBest	15989	1336	1.336
		DeepHunter	17384	1549	1.549
		Test4Deep	18077	2037	2.037
		DeepSensor	18025	2024	2.024
	VGG16	DeepXplore	16759	1007	1.007
		DLFuzzBest	15567	1107	1.107
		DeepHunter	17693	1680	1.680
		Test4Deep	17514	1543	1.543
		DeepSensor	17784	1964	1.964
ImageNet	MobileNet	DeepXplore	13974	689	0.689
		DLFuzzBest	14046	1974	1.974
		DeepHunter	15120	2287	2.287
		Test4Deep	15328	2458	2.458
		DeepSensor	15524	2994	2.994
	ResNet-50	DeepXplore	11894	673	0.673
		DLFuzzBest	12271	1281	1.281
		DeepHunter	12985	1590	1.590
		Test4Deep	15328	2458	2.458
		DeepSensor	13042	2010	2.010

一般来说，DeepSensor 在寻找对抗性输入方面比 SOTA 测试对比算法更有效。DeepSensor 成功触发了更多不同的错误，即平均触发更多类别。例如，在 CIFAR-10 数据集的 ResNet-20

上，DeepSensor 发现的测试错误为 18025，是 DLFuzz 的 1.1 倍。此外，在 ImageNet 数据集的 ResNet-50 上，DeepSensor 的平均类别为 2.010，几乎分别是 DeepXplore 和 DeepHunter 的 3 倍和 1.3 倍。原因是 DeepSensor 专注兴奋神经元，这些神经元与模型的损失变化有关。通过在迭代过程中最大化可兴奋神经元的数量，DeepSensor 可以生成导致错误分类的各种测试样本。在较大的模型上，DeepSensor 在覆盖错误类别方面表现出稳定的性能（达到基线的 2 倍）。

3）测试有效性可解释

DeepSensor 和对抗样本之间的兴奋神经元重叠如图 5-2-9 所示。从 PGD、JSMA 和 DeepFool 三种不同的攻击中随机选择了 100 个对抗性样本，还使用了 DeepSensor 在 20 次迭代后生成的 100 个测试样本，以计算 top-10 兴奋神经元的重叠。在图中，绿色、蓝色、黄色和紫色圆圈分别表示 PGD、JSMA、DeepFool 和 DeepSensor 激活的可兴奋神经元。每个圆圈总共包括 10 个神经元。重叠区域表示平均重叠神经元的数量。

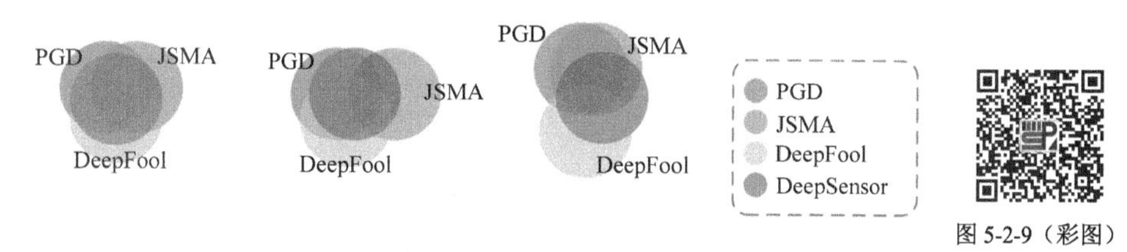

图 5-2-9 DeepSensor 测试样本和对抗性样本之间的兴奋神经元重叠

DeepSensor 激活的可兴奋神经元可以覆盖几乎所有被三种对抗性攻击激活的神经元，例如，LeNet-5 和 VGG16 上的紫色圆圈与绿色和黄色圆圈重叠。三个对抗样本的圆圈相对分散。这表明，尽管一些神经元经常被不同的攻击反复激活，但通常情况下，不同的攻击会利用不同的神经元。对抗性攻击旨在欺骗模型，因此它们只搜索少数可能直接导致错误分类的神经元。相反，DeepSensor 考虑了多次攻击频繁使用的神经元，因此可以触发各种类型的测试错误。

4. 小结

本节提出了可兴奋神经元的概念，并设计了一种新的白盒 DNN 测试方法 DeepSensor。通过最大限度地增加兴奋神经元的数量，DeepSensor 可以生成比 SOTA 测试方法在发现错误和提高鲁棒性方面表现更好的测试样本。

5.2.5.3 基于模型激活图的测试用例优先级排序方法

本节提出一种基于模型激活图的测试用例优先级排序方法 ActGraph。它由三个阶段组成：①测试用例激活：将测试用例输入训练好的 DNN，并将每一层 DNN 输出激活值；②特征提取：根据各 DNN 层的激活情况构建激活图，并在激活图上提取邻接矩阵和节点特征，最后通过消息传递聚合获得中心节点特征；③排序模型构建：ActGraph 采用 L2R(learn to rank)框架构建排序模型，可以利用中心节点特征，对测试用例进行优先排序。

1. 方法介绍

ActGraph 方法的系统框图如图 5-2-10 所示。

1）测试用例激活

在测试阶段，测试用例被输入 DNN，每个层输出激活值。为了便于图的构建，对每个神经元的权重和激活进行平均，并对每一层的权重和激活进行归一化。DNN 有 L 层，n_i^l 是第 l 层的第 i 个神经元。将测试用例 x 输入 DNN 中，得到 DNN 中各层神经元的输出。n_i^l 的激活值 φ_i^l 计算公式为

$$\varphi_i^l(x) = \frac{1}{\text{Height}_l \times \text{Width}_l} \sum_{\text{Height}_l} \sum_{\text{Width}_l} F_i^l(x) \quad (5\text{-}2\text{-}28)$$

其中，$F_i^l(x) \in \mathbb{R}^{\text{Height}_l \times \text{Width}_l \times \text{Channel}_l}$ 为输入 x 时输出的第 n 个 i 的特征映射。对于卷积层，输出维数为 $\text{Height}_l \times \text{Width}_l$，全连接层的维数为 1×1。

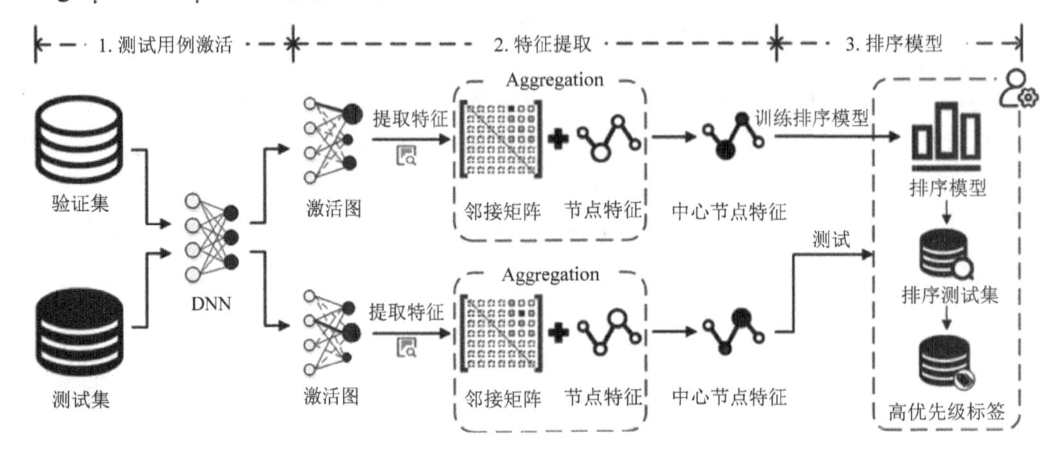

图 5-2-10　ActGraph 系统框图

每一层的神经元激活值 $\varphi^l(x)$ 执行最大最小归一化，将 $\varphi^l(x)$ 归一化到[0,1]范围，计算公式如下：

$$\varphi^l(x) = \frac{\varphi^l(x) - \min(\varphi^l(x))}{\max(\varphi^l(x)) - \min(\varphi^l(x))} \quad (5\text{-}2\text{-}29)$$

对于神经元 n_i^l，其神经元权值计算公式为

$$w_{j,i}^{l-1,l} = \frac{1}{\text{Height}_l^\theta \times \text{Width}_l^\theta} \sum_{\text{Height}_l^\theta} \sum_{\text{Width}_l^\theta} \theta_{j,i}^{l-1,l} \quad (5\text{-}2\text{-}30)$$

其中，$\theta_{j,i}^{l-1,l} \in \mathbb{R}^{\text{height}_l^\theta \times \text{Width}_l^\theta}$ 表示神经元 n_j^{l-1} 与神经元 n_i^l 之间的权重参数。第 l 层卷积层神经元权值的维数为 $\text{Height}_l^\theta \times \text{Width}_l^\theta$，全连接层权值的维数为 1×1。

将每一层的神经元权值 $w^{l-1,l}$ 归一化，将每一层的 $w^{l-1,l}$ 转换为[0,1]范围，计算公式为

$$w^{l-1,l} = \frac{w^{l-1,l} - \min(w^{l-1,l})}{\max(w^{l-1,l}) - \min(w^{l-1,l})} \quad (5\text{-}2\text{-}31)$$

为了减少计算成本，ActGraph 只获取 DNN 最后 K 层的神经元激活及其权重。

2）特征提取

ActGraph 采用 L2R 框架，对每个 DNN 模型建立一个排序模型。ActGraph 从测试用例的激活值和模型的结构信息中提取一组特征。

加权边可以明显表示不同测试用例之间的分布差异，但不能清晰表达神经元的特征。因此，希望从激活图中提取更有效的节点特征进行优先级排序。图神经网络（graph neural network，GNN）的消息传递可以聚合当前节点和相邻节点的特征，这类似于 DNN 的数据流，即将前一层的激活值传递给下一层。具体来说，就是使用有向激活图提取节点的加权度作为节点特征。加权度是代表节点重要性的低阶节点特征。进一步，对节点特征和邻接矩阵进行聚合，通过消息传递得到高阶节点特征，即中心节点特征。

由于深度神经网络的激活值具有数据流，因此将深度神经网络构造为有向加权图。设 $D=(V,E)$ 为一个有向加权图，其节点集为 V，其边集为 E，其中，V 为 DNN 的神经元集，

E为有向加权边的集合，计算公式如下：

$$A_{j,i} = \begin{cases} w_{j,i} \times \varphi_i, v_j \in \Gamma_{\boldsymbol{D}}^{-}(v_i) \\ 0, \quad v_j \notin \Gamma_{\boldsymbol{D}}^{-}(v_i) \end{cases} \tag{5-2-32}$$

其中，$\boldsymbol{A}$ 是 $\boldsymbol{D}$ 的邻接矩阵；v_i 是 $\boldsymbol{D}$ 的 i-th 节点；$w_{j,i}$ 是 v_j 和 v_i 之间的权值；$\Gamma_{\boldsymbol{D}}^{-}(v_i)=\{v_j | v_j \in V(\boldsymbol{D}) \wedge \langle v_j, v_i \rangle \in E(\boldsymbol{D}) \wedge v_j \neq v_i\}$ 是 v_i 的前驱集。

使用加权度作为节点特征（node feature，nf）。度是节点最简单、最有效的特征，它反映了节点的连通性。v_i 的权值为相邻输入边的权值之和，计算公式如下：

$$\mathrm{nf}_i = \sum_j A_{j,i}, v_j \in \Gamma_{\boldsymbol{D}}^{-}(v_i) \tag{5-2-33}$$

其中，nf_i 为 v_i 的节点特征值。加权度是一个低阶节点特征。因此，利用 GNN 的消息传递，对激活图的邻接矩阵和节点特征进行聚合，得到中心节点特征（center node feature，cnf），计算公式如下：

$$\mathrm{cnf} = \mathrm{AGG}(A, \mathrm{nf}) \tag{5-2-34}$$

其中，聚合函数 AGG( )可以使用 Sum( )、Max( )和 Average( )。我们使用 Sum( )函数。在计算完所有节点的 cnf 后，ActGraph 只取最后两层的 cnf。因为认为对模型进行更深层次的激活可以充分表达测试用例的高维特征。双层 cnf 至少需要四层权重和激活，因此设置 K=4。

3）建立排序模型

ActGraph 采用 XGBoost 算法，这是一种优化的分布式梯度强化学习算法，建立了基于 L2R 的排名模型。使用 cnf 的验证集作为排序模型的训练集，根据 DNN 对样本的预测，将其标记为 0（预测正确）或 1（预测错误）。训练排名模型的损失函数为

$$\mathrm{obj}(\mathrm{cnf}, y) = l(y, \hat{y}) + \sum_{t=1}^{T} \Omega(f_t) \tag{5-2-35}$$

其中，$\hat{y} = \sum_{t=1}^{T} f_t(\mathrm{cnf})$，$f_t(\mathrm{cnf})$ 为第 t 棵树的预测值；y 为 0 或 1；T 为树数；Ω 为正则化。

综上所述，排序模型的训练过程见算法 5-2-2。

算法 5-2-2　ActGraph 算法

输入：待测 DNN f_1；最后的 K 层；验证数据集 $x_c \in X = \{x_1, x_2, \cdots\}$；中心节点特征集 cnf
输出：排序模型 f_2

1　for $l = 1 \to K$ do
2　　获得神经元激活 $\varphi^l(x_c)$
3　　将神经元激活归一化 $\varphi^l(x_c)$
4　end
5　cnf $= \{\varnothing\}$
6　for x_c in X do
7　　for $l = 1 \to K$ do
8　　　获得神经元激活 $\varphi^l(x_c)$
9　　　归一化神经元激活 $\varphi^l(x_c)$
10　　end for
11　　初始化有向加权图 D_c
12　　提取邻接矩阵 $\boldsymbol{A}_c$
13　　计算节点特征 nf_c
14　　聚合中心节点特征 cnf_c

```
15      cnf ← cnf ∪ cnf_c
16   end for
17   训练排名模型 f_2
18   Return  f_2
```

4）中心节点特征的效用分析

本节分析了 **cnf** 的效用，并解释了如何确定 ActGraph 的 K 值。假设一个 DNN 有 N 神经元，它的每一层的输出值由一个测试用例 x 激活。激活值 $\boldsymbol{\varphi}$ 和权重 $\boldsymbol{W}$ 可以表示为

$$\begin{cases}\boldsymbol{\varphi}=\begin{bmatrix}\varphi_0(x) & \varphi_1(x) & \cdots & \varphi_{N-1}(x)\end{bmatrix}_{1\times N} \\ \boldsymbol{W}=\begin{bmatrix} w_{0,0} & w_{0,1} & \cdots & w_{0,N-1} \\ w_{1,0} & w_{1,1} & \cdots & w_{1,N-1} \\ \vdots & \vdots & & \vdots \\ w_{N-1,0} & w_{N-1,1} & \cdots & w_{N-1,N-1}\end{bmatrix}_{N\times N}\end{cases} \tag{5-2-36}$$

其中，φ 和 W 由式（5-2-29）和式（5-2-31）进行层归一化。然后由下式计算邻接矩阵 $\boldsymbol{A}$ 为

$$\boldsymbol{A}=\begin{bmatrix}\varphi_0\cdot w_{0,0} & \varphi_1\cdot w_{0,1} & \cdots & \varphi_{N-1}\cdot w_{0,N-1} \\ \varphi_0\cdot w_{1,0} & \varphi_1\cdot w_{1,1} & \cdots & \varphi_{N-1}\cdot w_{1,N-1} \\ \vdots & \vdots & & \vdots \\ \varphi_0\cdot w_{N-1,0} & \varphi_1\cdot w_{N-1,1} & \cdots & \varphi_{N-1}\cdot w_{N-1,N-1}\end{bmatrix}_{N\times N} \tag{5-2-37}$$

节点特征 **nf** 为

$$\mathbf{nf}=\left[\varphi_0\sum^{j} w_{j,0} \quad \cdots \quad \varphi_{N-1}\sum^{j} w_{j,N-1}\right]_{1\times N} \tag{5-2-38}$$

其中，**nf** 为激活图的入度。节点特征 nf_i 为 $\varphi_i\sum^{j} w_{j,i}$，表示将 v_i 的激活值与输入边聚合得到 nf_i 值。最后，通过式（5-2-34）计算中心节点特征 cnf 为

$$\mathbf{cnf}=\left[\sum^{z}\varphi_z w_{z,0}\mathrm{nf}_z \quad \cdots \quad \sum^{z}\varphi_z w_{z,N-1}\mathrm{nf}_z\right]_{1\times N} \tag{5-2-39}$$

其中，v_i 的 cnf_i 是 $\sum^{z}\varphi_z w_{z,i}\mathrm{nf}_z$。直观上，$\mathrm{cnf}_i$ 是由 v_i 上层神经元的激活值和 nf 值聚合而成。因此，ActGraph 至少需要三层网络进行聚合，使最后一层的 cnf 有效（不为零）。在实验中，我们使用 DNN 的最后四层，即 $K=4$ 来获得最后两层的有效 cnf。

2. 实验与分析

通过将 ActGraph 与五种基线算法进行比较来验证 ActGraph 在自然和对抗场景下的有效性，结果如表 5-2-5 所示。粗体表示同一类型场景下，同一指标下不同方法的最优结果。

在总共 32 个结果中，ActGraph 表现最好，有 17 个最佳结果（53.13%），其次是 DeepGini，有 7 个最佳结果（21.88%），PRIMA 有 6 个最佳结果（18.75%）。然后，我们平均 4 个指标，其中 ActGraph 是最好的，其次是 PRIMA。其中，ActGraph 的平均结果为 0.850～0.922，比 PRIMA 高 0.80%～5.96%，比 DeepGini 高 2.06%～13.19%，比 Act 高 8.53%～13.50%，比 MCP 高 18.78%～21.28%，比 DSA 高 11.14%～24.58%。在 16 个自然场景的结果中，ActGraph 获得 7 个最佳结果，DeepGini 获得 7 个最佳结果，PRIMA 获得 2 个最佳结果。在 16 个对抗场景结果中，ActGraph 获得 10 个最佳结果，PRIMA 获得 4 个最佳结果，MCP 获得 1 个最佳结果，DSA 获得 1 个最佳结果。

因为优先级的时间和成本是有限的，所以可以标记的测试用例的数量通常很少。这也意味

着对于测试用例优先级方法，RAUC-100 比 RAUC-ALL 更重要。在 RAUC-100 中，ActGraph 的平均结果为 0.871，比 DeepGini 高 13.19%，比 PRIMA 高 5.96%，比 MCP 高 20.20%，比 DSA 高 24.36%，比 Act 高 13.50%。这些结果表明，在自然场景下，DeepGini 的效果优于 PRIMA，在对抗场景下，PRIMA 的效果优于 DeepGini，并且 PRIMA 的平均效果优于 DeepGini。ActGraph 显示了 SOTA 在对抗和自然场景中的效果，特别是在 RAUC-100。

表 5-2-5　不同排序方法的结果对比

数据集		CIFAR-10				CIFAR-100				平均
模型		ResNet18				VGG19				
类别		FP	Rotate	JSMA	C&W	FP	Rotate	JSMA	C&W	
R-100	DeepGini	**0.586**	0.845	0.888	0.559	0.828	0.822	0.551	0.430	0.689
	PRIMA	0.415	0.739	0.889	**0.989**	**0.886**	0.864	0.766	0.948	0.812
	MCP	0.489	0.800	0.917	0.923	0.400	0.432	0.379	0.371	0.589
	DSA	0.262	0.495	0.684	0.664	0.586	0.536	**0.834**	0.854	0.614
	ACT	0.526	0.929	0.862	0.671	0.700	0.724	0.599	0.731	0.718
	ActGraph	0.574	**0.956**	**0.927**	0.954	0.885	**0.933**	0.746	**0.955**	**0.866**
R-500	DeepGini	**0.550**	0.878	0.924	0.760	0.852	0.858	0.636	0.544	0.750
	PRIMA	0.450	0.691	0.921	**0.972**	**0.855**	0.857	**0.863**	0.938	0.818
	MCP	0.471	0.734	0.908	0.862	0.435	0.400	0.397	0.377	0.573
	DSA	0.222	0.475	0.615	0.626	0.651	0.501	0.720	0.722	0.567
	ACT	0.456	0.934	0.826	0.621	0.807	0.784	0.673	0.662	0.720
	ActGraph	0.477	**0.976**	**0.926**	0.970	0.847	**0.865**	0.852	**0.946**	**0.857**
R-1000	DeepGini	**0.510**	0.830	0.914	0.849	**0.847**	**0.832**	0.661	0.582	0.753
	PRIMA	0.452	0.690	0.919	0.976	0.842	0.824	0.859	0.933	0.812
	MCP	0.418	0.666	**0.929**	0.795	0.440	0.374	0.368	0.348	0.542
	DSA	0.213	0.482	0.574	0.592	0.644	0.516	0.694	0.683	0.550
	ACT	0.416	0.916	0.768	0.613	0.813	0.797	0.664	0.620	0.701
	ActGraph	0.458	**0.962**	0.916	**0.977**	0.835	0.818	**0.882**	**0.952**	**0.850**
R-ALL	DeepGini	**0.866**	0.889	0.974	0.976	**0.830**	0.849	0.865	0.853	0.888
	PRIMA	0.857	0.888	0.980	0.995	0.824	0.857	**0.933**	0.981	0.914
	MCP	0.737	0.713	0.900	0.832	0.515	0.508	0.491	0.478	0.647
	DSA	0.650	0.746	0.741	0.737	0.751	0.779	0.834	0.826	0.758
	ACT	0.803	0.937	0.861	0.819	0.812	0.853	0.794	0.770	0.831
	ActGraph	0.858	**0.952**	**0.980**	**0.995**	0.826	**0.861**	0.918	**0.988**	**0.922**

具体来说，基于置信度的方法在 FP 案例中表现更好，而基于嵌入的方法在对抗性案例中表现更好。在 FP 中，DeepGini 表现最好，有 6 个最佳结果。但在 C&W 场景中，ActGraph 有 6 个最佳结果。特别是在 RAUC-100 中，ActGraph 比 DeepGini 高 9.41%～52.51%。相反，DSA 是一种基于嵌入的方法，在对抗场景中比在自然场景中表现得更好。这些结果也证实了之前的假设，即基于置信度的方法适用于自然场景，而基于嵌入的方法适用于对抗场景。然后，ActGraph 优于 Act，说明 cnf 比模型激活特征更有效。因为 cnf 不仅有神经元的激活特征信息，而且有神经元之间的节点连接关系信息。

3. 小结

本节提出了基于 DNN 激活图的测试用例优先级排序方法 ActGraph。通过实验验证 ActGraph 在有效性、通用性和效率上具有明显更好的性能。它在自然和对抗的场景下优于 SOTA 的方法。且在测试用例数量为 10000 时，ActGraph 的实际运行时间是 SOTA 方法的 1/77。

5.2.5.4 基于可变空间容忍度的测试用例排序方法

由于劳动密集型的数据标记过程，获得测试用例的成本很高。通过 DeepGini 和 PRIMA 等技术，可以实现有效和高效的分类任务优先级。然而，这些方法面临着有效性不可靠、应用场景有限、时间复杂度高等问题。因此，提出了基于可变空间容忍度的测试用例排序方法 BallPri。BallPri 算法首先在可变空间中提取不同测试用例的容忍度，然后利用最小非参数似然比（MinLR）进一步扩大变量空间中分布的差异，实现有效、通用的测试用例优先排序。

1. 方法介绍

BallPri 包括提取和容忍距离放大两部分，如图 5-2-11 所示。首先提取容忍度。利用测试用例在目标模型获得 N 类的置信度 $\{y_0, y_1, \cdots, y_{N-1}\}$。由于测试用例的真实标签是未知的，因而使用 N 类中的最大置信度来模拟损失函数。损失函数可表示为 $1-\max\{y_i\}$。为了描述模型的输出和输入情况之间的直接关系，选择导数提取测试用例的每个像素的变化率。导数值矩阵可以表示为 $\{d(0,(M,N)), d(1,(M,N)), \cdots, d(K,(M,N))\}$，其中 (K,M,N) 为测试用例的尺寸。然后，扩大容差距离。给定一组测试用例 $\{x_1, x_2, \cdots, x_k\}$ 和一组容忍度集 $\{r_1, r_2, \cdots, r_k\}$，由于分布函数 $F(X)$ 是未知的，可以将其转化为复合零假设下的拟合优度检验问题。基于最小距离思想，将拟合优度检验问题定义为

$$H_0 : F \in F_\theta \leftrightarrow H_1 : F \notin F_\theta \tag{5-2-40}$$

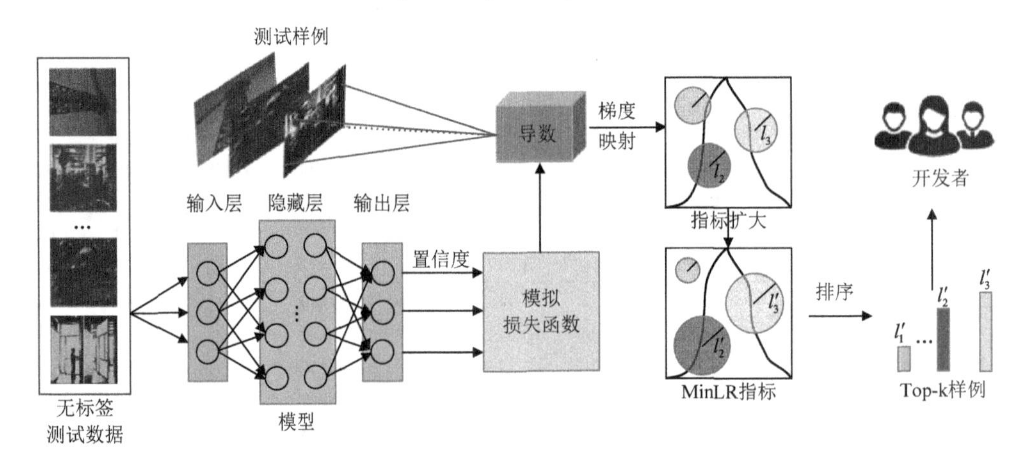

图 5-2-11 BallPri 系统框图

拟合优度检验问题的关键是如何选择未知参数 θ。根据最小距离的思想，使用最小非参数似然比拟合优度检验作为计算参数θ的距离，然后利用 θ 增大容差球的距离。

首先提取不同测试样本的容忍度，见算法 5-2-3。我们提取 10 次置信度的平均值，以避免偶然性。用目标模型实现测试用例，得到n类置信度 $\{y_0, y_1, \cdots, y_{N-1}\}$。损失函数可表示为

$$\text{loss}_{\text{sim}} = 1 - \max\{y_0, y_1, \cdots, y_{N-1}\} \tag{5-2-41}$$

利用导数来提取测试用例的每个像素的变化率，计算公式如下：

$$D_{\text{sim}} = \frac{\partial \text{loss}_{\text{sim}}}{\partial x} = \frac{\partial \text{loss}_{\text{sim}}}{\partial \alpha^L} \sigma'^L (z^L) \tag{5-2-42}$$

其中，σ'^L 为 L 层激活函数。

为了便于特征映射，根据输入情况的维数将偏导数矩阵分解为多维特征向量，分解后的多维特征向量可以表示为 $\{d(0,(M,N)), d(1,(M,N)), \cdots, d(K-1,(M,N))\}$，其中 K、M、N 为测试

样本的维度。然后使用 L_2 范数计算分解的多维特征向量作为球特征 $\{b_1,b_2,\cdots,b_{K-1}\}$。

其次，扩大容忍距离。扩大容忍度在测试用例之间的分布距离，以处理多分类数据集（大于 100 类）。假设 $\{T_1,T_2,\cdots,T_n\}$ 是独立于测试集 X 的测试子集，其中 T_i 具有特征向量 $\{r_1,r_2,\cdots,r_K\}$，测试用例集 X 分布函数 F 未知。因此，它可以转化为复合零假设的拟合优度检验问题。该问题的关键是未知参数 θ 的估计。设 M 为任意分布函数，其对应的非参数似然比检验量的上界可定义为

$$\begin{cases} BJ_M(\theta)=\sup\limits_{x} K(M(x),F(x,\theta)) \\ K(x,y)=x\lg\dfrac{x}{y}+(1-x)\lg\dfrac{1-x}{1-y}, \forall x,y\in(0,1) \end{cases} \tag{5-2-43}$$

则相应的最小非参数似然估计为

$$T(M)=\operatorname*{argmin}_{\theta\in\Theta_1} BJ_M(\theta) \tag{5-2-44}$$

其中，Θ_1 为分布族。

若 $M=F_n$，则最小非参数似然估计可表示为

$$\begin{aligned} T(M)&=\operatorname*{argmin}_{\theta\in\Theta_1} BJ_M(\theta) \\ &=\operatorname*{argmin}_{\theta\in\Theta_1}\left[F_n(x)\lg\frac{F_n(x)}{F(x,\theta)}+(1-F_n(x))\lg\frac{1-F_n(x)}{1-F(x,\theta)}\right] \end{aligned} \tag{5-2-45}$$

利用上述优化程序，计算参数 θ。然后用 θ 增大容忍度之间的距离，计算公式如下：

$$\text{BallPri}=\begin{cases} \sqrt{(r_x+\|\theta\|_2)^2+(r_y+\|\theta\|_2)^2+(r_z+\|\theta\|_2)^2} & X\in\theta \\ \sqrt{(r_x-\|\theta\|_2/2)^2+(r_y-\|\theta\|_2/2)^2+(r_z-\|\theta\|_2/2)^2} & X\notin\theta \end{cases} \tag{5-2-46}$$

BallPri 算法的实现流程如算法 5-2-3 所示。

算法 5-2-3 容忍度提取算法

输入：测试用例集 $X=\{x_1,x_2,\cdots\}$，目标模型 M，特征采样的回合数 A。
输出：生成容差球 $R=\{r_1,r_2,\cdots\}$。

1 $R=\{\varnothing\}$
4 for x in X do
5 　初始化平均置信度 $c_{\text{avg}}=0$
6 　for $a\to A$ do
7 　　获取置信度向量 $\boldsymbol{C}=\text{Confience\_calculating}M(x)$
8 　　计算最大置信度 $c^*=\text{MAX}(C)$
9 　　计算 A 次最大置信度和值 $c=c+c^*$
12 　end for
17 　计算平均置信度 $c=c/A$
18 　模拟损失函数 $\text{loss}=1-c$
19 　计算损失函数 loss 关于测试样本 x 的导数 $D: D=\dfrac{\partial\text{loss}}{\partial x}$
20 　计算容差度 $r=\{r_0,r_1,\cdots,r_{c-1}\}=\{d[0],d[1],\cdots,d[c-1]\}$
　　$R\leftarrow R\cup r$
28 end for

2. 实验与分析

1）实验设置

为了验证提出方法的有效性，将 BallPri 与经典的测试样本排序方法进行了比较，发现

BallPri 对预测模型能够实现较好的测试用例排序效果。

实验数据集：在图像数据集（CIFAR-10、GTSRB、ImageNet）、语音数据集（VCTK10）和回归数据集（DrivingSA）上进行了实验。CIFAR-10 数据集由 60000 个样例组成，大小为 32×32250 个彩色图像，包括飞机、鸟、船、青蛙等 10 个类别，每个类别 6000 个。GTSRB 数据集是德国交通标志识别基准，包含 43 类交通标志，分为 29209 张训练图像和 12630 张测试图像。这些图像有不同的光照条件和丰富的背景。ImageNet 是一个用于视觉对象识别研究的大型视觉数据库，包含超过 1400 万张图片，涵盖多达 1000 个类别。

模型：在实验中采用了多种不同的模型。对于 CIFAR-10，训练了 AlexNet 和 VGG19，分类准确率分别为 99.82%和 99.88%。对于 GTSRB，训练了 LeNet5 和 ResNet20，分类准确率分别为 98.48%和 99.25%。对于 ImageNet，采用预训练的 ResNet50 和 VGG16，分类准确率分别为 72.89%和 68.36%。

2）排序有效性

将 BallPri 与 PRIMA、DeepGini、LSA 和 DSA 四种基线算法进行比较，结果如表 5-2-6 所示。BallPri 通过更好的排序测试样本，在识别漏洞揭示测试用例方面明显优于基线。在表 5-2-6 中，BallPri 在几乎所有分类任务中都实现了最高的 RAUC 值，与对比算法相比，改进幅度从 0.6%到 26.5%不等。BallPri 对于各种数据集和模型具有很高的优先级排序性能，并且在大多数情况下优于四个基线。

在 CIFAR-10 上接近 RAUC-100=1，而在 ImageNet、GTSRB 数据集上，BallPri 的有效性略有下降。产生上述现象的原因是 ImageNet 和 GTSRB 数据集的类别和图像大小较大，因此方差空间的差异比较模糊，这在一定程度上降低了优先级的性能。

表 5-2-6　不同排序方法的性能对比

数据集	模型	排序方法	攻击方法（Top-100，Top-500, Top-1000,all）			
			FGSM	MIFGSM	JSMA	PWA
CIFAR-10	AlexNet	PRIMA	0.894/0.872/0.857/0.920	0.917/0.903/0.893/0.954	0.892/0.873/0.852/0.931	0.962/0.956/0.933/0.973
		DeepGini	0.994/0.977/0.989/0.974	0.950/0.975/0.987/0.981	0.998/0.996/0.989/0.993	0.971/0.959/0.931/0.952
		LSA	0.609/0.662/0.738/0.870	0.553/0.607/0.696/0.718	0.749/0.746/0.801/0.842	0.649/0.724/0.787/0.819
		DSA	0.635/0.707/0.733/0.722	0.581/0.651/0.716/0.694	0.644/0.713/0.765/0.841	0.741/0.747/0.795/0.805
		BallPri	1.000/0.997/0.997/0.974	1.000/0.999/0.998/0.982	0.994/0.994/0.995/0.962	1.000/1.000/0.999/0.985
	VGG19	PRIMA	0.889/0.873/0.829/0.928	0.912/0.895/0.902/0.947	0.882/0.860/0.873/0.905	0.989/0.977/0.976/0.995
		DeepGini	0.993/0.993/0.983/0.991	0.980/0.972/0.973/0.993	0.973/0.969/0.981/0.995	0.979/0.964/0.953/0.974
		LSA	0.613/0.632/0.710/0.729	0.695/0.765/0.802/0.837	0.533/0.562/0.616/0.644	0.797/0.810/0.800/0.873
		DSA	0.689/0.769/0.827/0.842	0.537/0.603/0.652/0.765	0.551/0.643/0.679/0.706	0.617/0.670/0.795/0.860
		BallPri	1.000/0.997/0.996/0.992	1.000/1.000/0.999/0.991	1.000/0.997/0.997/0.982	1.000/1.000/0.999/0.991
GTSRB	LeNet-5	PRIMA	0.905/0.894/0.913/0.963	0.892/0.863/0.906/0.944	0.868/0.840/0.863/0.916	0.857/0.839/0.827/0.894
		DeepGini	0.996/0.991/0.996/0.995	0.924/0.941/0.966/0.992	0.970/0.985/0.999/0.999	0.994/0.988/0.995/0.996
		LSA	0.712/0.793/0.816/0.900	0.672/0.742/0.777/0.850	0.609/0.687/0.733/0.829	0.575/0.602/0.680/0.819
		DSA	0.506/0.697/0.763/0.875	0.789/0.807/0.849/0.896	0.726/0.803/0.841/0.906	0.589/0.639/0.703/0.807
		BallPri	1.000/1.000/0.999/0.994	1.000/1.000/0.999/0.992	1.000/1.000/0.999/0.991	1.000/0.999/0.994/0.992
	ResNet20	PRIMA	0.892/0.876/0.923/0.954	0.843/0.872/0.881/0.928	0.879/0.806/0.816/0.923	0.876/0.858/0.884/0.915
		DeepGini	1.000/0.924/0.948/0.989	0.975/0.953/0.969/0.995	0.976/0.947/0.950/0.951	1.000/0.954/0.991/0.997
		LSA	0.542/0.623/0.671/0.783	0.585/0.692/0.741/0.859	0.642/0.753/0.813/0.917	0.563/0.672/0.681/0.760
		DSA	0.606/0.637/0.711/0.848	0.549/0.661/0.679/0.715	0.567/0.688/0.774/0.823	0.599/0.656/0.757/0.826
		BallPri	1.000/1.000/0.996/0.991	1.000/0.996/0.992/0.981	1.000/0.999/0.984/0.953	1.000/0.996/0.992/0.964

续表

数据集	模型	排序方法	攻击方法（Top-100，Top-500, Top-1000,all）			
			FGSM	MIFGSM	JSMA	PWA
ImageNet	VGG16	PRIMA	0.873/0.853/0.934/0.936	0.928/0.974/0.977/0.991	0.817/0.799/0.874/0.936	0.871/0.837/0.926/0.970
		DeepGini	0.994/0.962/0.975/0.992	0.912/0.921/0.927/0.969	0.930/0.953/0.967/0.995	0.913/0.937/0.985/0.999
		LSA	0.597/0.551/0.672/0.778	0.618/0.635/0.794/0.869	0.679/0.769/0.885/0.878	0.546/0.616/0.765/0.861
		DSA	0.556/0.561/0.608/0.764	0.573/0.522/0.696/0.724	0.613/0.704/0.815/0.798	0.705/0.654/0.763/0.817
		BallPri	0.972/0.963/0.952/0.933	0.977/0.958/0.954/0.940	0.980/0.971/0.968/0.955	0.992/0.982/0.953/0.948
	ResNet50	PRIMA	0.926/0.955/0.985/0.997	0.856/0.813/0.819/0.936	0.855/0.832/0.869/0.962	0.886/0.823/0.896/0.961
		DeepGini	1.000/0.935/0.952/0.993	0.977/0.957/0.977/0.990	0.948/0.922/0.931/0.988	0.955/0.943/0.927/0.951
		LSA	0.553/0.640/0.775/0.888	0.571/0.663/0.741/0.793	0.509/0.534/0.5850.680	0.616/0.708/0.757/0.885
		DSA	0.548/0.615/0.683/0.796	0.536/0.566/0.629/0.798	0.540/0.509/0.5400.689	0.678/0.705/0.759/0.817
		BallPri	0.983/0.976/0.972/0.928	0.958/0.955/0.947/0.926	0.965/0.960/0.933/0.904	0.945/0.939/0.936/0.921

3. 小结

针对现有方法有效性不可靠、应用场景有限、时间复杂度高等问题，本节提出基于可变空间容忍度的测试用例排序方法 BallPri。首先在可变空间中提取不同测试用例的容忍度，然后利用最小非参数似然比进一步扩大变量空间中分布的差异，通过对指标进行排序以获得需要优先测试的样本。实验证明，BallPri 实现了有效、通用的测试用例优先排序。

5.2.5.5　基于偏见神经元的模型公平性测试方法

现有针对深度模型的公平性测试方法仍然存在偏见不可解释、梯度消失、数据受限等问题。为此，围绕深度模型的个体歧视样本生成任务，提出一种可解释的、高效的、数据泛化的公平性测试方法 NeuronFair。该方法从模型内部结构出发，利用偏见神经元解释模型的决策偏见；以偏见神经元作为优化目标，缩短求导路径从而降低梯度消失概率，提高测试效率；利用对抗攻击的策略实现自适应的敏感属性修改，从而测试非结构化数据的偏见问题。相比于最优基线，该方法能够快速地生成海量的、多样化的歧视实例，并进一步用于模型的公平性提升。

1. 问题建模

数据形式：定义 $X=\{x_i\}$，$Y=\{y_i\}$ 表示良性数据集，对应的样本对表示为 $<X,X'>=\{<x_i,x_i'>\}$，$i\in\{0,1,2,\cdots,N-1\}$。对于一个样本，其属性可以表示为 $A=\{a_i\}$，$i\in\{0,1,2,\cdots,N_a-1\}$，其中，$A_s\subset A$ 表示敏感属性集合，$A_{ns}=\{a_i^{ns}\mid a_i^{ns}\in A,且 a_i^{ns}\notin A_s\}$ 表示非敏感属性集合。注意此处的敏感属性（如性别、种族、年龄等）通常是根据具体应用场景提前给定的。

个体歧视：当两个有效输入样本仅在敏感属性上存在差异，但深度模型却给出不同的预测结果时，表明决策结果存在个体歧视，如图 5-2-12 所示。此时这两个有效输入称为个体歧视样本（individual discriminatory instances，IDI）。图中(i)表示歧视样本生成过程。正常样本对是 $<x,x'>$，歧视样本对是 $<x_d,x_d'>$。$x'=x+\Delta_{senatt}$，$x_d=x+\Delta_{bias}$，$x_d'=x+\Delta_{senatt}+\Delta_{bias}$，其中，$\Delta_{bias}$ 是偏见扰动，Δ_{senatt} 是添加到性别属性上的扰动。图中(ii)表示当样本的预测标签随着性别属性的翻转而变化时存在歧视，即样本跨越了决策边界。

IDI 确定：给定 $<X_d,X_d'>=\{<x_{d,i},x_{d,i}'>\}$ 表示歧视样本对集合，满足：

$$\begin{aligned}&f(x_{d,i};\Theta)\neq f(x_{d,i}';\Theta)\\ \text{s.t.}\quad &x_{d,i}[A_s]\neq x_{d,i}'[A_s],x_{d,i}[A_{ns}]=x_{d,i}'[A_{ns}]\end{aligned}\tag{5-2-47}$$

其中，$i\in\{0,1,\cdots,N_d-1\}$；$x_{d,i}[A_s]$ 表示样本的敏感属性值。注意此处的歧视样本是生成式的，因此可能存在异常值（例如，在 Adult 数据集上生成年龄为 150 岁的歧视样本）。此时就需要进行剪切操作，将数值限制在合适的输入域II中。

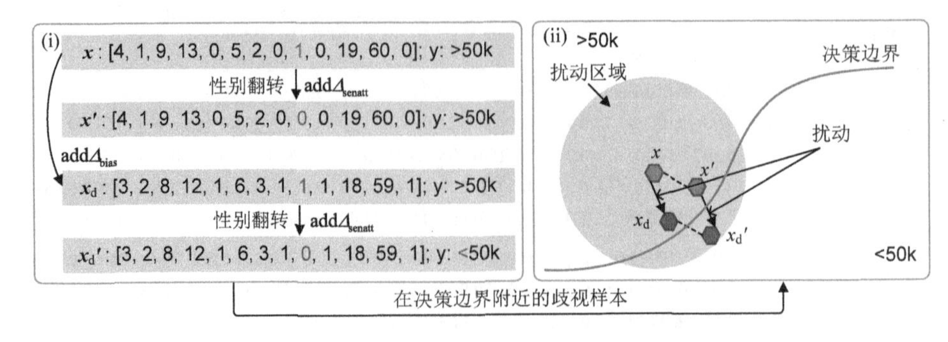

图 5-2-12　在 Adult 数据集上的歧视样本生成说明

2. 方法介绍

NeuronFair 包括两个模块：歧视解释模块和基于解释结果的歧视样本生成模块，具体如图 5-2-13 所示。在歧视解释模块中，首先通过基于神经元的分析来解释为什么存在歧视。进一步根据解释结果设计一个判别度量，即 AUC 值，如图 5-2-13(i)所示。在歧视样本生成期间，使用偏见神经元来执行全局阶段和局部阶段生成，如图 5-2-13(ii)所示。

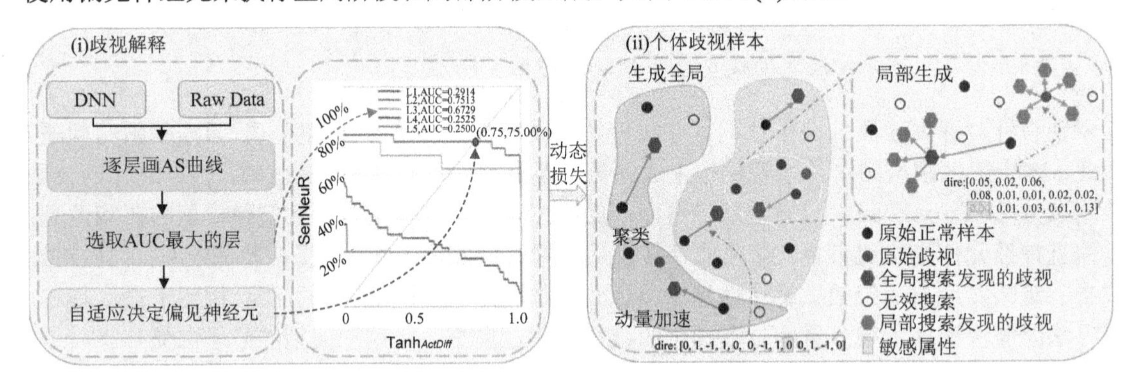

图 5-2-13　NeuronFair 整体框图

1）定量的歧视解释

图 5-2-13（彩图）

首先，绘制 AS 曲线并计算 AUC 值来衡量深度神经网络的决策偏见程度。然后，根据测量结果，将导致不公平决策的关键神经元确定为偏见神经元。

用于衡量偏见的 ActDiff 计算公式如下：

$$z_l^k = \frac{1}{N}\sum_{i=0}^{N-1}\left[\mathrm{abs}(f_l^k(x_i,\Theta) - f_l^k(x_i',\Theta))\right] \tag{5-2-48}$$

其中，z_l^k 表示第 l 层的第 k 个神经元的 ActDiff 值，$l \in \{1,2,\cdots,N_l\}$，N_l 是神经网络层数；N 是良性样本对 $<X,X'>=\{<x_i,x_i'>\}$ 的数量；$i \in \{0,1,2,\cdots,N-1\}$；abs(·) 返回绝对值；$f_l^k(x_i,\Theta)$ 返回第 l 层的第 k 个神经元的激活输出值；Θ 表示深度模型的权重。

根据激活差异值 ActDiff，可以判定每个神经元的工作状态和功能，异常激活的差异值越大，说明该神经元对深度模型造成的偏见影响越大，称为偏见神经元。反之则说明该神经元对深度模型的公平性贡献越大。为了能够自动确定模型中存在的偏见神经元，绘制了异常激活神经元的分布规律图，如图 5-2-14 所示，其中图 5-2-14（a）表示 ActDiff 和敏感神经元比率（sensitive neuron rate，SenNeuR）呈正相关，图 5-2-14（b）表示 ActDiff 的频率呈正态分布。

根据其规律性，可以进一步设计自适应的偏见神经元确定方法。

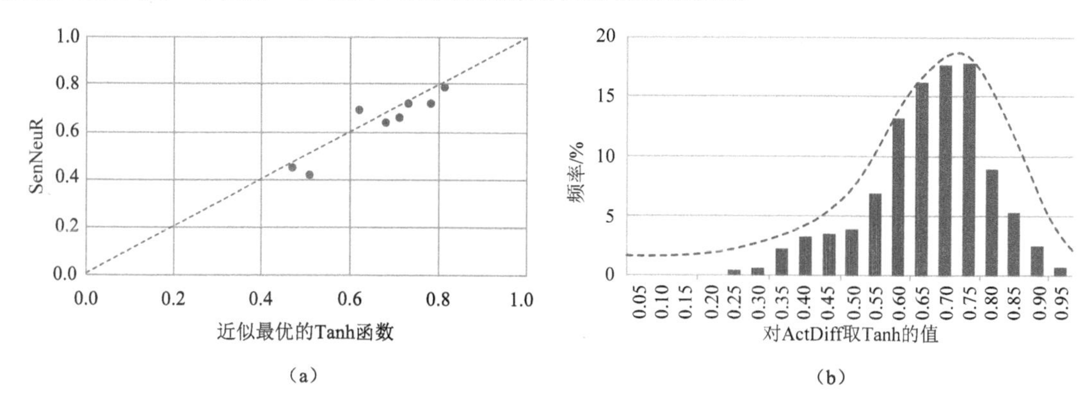

图 5-2-14　异常激活神经元分布规律图

接着基于 ActDiff 的计算结果绘制 AS 曲线并统计 AUC 值。首先计算每个神经元的 ActDiff 值并通过双曲正切函数 Tanh 对其进行归一化，如图 5-2-15(i)所示，图中以 Adult 数据集和 FCN 网络为例。“L1”表示具有 64 个神经元的 FCN 网络的第一层隐藏层。然后，以相等的间隔设置几个 ActDiff 阈值，计算高于 ActDiff 阈值的神经元百分比，并将它们记录为敏感神经元比率 SenNeuR。最后，根据不同 ActDiff 阈值下的 SenNeuR 绘制 AS 曲线，然后计算 AS 曲线下的面积并记录为 AUC 值，如图 5-2-15(ii)所示，其中，x 轴为经过 Tanh 函数归一化的 ActDiff 值，y 轴是 SenNeuR 值。通过对每一层重复上述操作，可以直观地观察每一层的偏见程度，找到 AUC 值最大的层作为偏见最严重层。

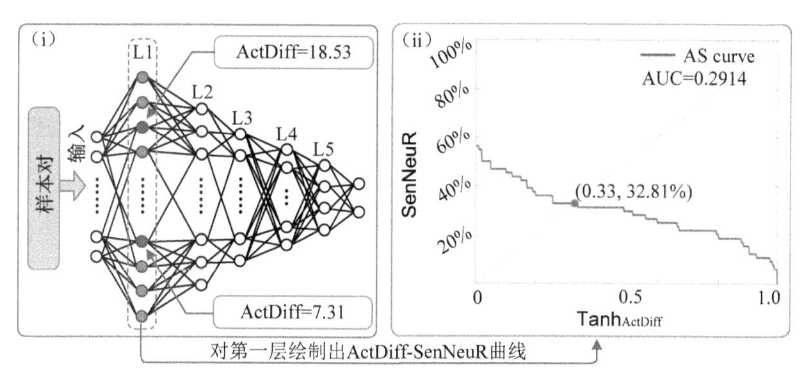

图 5-2-15　基于神经元的偏见解释说明

算法 5-2-4 显示了关于 AS 曲线绘制和 AUC 值计算的具体操作。首先，计算每个神经元的平均 ActDiff 值 z_l^k（第 1 行）。然后，进入循环中，对于神经网络的每一层，计算 SenNeuR 值用于绘制 AS 曲线（第 7～9 行）。最后，通过积分计算 AUC 值（第 11 行）。

算法 5-2-4　偏见度量算法伪代码（AS 曲线绘和 AUC 计算）

输入：激活输出 $f_l^k(x;\Theta)$，激活差异阈值间隔 $\text{step\_interval} = 0.005$，样本对 $<X, X'>$。

输出：每一层的 AS 曲线和 AUC 值。

1　计算每个神经元的 ActDiff 值 z_l^k
2　**For** $l = 1 : N_l$ **do**
3　　$z_l = \text{Tanh}(z_l)$
4　　$\max\_z = \max(z_l)$

```
5      x_tmp = 0 : step_interval : max_z
6      y_tmp = [ ]
7      For count = 1 : length(x_tmp) do
8          y_tmp = [y_tmp, length(find(z_l > x_tmp[count]))]
9      End
10     y_tmp = y_tmp / length(z_l) × 100%
11     area = Σ_{count=1} (y_tmp[count] × step_interval)
12     基于 (x_tmp, y_tmp) 绘制 AS 曲线，计算曲线下面积保存为 AUC 值
13  End
```

2）偏见神经元确定

选择偏见最严重的层用于自适应地确定偏见神经元。具有大 z_l^k 值的神经元表明其对敏感属性的修改反应剧烈，因此存在更多的歧视。对于给定的偏见最严重层的歧视阈值 T_{d}，偏见神经元满足条件 $z^k > T_{\mathrm{d}}$。z^k 是偏见最严重层中第 k 个神经元的平均激活差异，$k \in \{1,2,\cdots,N^k\}$，$T_{\mathrm{d}} \in (0,1)$，N^k 表示该层的神经元数量。

一旦确定了 T_{d}，就可以找到偏见神经元。这里给出一种自适应确定 T_{d} 的策略。作辅助线 $y=x$ 与 AS 曲线相交，该交点 x 轴上的值即为 T_{d}。如图 5-2-15(ii)所示，相交点的坐标是（0.33，32.81%），则 $T_{\mathrm{d}}=0.33$。在确定 T_{d} 后，记录这些偏见神经元并保存它们的位置，记为 $\boldsymbol{p}$，其中 $\boldsymbol{p}$ 是具有 N^k 个元素的向量。该自适应策略在实际操作中效果很好，因为偏见通常集中在几个特定的神经元上，从而使 ActDiff 的频率图呈现正态分布规律。

3）基于解释的歧视样本生成

NeuronFair 分两个阶段生成测试样本，即全局生成阶段和局部生成阶段。全局阶段的目标是生成具有多样性的测试样本。全局阶段的测试样本多样性至关重要，因为这些样本将作为局部阶段的种子输入。为了保证生成样本的数量，局部阶段的目标是在种子附近搜索尽可能多的测试样本。

为了增加生成样本的多样性，全局生成阶段设计了如下动态损失函数：

$$J_{\mathrm{dl}}(x;\Theta) = -\frac{1}{N}\sum_{i=0}^{N-1}\sum_{k=1}^{N^k}\left[(p_k \mid r_k) \times f^k(x_i';\Theta) \times \lg(f^k(x_i;\Theta))\right] \tag{5-2-49}$$

其中，x_i' 是通过将 x_i 的敏感属性翻转后得到的；N^k 是偏见最严重层中的神经元数量；f^k 是第 k 个神经元的激活输出。

$\boldsymbol{p}$ 是偏见神经元的位置，$\boldsymbol{r}$ 是随机选择的神经元位置，用以增加损失函数的动态性。$\boldsymbol{r} = \mathrm{Rand}_{(0,1)}(p_r)$，其中 $\mathrm{Rand}_{(0,1)}(p_r)$ 返回一个只有“0”或“1”的随机向量。$\boldsymbol{r}$ 与 $\boldsymbol{p}$ 具有相同的维度，并满足 $\sum \boldsymbol{r} = \mathrm{INT}(N^k \times p_r)$，其中 $\mathrm{INT}(\cdot)$ 返回一个整数，实验中设置 $p_r = 5\%$。“|”表示“或”操作，$p_k \mid r_k = 0$ 当且仅当 $p_k = 0$ 且 $r_k = 0$。生成测试样本的优化目标是：$\underset{x}{\operatorname{argmin}}\, J_{\mathrm{dl}}(x;\Theta)$。

由于局部阶段的目标是在种子附近找到尽可能多的测试样本，因此增加了每个种子的迭代次数，并减少每次迭代中添加的偏见扰动。与全局阶段相比，主要区别在于循环部分，以小概率向大梯度位置的非敏感属性添加扰动，而样本中每维属性的扰动添加概率值是自动获得的。

4）非结构化数据的泛化测试框架

为了解决敏感属性修改的挑战，从而将 NeuronFair 推广到非结构化数据中，拟借鉴对抗攻击的思路。这里以图像数据为例，图像数据的属性由归一化值在 0 到 1 之间的像素决定，即图像的输入域是 $\mathbb{I} \in [0,1]$。受对抗攻击的启发，本节设计了泛化测试框架来实现图像的敏感属

性修改，即通过对大多数像素添加小扰动来修改敏感属性，如图 5-2-16 所示。

这里考虑人脸检测的公平性测试场景，即确定输入图像是否包含人脸。人脸检测器由一个 CNN 模块（即图 5-2-16(i)）和一个 FCN 模块（即图 5-2-16(ii)）组成。对于给定的人脸图像和检测器，测试样本生成分为三个步骤：建立敏感属性分类器；基于对抗攻击生成敏感属性扰动 $\varDelta_{\text{senatt}}$，$\varDelta_{\text{senatt}}$ 表示添加到图像上令敏感属性预测结果翻转的扰动；基于 NeuronFair 生成偏见扰动 $\varDelta_{\text{bias}}$，$\varDelta_{\text{bias}}$ 表示添加到图像上改变人脸检测结果的扰动。

首先建立一个敏感属性分类器 $f_{\text{sa}}(x;\varTheta_{\text{sa}})$，用于区分人脸图像的敏感属性（如性别等）。具体操作是通过向人脸检测器的 CNN 模块（即图 5-2-16(i)）添加一个新的 FCN 模块（即图 5-2-16(iii)）来构建敏感属性分类器。然后冻结 CNN 模块的权重，并训练新添加的 FCN 模块的权重。

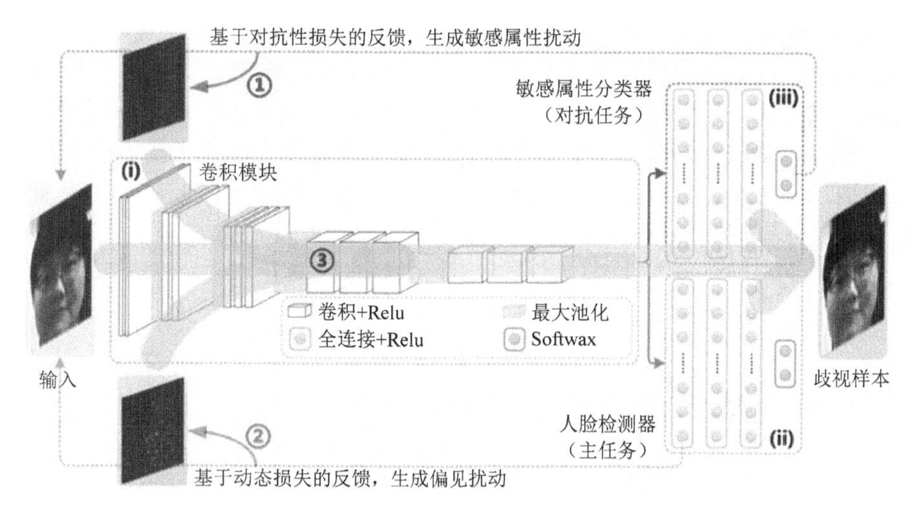

图 5-2-16　在图像数据上进行测试生成的泛化框架

下一步，利用对抗攻击修改人脸图像的敏感属性。这里采用经典的对抗攻击算法 FGSM，通过生成敏感属性扰动来翻转 $f_{\text{sa}}(x;\varTheta_{\text{sa}})$ 的预测结果。计算公式如下：

$$\begin{aligned}&\varDelta_{\text{senatt}}=\varepsilon\times\operatorname{sign}(\nabla_x J(x,y_{\text{sa}};\varTheta_{\text{sa}}))\\ \text{s.t.}\quad &f_{\text{sa}}(x;\varTheta_{\text{sa}})\neq f_{\text{sa}}(x+\varDelta_{\text{senatt}};\varTheta_{\text{sa}})\end{aligned}\tag{5-2-50}$$

其中，ε 是用于确定扰动大小的超参数；$\operatorname{sign}(\cdot)$ 是返回“−1”、“0”或“1”的符号函数；y_{sa} 是输入样本的敏感属性；$\varTheta_{\text{sa}}$ 是敏感属性分类器的权重。

最后，利用 NeuronFair 生成 $\varDelta_{\text{bias}}$，并进一步确定样本对 $<x+\varDelta_{\text{bias}},x+\varDelta_{\text{bias}}+\varDelta_{\text{senatt}}>$ 是否满足歧视样本的定义。首先计算检测器每一层的偏见程度，对于 CNN 模块，通过展平卷积层的激活输出进行计算。在图像数据的歧视样本生成过程中，由于其数据形式存在差异，只采用全局阶段生成。以图 5-2-16 中的输入图像为例，其属性可以看作 $A\in\mathbb{R}^{64\times64\times3}$。基于全局阶段生成的种子样本，由于图像的高维性质，将在局部阶段生成大量十分相似的样本，只存在很少像素差异，对后续公平性提高的效果不大，因此不执行局部阶段。

对于其他非结构化数据（如文本），可以先通过标准嵌入技术（如词嵌入）将其处理成类似于图像的向量结构，然后以类似的方式应用图 5-2-16 中的框架。为了确保生成的测试样本是真实的，遵循已有的工作（如 ADF 和 EIDIG）来限制结构化数据的扰动特征范围（如最大年龄限制）和非结构化数据的最大扰动尺寸（如扰动的二范数限制）。通过距离评估实验，表明生成的测试样本与原始样本之间的距离较小，这意味着生成的样本与原始数据十分相似，真实性具有保障。

3. 实验与分析

1）实验设置

实验数据集：实验中的五个开源的结构化数据集包括年收入数据集（Adult）、德国信贷数据集（german credit，GerCre）、银行营销数据集（bank marketing，BanMar）、COMPAS 数据集和医疗支出小组调查数据集（medical expenditure panel survey，MEPS）。此外，还构建了两个图像数据集（ClbA-IN 和 LFW-IN）用于人脸检测。

分类器：实验中，为结构化数据集训练了五个基于 FCN 的分类器，为图像数据集训练了两个基于 CNN 的人脸检测器。

基线算法：实验对比了四种先进的测试方法，以评估 NeuronFair 的性能，包括 Aequitas、SymbGen、ADF 和 EIDIG。所有基线都是根据各自论文中报告的最佳性能设置进行参数配置的。

评价指标：从生成数量和质量两方面评估 NeuronFair 在结构化数据集上的有效性。

为了评估生成数量，首先统计个体歧视样本 IDI 的总数，然后分别统计全局阶段的生成 IDI 数量和局部阶段的生成 IDI 数量，记为"#IDIs"。这里考虑重复生成的样本已被过滤。

使用生成成功率（generation success rate，GSR）、生成多样性（generation diversity，GD）和 IDI 对公平性提升的贡献（discrimination measurement by random sampling，DM-RS）来评估 IDI 的质量。

$$\text{GSR} = \frac{\#\text{IDIs}}{\#\text{non-duplicate instances}} \times 100\% \tag{5-2-51}$$

其中，非重复样本（non-duplicate instances）代表输入空间。

$$\text{GD}_{\text{NF}}(\rho_{\text{cons}}, \text{baseline}) = \frac{\text{CR}_{\text{NF-bl}}}{\text{CR}_{\text{bl-NF}}} \tag{5-2-52}$$

其中，$\text{CR}_{\text{NF-bl}} = \frac{\#\text{IDIs of baselines fall in }\Pi_{\text{NF}}}{\#\text{IDIs of baseline}}$ 表示 NeuronFair 生成的 IDI 对基线生成 IDI 的覆盖率，Π_{NF} 是以 NeuronFair 生成的 IDI 为中心；余弦距离 ρ_{cons} 为半径的区域。类似的，$\text{CR}_{\text{bl-NF}} = \frac{\#\text{IDIs of NeuronFair fall in }\Pi_{\text{bl}}}{\#\text{IDIs of NeuronFair}}$。当 $\text{GD}_{\text{NF}} > 1$ 时，表明 NeuronFair 的 IDI 更加多样化。

生成的 IDI 被用于重新训练深度模型，从而提高其公平性。DM-RS 通过在搜索空间中随机采样足够多的样本，然后确定其中 IDI 的百分比来衡量模型的公平性。DM-RS 的值越高代表深度模型的偏见越严重，即 IDI 对公平性提升的贡献低。

$$\text{DM-RS} = \frac{\#\text{IDIs}}{\#\text{instances randomly sampled}} \times 100\% \tag{5-2-53}$$

2）NeuronFair 的生成数量评估

生成数量的评估结果如表 5-2-7～表 5-2-9 所示，包括三个方面：IDI 总数、全局阶段 IDI 数量和局部阶段 IDI 数量。

数量评估的实现细节：①SymbGen 与其他基线的工作方式不同，因此遵循 ADF的比较策略，即在同一时间（500s）限制内评估 NeuronFair 和 SymbGen 的生成数量，如表 5-2-8 所示；②全局阶段为了更公平地比较，生成 1000 个不重复的 IDI，不受 num_g 的约束，然后计算 IDI 的数量并将其记录在表 5-2-9 中，其中不同方法使用的种子是一致的；③局部阶段混合不同方法在全局阶段生成的 IDI，再随机抽取 100 个作为局部阶段的种子；为每个种子生成 1000 个非重复 IDI，不受 max_iter_l 的约束，计算每个种子生成的平均 IDI 数并将其记录在表 5-2-9 中。

NeuronFair 能够生成比基线更多的 IDI，尤其是对于稠密编码的结构化数据。例如，在表 5-2-7 中，在 Adult 数据集上，对于不同的敏感属性，NeuronFair 的平均 IDI 数为 217855，分别是 Aequitas 和 EIDIG 的 16.5 倍和 1.6 倍。此外，在表 5-2-9 中，NeuronFair 在所有数据集上生成的 IDI 数量都远远多于 SymbGen。NeuronFair 表现出色的主要原因是它通过偏见神经元考虑了整个深度模型的歧视信息，而 Aequitas 和 EIDIG 仅依赖于输出层。然而，NeuronFair 在 COMPAS 数据集上对种族属性的 IDI 数量为 11232，略低于 EIDIG。由于 COMPAS 被编码为 one-hot 形式，因此推测其原因可能是由于过于稀疏的数据编码会降低偏见神经元的求导效率。

表 5-2-7　与 Aequitas、ADF 和 EIDIG 的 IDI 总数比较

数据集	敏感属性	Aequitas		ADF		EIDIG		NeuronFair	
		#IDIs	GSR/%	#IDIs	GSR/%	#IDIs	GSR/%	#IDIs	GSR/%
Adult	性别	1995	8.35	33365	16.42	57386	27.24	**122370**	**28.19**
	种族	13132	8.65	57716	23.32	88650	32.81	**172995**	**34.19**
	年龄	24495	10.48	188057	46.94	251156	48.69	**358201**	**49.39**
GerCre	性别	4347	15.24	57386	15.43	64075	17.23	**68218**	**36.57**
	年龄	44800	38.63	236551	58.74	239107	59.38	**255971**	**63.35**
BanMar	年龄	10138	27.21	167361	30.75	197341	36.26	**302821**	**47.76**
COMPAS	种族	658	**18.87**	12335	2.22	**13451**	2.32	11232	1.62
MEPS	性别	6132	13.51	77794	16.37	101132	21.28	**130898**	**27.91**

表 5-2-8　与 SymbGen 在 500s 内生成的 IDI 数量比较

数据集	敏感属性	SymbGen		NeuronFair	
		#IDIs	GSR/%	#IDIs	GSR/%
Adult	性别	195	13.89	**4048**	**25.24**
	种族	452	11.01	**4532**	**39.54**
	年龄	531	12.17	**5760**	**50.74**
GerCre	性别	821	18.92	**3610**	**27.55**
	年龄	1034	37.19	**3796**	**51.40**
BanMar	年龄	672	30.79	**3095**	**56.79**
COMPAS	种族	42	1.33	**124**	**2.08**
MEPS	性别	404	14.22	**3252**	**26.35**

如表 5-2-9 所示，NeuronFair 在全局阶段生成的 IDI 数量远远多于所有基线，这有利于在后续局部阶段增加 NeuronFair 的生成多样性。例如，在所有数据集上，NeuronFair 的平均 IDI 数量为 866，分别是 Aequitas 和 EIDIG 的 9.45 倍和 1.42 倍。这主要是因为 NeuronFair 使用了偏见神经元的动态组合。因此，NeuronFair 能够搜索更大的空间，从而在全局阶段生成更多的 IDI。进一步对 Adult 和 GerCre 数据集执行关于“#IDIs”的 T 检验，所有模型的 p-value 都小到足以拒绝原假设（即小于 0.05），这证明了 NeuronFair 效果的显著性。

表 5-2-9　全局和局部阶段的“#IDI”数量

数据集	敏感属性	Golobal Generation					Local Generation				
		Aequitas	SymbGen	ADF	EIDIG	NeuronFair	Aequitas	SymbGen	ADF	EIDIG	NeuronFair
Adult	性别	35	51	261	404	**864**	57	63	128	142	**143**
	种族	98	143	332	459	**959**	134	158	174	**193**	189
	年龄	115	331	538	695	**974**	213	267	350	361	**367**

续表

数据集	敏感属性	Golobal Generation					Local Generation				
		Aequitas	SymbGen	ADF	EIDIG	NeuronFair	Aequitas	SymbGen	ADF	EIDIG	NeuronFair
GerCre	性别	69	128	541	577	**599**	63	86	106	111	**113**
	年龄	175	247	598	599	**600**	256	301	396	400	**426**
BanMar	年龄	74	244	678	697	**999**	137	198	247	283	**303**
COMPAS	种族	94	187	745	749	**930**	7	6	17	**18**	12
MEPS	性别	73	210	650	692	**1000**	84	92	120	146	**149**

4. 小结

本节提出了一种可解释的、高效的、数据泛化的公平性测试方法 NeuronFair。相比于最优基线算法，该方法能够更快速地生成海量的、多样化的测试样本，并进一步用于深度模型的公平性提升。

5.3 面向深度学习框架的测试

在深度学习系统中，缺陷的来源主要有两个方向：模型出现问题和框架出现瑕疵。一方面，缺陷可能源自设计者在构建深度学习模型时的不适当的结构设计，或者可能因为训练数据等因素导致模型在特定情况下做出错误的决策。另一方面，由于深度学习框架本身的潜在问题，当模型调用相关模块时，可能会将框架中的缺陷引入模型，从而引发整个深度学习系统的问题。因此，在对深度学习系统进行测试时，我们不仅需要对模型本身的缺陷进行检测、定位和修复，同时也需要重视框架中的潜在问题并进行排除。

根据计算框架中的对象，对其的测试方法可以分为库测试、算子测试、API 测试和编译器测试。

5.3.1 库测试

当前，对深度学习系统的测试主要集中于深度学习模型，而针对深度学习框架库的测试则相对较少。深度学习库（DL 库）是构建深度学习系统的基石，它们可能存在的错误通常会比单个模型的问题产生更大的影响，因此对 DL 库的测试十分关键。测试 DL 库面临以下两大挑战：首先，DL 库的测试需要以深度学习模型作为输入，这个模型是由大量神经元和连接权重堆叠成的多层结构，并且是通过基于训练数据的训练过程构建的。但由于训练成本高昂且可用训练数据有限，获取大量深度学习模型以有效检测 DL 库中的错误变得困难。其次，虽然传统软件系统中的测试预测问题已经得到了深入的研究，但 DL 库中存在很多不确定因素，如随机性和浮点计算偏差。因此，确定检测到的问题是否真正属于库错误，或仅仅是由这些不确定因素引起的问题，也构成了一大挑战。

本节将对面向深度学习框架库的测试方法进行介绍。

① CRADLE：Pham 等[45]首次提出了跨后端验证来检测和定位深度学习库中的漏洞，并提出了 CRADLE（cross-backend validation to detect and localize bugs in deep learning libraries）方法。CRADLE 执行交叉实现不一致性检查来检测 DL 库中的漏洞，利用异常传播跟踪和分析来定位 DL 库中导致漏洞的错误函数。如图 5-3-1 所示，Keras 2.2.0 的不同后端（TensorFlow 和 CNTK），在相同的模型上输出了截然不同的预测结果，这是由 CNTK 批处理层公式的错误定义导致的。

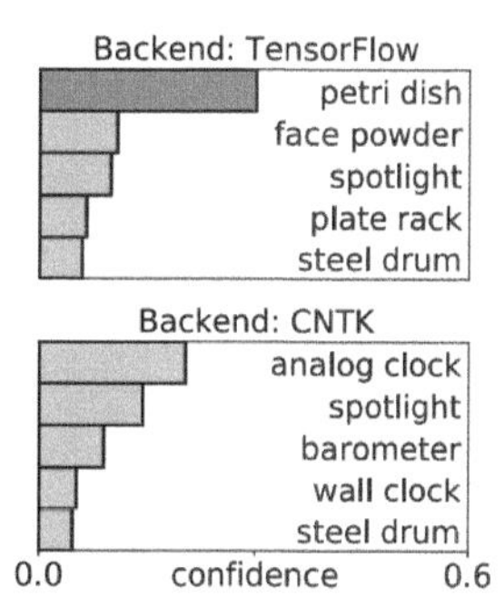

(a) Input image "Petri dish"　(b) Top-5 InceptionResNetV2

```
- return (x-mean)/(C.sqrt(var)+epsilon)*gamma+beta
+ return (x-mean)/ C.sqrt(var +epsilon)*gamma+beta
```

图 5-3-1　CRADLE 示例

② LEMON：CRADLE 依赖现有模型触发错误，以及漏洞的不一致性具有不确定影响等问题。对此，Wang 等[46]提出了深度学习库通过引导突变进行测试（deep learning library testing via guided mutation，LEMON）。LEMON 设计了一系列模型突变规则（包括完整层突变规则和内层突变规则)，通过改变现有模型自动生成 DL 模型，探索未使用的库代码和库代码的不同调用序列。其次，LEMON 提出了一种启发式策略，以指导模型生成过程朝着放大真实漏洞的不一致程度的方向发展。LEMON 的主要贡献是生成有效的 DL 模型来触发和暴露 DL 库中的错误。

③ Muffin：Gu 等[47]提出了 Muffin——一种基于模糊的方法来测试具有高功能覆盖率的 DL 库。Muffin 不依赖已经训练的模型，而是通过自动模型生成算法获得不同的测试输入（即模型）。它将模型结构表示为有向非循环图（directed acyclic graph，DAG)，并以此为基础逐层构建模型，以实现 DL 库的高功能覆盖。Muffin 将模型训练阶段分为三个不同的阶段（即正向计算、损失计算和梯度计算)，并相应地在数据跟踪上设计一组度量，以测量不同 DL 库的结果一致性。

④ EAGLE：上述方法使用差异测试来交叉检查不同库中相同功能的实现对，需要至少两个 DL 库实现相同的功能，而这通常是不可用的。对此，Wang 等[48]提出了 EAGLE，这是一种在不同维度上使用差分测试的新技术，通过使用等效图来测试单个 DL 实现（例如，单个 DL 库)。EAGLE 的基本原理是，在单个 DL 实现上执行的两个等效图应在给定相同输入的情况下产生相同的输出。例如，图 5-3-2 是 EAGLE 为 *tf.keras.layers.Bidirectional*（双向 RNN）创建的两个等价图，但输出不等价。因为图 5-3-2(b)应该在时间维度而不是批次维度上执行 reverse()函数。图 5-3-2（c）显示了 TensorFlow 开发人员提供的修复方法，他们根据输入格式设置适当的维度来反转错误，红色为错误代码，蓝色为修复后的代码。

⑤ DEBAR：Zhang 等[49]提出了第一种静态分析技术——DEBAR，基于抽象解释的静态分析方法来检测神经结构中的数值错误(NAN 问题和 INF 问题)。DEBAR 提出了两种抽象技术：张量划分和元素仿射关系分析，以分别抽象张量和数值。DEBAR 用静态分析变量的值判断是否会违反数学计算中的有效范围，用于检测 TensorFlow 程序中的数值错误。但 DEBAR 与其他领域的许多静态技术[50-53]一样存在误报问题。此外，DEBAR 依赖于 DL 程序的静态计算图，因此不适用于具有动态计算图的 DL 程序。

⑥ Audee：Guo 等[54]提出了 Audee，一种在 DL 框架中检测和定位错误的方法。Audee 采用基于搜索的测试方法来生成测试用例。首先，Audee 设计了三个层次（网络级、输入级和权

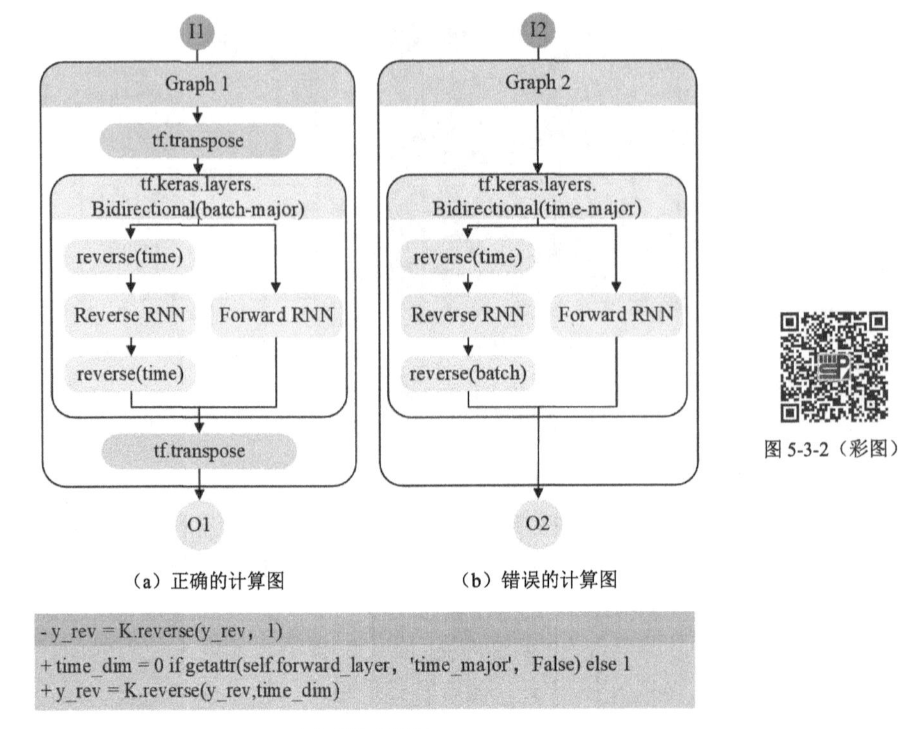

图 5-3-2　EAGLE 示例

重级）的突变策略以使测试用例多样化。其次，为了识别不会导致崩溃或逻辑错误，Audee 采用了一种基于启发式的交叉检查方法来自动识别不同框架之间的输出不一致。最后，在检测到错误或不一致后，Audee 提出了一种基于因果测试的技术，精确地将定位范围缩小到导致错误和不一致的特定层和参数。因此，可以更有效地进行进一步的手动调试分析，以调查和确认根本原因。

⑦ GRIST：Yan 等[55]提出了第一种动态分析技术，称为 GRIST（gradient search based numerical bug triggering），它基于梯度搜索来触发数值错误。GRIST 依托 DL 基础设施的内置梯度计算功能，自动生成一个小输入，可以暴露 DL 程序中的数值错误。

深度学习框架库测试方法总结如表 5-3-1 所示。

表 5-3-1　深度学习框架库测试方法总结

方法名称	针对问题	主要原理	实验框架
CRADLE[45]	输出前后不一致性	使用距离指标比较模型在不同后端的输出检测不一致性，并识别漏洞位置	TensorFlow, CNTK, Theano
LEMON[46]	输出前后不一致性	通过模型变异放大错误前后的不一致程度，以检测漏洞	TensorFlow, Theano, CNTK, MXNet
Muffin[47]	输出前后不一致性	通过对模型结构进行模糊自动生成模型以测试输出前后不一致	TensorFlow, Theano, CNTK
EAGLE[48]	输出前后不一致性	在不同维度上使用差分测试，通过使用等效图来测试单个模型	TensorFlow, PyTorch
DEBAR[49]	代码中的数字错误	基于静态分析的抽象解释检测 DL 代码的数值错误方法	TensorFlow
Audee[54]	代码中的数字错误	基于搜索，通过改变结构、参数、权重和输入的组合对模型进行变异，以测试框架中逻辑错误、崩溃和非数字 NaN 错误	TensorFlow, PyTorch, Theano, CNTK
GRIST[55]	代码中的数字错误	利用框架中的梯度计算和反向传播 生成可以触发漏洞的输入	TensorFlow, PyTorch

5.3.2　算子测试

深度学习算子是由各种深度学习算法及其接口组成的基本构建块。这些运算符负责在推理期间执行具体的数值转换任务，即模型预测。图 5-3-3 显示了框架库、算子和硬件之间的关系。实际上，框架库保留它们的实现，并授予模型开发人员访问接口的权限，而不知道详细的实现。在构建 DL 模型时，模型开发人员可以通过公开的接口使用这些 DL 运算符。这些运营商利用底层硬件资源来促进计算。

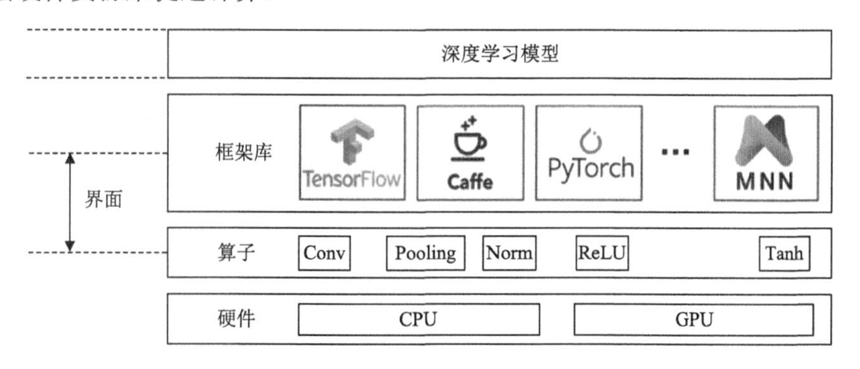

图 5-3-3　框架库、算子和硬件之间的关系

现有面向算子的测试主要针对算子的精度误差，本节介绍两种精度误差的测试算法。

① Predoo：Zhang 等[56]提出了 Predoo，这是一种基于模糊的算子级精度测试方法，以最大化 DL 运算符上的精度误差。Predoo 将 DL 算子的测试视为最大化输出精度误差的搜索问题。为了提高测试效率，Predoo 实施了三个指导度量，包括随机，l_∞ 错误和 l_1 错误，使得 Predoo 优先考虑触发较大错误的输入。随机策略在输入生成中不提供指导，即每个输入都独立于其他输入。误差是通过 l_{norm} 距离计算的，相同形状的张量 t 和 t' 之间的 l 范数距离计算如下：

$$l_{\text{norm}}(t,t') = \left(\sum_{i=1}^{d}(\| t^i - t'^i \|)\right)^{\frac{1}{k}} \tag{5-3-1}$$

l_∞ 误差通过 l_∞ 距离测量，而 l_1 误差通过 l_1 距离测量。一旦测试输入能触发更大的错误距离，它将被添加到语料库。

② Duo：Zhang 等[57]提出了 Duo，它结合了模糊技术和差分测试技术来生成输入并评估相应的输出。与现有的 DL 库测试技术相比，Duo 直接在 DL 操作符上执行测试任务，而不是跟踪模型隐藏输出。在 Duo 中，模糊和差分测试作为合作伙伴来解决输入生成问题和输出评估问题。作为一种黑盒测试方法，它可以处理不同类型的 DL 操作符，而不需要了解它们的详细实现。基于突变的模糊化有助于从原始测试输入生成新的测试输入。同时，Duo 采用自定义的遗传算法实现张量的有效突变。

5.3.3　API 测试

除了测试 DL 库中的算子，其中的 API 函数也至关重要，因为这些库被广泛使用，并且包含软件错误，这不仅影响了 DL 模型的开发，而且也影响了模型的准确性和速度。

测试 DL 库的 API 函数面临以下挑战：如果测试生成工具不知道特定于 DL 的约束，或者不能使用这些约束来生成不同的输入，那么实际上不可能生成有效的输入以达到更深的状态并测试 API 函数的核心功能。为了解决这些挑战，研究者们提出了多种对 API 的测试方法，下面介绍其中几种。

① DocTer：Xie 等[58]设计并实现了 DocTer 来分析 API 文档，以提取 API 函数的特定于 DL 的输入约束。首先，DocTer 自动构造规则，以 API 描述的依赖解析树的形式从语法模式中提取 API 参数约束。然后，DocTer 将这些规则应用于流行 DL 库中的大量 API 文档，以提取它们的输入参数约束。为了演示提取的约束的有效性，DocTer 使用约束来自动生成有效和无效的输入，以测试 API 函数。

例如，图 5-3-4（a）中的 API 文档指出，tf.nn.max_pool3d 的输入形状为 5-D，ksize 和 strides 为长度为 1、3 或 5 的整数列表。DocTer 根据规则生成一个有效的输入，如图 5-3-4（c）所示。只有当参数 ksize 值为零时才会触发此错误，而且参数 padding 必须为“VALID”或“SAME”。否则，函数的输入有效性检查将使用 InvalidArgumentError 拒绝输入。TensorFlow 开发人员为参数 ksize 添加了非负范围验证，如图 5-3-4（d）所示。

tf.nn.max_pool3d

tf.nn.max_pool3d(input,ksize,strides,padding,...)	
Args	
input	A 5-D Tensor of the format specified by data_format.
ksize	An int or list of ints that has length 1.3 or 5.The size of the window for each dimension of the input tensor.
strides	An int or list of ints that has length 1.3 or 5.The stride of the slding window for each dimension of the input tensor.
padding	A string,either 'VALID' or 'SAME'....

（a）API文档

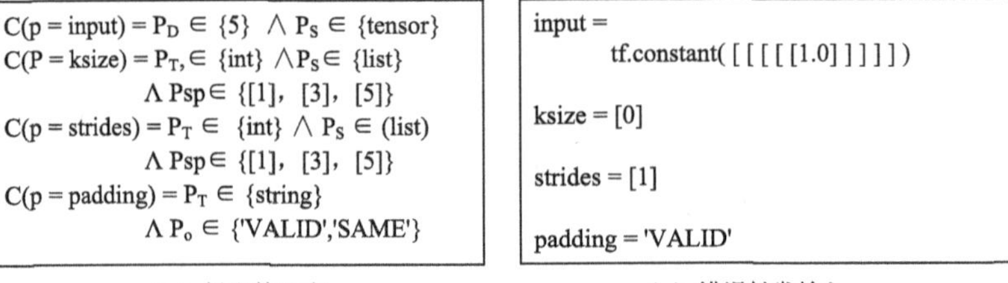

（b）提取的约束　　　　（c）错误触发输入

```
+ bool non_negative = std::all_of(ksize_.begin(), ksize_.end(),
+                                  [](int k){return k >0; });
+ OP_REQUIRES(context, non_negative,
+             errors::InvalidArgument("Sliding window ksize field must"
+                                     "have non-negative dimensions"));
```

（d）pooling_ops_3d.cc中的错误修复

图 5-3-4　DocTer 示例

② FreeFuzz：Wei 等[59]提出了 FreeFuzz，通过从开源代码中挖掘并模糊 DL 库。首先，FreeFuzz 从三个不同的来源获得代码或模型：a.来自库文档的代码片段；b.库开发人员测试；c.野外的 DL 模型。FreeFuzz 在运行所有收集的代码或模型时，动态地记录每个调用 API 的所有输入参数的动态信息。动态信息包括参数的类型、值和张量的形状。然后，跟踪的信息可以为每个 API 形成一个值空间，以及一个参数值空间，其中值可以在测试期间在类似 API 的参数之间共享。最后，FreeFuzz 利用跟踪信息来执行基于各种策略（即类型突变、随机值突变和数据库值突变）的基于突变的模糊，并在不同的后端上通过差分测试和变形测试来检测错误。

③ DeepREL：Deng 等[60]提出了 DeepREL，这是第一种自动推断 API 关系以实现更有效 DL 库模糊的方法。DeepREL 的基本假设是，对于正在测试的 DL 库，可能存在许多 API 共享

类似的输入参数和输出。通过这种方式，DeepREL 可以很容易地从被调用的 API 中"借用"测试输入来测试其他关系 API。DeepREL 是一种完全自动化的端到端关系 API 推断和模糊技术：a.基于 API 语法/语义信息自动推断潜在的 API 关系；b.合成调用关系 API 的具体测试程序；c.通过有代表性的测试输入验证推断的关系 API；d.对已验证的关系 API 执行模糊，以发现潜在的不一致性。

④ ∇Fuzz：Yang 等[61]提出了∇Fuzz，这是第一个专门针对 DL 库中关键自动微分（automatic differentiation，AD）组件的通用方法。∇Fuzz 的关键观点是，每个 DL 库 API 都可以被抽象为一个处理张量/向量的函数，可以在不同的执行场景下进行不同的测试（用于不同实现的计算输出/梯度）。∇Fuzz 在 DL 库中实现了一个针对 AD 的全自动模糊器，它利用不同执行场景下的差异测试来测试一阶和高阶梯度，还包括自动过滤策略，以消除数值不稳定引起的假阳性。例如，图 5-3-5 显示了一个危险的崩溃错误，PyTorch 广泛使用的 KLDivLoss 函数在使用特殊输入形状进行 AD 计算时发生崩溃。

```
input = tensor(shape=[5, 5, 5])
target = tensor(shape=[5])
RevGrad(KLDivLoss, (input, target)) # crash
```

图 5-3-5　∇Fuzz 示例

5.3.4　编译器测试

深度学习编译器，如 TVM、TensorRT 和 TensorFlow XLA 越来越多地被用于在许多不同的应用中以部署深度模型。这些编译器优化深度模型以满足所需的性能、能量和资源要求，允许部署在各种设备上的交互式或安全关键型应用程序使用它们。编译器错误可能导致崩溃或生成不正确的可执行文件，从而产生与用户指定的输入模型预期的结果不同的结果。因此，有必要对深度学习的编译器进行测试，以检测其中的错误。

① HirFuzz：Ma 等[62]提出了 HirFuzz，这是一种模糊技术，旨在揭示 DL 编译器中高级中间表示（intermediate representation，IR）优化时发生的错误。简言之，HirFuzz 生成了一个计算图。它的设计目的是满足两个目标：a.完整性约束的满足，例如类型匹配和张量形状匹配，这些约束管理高级 IR，以避免在调用优化之前出现早期崩溃；b.检测多种类型优化错误的能力。为了满足第一个目标，HirFuzz 动态分析计算图的节点信息，然后验证要插入和删除的节点的元信息（如数据类型和形状）。为了满足第二个目标，HirFuzz 探索灵活的函数调用链来测试与函数相关的高级优化。除了功能的正确性，HirFuzz 还可以测试 DL 编译器的鲁棒性。具体来说，HirFuzz 允许通过调整约束级别来放松对类型、形状和操作符的约束，以测试 DL 编译器是否能够捕获这些无效的计算图并抛出预期的异常。通过这种方式，HirFuzz 还可以检测异常处理的错误实现所引起的错误。

② NNSmith：Liu 等[63]提出了一种新的模糊测试方法来查找深度学习编译器中的错误，称为 NNSmith。图 5-3-6 显示了 NNSmith 生成的一个示例模型（M0），它触发了 TVM 中的布局分析错误。NNSmith 的核心方法包括：生成多样化但有效的 DNN 测试模型，可以使用轻量级操作符规范来练习编译器转换逻辑的大部分；执行基于梯度的搜索，以寻找模型输入，以避免在模型执行期间出现任何浮点异常值，减少遗漏漏洞或错误警报的机会；使用差异测试来识别漏洞。

```
def M0():           # M0 triggers a compiler crash bug!
  A = Conv2d(...)   # shape: (1,2,1,48)
  B = Ones(1,1,48)  # shape: (  1,1,48)
  return A + B
def M1():           # bug NOT triggered!
  A = Conv2d(...)   # shape: (1,2,1,48)
  B = Ones(1,2,1,49) # different shape: (1,2,1,49)
  return A + B[:,:,:,:48] # slice to match (1,2,1,48)
def M2():           # bug NOT triggered!
  A = Conv2d(...)   # shape: (1,2,1,48)
  B = Ones(1,1,1)    # trivial shape: (1,1,1)
  return A + B
def M3():           # M3 can trigger a semantic bug
  Y = Conv2d(Conv2d(...), ...)  # bug lies here
  Y = Pow(Y, BIG_NUM) # bug not exposed due to Infs
  return Y
```

图 5-3-6　可能揭示编译器错误的 DNN 模式

本章小结

本章对面向深度学习系统的测试和评估方法进行了详细的阐述。首先对测试的基本概念进行了描述，包括其过程、测试组件和测试目标。接着根据安全性、公平性和隐私性对面向深度模型的测试方法进行了介绍，并对测试样本排序技术进行分析。结合真实数据集使用上述方法进行了模型测试和优先级排序的实际应用，并对不同方法的测试性能进行了分析和比较。最后根据框架库、算子、API 和编译器，对面向深度学习框架的测试方法进行了概述。

参 考 文 献

[1] PHAM H V, LUTELLIER T, QI W, et al. Cradle: Cross-backend validation to detect and localize bugs in deep learning libraries[C]// 2019 IEEE/ACM 41st International Conference on Software Engineering. Montreal: IEEE, 2019: 1027-1038.

[2] ZHANG X, SUN N, FANG C, et al. Predoo: Precision testing of deep learning operators[C]// Proceedings of the 30th ACM SIGSOFT International Symposium on Software Testing and Analysis. Virtual Conference: ACM, 2021: 400-412.

[3] XIAO D, LIU Z, YUAN Y, et al. Metamorphic testing of deep learning compilers[J]. Proceedings of the ACM on measurement and analysis of computing systems, 2022, 6(1): 1-28.

[4] MA L, ZHANG F, SUN J, et al. DeepMutation: Mutation testing of deep learning systems[C]// 2018 IEEE 29th International Symposium on Software Reliability Engineering (ISSRE). Memphis: IEEE, 2018: 100-111.

[5] MA L, JUEFEI-XU F, XUE M, et al. Deepct: Tomographic combinatorial testing for deep learning systems[C]// 2019 IEEE 26th International Conference on Software Analysis, Evolution and Reengineering (SANER). Hangzhou: IEEE, 2019: 614-618.

[6] BALDONI R, COPPA E, D'ELIA D C, et al. A survey of symbolic execution techniques[J]. ACM computing surveys (CSUR), 2018, 51(3): 1-39.

[7] SUN Y, WU M, RUAN W, et al. Concolic testing for deep neural networks[C]// Proceedings of the 33rd ACM/IEEE International Conference on Automated Software Engineering. Montpellier: ACM, 2018: 109-119.

[8] ZHANG J M, HARMAN M, MA L, et al. Machine learning testing: Survey, landscapes and horizons[J]. IEEE Transactions on Software Engineering, 2020, 48(1): 1-36.

[9] PEI K, CAO Y, YANG J, et al. DeepXplore: Automated whitebox testing of deep learning systems[C]// Proceedings of the 26th Symposium on Operating Systems Principles. Shanghai: ACM, 2017: 1-18.

[10] GUO J, JIANG Y, ZHAO Y, et al. Dlfuzz: Differential fuzzing testing of deep learning systems[C]// Proceedings of the 2018 26th ACM Joint Meeting on European Software Engineering Conference and Symposium on the Foundations of Software Engineering. Lake Buena Vista: ACM, 2018: 739-743.

[11] LECUN Y, BOTTOU L, BENGIO Y, et al. Gradient-based learning applied to document recognition[J]. Proceedings of the IEEE, 1998, 86(11): 2278-2324.

[12] DENG J, DONG W, SOCHER R, et al. ImageNet: A large-scale hierarchical image database[C]// 2009 IEEE Conference on Computer Vision and Pattern Recognition. Miami: IEEE, 2009: 248-255.

[13] ODENA A, OLSSON C, ANDERSEN D, et al. Tensorfuzz: Debugging neural networks with coverage-guided fuzzing[C]// Proceedings of the 35th International Conference on Machine Learning. Long Beach: PMLR, 2019: 4901-4911.

[14] TIAN Y, PEI K, JANA S, et al. Deeptest: Automated testing of deep-neural-network-driven autonomous cars[C]// Proceedings of the 40th International Conference on Software Engineering. Gothenburg: ACM, 2018: 303-314.

[15] MA L, JUEFEI-XU F, ZHANG F, et al. Deepgauge: Multi-granularity testing criteria for deep learning systems[C]// Proceedings of the 33rd ACM/IEEE International Conference on Automated Software Engineering. Montpellier: ACM, 2018: 120-131.

[16] XIE X, MA L, JUEFEI-XU F, et al. Deephunter: A coverage-guided fuzz testing framework for deep neural networks[C]// Proceedings of the 28th ACM SIGSOFT International Symposium on Software Testing and Analysis. Beijing: ACM, 2019: 146-157.

[17] MA L, JUEFEI-XU F, XUE M, et al. Deepct: Tomographic combinatorial testing for deep learning systems[C]// 2019 IEEE 26th International Conference on Software Analysis, Evolution and Reengineering (SANER). Hangzhou: IEEE, 2019: 614-618.

[18] SUN Y, HUANG X, KROENING D, et al. Testing deep neural networks[J]. arXiv preprint arXiv: 1803.04792, 2018.

[19] SUN Y, WU M, RUAN W, et al. Concolic testing for deep neural networks[C]// Proceedings of the 33rd ACM/IEEE International Conference on Automated Software Engineering. Montpellier: ACM, 2018: 109-119.

[20] DU X, XIE X, LI Y, et al. Deepcruiser: Automated guided testing for stateful deep learning systems[J]. arXiv preprint arXiv: 1812.05339, 2018.

[21] DU X, XIE X, LI Y, et al. Deepstellar: Model-based quantitative analysis of stateful deep learning systems[C]// Proceedings of the 2019 27th ACM Joint Meeting on European Software Engineering Conference and Symposium on the Foundations of Software Engineering. Tallinn: ACM, 2019: 477-487.

[22] LI Z, MA X, XU C, et al. Structural coverage criteria for neural networks could be misleading[C]// 2019 IEEE/ACM 41st International Conference on Software Engineering: New Ideas and Emerging Results (ICSE-NIER). Montreal: IEEE, 2019: 89-92.

[23] HAREL-CANADA F, WANG L, GULZAR M A, et al. Is neuron coverage a meaningful measure for testing deep neural networks?[C]// Proceedings of the 28th ACM Joint Meeting on European Software Engineering Conference and Symposium on the Foundations of Software Engineering. Virtual Event: ACM, 2020: 851-862.

[24] DONG Y, ZHANG P, WANG J, et al. There is limited correlation between coverage and robustness for deep neural networks[J]. arXiv preprint arXiv: 1911.05904, 2019.

[25] MA L, ZHANG F, SUN J, et al. Deepmutation:Mutation pesting of deep learning systems[C]// The IEEE 29th International Symposium on Software Reliability Engineering(ISSRE). Memphis: IEEE computer society, 2018: 100-111.

[26] HU Q, MA L, XIE X, et al. Deepmutation++: A mutation testing framework for deep learning systems[C]// 2019 34th IEEE/ACM International Conference on Automated Software Engineering (ASE). San Diego: IEEE, 2019: 1158-1161.

[27] SHEN W, WAN J, CHEN Z. Munn: Mutation analysis of neural networks[C]// 2018 IEEE International Conference on Software Quality, Reliability and Security Companion (QRS-C). Lisbon: IEEE, 2018: 108-115.

[28] MA S, LIU Y, LEE W C, et al. MODE: Automated neural network model debugging via state differential analysis and input selection[C]// The 2018 26th ACM Joint Meeting on European Software Engineering Conference and Symposium on the Foundations of Software Engineering. Lake Buena vista: ACM, 2018: 175-186.

[29] ZHANG H, CHAN W K. Apricot: A weight-adaptation approach to fixing deep learning models[C]// 2019 34th IEEE/ACM International Conference on Automated Software Engineering (ASE). San Diego: IEEE, 2019: 376-387.

[30] ZHANG H, CHAN W K. Plum: Exploration and prioritization of model repair strategies for fixing deep learning models[C]// 2021 8th International Conference on Dependable Systems and Their Applications (DSA). Yinchuan: IEEE, 2021: 140-151.

[31] FENG Y, SHI Q, GAO X, et al. Deepgini: Prioritizing massive tests to enhance the robustness of deep neural networks[C]// Proceedings of the 29th ACM SIGSOFT International Symposium on Software Testing and Analysis. Virtual Event: ACM, 2020: 177-188.

[32] ZHANG L, SUN X, LI Y, et al. A noise-sensitivity-analysis-based test prioritization technique for deep neural networks[J]. arXiv preprint arXiv: 1901.00054, 2019.

[33] ZHANG K, ZHANG Y, ZHANG L, et al. Neuron activation frequency based test case prioritization[C]// 2020 International Symposium on Theoretical Aspects of Software Engineering (TASE). Hangzhou: IEEE, 2020: 81-88.

[34] KIM J, FELDT R, YOO S. Guiding deep learning system testing using surprise adequacy[C]// 2019 IEEE/ACM 41st International Conference on Software Engineering (ICSE). Montreal: IEEE, 2019: 1039-1049.

[35] SHEN W, LI Y, CHEN L, et al. Multiple-boundary clustering and prioritization to promote neural network retraining[C]// Proceedings of the 35th IEEE/ACM International Conference on Automated Software Engineering. Melbourne: IEEE, 2020: 410-422.

[36] WANG Z, YOU H, CHEN J, et al. Prioritizing test inputs for deep neural networks via mutation analysis[C]// 2021 IEEE/ACM 43rd International Conference on Software Engineering (ICSE). Madrid: IEEE, 2021: 397-409.

[37] UDESHI S, ARORA P, CHATTOPADHYAY S. Automated directed fairness testing[C]// Proceedings of the 33rd ACM/IEEE International Conference on Automated Software Engineering. Montpellier: ACM, 2018: 98-108.

[38] ZHANG P, WANG J, SUN J, et al. White-box fairness testing through adversarial sampling[C]// Proceedings of the ACM/IEEE 42nd International Conference on Software Engineering. Seoul: ACM, 2020: 949-960.

[39] ZHANG L, ZHANG Y, ZHANG M. Efficient white-box fairness testing through gradient search[C]// Proceedings of the 30th ACM SIGSOFT International Symposium on Software Testing and Analysis. Virtual Conference: ACM, 2021: 103-114.

[40] GALHOTRA S, BRUN Y, MELIOU A. Fairness testing: Testing software for discrimination[C]// Proceedings of the 2017 11th Joint Meeting on Foundations of Software Engineering. Paderborn: ACM, 2017: 498-510.

[41] BICHSEL B, GEHR T, DRACHSLER-COHEN D, et al. Dp-finder: Finding differential privacy violations by sampling and optimization[C]// Proceedings of the 2018 ACM SIGSAC Conference on Computer and Communications Security. Toronto: ACM, 2018: 508-524.

[42] ZHANG H, ROTH E, HAEBERLEN A, et al. Testing differential privacy with dual interpreters[J]. Proceedings of the ACM on Programming Languages, 4(OOPSLA), 2020: 1-26.

[43] WANG Y, DING Z, KIFER D, et al. Checkdp: An automated and integrated approach for proving differential privacy or finding precise counterexamples[C]// Proceedings of the 2020 ACM SIGSAC Conference on Computer and Communications Security. Virtual Event: ACM, 2020: 919-938.

[44] BICHSEL B, STEFFEN S, BOGUNOVIC I, et al. DP-sniper: Black-box discovery of differential privacy violations using classifiers[C]// 2021 IEEE Symposium on Security and Privacy (SP). San Francisco: IEEE, 2021: 391-409.

[45] PHAM H V, LUTELLIER T, QI W, et al. CRADLE: Cross-backend validation to detect and localize bugs in deep learning libraries[C]// 2019 IEEE/ACM 41st International Conference on Software Engineering (ICSE). Montreal: IEEE, 2019: 1027-1038.

[46] WANG Z, YAN M, CHEN J, et al. Deep learning library testing via effective model generation[C]// Proceedings of the 28th ACM Joint Meeting on European Software Engineering Conference and Symposium on the Foundations of Software Engineering. Virtual Event: ACM, 2020: 788-799.

[47] GU J, LUO X, ZHOU Y, et al. Muffin: Testing deep learning libraries via neural architecture fuzzing[C]// Proceedings of the 44th International Conference on Software Engineering. Pittsburgh: ACM, 2022: 1418-1430.

[48] WANG J, LUTELLIER T, QIAN S, et al. EAGLE: Creating equivalent graphs to test deep learning libraries[C]// Proceedings of the 44th International Conference on Software Engineering. Pittsburgh: ACM, 2022: 798-810.

[49] ZHANG Y, REN L, CHEN L, et al. Detecting numerical bugs in neural network architectures[C]// Proceedings of the 28th ACM Joint Meeting on European Software Engineering Conference and Symposium on the Foundations of Software Engineering. Virtual Event: ACM, 2020: 826-837.

[50] AYEWAH N, PUGH W, HOVEMEYER D, et al. Using static analysis to find bugs[J]. IEEE software, 2008, 25(5): 22-29.

[51] FLANAGAN C, LEINO K R M, LILLIBRIDGE M, et al. PLDI 2002: Extended static checking for Java[J]. ACM sigplan notices, 2013, 48(4S): 22-33.

[52] HABIB A, PRADEL M. How many of all bugs do we find? a study of static bug detectors[C]// Proceedings of the 33rd ACM/IEEE International Conference on Automated Software Engineering. Montpellier: ACM, 2018: 317-328.

[53] THUNG F, LUCIA, LO D, et al. To what extent could we detect field defects? An empirical study of false negatives in static bug finding tools[C]// Proceedings of the 27th IEEE/ACM International Conference on Automated Software Engineering. Essen: ACM, 2012: 50-59.

[54] GUO Q, XIE X, LI Y, et al. Audee: Automated testing for deep learning frameworks[C]// Proceedings of the 35th IEEE/ACM International Conference on Automated Software Engineering. Melbourne: IEEE, 2020: 486-498.

[55] YAN M, CHEN J, ZHANG X, et al. Exposing numerical bugs in deep learning via gradient back-propagation[C]// Proceedings of the 29th ACM Joint Meeting on European Software Engineering Conference and Symposium on the Foundations of Software Engineering. Athens: ACM, 2021: 627-638.

[56] ZHANG X, SUN N, FANG C, et al. Predoo: Precision testing of deep learning operators[C]// Proceedings of the 30th ACM SIGSOFT International Symposium on Software Testing and Analysis. Virtual Conference: ACM, 2021: 400-412.

[57] ZHANG X, LIU J, SUN N, et al. Duo: Differential fuzzing for deep learning operators[J]. IEEE transactions on reliability, 2021, 70(4): 1671-1685.

[58] XIE D, LI Y, KIM M, et al. DocTer: Documentation-guided fuzzing for testing deep learning API functions[C]// Proceedings of the 31st ACM SIGSOFT International Symposium on Software Testing and Analysis. Virtual Event: ACM, 2022: 176-188.

[59] WEI A, DENG Y, YANG C, et al. Free lunch for testing: Fuzzing deep-learning libraries from open source[C]// Proceedings of the 44th International Conference on Software Engineering. Pittsburgh: ACM, 2022: 995-1007.

[60] DENG Y, YANG C, WEI A, et al. Fuzzing deep-learning libraries via automated relational API inference[C]// Proceedings of the 30th ACM Joint European Software Engineering Conference and Symposium on the Foundations of Software Engineering. Singapore: ACM, 2022: 44-56.

[61] YANG C, DENG Y, YAO J, et al. Fuzzing automatic differentiation in deep-learning libraries[J]. arXiv preprint arXiv: 2302.04351, 2023.

[62] MA H, SHEN Q, TIAN Y, et al. HirFuzz: Detecting high-level optimization bugs in DL compilers via computational graph generation[J]. arXiv preprint arXiv: 2208.02193, 2022.

[63] LIU J, LIN J, RUFFY F, et al. Nnsmith: Generating diverse and valid test cases for deep learning compilers[C]// Proceedings of the 28th ACM International Conference on Architectural Support for Programming Languages and Operating Systems. Vancouver: ACM, 2023: 530-543.

第 6 章　深度学习的数据与算法安全应用

为揭示图像识别、图数据挖掘、信号分析、自然语言处理等领域中的安全隐患，本章聚焦于实际应用任务开展数据与算法的攻防安全应用研究。具体而言，针对图像识别应用任务，探讨了面向自动驾驶的对抗攻击与防御，以及面向生物特征识别系统的对抗攻击与中毒攻击应用。在图数据挖掘领域，探讨了链路预测节点分类和图分类任务的攻防安全问题。此外，还介绍了电磁信号处理领域的攻防安全应用研究。最后，本章进一步探讨了自然语言处理领域的虚假评论检测和虚假新闻检测应用，并提出了相应的方法和技术。攻击与防御的交互推动了安全技术的不断演进，一方面揭露了智能系统中数据与算法的脆弱性，另一方面有助于构建更加安全鲁棒的系统。同时，本章的研究结果以实际应用场景作为落脚点，为构建更安全的人工智能体系提供了有益的思路和方法。

6.1　图像识别的攻防安全应用

深度学习在图像识别和生物建模等领域起到了关键的作用。然而，随着这项技术的广泛应用，其潜在的安全问题也逐渐显现。为此，本节主要展示图像识别领域的安全问题，并着重介绍其在攻防安全方面的应用，包括面向自动驾驶的对抗攻击和防御应用，以及面向生物特征识别系统的对抗攻击与中毒攻击应用。

6.1.1　面向自动驾驶的对抗攻击与防御应用

本节主要研究了面向自动驾驶场景下的对抗攻击与防御，分别提出了基于粒子群优化算法的路牌识别黑盒攻击方法、基于多目标遗传算法的车牌识别黑盒攻击方法以及基于差分隐私概率重激活的防御方法。

6.1.1.1　基于粒子群优化算法的路牌识别黑盒攻击方法

1. 基础原理介绍

在自动驾驶领域中，路牌识别系统的安全性和可靠性对自动驾驶的车辆具有重要影响，研究路牌识别模型的物理对抗攻击有助于发现目标模型的漏洞并进一步采取改进措施。基于该思想，我们针对路牌识别模型提出一种经过粒子群优化的黑盒物理攻击方法（black-box physical attack via PSO，BPA-PSO）[1]，即在未知模型内部结构参数的前提下，通过迭代寻优的方法生成有效的对抗样本，同时利用数字空间中的环境模拟变换来优化对抗样本，提高物理攻击的鲁棒性。

图 6-1-1 展示了物理空间中针对路牌识别模型生成有效对抗样本的过程。首先在一张原始（干净的没有添加扰动的）路牌图像上添加随机扰动作为初始解，然后使用 PSO 算法进行寻优，其具体优化过程如下。

（1）粒子群算法初始化。将添加随机扰动的每一张路牌图像作为一个粒子，位置矩阵 $\boldsymbol{x}_i$ 为路牌图像上所有像素点的 RGB 值，速度矩阵 $\boldsymbol{v}_i$ 为 RGB 值的变化速度，$\omega^{(g)}$ 为当前惯性权重因子，p^{best_i} 为粒子的历史最优位置，g^{best_i} 为粒子群的全局最优位置，g 为当前迭代数，G_k 为

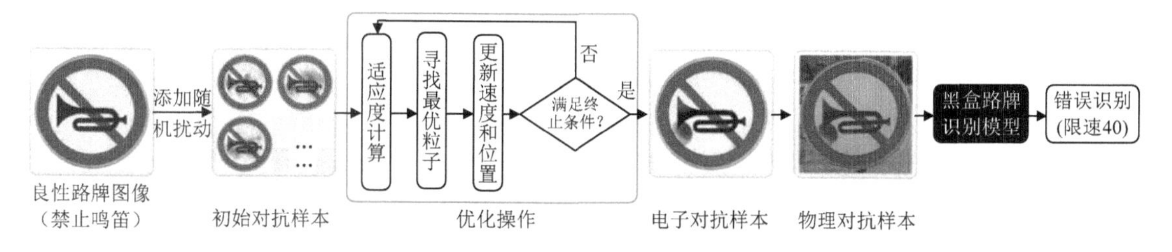

图 6-1-1　基于 BPA-PSO 的路牌识别模型的攻击方法框图

最大迭代数。

（2）适应度值计算。对每张路牌图像进行图像模拟变换，并对变换后的图像重新计算适应度值。

（3）比较各个粒子的最优适应度值，之后更新粒子的历史最优位置 p^{best_i} 以及粒子群的全局最优位置 g^{best_i} 。

（4）更新粒子群的位置矩阵 $\boldsymbol{x}_i$ 和速度矩阵 $\boldsymbol{v}_i$ 。惯性权重因子 $\omega^{(g)}$ 决定了粒子更新时的搜索方式，$\omega^{(g)}$ 值较大时偏向于全局的搜索，较小时偏向于局部的搜索，计算公式如下：

$$\begin{cases}\omega^{(g)}=(\omega_{\text{ini}}-\omega_{\text{end}})(G_{\text{k}}-g)/G_{\text{k}}+\omega_{\text{end}}\\ \boldsymbol{v}_i=\omega^{(g)}\times\boldsymbol{v}_i+c_1\times\text{rand}(\,)\times(p^{\text{best}_i}-x_i)+c_2\times\text{rand}(\,)\times(g^{\text{best}_i}-\boldsymbol{x}_i)\\ \boldsymbol{x}_i=\boldsymbol{x}_i+\boldsymbol{v}_i\end{cases}\tag{6-1-1}$$

其中，ω_{ini} 为初始的惯性权重因子；ω_{end} 为最终的惯性权重因子；rand( ) 表示 0～1 之间的随机数；c_1 和 c_2 为学习时的超参。

（5）若更新过程中得到了全局最优解或者到达了设定的迭代数，则迭代结束，路牌对抗样本图像即为此时的历史最优解；否则跳转到步骤（2）。寻优完成后根据路牌图像的攻击效果更新搜索方向，得到攻击成功率高、扰动稳定性强以及扰动隐蔽性好的对抗路牌图像。最后将得到的对抗路牌图像按比例在物理空间中复现，测试物理空间中的路牌图像的攻击效果。

2. 应用设置

数据集：我们通过从网上爬取路牌图像和现场拍摄，制作了中国路牌数据集（Chinese street sign data set，CSSDS），共计图片 5000 张，内含常见的 35 种路牌交通标志。图片尺寸统一为 64×64×3，训练数据集和测试数据集的划分比例为 8∶2。图 6-1-2 为路牌数据集部分展示。第一行由左至右依次为：限重 10t、限速 40、禁止鸣笛、禁止直行、禁止机动车通行、禁止通行、连续弯路，第二行由左至右依次为：T 字路口、注意步行、上陡坡路、注意环岛、注意行人、方向指示、解除 40km/h 限速。

图 6-1-2　路牌数据集部分展示

模型：路牌识别模型网络结构如表 6-1-1 所示。分别对表中的三种模型结构重复进行五次训练，共获得路牌识别模型 15 个，平均识别准确率超过 95%，满足基本识别要求。表中“5×5×32”代表尺寸为 5×5 的卷积核窗口，深度为 32。

表 6-1-1　路牌识别模型网络结构

层类型	CHINA-CNN1	CHINA-CNN2	CHINA-CNN3
Conv+ReLu	1×1×3	1×1×3	1×1×3
Conv+ReLu	5×5×32	—	5×5×32
Conv+ReLu	5×5×32	5×5×32	5×5×32
Max Pooling	2×2	2×2	2×2
Dropout	0.75	0.75	0.75
Conv+ReLu	5×5×64	—	5×5×64
Conv+ReLu	5×5×64	5×5×64	5×5×64
Max Pooling	2×2	2×2	2×2
Conv+ReLu	5×5×128	—	5×5×128
Conv+ReLu	5×5×128	5×5×128	5×5×128
Max Pooling	2×2	2×2	2×2
Dropout	0.75	0.75	0.75
Dense(Fully Connected)+ReLu	1024	1024	—
Dropout	0.75	0.75	—
Dense(Fully Connected)+ReLu	1024	1024	1024
Dropout	0.75	0.75	0.75
Dense(Fully Connected)+ReLu	35	35	35
Softmax	35	35	35

3. 应用结果与分析

1）数字空间对抗攻击应用结果分析

图 6-1-3 展示了部分路牌对抗样本的数字图像。其中，图 6-1-3（a）表示不添加扰动的原始路牌图像；图 6-1-3（b）表示利用 ZOO 算法实现黑盒对抗攻击后的效果图，其中左边列是对抗扰动图像，右边列是添加对抗扰动后的路牌图像；图 6-1-3（c）表示利用 BPA-PSO 算法实现黑盒对抗攻击后的效果图，其中左边列是对抗扰动图像，右边列是添加对抗扰动后的路牌图像。

（a）原图　　（b）ZOO 攻击后的扰动及对抗样本图　　（c）BPA-PSO 攻击后的扰动及对抗样本图

图 6-1-3　部分路牌对抗样本数字图像展示

表 6-1-2 展示了两种黑盒攻击方法针对不同模型在数字空间中的攻击结果统计，实验采用拍摄距离小于 5m、倾斜角小于 5° 的路牌对抗样本图像。两种攻击方法均添加扰动平滑操作，以保证物理扰动的有效性。由实验结果可知，BPA-PSO 算法的攻击成功率在数字空间和物理

空间均达到了 100%。此外，BPA-PSO 对抗样本的扰动也比 ZOO 更小，这得益于 BPA-PSO 算法针对目标模型学习了对抗性特征分布，优化得到的对抗样本保留了对抗性特征。

表 6-1-2　数字空间中不同模型的黑盒攻击结果

攻击方法	攻击效果	CHINA-CNN1	ResNet50	VGG19	InceptionV3
ZOO	ASR_{elec} /%	87.33	90.00	91.33	88.00
	扰动大小	11.19	10.28	11.63	12.37
BPA-PSO	ASR_{elec} /%	100.00	100.00	100.00	100.00
	扰动大小	10.87	9.23	8.30	10.49

2）实验室场景物理攻击效果分析

在实验室场景中，主要采用贴纸和海报的方式对路牌识别模型实施物理攻击，通过干扰路牌图像原有特征使得路牌识别模型分类出错。实验测试了在无目标攻击和目标攻击中，BPA-PSO 算法生成的路牌对抗样本在不同距离和倾斜角度情况下的攻击效果。

实验结果如表 6-1-3 所示，其中“5m/0°”表示拍摄距离为 5m、倾斜角度为 0° 的图像。表 6-1-3 展示了部分路牌对抗样本图像。由表可知，在不同的环境变换中，路牌对抗样本仍然具有较高的物理攻击成功率，这体现了我们提出的算法生成的对抗扰动的物理可实现性和鲁棒性。对于同一种路牌标志，物理对抗样本的海报方式比贴纸方式具有更高的攻击成功率，这得益于海报展现的对抗扰动视野范围更加广阔。

表 6-1-3　实验室场景下的物理攻击效果

分类	贴纸				海报	
	无目标攻击		目标攻击		目标攻击	
原始类	禁止鸣笛	环岛行驶	限速 40km/h	限重 10t	限速 40km/h	限重 10t
目标类	—	—	禁止鸣笛	限速 40km/h	禁止鸣笛	限速 40km/h
5m/0°						
7m/0°						
7m/20°						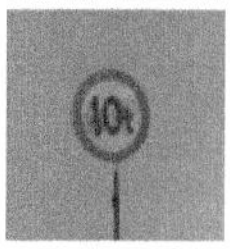
15m/0°	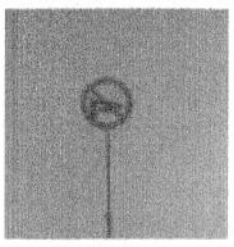			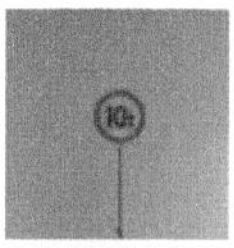		
15m/20°				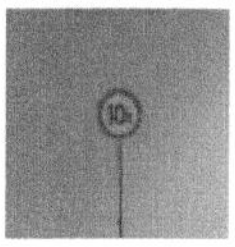		
ASR_{phy}	86.70%	93.30%	100.00%	93.30%	100.00%	100.00%

3）真实道路场景物理攻击效果分析

我们分别在晴天和雨天两种真实道路场景下进行了物理攻击的实验，设置了不同的环境变换，包括拍摄距离、角度和光线。本实验采用贴纸和海报两种方式添加扰动。

真实道路场景（晴天）中目标攻击的实验结果如表 6-1-4 所示，在不同的距离、角度和光线环境下测试对抗样本的物理攻击成功率。表中每种环境都拍摄三张图片进行识别测试，记录路牌识别模型的识别结果及其识别概率，其中“tar：0.92”表示该样本的识别结果为目标类且识别概率为 0.92，“ori：0.53”表示该样本的识别结果为原始类且识别概率为 0.53，“oth：0.33”表示该样本的识别结果为其他类标（既不是原始类也不是目标类）且概率为 0.33。由实验结果可得，在真实道路场景（晴天）的目标攻击实验中，90%以上的路牌对抗样本在面对不同的环境变换时依旧能够以较高的概率欺骗路牌识别模型，这体现了 BPA-PSO 算法生成的对抗样本在物理空间的目标攻击中也能保持较为稳定的攻击性能。

表 6-1-4　真实道路场景（晴天）中的目标攻击

添加方式	贴纸				海报	
光影	亮				暗	
对抗路牌图像						
原始类	禁止鸣笛	限速 40km/h	限重 10t	环岛行驶	限速 40km/h	限重 10t
5m/0°	tar: 0.92 tar: 0.99 tar: 0.93	tar: 0.98 tar: 0.96 tar: 0.99	tar: 0.99 tar: 0.93 tar: 0.98	tar: 0.99 tar: 0.99 tar: 0.99	tar: 0.99 tar: 0.99 tar: 0.99	tar: 0.99 tar: 0.99 tar: 0.99
8m/0°	tar: 0.84 tar: 0.93 tar: 0.50	tar: 0.93 tar: 0.99 tar: 0.97	tar: 0.77 tar: 0.93 tar: 0.99	tar: 0.99 tar: 0.99 tar: 0.99	tar: 0.99 tar: 0.99 tar: 0.99	tar: 0.99 tar: 0.99 tar: 0.99
8m/20°	tar: 0.72 tar: 0.97 tar: 0.51	tar: 0.99 tar: 0.98 tar: 0.98	tar: 0.99 tar: 0.93 tar: 0.98	tar: 0.99 tar: 0.99 tar: 0.99	tar: 0.99 tar: 0.99 tar: 0.99	tar: 0.99 tar: 0.99 tar: 0.99
15m/0°	tar: 0.78 tar: 0.51 tar: 0.95	tar: 0.79 tar: 0.57 ori: 0.89	tar: 0.52 tar: 0.84 tar: 0.63	tar: 0.99 tar: 0.99 tar: 0.99	tar: 0.99 tar: 0.99 tar: 0.99	tar: 0.99 tar: 0.70 tar: 0.98
15m/20°	tar: 0.59 tar: 0.60 oth: 0.33	tar: 0.83 ori: 0.53 ori: 0.50	tar: 0.98 oth: 0.52 tar: 0.88	tar: 0.99 tar: 0.99 tar: 0.99	tar: 0.99 tar: 0.99 tar: 0.99	tar: 0.53 tar: 0.85 ori: 0.54
ASR_{phy}	93.30%	80.00%	93.30%	100.00%	100.00%	93.30%

另一真实道路场景设置在雨天的道路上。由于制作对抗样本的材料是防水的，因此在实验测试中也达到了较为理想的攻击效果。表 6-1-5 展示了在雨天道路场景下，路牌对抗样本的无目标攻击结果。由实验结果可知，BPA-PSO 生成的对抗样本在恶劣的环境因素下依然能够保持较为鲁棒的攻击性能。

表 6-1-5　真实道路场景（雨天）中的无目标攻击

添加方式	贴纸		海报	
对抗路牌图像				
ASR_{phy}	100.00%	73.20%	100.00%	100.00%

6.1.1.2　基于多目标遗传算法的车牌识别黑盒攻击方法

1. 基础原理介绍

深度学习模型广泛应用于自动驾驶的各个应用场景，但是容易受到微小扰动的对抗攻击，特别是存在于物理空间中的对抗攻击对模型的安全性产生了巨大危害。针对深度学习模型的物理攻击研究日趋增多，但是物理攻击中对抗样本攻击鲁棒性低、对抗扰动难以复现的问题依旧存在，而且缺少对商业系统的攻击研究。针对以上问题，本节提出了基于多目标遗传算法的车牌识别黑盒攻击方法[2]，对现实生活应用广泛的车牌识别系统进行漏洞检测，在完全未知系统内部结构信息前提下展开黑盒攻击，发现物理空间中的商用车牌识别系统也存在安全漏洞，采用带精英策略的非支配遗传算法（NSGA-Ⅱ）对样本进行优化，仅利用模型的输出类标及对应置信度即可产生对环境变化具有较强鲁棒性的对抗样本，系统框图如图 6-1-4 所示。

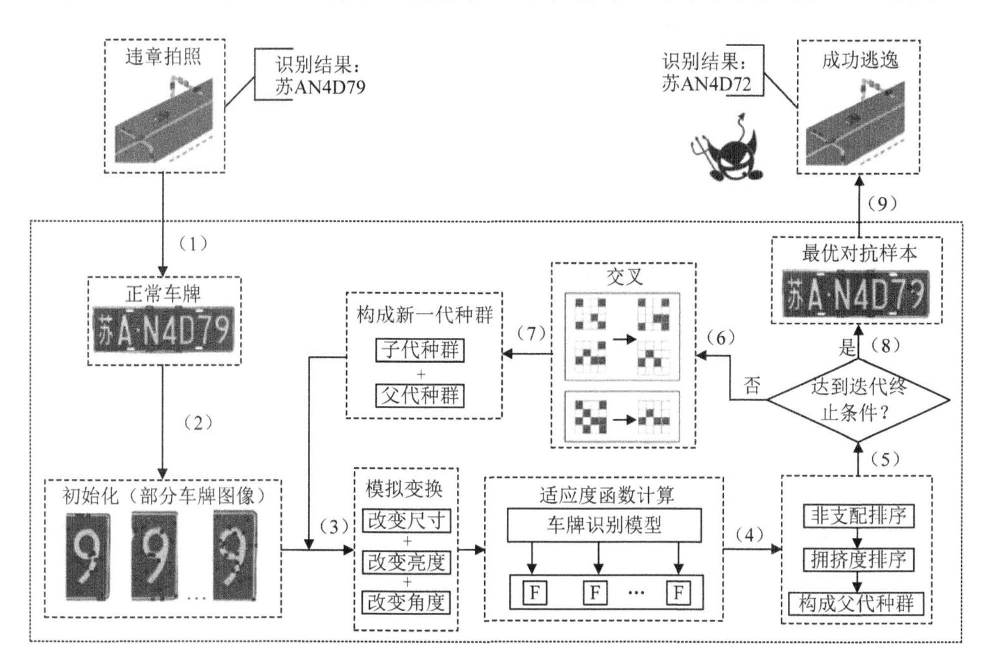

图 6-1-4　车牌识别黑盒攻击方法的整体框图

基于多目标遗传算法的车牌识别黑盒攻击方法具体步骤如下。

（1）通过对正常车牌从不同距离、角度拍摄一段视频，截取其中若干帧作为正常车牌图像数据集。

（2）在正常车牌图像上分别添加随机扰动像素块，生成多张不同的初始对抗样本，构成初始种群。

（3）分别考虑攻击效果、扰动大小、环境影响等因素，设计多目标优化函数，并计算种群中每个样本的适应度值。

（4）对种群中的样本进行非支配排序和拥挤度排序，选取父代种群 P。

（5）判断是否达到迭代终止条件，如果是，执行步骤（8）；如果否，执行步骤（6）。

（6）对于父代种群 P，使用交叉操作产生子代种群。

（7）将父代种群与子代种群合并成一个整体种群 R，跳转到步骤（3）。

（8）选取符合要求的最优样本（原类标置信度小于 0.2 且扰动最小）。

（9）将扰动复现在真实车牌上，实现物理攻击。

2. 应用设置

数据集：CCPD 是一个由中国科学技术大学构建的用于车牌识别的大型国内数据集，该数据集绝大多数均为“皖 A”车牌，为扩充完善各个省份的车牌，将另一公开数据集中的车牌数据与 CCPD 组合，作为本节的车牌数据集，共 5000 张车牌样本。此外，还在 5000 张车牌样本上进行了旋转、模糊和亮度调节等图片数据增强操作，再次扩充了数据集的数量，达到 20000 张图片数据集。

模型：现阶段应用较广的中国车牌识别开源模型包括以下三种：HyperLPR、easyPR 和 PaddlePaddle-OCR 车牌识别。为比较三者的有效性，本节利用上述公开车牌数据集分别对三个模型进行了训练验证检测，并统计其识别准确率，如表 6-1-6 所示，HyperLPR 存在预训练模型，我们主要对预训练模型进行微调。

表 6-1-6　三种模型的识别准确率

模型名称	训练准确率/%	测试准确率/%
HyperLPR	96.7	96.3
easyPR	85.4	84.1
PaddlePaddle-OCR	87.9	86.5

从表 6-1-6 中可知，HyperLPR 模型的识别准确率远高于其他两种模型，因此将 HyperLPR 模型作为攻击算法的目标模型以验证所提攻击方法的有效性。

评价指标：攻击成功率计算方式如下：

$$\text{ASR}=\frac{\text{sumNum}(\text{label}(x')\neq y_0)}{\text{sumNum}(\text{label}(x)=y_0)} \tag{6-1-2}$$

其中，$\text{sumNum}(\cdot)$ 表示样本数量；x 表示原图；x' 表示对抗样本；$\text{label}(\cdot)$ 表示输出的类标；y_0 表示正常车牌的正确类标。

扰动大小用来评价对抗样本中扰动的隐蔽性。本节采用平均 L_0 和平均 L_2 两种扰动计算方式。算法生成的对抗样本中的扰动为纯黑色，重点关注扰动的区域面积，所以平均 L_0 范数是衡量扰动大小的主要指标。平均 L_0 和平均 L_2 的计算公式分别如下：

$$\begin{cases} \overline{L}_2=\dfrac{\sqrt{\sum\limits_{i=1}^{h}\sum\limits_{j=1}^{w}\sum\limits_{k=1}^{c}(x'_{ijk}-x_{ijk})^2}}{hwc} \\ \overline{L}_0=\dfrac{\sum\limits_{i=1}^{h}\sum\limits_{j=1}^{w}\sum\limits_{k=1}^{c}\text{sign}(x'_{ijk}-x_{ijk})}{hwc} \end{cases} \tag{6-1-3}$$

其中，h、w、c 分别表示图像中的高度、宽度、通道数；x'_{ijk} 表示对抗样本在第 k 个通道上坐标为（i,j）的像素点的值；x_{ijk} 表示原始图像在第 k 个通道上坐标为（i,j）的像素点的值，图像的像素点的范围是 0～255。

样本鲁棒性用原类标置信度表示，对抗样本被识别成原类标的置信度越低，表示该样本越鲁棒。

收敛时的迭代次数主要用来衡量一次攻击所需要的时间成本和访问代价。算法对模型的访问次数=迭代次数×种群大小。

3. 应用结果与分析

1）车牌图像攻击算法对比

在基于深度学习的计算机视觉领域，已有多种对抗攻击的算法。其中，白盒攻击中较为典型的有 FGSM 和基于 2-norm 的攻击方法，黑盒攻击中较为典型的有 ZOO 和 AutoZOO 攻击方法。我们针对车牌识别系统提出了一种基于带精英策略的非支配遗传算法（NSGA-Ⅱ）的黑盒攻击方法，实现了物理层面的对抗攻击。

NSGA-Ⅱ算法参数设置如下：种群规模为 50 张车牌样本，初始扰动所占总面积比为 1∶80，扰动块数量为 30，形状为矩形，进化停止代数为 50 代，交叉概率为 0.8。

我们面向车牌数据集，分别采用四种性能较优的白盒与黑盒攻击算法对每张图像上的 7 个字符展开对抗攻击，目标模型为 HyperLPR，并将攻击结果同本节算法的攻击结果进行对比，如表 6-1-7 所示。为了配合主流攻击算法（如 FGSM 等）中的扰动计算方式，表 6-1-7 中的扰动大小用平均 L_2 范数和平均 L_0 范数计算。由表可知，在指定攻击车牌上的某一个字符时，本节算法的攻击成功率高于其他四种攻击方法，并且平均 L_2 扰动也相应更小一点。平均 L_0 范数主要衡量扰动的像素点个数，即扰动区域，由于本节算法重点限制扰动区域，而其他四种攻击方法在整张车牌上添加扰动，所以本节算法的平均 L_0 扰动小于其他四种攻击方法。就黑盒攻击而言，本节算法对模型的访问次数远小于其他两种攻击算法，这得益于本节算法只需较少的迭代次数。此外，白盒攻击对模型的访问次数远小于黑盒攻击对模型的访问次数，基于 2-norm 的攻击方法在各项指标上均优于 FGSM，AutoZOO 在各项指标上也均优于 ZOO。

表 6-1-7　车牌图像攻击算法对比结果

攻击算法		攻击成功率/%	扰动（$\bar{L}_2$）	扰动（$\bar{L}_0$）	访问次数
白盒	FGSM	89.3	0.0673	0.9365	32
	2-norm	92.8	0.0508	0.9227	3
黑盒	ZOO	85.7	0.0875	0.9532	74356
	AutoZOO	87.1	0.0694	0.9381	4256
	本节算法	98.6	0.0352	0.0041	1743

图 6-1-5 展示了不同攻击算法攻击同一张车牌样本的不同位置的对抗样本图。从上到下每行依次是 FGSM、2-norm、ZOO、AutoZOO 和本节算法的对抗样本图，从左到右每列表示对车牌中每个位置的字符被依次攻击的对抗样本图。由对抗样本生成结果可知，前四种攻击算法得到的对抗样本上的扰动基本都是全局分散的，而且每个扰动的像素值几乎都不相同，有的扰动甚至肉眼无法观测到。很显然前四种攻击方法得到的车牌对抗样本难以在物理世界中得以复现，即使通过打印纸质车牌，依旧存在打印色差的问题。但是本节算法生成的车牌对抗样本很容易在物理世界中加以实现，只需要在真实车牌的相同位置贴上相同形状的黑色小纸片即可，甚至粘上黑色泥土也能达到一定的攻击效果。

图 6-1-5　不同攻击算法攻击同一张车牌样本的不同位置的对抗样本图

2）模拟环境变换的车牌图像对抗样本

为了提高对抗样本在物理攻击中的成功率，本节采取三套不同的环境模拟策略优化对抗样本，利用 NSGA-Ⅱ自动生成“0”到“9”数字的对抗样本，并测试在不同数字模拟环境中的对抗样本攻击鲁棒性。我们采取的三套不同环境模拟策略分别是固定 1、固定 2 和随机变换。具体描述如下。

（1）固定 1：将原始对抗样本尺寸缩小为 1/2 和放大至 2 倍；将原始对抗样本像素值增加 30 和减小 30；将原始对抗样本向右倾斜 30° 和向左倾斜 30°。

（2）固定 2：将原始对抗样本尺寸缩小至 3/10 和放大至 3 倍；将原始对抗样本像素值增加 50 和减小 50；将原始对抗样本向右倾斜 50° 和向左倾斜 50°。

（3）随机变换：将原始对抗样本尺寸随机缩小至 S_1（$S_1 \in (0.2,1)$）和放大至 S_2（$S_2 \in (1,5)$）；将原始对抗样本像素值随机增加 $P_1 \in (0,100)$ 和减小 $P_2 \in (0,100)$；将原始对抗样本随机向右倾斜 $A_1 \in (0,60)$ 度和向左倾斜 $A_2 \in (0,60)$ 度。我们使用的车牌图像大小约为 350×100，当尺寸缩小至小于 1/5 时，会对图像的可视性造成较大的影响，当放大倍数大于 5 时，会导致模型识别准确率的下降；改变的像素值超过（−100,100）这个范围时，会导致图像过暗或过亮，降低模型的识别准确率。

实验结果如表 6-1-8 所示。其中，左边 1 列表示在测试时对已经生成的对抗样本进行环境模拟变换，原始对抗样本表示不对样本作模拟变换，左边第 2 列表示在优化时采取三套不同的环境模拟策略生成的对抗样本，3～12 列具体列举了数字“0”到“9”的攻击成功率。由表可知，当测试时的环境模拟变换与优化时的模拟策略一致时，固定幅度的攻击成功率会相应提升，并且固定的幅度越大，对外界环境的适应能力越好，但是生成对抗样本时的成功率会略微下降。当外界环境变换不可知时，“随机变换”策略生成的对抗样本的攻击鲁棒性更高，由此可知随机幅度变换更适用于本节算法。此外，由表 6-1-8 中的“各种环境平均攻击成功率”可知，不同数字的对抗样本的鲁棒性并不相同。在不同的环境变换下，数字“0”的三种对抗样本的攻击成功率均为最高，数字“1”的三种对抗样本的攻击成功率均为最低，换言之，在物理攻击中数字“0”比数字“1”更容易被攻击。

表 6-1-8　不同环境模拟策略在不同模拟环境下的攻击成功率

测试时环境模拟变换	优化时环境模拟策略	攻击成功率/%										10 个数字平均攻击成功率/%
		0	1	2	3	4	5	6	7	8	9	
原始对抗样本	固定 1	100	96	100	100	100	100	100	100	100	100	99.6
	固定 2	100	94	96	98	94	100	100	96	100	100	98.0
	随机	100	94	98	100	94	100	100	98	100	100	98.4

续表

测试时环境模拟变换	优化时环境模拟策略	攻击成功率/%										10 个数字平均攻击成功率/%
		0	1	2	3	4	5	6	7	8	9	
尺寸×0.5 光线+30 角度右 30°	固定 1	100	80	90	92	90	94	98	90	96	100	93.8
	固定 2	98	76	90	84	88	92	94	86	92	98	90.4
	随机	100	76	92	92	90	94	96	88	92	98	92.8
尺寸×2 光线-30 角度左 30°	固定 1	100	80	90	92	92	94	98	90	96	100	93.6
	固定 2	100	78	90	86	86	88	92	82	90	96	89.2
	随机	100	78	92	90	88	90	96	84	92	96	91.4
尺寸×0.3 光线+50 角度右 50°	固定 1	92	76	80	86	82	84	88	84	90	88	85.0
	固定 2	98	82	92	92	90	94	96	90	96	98	93.4
	随机	96	80	90	88	86	90	94	92	92	94	90.8
尺寸×3 光线-50 角度左 50°	固定 1	90	74	80	86	82	82	90	82	88	88	84.2
	固定 2	98	80	90	92	90	92	96	92	94	98	92.8
	随机	96	78	88	88	84	92	92	92	94	94	90.6
尺寸×0.7 光线+20 角度右 42°	固定 1	92	76	80	88	84	82	90	82	92	90	85.6
	固定 2	94	76	86	90	86	84	92	86	90	92	88.4
	随机	96	78	90	92	90	92	94	90	94	96	92.2
尺寸×1.3 光线-75 角度左 15°	固定 1	92	76	78	86	82	84	90	82	88	84	84.2
	固定 2	92	74	82	86	82	86	92	88	90	90	88.0
	随机	94	76	88	90	86	92	92	90	92	94	91.0
各环境平均攻击成功率	固定 1	95.1	79.7	85.4	90.0	87.4	88.5	93.4	87.1	92.8	92.8	89.2
	固定 2	97.1	79.4	89.4	89.4	88.0	90.8	94.5	88.2	93.1	96.0	90.7
	随机	97.4	79.7	90.5	90.5	88.2	92.5	94.8	90.0	93.7	96.0	91.6

3）实验室环境的车牌识别系统攻击

完成车牌的数字图像攻击后，将车牌对抗样本按车牌真实比例放大后打印，然后将扰动裁剪下来，按对应位置粘贴在真实车牌上，测试本节算法在实验室环境中物理攻击的效果，调整实验室环境的距离光线角度，检测对抗样本的鲁棒性。实验结果如表 6-1-9 所示。本实验的车牌识别模型是 HyperLPR，原始正常车牌为"苏 AN4D79"。

由表 6-1-9 可知，正常车牌在不同物理环境下均能以 0.9 以上的平均置信度被正确识别。之后，分别在"N""D""9"上添加扰动（粘上打印后裁剪下来的黑色纸张），实验结果可得添加扰动后的车牌在不同的物理环境下均被错误识别为"苏 AH4072"，分类的置信度有所下降，但均高于 0.8，属于正常的识别样本置信度范畴。本实验证明了本节算法的数字图像的扰动按同比例复刻进物理世界中后，也具有较强的攻击能力。

表 6-1-9　实验室环境的车牌对抗攻击

环境因素	0°,1m,白天	0°,1m,夜晚	0°,5m,白天	0°,5m,夜晚	20°,1m,白天	20°,1m,夜晚
物理对抗样本						
正常车牌识别结果	苏 AN4D79	苏 AN4D79	苏 AN4D79	苏 AN4D79	苏 AN4D79	苏 AN4D79

续表

环境因素	0°,1m,白天	0°,1m,夜晚	0°,5m,白天	0°,5m,夜晚	20°,1m,白天	20°,1m,夜晚
正常车牌识别置信度	0.9751	0.9741	0.9242	0.9214	0.9578	0.9501
对抗样本识别结果	苏 AH4072	苏 AH4072	苏 AH4072	苏 AH4072	苏 AH4072	苏 AH4072
对抗样本识别置信度	0.9041	0.8862	0.8248	0.8310	0.8045	0.8424

6.1.1.3 基于差分隐私概率重激活的防御方法

1. 基础原理介绍

虽然目前已有一些有效的防御方法，包括对抗训练、数据变化、模型增强等，但是依然存在一些问题，例如，提前已知攻击方法与对抗样本才能实现有效防御、面向黑盒攻击的防御能力差、以牺牲部分正常样本的识别准确率为代价等问题。因此，提出对抗样本不依赖的、不损失原模型精度的防御方法是关键，本节提出了一种基于差分隐私概率重激活（differential privacy probability reactivation，DPPR）[3]的防御方法，这是一种针对黑盒攻击的轻量级的快速防御。

正常情况下神经网络的前向传播过程可以表示为 $f\cdot \mathrm{R}^M \to \mathrm{R}^N$，其中 M 表示输入的维度，N 表示输出的维度。将样本 $x\in X$ 输入深度模型中进行分类预测，在经过最后一层全连接后会得到一个向量 $\boldsymbol{Z}(x,i)$，其中，$i\in\{0,1,2,\cdots,C-1\}$，C 表示数据集的分类总数，向量 $\boldsymbol{Z}(x,i)$ 表示输入 x 被分类成第 i 类时的权重值，即得分情况，该向量被称为目标模型的逻辑值（logits）。为了将每一类的 logits 归一化，使用 Softmax 函数对其进行激活，得到一个包含各类 logits 值归一化后的概率向量 $\boldsymbol{f}(x)$，向量 $\boldsymbol{f}(x)$ 表示输入 x 被分类成各类时的概率大小，概率值最大的那一类即为模型分类结果。logits 向量 $\boldsymbol{Z}(x,i)$ 通过 Softmax 激活函数转化为概率向量 $\boldsymbol{f}(x)$ 的计算公式如下：

$$\boldsymbol{f}^{(i)}(x)=\frac{\mathrm{e}^{\boldsymbol{Z}(x,i)}}{\sum_{i=0}^{C-1}\mathrm{e}^{\boldsymbol{Z}(x,i)}} \tag{6-1-4}$$

其中，e 表示自然底数；x 为目标模型的输入；$\boldsymbol{f}^{(i)}(x)$ 表示输入被分类为第 i 类的概率。则目标模型的输出类标表示为 $\hat{y}=\arg\max(\boldsymbol{f}(x))$，其中，$\hat{y}$ 表示 x 的预测类标，argmax(·) 返回数值元素值最大的位置的坐标。给定 x 的真实标签为 y，当 $\hat{y}=y$ 时，则预测正确，反之则预测错误。

指数机制是一种 ε-差分隐私保护方式。当算法 A 以等价于 $\mathrm{e}^{\frac{\varepsilon q(D,a)}{2\Delta q}}$ 的概率输出 a 时，算法 A 满足差分隐私保护。因为 $\mathrm{e}^{\frac{\varepsilon q(D,a)}{2\Delta q}}$ 不是概率值，所以需要对所有可能的值进行归一化，从而得到输出概率，可由以下公式表示：

$$P(a)=\frac{\exp\left(\dfrac{\varepsilon q(D,a)}{2\Delta q}\right)}{\sum_i \exp\left(\dfrac{\varepsilon q(D,i)}{2\Delta q}\right)} \tag{6-1-5}$$

其中，$P(a)$ 表示随机算法 A 输出为 a 的概率；ε 表示隐私保护预算；$q(D,a)$ 表示输入为 D、输出为 a 时的得分函数；Δq 表示得分函数的敏感度，定义为

$$\Delta q=\max_{D,D'}\| q(D,a)-q(D',a)\|_1 \tag{6-1-6}$$

当前式成立时，算法 A 满足 ε-差分隐私保护方式。

再将其引入深度神经网络可得到如下新的概率输出公式：

$$f_{\mathrm{dp}}^{(i)}(\boldsymbol{x})=\frac{\exp\left(\dfrac{\varepsilon f^{(i)}(\boldsymbol{x})}{2\Delta q}\right)}{\sum_{j=0}^{C-1}\exp\left(\dfrac{\varepsilon f^{(j)}(\boldsymbol{x})}{2\Delta q}\right)} \tag{6-1-7}$$

其中，$f_{\mathrm{dp}}^{(i)}(\boldsymbol{x})$ 表示引入差分隐私保护后的深度模型分类为 i 的概率；$f^{(i)}(\boldsymbol{x})$ 表示原始模型分类为 i 的概率；Δq 表示敏感度函数，可由上式计算得 $\Delta q=\max\limits_{x,x'}\|f^{(i)}(\boldsymbol{x})-f^{(i)}(\boldsymbol{x}')\|_1=1$；$\{0,1,2,\cdots,C-1\}$ 为模型可输出的类标集合；ε 为隐私保护预算，用来控制隐私保护程度，为了提高模型的隐私保护能力，将 ε 设为一个很小的可变参数。对应不同隐私保护预算反映在具体目标模型的输出概率上，如图 6-1-6 所示。以 CIFAR-10 数据集在 ResNet50 模型上的输出概率保护为例，展示了单张样本在不同 ε 下的概率信息泄露。当 ε 变小，输出概率逐渐趋于平缓，但是为了保证模型的正常工作，其真实类标的概率值一直保持最大。

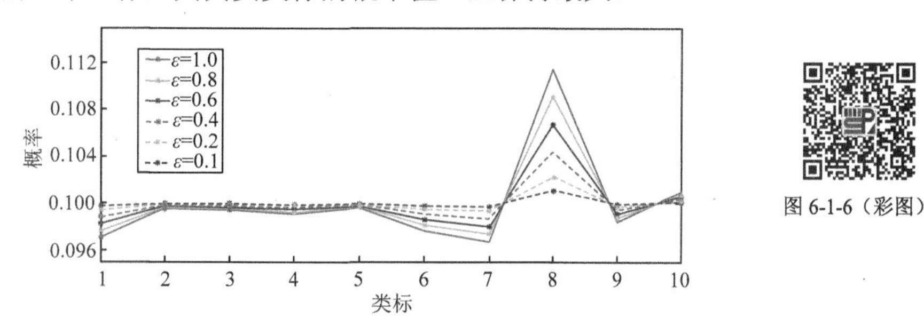

图 6-1-6（彩图）

图 6-1-6　不同隐私保护预算下的输出概率趋势

2. 应用设置

数据集：实验采用 MNIST、CIFAR-10 和 ImageNet 三个公共数据集以及路牌和车牌两个专用数据集。其中，MNIST 数据集包括 60000 张训练样本和 10000 张测试样本，样本大小是 28×28 的灰度图像，共 10 类；CIFAR-10 数据集由 50000 张训练样本和 10000 张测试样本组成，样本大小为 32×32×3 的彩色图片，共 10 类；ImageNet 数据集选取 130 万张训练样本和 5 万张测试样本共 1000 类进行实验；路牌数据集和车牌数据集分别选取 100 张和 50 张自然拍摄的图像进行实验。

模型：MNIST、CIFAR-10 和 ImageNet 三个数据集的默认模型均为 ResNet50，等价模型均为 VGG19，模型集成防御由 ResNet50、AlexNet 和 VGG19 组成，路牌数据集的识别模型为 CHINA-CNN1，车牌数据集的识别模型为 HyperLPR。

攻击方法：梯度估计，ZOO、Auto-ZOO 和 Boundary++；等价模型，基于雅可比的模型等价方法，等价模型上的白盒攻击为 FGSM、MI-FGSM 和 C&W；概率优化，One-pixel、NES(PI)、POBA-GA；基于粒子群优化算法的路牌识别黑盒攻击方法和基于多目标遗传算法的车牌识别黑盒攻击方法。

防御方法：采取四种防御方法作为 DPPR 的对比算法，分别为对抗训练（AdvTrain）、通道变换（Transform）、模型集成（Ensemble）和模型自集成（RSE）。

AdvTrain：在模型训练阶段，将 FGSM 和 PGD 的对抗样本和正常样本混合在一起作为模型的训练集，最后重新训练得到防御模型。

Transform：在模型的训练和推理阶段，加入样本变换的预处理操作，操作包括图像压缩和方差最小化操作。

Ensemble：在模型训练和推理阶段，将模型 ResNet50、AlexNet 和 VGG19 的输出层进行集合，得到融合了三个模型的 Ensemble 模型。

RSE：在模型训练和推理阶段，均在模型的各层中加入随机噪声，扰乱模型的梯度信息。

评价指标：在验证防御有效性时，采取了防御超前性的方法，即对模型先防御后攻击的形式，而非先攻击再利用防御模型重新识别对抗样本，前者更能表现防御模型在面对攻击时的防御效果，所以实验的评价指标是攻击成功率而非防御成功率。攻击成功率公式如下：

$$\mathrm{ASR}=\frac{n_{\mathrm{adv}}}{n_{\mathrm{right}}} \tag{6-1-8}$$

其中，n_{right} 表示攻击前模型分类正确的样本数；n_{adv} 表示模型分类正确的样本中攻击成功的对抗样本数。攻击成功率越低，表示防御效果越好。

3. 应用结果与分析

1）基于梯度估计的黑盒攻击防御效果对比

本节实验主要分析 DPPR 在基于梯度估计的黑盒攻击上同其他防御方法的防御效果对比。我们在 MNIST、CIFAR-10 和 ImageNet 三个数据集上利用基于梯度估计的三种黑盒攻击（ZOO、Auto-ZOO 和 Boundary++）直接对六个模型进行攻击，其他模型分别为不采取防御的原始模型、AdvTrain、Transform、Ensemble 和 RSE。从实验结果可知，在面对基于梯度估计的不同黑盒攻击方法时，DPPR 相比于其他防御方法具有更强的鲁棒性。具体实验结果如表 6-1-10 所示。

表 6-1-10 基于梯度估计的黑盒攻击防御效果对比

模型	MNIST（ASR/%）			CIFAR-10（ASR/%）			ImageNet（ASR/%）		
	ZOO (10000)	Auto-ZOO (1000)	Boundary++ (5000)	ZOO (5000)	Auto-ZOO (1000)	Boundary++ (5000)	ZOO (250000)	Auto-ZOO (5000)	Boundary++ (80000)
原始模型	99.57	100.00	100.00	97.42	100.00	100.00	89.31	100.00	84.54
AdvTrain	28.56	30.18	35.73	27.76	28.10	30.12	21.36	25.54	24.79
Transform	23.52	24.56	29.25	23.93	24.43	22.65	14.31	16.96	15.62
Ensemble	20.49	25.63	19.54	23.15	20.53	17.53	14.49	13.84	10.89
RSE	13.43	14.15	9.43	8.59	12.61	10.75	8.31	9.62	**3.63**
DPPR	**6.42**	**9.74**	**8.83**	**7.93**	**8.94**	**7.53**	**7.65**	**8.32**	6.38

由表中的第 2 行可知，每一种攻击方法下的括号中都对应着一个数字，该数字代表每种攻击方法在攻击不同策略的防御模型时所允许的最大模型访问次数。例如，第 2 列中的“ZOO”对应的“(10000)”是指利用 ZOO 去攻击每一种防御模型时，最多允许访问防御模型 10000 次，超出则视为攻击失败。由于不同攻击方法的攻击性能不一致，实验为了保证每种攻击方法在原始模型上都具有较高的攻击成功率，设定每一个数据集下的每一种攻击方法都对应着不同的模型访问次数。基于梯度估计的黑盒攻击的成功率与允许的模型访问次数有很大关联，通常攻击成功率与被允许的访问次数成正比，所以在实验中，相同攻击方法攻击不同防御模型时设定一样的访问次数，能够更加客观真实地反映不同防御方法的防御效果。

由表 6-1-10 可知，仅仅利用模型输出的概率，三个数据集下的三种攻击方法在攻击原始模型时，攻击成功率都能达到 80%以上，甚至在两个小数据集上几乎能达到 100%。由此可知，不采取防御措施的原始模型在面对基于梯度估计的黑盒攻击时是脆弱的，防御措施必不可少。在攻击防御模型时，攻击成功率大幅度下降，但是对抗训练的防御效果明显弱于其他攻击方法，这是因为对抗训练是攻击相关性防御，只对特定的攻击有很好的防御作用，其他攻击防御效果不佳。此外，RSE 的防御效果优于一般的 Ensemble 防御，这是因为在 RSE 中不管是训练阶段还是推理阶段都加了随机扰动，具有随机性的防御模型往往要比一般的固定性防御更难被攻击，因为攻击过程中往往会被随机性引到错误的方向，但具有随机性的模型通常会以降低准确率为代价。最后，由表 6-1-10 最后一行可得知，在大多数情况下 DPPR 的防御效果相比于其他防御方法都是最优的。

2）基于模型等价的黑盒攻击防御效果对比

本节实验主要分析 DPPR 在基于模型等价的黑盒攻击上同其他防御方法的防御效果对比。本节通过基于雅可比的模型等价方法用 VGG19 模型分别拟合六组模型的分类边界，得到对应的六个等价模型，然后利用三种白盒攻击方法（FGSM、MI-FGSM 和 C&W）攻击这六个等价模型获取不同的对抗样本，最后利用这些对抗样本对六个被等价的目标模型进行攻击。从实验结果可知，相比于其他四个防御模型，DPPR 明显具有更好的防御效果。具体实验结果如表 6-1-11 所示。

表 6-1-11 基于模型等价的黑盒攻击防御效果对比

模型	MNIST（ASR/%）			CIFAR-10（ASR/%）			ImageNet（ASR/%）		
	FGSM	MI-FGSM	C&W	FGSM	MI-FGSM	C&W	FGSM	MI-FGSM	C&W
原始模型	75.83	84.38	72.75	73.27	86.84	70.53	69.94	80.72	67.52
AdvTrain	23.57	29.47	35.38	21.52	29.99	35.41	16.10	34.27	30.63
Transform	37.84	44.42	35.45	33.40	46.13	31.14	30.92	43.71	22.64
Ensemble	30.45	39.72	28.42	31.48	40.25	32.29	25.55	38.12	23.41
RSE	18.83	28.31	16.37	17.37	25.58	16.91	15.82	27.96	12.92
DPPR	**3.97**	**6.14**	**4.32**	**3.32**	**6.54**	**2.57**	**3.37**	**5.41**	**2.25**

由表 6-1-11 可知，在不防御的原始模型中，基于模型等价的黑盒攻击的攻击效果比梯度估计的攻击效果差，这是因为模型等价攻击依赖于对抗样本的迁移性，即使等价模型和原模型的分类边界几乎一致，但其结构以及参数上的差异性仍然会影响对抗样本的迁移效果。通过比较不同攻击方法的攻击成功率可以观察到，MI-FGSM 的对抗样本的迁移性明显优于其他两种方法，这是因为 MI-FGSM 利用动量迭代的方式生成对抗样本，大幅提升了对抗样本的迁移性。此外，AdvTrain 对 FGSM 的防御效果明显优于其他两种攻击方法，这是因为对抗训练的训练集中包含了 FGSM 在 ResNet50 上的对抗样本。最后，由表中最后一行可得知，DPPR 在等价模型上的防御效果远好于其他防御模型，因为 DPPR 虚假输出了原始模型的分类边界，等价模型拟合的是扰乱后的边界，并非模型真正的分类边界，所以由该等价模型生成的对抗样本的迁移性很弱。

3）基于概率优化的黑盒攻击防御效果对比

本节实验主要分析 DPPR 在基于概率优化的黑盒攻击上同其他防御方法的防御效果对比。本实验在 MNIST、CIFAR-10 和 ImageNet 三个数据集上利用基于概率优化的三种黑盒攻击方法（One-pixel、NES(PI)和 POBA-GA）直接对六个模型进行攻击。同样，表 6-1-12 中的每一种攻击方法下方都对应被允许的最大模型访问次数。从实验结果可知，在面对基于概率优化的不同黑盒攻击方法时，DPPR 相比于其他防御方法具有更强的鲁棒性。

由表 6-1-12 可知，One-pixel 的成功率明显远远低于其他两种方法，这是因为 One-pixel 攻击方法通过只改变若干个像素点（本实验中小于 5 个）来生成对抗样本，对于 224×224 的 ImageNet 的图像，扰动值过小。过小的扰动很容易通过预处理操作被除去，所以 Transform 在

One-pixel 上的防御效果要远优于其他两种攻击方法。

表 6-1-12 基于概率优化的黑盒攻击防御效果对比

模型	MNIST（ASR/%）			CIFAR-10（ASR/%）			ImageNet（ASR/%）		
	One-pixel (80000)	NES(PI) (2000)	POBA-GA (1000)	One-pixel (80000)	NES(PI) (2000)	POBA-GA (1000)	One-pixel (800000)	NES(PI) (50000)	POBA-GA (5000)
原始模型	80.32	99.26	100.00	86.43	100.00	100.00	40.61	93.60	98.00
AdvTrain	30.12	33.81	41.86	35.29	38.30	38.52	9.43	32.96	38.10
Transform	4.54	25.48	20.55	8.19	24.88	19.96	2.48	28.90	18.54
Ensemble	13.65	26.73	27.43	15.3	23.65	26.92	8.54	22.49	23.95
RSE	**1.43**	15.54	8.93	7.69	20.52	16.49	**2.43**	18.97	10.80
DPPR	3.69	**7.31**	**6.32**	**3.91**	**6.11**	**7.32**	4.56	**5.23**	**6.43**

6.1.2 面向生物特征识别系统的对抗攻击与中毒攻击应用

随着深度神经网络的发展，生物特征识别系统的识别时间缩短，准确率提高。生物特征识别系统被广泛应用于政府、军队、银行、电子商务、门禁安检等安全性要求较高的领域，其安全问题也逐渐成为新的研究热点。本节提出了两种不同类型的攻击，研究了深度学习模型在训练阶段可能受到的中毒攻击和在测试阶段可能受到的对抗攻击，并对生物特征识别系统的安全性进行分析。

6.1.2.1 基于遗传算法的生物特征扰动优化黑盒对抗攻击方法

1. 基础原理介绍

虽然目前已经有研究人员提出黑盒对抗攻击方法，然而大多数的黑盒攻击方法都需要构建等价模型，通过对等价模型攻击实现黑盒攻击。即使存在可以直接对模型进行攻击的黑盒攻击方法也需要通过大量的查询次数才能实现黑盒攻击。

针对黑盒攻击的攻击效果不佳的问题，此节提出一种基于遗传算法（POBA-GA）[4]的新型扰动优化黑盒对抗攻击，该算法通过遗传算法（包括初始化、选择、交叉和变异）生成最佳的对抗性样本。POBA-GA 算法首先通过初始化生成各种不同类型的随机扰动，然后将扰动添加到原图上得到初始对抗样本，再将对抗性样本输入目标模型中，获得各个对抗样本的分类结果，并基于分类结果和扰动大小计算对抗样本对应的适应度函数值。若此时没有满足循环停止条件则对其对应的扰动进行选择、交叉、变异等操作获得下一代扰动，否则停止循环，将适应度函数值最高的对抗样本作为最终结果输出。

2. 应用设置

模型：在对野外标记人脸（LFW）数据集进行实验时，目标模型采用 FaceNet 模型，其特征提取器为 20170512-110547。在对指纹数据集进行实验时，目标模型的网络结构采用 Keras 提供的 InceptionResNetV2，并用 CASIA 指纹数据集的 80%数据作为训练数据集训练模型，剩余的 20%用于研究 POBA-GA 的攻击性能。

数据集：主要是在 LFW 数据集和 CASIA Fingerprint Subject Ageing Version 1.0 指纹数据集上进行实验。其中 LFW 数据集包含约 13000 张 5752 个人的照片。CASIA Fingerprint Subject Ageing Version 1.0 包含 49 名研究人员提供的指纹数据。指纹数据集跨越了四年的时间，包含 2009 年和 2013 年两个年份的数据集。2009 年包含来自 uru4000 的指纹数据，2013 年包含来自 T2、uru4000 和 uru4500 三种不同传感器的数据。无论是哪种类型的数据集，每个研究人员均提供 20 个指纹样本（左右手中指和食指每个指头 5 个指纹）。CASIA 指纹数据给不同的人一个独立的 ID，但同一个人的不同手指的指纹并没有特定的关联性，因此我们将每个手指作为一个类进行指纹数据集重新划分，并且清除部分模糊不清的指纹样本。

3. 应用结果与分析

1）人脸识别模型的电子攻击

我们主要验证 POBA-GA 是否可以对人脸进行攻击。

图 6-1-7 显示了 POBA-GA 对 LFW 数据集攻击的效果图。第一行为攻击者真实的长相及模型预测类标，第二行为添加了扰动之后的对抗样本及其预测类标，第三行为对抗样本攻击目标类的真实长相及其类标。从图中可以发现，POBA-GA 可以仅在相片中添加细微的扰动便实现目标攻击，使得目标模型将对抗样本识别为目标类。

图 6-1-7　POBA-GA 对 FaceNet 模型的电子攻击效果图

2）人脸识别模型的物理攻击

在实际中总是存在一些不能由用户自主拍照并上传的情况，比如校区门禁、贩卖机的人脸支付。因此我们研究了如何在现实世界中实现物理的 POBA-GA 对抗攻击。由于眼镜是人们最常见的佩戴物品，因此将眼镜作为实现对抗攻击的物理手段。

POBA-GA 物理攻击首先在眼镜所在的范围生成扰动，然后通过打印扰动并佩戴实现物理攻击，具体过程如图 6-1-8 所示。由于像素点在打印的过程中可能存在失真、色差等情况，因此扰动色彩类型少像素点大。

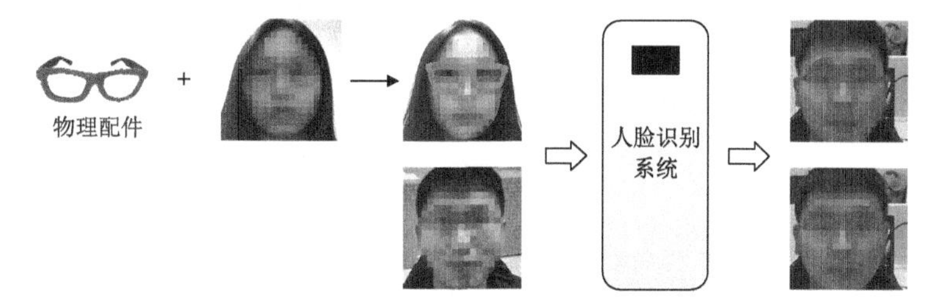

图 6-1-8　POBA-GA 物理攻击示意图

图 6-1-9 显示了 POBA-GA 的物理攻击效果图。第一行为攻击者真实的长相及模型预测类标，第二行为佩戴了扰动眼镜之后的对抗样本及其预测类标，1--0 表示类标为 1 的人佩戴了没

有扰动的眼镜，1--2 表示类标为 1 的人佩戴了一号扰动眼镜。第三行为对抗样本攻击目标类的真实长相及其类标。从图 6-1-9 中可以发现，只有指定人员戴上对应类型的扰动眼镜才能识别为目标人物，当眼镜和佩戴眼镜的人有一样不匹配时都不会识别错误。实验结果验证 POBA-GA 不仅可以对人脸识别模型进行电子层面的对抗攻击，还可以实现物理层面的对抗攻击。

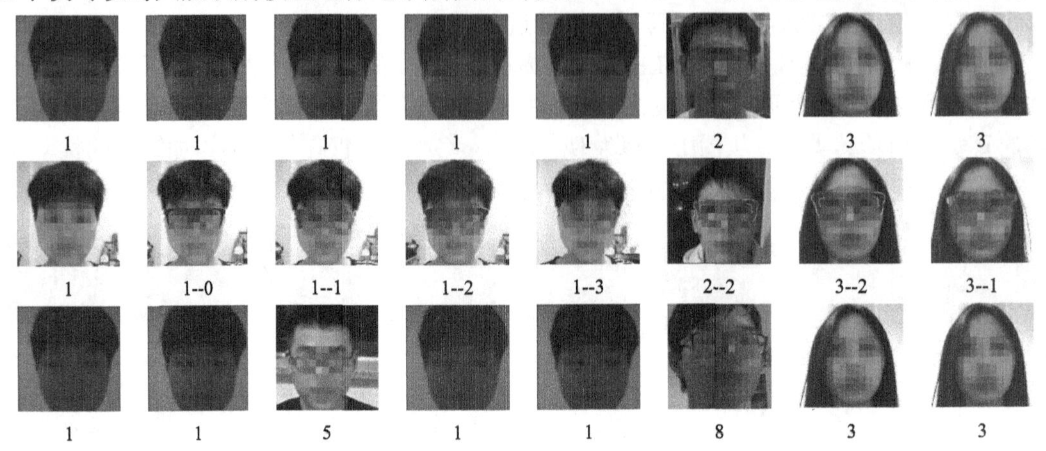

图 6-1-9　POBA-GA 对 FaceNet 模型的物理攻击效果图

3）指纹识别模型

人脸识别和指纹识别是生活中最常见的生物特征识别。我们主要对指纹识别模型进行攻击，用以验证 POBA-GA 可以实现对指纹识别模型的攻击。图 6-1-10 显示了 POBA-GA 对指纹识别模型攻击的结果。第一行为攻击者的真实指纹，第二行为 POBA-GA 生成的对抗样本，第三行为目标类的指纹。实验结果表明，POBA-GA 可以实现对 CASIA 指纹识别模型的攻击。

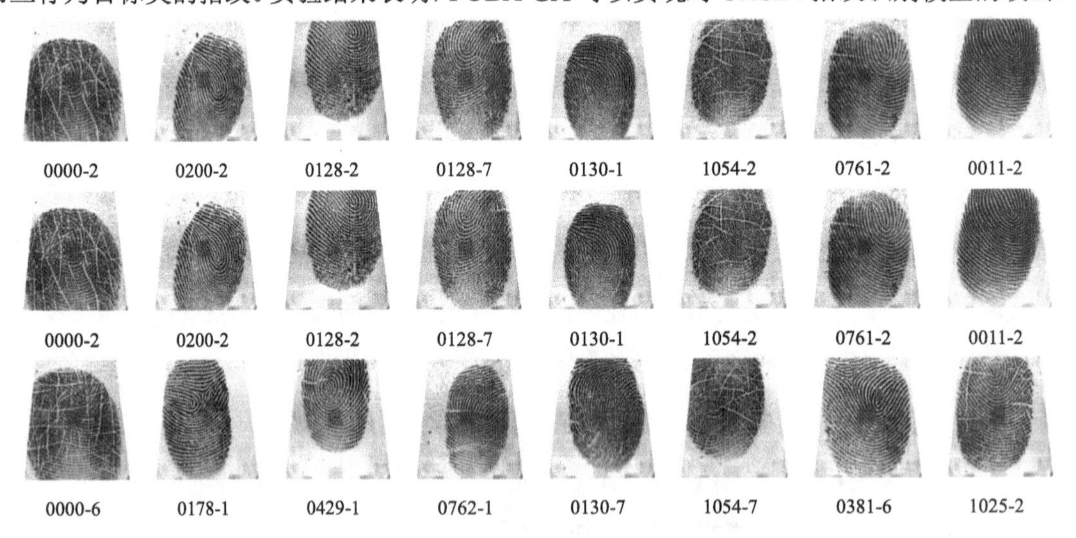

图 6-1-10　POBA-GA 对 CASIA 指纹识别模型攻击效果图

6.1.2.2　基于遗传算法的生物特征隐蔽中毒攻击方法

1. 基础原理介绍

由于中毒攻击相对简单，因此存在以下问题：①中毒样本比较明显，只要对数据集稍加检查或抽查便可以发现中毒样本；②后门需要特定密钥（触发器）对其进行触发，例如添加水印或戴上眼镜等，需要特定条件，可操作性差；③虽然已有隐蔽中毒攻击，但它们只能将特定几张的触发样本识别错误，而不是将某一触发类的样本识别错误。基于以上问题，本节提出了一种高隐蔽的中毒攻击（IPA）[5]。IPA 通过将含有触发类特征的中毒样本添加到训练数据集中，使得模型中毒并将触发类识别成为目标类。具体步骤如下：首先，算法随机生成若干个初始中毒样本，并将其输入 DNN 等价模型 S-FRS（与目标模型拥有相同的特征提取器，但训练数据集不同的模型）；然后通过计算其适应度函数值来评价其性能；若此时不满足终止条件，则采用选择、交叉和变异等进化操作来更新中毒样本的种群。

2. 应用设置

数据集：本节实验使用的三个公开人脸数据集与前文一致，即 LFW 数据集、CASIA-3D 数据集和 Youtube 数据集。

模型：主要对 FaceNet 模型进行实验，并对两种基于 FaceNet 模型的人脸识别系统（20170512-110547 和 20180402-114759）进行攻击。其中 20170512-110547 模型（T-FRS1）是通过对 MSCeleb-1M 数据集训练获得的，输入大小为 160×160 像素的 RGB 图像。20180402-114759 模型（T-FRS2）是通过对 VGGFace2 数据集训练获得的。

3. 应用结果与分析

1）中毒攻击的隐蔽性

图 6-1-11 显示了不同中毒攻击方法生成的中毒样本。与其他中毒攻击相比，IPA 生成的中毒样本更加隐蔽，肉眼几乎无法将其与正常的样本进行区别，而其他攻击都可以比较明显地发现原图与中毒攻击的不同之处。此外 Blende Injection 和 Accessory Injection 需要触发器来激活攻击，这也限制了中毒攻击的应用场景。

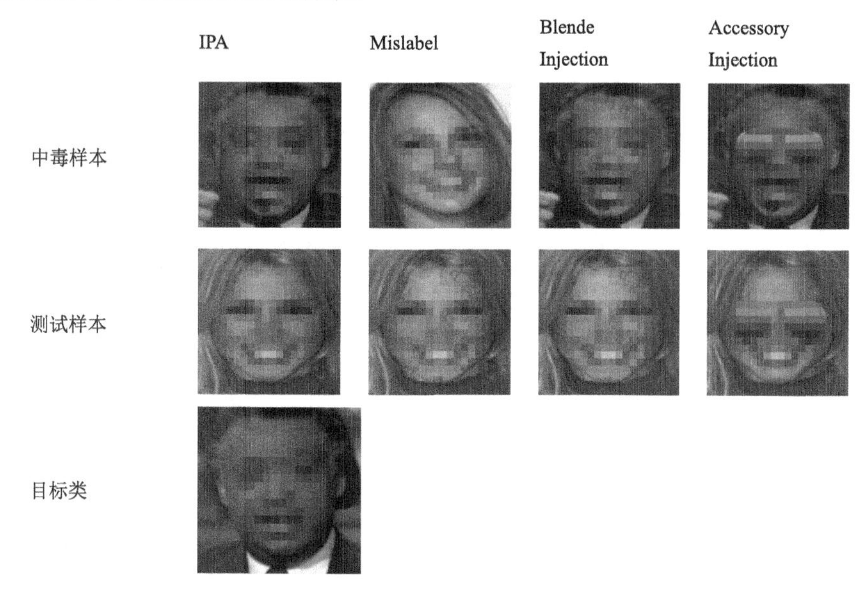

图 6-1-11　不同攻击产生的中毒样本的隐蔽性

2）毒性

将 IPA 与错误类标（Mislabel）攻击的攻击效果进行比较，可以发现 IPA 生成的中毒样本不仅扰动很小，还能让触发样本以较高的攻击成功率使得中毒模型输出对应的错误类标。需要注意的是，Blende Injection 和 Accessory Injection 在测试阶段需要触发器（秘钥）才能实现攻击，如混合注入攻击需要在电子照片上添加水印。附件注入需要戴指定的眼镜才能实现攻击。

然而在现实世界中，需要直接验证人脸，在某些场合需摘掉眼镜再进行识别，因此仅将 IPA 和错误类标攻击进行识别。

表 6-1-13 显示了 IPA 和错误类标（Mislabel）中毒攻击在 Youtube 数据集上的实验结果，迭代次数为 1000 次，特征提取器为 T-FRS1，中毒样本占目标类样本的 20%，其他类均为正常样本。RA_{tc} 表示目标类别的正常样本的识别准确度，ASR_{pe} 表示触发样本的攻击成功率，RA_{be} 表示所有类别的正常样本的识别准确度。p_{tc} 表示正常目标类别被模型识别为目标类别的置信度，p_{pe} 表示触发样本被模型识别为目标类别的置信度，p_{be} 表示所有正常样本被模型识别正确的平均置信度。从表中可以发现，IPA 和 Mislabel 的实验结果几乎相同，但是 Mislabel 在触发样本上的置信度高于 IPA。这是因为 Mislabel 直接替换了中毒样本的标签，中毒样本包含更多触发样本的特征，因此触发样本被中毒模型识别时的置信度会更高。即使 IPA 中毒攻击的置信度相对较低，也并不影响其攻击成功率。

表 6-1-13　不同中毒攻击的毒性比较

指标	正常模型	IPA 中毒模型	Mislabel 中毒模型
RA_{tc} /%	97.24	98.66	98.58
p_{tc}	0.008	0.009	0.009
ASR_{pe} /%	0.00	95.42	95.45
p_{pe}	0.001	0.006	0.008
RA_{be} /%	95.61	95.59	95.58
p_{be}	0.008	0.008	0.008

另外，为了验证 IPA 的攻击性能，本节还对具有不同特征提取器和不同人脸训练数据集的 T-FRS 进行攻击。表 6-1-14 显示了不同模型在中毒攻击前后的性能。从表中可以发现，在训练数据集不同时，即使我们使用相同的特征提取器，T-FRS 依然会有不同的识别准确率。例如，表中 LFW 数据集的识别准确率就会高于 CASIA 和 Youtube，CASIA 数据集的识别准确率高于 LFW 和 Youtube。这是因为 CASIA 数据集中的人脸是按照规定的姿势拍摄的，包含各种角度，但是在训练时我们仅随机选择了其中 5 张图像，因此测试样本可能由于角度和训练数据集中某张图像相似而被错误分类。而 CASIA 数据集的识别准确率高于 LFW 和 Youtube，这主要是因为 CASIA 数据集的训练样本的数量少于 LFW 和 Youtube。从表中还可以发现不同的特征器在不同的人脸数据集上有不同的表现，例如在没有中毒的 T-FRS1 上，LFW 数据集的表现比 CASIA 更好，而在没有中毒的 T-FRS2 上，CASIA 数据集的表现比 LFW 更好。这一现象主要是因为不同的特征提取器生成时采用的训练数据集不同，LFW 的人脸数据和 T-FRS1 的训练数据集的特征分布更为相似。

表 6-1-14　IPA 在不同 T-FRS 上的性能比较

数据集	指标	T-FRS1		T-FRS2	
		正常	中毒	正常	中毒
LFW	RA_{tc} /%	100.00	100.00	100.00	100.00
	p_{tc}	0.022	0.021	0.021	0.023
	ASR_{pe} /%	0.00	100.00	0.00	88.00
	p_{pe}	0.003	0.022	0.002	0.016
	RA_{be} /%	99.40	99.26	98.62	98.62
	p_{be}	0.022	0.022	0.022	0.022

续表

数据集	指标	T-FRS1		T-FRS2	
		正常	中毒	正常	中毒
CASIA	RA_{tc}/%	86.49	86.49	94.59	100.00
	p_{tc}	0.065	0.046	0.056	0.059
	ASR_{pe}/%	0.00	94.59	0.00	100.00
	p_{pe}	0.008	0.043	0.007	0.054
	RA_{be}/%	95.79	95.46	98.72	97.72
	p_{be}	0.063	0.063	0.063	0.063
Youtube	RA_{tc}/%	97.24	98.66	92.89	96.23
	p_{tc}	0.008	0.009	0.008	0.008
	ASR_{pe}/%	0.00	95.42	0.00	89.00
	p_{pe}	0.001	0.006	0.002	0.005
	RA_{be}/%	95.61	95.59	92.69	92.68
	p_{be}	0.008	0.008	0.008	0.008

3）迁移性分析

在实际应用中，我们不知道 T-FRS 的内部结构和训练数据集。因此，此小节研究了 IPA 攻击的迁移性，实验结果如表 6-1-15 所示。表格第一行和第二行表示等价模型采用的训练数据集和特征提取器，第一列和第二列为目标模型的训练数据集和特征提取器。从表中可以发现存在一种情况，当等价模型和目标模型拥有相同的特征提取器时，即使等价模型和目标模型的训练数据集不同，IPA 中毒攻击也会有较高的攻击成功率，且 IPA 中毒攻击的成功率反而会高于相同训练数据集。我们认为，这主要是因为 T-FRS 在训练的过程中不仅仅关注了人脸的面部特征，还可能受到图片背景的影响。受到这一特点的启发，在实际应用中攻击者可以采用两种方式提高 IPA 的攻击成功率：①尽可能地获取 T-FRS 模型的特征提取器或训练相同效果的等价模型；②在训练中毒样本时在一定程度上转移目标模型训练过程中的特征，即目标模型在训练时关注的不是人脸的面部特征而是背景或其他标记。当然作为目标模型的使用者也可加强这两个方向的防御。

表 6-1-15　IPA 对不同数据集上不同模型的迁移性

数据集		指标	LFW		CASIA	
			T-FRS1	T-FRS2	T-FRS1	T-FRS2
LFW	T-FRS1	ASR_{pe}/%	100.00	0.00	100	7.30
		RA_{tc}/%	99.40	99.40	95.70	98.90
	T-FRS2	ASR_{pe}/%	0.00	88.00	8.00	100.00
		RA_{tc}/%	98.60	98.60	95.80	98.90
CASIA	T-FRS1	ASR_{pe}/%	100.00	64.90	94.60	27.00
		RA_{tc}/%	99.40	98.60	95.50	98.50
	T-FRS2	ASR_{pe}/%	100.00	100.00	18.90	100.00
		RA_{tc}/%	99.40	98.60	95.40	97.70

6.2 图数据挖掘的攻防安全应用

图数据挖掘算法能够有效地分析出网络中具有价值的信息，但也存在被不法分子利用的可能性，因此本节对图数据挖掘的攻防安全应用进行介绍。

6.2.1 面向链路预测的攻防安全应用

链路预测作为图网络的一种下游应用，具有广泛的现实应用，如淘宝的推荐系统、医用的心电信号异常监测等，但是在实际应用中遭受着对抗攻击和后门攻击的威胁。面向链路预测任务的攻防安全应用包括链路预测的对抗攻击和动态链路预测的后门攻击。

6.2.1.1 基于梯度的迭代式对抗攻击应用

1. 基础原理介绍

基于梯度的迭代式对抗攻击[6]主要分为三个阶段，分别为 GAE 模型的构建和训练、邻接矩阵梯度计算、对抗图生成。首先，对抗攻击的目的是生成高质量的对抗样本，因此需要选择一些经典的 GNN 模型作为目标模型。GAE 作为最常见的链路预测模型，使用编码-解码的结构来提取图中的节点嵌入信息并实现链路预测，在现有的链路预测算法中取得了几乎最好的成绩。其次，需要构造损失函数来获取邻接矩阵的梯度，该损失函数的优化目标是使 GAE 模型尽可能错误地预测目标链路。在确定损失函数后，借助损失函数和已知模型参数计算损失函数对于邻接矩阵的梯度，并对梯度关于矩阵对角线进行对称。最终根据梯度的绝对值大小对邻接矩阵的所有元素进行降序排序，再按排序结果查看邻接矩阵元素与其对应梯度值的符号，若梯度的符号为正则在邻接矩阵中添加干扰链路，反之则删除链路，但由于邻接矩阵只能取 0 和 1 这两个离散值，所以无法将干扰链路添加在已经存在连边的位置。同理，也无法去除本就不存在的连边。

2. 应用设置

数据集：选择 NS 数据集、Yeast 数据集和 Facebook 数据集来验证 IGA 算法的攻击性能。

NS 数据集是由 1589 位科学家组成的科学家合作网络，每个科学家作为图中的节点，通过论文的合作关系建立连边。其中 128 位科学家为孤立节点。由于这些节点对链路预测过程没有帮助，我们将这些孤立节点删除。NS 共包含 268 个子图结构，其中最大的子图结构包含 379 个节点。

Yeast 数据集又称为蛋白质网络数据集，它包含 2375 个蛋白质分子和 11693 条连边，每条连边表示两个蛋白质之间的相互作用。

Facebook 数据集表示一个社交网络数据集，其节点表示社交用户，连边表示用户间的朋友关系。Facebook 数据集包含 4039 个节点和 88234 条连边，是三个数据集中节点平均连边数最多的数据集。

对比算法：为了验证 IGA 算法的有效性，选择 DICE 和 GA 两种攻击方法进行比较。这两种方法的具体介绍如下：

DICE 针对节点设计了多个中心性度量指标，在不超过预设的最多修改连边数量的前提下，通过先删除 a 条连边再增加 b 条连边的方式实现针对目标链路的攻击。

GA 与 IGA 类似，也是一种基于梯度的链路预测攻击方法，该方法通过对梯度的单次计算构造对应的对抗扰动。相比于 IGA，GA 具有更低的计算复杂度，具有快速生成对抗图的能力。

对于 IGA 算法，为了获得最高的攻击成功率，在实验中令 $n=1$，并将 K 设置为目标链路两端节点的平均度值 k_v。与之类似，在 DICE 中，也设置 $a=b=k_v$。

评价指标：为验证链路预测攻击算法的攻击效果，使用攻击成功率 ASR 和平均修改连边数 AML 来评价算法的性能。

$$\text{ASR}=\frac{N_\text{s}}{N_\text{t}}\times 100\% \tag{6-2-1}$$

其中，N_s 表示被攻击成功的目标链路数；N_t 表示参与攻击的目标链路总数。

AML 表示使攻击取得成功的平均扰动大小，其计算方法为

$$\text{AML}=\frac{1}{N_\text{t}}\sum_{i=1}^{N_\text{t}}\ell_i \tag{6-2-2}$$

其中，ℓ_i 表示攻击第 i 条目标链路时需要修改的连边数量；AML 是对 ASR 指标的一个补充，当两种攻击方法的 ASR 十分接近时，AML 越小的方法生成的对抗扰动更具有隐蔽性。

3. 应用结果与分析

1）IGA 算法的攻击性能

首先使用 IGA 算法对 GAE 模型进行无限制攻击和单节点攻击，然后将生成的对抗图输入其他链路预测算法。实验过程中，统计了 IGA、DICE 和 GA 在所有链路预测数据集上取得的 ASR 和 AML，具体结果如表 6-2-1～表 6-2-3 所示。

可以看出，在大多数情况下，与其他攻击方法相比，无限制的 IGA 攻击算法能取得最高的 ASR，展现出了最好的攻击效果。尤其对于 CN、RA、Katz 和 LRW 这四种链路预测模型，它的 ASR 均能达到 100%。对于 IGA 单节点攻击方法和 GA 攻击方法，它们的原理与无限制的 IGA 攻击算法相同。然而，在生成对抗图的过程中，它们对扰动的添加提出了各自的限制，因此取得的攻击效果要略差于无限制的 IGA 攻击算法。在扰动大小方面，无限制 IGA 算法的 AML 值也明显低于其他对比算法。尤其在 Facebook 数据集中，无限制 IGA 算法的 AML 要比 DICE 算法小 40%左右。这说明 IGA 算法根据梯度添加扰动的方法是准确的，其生成的扰动也更为隐蔽。

另外，统计结果表明，通过 GAE 生成的对抗图在攻击其他链路预测算法时，取得了比攻击 GAE 本身更好的攻击效果。以 NS 和 Facebook 这两个数据集为例，无限制 IGA 算法对 GAE 取得的 ASR 不足 60%，而对于 CN、RA、Katz 和 LRW 这类传统的链路预测算法取得的 ASR 几乎接近于 100%。这表明，传统的链路预测方法对抵御对抗攻击的能力极其有限，因此，对它们的算法的鲁棒性应予以更高度的关注。相比于这些方法，DeepWalk 和 node2vec 这两种基于深度模型的链路预测算法具有一定的鲁棒性，而 GAE 模型本身是所有链路预测算法中鲁棒性最强的。从迁移性攻击角度来看，由于 GAE 模型的高鲁棒性，IGA 算法具有极强的攻击迁移能力。

此外，表中还对无限制攻击和单节点攻击的 ASR 和 AML 进行了对比分析。有趣的是，尽管总体而言无限制攻击的攻击效果略好，但单节点攻击取得的攻击效果和无限制攻击十分接近。甚至在 NS 数据集上，对 DeepWalk 和 node2vec 的攻击结果中，单节点攻击的 ASR 更高，AML 更低。这说明在实际应用场景中的某些特定场合，IGA 可以使用单节点攻击代替无限制攻击，以实现对目标链路一端的节点更好的保护。

表 6-2-1　在 NS 数据集上不同攻击方法对多种链路预测算法的攻击结果

预测模型	ASR/%				AML			
	IGA		对比算法		IGA		对比算法	
	无限制	单节点	DICE	GA	无限制	单节点	DICE	GA
GAE	56.20	23.72	1.82	25.18	8.04	17.42	11.29	9.67
DeepWalk	76.83	100	49.81	28.52	5.74	2.71	9.63	9.15
Node2vec	71.43	96.30	44.44	46.67	3.36	2.67	4.59	3.63
CN	100	100	83.33	100	4.19	4.18	8.17	5.16
RA	95.71	95.31	92.02	96.71	2.80	2.83	4.47	3.37
Katz(0.01)	100	100	83.33	100	4.18	4.18	8.16	5.12
LRW(3)	100	98.10	92.38	100	2.75	2.68	3.25	2.56
LRW(5)	100	99.16	94.96	100	2.14	2.01	2.73	2.00
平均值	87.52	89.07	67.76	74.64	4.15	4.83	6.54	5.08

表 6-2-2　在 Yeast 数据集上不同攻击方法对多种链路预测算法的攻击结果

预测模型	ASR/%				AML			
	IGA		对比算法		IGA		对比算法	
	无限制	单节点	DICE	GA	无限制	单节点	DICE	GA
GAE	69.52	32.19	2.03	36.99	46.78	62.65	67.27	61.21
DeepWalk	96.15	32.00	76.67	86.67	22.77	27.20	43.60	34.53
Node2vec	96.15	96.00	76.67	92.31	22.46	26.40	45.20	36.46
CN	100	100	97.73	100	26.00	21.55	33.75	35.45
RA	98.63	100	97.73	100	22.75	19.23	42.01	32.30
Katz(0.01)	100	100	97.85	100	16.45	17.99	31.27	18.54
LRW(3)	100	100	96.67	100	4.10	4.53	6.57	4.40
LRW(5)	100	95.65	95.65	100	2.78	2.74	3.83	2.96
平均值	95.06	89.48	80.13	89.50	20.51	22.70	34.19	28.23

表 6-2-3　在 Facebook 数据集上不同攻击方法对多种链路预测算法的攻击结果

预测模型	ASR/%				AML			
	IGA		对比算法		IGA		对比算法	
	无限制	单节点	DICE	GA	无限制	单节点	DICE	GA
GAE	52.84	22.74	0.33	15.05	134.97	171.77	189.94	161.51
DeepWalk	100	100	100	100	99.26	79.00	93.33	135.00
Node2vec	100	100	100	100	80.10	83.67	94.33	132.00
CN	100	100	98.92	100	49.78	45.72	70.09	54.23
RA	100	100	90.77	94.57	40.50	35.38	81.43	72.85
Katz(0.01)	100	100	81.25	100	55.63	53.67	114.44	61.06
LRW(3)	100	100	93.22	91.38	15.98	22.31	61.12	25.50
LRW(5)	100	100	94.44	96.23	16.19	19.67	66.98	20.85
平均值	94.11	90.34	82.37	87.15	61.55	63.90	96.46	82.87

2）扰动的隐蔽性分析

下面使用可视化的方法对每个数据集的原始图和产生的对抗扰动进行对比分析，通过可视化结果来验证 IGA 方法生成的扰动的不可察觉性。

首先，攻击者在每个数据集中任意选取两条需要攻击的目标链路，以每条目标链路为中心截取其附近的节点构成子图。再将每个子图在攻击过程中修改的连边和攻击后的图结构进行可视化展示。展示情况如图 6-2-1 所示。图中橙色的链路表示待预测的目标链路，橙色的节点表示目标链路的两个端节点，绿色的连边表示 IGA 在攻击过程中添加的连边，红色的连边表示 IGA 在攻击过程中删除的连边。

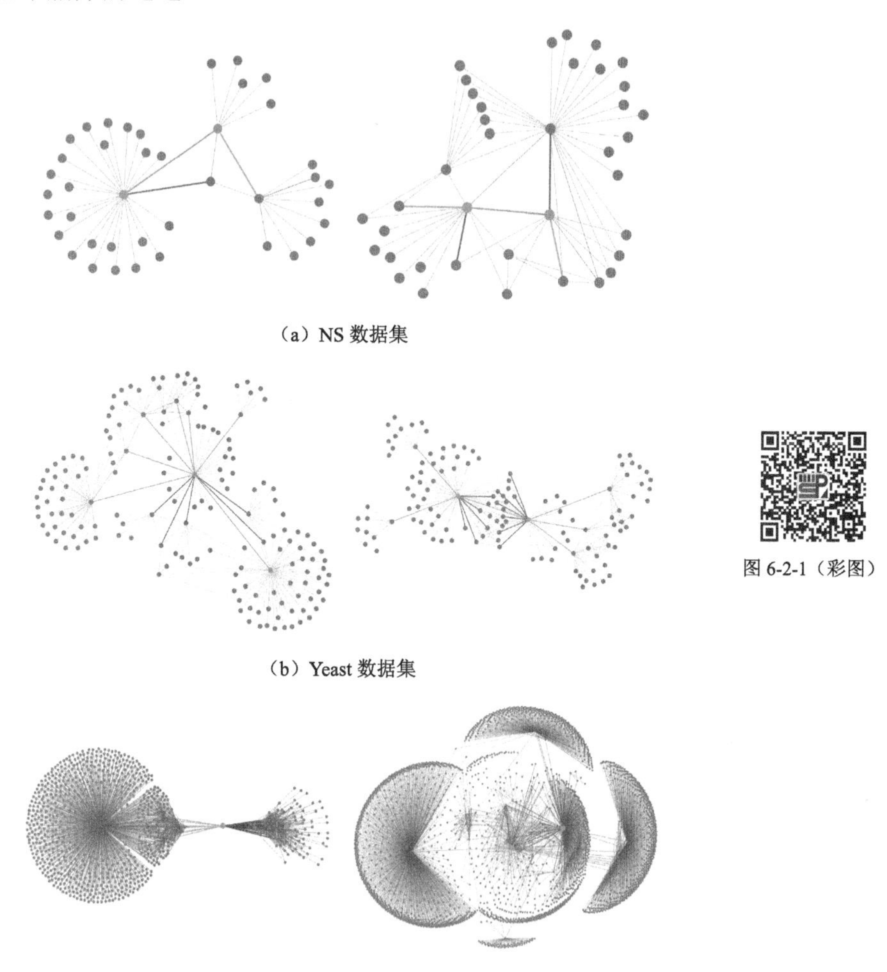

（a）NS 数据集

图 6-2-1（彩图）

（b）Yeast 数据集

（c）Facebook 数据集

图 6-2-1　三个数据集上的对抗图结构

从图中可以看出，经过 IGA 修改的连边数量比子图结构中存在的连边数量要少得多，这说明增加或删除的连边几乎不会影响原始图中绝大多数节点的度值。此外，IGA 生成的对抗链路几乎都与目标链路的两个端节点存在联系。这是因为相比于其他节点，改变这两个节点的嵌入特征可以让链路预测模型对目标链路的预测结果产生更大的影响。除此之外，图中的对抗链路也没有对原始图的拓扑结构进行改变，这也说明了 IGA 生成的对抗链路是隐蔽的。

进一步的，对每个数据集，分别绘制了其在攻击前后的节点度值分布图，如图 6-2-2 所示。

可以发现，图中每个数据集在攻击前后的度值分布基本保持一致。且通过对三个数据集曲线的横向对比，可以发现这种一致性在网络结构变大和平均连边变多的情况下会变得更高。这也说明对抗链路难以影响原始图数据的度值分布情况。

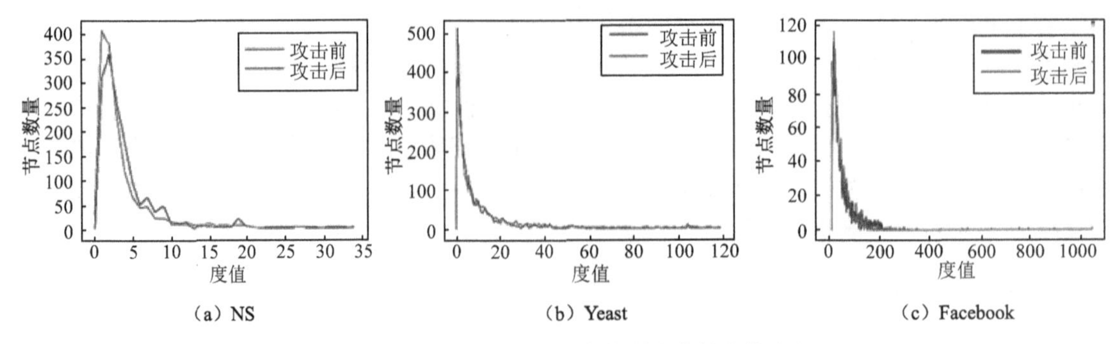

图 6-2-2　三个数据集上攻击前后节点的度值分布

3）距离受限下的 IGA 攻击结果

图 6-2-2（彩图）

在进行距离受限攻击实验时，将额外给添加的对抗链路提出限制条件，即以待预测的目标链路为中心，首先找到其γ阶邻居节点集合（即与目标链路任意一端节点的最短距离小于等于γ条连边的节点集），再针对这部分节点集使用 IGA 生成对抗扰动，并根据 GAE 模型对目标链路进行攻击并统计相应的 ASR 和 AML，最终得到在距离受限条件为γ情况下 IGA 的攻击结果。由于链路预测数据集存在小世界网络效应，当γ=6 时，产生的节点集将几乎包含图数据中的所有节点，因此，在距离受限攻击中，对γ取值为 1～6 之间的整数。针对 GAE 模型的距离受限攻击结果如表 6-2-4 所示。

表 6-2-4　针对 GAE 模型的距离受限攻击结果

γ 值		1	2	3	4	5	6
NS	ASR/%	0.00	20.00	24.00	26.00	28.00	30.00
	AML	11.44	10.04	8.62	8.72	8.14	8.58
Yeast	ASR/%	0.00	30.93	56.70	69.07	70.10	70.10
	AML	71.36	60.97	54.13	51.34	50.94	50.92
Facebook	ASR/%	0.00	31.00	45.00	54.00	55.00	55.00
	AML	198.57	160.59	149.11	141.18	138.72	138.50

容易看出，IGA 算法的攻击性能明显受到距离限制的影响。当γ=1 时，由于距离限制的条件过于严格，IGA 在每个数据集上能获得的 ASR 均为 0。随着γ值的不断增加，IGA 所能取得的攻击成功率也逐渐上升。当γ=5 时，IGA 在 Yeast 和 Facebook 上取得的攻击成功率趋于饱和，其攻击性能基本与无限制条件下的 IGA 攻击方法相当。这说明即使没有修改任意连边的权限，IGA 仍能取得令人满意的效果。此外，需要注意的是，由于 NS 数据集的连通性较差，整个网络存在多个零碎且相互不连通的子图模块，因此，距离受限攻击在 NS 数据集上没有取得很好的效果。

6.2.1.2　面向动态链路预测的后门攻击应用

1. 基础原理介绍

面向动态链路预测的后门攻击方法 Dyn-Backdoor[7]分为五个阶段，分别为触发器生成器、触发器梯度搜索、GAN 优化、滤除判别器、后门模型实施。首先，噪声输入由自编码器和长短期记忆（LSTM）网络组成的触发器生成器中，生成初始触发器。其次，目标模型扮演的攻击判别器反馈梯度信息，提取初始触发器中的重要子图结构作为触发器，以达到缩小触发器大小的目的。再次，触发器生成器和攻击判别器之间相互博弈迭代，生成大量触发器，组成触发器集合。然后，滤除判别器选择使得优化损失函数最小的触发器，作为攻击触发器。将其嵌入良性序列中，得到后门序列。最后，后门序列参与目标模型训练，实施后门攻击。其系统框图如图 6-2-3 所示。

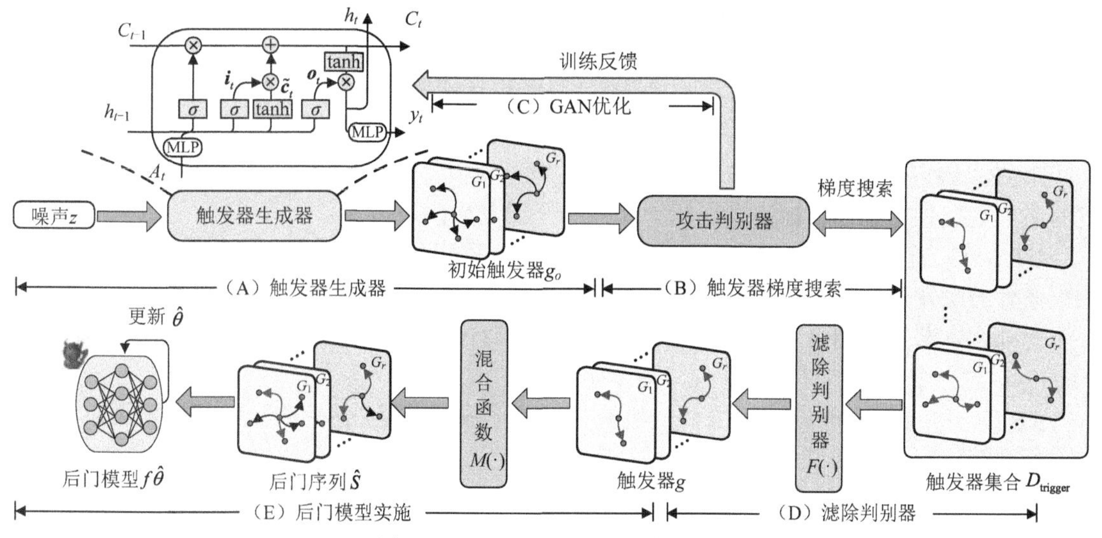

图 6-2-3 Dyn-Backdoor 系统框图

2. 应用设置

数据集：为了验证 Dyn-Backdoor 的后门攻击性能，选择四个真实世界的数据集进行实验，即 Radoslaw、Contact、Fb-forum 和 DNC（democratic national committee）数据集，其中数据集的链路是有向和无权的。

Radoslaw：这是一个电子邮件网络，每个节点代表一家中型公司的一名员工，链路表示员工之间的邮件交互，数据记录时间跨度为 271.2 天。

Contact：这是一个人际交互动态网络数据集，数据是通过人们携带的无线设备收集的。源设备与目标设备取得联系，则会记录相应的源设备和目标设备之间的链路和时间戳。数据每 20s 记录一次，跨越 3.97 天。

Fb-forum：数据来自 2004 年类似 Facebook 的在线论坛，主要成员是加州大学欧文分校的学生。它是一个在线社交网络，其中节点是用户，链路代表学生之间的交互（例如消息），记录时间跨度超过 5 个月。

DNC：这是 2016 年民主党全国委员会泄露电子邮件而构建的数据集。图中的节点对应于数据集中的人，数据集中有向边的行为含义为一个人向另一个人发送了一封电子邮件。

在数据预处理中，根据时间跨度对 Radoslaw 和 Contact 数据集进行均匀采样，得到一组具有 320 个不同时间戳的图。设置时间戳长度 T=10，则得到$\{G_{t-10},\cdots,G_{t-1},G_t\}$作为一个样本，前 10 个时间戳的图作为模型输入，最后一个时间戳的图作为模型输出。因此，总共获得 320 个样本，将前 240 个样本作为训练数据集，其余 80 个样本作为测试数据集。

为了探究不同时间戳的样本对 Dyn-Backdoor 攻击性能的影响，将 Fb-forum 和 DNC 数据集的时间戳长度分别设置为 T=5 和 T=3。将 Fb-forum 数据集分成 30 个样本，前 20 个样本作为训练数据集，其余 10 个样本作为测试数据集。将 DNC 数据集分成 12 个样本，前 8 个样本作为训练数据集，其余 4 个样本作为测试数据集。

攻击场景：动态链路预测任务中存在着两种攻击场景。攻击场景 I 指的是将原本预测为存在状态的链路攻击成不存在，攻击场景 II 指的是将原本预测为不存在状态的链路攻击成存在。

对比算法：为了验证 Dyn-Backdoor 的有效性，选择五种有效的后门攻击方法作为对比算法。其中，将面向图分类任务性能表现良好的两种后门攻击作为对比算法，即 ER-B（erdős-rényi backdoor）和 GTA（graph trojaning attack）。由于这些方法是针对静态网络设计的，生成的触发器不具备动态演化特性。直观理解上，图序列中时间戳越靠近预测时间戳的图对预测下一个时间戳的图起着更关键的作用，因此将这两种方法生成的触发器注入图序列中最接近预测时间戳的图中。此外，根据动态模型的传播机制，将目标链路的节点参与构建子图触发器中，确保这两种攻击方法能适用于动态链路预测的场景下。

ER-B：该方法通过 erdős-rényi 模型生成触发，其中每对节点的概率设置为 0.8。然后将触发器嵌入数据集中进行目标模型训练。这是一个黑盒后门攻击。

GTA：该方法是一种生成式后门攻击，它利用双层优化算法更新触发器生成器，生成满足约束条件的触发器。然后将触发器嵌入数据集中进行目标模型训练。

此外，本节采取随机生成、梯度生成的策略设计了两种后门攻击方法，同时选择了 Dyn-Backdoor 的一个变体作为对比算法。具体如下。

RB（RandomBackdoor）：该方法随机选择链路形成触发器，然后将触发器嵌入训练数据集中进行训练。

GB（GradientBackdoor）：该方法在模型训练过程中获取某个训练轮次的梯度信息生成触发器，然后将触发器嵌入训练数据集进行训练。

Dyn-One：该方法是 Dyn-Backdoor 的一个变体，在模型训练时迭代出一个最优的触发器后，不再进行触发器更新进行后门攻击。

为了公平比较，对比算法的攻击限制与 Dyn-Backdoor 相同。其中，为了客观地评价 Dyn-Backdoor 的攻击效果，选择五种流行的 DLP 算法进行后门攻击，即 DDNE、DynAE、DynRNN、DynAERNN 和 E-LSTM-D。

评价指标：选取三个评价指标，从攻击有效性和攻击隐蔽性的角度对攻击性能做评估，分别为攻击成功率（ASR）、平均错误分类置信度（average misclassification confidence，AMC）、曲线下面积（AUC）。

ASR 表示攻击测试样本中 L 条目标链路实现的攻击成功率，需要计算目标链路在所有测试样本中的攻击效果。公式表示如下：

$$\mathrm{ASR}=\frac{1}{L}\sum_{l=1}^{L}\frac{N_{l,\mathrm{suc}}}{N_{l,\mathrm{atk}}} \tag{6-2-3}$$

其中，$N_{l,\mathrm{atk}}$ 表示针对第 l 条目标链路测试的样本数量；$N_{l,\mathrm{suc}}$ 表示针对第 l 条目标链路在测试样本中攻击成功的样本数量。ASR 的值越大表示攻击性能越好。

AMC 表示成功攻击的目标链路所输出的置信分数。面对攻击场景 I，AMC 的值越低表示攻击性能越好。面对攻击场景Ⅱ，AMC 的值越高表示攻击性能越好。公式表示如下：

$$\mathrm{AMC}=\frac{1}{L}\sum_{l=1}^{L}\frac{\mathrm{MisCon}_{l,\mathrm{suc}}}{N_{l,\mathrm{suc}}} \tag{6-2-4}$$

其中，l 表示攻击目标链路的序号；L 表示攻击目标链路的数量；$N_{l,\mathrm{suc}}$ 表示针对第 l 条目标链路在测试样本中攻击成功的样本数量；$\mathrm{MisCon}_{l,\mathrm{suc}}$ 表示针对第 l 条目标链路在测试样本中攻击成功样本的输出置信分数。

AUC 通过评估后门 DLP 模型的正常表现性能，来衡量攻击的隐蔽性。如果在 n_e 次独立比较中，有 n'_e 次存在链路比不存在链路获得更高的分数，并且有 n''_e 次它们获得相同的分数，则

$$\mathrm{AUC}=\frac{n'_\mathrm{e}+0.5n''_\mathrm{e}}{n_\mathrm{e}} \tag{6-2-5}$$

参数设置及实验平台：为了合理地评估攻击性能，选择 100 条链路作为目标链路。两个攻击场景分别有 50 条目标链路。在攻击场景Ⅰ中，每条目标链路在良性模型下的预测置信度得分大于 0.9，这些目标链路更容易预测为存在状态。在攻击场景Ⅱ中，良性模型中每个目标链路的预测置信度得分在 0 到 0.1 之间，这些目标链路更容易预测为不存在状态。面对攻击场景Ⅰ，触发器链路率 ϖ =0.05，中毒率 p =0.05，后门节点率 n =0.05。面对攻击场景Ⅱ，触发器链路率 ϖ =0.03，中毒率 p =0.05，后门节点率 n =0.05。

3. 应用结果与分析

1）后门攻击性能表现

图 6-2-4 和图 6-2-5 分别表示了面向动态链路预测在两种攻击场景下的后门攻击效果，图 6-2-4 表示将原本模型预测为存在的链路攻击成不存在，图 6-2-5 表示将原本模型预测为不存在的链路预测为存在。其中使用 ASR 和 AMC 指标来衡量后门攻击效果，使用 AUC 指标来衡量后门攻击对模型良性性能的影响。以图 6-2-4（c）中针对 Fb-forum 数据集和 DynRNN 模型的后门攻击为例，在图 6-2-4（c）中，Dyn-Backdoor 达到了 91.54%的 ASR，而 Dyn-One（六种后门攻击中第 2）和 GB（六种后门攻击中第 3）可以达到的 ASR 分别为 68.74%和 62.12%。Dyn-Backdoor 之所以能够对 DLP 进行令人满意的后门攻击，是因为 Dyn-Backdoor 采用了三种策略，即构建 GAN 生成丰富的动态初始触发器，梯度搜索提取初始触发器的重要子图作为触发器并在模式训练期间微调注入的触发器。此外，在图 6-2-4（d）中，Dyn-Backdoor 在 DNC 数据集和 DynRNN 模型上实现的 ASR 为 45.50%，而 GB 实现的 ASR 为 97.00%。造成这种现象的主要原因有两个。首先，DNC 比其他数据集更稀疏，规模更大（即节点更多），这表明 Dyn-Backdoor 的触发器生成器更难生成有效触发器。其次，DynRNN 由多层 RNN 堆叠而成，与 DynAE 和 DDNE

图 6-2-4（彩图）

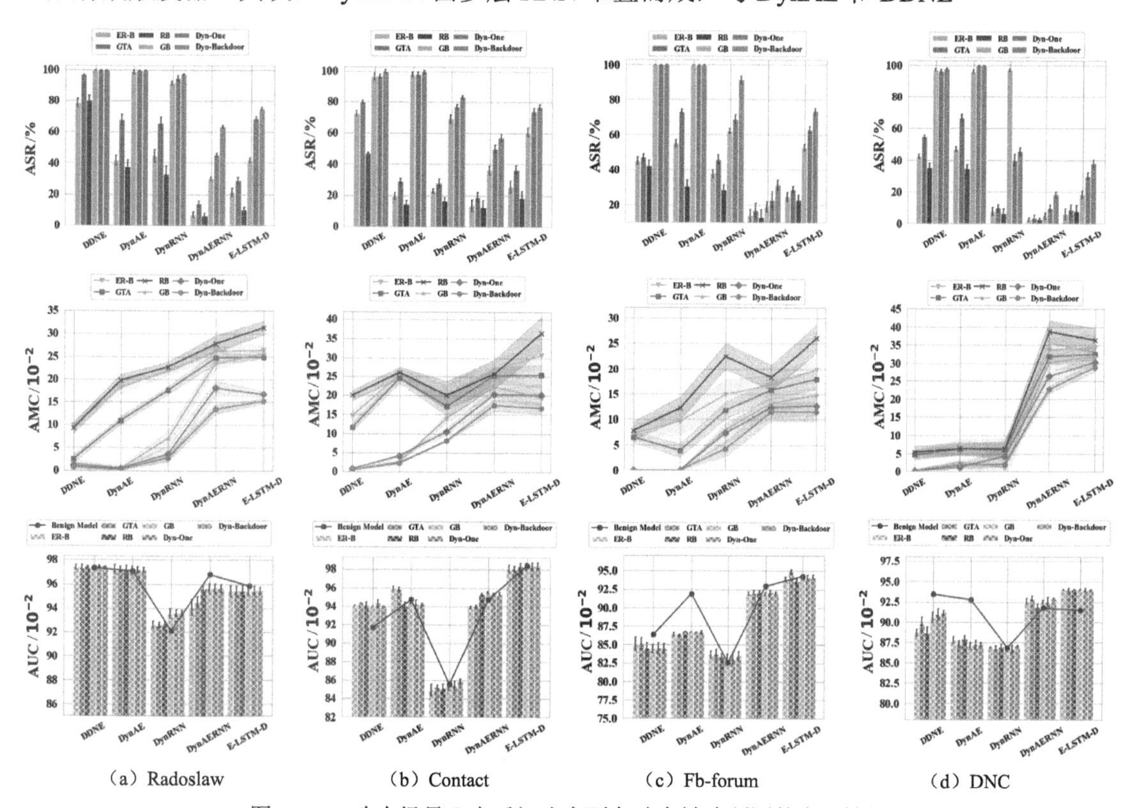

（a）Radoslaw　（b）Contact　（c）Fb-forum　（d）DNC

图 6-2-4　攻击场景Ⅰ中后门攻击面向动态链路预测的表现性能

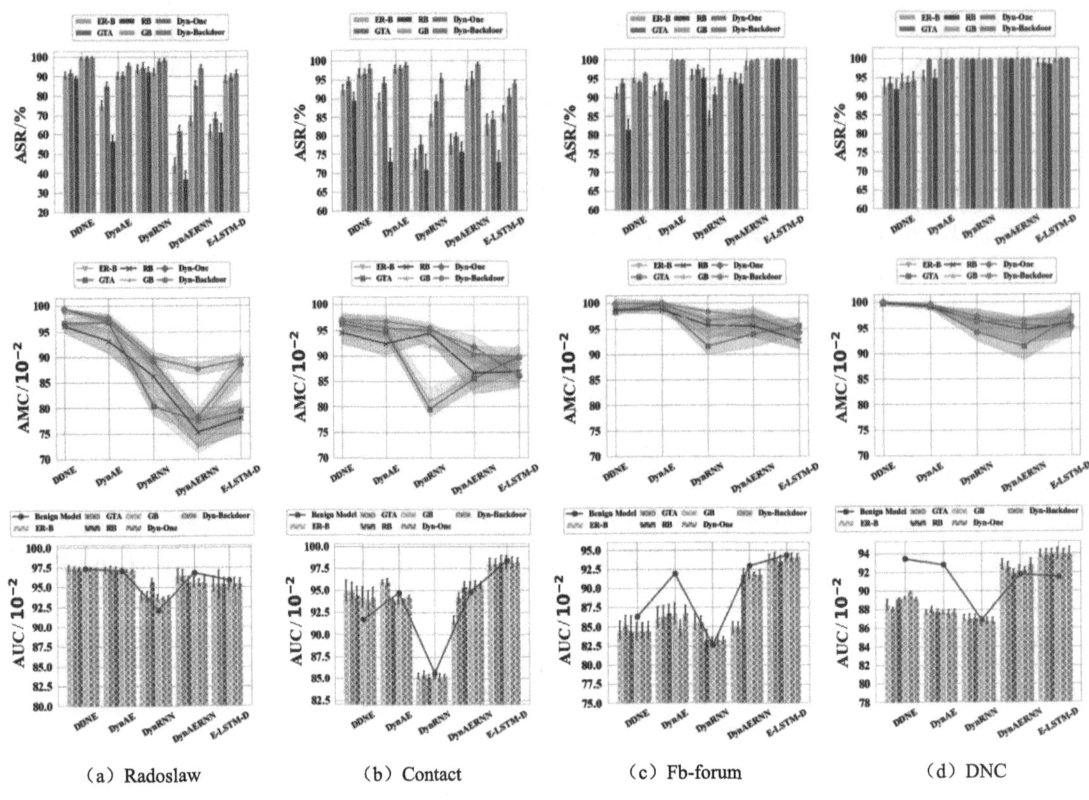

（a）Radoslaw （b）Contact （c）Fb-forum （d）DNC

图 6-2-5 攻击场景Ⅱ中后门攻击面向动态链路预测的表现性能

相比层数更深。由于 DynRNN 的深层结构，梯度反馈给触发器生成器的信息可能不准确，从而难以选择有效节点形成触发器。然后，后门模型在良性测试图序列中获得的 AUC 与良性模型相似。例如，在图 6-2-5（b）中，由 Dyn-Backdoor 攻击生成的后门模型在 Contact 数据集上达到的 AUC 为 0.9426，而良性模型为 0.9471。这表明 Dyn-Backdoor 可以保证后门模型的正常性能，Dyn-Backdoor 是一种针对目标链路的攻击，因此对整个图造成的扰动是微小的。

图 6-2-5（彩图）

2）攻击迁移性

由于在大多数实际情况下，攻击者无法事先掌握目标 DLP 模型的信息，即在黑盒设置下攻击者没有 DLP 模型的任何结构或参数信息。为了验证黑盒设置下 Dyn-Backdoor 的攻击效果，选择任意一个 DLP 模型作为攻击鉴别器，并将生成的触发器转移到其他 DLP 模型作为目标模型，即攻击迁移性实验。表 6-2-5 显示了在 Radoslaw 数据集上进行迁移性攻击的实验结果。

表 6-2-5 Dyn-Backdoor 在 Radoslaw 数据集上进行迁移性攻击实验结果

攻击判别器	目标模型	ASR(Ⅰ)/%	AMC(Ⅰ)/10^{-2}	ASR(Ⅱ)/%	AMC(Ⅱ)/10^{-2}
DDNE	DDNE	100(-)	0.78	99.83(-)	99.37
	DynAE	94.66(↓5.34)	2.53	88.36(↓11.49)	98.08
	DynRNN	92.21(↓7.79)	6.11	97.65(↓2.18)	91.06
	DynAERNN	26.91(↓73.09)	28.90	71.32(↓28.56)	79.39
	E-LSTM-D	43.60(↓56.40)	24.86	67.31(↓32.58)	82.16

续表

攻击判别器	目标模型	ASR(Ⅰ)/%	AMC(Ⅰ)/10^{-2}	ASR(Ⅱ)/%	AMC(Ⅱ)/10^{-2}
DynAE	DDNE	99.15(↓0.18)	1.47	99.08(↑3.55)	97.42
	DynAE	99.96(-)	0.31	95.68(-)	97.62
	DynRNN	91.70(↓8.26)	8.46	96.56(↑0.92)	87.88
	DynAERNN	26.82(↓73.17)	23.35	47.07(↓50.80)	72.25
	E-LSTM-D	25.49(↓74.50)	28.53	52.31(↓45.33)	75.76
DynRNN	DDNE	97.80(↑0.63)	2.48	98.70(↑0.36)	96.94
	DynAE	95.00(↓2.25)	4.13	74.01(↓24.75)	95.29
	DynRNN	97.19(-)	2.80	98.35(-)	89.92
	DynAERNN	41.93(↓56.86)	22.46	55.04(↓44.04)	70.9
	E-LSTM-D	23.98(↓75.33)	30.8	60.07(↓38.92)	75.99
DynAERNN	DDNE	84.97(↑34.02)	8.8	98.24(↑4.37)	97.55
	DynAE	36.16(↓42.97)	17.9	86.79(↓7.80)	95.13
	DynRNN	53.59(↓15.47)	18.67	95.82(↑1.80)	86.77
	DynAERNN	63.40(-)	13.40	94.13(-)	87.69
	E-LSTM-D	14.62(↓72.94)	30.35	72.81(↓22.65)	80.14
E-LSTM-D	DDNE	95.43(↑27.26)	3.72	96.96(↑6.13)	98.03
	DynAE	73.07(↓2.56)	9.41	85.91(↓5.97)	97.76
	DynRNN	85.33(↑13.79)	5.04	96.97(↑6.14)	94.83
	DynAERNN	34.34(↓54.21)	22.84	64.97(↑28.89)	78.24
	E-LSTM-D	74.99(-)	15.18	91.36(-)	89.42

在攻击场景Ⅰ中，观察到 Dyn-Backdoor 对 DDNE 模型的攻击效果更为显著，例如，在表 6-2-5 中，利用 DynAE 模型作为攻击判别器时，针对 DDNE 模型所实现的 ASR 能达到 99.15%。针对 DDNE 模型时，所实现的 ASR 均能达到 80%以上。这表明 DDNE 模型对图序列特征的捕捉能力很强大，导致其容易捕捉到图序列中的触发器，为此模型鲁棒性有待进一步加强。此外，Dyn-Backdoor 在 DynAERNN 和 E-LSTM-D 模型上未能取得令人满意的结果，例如，利用 DDNE 模型作为攻击判别器时，针对 DynAERNN 和 E-LSTM-D 模型实现的 ASR 分别为 26.91%和 43.60%。造成该现象的原因是这两个模型比其他模型具有更深更复杂的模型结构，这意味着引导触发器生成的信息分散到更多的神经网络层中，导致 Dyn-Backdoor 更难地生成有效的触发器发动后门攻击。

在攻击场景Ⅱ中，Dyn-backdoor 实现的整体攻击性能要优于攻击场景Ⅰ。同时，观察到 Dyn-Backdoor 的迁移攻击效果在面对 DDNE、DynAE、DynRNN 模型展现出更好的攻击性能。例如，以 E-LSTM-D 模型作为攻击判别器，面对 DDNE 模型实现的 ASR 达到 96.96%，DynAE 模型的 ASR 达到 85.91%，DynRNN 模型的 ASR 为 96.97%。造成该现象的原因是这三个模型使用的 encoder 和 decoder 结构比较相似，使得捕捉图序列特征的能力相近，为此 Dyn-Backdoor 在这三个模型上生成的触发器都能实现良好的表现性能。总的来说，尽管 DLP 模型以不同的方式捕获特征信息，但大多数 DLP 模型都可以保持良好的性能，为此捕捉的图序列特征是相近的。攻击者选择性能较好的 DLP 模型作为攻击判别器，Dyn-Backdoor 是能够在黑盒设置的场景下发动后门攻击并达到令人满意的攻击性能。

3）触发器注入时间戳分析

与静态网络相比，动态网络增加了时间的维度。为了探究 Dyn-Backdoor 在不同时间戳发动攻击的效果，选择在 Radoslaw 和 Contact 数据集上进行了不同时间戳的注入触发器攻击实验，即触发器只允许注入在选定的时间戳发动后门攻击。这两个数据集的样本比起其余数据集的样本具有更长的时间戳序列，能够更好地观察后门攻击在不同时间戳上的影响。实验设置触发器链路率 ϖ =0.03，中毒率 p =0.03，后门节点率 n =0.03，实验结果如图 6-2-6 所示。

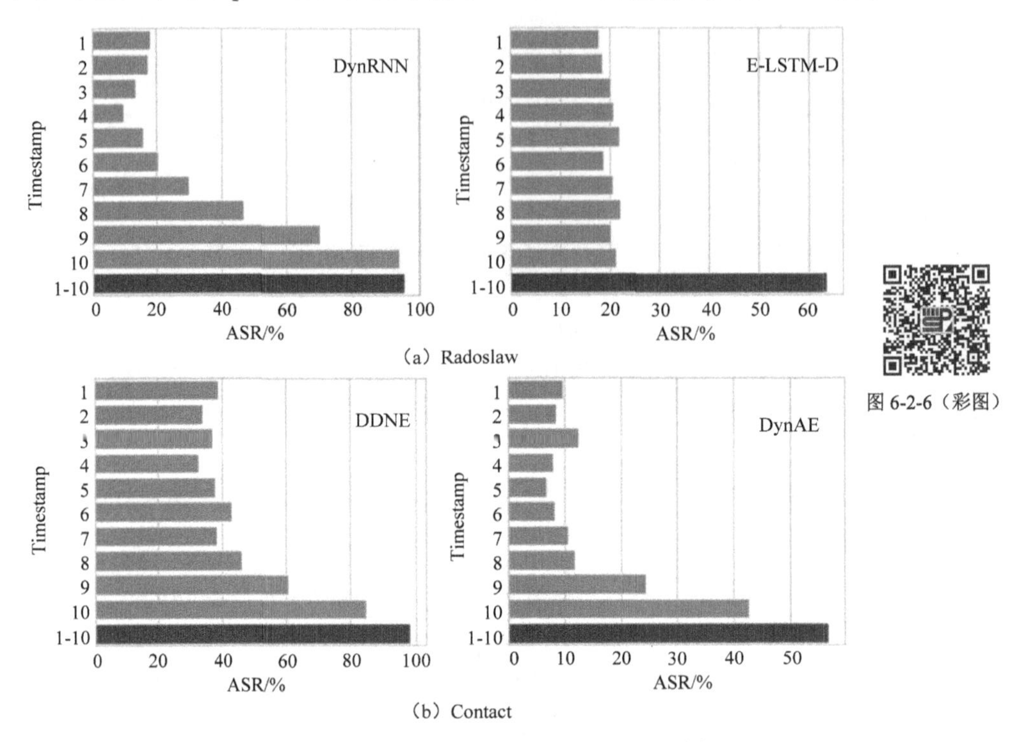

图 6-2-6（彩图）

图 6-2-6　Dyn-Backdoor 在不同时间戳注入触发器的攻击性能

实验结果显示 Dyn-Backdoor 在不同时间戳注入触发器，所实现的 ASR 存在着较大差异。当注入触发器时间戳距离预测时间戳越近时，实现的后门攻击性能越好，即实现的 ASR 越高。具体而言，面对 Contact 数据集和 DDNE 模型时，注入触发器的时间戳为第 4 个时间戳时，Dyn-Backdoor 实现的 ASR 仅为 32.51%。而当触发器的注入时间戳为第 10 个时间戳时，所实现的 ASR 可以达到 84.98%。造成这一现象的原因是动态链路预测模型为了捕捉网络演化的动态特征，一般会采用 LSTM、GRU 等循环神经网络。这一模块对网络序列按照时间戳的维度进行信息聚合，其中离预测时间戳越近的图信息在信息聚合的过程中起着更大的作用。此外，在面对 E-LSTM-D 模型上，注入各个时间戳上实现的攻击性能差异不大。这是由于 E-LSTM-D 模型直接将图序列中所有时间戳的特征累加在一起，为此所有时间戳特征扮演着同等重要性的角色。总的来说，面对动态链路预测模型，当攻击聚焦在离预测时间戳更近的时间戳时，攻击方法所实现的攻击性能越好。

4）参数敏感性分析

Dyn-Backdoor 的攻击性能主要受三个主要敏感参数的影响：触发器链路率 ϖ；中毒率 p；后门节点率 n。为了更好地观察参数变化所带来的攻击性能影响，进行的参数敏感性实验将三个参数原始值设置为 0.03。此外，根据后门攻击性能表现实验所得的结论，在攻击场景 I 下攻击更难实施令人满意的攻击性能，因此对攻击场景 I 进行参数敏感性分析。图 6-2-7 为 Dyn-Backdoor 在 Fb-forum 数据集上进行的参数敏感性实验结果。

图 6-2-7（彩图）

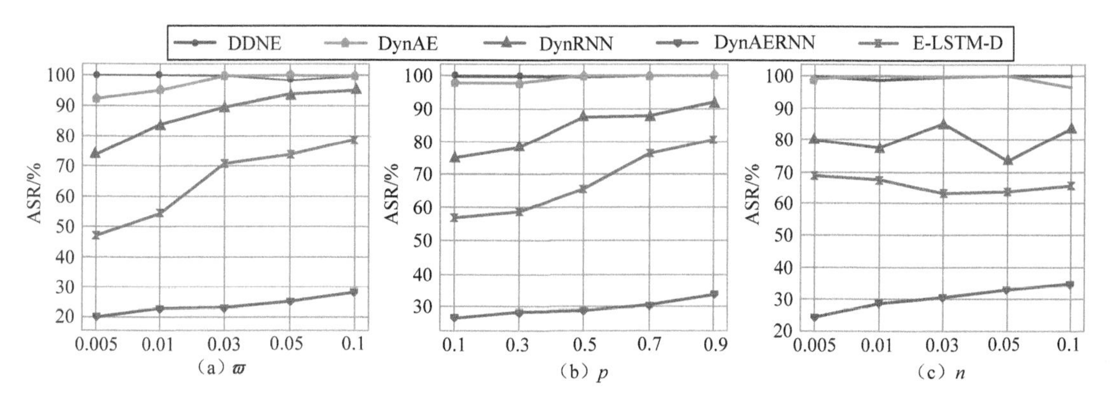

图 6-2-7　参数敏感性分析

在探究 ϖ 的影响时，从图 6-2-7 中可以观察到，随着触发器链路率的增加，Dyn-Backdoor 实现的 ASR 会逐渐增加。直观上，触发器规模越大，目标模型越容易捕捉其结构特征，从而在目标模型训练过程中留下后门。该现象在探究 p 和 n 影响的实验中同样存在，随着 p 和 n 的数值增大，使得训练数据集中存在着更多的触发器样本，从而使目标模型有更大概率学习到触发器的特征，从而使得 Dyn-Backdoor 实现的 ASR 上升。

5）后门序列可视化

下面通过对后门序列样本和后门序列度分布的可视化来探究 Dyn-Backdoor 的隐蔽性。首先，利用 Gephi 工具将 Dyn-Backdoor 对图序列的操作进行了可视化。面对攻击场景 I，图 6-2-8 显示了 Dyn-Backdoor 将触发器注入 Radoslaw 数据集的可视化结果。黄色链路表示下一时间戳被预测出的链路，黄色节点表示目标链路的源节点和目标节点，红色链路表示 Dyn-Backdoor 增

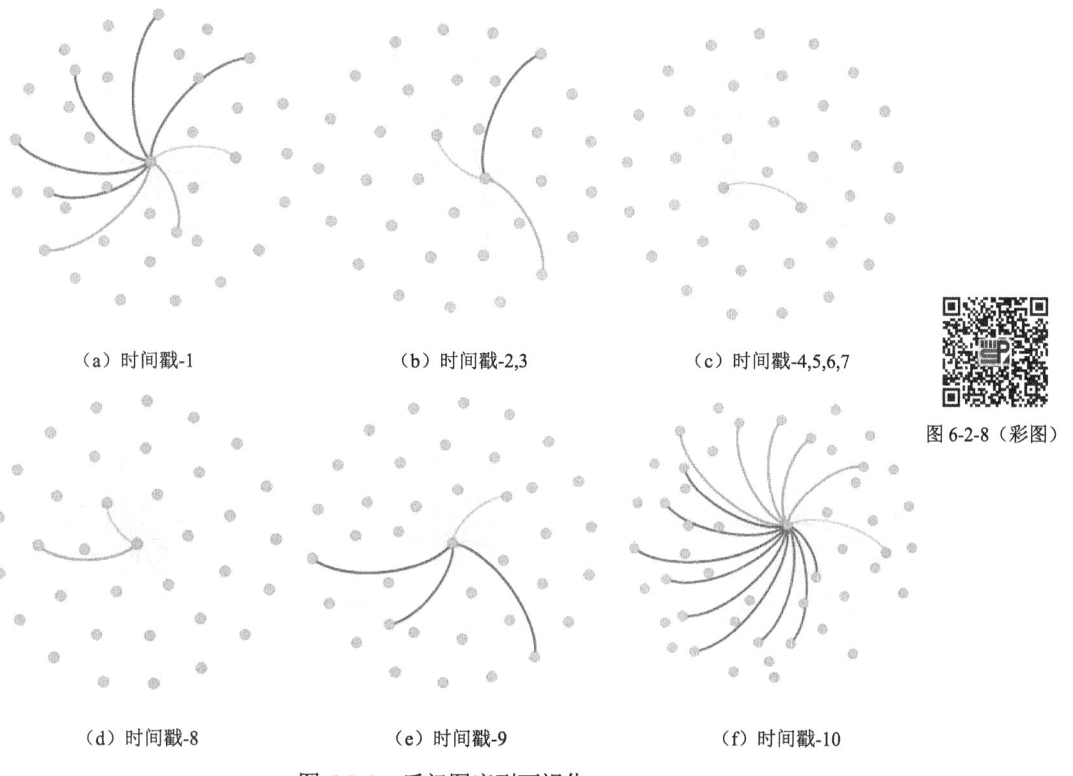

图 6-2-8　后门图序列可视化

加的链路，绿色链路表示 Dyn-Backdoor 删除的链路。鉴于图的复杂全局结构，仅选择了与目标链路相关的节点进行可视化。在图 6-2-8 中可以观察到 Dyn-Backdoor 更关注接近预测时间戳的图，这进一步验证了 Dyn-Backdoor 可以捕获到图序列中重要时间戳的图。另外，Dyn-Backdoor 对图序列的破坏不大，只需要修改几个重要的时间戳就可以达到攻击的效果。直观理解上，Dyn-Backdoor 只需对良性图序列进行少许链路的修改，因此良性图序列和后门图序列的图可视化是相似的。这意味着从可视化的角度来看，Dyn-Backdoor 是一种隐蔽的攻击。

6.2.2 面向节点分类的攻防安全应用

节点分类作为图网络中的一种重要下游应用，能够根据图中部分带类标节点的特征信息和节点间的连接关系，推断出其余未带类标节点的实际类标。然而，尽管这种应用给人们提供了便利，但也暗藏了一定的安全风险。因此，本节将专门讨论节点分类任务中的攻防安全问题，包括分类边界的节点分类攻击和基于梯度动量的节点分类攻击。

6.2.2.1 基于分类边界的节点分类攻击方法

1. 基础原理介绍

基于分类边界的节点分类攻击方法 Graphfool[8]分为三个阶段，其过程如 6-2-9 所示。在第一个阶段，Graphfool 先根据使用交叉熵损失函数训练好的两层 GCN 模型得到目标节点的分类结果。在第二个阶段，Graphfool 针对目标节点计算其分类边界。具体来讲，Graphfool 将邻接矩阵当成一个实数矩阵，并设定其元素值可以进行连续修改。在这种情况下，Graphfool 能够通过使用二范数计算原始矩阵和错分类矩阵之间的最短距离矩阵，并且对最短距离矩阵做对称处理。在第三个阶段，Graphfool 使用一种基于最小扰动矩阵生成对抗方法，该方法使用多次循环的方式依次向邻接矩阵中添加对抗扰动，其核心思路是根据最短距离矩阵找到最短的边界面，并添加扰动使目标节点被错分。Graphfool 除了使分类器出错外，也能实现有目标的节点分类攻击。

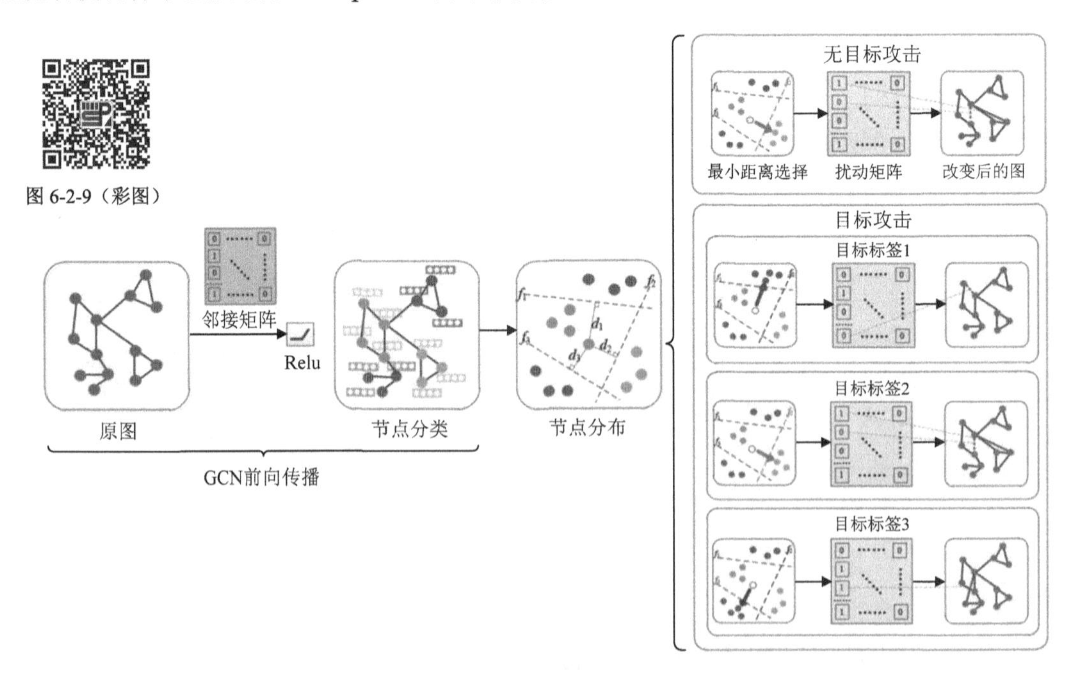

图 6-2-9 Graphfool 系统框图

2. 应用设置

数据集：为了验证 Graphfool 的对抗攻击性能，选择三个真实世界的数据集进行实验，即 Cora 数据集、Citeseer 数据集和 Polblogs 数据集。

Cora 数据集是一个引文网络，包含 2708 个节点和 5429 条连边。每个节点代表一篇科学论文，每条连边代表论文之间的引用关系。这些节点被分成 7 个类别，且每一个节点都包含一个 1433 维的词向量特征。

Citeseer 数据集与 Cora 数据集类似，也是一个引文网络，它包含 3312 个节点和 4732 条连边，所有节点被分成 6 个类别。

Polblogs 数据集是一个政治博客数据集，包含 1490 个节点和 19090 条连边。每个节点表示一个博客，每条连边表示博客之间的链接。所有博客被分为两类。

对比算法：为了验证 Graphfool 的对抗攻击性能，选择四种对抗攻击方法作为对比算法，即 NETTACK、FGA、RL-S2V 和 GradArgmax。

NETTACK 根据图结构特征和节点属性特征确定需要修改的连边候选集，并通过增量计算方法从连边候选集中依次选取对分类结果影响最大的连边进行修改，从而实现对节点分类算法的攻击。

FGA 算法使用 GCN 模型的损失函数对图数据的邻接矩阵进行求导，得到梯度矩阵，再根据梯度矩阵中元素的分布情况，选取合适的节点对原始图进行增加、删除连边的操作以生成对抗图。

RL-S2V 算法是一种基于分层强化学习的攻击方法，使用 Q-learning 方法来实现对连边进行修改的决策过程，通过反馈机制来生成最终的对抗图。

GradArgmax 根据 GNN 模型每个隐藏层的输出和损失函数来计算邻接矩阵的梯度，然后采用贪婪算法选择需要修改的连边以实现对节点分类算法的攻击。

评价指标：为验证 Graphfool 的攻击效果，使用 ASR 和 AML 对攻击性能进行评价。

3. 应用结果与分析

1）Graphfool 无目标攻击

为了验证 Graphfool 无目标攻击方法的有效性，对每个数据集，从每个类别中各选取 30 个节点构成目标节点集合。对于目标节点集合中的每个元素，分别使用 Graphfool 和几种对比算法对 GCN 分类器进行攻击以使该节点被错分。对于每个节点，若一种方法针对该节点修改了 20 条连边还未攻击成功，则视为攻击失败。最终对所有节点的攻击结果进行统计。此外，各种攻击方法在攻击过程中针对 GCN 模型生成的对抗图将被保留，并作为 DeepWalk、LINE 等其他节点分类算法的输入，以此测试各种攻击算法的攻击迁移能力。各种攻击方法的攻击结果如表 6-2-6 和表 6-2-7 所示。

可以发现，总体而言，Graphfool 在所有情况下均取得了最高的 ASR。尤其在 Cora 和 Cirteseer 数据集中，Graphfool 对各种节点分类模型的攻击成功率均达到了 100%。不仅如此，在保证高攻击成功率的同时，Graphfool 在每次攻击中产生的 AML 也是最低的，这意味着 Graphfool 只需要对原始图进行细微的修改就能使节点分类器对分类结果产生误判，相比于其他算法，其对抗图中的扰动更小。对于 Polblogs 数据集，由于该数据集的连边较多，节点间的连接关系比较密集，Graphfool 在该数据集上的性能略有下降，ASR 约为 95%左右，但这仍然是所有算法中最高的。

此外，当将各种攻击算法通过 GCN 模型生成的对抗样本用来攻击其他节点分类算法时，也能取得很好的攻击效果。这种现象不仅存在于 Graphfool 中，也存在于 NETTACK、FGA 等其他攻击算法中。这说明现阶段的图神经网络节点分类器在面对对抗扰动时，没有很好的鲁棒性。另一方面，相比于攻击其他节点分类算法，Graphfool 和 FGA 在攻击 GCN 模型时取得的 AML 要更低，尤其是 Graphfool，约为其他 AML 的 1/2。因为 Graphfool 和 FGA 在攻击 GCN 模型时，都利用了 GCN 模型的梯度信息，因此这两者在攻击 GCN 模型时，能更准确地捕捉 GCN 模型的脆弱点，生成的扰动也更小。当这两种算法在其他分类算法上进行迁移攻击时，由于模型结构的改变，需要更多的 AML 来使攻击成功。

表 6-2-6　不同攻击方法对多种节点分类算法取得的 ASR

数据集	预测模型	ASR/%				
		Graphfool	FGA	NATTECK	RL-S2V	GradArgmax
Cora	GCN	100	100	92.87	93.83	90.32
	GraRep	100	100	97.22	100	95.35
	Deepwalk	100	100	94.06	95.40	90.95
	node2vec	100	100	97.29	100	96.24
	LINE	100	100	96.34	95.51	89.98
	GraphGAN	100	100	92.26	95.56	88.24
	GraphSAGE	96.34	95.35	87.63	88.24	79.53
	平均值	100	100	95.01	96.72	91.85
Citeseer	GCN	100	100	87.50	91.84	88.33
	GraRep	100	100	94.28	94.44	89.23
	Deepwalk	100	100	96.96	94.34	90.96
	node2vec	100	100	93.93	93.88	89.09
	LINE	100	100	95.82	93.88	86.66
	GraphGAN	100	100	92.06	94.12	85.32
	GraphSAGE	91.58	89.93	82.26	83.54	78.42
	平均值	100	100	93.43	93.75	88.27
Polblogs	GCN	95.25	87.87	82.97	82.98	78.34
	GraRep	94.87	83.88	79.91	79.17	75.69
	Deepwalk	95.25	84.26	75.41	78.72	76.25
	node2vec	97.87	84.34	78.32	79.17	73.32
	LINE	96.52	85.25	76.35	75.00	70.26
	GraphGAN	95.74	81.21	72.26	79.17	72.02
	GraphSAGE	91.43	80.56	67.58	73.23	56.17
	平均值	95.91	84.47	77.54	79.02	74.31

表 6-2-7　不同攻击方法对多种节点分类算法取得的 AML

数据集	预测模型	AML				
		Graphfool	FGA	NATTECK	RL-S2V	GradArgmax
Cora	GCN	1.78	2.54	6.09	6.65	7.02
	GraRep	5.43	5.56	5.94	5.96	7.29
	Deepwalk	5.57	5.61	7.24	6.92	7.89
	node2vec	4.94	5.66	6.75	6.14	7.44
	LINE	5.38	5.64	7.02	6.96	8.10
	GraphGAN	5.63	5.65	8.82	6.90	8.02
	GraphSAGE	8.46	9.38	13.56	11.26	14.98
	平均值	4.79	5.11	6.98	6.59	7.63

续表

数据集	预测模型	AML				
		Graphfool	FGA	NATTECK	RL-S2V	GradArgmax
Citeseer	GCN	1.42	3.52	6.88	5.86	6.62
	GraRep	5.27	5.32	6.51	6.94	6.89
	Deepwalk	5.38	5.68	7.06	6.56	6.90
	node2vec	4.48	5.62	6.34	7.02	6.80
	LINE	5.76	5.88	6.02	6.80	7.26
	GraphGAN	5.54	5.91	7.42	7.04	7.79
	GraphSAGE	8.36	10.54	13.28	13.90	15.02
	平均值	4.64	7.46	6.71	6.70	7.04
Polblogs	GCN	4.92	8.42	11.89	9.09	10.21
	GraRep	7.21	9.58	10.48	11.02	11.88
	Deepwalk	6.26	9.84	10.06	10.09	11.04
	node2vec	7.13	9.72	10.58	10.89	11.62
	LINE	6.84	9.90	10.26	11.30	11.73
	GraphGAN	7.61	9.41	11.08	11.55	12.04
	GraphSAGE	8.63	9.65	13.58	14.58	16.34
	平均值	95.91	84.47	77.54	79.02	74.31

2）Graphfool 有目标攻击

除可以进行无目标攻击外，Graphfool 的另一大特点是可以实现有目标的攻击，这是 NETTACK、FGA 等对比算法所不具备的能力。在多数实际场景中，攻击者往往想将目标节点攻击成某一指定的类。这种具有指向性的攻击也比单纯的使节点错分更有意义。由于 Polblog 为二分类数据集，面向该数据集的无目标攻击和有目标攻击没有区别，因此，本节对 Cora 和 Citeseer 这两个多分类数据集进行有目标攻击的实验。对每个数据集，依然从每类中选取 30 个节点构成目标节点集合，并对目标节点集合中的所有点进行有目标的攻击。具体的实验结果如表 6-2-8 和表 6-2-9 所示。

可以看出，相比于无目标攻击，Graphfool 在有目标攻击中取得的 ASR 明显下降，攻击过程产生的 AML 也有所增加。这意味着与无目标攻击相比，有目标攻击相对困难。这与预期是符合的，因为有目标攻击具有明确的方向性，在攻击过程中不但需要降低原始类标的置信度，还需要有效提升目标类标的置信度并使其变为最高，这相当于在攻击过程中给 Graphfool 增加了一个约束条件，因此会增加 Graphfool 的攻击成本。

表 6-2-8　Cora 数据集上的有目标攻击结果

指标	预测模型	目标类						
		0	1	2	3	4	5	6
ASR/%	GCN	73.96	70.79	66.67	98.86	84.27	79.12	66.30
	GraRep	72.92	68.54	67.82	96.59	82.02	79.12	65.22
	DeepWalk	73.96	67.42	66.67	95.45	84.27	78.02	65.22
	Node2vec	72.92	70.79	65.52	94.32	83.15	76.92	61.53
	LINE	70.83	68.54	65.52	96.59	85.39	76.92	64.13
	GraphGAN	72.92	71.91	66.67	94.32	85.39	79.12	61.53
	平均值	72.92	69.67	66.48	96.02	84.08	78.20	63.99

续表

指标	预测模型	目标类						
		0	1	2	3	4	5	6
AML	GCN	6.28	6.91	7.56	2.00	4.57	5.47	8.03
	GraRep	7.03	7.41	7.58	3.25	5.03	6.31	8.46
	DeepWalk	6.95	7.28	7.69	3.14	5.08	6.16	8.53
	Node2vec	7.03	7.37	7.63	3.26	5.11	6.28	8.25
	LINE	7.26	7.37	7.73	3.23	4.93	6.34	8.37
	GraphGAN	6.96	7.45	7.60	2.99	4.72	6.42	8.23
	平均值	6.75	7.30	7.63	2.98	4.91	6.16	8.31

表 6-2-9　Citeseer 数据集上的有目标攻击结果

指标	预测模型	目标类					
		0	1	2	3	4	5
ASR/%	GCN	83.78	78.46	74.19	92.19	85.16	88.52
	GraRep	85.14	78.46	79.03	90.63	83.33	90.16
	DeepWalk	82.43	78.46	80.65	90.63	87.04	86.89
	Node2vec	85.14	76.92	77.41	89.06	81.48	85.25
	LINE	82.43	80.00	75.81	93.75	87.04	86.89
	GraphGAN	81.08	76.92	72.58	89.06	81.48	83.60
	平均值	83.33	78.20	76.61	90.89	84.26	86.89
AML	GCN	4.55	5.72	5.56	3.11	4.39	3.77
	GraRep	6.44	7.13	6.92	4.78	5.59	4.33
	DeepWalk	6.64	6.92	6.69	4.63	5.61	4.30
	Node2vec	6.70	7.02	6.95	4.46	5.76	4.33
	LINE	6.64	6.88	6.71	4.48	5.63	4.18
	GraphGAN	6.53	7.12	6.92	4.28	5.69	4.26
	平均值	6.25	6.80	6.62	4.29	5.45	4.20

3）单连边攻击

在 Graphfool 的基础原理介绍中，使用点到直线的距离公式来计算穿越分类边界的最小扰动。因此，从原理上讲，相比于其他对比算法，Graphfool 在攻击过程中生成的扰动应该更小。为了进一步增加攻击的隐蔽性，设计了单连边攻击的实验，即所有攻击方法在只改变原始图一条连边的情况下，统计各种攻击方法的攻击成功率，具体的实验结果如表 6-2-10 所示。

表 6-2-10　各种攻击算法在三个数据集上的单连边攻击结果

数据集	预测模型	ASR/%				
		Graphfool	FGA	NATTECK	RL-S2V	GradArgmax
Cora	GCN	70.63	65.84	68.78	20.38	17.36
	GraRep	43.26	38.48	32.35	18.86	16.27
	Deepwalk	45.71	41.54	29.36	15.42	14.06
	node2vec	43.26	42.73	31.54	16.03	14.06
	LINE	42.73	42.73	28.45	17.65	16.27
	GraphGAN	44.56	39.67	26.76	16.03	15.75
	平均值	48.36	45.17	36.21	17.40	15.63

续表

数据集	预测模型	ASR/%				
		Graphfool	FGA	NATTECK	RL-S2V	GradArgmax
Citeseer	GCN	85.74	75.77	66.37	29.62	23.58
	GraRep	49.56	45.32	36.53	25.76	21.57
	Deepwalk	47.32	42.58	34.87	22.43	20.64
	node2vec	46.59	44.76	32.64	21.57	23.58
	LINE	48.23	43.41	35.29	26.38	24.61
	GraphGAN	46.59	42.58	34.02	23.58	21.57
	平均值	54.01	49.07	39.95	24.89	22.59
Polblogs	GCN	47.05	44.91	33.61	6.53	7.20
	GraRep	8.96	9.89	6.53	7.20	5.80
	Deepwalk	10.53	9.89	8.96	5.80	0.00
	node2vec	12.42	13.16	12.42	3.81	0.00
	LINE	15.21	8.96	13.16	0.00	3.81
	GraphGAN	14.81	11.72	14.02	3.81	0.00
	平均值	18.16	16.42	14.78	4.53	2.80

总体而言，在单连边攻击实验中，Graphfool 仍展现出了高于其他对比算法的攻击成功率。FGA 的结果比 Graphfool 略低，而 RL-S2V 和 GradArgmax 的结果最差。此外可以发现，相比于正常攻击，在单连边攻击中，Graphfool、FGA 和 NETTACK 的攻击迁移能力变差，具体表现为这些算法在攻击 GCN 以外的节点分类算法时，ASR 产生了明显的下降。这说明在仅修改一条连边的情况下，攻击方法对其他节点分类算法产生的影响力是十分有限的。

6.2.2.2　基于梯度动量的网络对抗攻击算法

1. 基础原理介绍

基于梯度动量的网络对抗攻击算法 MGA[9]通过训练 GCN 模型来产生对抗网络，以干扰 GCN 模型的节点分类结果。由于直接使用梯度信息往往会使得攻击模型陷入局部最优解，因此使用梯度的动量值迭代更新对抗网络，这使得 MGA 算法不仅可以有效地针对白盒模型（GCN 模型），还可以针对黑盒模型（DeepWalk、node2vec 等）。在 MGA 算法中，首先初始化对抗网络的邻接矩阵和初始动量，其次根据目标损失函数构建梯度网络并根据梯度网络计算动量网络，之后从动量网络中选出绝对值最大的节点对，并根据动量的符号对邻接矩阵进行修改。具体来讲，若动量的符号为正，则增加此处的连边；反之则减少此处的连边。

2. 应用设置

数据集：为了验证 MGA 的对抗攻击性能，选择三个真实世界的数据集进行实验，即 Cora 数据集、Citeseer 数据集和 Polblogs 数据集。

对比算法：为了验证 MGA 算法中动量确实有助于算法跳出局部最优点，本节将 MGA 与直接使用梯度网络更新邻接矩阵的 FGA 算法进行比较。除此之外，还与三种网络对抗攻击算法进行对比，即 NETTACK、Argmax、RL-S2V。

评价指标：为验证 MGA 的攻击效果，使用 ASR 和 AML 对攻击性能进行评价。

3. 应用结果与分析

1）节点分类攻击性能

本小节不仅将验证 MGA 算法对 GCN 模型的攻击效果，还将比较其对 DeepWalk、node2vec，

GraphGAN 三种图嵌入算法的影响。具体来说，首先使用图嵌入算法获得对抗网络中每个节点的嵌入向量，然后使用逻辑回归模型训练向量最终得到节点分类结果。选取 20%节点分别作为训练集和验证集，80%节点为测试集。对于所有的图嵌入算法，其窗口大小设置为 128，每个节点的游走数量为 10，游走长度为 80，窗口大小为 10。

对于随机攻击，从每个类别中随机选择 20 个节点作为目标节点。其结果如表 6-2-11 所示。其中 PolBlogs 数据集上 ASR 随重连边个数 γ 变化的趋势图如图 6-2-10 所示。

表 6-2-11 各攻击算法随机攻击时的攻击结果

数据集	算法	ASR/%					AML				
		MGA	FGA	NET	RL	Grad	MGA	FGA	NET	RL	Grad
PolBlogs	GCN	97.87	85.74	82.97	92.98	78.34	3.23	8.82	11.89	9.09	10.21
	DW	91.67	81.66	75.41	78.72	76.25	6.76	10.93	10.06	10.09	11.04
	N2V	91.67	81.83	78.32	79.17	73.32	6.71	10.16	10.58	10.89	11.62
	GAN	89.58	80.24	72.26	79.17	72.02	6.72	11.02	11.08	11.55	12.04
Cora	GCN	100	100	92.87	93.83	90.32	1.85	3.21	6.09	6.65	7.02
	DW	100	97.22	75.41	95.40	90.95	3.03	6.27	7.24	6.92	7.89
	N2V	100	100	78.32	100	96.24	3.10	5.58	6.75	6.14	7.44
	GAN	100	96.00	72.26	95.56	88.24	3.22	6.40	8.82	6.90	8.02
Citeseer	GCN	100	100	87.50	91.84	88.33	2.40	3.88	6.88	5.86	6.62
	DW	100	100	96.96	94.34	90.96	5.17	6.06	7.06	6.56	6.90
	N2V	100	100	93.93	93.88	89.09	4.97	6.50	6.34	7.02	6.80
	GAN	100	97.89	92.06	94.12	85.32	5.55	6.67	7.42	7.04	7.79

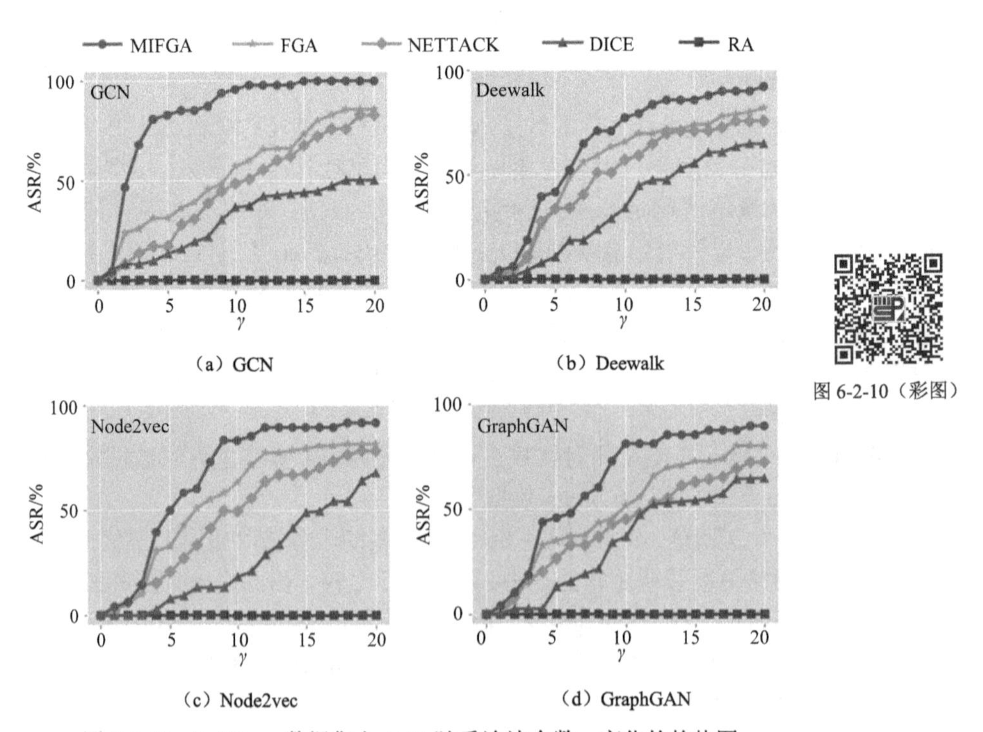

(a) GCN (b) Deewalk

(c) Node2vec (d) GraphGAN

图 6-2-10（彩图）

图 6-2-10 PolBlogs 数据集上 ASR 随重连边个数 γ 变化的趋势图

2）中心节点攻击效果

对于中心节点攻击，选择 40 个度值最大的节点作为目标节点，其结果如表 6-2-12 所示。从表中可以看出，在大多数情况下，MGA 仍然优于其他方法。此外，由于目标节点的高度集中性，与表 6-2-11 所示的均匀攻击相比，所有攻击方法的攻击效果都降低了，特别是对于政治博客数据集。这可能是因为该数据集中的中心节点的度值高于其他数据集。

表 6-2-12　各攻击算法中心节点攻击时的攻击结果

数据集	算法	ASR/%					AML				
		MGA	FGA	NET	RL	Grad	MGA	FGA	NET	RL	Grad
PolBlogs	GCN	55.00	45.00	10.00	5.26	2.56	14.45	15.28	18.95	19.45	19.78
	DW	50.00	50.00	12.50	0.00	5.00	15.95	16.82	19.20	20.00	19.68
	N2V	47.50	45.00	12.50	2.63	0.00	17.27	17.95	19.20	19.90	20.00
	GAN	40.00	17.50	2.56	2.63	0.00	17.27	18.77	19.67	19.92	20.00
Cora	GCN	92.86	87.18	85.71	32.14	48.53	4.90	6.62	8.64	17.50	15.35
	DW	87.50	80.50	77.50	80.05	61.13	7.75	7.73	10.47	11.84	12.90
	N2V	91.18	80.34	74.38	75.00	61.13	6.74	7.52	10.81	12.12	13.26
	GAN	87.50	82.57	73.87	75.00	55.55	7.97	8.15	9.52	12.12	14.46
Citeseer	GCN	100	100	97.22	100	93.11	2.49	5.23	7.89	6.79	8.98
	DW	91.89	86.89	84.44	83.94	81.83	11.62	12.14	13.03	12.67	12.66
	N2V	90.41	88.89	84.44	87.06	85.25	11.59	12.14	13.19	13.50	12.79
	GAN	89.91	88.89	87.14	86.97	83.87	11.50	11.95	12.43	12.21	13.05

3）桥节点攻击效果

对于桥节点攻击，选择边介数最高的 40 个节点作为目标节点。与度中心性不同，中间性度量节点位于其他两个节点之间的最短路径上的程度，并因此考虑全局网络结构。攻击结果如表 6-2-13 所示。通过实验结果可以发现桥节点比中心节点更容易受到攻击，这可能是因为桥节点的度值远小于中心节点。并且由于桥节点很多位于两种类别的节点之间，所以更容易受到攻击。

表 6-2-13　各攻击算法桥节点攻击时的攻击结果

数据集	算法	ASR/%					AML				
		MGA	FGA	NET	RL	Grad	MGA	FGA	NET	RL	Grad
PolBlogs	GCN	57.90	54.05	45.95	82.98	78.34	13.92	14.95	13.08	19.66	19.66
	DW	44.74	36.84	28.21	2.86	2.86	16.84	17.61	17.31	19.97	19.78
	N2V	42.11	52.63	28.21	2.86	2.86	16.95	16.03	17.38	19.23	20.00
	GAN	36.84	25.79	26.32	5.71	5.71	17.16	18.25	17.50	19.40	20.00
Cora	GCN	93.33	88.89	86.21	76.92	76.92	4.11	4.78	7.07	10.35	10.20
	DW	90.32	90.32	82.35	85.71	85.71	8.55	8.03	8.53	9.36	10.78
	N2V	90.91	86.67	84.85	85.71	85.71	8.18	9.03	8.61	9.43	9.96
	GAN	84.85	90.00	87.50	85.19	85.19	8.48	8.87	8.44	10.26	11.03
Citeseer	GCN	100	96.88	82.59	78.26	78.29	2.03	5.03	7.63	7.78	7.92
	DW	96.77	93.33	86.67	91.67	91.67	8.10	9.33	9.40	9.96	9.33
	N2V	95.00	90.32	86.55	90.83	90.83	7.87	9.06	10.21	9.60	9.20
	GAN	93.41	93.33	82.59	89.90	89.90	7.38	8.33	9.22	9.96	9.06

6.2.3 面向图分类的攻防安全应用

图分类是图网络中常用的下游应用，往往被应用于对生物化学网络进行分类。图分类在给人们带来帮助的同时，也带来了一定的安全问题。因此本节对图分类任务的攻防安全应用进行了介绍，包括基于模体特征的图神经网络后门攻击和基于对比学习的后门攻击防御方法。

6.2.3.1 基于模体特征的图神经网络后门攻击

1. 基础原理介绍

基于模体特征的节点分类后门攻击方法 Motif-Backdoor[10]主要分为三个阶段，如图 6-2-11 所示。在阶段 1 中目标是确定触发器的子图结构。从数据集中提取模体，以获得模体在这个数据集上的分布。然后，根据一定的准则选择一个合适的模体作为触发器。具体来讲，选择准则有两点：①对于后门攻击，使用数据集中不存在或不频繁的模体作为触发器，实现的攻击效果通常优于使用数据集存在模体作为触发器；②对于后门攻击，选择目标类标中模体分布较多的模体作为触发器，可以获得比其他分布较少的模体更好的攻击效果。在阶段 2 中，攻击者的目标是选择最优的触发器注入位置。通过图重要性指标对图中节点的重要性进行排序，它可以从网络拓扑的角度衡量节点的重要性。重要性分数的前 k 个节点被选为候选触发器节点。此外，该攻击方法定义了 subscore 指标来衡量删除图的不同候选触发器节点的影响。然后，对候选触发器节点按照 subscore 值进行降序排序，选择与触发器节点数量相同的候选触发器节点作为触发器的注入位置。最后，在阶段 3 中，攻击者根据触发器注入位置将触发器注入良性图。后门图（即带有触发器的良性图）参与目标模型的训练，使得目标模型具有后门。一旦后门图输入了后门模型（即带有后门的模型），触发器就会激活后门模型中的后门，使模型输出攻击者预设的结果。

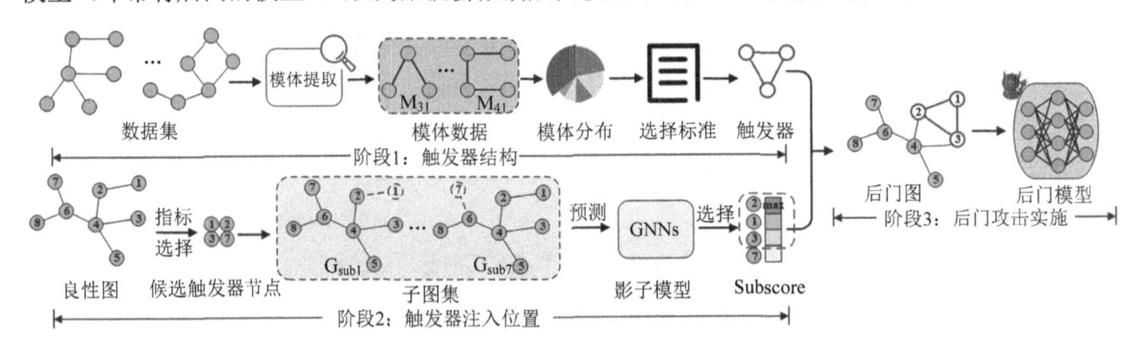

图 6-2-11 Motif-Backdoor 系统框图

2. 应用设置

数据集：Motif-Backdoor 在四个真实世界的数据集上进行了评估，分别是来自生物信息学的 PROTEINS、来自小分子的 AIDS、来自小分子的 NCI1 和社交网络 DBLP_v1。基本统计数据汇总在表 6-2-14 中。

表 6-2-14 实验数据集的基本信息

数据集	图样本数	节点数	链路数	图标签分布	目标类	网络类型
PROTEINS	1113	39.06	72.82	663[0],450[1]	1	生物信息
AIDS	2000	15.69	16.20	400[0],1600[1]	0	小分子
NCI1	4110	29.87	32.30	2053[0],2057[1]	0	小分子
DBLP_v1	19456	10.48	19.65	9530[0],9926[1]	0	社交网络

基于 GNNs 的图分类模型：为了评估 Motif-Backdoor 的后门攻击性能，在图分类上选择三种先进的模型作为目标模型，即图卷积网络（GCN）、自注意图池（self-attention graph pooling，SAGPool）和图同构网络（graph isomorphism network，GIN）。

GCN：GCN 采用基于图上谱卷积的一阶近似的分层传播规则。对于图分类，使用池化层来获得图级。

SAGPool：SAGPool 是一种基于自注意的图池方法。它利用图卷积的自关注，使池化方法同时考虑节点特征和图拓扑结构。

GIN：GIN 利用可学习参数，通过引入多层感知机来确保注入能力。此外，它还采用了和池方法来聚合图级信息。

对比算法：选择了五种针对图分类的后门攻击作为基准来验证 Motif-Backdoor 的性能。其中，ER-B、most important nodes selecting attack (MIA)、MaxDCC、GTA 是当前先进的后门攻击。Motif-R 是 Motif-Backdoor 的变体，作为基线。

ER-B：通过 erdős-rényi 模型生成通用触发器。然后，将触发器随机注入良性图。

MIA：根据节点重要性矩阵选择最重要的节点，并将其连接替换为图中触发器的连接。

MaxDCC：选择 DCC 值最高的节点，将其连接替换为图中触发器的连接。

GTA：这是一种生成后门攻击。利用双层优化算法对触发器生成器进行更新，在满足约束条件的情况下生成触发器，选择 GCN 作为影子模型。

Motif-R：根据图上的图分布来查找效果触发器。然后，将触发器随机注入良性图。

评价指标：采用 ASR、AMC 和良性精度下降（benign accuracy drop，BAD）来衡量 Motif-Backdoor 的攻击效果和隐蔽性。为了评估后门攻击方法的攻击效果，首先采用了 ASR 和 AMC。ASR 表示如下：

$$\mathrm{ASR}=\frac{N_{\mathrm{suc}}}{N_{\mathrm{att}}} \tag{6-2-6}$$

其中，N_{suc} 为成功攻击的样本数；N_{att} 为被攻击样本数。

AMC 表示如下：

$$\mathrm{AMC}=\frac{\sum_{n=1}^{N_{\mathrm{suc}}}\mathrm{MisCon}_n}{N_{\mathrm{suc}}} \tag{6-2-7}$$

其中，N_{suc} 为成功攻击样本数；MisCon_n 为第 n 个成功攻击样本对应的目标标签的置信度分数。直观地说，ASR 和 AMC 越高，表示攻击越有效。

对于攻击逃避性，选择了 BAD。它衡量了良性 GNN 模型和后门 GNNs 模型在良性图上预测的精度差异。BAD 表示如下：

$$\mathrm{BAD}=\mathrm{ACC}_{\mathrm{be\_model}}-\mathrm{ACC}_{\mathrm{bd\_model}} \tag{6-2-8}$$

其中，$\mathrm{ACC}_{\mathrm{be\_model}}$ 是良性 GNNs 模型在良性图上的精度；$\mathrm{ACC}_{\mathrm{bd\_model}}$ 是后门 GNNs 模型在良性图上的精度。

参数设置及实验平台：数据集划分规则适用于实验中所有的后门攻击。以 75∶5∶20 的比例将数据分为训练数据、验证数据和测试数据。其中，中毒率为训练数据的 10%。考虑到后门攻击的隐蔽性，触发器大小设置为四个节点以内。ER-B 采用 erdős-rényi 模型生成一个子图作为触发器，触发器密度设置为 0.8。GTA 采用三层全连接神经网络作为触发发生器。采用学习率为 0.01 的 Adam 优化器对 GNNs 模型进行训练。此外，进行了五次性能测试，报告了平均值结果，以消除随机性的影响。

3. 应用结果与分析

1）后门攻击性能表现

表 6-2-15 表示 Motif-Backdoor 与基线在三个先进的模型和三个真实的数据集上进行攻击实验。从实验结果中可以得到以下一些结论。

（1）与对比算法相比，Motif-Backdoor 能够实现最优的攻击性能。在 ASR 和 AMC 方面，Motif-Backdoor 的攻击性能在六种攻击方法中是最好的。以蛋白质数据集和 GCN 模型上的后门攻击为例，Motif-Backdoor 的 ASR 为 88.59%，GTA（后门攻击中第 2 位）和 Motif-R（后门攻击中第 3 位）的 ASR 分别为 73.16%和 71.92%。此外，Motif-Backdoor 在三个数据集和三个模型中均能达到基线最高的平均 ASR (84.31%)和 AMC (89.81%)。

基于 Motif-R 和 Motif-Backdoor 的良好性能，从模体视图分析数据集发现触发器能够完成有效的攻击。此外，Motif-Backdoor 能够实现令人满意的攻击也得益于有效的触发器注入位置。注入位置由图的重要性指标和影子模型的子图重要性两个方面决定。结论是同时考虑图结构层面和模型反馈层面的触发器注入位置策略是进行有效攻击的关键。

（2）Motif-Backdoor 可以保证后门模型的正常性能。以对 AIDS 数据集和 GIN 模型的后门攻击为例，其 BAD 达到 0.0051，这意味着 Motif-Backdoor 获得的后门模型具有与良性模型相似的性能。从总体上看，Motif-Backdoor 在三个数据集和三个模型上的平均 BAD 值为 0.0265，而 MaxDCC（后门攻击中第 2）和 MIA（后门攻击中第 3）的平均 BAD 值分别为 0.0275 和 0.0292。

造成该现象的原因有两个。首先，在优化触发器注入位置时，Motif_Backdoor 构建了影子模型，考虑模型层面的影响，从而使具有触发器的后门样本接近攻击者选择的目标标签样本的分布。其次，使用图重要性指数对触发节点进行筛选，使触发节点成为结构上的重要节点。因此，这些图结构中相关性强的节点作为触发器不会对图结构造成很大的破坏。

（3）从模型和数据集的角度来看，GIN 模型和 NIC1 数据集在这三个模型和三个数据集中更容易受到后门攻击。后门攻击对不同 GNNs 的攻击效果存在差异。例如，在 AIDS 数据集中，Motif-Backdoor 在 GCN、SAGPool 和 GIN 上的 ASR 分别达到 88.26%、71.35%和 89.08%。造成该现象的原因是模型提取网络特征的方式存在差异。具体而言，SAGPool 采用自注意掩码策略进行特征聚合，丢弃了部分节点的信息。这表明可能会删除触发节点，从而影响后门攻击的性能。

表 6-2-15　在评估指标 ASR、AMC 和 BAD 下的后门攻击实验结果

数据集	目标模型	评价指标	对比算法					所提算法
			ER-B	MIA	MaxDCC	GTA	Motif-R	Motif-Backdoor
PROTEINS	GCN	ASR/%	51.53	68.35	70.51	73.16	71.92	88.59
		AMC	55.63	70.81	72.93	73.79	76.24	76.62
		BAD	4.53	4.62	3.92	5.14	4.65	4.23
	SAGPool	ASR/%	65.38	64.81	67.31	68.53	67.78	71.35
		AMC	73.03	68.98	73.76	74.78	70.69	79.68
		BAD	4.26	3.39	3.95	3.65	4.03	3.26
	GIN	ASR/%	60.53	58.77	80.35	84.96	70.30	85.08
		AMC	77.93	75.12	86.49	90.25	76.93	91.81
		BAD	4.53	4.17	4.02	4.57	4.269	4.45

续表

数据集	目标模型	评价指标	对比算法					所提算法
			ER-B	MIA	MaxDCC	GTA	Motif-R	Motif-Backdoor
AIDS	GCN	ASR/%	49.38	55.63	93.13	93.18	92.69	96.87
		AMC	79.48	79.54	95.33	96.88	96.59	96.33
		BAD	4.56	4.65	4.51	4.36	4.98	4.12
	SAGPool	ASR/%	38.24	40.58	46.93	47.65	65.42	65.89
		AMC	77.81	78.39	79.68	82.93	87.94	88.95
		BAD	3.95	3.85	4.25	3.76	5.92	3.64
	GIN	ASR/%	94.50	95.56	96.52	98.52	98.75	99.75
		AMC	99.37	99.37	99.76	99.79	99.89	99.92
		BAD	1.69	0.73	0.65	1.28	1.14	0.51
NCI1	GCN	ASR/%	76.15	78.89	92.53	96.12	96.12	98.26
		AMC	74.37	79.49	87.79	94.41	93.71	95.19
		BAD	4.66	4.54	3.43	2.92	5.23	2.33
	SAGPool	ASR/%	55.13	85.92	96.03	90.91	88.01	97.63
		AMC	66.15	75.56	94.33	85.34	80.82	95.81
		BAD	3.38	3.13	3.06	4.81	4.87	4.08
	GIN	ASR/%	76.13	96.05	98.91	99.08	97.71	99.72
		AMC	79.46	96.93	98.11	98.21	99.14	99.43
		BAD	3.24	2.41	2.04	2.89	2.53	2.18

2）系列触发器的后门攻击

本节探讨了后门攻击在不同阶段（即训练阶段和推断阶段）的触发器选择对攻击效果的影响。首先区分在训练阶段和推理阶段使用的触发器。根据本节中研究的各种模体，后门攻击在四个数据集上依次匹配。为了更直观地观察模体的变化对后门攻击性能的影响，直接选择模体作为触发器，将其随机注入良性样本中发起后门攻击，即 Series-Backdoor。结果如图 6-2-12 所示。观察实验结果，得到了以下结论。

图 6-2-12（彩图）

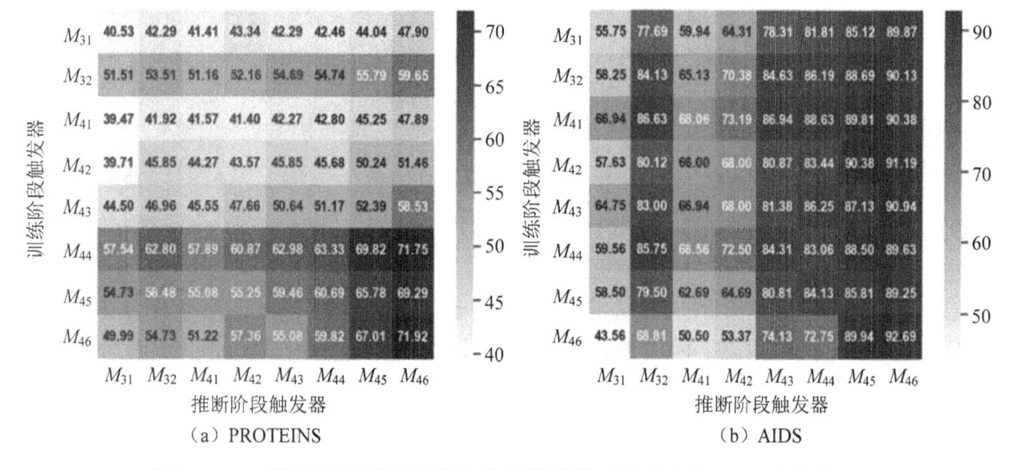

（a）PROTEINS　　（b）AIDS

图 6-2-12　训练阶段以不同模体为触发器的后门攻击在 ASR 上的表现

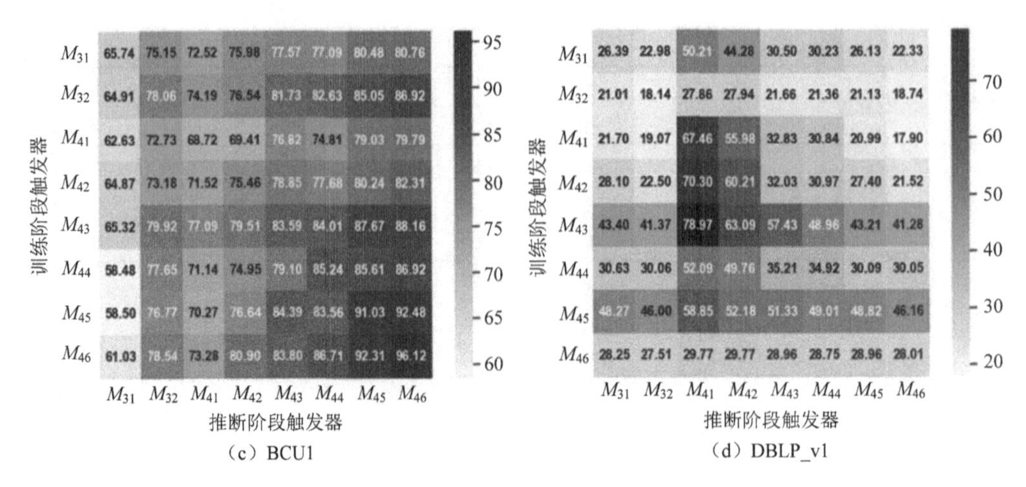

（c）BCU1　　（d）DBLP_v1

图 6-2-12（续）

（1）结构相似的模体作为触发器具有相似的后门攻击效果。以 AIDS 数据集的后门攻击为例，在训练阶段和推断阶段，观察到以 M_{32} 和 M_{43} 作为触发器的攻击效果相似。在训练阶段使用触发器 M_{32} 的情况下，M_{32} 和 M_{43} 在互入阶段达到了 84.13%和 84.63%的 ASR。直观地，可以发现 M_{32} 和 M_{43} 所带来的热力图颜色深度是相似的，将这类模体归为同一个系列。

造成该现象的原因是结构之间的相似性较高，使得模型在聚合触发器特征时得到相似的特征。例如，M_{32} 和 M_{43} 都是闭环结构。直观地，该模型使用均值策略聚合节点特征。基于两个模体提取的特征是相同的，这也表明了两个模体的相似性。因此，认为相同系列的模体，即具有相似结构的模体，可以在攻击中相互替代。考虑到模体作为触发器所实现的攻击效果和结构，将 M_{31}、M_{41}、M_{42} 以及 M_{44}、M_{45}、M_{46} 归为同一个系列。

（2）推理阶段使用与训练阶段相同的模体作为触发器，并非始终表现出最佳的攻击效果。值得注意的是，在大多数情况下，会考虑在训练阶段和推理阶段使用相同的触发器是最好的。但是，在蛋白质数据集上，在训练阶段使用触发器 M_{44} 时，M_{44} 和 M_{46} 在互入阶段达到了 63.33%和 71.75%的 ASR。此外，还有几个类似情况的例子，例如 NCI1 数据集上训练阶段的 M_{42}。

造成该现象的原因是模体结构之间存在一种相互包容的关系。其中 M_{46} 包含了其余模体的结构，它们都可以在 M_{46} 中找到相应的子图。这意味着 M_{46} 可以在训练中激活剩余模体留下的后门作为触发器。但这并不意味着触发机制越复杂，攻击效果就越好。例如，在 DBLP_v1 数据集中，M_{41} 和 M_{42} 可以获得比 M_{46} 更好的攻击结果。除了考虑触发结构的复杂性外，还需要考虑数据集中模体的分布情况，以达到有效的后门攻击。

3）可能防御下的 Motif-Backdoor

为了评估在可能的防御下，Motif-Backdoor 所实现的攻击性能。对于后门攻击，攻击者需要使用触发器激活模型中的后门，导致模型预测错误。这也意味着防御者可以破坏输入图中的触发器，从而达到防御后门攻击的目的。具体而言，在推断阶段中，使用 Jaccard 指数来计算图中节点的相似性，删除相似性排名在后 10%的链路。在三个模型和四个数据集上进行了防御实验，其中 Motif-Backdoor-def 代表带有 Jaccard 防御机制的 Motif-Backdoor，结果如图 6-2-13 所示。

可以观察到 Motif-Backdoor 和 Motif-Backdoor-def 在 ASR 和 AMC 上的表现相似。以 GIN 模型上对 AIDS 数据集进行后门攻击为例，Motif-Backdoor 的 ASR 达到 99.72%，AMC 达到 0.9943，而 Motif-Backdoor-def 的 ASR 达到 97.68%，AMC 达到 0.9795。从 Motif-Backdoor-Def

的攻击结果来看，基于 Jaccard 指数的防御机制并不能起到令人满意的防御效果。原因是删除部分链接的防御方法可能会破坏触发器的完整性，但很难从输入数据中完全删除触发器。在 3.3.3 小节中，已经验证了相同系列的子图都可以激活模型中的后门。为此，滤除图中部分链路的防御方法会使得触发器结构并未被准确滤除，仍然可以激活后门模型中的后门，导致无法实现有效的防御。

图 6-2-13（彩图）

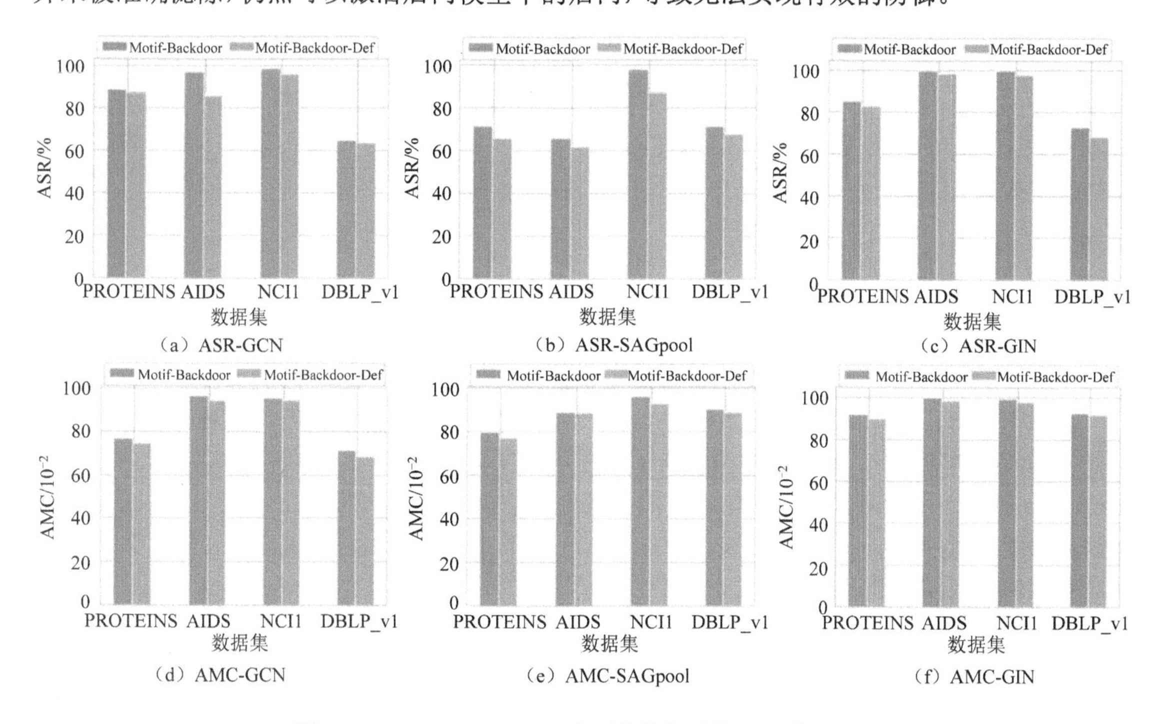

（a）ASR-GCN　（b）ASR-SAGpool　（c）ASR-GIN

（d）AMC-GCN　（e）AMC-SAGpool　（f）AMC-GIN

图 6-2-13　Motif-Backdoor 在可能防御下的 ASR 和 AMC

4）参数敏感性分析与可视化

首先分析两个关键超参数在不同范围内的取值对 Motif-Backdoor 所达到的攻击效果。此外，将良性图和后门图进行了可视化，直观地探索了 Motif-Backdoor 所实现攻击的隐蔽性。

参数敏感性分析：本节研究了两个关键超参数敏感性对后门攻击的影响，即候选触发器节点数 x 和中毒率 p 。具体来说，Motif-Backdoor 在四个数据集进行超参数分析，如图 6-2-14 所示。对于候选触发器节点数 x，观察到在 x 的变化下 Motif-Backdoor 的攻击性能是稳定的。例如，在 NCI1 数据集和图 6-2-14（a）中的 GCN 模型上，Motif-Backdoor 在候选触发器节点数范围内的 ASR 分别达到 98.34%、98.55%、98.26%、98.06%和 97.72%。造成该现象的原因是图重要性指标选择的节点考虑到了图的结构，同时通过影子模型信息的反馈进一步地确定触发器注入位置。这表明触发器注入位置更依赖于来自模型的反馈，即 subscore 指标。而图指标起到了先过滤不重要节点的作用，减少了模型随后考虑的节点数量，从而提高选择注入节点的效率。

在图 6-2-14（b）中，对于中毒率 p ，Motif-Backdoor 实现的 ASR 随着中毒率的增加而增加。以 GIN 模型上对 DBLP_v1 数据集的后门攻击为例，Motif-Backdoor 在候选触发器节点数范围内的 ASR 分别为 64.01%、67.22%、72.7 8%、73.10%和 75.88%。随着中毒率 p 的增加，后门图的数量也增加了。这使得后门图在更大程度上参与了目标模型的训练，增加了在目标模型中留下后门的概率。此外，后门图数量的增加也增加了后门攻击被检测到的风险。因此，选择合适的投毒比至关重要。观察到，当投毒比为 0.1 时，Motif-Backdoor 可以达到令人满意的攻击效果。在大多数情况下，后门攻击可以选择将中毒率设置为 0.1，这是考虑到攻击的有效性和隐蔽性。

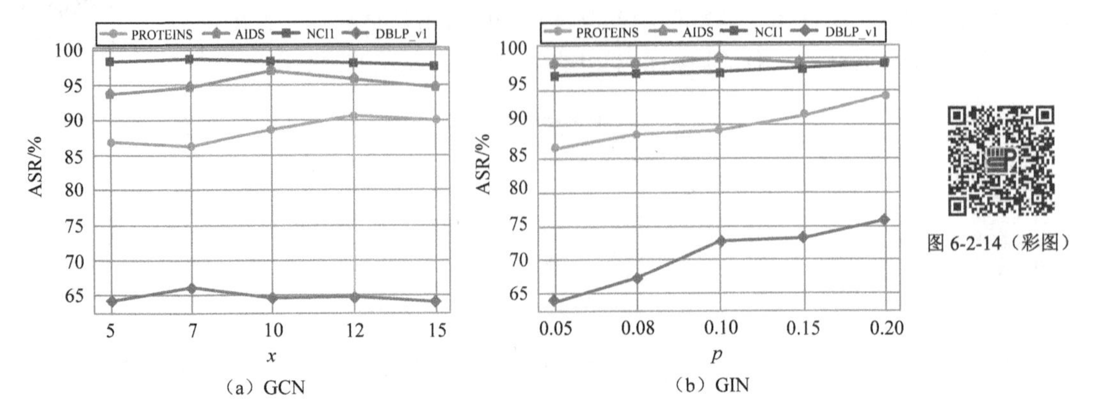

（a）GCN　　（b）GIN

图 6-2-14　参数敏感性分析

可视化：为了探究 Motif-Backdoor 的隐蔽性，在三个模型和四个数据集上利用 Gephi 工具进行了后门图的可视化，橙色链路构成的子图表示触发器，如图 6-2-15 所示。直观地说，Motif-Backdoor 对良性图没有太大的破坏，只需要几个链接就可以修改图来进行有效的攻击。良性图和后门图的可视化是相似的。触发器注入位置在图的隐蔽性中起着关键作用。Motif-Backdoor 考虑图结构和模型反馈，选择合适的触发器注入位置。

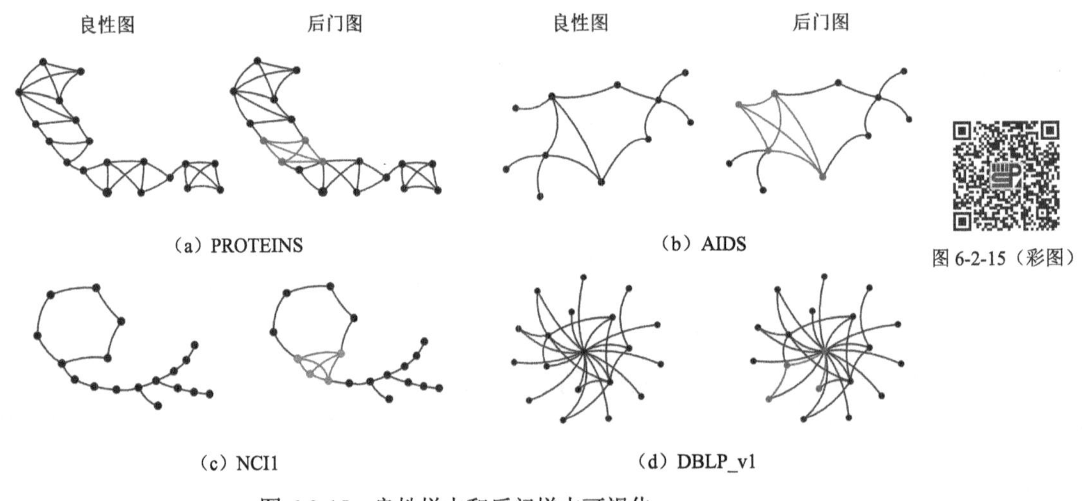

（a）PROTEINS　　（b）AIDS

（c）NCI1　　（d）DBLP_v1

图 6-2-15　良性样本和后门样本可视化

6.2.3.2　基于对比学习的图神经网络后门攻击防御

1. 基础原理介绍

现有的图神经网络后门攻击方法是利用触发器与标签之间训练搭建的强相关系作为攻击媒介，即在部分训练数据中注入触发器以及将网络标签修改为攻击目标类，进而留下后门在模型中。根据后门攻击工作原理，CLB-Defense[11]针对训练数据集纠正样本错误标签，过滤样本中的触发器，得到干净的训练数据集，从而有效地防御图神经网络后门攻击。CLB-Defense 的算法框图如图 6-2-16 所示，可分为三个阶段，即对比学习构建对比模型、差值查找可疑样本、图重构及标签平滑。

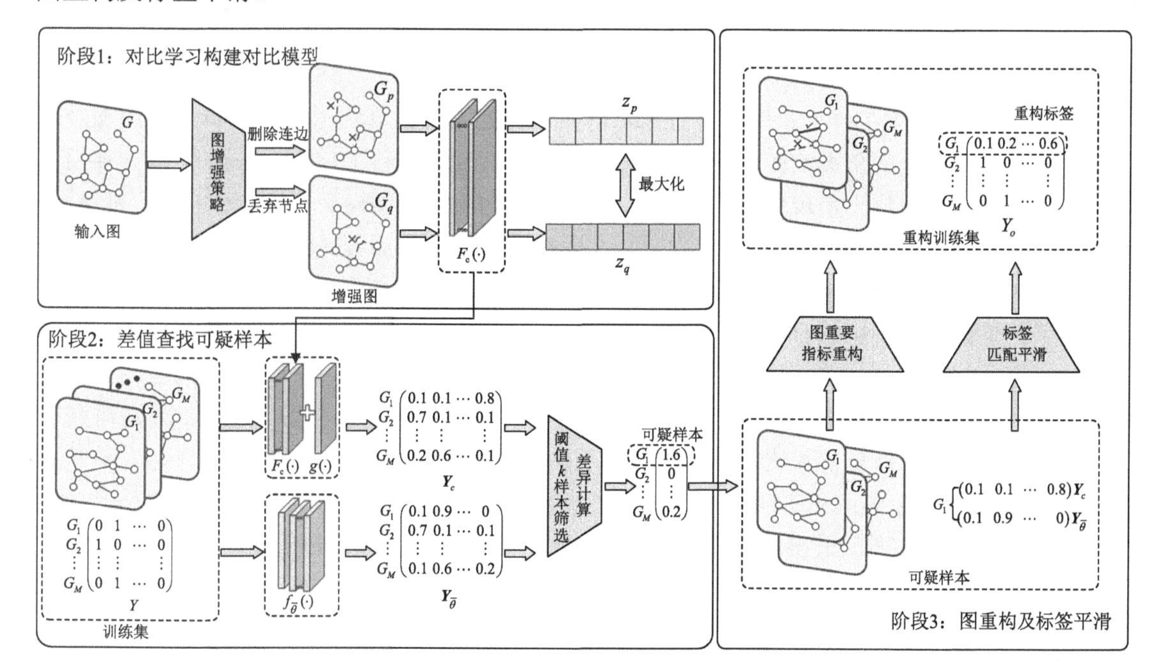

图 6-2-16 CLB-Defense 算法框图

阶段 1 采用对比学习的策略训练出不依赖数据标签的对比模型，不依赖数据标签的训练得到的模型可以避免受到后门攻击。阶段 2 计算目标模型和对比模型关于训练数据集的输出置信分数之间的差异，通过差值查找到可疑的后门样本。阶段 3 针对可疑的后门样本，利用图重要性指标对样本的拓扑结构进行重构，过滤不合理的连边，并使用标签平滑的策略对后门样本的标签进行重置，通过对比模型和目标模型输出的置信分数平滑得到样本的重构标签。

2. 应用设置

数据集： 在四个广泛使用的真实数据集上评估 CLB-Defense 的防御性能：生物信息学的 PROTEINS、来自小分子的 AIDS、 来自小分子的 NCI1 和社交网络 DBLP_v1。

后门攻击方法及目标模型：选用了五种攻击性能最优的后门攻击方法，即 ER-B、MIA、MaxDCC、GTA 和 Motif-Backdoor。

对比算法： 由于目前没有针对图神经网络后门攻击防御的相关研究，因此，为了验证 CLB-Defense 的有效性，迁移了三种有效防御图神经网络对抗攻击的方法作为对比防御方法，分别为 Jaccard-based、Label-Smooth 和 Adv-Training。

评价指标： 为了客观准确地衡量 CLB-Defense 的防御性能，采用 ASR、ADC 和 ACC 三个评价指标。

参数设置及实验平台： 采用十折交叉验证的方式去评估目标模型的表现性能。对于目标模型训练，采用 Adam 优化器去优化模型参数，其余参数遵循原工表设计。参考后门攻击方法设置，将触发器大小设置为四个节点，中毒比例为 10%的训练数据集。对于防御方法，Jaccard-based 删除的连边数占样本连边总数的 10%。Label-Smooth 平滑比例 ρ 设置为 0.7。Adv-Training 构建训练数据集 10%的样本作为对抗样本。CLB-Defense 中的差异阈值 k 设置为 0.5，标签平滑率 α 设置为 0.7，对比样本率 ς 设置为 0.1，连边丢弃率 del_rate 设置为 0.05，连边增强率

add_rate 设置为 0.02。

3. 应用结果与分析

1）CLB-Defense 防御效果

表 6-2-16 为 CLB-Defense 和三种对比防御方法在四个广泛真实的数据集和五种图神经网络后门攻击的方法上的防御实验结果。从整体防御性能角度分析，CLB-Defense 使得五种后门攻击方法在四个数据集上实现的 ASR 为 19.92%，而 Jaccard-Based、Label-Smooth 和 Adv-Training 使得 ASR 分别为 58.66%、52.58%和 48.89%。CLB-Defense 都能实现最优的防御性能，产生这个现象的原因主要有两个：其一，CLB-Defense 利用对比学习构建对比模型，通过差值查找出了训练数据集中标签存在错误的样本，并对其标签进行平滑操作，使得模型对于这部分数据进行的是软标签的学习。其二，CLB-Defense 基于两个图重要性指标对可疑的后门样本进行了图重构，删除部分网络不重要的连边，增加网络中重要的连边。CLB-Defense 清洗可疑的后门样本中的触发器和标签，使得目标模型基于这一批数据集训练时，无法被留下后门，从而实现防御的目的。此外，CLB-Defense 使得五种攻击方法在 PROTEINS、AIDS 数据集上分别降低了 88.50%、91.21%。值得注意的是在 AIDS 数据集上，CLB-Defense 起到了最佳的防御效果，原因主要是图神经网络模型 GIN 在 AIDS 数据集的 ACC 为 98.92%，这就意味着数据集中不同类之间的分类边界划分是准确的，因此利用对比模型识别数据集中的标签也能较为准确，从而高效地、精确地筛选出数据集中的后门样本，达到防御目的。

从图神经网络模型表现性能的角度，在四个广泛真实的数据集和五种图神经网络后门攻击的方法上，CLB-Defense 平均实现的 ACC 为 82.33%，而 Jaccard-Based、Label-Smooth 和 Adv-Training 实现的 ACC 为 80.54%、81.17%和 81.88%。与无防御机制下后门模型的 ACC 为 80.29%相比，CLB-Defense 是实现了分类准确率的最优提升，但与良性模型实现的 ACC 为 83.25%还有差距。造成该现象的原因是 CLB-Defense 通过构建对比模型和差值查找可疑样本的策略，筛选出数据集中可疑的后门样本，其次，采用图重要性指标对样本进行重构，滤除掉样本中可能存在的触发器，同时对样本中的真实标签用标签平滑策略得到的新标签进行替换。CLB-Defense 重构了数据集中可能存在的后门样本，使得目标模型的 ACC 得到了改善。而与良性模型的分类准确率仍有差距的原因是经过 CLB-Defense 防御之后的目标模型还存在一些后门攻击的样本。

表 6-2-16 防御实验结果

数据集（ACC/%）	评价指标	防御方法	后门攻击方法				
			ER-B	MIA	MaxDCC	GTA	Motif-BAckdoor
PROTEINS（76.23）	ASR/%	无防御	64.57	64.89	84.75	86.72	89.46
		Jaccard-Based	29.41	26.72	58.82	24.98	75.62
		Label-Smooth	26.39	17.48	55.46	26.05	63.87
		Adv-Training	23.86	17.14	48.76	18.64	61.27
		CLB-Defense	9.41	4.54	15.79	3.36	11.76
	ACC/%	无防御	71.16	70.82	72.06	71.56	71.43
		Jaccard-Based	72.51	70.73	72.85	71.53	72.08
		Label-Smooth	73.16	73.29	72.92	72.13	73.26
		Adv-Training	73.85	73.54	73.04	74.35	74.68
		CLB-Defense	74.24	73.95	74.39	74.76	75.03

续表

数据集（ACC/%）	评价指标	防御方法	后门攻击方法				
			ER-B	MIA	MaxDCC	GTA	Motif-BAckdoor
AIDS（98.92）	ASR/%	无防御	93.62	95.48	96.57	98.92	99.86
		Jaccard-Based	73.33	81.87	86.25	89.06	90.75
		Label-Smooth	56.82	72.31	79.75	88.82	88.72
		Adv-Training	48.32	70.81	71.81	85.75	82.93
		CLB-Defense	4.31	1.06	8.63	7.94	20.63
	ACC/%	无防御	96.28	96.85	98.12	97.39	97.64
		Jaccard-Based	96.58	96.15	98.34	97.58	97.83
		Label-Smooth	96.92	96.98	98.52	97.92	97.92
		Adv-Training	97.48	97.65	98.64	98.41	98.25
		CLB-Defense	98.46	98.39	98.72	98.74	98.68
NCI1（77.01）	ASR/%	无防御	78.32	96.98	98.95	100	100
		Jaccard-Based	72.25	87.63	78.54	74.25	92.64
		Label-Smooth	62.97	72.85	62.07	72.31	82.86
		Adv-Training	55.07	71.59	60.25	69.40	81.64
		CLB-Defense	45.39	57.53	42.47	46.48	48.94
	ACC/%	无防御	73.85	73.36	74.38	74.05	73.25
		Jaccard-Based	73.04	74.09	75.03	74.67	73.82
		Label-Smooth	74.57	75.47	75.64	75.18	75.35
		Adv-Training	75.38	75.78	75.78	76.30	75.40
		CLB-Defense	75.74	76.06	76.53	76.87	75.78
DBLP_v1（80.83）	ASR/%	无防御	41.28	43.65	62.86	68.42	71.84
		Jaccard-Based	21.57	15.17	22.54	18.95	52.78
		Label-Smooth	20.28	13.05	26.79	15.74	46.92
		Adv-Training	17.03	11.04	23.25	13.59	45.76
		CLB-Defense	15.28	10.84	9.45	10.28	24.39
	ACC/%	无防御	78.52	78.46	79.23	78.49	78.85
		Jaccard-Based	78.92	78.86	78.95	78.06	79.20
		Label-Smooth	79.05	78.25	78.39	78.26	80.18
		Adv-Training	79.83	79.90	79.36	79.65	80.23
		CLB-Defense	80.01	79.98	79.87	79.93	80.48

2）CLB-Defense 有效性分析

为了研究 CLB-Defense 能够实现有效防御的深层次原因，在面对最优攻击性能的 Motif-Backdoor 后门攻击时，分析了 CLB-Defense 防御方法对后门数据集的修改情况。具体而言，定义了四个指标来直观描述，即正后率、后训率、改正率、改误率。正后率表示 CLB-Defense 成功纠正后门样本对应标签的样本数量与后门数据集本存在标签错误的后门样本数量之间的比例。后训率表示 CLB-Defense 修改后训练数据集仍然存在的标签错误后门样本数量与训练数据集样本数量之间的比例。改正率表示 CLB-Defense 修改的样本中正确标签所占的比例。改误率 CLB-Defense 表示修改的样本中错误标签所占的比例。实验结果如图 6-2-17 所示。

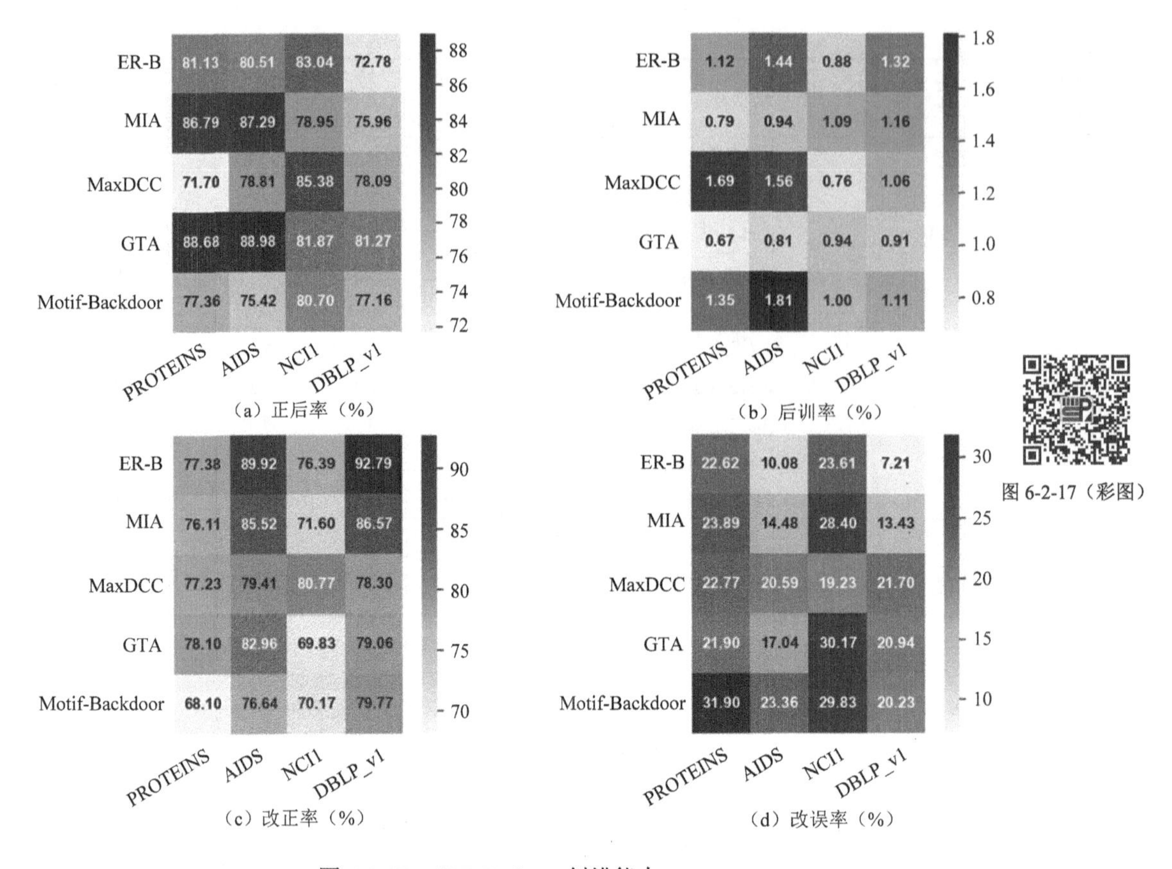

图 6-2-17　CLB-Defense 纠错能力

面对四个真实数据集，CLB-Defense 防御下实现的平均正后率为 80.59%，这表明 CLB-Defense 防御方式能够将后门数据集中大部分标签错乱的后门样本查找到并修改为正确标签，以此来保证防御的有效性。其中，针对 AIDS 数据集，CLB-Defense 防御方法实现了四个数据集中最高的正后率，即 82.20%，同时这也对应了防御实验中 CLB-Defense 在该数据集上实现了最佳的攻击成功率下降，即 91.21%。此外，在四个数据集上，CLB-Defense 防御下实现的后训率为 1.12%，意味防御下的训练数据集，标签错乱的后门样本仅占训练样本中 1.12%，使得后门攻击方法难以在目标模型上留下后门。这也进一步验证了 CLB-Defense 中标签平滑策略对防御后门攻击方法的有效性。值得注意的是，CLB-Defense 在四个数据集上平均实现的改正率和改误率分别为 78.83%和 21.17%。这表示 CLB-Defense 并不会大量地修改掉良性样本的标签，从而保障了目标模型的 ACC，进一步验证 CLB-Defense 中采用对比模型差值查找可疑的后门样本进行处理的有效性。

3）消融实验

CLB-Defense 在实现防御后门攻击的过程中，有着两个重要的模块，即图重构和标签平滑。为了进一步探究各个模块对防御性能的影响，面对 Motif-Backdoor 后门攻击方法，进行了 CLB-Defense 的消融实验。具体而言，CLB-Aug 是将 CLB-Defense 方法中的图重构模块保留，标签平滑模块删除的方法，CLB-Label 是将 CLB-Defense 方法中的标签平滑模块保留，图重构模块删除的方法，实验结果如图 6-2-18 所示。

在 CLB-Defense 防御机制下，Motif-Backdoor 后门攻击在四个数据集上实现的 ASR 为 26.43%、AMC 为 0.9739、ACC 为 82.49%，而在 CLB-Label 和 CLB-Aug 防御机制下，ASR 分

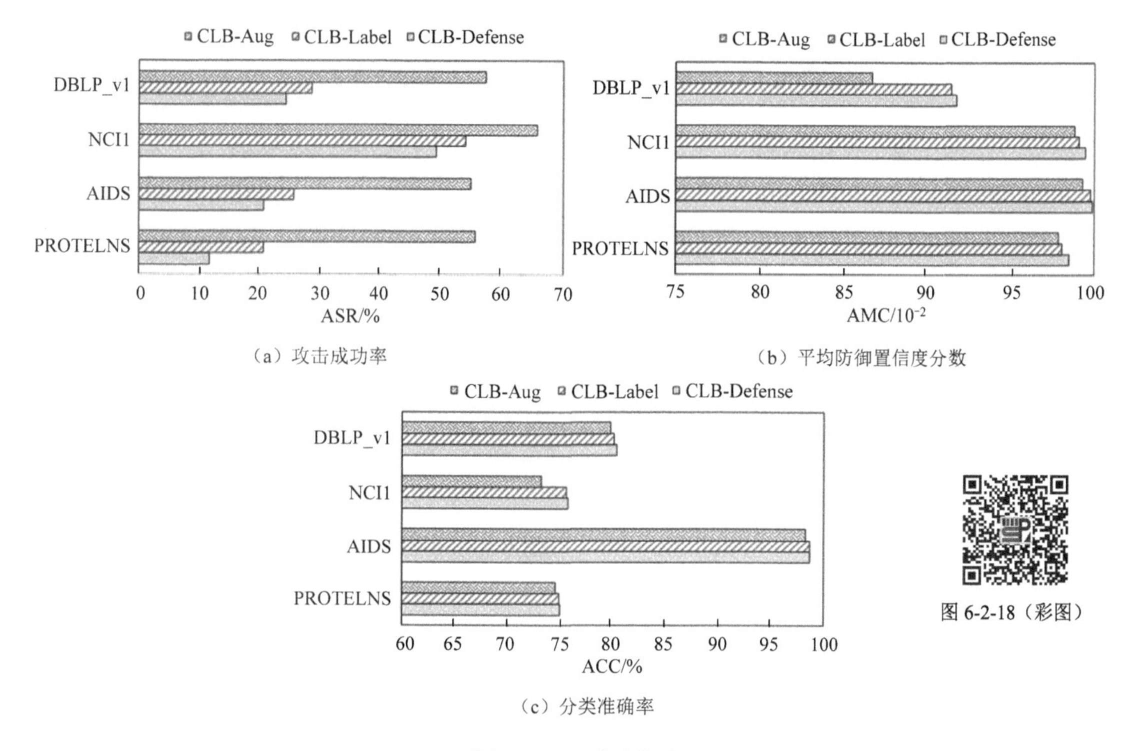

（a）攻击成功率

（b）平均防御置信度分数

（c）分类准确率

图 6-2-18（彩图）

图 6-2-18　消融实验

别达到 32.20%和 58.26%、AMC 为 0.9707 和 0.9564、ACC 为 82.37%和 81.50%。CLB-Label 方法专注于可疑样本中的标签部分，CLB-Aug 方法专注于可疑样本图结构部分。实验结果表明 CLB-Label 方法的防御性能优于 CLB-Aug 方法，这意味着标签平滑模块对 CLB-Defense 的防御贡献程度更大。同时揭露了现有后门攻击方法中修改图标签环节对攻击有效性起着重要的作用。为此，在防御图神经网络后门攻击时，应该重点关注训练数据集标签是否被篡改的问题，提高防御成功率。

4）后门样本重构图可视化

CLB-Defense 在查找到可疑的后门样本后，会利用图重要性指标对样本的结构进行重构，目的是过滤掉样本中的触发器。为此，在 PROTEINS 数据集和 NCI1 数据集上面对 Motif-Backdoor 的后门攻击，采用 Gephi 工具可视化了经由 CLB-Defense 成功防御下的后门样本，即重构图。如图 6-2-19 所示，良性图表示的是未加任何扰动的图。后门图表示带有触发器的图。重构图表示经过 CLB-Defense 防御方法处理后的图。在后门图中，圈出了图中触发器的位置。对于重构图，线代表被删除的连边，加粗的实线代表增加的连边。图 6-2-19（a）中的后门图，删除的连边分别为节点 2 和 3、节点 5 和 6、节点 1 和 4 构建的连边，对应的边介数指标值分别为 0.0018、0.0033、0.0036。增加的连边为节点 7 和 8 构建的连边，对应的共同邻居数指标值为 4。图 6-2-19（b）中的后门图，删除的连边为节点 2 和 4 构建的连边，对应的边介数指标值为 0.0169。增加的连边为节点 1 和 5 构建的连边，对应的共同邻居数指标值为 2。

观察到 CLB-Defense 防御能够破坏后门图中的触发器结构，删除后门图中扰动，使得目标模型难以被后门攻击方法留下后门，从而起到防御的作用。这进一步验证了 CLB-Defense 中图重构模块的有效性，利用图重要性指标对样本的结构进行重构，删除图中非正常相连的连边，补充图中可能存在的连边，有效地滤除掉后门样本中存在的触发器，进而有效地防御图神经网络后门攻击方法。

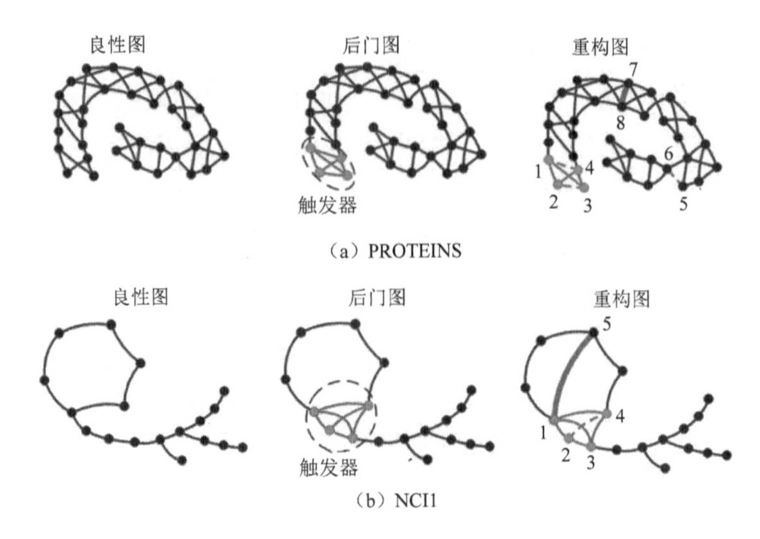

图 6-2-19　CLB-Defense 防御下重构图的可视化

5）参数敏感性分析

为了探究 CLB-Defense 防御方法对几个重要超参数的敏感性，即差异阈值（k）和标签平滑率（α），在面对最优攻击性能的 Motif-Backdoor 进行参数敏感性的实验，结果如图 6-2-20 所示。

针对图 6-2-20（a）差异阈值从 0.3 变化到 1.5 的过程中，CLB-Defense 防御机制下平均的 ASR 是随着差异阈值的增大而增大的，即平均的 ASR 分别为 23.53%、26.43%、34.53%、39.25%、47.64。对应相邻差异阈值的 ASR 改变量为 2.90%、8.10%、4.72%、8.39%。因此，考虑到 ASR 和相对应的改变率，差异阈值的参数选择 0.5 是更为合理的。针对图（b）中标签平滑率从 0.1 变化到 0.9 的过程中，CLB-Defense 防御机制下平均 ASR 是随着标签平滑率的增大而减小的，即平均的 ASR 分别为 57.11%、55.00%、39.82%、26.43%、21.37%。对应相邻标签平滑率的 ASR 改变量为 2.12%、15.18%、13.39%、5.07%。因此，考虑到攻击成功率和相对应的改变率，标签平滑的参数选择 0.7 是更为合理的。既保证攻击成功率，同时也不会过度依赖于比对模型的置信分数，使得增加对良性样本误判的数量。能够保证攻击成功率，同时也过滤掉了大部分差异的样本，从而提升 CLB-Defense 防御的效率。

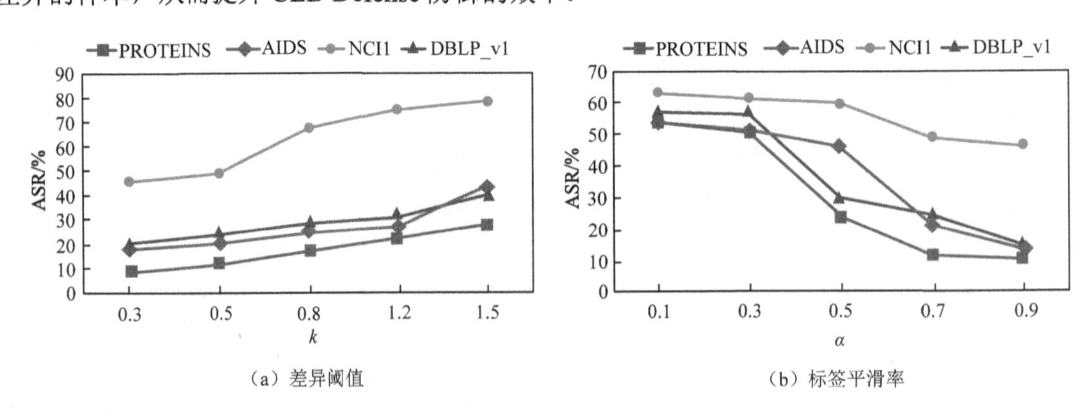

图 6-2-20　数敏感性分析

6.3　面向电磁信号识别的攻防安全应用

攻击和防御是一个相互博弈的过程，脆弱性的发现有利于进一步的安全防护。本节通过对电磁信号处理技术进行攻击，探究其可能存在的安全漏洞，以此间接促进系统的安全鲁棒性提升。首先对基于深度学习的信号恢复模型设计了多种攻击场景，提出了针对信号的两种扰动限制方法。然后针对信号调制类型识别模型，对于基于卷积神经网络的信号调制类型分类器，通过 Grad-CAM 技术进行可视化；对于基于循环神经网络的信号调制类型分类器，提出了一种基于单元通道的可视化方法。最后，对于 LMS 自适应滤波算法的鲁棒性，提出了一种基于生成式对抗网络的对抗攻击方法，对 LMS 算法的鲁棒性进行了探究。

6.3.1　面向信号恢复的深度学习模型对抗攻击方法

1. 基础原理介绍

针对基于深度神经网络的端到端的信号恢复模型可能存在的安全问题，本节通过对抗攻击方法对目前性能最优的信号恢复模型 DeepReceiver 的鲁棒性展开了研究，其系统框图如图 6-3-1 所示。

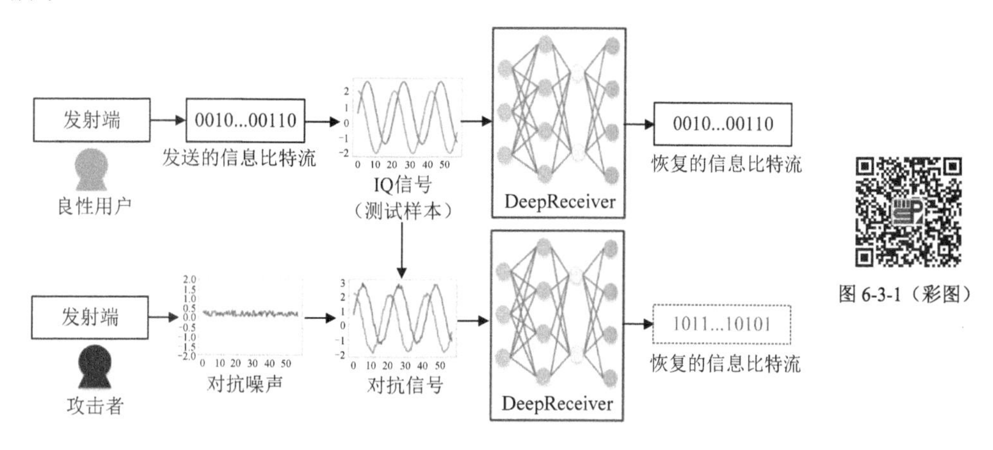

图 6-3-1　面向 DeepReceiver 模型的攻击框图

在未受攻击的情况下，正常用户将需要发送的文本、音频或视频等信息经过编码和加密等处理后变成信息比特流，经过通道编码、调制和脉冲整形后成为 IQ 信号通过发送端发出。发出的信号被接收后输入 DeepReceiver，该模型会从信号中尽可能地恢复出原信息比特流。而当模型受到对抗攻击时，攻击者通过发射端发送构建的对抗噪声，对抗噪声叠加到良性用户发送的 IQ 信号上后成为对抗信号，DeepReceiver 无法从对抗信号中恢复原始信息比特流。攻击的目的是在物理条件限制范围内使得信号恢复模型输出的信息比特流发生错误。

2. 应用设置

模型：目前性能最优的信号恢复模型 DeepReceiver，该模型用深度神经网络模型代替传统接收器的信息恢复过程。该模型的输入是接收到的 IQ 信号，输出是恢复的信息比特流。该模型基于接收到的 IQ 信号样本进行训练，能反映通信系统实际经历的射频损伤、信道衰落、噪声和干扰。能够接收不同的调制方式和不同编码方式的信号。

数据集：仿真中考虑了两种调制方式：BPSK 和正交相移键控(QPSK)。训练和测试数据集都是通过仿真生成的。训练集和测试集中都包括了信息比特流和 IQ 信号，信息比特流的位数

M=32，每位对应的值是 0 或 1，是随机生成的。生成的信息比特流将被信道编码成 56 位，然后通过 BPSK 调制方法进行调制，再经过余弦滤波器滤波整形后成为被发送信号。接收到的信号的采样率是符号率的 8 倍，即每个符号的采样点数为 8。因此构建的 IQ 信号的数据长度是 448，该信号也就是 DeepReceiver 模型的输入。在生成的训练集中，IQ 信号的 Eb/N0 范围从 0dB 到 8dB，间隔为 1dB。每个 Eb/N0 的数据样本数为 200000 个，因此训练集中的样本总数为 1800000 个，用 D_S 表示该训练集。在测试集中，信号 Eb/N0 从 0dB 到 8dB 之间，间隔为 0.5dB，每个 Eb/N0 的测试集的样本数为 200000。训练集和测试集的信号功率都为 1。

性能指标： 误码率（bit error rate，BER）衡量攻击效果，误码率越高，攻击效果越好。定义攻击的误码率为

$$\text{BER}=\frac{\sum_{i=1}^{N_e} m_i}{NM} \tag{6-3-1}$$

其中，M 表示分类器的个数，也就是信息比特流的长度；m_i 表示输入的第 i 个对抗信号在恢复为信息比特流后出错的比特数为 m；N 表示信号个数。

使用相对功率衡量生成的对抗噪声的功率大小，定义相对功率为对抗噪声功率与测试样本功率的比值为

$$P_{\text{relative}}=10\log\frac{\sum_{n=1}^{N}\delta^2(n)/N}{\sum_{n=1}^{N}r^2(n)/N} \tag{6-3-2}$$

其中，$\delta(\cdot)$ 表示对抗噪声功率；$r(\cdot)$ 表示测试样本功率；N 表示信号个数。

3. 应用结果与分析

1）测试样本和模型知识都不受限场景下的攻击效果

在测试样本和模型知识都不受限的情况下，通过 FGSM、MIFGSM 和 PGD 三种攻击方法进行攻击，生成的对抗噪声的攻击效果如图 6-3-2 所示。作为对比，图中也给出了同等功率的加性高斯白噪声（additive white Gaussian noise，AWGN）作为攻击噪声时的性能。

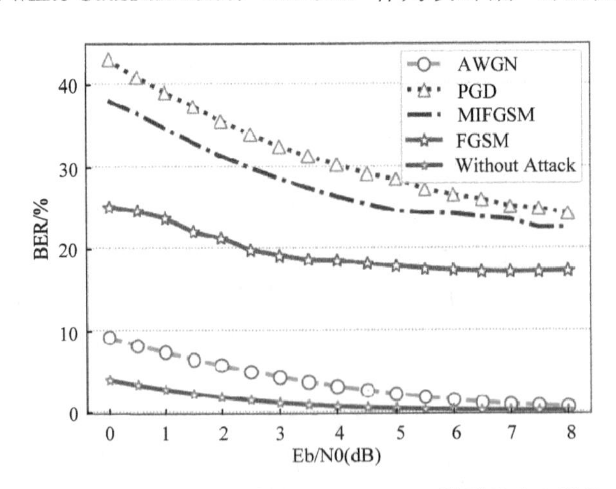

图 6-3-2　不同攻击方法对 DeepReceiver 模型的攻击效果

图 6-3-2 表明，在相同的限制条件下，FGSM、MIFGSM 和 PGD 都可以实现对 DeepReceiver 模型的攻击。进一步观察可以发现，FGSM 攻击方法的攻击效果比 MIFGSM 和 PGD 差，并且

PGD 的攻击性能是最强的。随机噪声的攻击效果在任何 Eb/N0 下的效果都是最弱的，其误码率都很低，这说明 DeepReceiver 对随机噪声具有一定的鲁棒性。在受到对抗攻击时，三种攻击方法的误码率都在 15%以上，这比未受攻击时的误码率高得多，因此 DeepReceiver 模型难以抵御这三种方法的攻击。

2）测试样本知识不受限、模型知识受限场景下的攻击效果

在测试样本知识不受限、模型知识受限的场景下，通过等价模型进行攻击生成对抗噪声，利用对抗噪声的攻击迁移性对 DeepReceiver 模型进行攻击。对构建的等价模型利用 FGSM、MIFGSM 和 PGD 进行攻击，生成对抗噪声。

另外，还探究了在不同结构的等价模型上生成的对抗噪声的攻击效果，除了基于 ResNet 网络结构的等价模型外，还搭建了基于 VGG16 和基于 VGG19 的等价模型，其主体结构与 DeepReceiver 模型的结构都是不同的。构建的等价模型的性能以及在等价模型上生成的对抗噪声对 DeepReceiver 模型的攻击效果分别如图 6-3-3 和图 6-3-4 所示。

在不同的等价模型上生成的对抗噪声都可以实现对 DeepReceiver 模型的攻击，这说明了 DeepReceiver 模型的脆弱性。另外，构建的等价模型的性能越好，对其攻击生成的对抗噪声的迁移攻击效果越强。这可能是因为当等价模型性能越高时，所构建的对抗噪声与直接对 DeepReceiver 进行攻击生成的对抗噪声相似性越高造成的。

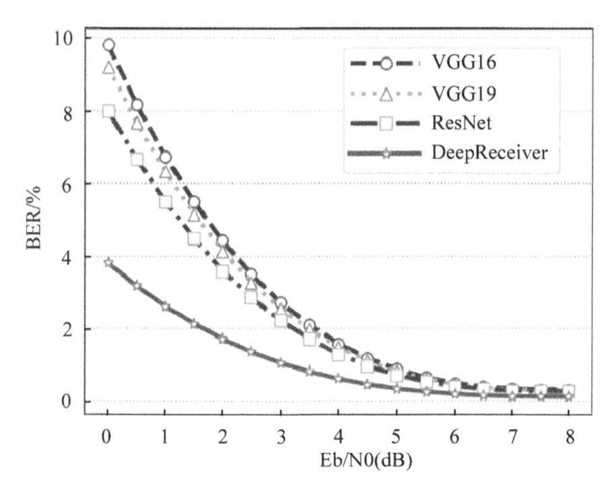

图 6-3-3 等价模型和 DeepReceiver 模型的性能比较

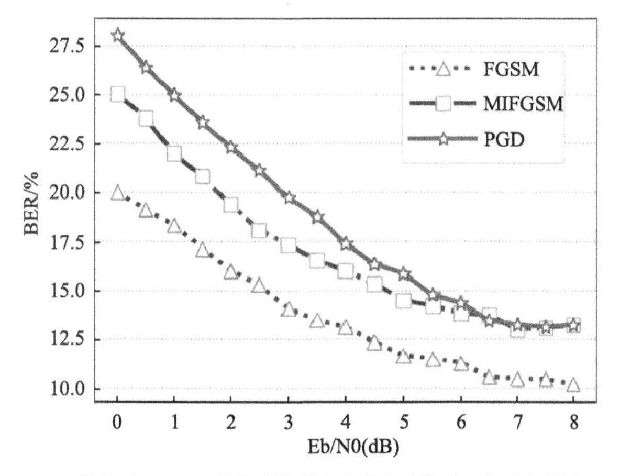

（a）在基于 VGG16 的等价模型上生成的对抗噪声的攻击效果

图 6-3-4 对不同结构的等价模型生成的对抗噪声对 DeepReceiver 的攻击效果

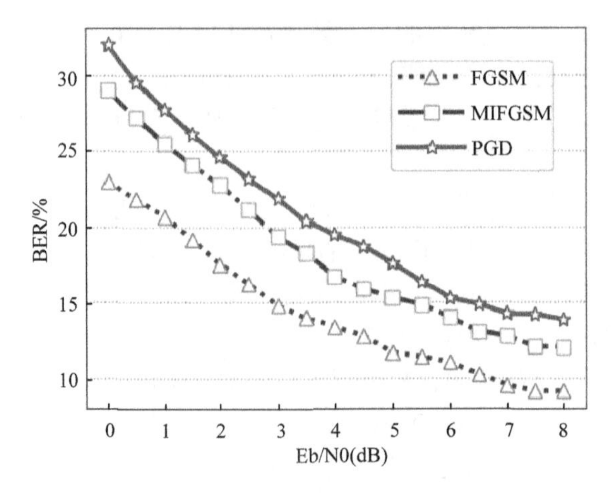

（b）在基于 VGG19 的等价模型上生成的对抗噪声的攻击效果

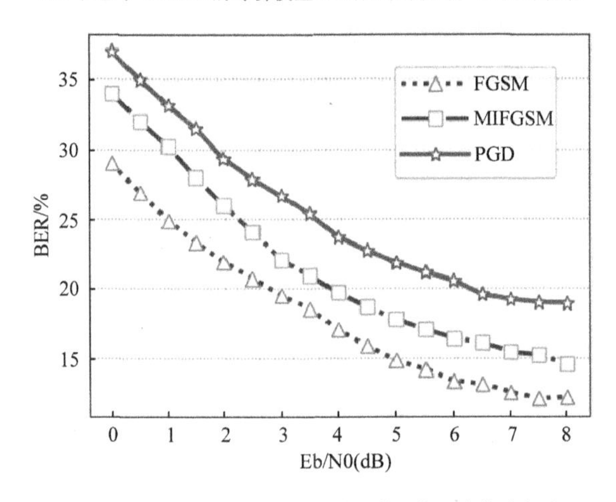

（c）在基于 ResNet 的等价模型上生成的对抗噪声的攻击效果

图 6-3-4（续）

3）测试样本知识受限场景下的攻击效果

在测试样本知识受限的情况下，攻击者可以通过构建训练集 D_C 生成 UAP。需要注意的是 D_C 的数量可能会影响构建的 UAP 的攻击效果，因此探究了不同数量的 D_C 对攻击效果的影响，假设攻击者构建的训练集中的训练样本数量分别为 D_S 的 10%、50%、90%、130%和 170%。其结果如图 6-3-5 所示。

若攻击者构建的训练数据越多，构建的 UAP 的攻击性能越强，但 D_C 的数量超过 D_S 时，UAP 的攻击性能就很难提升了。这是因为构建的数据量越多，D_C 的整体数据分布越接近 D_S 的整体数据分布，则构建的对抗噪声越能破坏 D_S 的整体数据分布，对测试样本的攻击性能也就越强。但当 D_C 数量等于 D_S 的数量时，其分布是最接近 D_S 的数据分布的，因此再增加 D_C 数据量很难再使构建的 UAP 的性能有大幅提升。另外，即使攻击者构建的 D_C 的训练样本量仅为 D_S 的 10%，生成的对抗噪声仍能使 DeepReceiver 模型的误码率接近 10%，这说明 DeepReceiver 模型对于 UAP 的攻击是脆弱的。

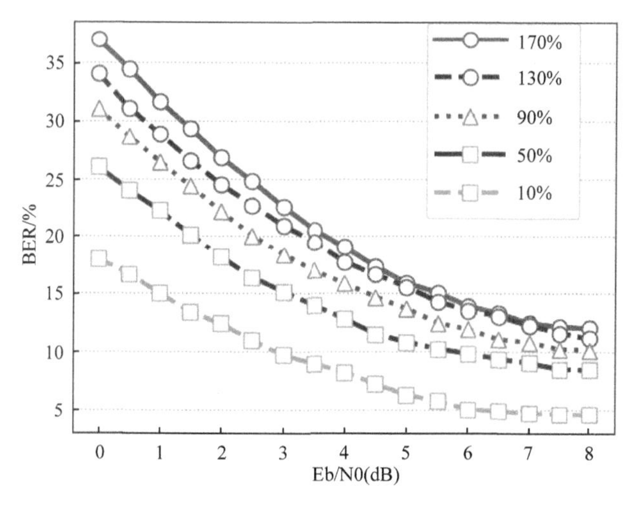

图 6-3-5　在不同数量的训练集上构建的 UAP 对 DeepReceiver 的攻击效果

6.3.2　面向信号调制识别的深度学习模型对抗攻击方法

1. 基础原理介绍

当基于深度神经网络的信号调制类型分类器受到对抗攻击，做出错误的判决而无法被发现时，就有可能引发安全问题。因此，人们需要可解释技术探究基于深度神经网络的信号调制类型分类器是如何识别信号以及模型做出正确或错误判决的原因，这样才能保证分类器的安全应用。

图 6-3-6（彩图）

针对基于深度神经网络的信号调制类型分类器的可解释性问题，利用可视化技术探究深度模型识别信号的方式，其系统框图如图 6-3-6 所示。

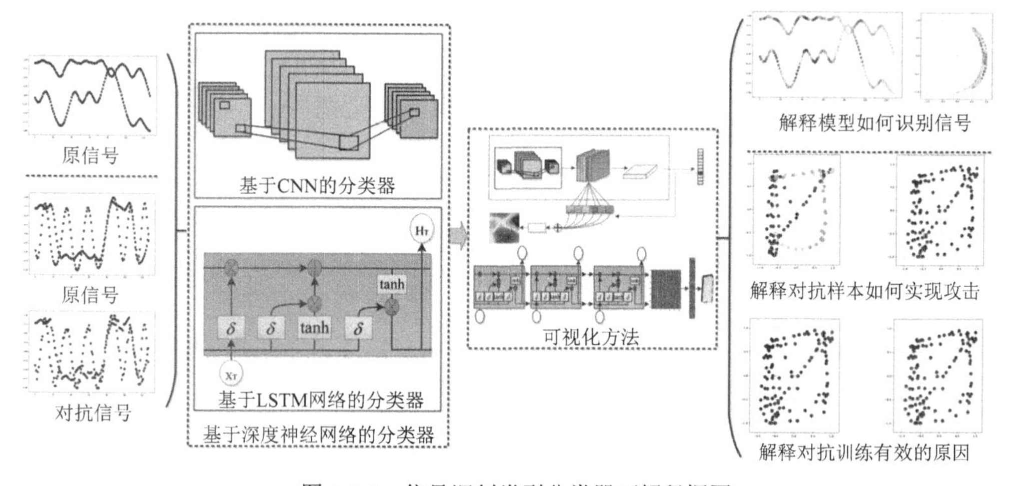

图 6-3-6　信号调制类型分类器可解释框图

其中，对于基于 CNN 的信号调制类型分类器，通过 Grad-CAM 技术获取类激活向量，从而实现对基于 CNN 的信号调制类型分类器提取的特征的可视化。其可视化框架如图 6-3-7 所示。基于 CNN 的信号调制类型分类器通过卷积层提取输入信号的特征，然后该特征图通过全连接神经网络进行预测分类。最后一层卷积神经网络的输出代表了整个分类器提取的深层信号特征。因此，通过目标类的输出对每个通道的特征图中的各个值求导就可以获得每个通道的特征图权重，根据该权重就可以获得类激活向量，从而实现对输入信号的特征可视化。

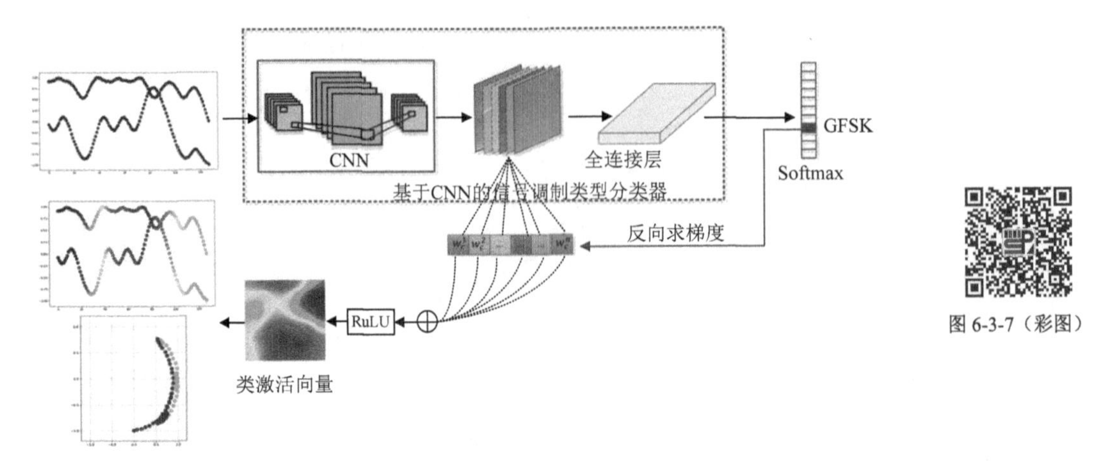

图 6-3-7（彩图）

图 6-3-7　基于 CNN 的信号调制类型分类器的可视化框架

具体来说，假设最后一层卷积神经网络输出的第 k 个通道的特征图为 A^k，$k \in \{1,2,3,\cdots,K\}$，其中 K 表示通道数，则可以计算得到每个通道的权重为

$$\alpha_k^c = \frac{1}{MN}\sum_{m=1}^{M}\sum_{n=1}^{N}\frac{\partial y^c}{\partial A_{mn}^k} \tag{6-3-3}$$

其中，M 和 N 分别表示特征图 A^k 的长度和宽度；y^c 表示模型对目标类 c 在 Softmax 层之前的输出得分。上述每个通道的权重 α_k^c 衡量了通道特征在分类中的贡献度，因此，通过上述权重可以获得类激活向量 $\boldsymbol{V}_{\text{CNN}}^c$ 为

$$\boldsymbol{V}_{\text{CNN}}^c = \text{ReLU}\left(\sum_{k=1}^{K}\alpha_k^c A^k\right) \tag{6-3-4}$$

其中，$\boldsymbol{V}_{\text{CNN}}^c$ 衡量了模型对输入 IQ 信号各个部分的关注程度。通过将该向量映射到输入 IQ 信号的各个位置，就可以实现对模型的可视化。

为了方便可视化，将类激活向量归一化到[0,1]。需要注意的是，类激活向量的尺寸大小需要和输入的 IQ 信号保持一致才能够完成可视化。因此，通过 OpenCV 工具对类激活向量的尺寸进行调整，使其与输入尺寸相同。

图 6-3-8（彩图）

对于基于 LSTM 网络的信号调制类型分类器，提出了一种基于单元通道的特征可视化方法，以此实现对基于 LSTM 网络的信号调制类型分类器的特征可视化。对基于 LSTM 网络的信号调制类型分类器的可视化框架如图 6-3-8 所示。

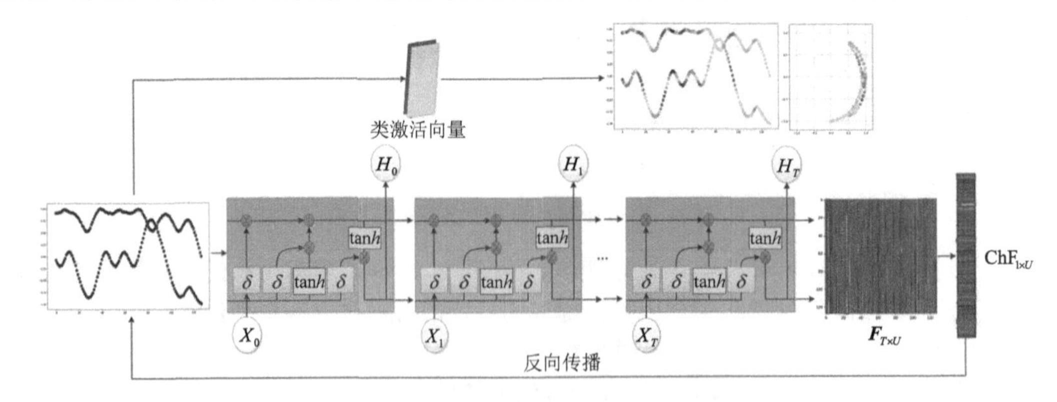

图 6-3-8　基于 LSTM 网络的信号调制类型分类器的可视化框架

LSTM 网络的输出是一个 $T\times U$ 的矩阵 $\boldsymbol{F}_{T\times U}$，该矩阵中包含了时序特征，其中维度 T 表示

该矩阵的时间维度，维度 U 表示 LSTM 网络所包含的单元数。深度神经网络在进行特征提取的过程中，关键的特征通常能够使神经元的激活值呈现较大的规律。对应到 LSTM 网络中，也就是关键的特征能够使相应的单元输出值较大。换句话说，若第 t 个时间步的第 u 个单元的输出越高，说明该单元在该时刻对输入的关键特征越敏感，对分类的影响越大。因此对于 LSTM 网络的输出，将维度 U 看作通道，对每个通道在时间维度上进行求和，将求和后的值作为对应通道的输出。求和后的矩阵为 $\mathbf{ChF}_{1\times U}$ 为

$$\mathbf{ChF}_{1\times U}=\sum_{t=1}^{T}\boldsymbol{F}_{t\times U} \tag{6-3-5}$$

矩阵 $\mathbf{ChF}_{1\times U}$ 中通道的输出越高，说明该通道对整个信号的深层特征越敏感，对分类的影响越大。因此，选取输出值大的通道对输入求导计算类激活向量。需要注意的是，通道数与 LSTM 网络中的单元数是相同的。若仅取输出值最大的通道计算类激活向量是不够的，因为这无法完全表征 LSTM 网络提取的有效特征在分类中所起的作用。因此，选取输出值较大的五个通道计算类激活向量。类激活向量计算过程如下：

$$V_{\mathrm{LSTM}}^{c}=\sum_{u\in U'}\frac{\partial \mathbf{ChF}_{1\times u}}{\partial r(n)},U'\in\{u_1,u_2,u_3,u_4,u_5\} \tag{6-3-6}$$

其中，$U'\in\{u_1,u_2,u_3,u_4,u_5\}$ 表示所选的五个通道。具体来说，将所选的五个通道都对输入进行求导，求导后相加作为类激活向量。同样，将求得的类激活向量映射到星座图上对基于 LSTM 网络的信号调制类型分类器提取的特征进行可视化。

通过 FGSM 攻击方法对上述四种基于 DNN 的信号调制类型分类器进行攻击，生成对抗样本。以 QPSK 信号为例，选择信噪比为 18dB 并且模型可以正确识别的样本进行攻击，通过可视化方法来说明对抗信号能够成功攻击分类器的原因。在攻击的过程中，限制了扰动的大小，使得攻击后的对抗信号的信噪比不低于 12dB。另外，通过可视化方法比较了对抗噪声与 AWGN 的区别。具体来说，在原始信号上加与对抗噪声功率相同的 AWGN 后对其进行特征可视化，并与对抗信号进行比较，以此分析对抗噪声与 AWGN 的区别。

2. 应用设置

数据集：开源数据集 RadioML2016.10a 包含了 11 种调制类型的 IQ 无线信号，其中 8 种为数字调制类型（BPSK，QPSK，8PSK，16QAM，64QAM，GFSK，CPFSK，PAM4），另外三种模拟调制类型（WB-FM，AMSSB，AM-DSB）。每类信号的信号长度为 128，信噪比为 −20dB 到 20dB，以 2dB 为一个间隔，因此每类信号共有 20 个信噪比。每类信号在各个信噪比下的信号数量都为 1000 条，据此将数据集划分为训练集和测试集。具体来说，随机取每类信号每个信噪比下的 800 条信号作为训练集，另外 200 条信号作为测试集。因此，训练集中共有 176000 条信号，测试集中共有 44000 条信号。另外，均匀地取测试集中的 10%作为验证数据集。

模型：对于基于 DNN 的信号调制类型分类器，基于 CNN 和基于 LSTM 网络的信号调制类型分类器都在信号调制类型识别任务中取得了令人满意的效果。目前信号调制类型分类器的很多结构都是从图像分类器中引用过来的，如基于 LeNet 和 ResNet 的信号调制类型分类器的模型结构最初应用在图像识别领域。因此，将图像领域中三种有效的、经典的卷积神经网络应用在信号调制类型识别任务中，分别为 NIN（network in network）、AlexNet 和 VGG16。对基于 LSTM 网络的信号调制类型分类器，利用所提出的基于单元通道的特征可视化方法进行可视化，该分类器由两层 LSTM 网络和两层全连接层构成。上述模型的训练参数以及训练后的模型精度如表 6-3-1 和如图 6-3-9 所示。

表 6-3-1　训练参数

模型结构	批量大小	学习率	训练轮数	优化器
NIN	128	0.0001	100	Adam
VGG16	128	0.0001	100	Adam
AlexNet	128	0.0001	100	Adam
LSTM	128	0.0001	100	Adam

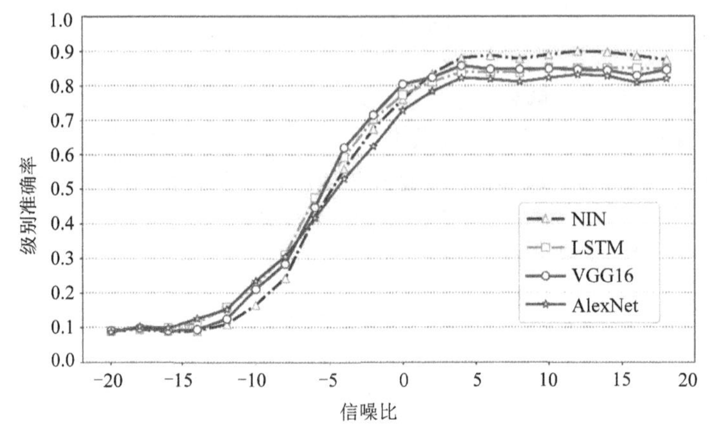

图 6-3-9（彩图）

图 6-3-9　各个分类器在各个信噪比下的识别效果

3. 应用结果与分析

1）对不同结构的分类器的可视化

图 6-3-10（彩图）

本节对上述四种不同结构的信号调制类型分类器进行了可视化，为了方便观察模型对各类信号的关注区域，将类激活向量中激活值小于 0.8 的部分置零，从而使可视化图中只显示模型关注程度较高的区域。在 18dB 的信噪比情况下进行可视化，可视化结果如图 6-3-10 所示。

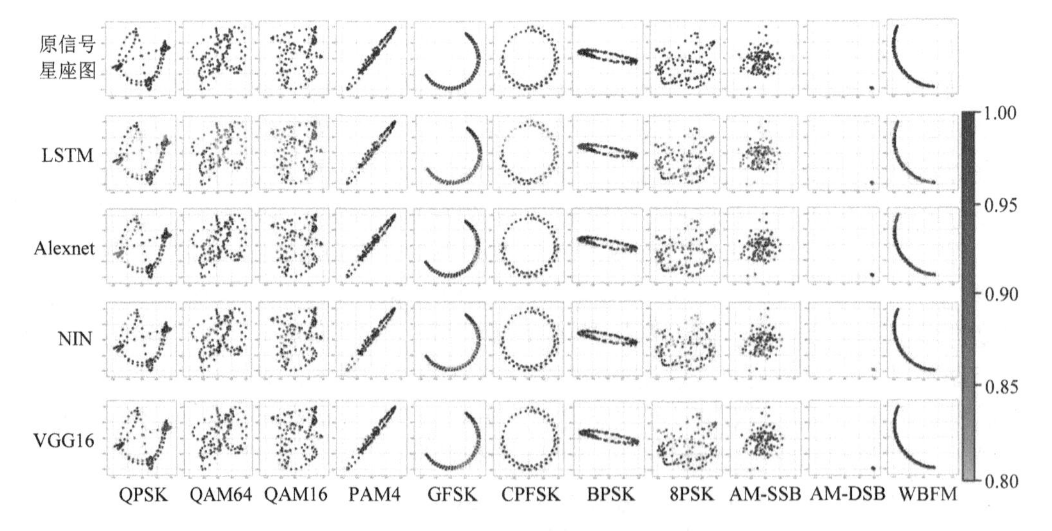

图 6-3-10　对不同结构的信号调制类型分类器的可视化

从图中可以发现，不同模型对各类信号都有独特的关注方式。对于 QPSK、BPSK 和 8PSK 这三类相移键控类信号，从图中可以发现不同模型在识别这三种信号时，模型的关注区域都在这三类信号的参考点附近，这与人类从星座图上识别这三类信号是类似的。对于 GFSK、CPFSK、WBFM 和 PAM4，这些信号在星座图上没有参考点，但是不同模型都能够以类似的方式识别上述四种信号。如对于 GFSK 和 PAM4，模型总能够关注到星座图的中间部位，能够关注到 WBFM 信号的星座图端点和 CPFSK 信号的内外圆环。也就是说，这些位置是模型识别这些信号的关键位置，模型总能够通过关注这些位置从而识别它们。

正交幅值调制信号 QAM64 和 QAM16 在星座图上是相似的，模型对这两类信号关注的位置也是相似的。因此推测模型不能够有效提取 QAM64 和 QAM16 的信号特征以识别它们。为了证实这一观点，给出了每个分类器在 18dB 信噪比下的混淆矩阵，如图 6-3-11 所示。可以发现不管是基于CNN的分类器还是基于LSTM网络的分类器都无法有效识别QAM64和QAM16这两类信号。这证实了从可视化图中观察到的现象。

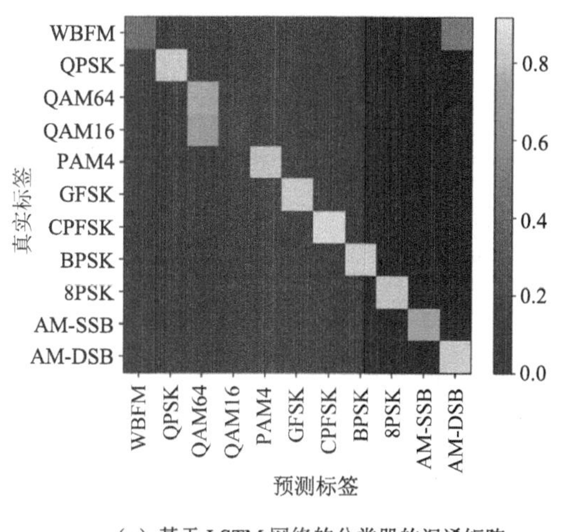

（a）基于 LSTM 网络的分类器的混淆矩阵

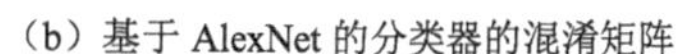

（b）基于 AlexNet 的分类器的混淆矩阵

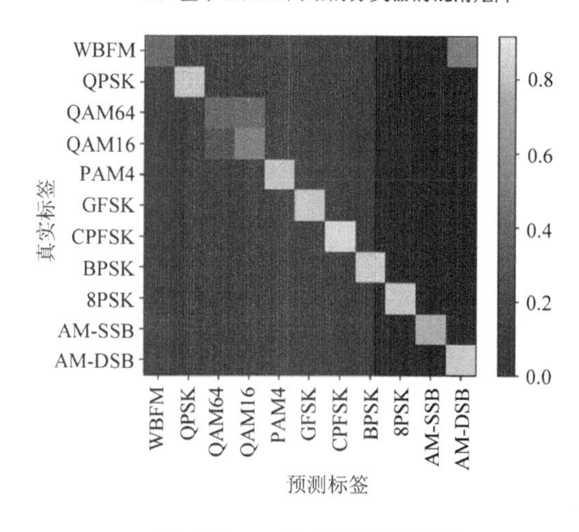

（c）基于 NIN 的分类器的混淆矩阵

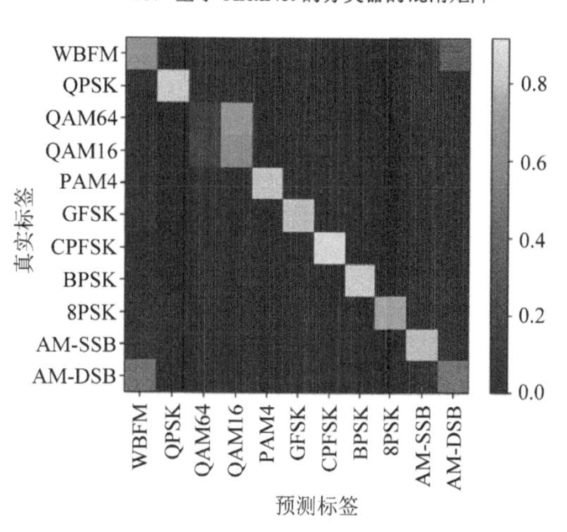

（d）基于 VGG-16 的分类器的混淆矩阵

图 6-3-11　不同结构分类器的混淆矩阵

AM-SSB 和 AM-DSB 的星座图是比较特殊的。对于 AM-SSB 类信号，模型几乎关注了星座图的各个位置，这是由于该类信号波形的特殊性造成的。AM-SSB 的波形可视化图如图 6-3-12 所示，可以发现 AM-SSB 的原 IQ 波形甚至无法呈现波形。而 AM-DSB 类信号的所有数据点在星座图上几乎集中在一

图 6-3-11（彩图）

个点上，其波形趋近于一条直线。因此推测，这两类信号的波形对于模型来说没有显著的特征，因此模型需要关注波形的所有部位，以实现对这两类信号的识别。

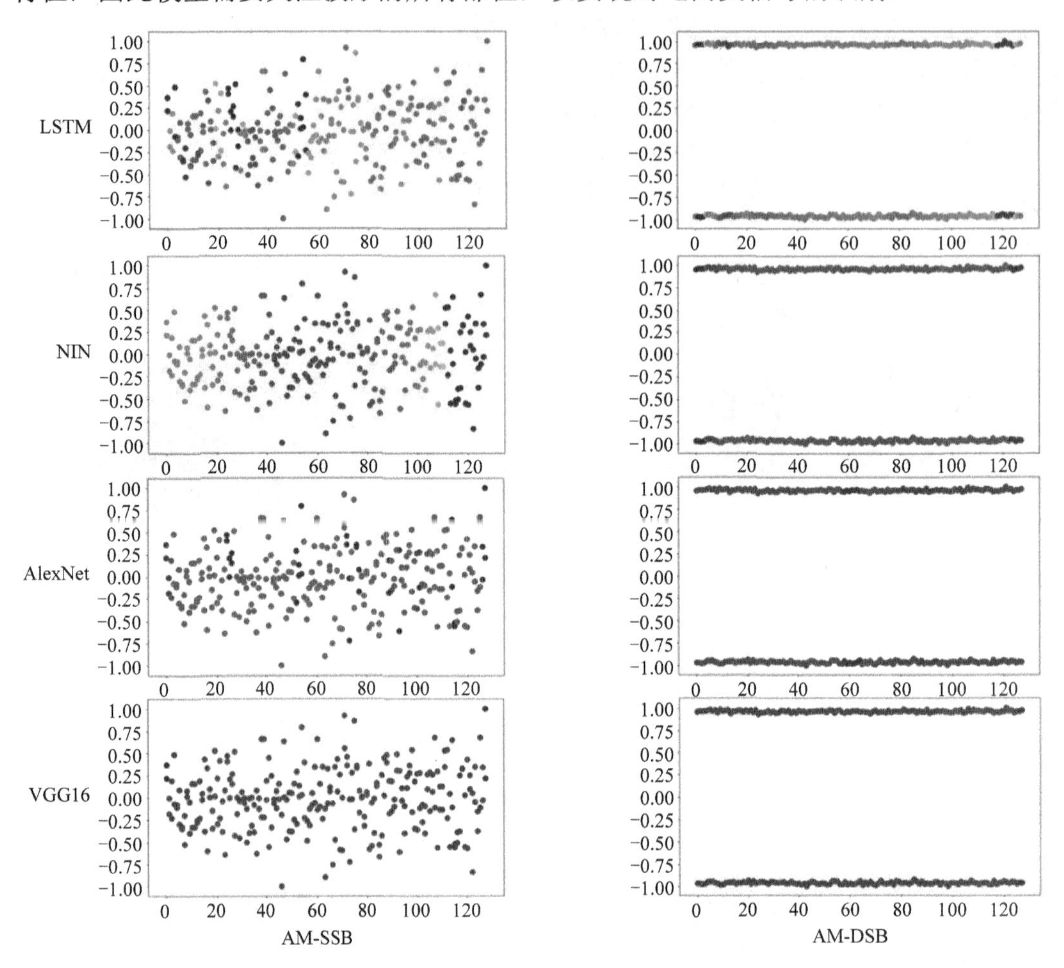

图 6-3-12 AM-SSB 和 AM-DSB 的波形可视化图

图 6-3-12（彩图）

2）不同结构的分类器提取的特征差异分析

QAM 调制相当于调幅和调相结合的调制方式，不仅会改变载波振幅，还会改变其相位。为了更清楚地观察基于 LSTM 网络的分类器和基于 CNN 的分类器对信号提取的差异，进一步对 QAM64 和 QAM16 这两类信号的幅值和相位激活情况进行了可视化，结果如图 6-3-13 所示。

从图中观察，不管是幅值激活图还是相位激活图，基于 LSTM 网络的分类器激活的区域多于基于 CNN 的分类器。根据分析，LSTM 模型在处理时序数据时，LSTM 网络中前一时刻的单元状态会影响当期时刻的单元输出，会将前后时刻的数据关联起来。换句话说，LSTM 模型能够关注到信号时间维度上的数据变化。与 LSTM 网络不同，CNN 通过卷积和提取信号特征，因此 CNN 中的每个卷积核关注的更多的是信号的局部特征，不会关联信号在时间维度上的特征。因此基于 LSTM 网络的分类器对幅值和相位的变化更加敏感，在幅值和相位上的激活区域比基于 CNN 的分类器多，容易把 QAM16 误识别为 QAM64，而 CNN 相反。

图 6-3-13（彩图）

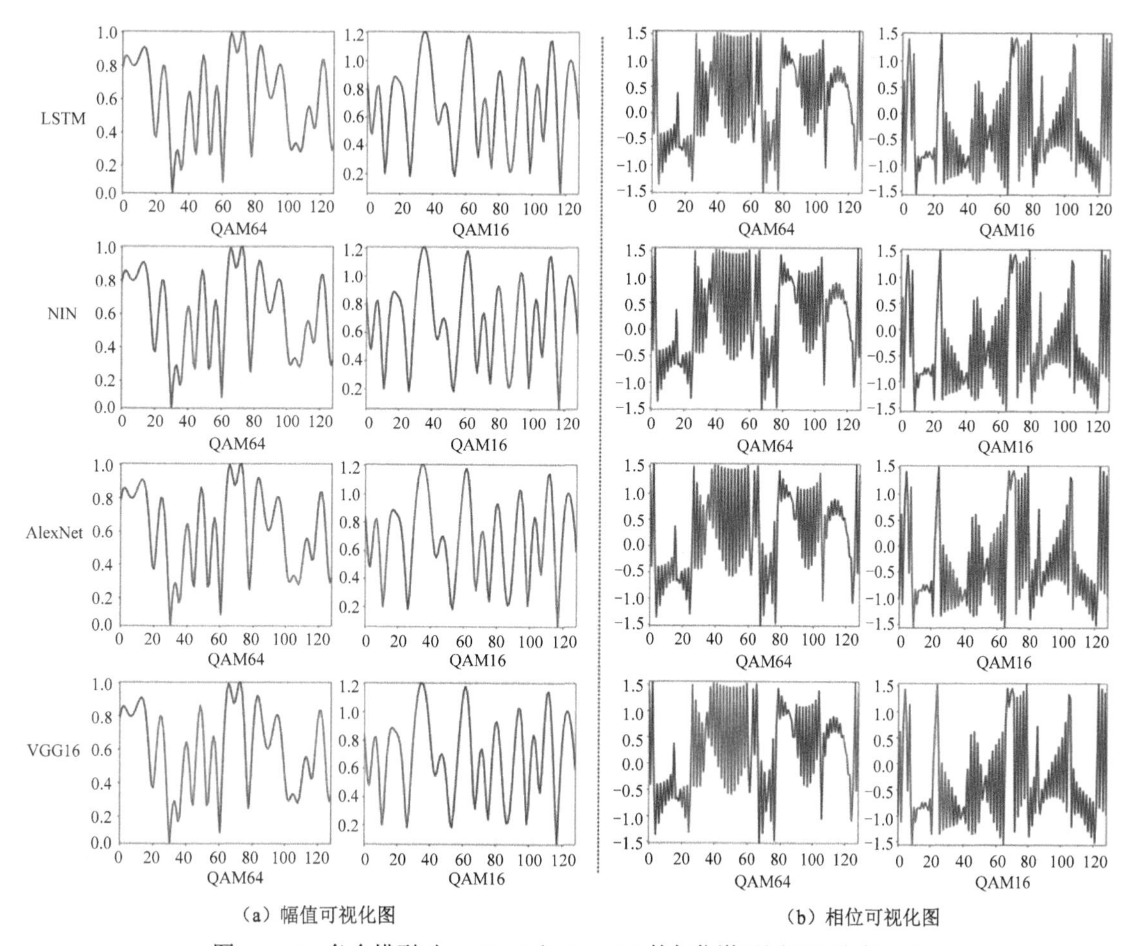

图 6-3-13　各个模型对 QAM16 和 QAM64 的相位激活图和幅值激活图

3）模型互补性分析

针对基于 LSTM 网络和基于 CNN 的信号调制类型分类器的特点，设计了一种模型互补的方法。具体来说，将 LSTM 网络提取时序特征的能力与 CNN 提取局部特征的能力相结合，以此使模型能够有效区分 QAM64 和 QAM16 这两类信号。所设计的模型结构如图 6-3-14 所示。输入原始 IQ 信号分别经过 CNN 和 LSTM 网络提取局部和时序特征，然后将这两个特征级联后通过全连接神经网络进行分类。需要注意的是，图中的 CNN 结构与 VGG16 模型中的 CNN 结构相同，这是因为从混淆矩阵上看，基于 VGG16 的分类器比基于 NIN 的分类器更能够关注到局部的特征。

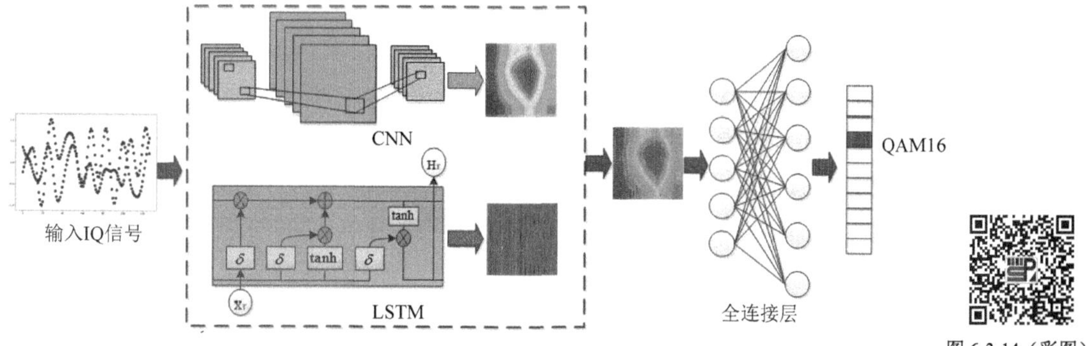

图 6-3-14　基于模型互补方法的信号调制类型分类模型结构图

训练完成后，该模型的识别精度和混淆矩阵分别如图 6-3-15 和图 6-3-16 所示。从图中可以发现，将基于LSTM网络和CNN的分类器进行集成后，模型可以有效识别QAM64和QAM16信号，并且模型的识别精度比集成前高，这说明本节提出的模型互补方法是有效的。

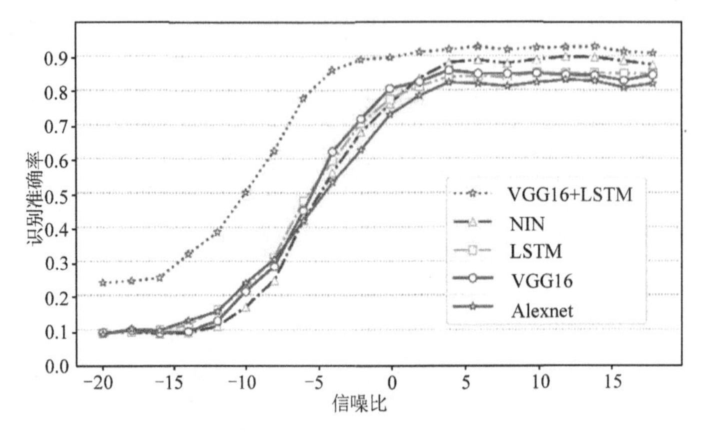

图 6-3-15（彩图）

图 6-3-15　各个分类器在各个信噪比下的分类性能比较

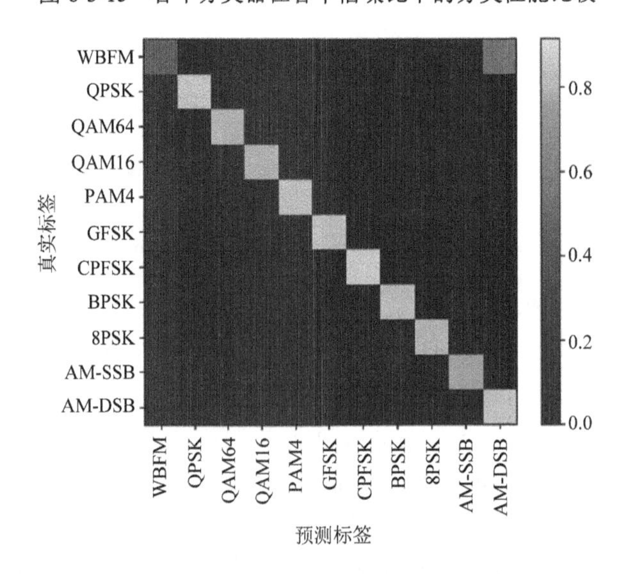

图 6-3-16（彩图）

图 6-3-16　基于模型互补方法的信号调制类型分类器的混淆矩阵

4）对抗攻击的攻击方式

在上述四个模型上生成的对抗样本以及对应的原信号特征可视化图如图 6-3-17 所示。

从图中可以发现，在星座图上，未受到攻击时，四个模型对该信号的关注区域是类似的，都集中在信号的理想点附近。对于对抗信号，模型对关键点的关注明显减少，这使得模型无法正确识别对抗信号。然而，从图中也可以发现，在原始信号上加相同功率的 AWGN 并不能造成识别错误。进一步观察可以发现，AWGN 未使模型对信号理想点的关注发生明显变化。这是因为对抗噪声通过对输入信号在模型的梯度方向上求导的方式获得，这使得加上该对抗噪声后的信号的损失函数值可以显著提升。在特征图上，也就体现为模型无法关注到信号的关键点，从而无法准确识别信号。而 AWGN 是随机生成的，并没有对抗噪声的特性，一定范围内的 AWGN 并不会使模型对信号的关注点发生显著变化，因此也不会使模型错误地识别信号。

图 6-3-17（彩图）

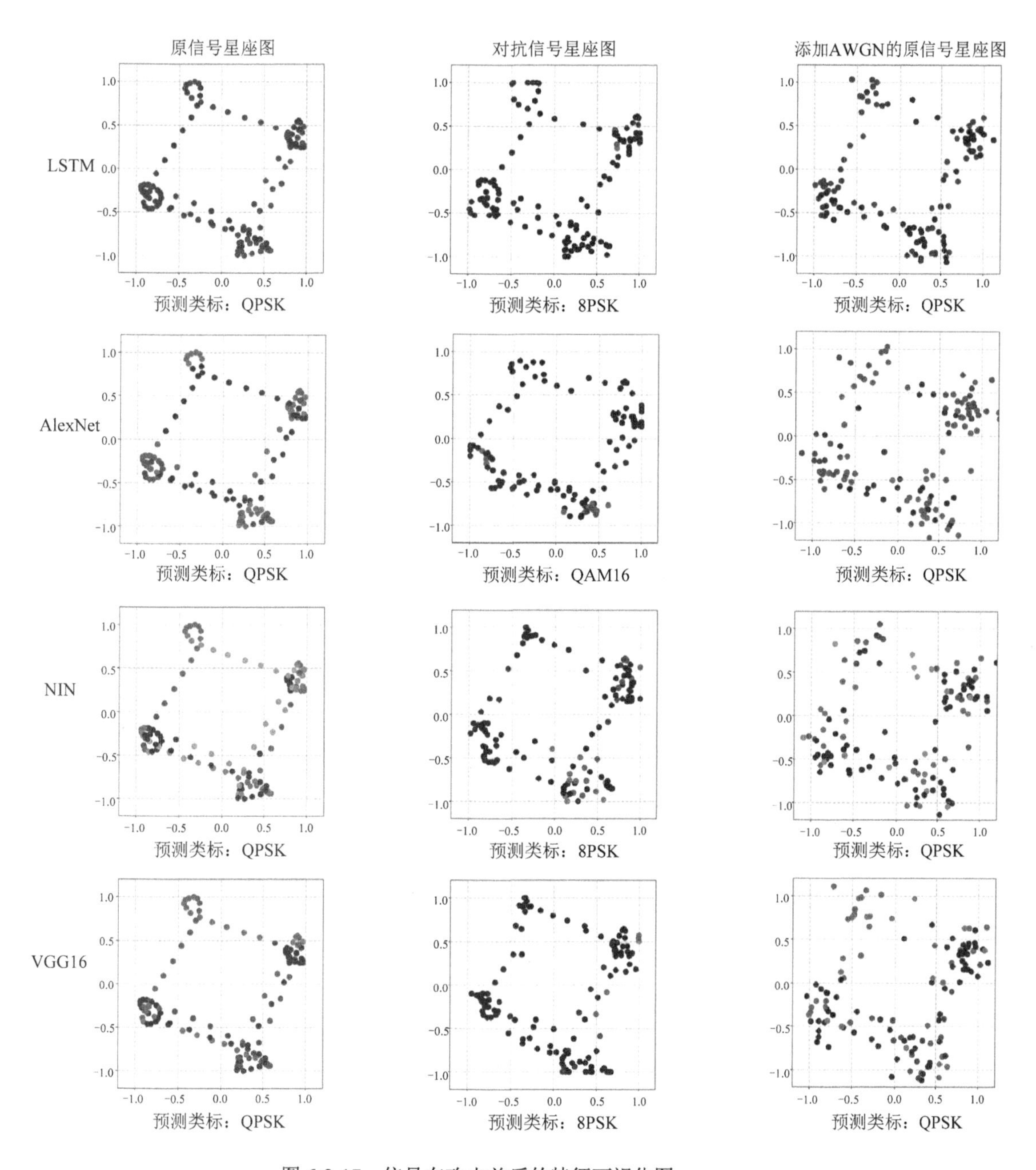

图 6-3-17　信号在攻击前后的特征可视化图

5）不同攻击方法间存在的共性

众所周知，除了 FGSM 攻击方法外，目前有很多方法都可以实现对信号调制类型识别模型的攻击，如 PGD，动量迭代快速梯度符号法（momentum iteration fast gradient sign method，MI-FGSM）、Boundary attack 等。以信噪比为 18dB 的 GFSK 信号为例，利用上述三种攻击方法进行攻击，通过所提出的可视化技术对对抗信号进行可视化，从而探究不同攻击方法在攻击时可能存在的共性。在攻击的过程中，限制扰动的大小，使攻击后的对抗信号的信噪比不低于 12dB。上述攻击方法在各个模型上生成的对抗信号的可视化图如图 6-3-18 所示。

图 6-3-18（彩图）

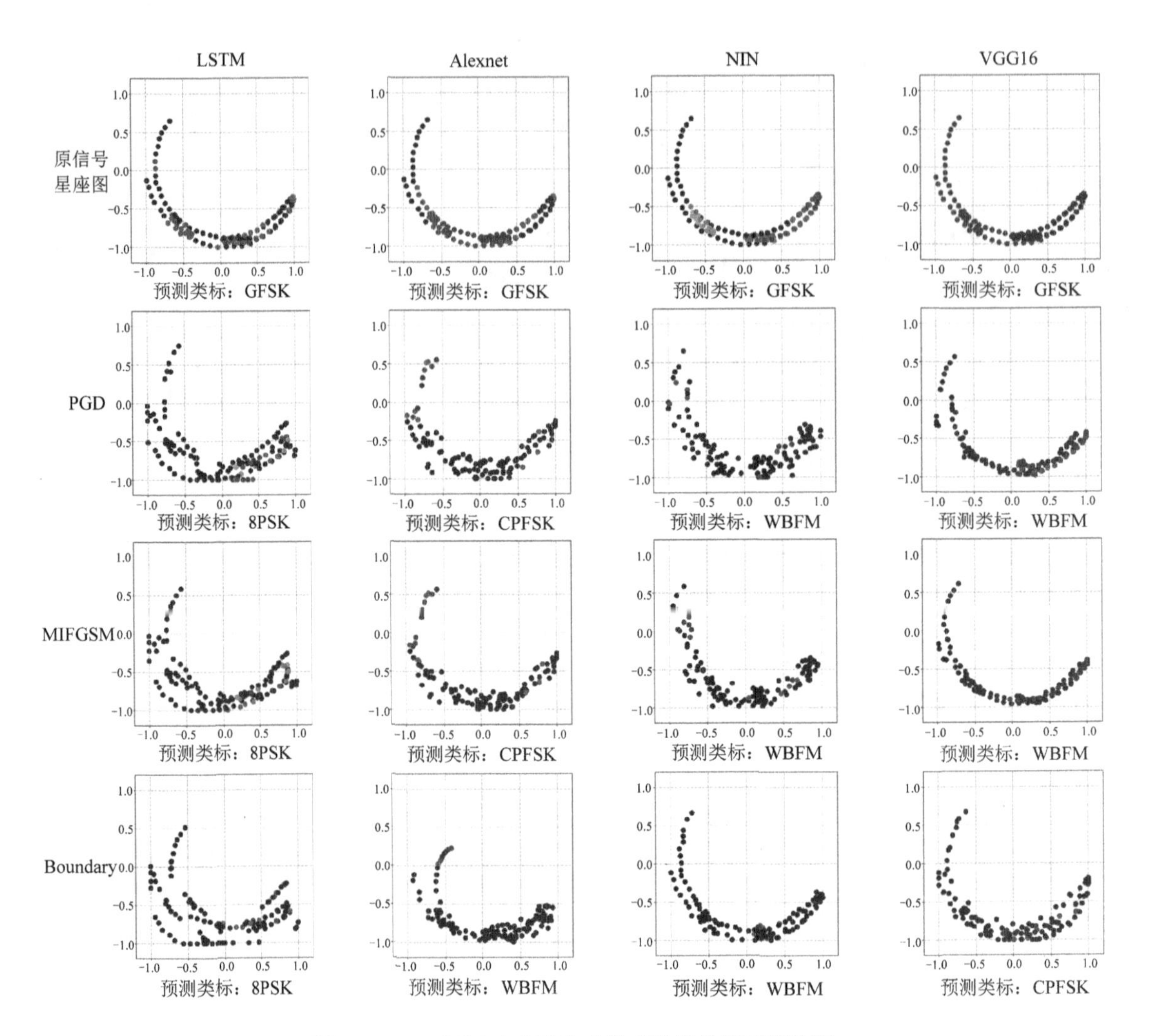

图 6-3-18　不同攻击方法生成的对抗信号的可视化图

6）对抗训练的有效性分析

众所周知，对抗训练可以有效地提升模型对对抗攻击的防御能力。对抗训练也被应用在了调制类型分类任务中以提高模型的鲁棒性。通过可视化技术探究对抗训练能够有效提高模型鲁棒性的原因如下：首先，对每一个信噪比的每一类信号，通过 FGSM 攻击方法生成 300 个对抗信号用于训练以及 100 个对抗信号用于测试，然后将这些对抗样本打上正确的标签后与正常数据一起进行训练，以提升模型对对抗攻击的防御效果。以 BPSK 信号为例探究对抗训练能够提升模型防御效果的原因。各个模型对抗训练前后的可视化结果如图 6-3-19 所示。

从图中可以发现，攻击生成的对抗噪声使得模型无法关注信号上原来的特征点，从而导致模型错误地识别对抗信号。对抗训练后，通过比较对抗训练前的原信号的特征可视化图与对抗训练后的对抗信号特征可视化图可以发现，模型对对抗信号的关注点回到了与攻击前相似的位置，模型重新正确地识别了对抗信号。也就是说，对抗训练实际上可以理解为对模型提取特征的加固，使得模型更能够关注到信号的特征点，从而提高模型的鲁棒性。

图 6-3-19（彩图）

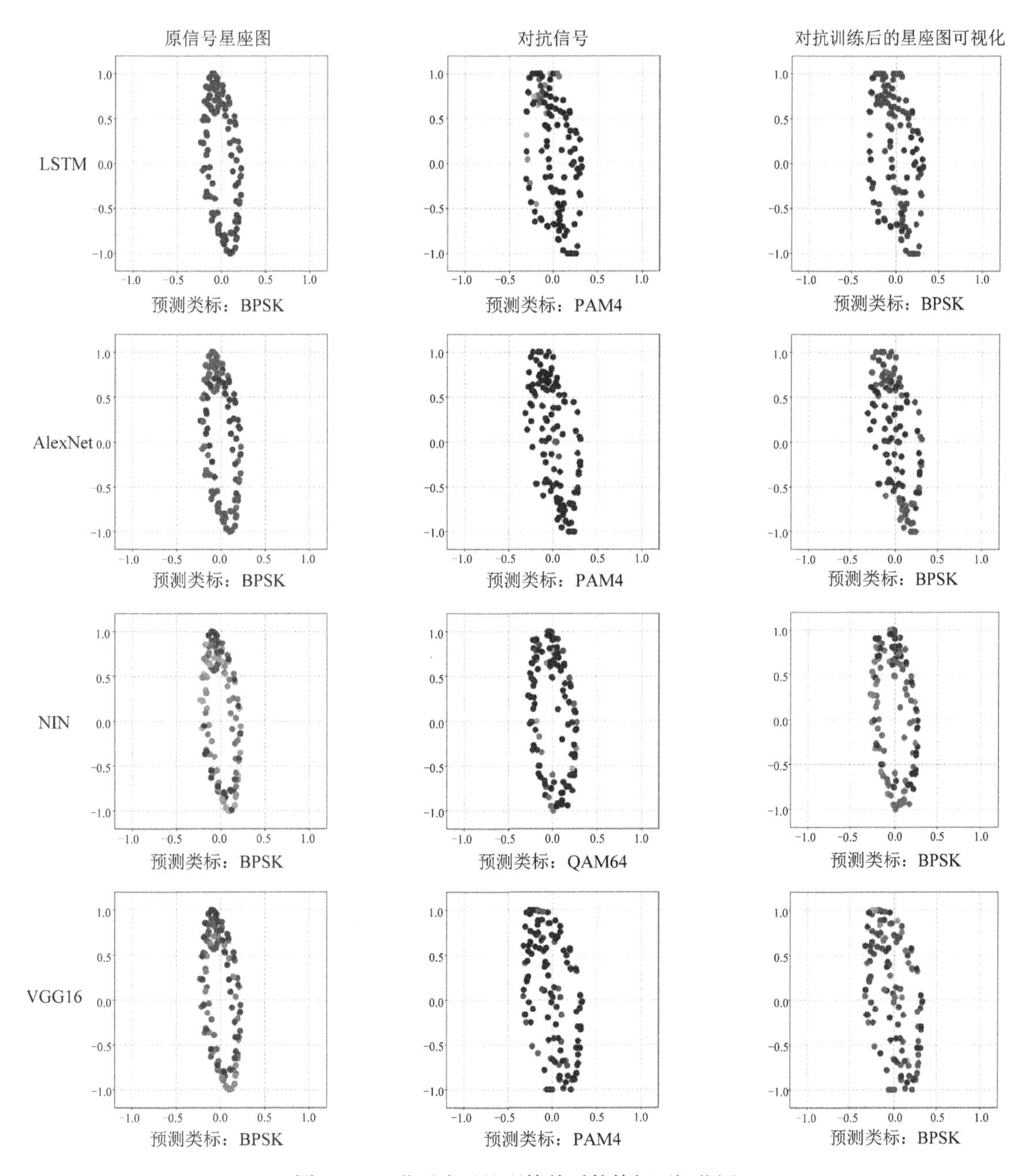

图 6-3-19　信号在对抗训练前后的特征可视化图

6.3.3　面向 LMS 自适应信号滤波算法的对抗攻击方法

1. 基础原理介绍

针对 LMS 算法可能存在的安全性问题，本节利用对抗攻击方法探究 LMS 算法在对抗攻击场景下的安全性，其系统框图如图 6-3-20 所示。在未攻击的场景下，LMS 自适应滤波算法可以对接收到的信号进行滤波，其误差信号可以收敛。需要注意的是采用的 LMS 算法是多阵列 LMS 算法，采用该算法的原因是因为本节主要针对导航定位系统中所应用 LMS 算法的安全性进行研究，多阵列 LMS 算法主要就是应用在导航定位系统中的。对于 LMS 的攻击设计了一种基于生成式对抗网络的攻击方法。针对 LMS 算法的对抗攻击指的是将生成的对抗噪声叠加到原信号，从而形成对抗信号，使得LMS无法对对抗信号进行滤波，导致噪声误差信号无法收敛。

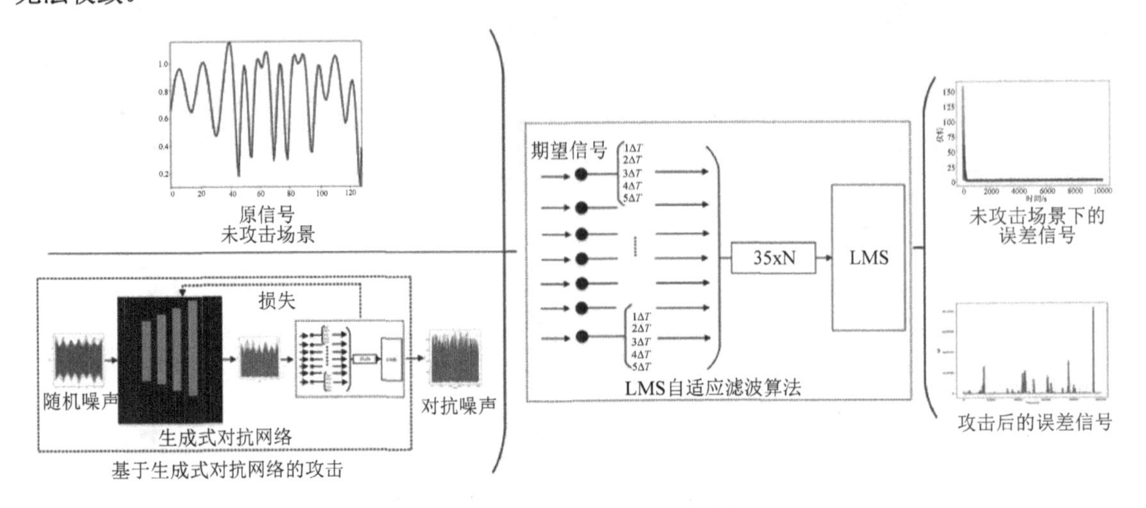

图 6-3-20　LMS 算法的系统框图

2. 应用设置

数据集：数据包括两个部分，其中一个部分的数据模拟实际应用中LMS算法需要还原的信号，也就是来自GPS、雷达等设备传回的待还原信号。该类信号被阵列接收到时已经被淹没在环境噪声中，其功率通常非常低，因此以功率为3dB的随机信号作为GPS、雷达等设备传回的信号。另一部分信号表示环境噪声，以比待还原信号功率大30dB以上的信号作为环境噪声。本次实验假设阵列接收到的信号包含了10000个数据点，也就是待处理信号以及环境噪声的信号长度为10000。

性能指标：我们使用误差信号的功率衡量攻击的效果，误差信号的功率越大，表示攻击的效果越好，误差信号的功率如下：

$$P_e = \frac{\sum_{n=1}^{N} e(n)}{N} \tag{6-3-7}$$

其中，N表示信号的长度。

3. 应用结果与分析

1）攻击方法的有效性分析

基于生成式对抗网络的对抗攻击方法的参数如表6-3-2所示，其中生成器由两层全连接网络构成，每一层的神经元个数为128。需要注意的是，在本节的实验中不考虑衰减因子以及LMS算法中的步长λ对攻击效果的影响，固定衰减因子为0.8，$\lambda=1\times10^{-6}$。

表 6-3-2　基于生成式对抗网络的攻击方法的参数设置

参数	设置数值
种群数量	200
精英种群数量	40
交叉率	0.5
变异率	0.005
迭代次数	100

从生成的对抗信号中随机挑选 10 个对抗信号，计算其平均功率、滤波后的误差信号的平均功率以及同等功率下的正常信号滤波后的误差信号的平均功率，结果如表 6-3-3 所示。

表 6-3-3　攻击前后的误差信号功率比较

攻击前后	信号功率类别	信号功率
基于生成式对抗网络的攻击方法生成的对抗噪声	对抗噪声功率	43.32dB
	误差信号功率	**40.89dB**
未攻击时 LMS 对正常信号的滤波情况	环境噪声功率	43.34dB
	误差信号功率	**10.96dB**

从表中可以发现，在对抗噪声和环境噪声有着相近功率的情况下，对抗噪声可以使误差信号的功率提升近 30dB，这使得 LMS 无法有效地对对抗信号进行滤波，无法从对抗信号中还原待还原信号。图 6-3-21 展示了生成的对抗信号的可视化图以及滤波后的误差信号的可视化图。需要注意的是，由于复数信号难以以二维图形式展现，因此将信号的实部与虚部求模后作为信号的幅值进行可视化。

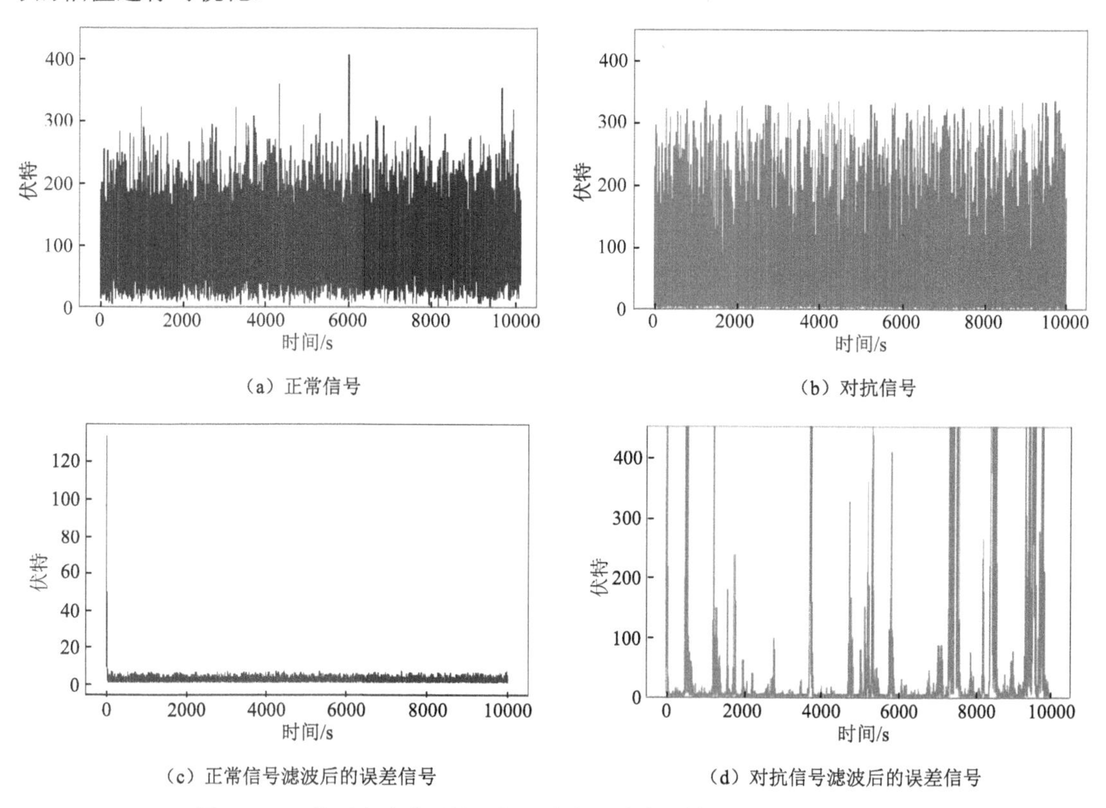

（a）正常信号　（b）对抗信号　（c）正常信号滤波后的误差信号　（d）对抗信号滤波后的误差信号

图 6-3-21　基于生成式对抗网络的攻击方法生成的对抗信号的可视化图

2）衰减因子对攻击效果的影响

信号在传播的过程中由于各种因素的影响导致接收到的信号功率发生衰减，以衰减因子 D_f 衡量信号在传输过程中的功率损耗，D_f 越小，信号衰弱越多。在实际的攻击过程中，对抗噪声在信道上传播，会造成对抗噪声的衰弱。因此在攻击过程中，为了保证攻击的有效性，需要使生成的对抗噪声应对不同的衰减因子的影响。因为 D_f 越小，信号衰弱越多，攻击的效果就会越差，因此猜测若生成的对抗信号可以应对较小的 D_f，则该对抗信号在较大的 D_f 的设置下也可以成功攻击 LMS 算法。在本节的实验中，限制峰均比不超过 10，步长 $\lambda=1\times10^{-6}$，攻击时的 D_f 设置为 0.5。生成的对抗噪声与同等功率的随机噪声的比较如表 6-3-4 所示。

表 6-3-4　攻击前后的误差信号功率比较

攻击前后	信号功率类别	信号功率
基于生成式对抗网络的攻击方法生成的对抗噪声	对抗噪声功率	43.92dB
	误差信号功率	**10.41dB**
未攻击时 LMS 对正常信号的滤波情况	环境噪声功率	43.88dB
	误差信号功率	**9.31dB**

生成的对抗信号在不同衰减因子下滤波后的误差信号的功率如图 6-3-22 所示。

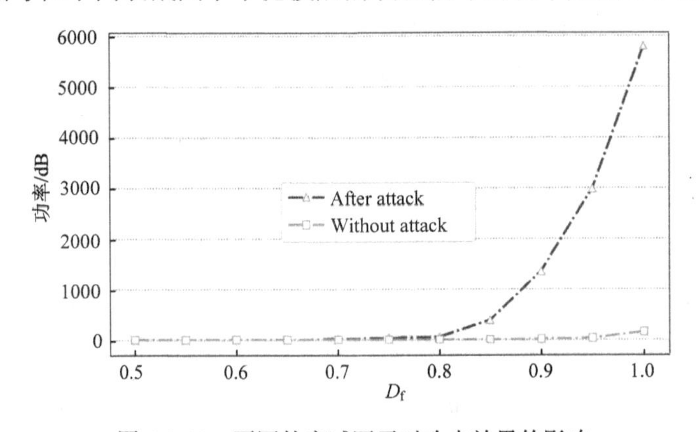

图 6-3-22　不同的衰减因子对攻击效果的影响

从表 6-3-4 和图 6-3-22 中可以发现，虽然在衰减因子为 0.5 时生成的对抗噪声的攻击效果不理想，但是当衰减因子达到 0.7 时误差信号的功率达到了 20dB（此时的 LMS 算法对正常信号滤波后的误差信号功率为 10.41dB），这说明此时的误差信号已经无法收敛了。当衰减因子继续增大时，由于对对抗噪声的削弱作用会减少，因此 LMS 对对抗噪声的滤波效果也越来越差，误差信号的功率也就越来越大。但是相对于对抗噪声，不管衰减因子为多少，LMS 算法都能较好地对正常的噪声进行滤波。需要注意的是，随着衰减因子的增大，误差信号的功率超过了原对抗噪声的功率，这说明此时的 LMS 算法已经完全无法处理对抗噪声了。在实际攻击场景中，攻击者可以在严格的衰减因子限制条件下进行攻击生成对抗信号，使对抗信号具有一定的鲁棒性，不被信道环境所影响。

3）步长λ对攻击效果的影响

LMS 算法中仅有一个步长 λ，该步长决定了 LMS 算法的滤波效果。λ越大，则误差信号的收敛速度越快，但滤波效果越差，LMS 越小则反之，因此步长 λ 会影响攻击的效果。在实际的攻击场景中，攻击者是无法获知用户采用的 LMS 算法中的步长 λ 的大小的，因此需要生成的对抗信号能够尽可能多地攻击不同步长设置下的 LMS 算法。由于当步长 λ 较小时，LMS 算法的滤波效果会更好，因此猜测对步长 λ 较小的 LMS 算法攻击生成的对抗信号能够攻击步长 λ 较大的 LMS 算法。限制对抗信号的峰均比不超过 10，步长 $\lambda=10^{-6}$，衰减因子设置为 0.8。生成的对抗噪声功率为 44.24dB，该对抗噪声经过不同步长设置的 LMS 算法滤波后的误差信号如表 6-3-5 所示。

表 6-3-5　λ 对攻击效果的影响

λ	对抗噪声的误差信号的功率/dB	正常噪声的误差信号功率/dB
0.4×10^{-6}	11.45	11.65
0.5×10^{-6}	12.06	10.97
0.6×10^{-6}	16.61	10.89
0.7×10^{-6}	**34.39**	10.91
0.8×10^{-6}	**57.45**	10.65
0.9×10^{-6}	**95.32**	10.93
1×10^{-6}	**211.42**	11.49
1.1×10^{-6}	**771.81**	12.93
1.2×10^{-6}	**1768.47**	13.16

从表中可以发现，一方面，对 λ 较小时的 LMS 算法进行攻击生成的对抗噪声可以对大于该步长设置下的 LMS 算法实现攻击；另一方面，当在某一步长 λ 下生成的对抗噪声的攻击效果足够好时，不仅可以使误差信号的功率大于原对抗噪声，使得 LMS 算法完全失效，也可以实现对比该步长小的设置的 LMS 算法的攻击。因此，攻击者可以通过对较小步长 λ 设置下的 LMS 算法进行攻击，通过生成对抗噪声实现对多个不同步长设置的 LMS 算法的攻击。

4）功率对攻击效果的影响

在攻击的过程中，由于发射端硬件条件的限制，攻击者不能发送任意功率的对抗噪声，因此需要在生成过程中限制对抗噪声的功率。本节探究生成的对抗噪滤波后的误差信号的功率对攻击效果的影响在生成的过程中，限制对抗信号的峰均比不超过 10，步长 $\lambda=10^{-6}$，衰减因子设置为 0.8。不同功率的对抗噪声的攻击效果如表 6-3-6 所示。从表中可以发现，一方面对抗噪声经过滤波后的误差信号功率都比正常噪声的经过滤波后的误差信号功率大，这说明对抗噪声具有一定的攻击性，LMS 算法更难对对抗噪声进行滤波。对抗噪声的功率为 44dB 时就可以实现对 LMS 算法的攻击，而正常噪声在 46dB 时才能够实现对 LMS 算法的攻击。另一方面，当对抗噪声的功率过小时，攻击是无法成功的。这说明，LMS 算法对较低功率的对抗噪声是具有一定鲁棒性的。

表 6-3-6　功率对攻击效果的影响

功率限制/dB	对抗噪声的误差信号的功率/dB	正常噪声的误差信号功率/dB
34	8.02	7.68
36	8.48	8.02
38	8.67	8.55
40	9.99	8.79
42	11.67	9.79
44	**46.02**	10.08
46	**1200.05**	**76.64**
48	**2080.15**	**177**

6.4　面向自然语言处理的攻防安全应用

本节主要对自然语言处理中的虚假评论检测和虚假新闻检测的应用进行介绍，包括基于双循环图的虚假评论检测方法、基于传播网络增速的虚假新闻检测方法、面向多模态虚假新闻检测的鲁棒安全评估方法。

6.4.1 基于双循环图的虚假评论检测方法

1. 基础原理介绍

基于双循环图的虚假评论检测方法 DG-RDA[12]主要分为三个阶段，其基本框架如图 6-4-1 所示。在第一个阶段，DG-RDA 使用一种循环利用数据的方法，通过初始置信度和可靠用户分别获得可靠的用户置信度和商店置信度，表示用户的可行度和商店的被信任程度，并对用户和商店循环置信度初始值进行优化，具体来讲将高置信度的用户设置为 1，将置信度低的用户设置为-1。在第二个阶段，DG-RDA 使用一种加权图过滤器，依据用户对商店的访问记录数的权重函数来表征用户对商店的影响力水平，具体来讲，加权图过滤器将第一阶段优化后得到的置信度作为过滤器的输入，输出得到商店置信度，从而获得真实场景下较为合理的商店置信度；在第三个阶段，通过对加权图过滤器的置信度初始值优化，进行数据的二轮过滤，提高虚假评论的过滤效果。

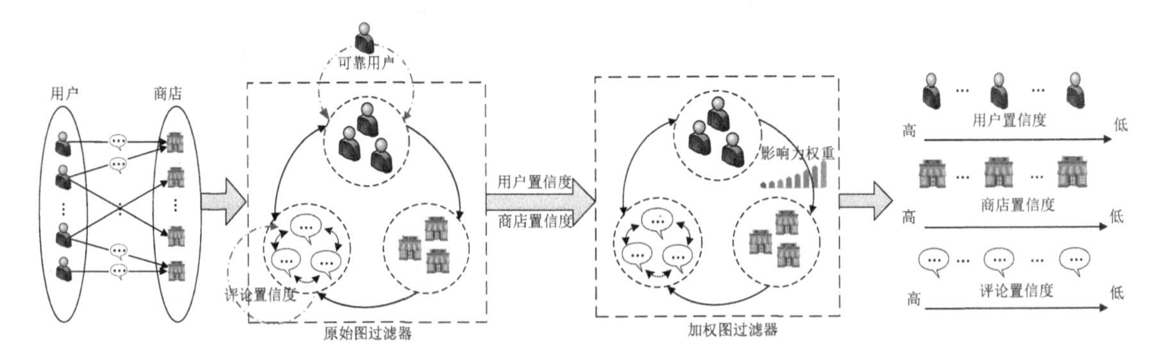

图 6-4-1 DG-RDA 算法的基本框架

2. 应用设置

数据集：通过存在虚假信息类标的 Yelp 数据集验证提出的检测算法。Yelp 是美国著名的商户点评网站，点评者会针对体验效果进行打分，通常真实点评者都是亲身体验过该商户服务的消费者。本节使用的数据集包含三个不同的包含虚假信息类标的 Yelp 数据集，分别为 YelpChi、YelpNYC 和 YelpZip，其中每个数据集包含了用户、商店及用户对商店的打分评价和真假类标属性，表 6-4-1 提供了数据集的信息。

表 6-4-1 Yelp 数据集信息统计

数据集	评论数	用户数	商店数
YelpChi	67395	38063	201
YelpNYC	359052	160225	923
YelpZip	608598	260277	5044

YelpChi 数据集中的虚假用户约占用户总数的 20.33%，虚假评论约占评论总数的 13.23%。YelpNYC 数据集的虚假用户约占用户总数的 17.79%，虚假评论约占评论总数的 10.27%。YelpZip 数据集的虚假用户约占用户总数的 23.91%，虚假评论约占评论总数的 13.22%。

评价指标：评价指标分别为 AUC、*F* 度量（*F*-measure）、Top K 下的真实评论的比例及 Bottom K 下的虚假用户筛选率。AUC 表示 ROC 曲线下的面积，因此，还需要涉及假正类率（FPR）和真正类率（TPR）。同时，*F*-measure 可以视为准确率（Precision）和召回率（Recall）

的加权调和平均值。

3. 应用结果与分析

1）评论真实性检测实验分析

对比算法主要为 Akoglu 等的 FRAUDEAGLE 算法、Wang 等基于图过滤的方法、优化商店置信度及优化用户置信度的方法作为对比算法。表 6-4-2 和图 6-4-2 表示为各种对比算法间的与评论置信度相关的 AUC 指标比较。

通过比较可以发现，同时优化商店和用户置信度的方法取得最优效果，尤其在 YelpChi 数据集上，远远优于其他对比算法。在 YelpNYC 数据集和 YelpZip 数据集上，虽然优化商店和用户置信度的方法与其他对比算法的 AUC 指标相接近，但是仍然具有一定的优势。在对比三个数据集之后可以发现，仅对商店置信度初值或用户置信度初值进行优化时，其结果的 AUC 值存在浮动较大的现象。仅优化用户置信度的方法在 YelpChi 数据集和 YelpNYC 数据集上的表现出现了两个不同的趋势。也就是说，同时优化商店和用户置信度的方法对不同的数据集具

表 6-4-2 虚假评论检测算法的 AUC 比较

算法	YelpChi	YelpNYC	YelpZip
FRAUDEAGLE	0.4363	0.5063	0.4661
WANG	0.4891	0.5001	0.5215
优化商店置信度	0.5604	0.5161	0.5238
优化用户置信度	0.5451	0.4904	0.5238
优化商店和用户置信度	0.5661	0.5246	0.5249

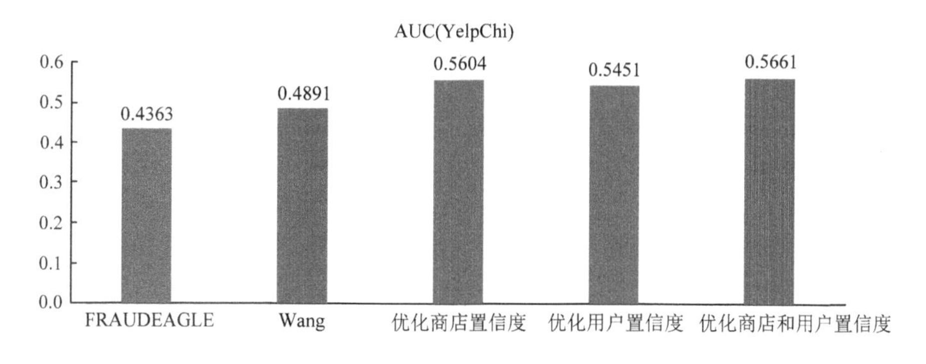

（a）YelpChi

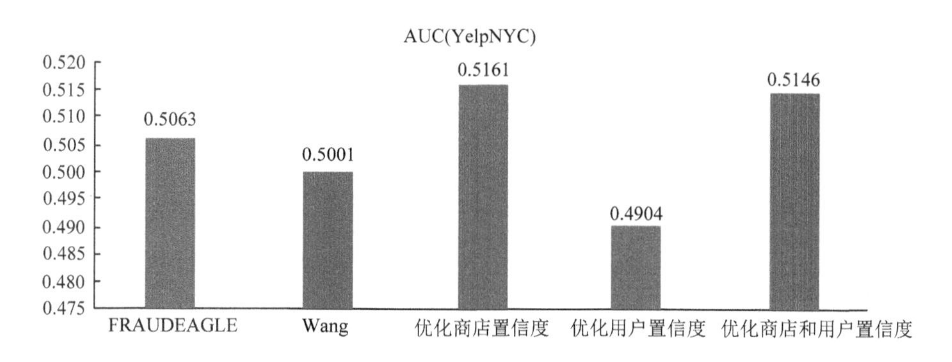

（b）YelpNYC

图 6-4-2 各个方法与评论置信度相关的 AUC 对比图

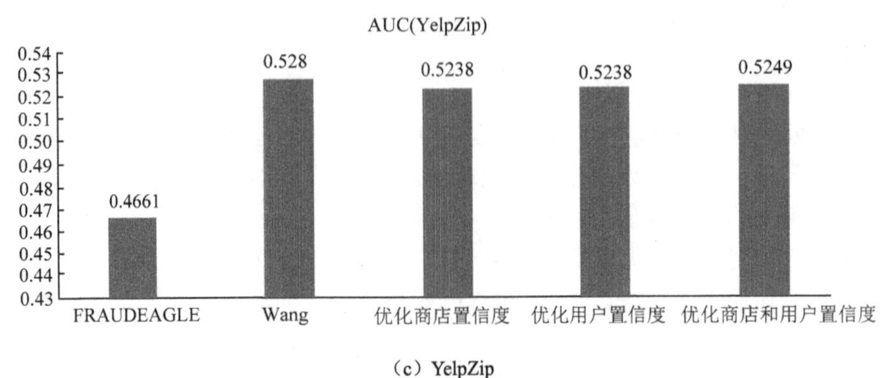

（c）YelpZip

图 6-4-2（续）

有更强的适应性。同时，从三个数据集的结果来看，优化商店置信度的方法效果接近于优化商店和用户置信度的方法，相比其他对比算法也有优势。而 FRUADEAGEL 算法和 Wang 等的原始图过滤算法的效果总体上来看表现不佳。

在推荐系统中，往往是基于评分较高的评论对商品或商店进行推荐而不是对其进行一一罗列。因此，选取评分较高的评论来检测算法过滤的效果具有较高的参考价值，故采用了 Top K 指标来衡量基于双循环图过滤检测算法的有效性。其定义为：得分靠前的 K 条评论中真实评论的占比。图 6-4-3 展示出真实评论在 Top K 的比例指标衡量基于双循环图过滤检测算法处理三个不同数据集后所得到的结果。可以发现，在双循环图过滤算法处理三种数据集的时候，优化用户和商店置信度的方法往往能取得较优的结果，即在 Top K 条评论中，真实评论的比例比起其他对比算法来说有一定的优势。也就是说，该算法在真实用户的辨别上具有一定的效果。通过分析发现，在对评分更为靠前的评论的筛选，FRAUD EAGLE 算法效果较差，且有较大的波动。双循环图过滤算法得到的结果较为稳定，且能获得较高的真实评论比例。也可以发现，优化商店置信度和优化用户置信度的方法虽然在三个数据集上的表现不佳，但是普遍与原始图过滤器的效果接近，在部分区域上有一定的优势，这也能说明双循环图过滤算法能够更好地辨识真实用户。也就是说，优化商店和用户置信度的方法在实际应用中也具有其存在的意义。

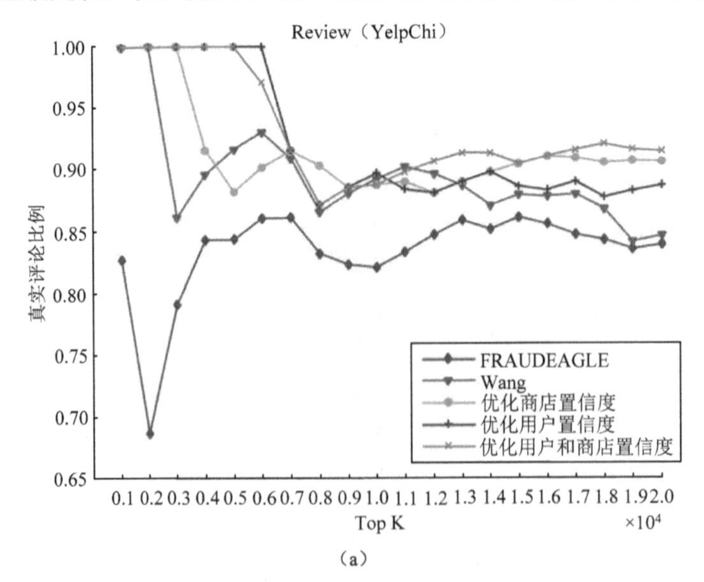

（a）

图 6-4-3　评论相关的 Top K 中的真实评论比例

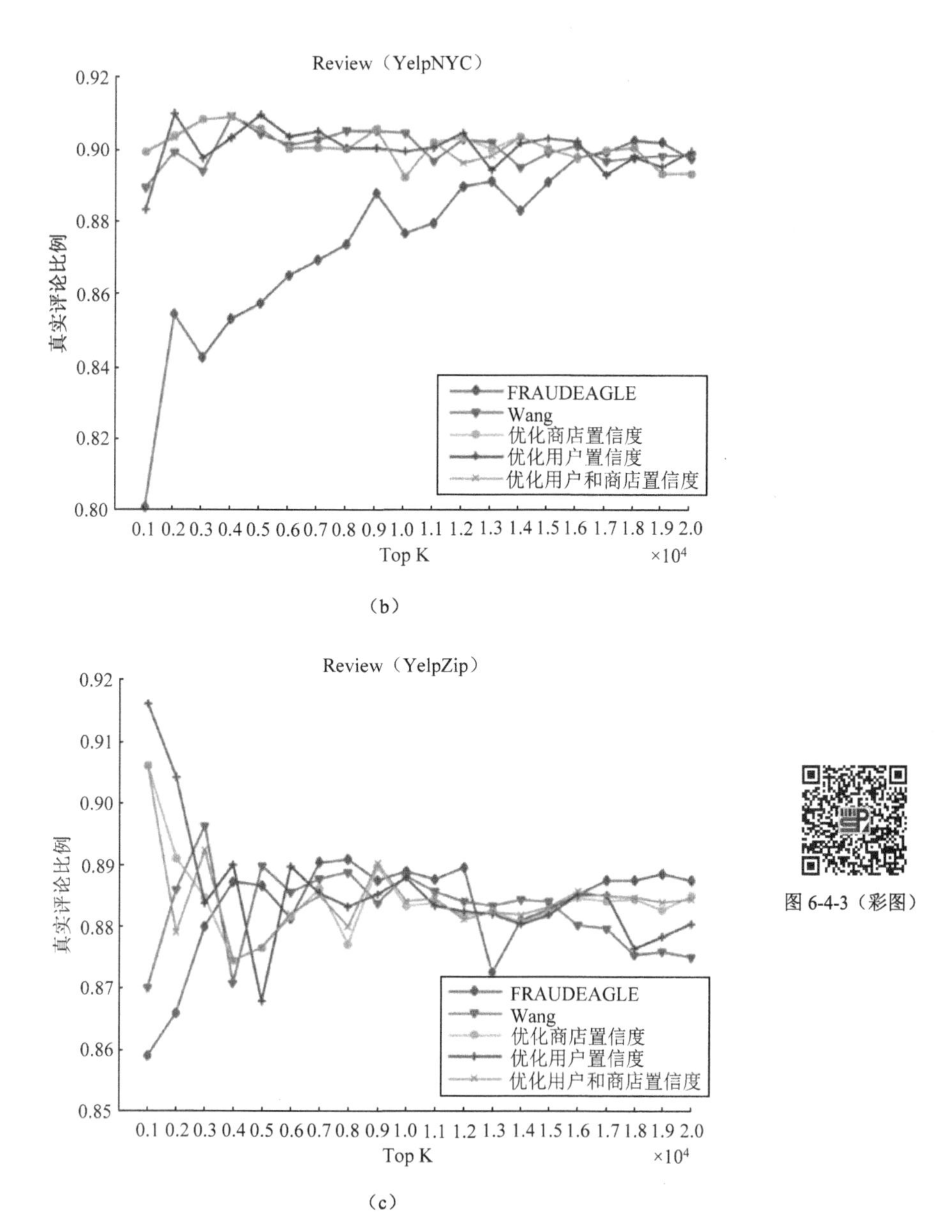

（b）

（c）

图 6-4-3（彩图）

图 6-4-3（续）

2）虚假用户检测试验分析

由于本节数据集中含有评论的类标，因此定义：发表过一次虚假评论的用户即可视为虚假用户，由此获得了用户的类标。为了验证双循环图过滤算法的有效性，用 Bottom K 中虚假用户筛选率作为本算法的评价指标，其定义为：得分靠后的 K 个用户中虚假用户个数占总体虚假用户个数的比例。

首先将输出的用户置信度由高到低进行排名，则虚假用户应为置信度低的用户。图 6-4-4 表示虚假用户筛选率增长趋势。从图中可以发现，随着 K 值的增大，虚假用户的筛选率逐渐提高。在不同的数据集上分别比较各种算法的虚假用户筛选率可以发现，FRAUD EAGLE 算法所获得的结果始终处于较低的水平，原始图过滤算法所得到的结果有着与双循环图过滤算法相似的增长趋势，但是并没有取得最好的效果。同时也发现，当 K 的值越大时，原始图过滤算法与双循环图过滤算法之间的差距也越来越大，即在对更多的低置信度用户进行筛选时，双循环图过滤算法能得到更优的筛选结果。在 YelpChi 数据集上，优化用户和商店置信度的方法有着最优的效果，优化商店置信度和优化用户置信度的方法也有着较好的表现，双循环图过滤算法与原始图过滤算法和 FRAUD EAGLE 算法相比具有明显的优势。在 YelpNYC 和 YelpZip 数据集上，由于数据分布的原因，存在部分用户置信度相同的情况，因此优化用户和商店置信度的方法的效果并没有在 YelpChi 数据集上那么明显，但是在整体效果上仍然与优化用户置信度的方法较为接近并且优于原始图过滤算法和 FRAUDEAGLE 算法。这体现了本节提出的双循环图过滤检测算法能对虚假用户进行有效的检测。Bottom K 中的虚假用户筛选率增长趋势如图 6-4-4 所示。

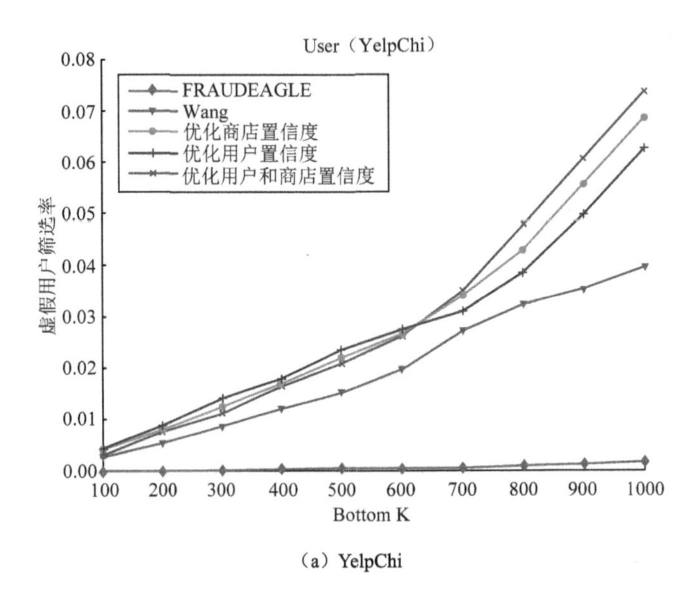

（a）YelpChi

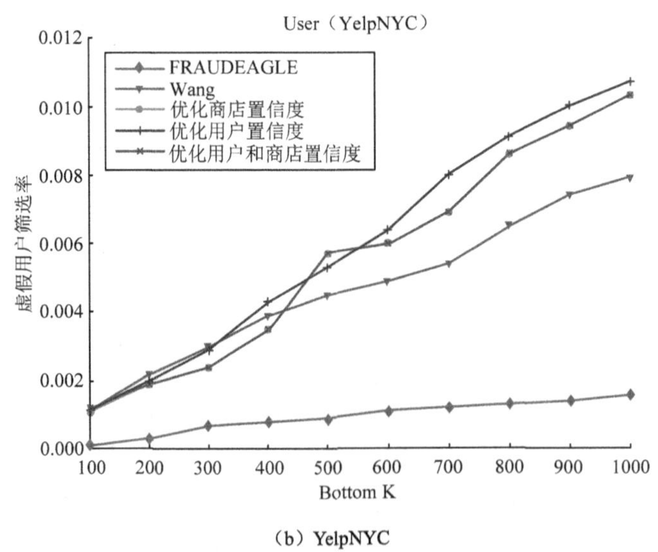

（b）YelpNYC

图 6-4-4　用户相关的 Bottom K 中的虚假用户筛选率

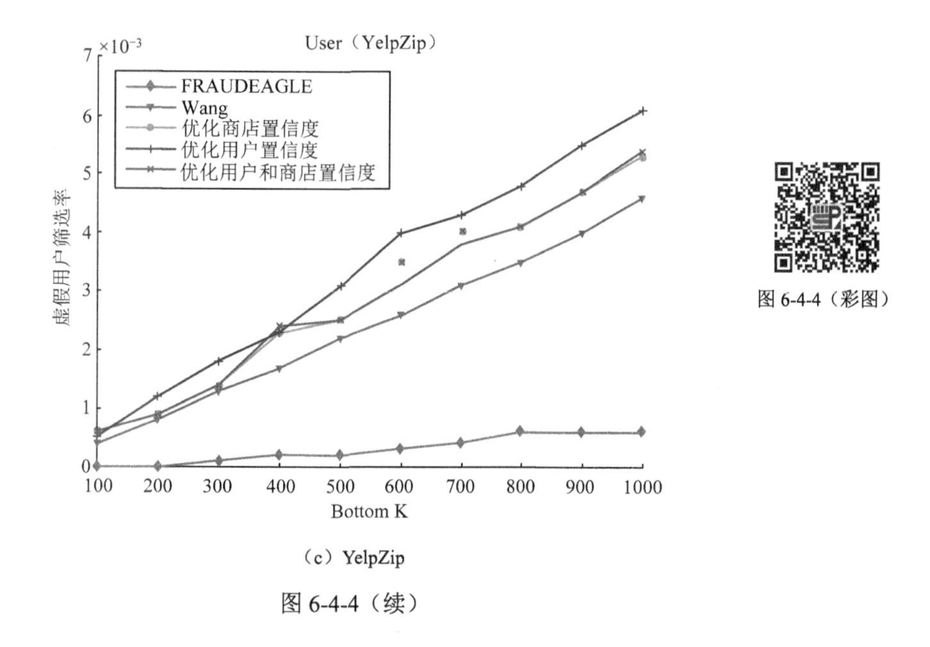

（c）YelpZip

图 6-4-4（续）

6.4.2　基于传播网络增速的虚假新闻检测方法

1. 基础原理介绍

本节提出一种基于传播增速的虚假新闻检测方法 Delta G[13]，其系统框图如图 6-4-5 所示。

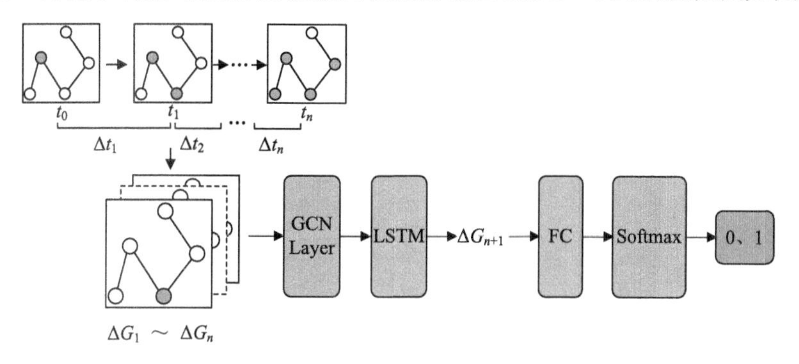

图 6-4-5　Delta G 系统框图

Delta G 主要包含两个部分，分别是传播结构特征提取器和网络增速特征提取器。其中，传播结构特征提取器主要指的就是多层图卷积网络（GCN），而网络增速特征提取器指的是 LSTM 网络。基于网络增速的虚假新闻检测算法首先利用了三层 GCN 对不同时间间隔下的传播结构进行特征提取，从而获得信息在传播过程中的高维特征表示。经过提取，得到不同时间间隔下的传播结构特征。由于多层 GCN 提取到的不同时间间隔下的特征是以序列的方式呈现的，于是引入拥有强大处理序列能力的 LSTM 网络来处理信息在传播过程中的序列特征，进一步对传播结构在时间序列上的增速特征进行有效提取，实现真假消息的分类。相比于利用传播结构来鉴别真假新闻的方法，Delta G 在此基础之上融合了时间序列上的特征，可以有效鉴别新闻的真伪。

2. 应用设置

数据集：用到两个公开的虚假新闻数据集，分别是 Twitter 和微博。

Twitter 数据集：数据集由发布在 Twitter 上的短消息组成，每条推文都有文本内容、图像/

视频和社交上下文信息与之关联。该数据集有大约 17000 条独特的推文，涉及不同的事件。数据集分为两部分：开发集（9000 条假新闻推文，6000 条真实推文）和测试集（2000 条推文）。它们以这样一种方式拆分，即推文没有重叠的事件。

微博数据集：从微博收集的假新闻的获取时间跨度从 2012 年 5 月到 2016 年 1 月，并通过微博官方辟谣系统进行核实。该系统鼓励普通用户举报微博上的可疑推文，然后由信誉良好的用户组成的委员会进行审查，并将可疑推文归类为虚假或真实。这些非谣言推文是经新华社核实的推文。初步步骤包括删除重复图像（使用对位置敏感的散列）和低质量图像，以确保整个数据集的同质性。

对比算法：将 Delta G 与三种不同的攻击方法进行比较，包括 ThruthFinder、LTM 和 CRH。ThruthFinder 是一种基于已认证用户帖子间的冲突关系，迭代地计算每个新闻的真实估计的方法；LTM 是一种基于概率图的真相发现算法，适用于简单的 source-item 模型；CRH 则使用单个未知的变量建模每个用户的可信度，代表用户贡献数据的总体准确性。

3. 应用结果与分析

1）最优模型结构分析

为了确定最优的模型结构，通过实验分析了不同层数的 GCN 下 Delta G 的性能表现。在 Delta G 中分别设置了 2 层、3 层、4 层、5 层的 GCN 在两个数据集上进行了实验，实验结果如图 6-4-6 所示。

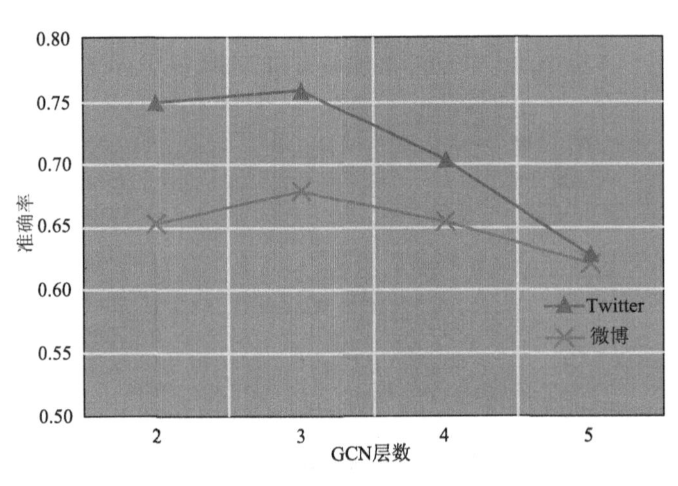

图 6-4-6（彩图）

图 6-4-6　Delta G 在不同 GCN 层数下的性能表现

实验结果显示，当 GCN 层数为三层时，Delta G 在两个数据集上的性能表现都是最优的，在层数超过三层后模型的性能开始明显下降。因此在后续的实验中，我们将 Delta G 中 GCN 的层数设定为三层以确保模型的检测性能。

2）检测性能对比

为了验证提出方法的有效性，将 Delta G 上述三种方法进行了比较。我们发现在大多数情况下，Delta G 对新闻真实性的分类准确率都要优于对比算法。表 6-4-3 列出了不同虚假新闻检测方法在不同数据集上的性能。

由实验结果可得，几乎在所有情况下，Delta G 的检测性能都要优于对比算法，这得益于 Delta G 方法优秀的提取传播结构特征和时间序列特征的能力。只有在微博数据集的 Fake 类下的召回值（Recall）要低于 LTM 方法。并且不难发现，GAT 的表现都是要优于 GCN 的，这表明图注意力机制的引入对传播结构的特征提取确实有一定的提升。

表 6-4-3　不同检测方法的预测结果对比

数据集	检测方法	准确率	真			假		
			精确率	召回率	F1 分数	精确率	召回率	F1 分数
Twitter	ThruthFinder	0.634	0.650	0.628	0.626	0.612	0.583	0.599
	LTM	0.641	0.635	0.691	0.672	0.624	0.583	0.605
	CRH	0.639	0.653	0.687	0.669	0.621	0.583	0.603
	Delta G	0.759	0.766	0.783	0.774	0.750	0.732	0.741
	Delta G-GAT	**0.786**	**0.773**	**0.811**	**0.779**	**0.786**	**0.770**	**0.754**
微博	ThruthFinder	0.554	0.532	0.373	0.439	0.576	0.583	0.632
	LTM	0.456	0.443	0.359	0.503	0.500	**0.720**	0.635
	CRH	0.562	0.542	0.582	0.423	0.524	0.583	0.421
	Delta G	0.679	0.667	0.714	0.690	0.692	0.643	0.668
	Delta G-GAT	**0.714**	**0.695**	**0.714**	**0.723**	**0.736**	0.718	**0.729**

3）消融实验

为了进一步证明传播结构在时间序列上的特征的重要性，对 Delta G 方法进行了消融实验，通过不同程度的裁剪以验证模型的不同部分对模型性能的影响程度。在确保模型其他参数设置不变的情况下进行了上述实验，实验结果如表 6-4-4 所示。

表 6-4-4　不同模型裁剪下模型的性能表现

数据集	检测方法	准确率	精确率	召回率	F1 分数
Twitter	Delta G(-GCN)	0.522	0.567	0.601	0.623
	Delta G(-LSTM)	0.714	0.680	0.652	0.700
	Delta G	0.759	0.766	0.783	0.774
微博	Delta G(-GCN)	0.463	0.522	0.569	0.505
	Delta G(-LSTM)	0.628	0.546	0.659	0.522
	Delta G	0.679	0.667	0.714	0.690

在上述实验中，Delta G(-GCN)表示裁剪掉 GCN 层的 Delta G 模型，同时为了保证输入 LSTM 网络特征的有效性，这里用支持向量机（SVM）代替 GCN 进行特征提取。Delta G(-LSTM)则代表裁剪掉 LSTM 网络层的 Delta G 模型，直接对 GCN 输出的特征进行分类。实验结果表明，当 Delta G 模型在失去传播结构特征时，其分类性能出现了明显的下降，这表明了信息在传播过程中的传播结构特征对于虚假新闻的鉴别起到了至关重要的作用。但同时，序列模型的加入使得 Delta G 模型在对虚假新闻进行分类时有较大的性能提升，这也证明了传播结构在时间序列上的特征对于虚假新闻的鉴别是非常重要的。

6.4.3　面向多模态虚假新闻检测的鲁棒安全评估方法

1. 基础原理介绍

面向多模态虚假新闻检测的鲁棒安全评估方法[14]的系统框图如图 6-4-7 所示。整个评估框架分为三个部分，分别是对抗攻击、后门攻击和偏见评估。对于每一个部分，我们分别输入有问题的图片加正常的文本，以及正常的图片加有问题的文本，来评估不同模型数据在受到不同攻击时对模型性能的不同影响。其中，在对抗攻击下，有问题的图片和文本是指对抗图片和对抗文本；在后门攻击下，则是指中毒图片和中毒文本；在偏见评估中，则指的是虚假新闻中的图片加真实新闻中的文本，或者真实新闻中的图片加虚假新闻中的文本的两种不同的组合。

对于图像对抗攻击，我们使用 VGG19 模型来提取图像特征，并且使用 FGSM 对图像进行对抗攻击，通过设置步长来观察不同扰动下的性能变化。对于文本上的对抗攻击，由于五个模型的文本特征提取器都不尽相同，因此假定了黑盒对文本进行对抗攻击，对于 Twitter 数据集，使用 VIPER 对模型进行对抗攻击，对于微博数据集则使用启发式的对抗攻击。对于后门攻击，通过插入固定的触发器来实现对模型的后门攻击。对于偏见评估，在评估文本时，在确保图像不变动的情况下，用假新闻的文本替换真实新闻的，真实新闻的文本替换假新闻的，然后用在干净样本上训练好的模型测试准确率；评估图像时同理。

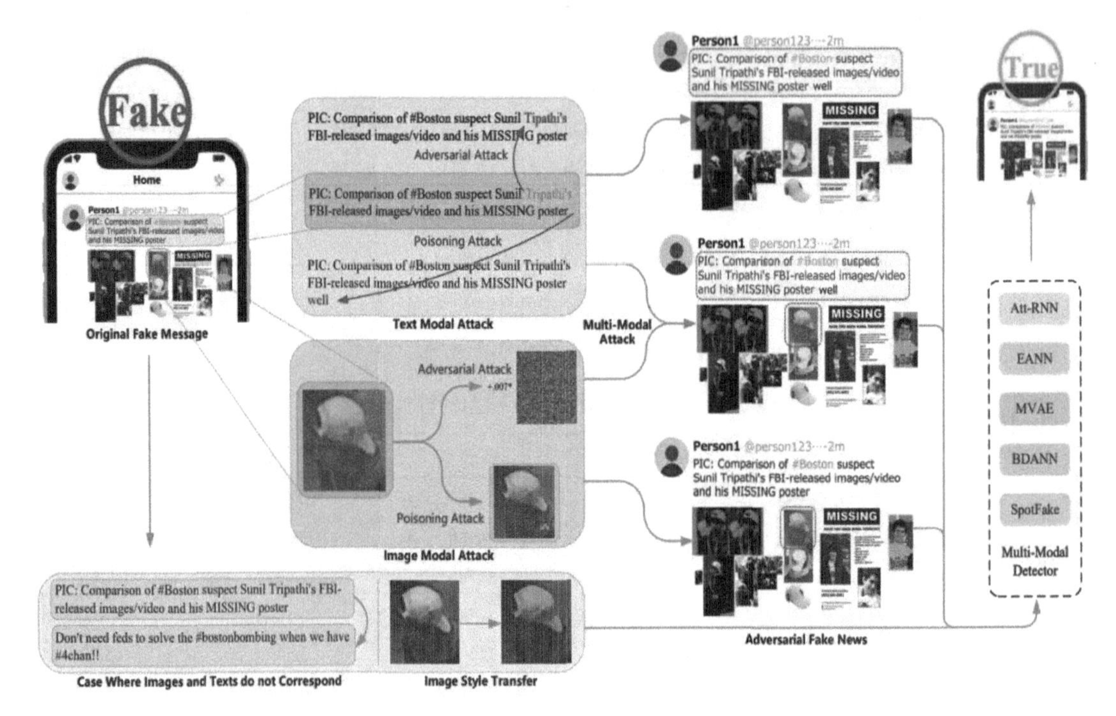

图 6-4-7 面向多模态虚假新闻检测的鲁棒安全评估方法的系统框图

2. 应用设置

数据集：用到两个公开的虚假新闻数据集，分别是 Twitter 和微博。

评估对象：对五个多模态假新闻检测器进行了综合评估，它们在假新闻检测任务中表现出色。所有模型都融合了文本和图像特征来区分假新闻。这些检测器的详细信息总结在表 6-4-5 中。其中，RbTaI（relationship between text and image）表示模型是否考虑了文本和图像之间的关联；SC（social context）表示模型是否包含社交上下文特征；ED（event discriminator）表示模型是否包含事件鉴别器（即域分类器）；FR（feature reconstruction）表示模型是否重构了融合特征。我们也在表格中同样汇总了各个模型的实验参数设置。

表 6-4-5 所有多模型虚假新闻检测器的细节汇总

模型	特征提取器		模型结构				参数设置		
	文本	图像	RbTaI	SC	ED	FR	学习率	Batch size	Dropout
Att-RNN	LSTM	VGG19	✓	✓			0.001	128	0.4
EANN	TextCNN	VGG19			✓		0.001	100	0.5
MVAE	BiLSTM	VGG19				✓	0.00001	128	0.5

续表

模型	特征提取器		模型结构				参数设置		
	文本	图像	RbTaI	SC	ED	FR	学习率	Batch size	Dropout
BDANN	BERT	VGG19			✓		0.001	128	0.5
SpotFake	BERT	VGG19					0.001	256	0.5

3. 应用结果与分析

1）对抗攻击下的鲁棒性评估

这一小节探究了所有模型在受到对抗攻击时的表现如何，以及文本和图像哪一模态的特征在受到对抗攻击时对模型的性能破坏更大。我们使用上文提到的图像和文本对抗攻击方法对上述五个模型进行了鲁棒性评估。模型的具体设置见表 6-4-5，其中我们将两个数据集中原始文本与生成的对抗文本作为对比，各给出了一个可以成功被检测模型误分类为真实新闻的假新闻示例，如表 6-4-6 所示。

表 6-4-6 两个被误分类为真实新闻的假新闻示例

原始文本	对抗文本
good job 4chan!	go**G**d job 4chan!
著名演员姜文去世！撼动人心	**着**名演员姜文**祛**世！**han** 动人心

对五个多模态虚假新闻检测模型分别在两个数据集上的对抗攻击实验结果如图 6-4-8 所示。实验结果表明，多模态检测模型在受到对抗攻击时性能会显著下降。从图中可以发现，图像在受到对抗攻击时，模型的性能遭到了更大的破坏，所有模型的准确率均下降到了 30%左右。即使是最简单易行的 FGSM 就可以轻松地使这些最优越的检测模型接近瘫痪，并且这种对抗图像上的扰动是肉眼难以察觉的。相较之下，文本对抗攻击对于模型性能的影响是微乎其微的，在五个模型上的性能下降幅度均未超过 10%，并且对抗文本虽然一定程度上不影响可读性，但肉眼依然可以轻松地辨别出来。这意味对于虚假新闻的恶意发布者来说，图像对抗攻击是更为明智的选择，这也启发了我们需要更加注重检测模型在图像模态上的鲁棒性。

值得注意的是性能最好的模型不一定是最鲁棒的。Att-RNN 模型是这五个模型中最早被提出的，在性能方面略逊于其他模型。但是我们发现在受到对抗攻击时它表现出了相对更强的鲁棒性。Att-RNN 模型由于融合视觉特征时，运用到了 LSTM 网络输出的 neural attention，关注到图文之间的关联性，因此在受到攻击时模型的性能受到的影响更小。这启发了我们不能仅仅只关注模型的性能提升，还要注重图文之间的关联，如语义一致性等。

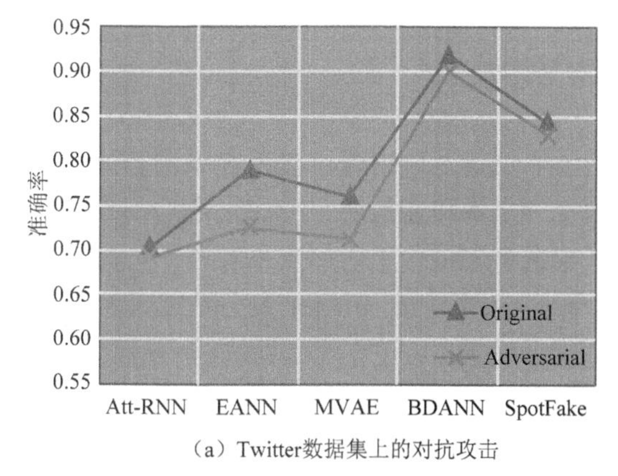

（a）Twitter数据集上的对抗攻击

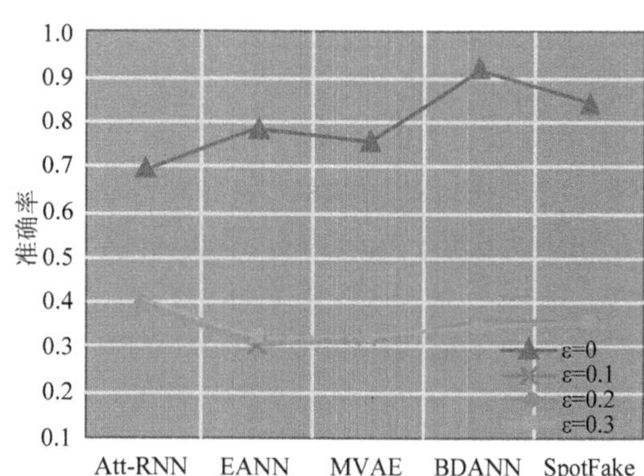

（b）Twitter数据集上的图像对抗攻击

图 6-4-8 对抗攻击下不同检测器的性能表现

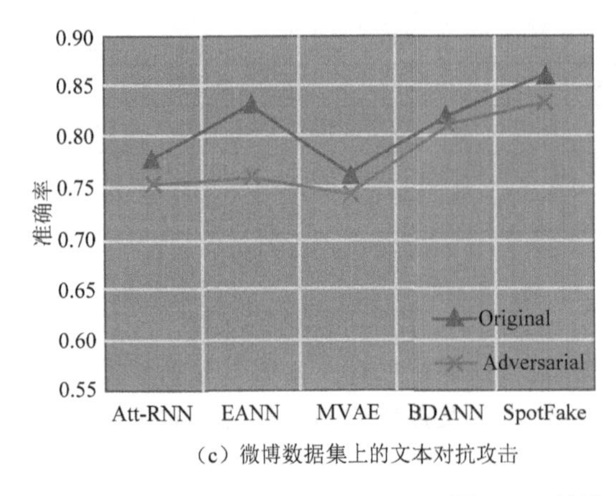

（c）微博数据集上的文本对抗攻击

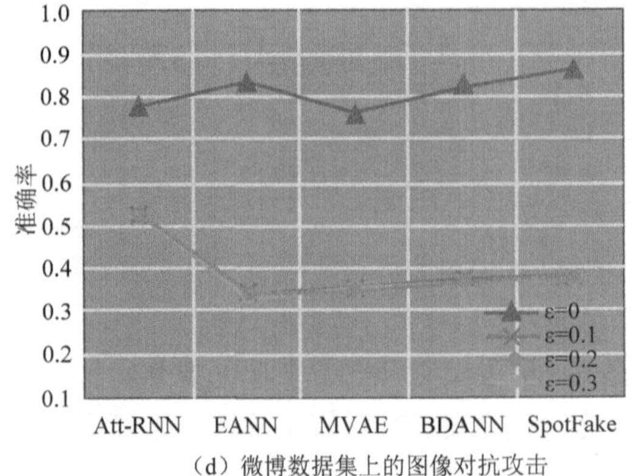

（d）微博数据集上的图像对抗攻击

图 6-4-8（续）

防御：既然已经知道多模态检测模型易受到图像特征上的攻击，那么对图像数据进行加固，使模型更加鲁棒就显得十分必要。在这一小节中，我们对图像数据进行了 resize 操作，将每一张图片从大约 400×600（每张图片大小不一）resize 到 224×224 进行测试。这是计算机视觉领域常见的一种应对对抗攻击的方法。由于不同的扰动步长下模型的准确率相差无几，resize 后的准确率也基本一致，为了方便展示，我们在图表中只给出了扰动步长 0.3 下的实验结果用来对比。

图 6-4-8（彩图）

图 6-4-9（彩图）

实验结果如图 6-4-9 所示。对生成的对抗样本图像 resize 会导致生成对抗样本的攻击性降低，从而起到一定的防御作用。在经过 resize 操作后，即使是在面对对抗样本时，所有模型的性能在对比 resize 之前都有较大的提升。

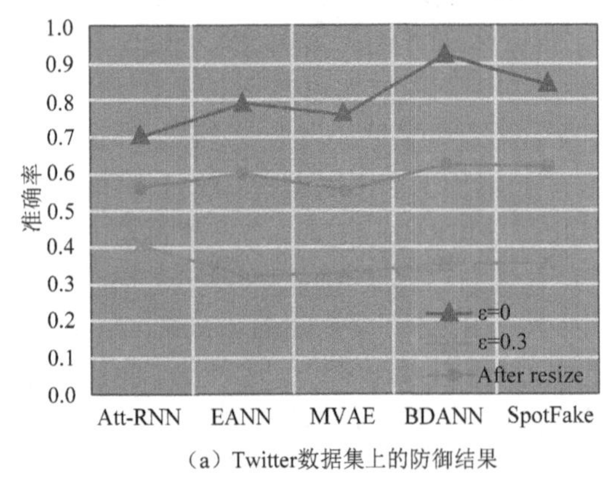

（a）Twitter数据集上的防御结果

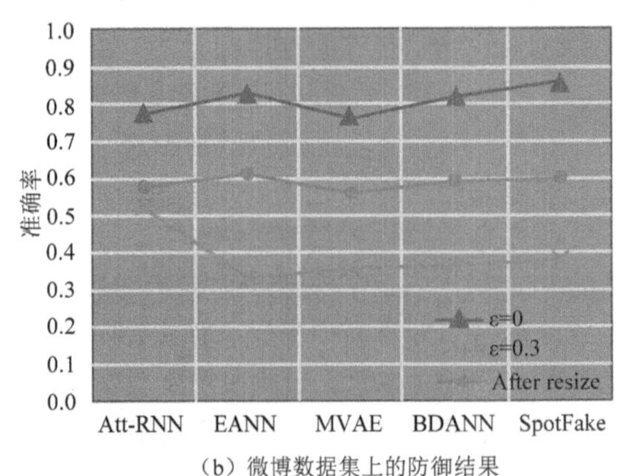

（b）微博数据集上的防御结果

图 6-4-9　对抗攻击下防御后检测器的性能表现

2）后门攻击下的鲁棒性评估

除了对抗攻击以外，深度学习模型还容易受到后门攻击。攻击者可以给模型用到的数据投毒，从而给模型留下后门。我们探究了模型在分别受到文本和图像两个模态上的后门攻击时表现如何。选用了 BDANN 模型作为代表在 Twitter 数据集上进行了后门攻击实验，训练集中的中毒样本比例分别设置成 0.1、0.3、0.5、0.7，中毒样本中添加的 trigger 大小设置成 4、7、13 个白色像素点。

实验结果如图 6-4-10 所示。可以发现，后门攻击的引入给模型的性能带来了一定程度上的破坏，而且破坏力随着 trigger size 和 portion 的增加而增大（RQ1）。但是我们发现有一个异常点即(0.1,13)。由于添加 trigger 的时候是在训练样本中随机选择样本的，在这次异常点中，所有的 trigger 几乎都加在了热门事件对应的图片上，这也就意味着这些带毒的样本覆盖到了更多的推文，对模型的影响更大。因此，相比于 trigger size 和 portion，对于热门事件对应的图片添加 trigger 可以使模型遭到更大幅度的破坏，因为热门事件对应了更多的样本，影响范围更广。

图 6-4-10（彩图）

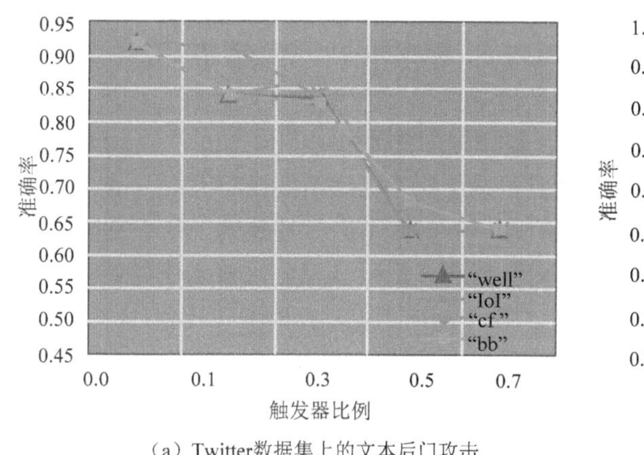

（a）Twitter数据集上的文本后门攻击

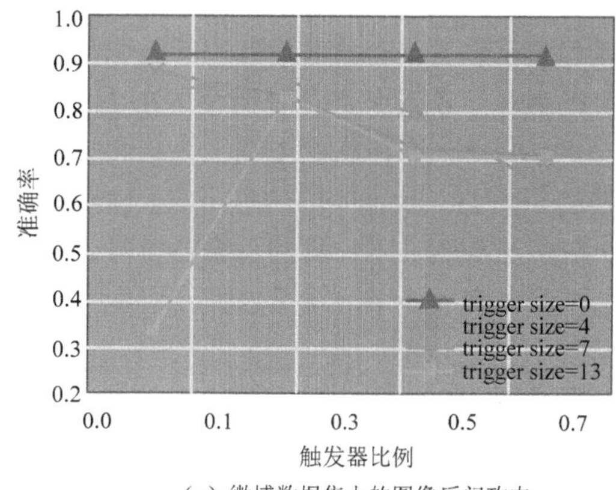

（a）微博数据集上的图像后门攻击

图 6-4-10 后门攻击下检测器的性能表现

此外我们还对文本进行了相同的后门攻击实验。分别在随机选中的训练样本的文本的句尾加上无意义的“lol”和更倾向于正面情绪的“well”，并且将加了 trigger 的样本的标签设置成“real”，企图让模型将这些带有 trigger 的中毒样本识别成真消息。实验结果如图 6-4-10（a）所示，我们发现不同的 trigger 对模型的影响微乎其微，并且随着训练样本中中毒样本比例的增加，模型的性能遭受到更大的破坏，在 50%样本中毒的情况下模型的准确率下降到了 63.70%。

对比图像和文本的后门攻击实验结果可以发现，文本后门攻击对模型的影响从结果来看和图像后门攻击是不相上下的，但由于热门事件里图片一对多的存在，使得对图像的后门攻击似乎是更为有效的手段（RQ2）。这再一次提醒了我们在设计多模态检测模型的时候应该更多地考虑到图像特征的鲁棒性。

防御：用到了 ART（adversarial robustness toolbox）中的 AC 方法对后门攻击进行了防御。该方法通过激活聚类来检测模型的后门并移除中毒样本，使模型免受后门攻击。同样的，为了方便展示，我们在图表中只给出了后门触发器大小为 13 的实验结果用来对比。

实验结果如图 6-4-11 所示。实验结果表明，AC 的方法能使模型在很大程度上免受后门攻

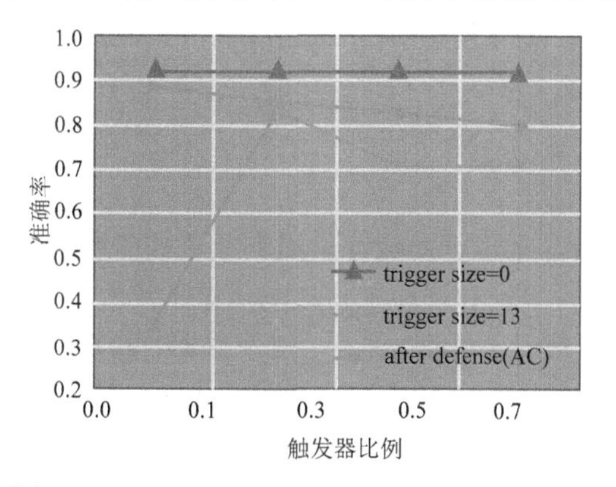

图 6-4-11（彩图）

图 6-4-11 后门攻击下防御后检测器的性能表现

击，在触发器比例为10%时经过AC防御后，模型的准确率达到了88.43%，几乎与干净模型的性能相差无几，有效提升了模型的鲁棒性。

3）偏见评估

除了对抗攻击和后门攻击之外，我们还对这些模型进行了偏见评估，以评估模型在对数据进行分类时是否存在偏见。具体来讲，我们想知道模型在决策时是否更偏向于某一种特征，比如图像特征。上述实验结果都告诉我们，相比文本特征，图像特征在遭受攻击时会对模型造成更大的破坏，那这是不是说明模型在决策时对两种特征的依赖程度是不同的呢？

评估文本时，在确保图像不变动的情况下，用假新闻的文本替换真新闻的，真新闻的文本替换假新闻的，然后用在干净样本上训练好的模型测试准确率；评估图像时同理。值得注意的是，在进行真假文本和真假图像替换时，我们是在同一个事件中进行替换的，并不是随机替换毫不相关的其他内容，这可以使我们造出来的推文极具迷惑性——因为它看上去并不突兀，非常自然。

我们对Fake类和Real类分开进行了测试，实验结果如图6-4-12（b）所示。实验结果表明，对于文本，无论是哪一类的替换对模型的影响都不太大，而对于图像的真假替换对模型的性能影响则非常大，尤其对于Fake类。这意味着虚假文本加上真实图像的组合对模型来说似乎迷惑性非常大，准确率直线下降到了6.44%。这也从侧面表明了模型对于虚假新闻的判定中，图像似乎占了很大的比重。这进一步解释了我们的结论：相比于文本特征，图像特征更容易遭受对抗攻击和后门攻击等，使模型性能大幅度地下降。这是因为模型在决策时更多地依赖于图像特征，尤其是对Fake类样本进行判定时。

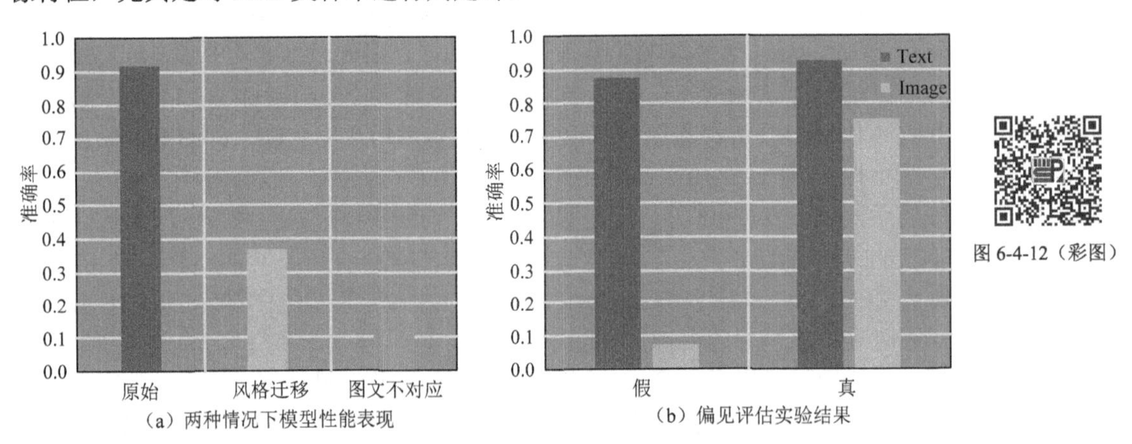

（a）两种情况下模型性能表现

（b）偏见评估实验结果

图6-4-12（彩图）

图6-4-12　两种情况下模型的性能表现和偏见评估实验结果

本章小结

本章深入探讨了深度学习在不同领域的应用和相关的安全问题。首先聚焦于图像识别领域的安全问题，特别是对自动驾驶系统和生物特征识别系统的攻击和防御进行了详细介绍。其次关注图数据挖掘领域的攻防安全应用，涵盖了链路预测、节点分类和图分类任务的安全风险。然后针对电磁信号处理任务探讨了潜在的安全漏洞。最后，在自然语言处理领域，介绍了虚假评论检测和虚假新闻检测的应用，并提供了新视角和鲁棒性评估方法。

参 考 文 献

[1] 陈晋音，陈治清，郑海斌，等. 基于 PSO 的路牌识别模型黑盒对抗攻击方法[J]. 软件学报，2020，31(9): 2785-2801.

[2] 陈晋音，沈诗婧，苏蒙蒙，等. 车牌识别系统的黑盒对抗攻击[J]. 自动化学报，2021，47(1): 121-135.

[3] 陈晋音，吴长安，郑海斌. 基于 Softmax 激活变换的对抗防御方法[J]. 网络与信息安全学报，2022，8(2): 48-63.

[4] CHEN J, SU M, SHEN S, et al. POBA-GA: Perturbation optimized black-box adversarial attacks via genetic algorithm[J]. Computers & security, 2019, 85: 89-106.

[5] CHEN J, ZHENG H, SU M, et al. Invisible poisoning: Highly stealthy targeted poisoning attack[C]// Information Security and Cryptology: 15th International Conference, Inscrypt 2019. Nanjing: Springer International Publishing, 2020: 173-198.

[6] CHEN J, SHI Z, WU Y, et al. Link prediction adversarial attack[J]. arXiv preprint arXiv: 1810.01110, 2018.

[7] CHEN J, XIONG H, ZHENG H, et al. Dyn-backdoor: Backdoor attack on dynamic link prediction[J/OL]. (2023-08-03)[2024-01-02]. IEEE transactions on network science and engineering. https://doi.org/10.1109/TNSE.2023.3301673.

[8] CHEN J, HUANG G, ZHENG H, et al. Graphfool: Targeted label adversarial attack on graph embedding[J]. IEEE transactions on computational social systems, 2023, 10(5): 2523-2535.

[9] CHEN J, CHEN Y, ZHENG H, et al. MGA: Momentum gradient attack on network[J]. IEEE transactions on computational social systems, 2020, 8(1): 99-109.

[10] ZHENG H, XIONG H, CHEN J, et al. Motif-backdoor: Rethinking the backdoor attack on graph neural networks via motifs[J/OL]. (2023-04-26)[2024-01-02]. IEEE transactions on computational social systems. https://doi.org/10.1109/TCSS.2023.3267094.

[11] 陈晋音，熊海洋，马浩男，等. 基于对比学习的图神经网络后门攻击防御方法[J]. 通信学报，2023，44(4): 154-166.

[12] 陈晋音，黄国瀚，吴洋洋，等. 基于双循环图的虚假评论检测算法[J]. 计算机科学，2019，46(9):229-236.

[13] CHEN J, JIA C, LI Q, et al. Research on fake news detection based on diffusion growth rate[J/OL]. (2022-07-14)[2023-11-30]. Wireless communications and mobile computing.http.

[14] CHEN J, JIA C, ZHENG H, et al. Is multi-modal necessarily better? Robustness evaluation of multi-modal fake news detection[J/OL]. (2023-12-27)[2024-01-02]. IEEE transactions on network science and engineering. https://doi.org/10.1109/TNSE.2023.3249290.

第 7 章　数据与算法安全实践案例

本章主要介绍深度学习的数据与算法在不同数据模态、不同应用场景中的实践案例，具体包括在图像分类任务中的五个初阶实践案例，以及联邦学习安全、图联邦学习安全、隐私安全等五个高阶实践案例。初阶实践案例以图像数据中的分类任务为主，分别介绍了白盒对抗攻击、黑盒对抗攻击、后门攻击的具体方法和算法源码，让读者对深度学习模型面临的对抗攻击和后门攻击有进一步的认识，方便读者进行快速便捷的实践操作。高阶实践案例中引入了联邦学习、图联邦学习的实践场景，以节点分类、链路预测作为主要应用任务，分析了其中存在的隐私泄露安全问题和后门安全隐患，并给出了算法源码以及代码的分步解释和详细说明，方便对此感兴趣的读者能够更快捷地上手实操。

7.1　初阶实践案例

初阶实践案例主要是指图像识别任务中的对抗攻击和中毒攻击，具体包括在 MNIST 数据集上针对自定义 CNN 网络的快速梯度符号白盒对抗攻击，在 MNIST 数据集上针对 VGG19 模型的 C&W 白盒对抗攻击，在 Mini-ImageNet 数据集上针对 VGG19 模型的零阶梯度优化黑盒对抗攻击，在 MNIST 数据集上对 AlexNet 模型的 BadNets 中毒攻击，在 CIFAR-10 数据集上对 ResNet 模型的 AIS&BIS 中毒攻击。

7.1.1　快速梯度符号白盒对抗攻击实践案例教程

本节主要介绍在 MINST 数据集上对自定义的结构的模型进行 FGSM 的攻击。MNIST 数据集来自美国国家标准与技术研究所测试集也是同样比例的手写数字数据。快速梯度符合攻击（fast gradient sign method，FGSM）是一种基于梯度生成对抗样本的算法，通过对模型的输出结果对样本进行反向梯度传播的梯度，可以实现无目标攻击。

在进行无目标攻击时，无目标扰动计算公式如下：

$$\eta=\varepsilon\,\mathrm{sign}(\nabla_x J(\theta, x, y)) \tag{7-1-1}$$

其中，x 是原始样本；y 是真实标签；θ 是模型权重；$J(\theta,x,y)$ 是损失函数的输出；$\nabla_x J(\theta, x, y)$ 表示样本的梯度；$\mathrm{sign}(\cdot)$ 是取符号函数；ε 是扰动步长，是自定义的超参数。

无目标对抗样本 $\tilde{x}$ 计算公式如下：

$$\tilde{x} = x + \eta \tag{7-1-2}$$

下面介绍代码实现。

步骤 1：导入需要的模块，主要使用到的模块是 torch 和 torchvision。代码如下：

```
import torch
import torch.nn as nn
import torchvision.datasets as datasets
import torchvision.transforms as transforms
import torch.optim as optim
from sys_path import sys_path
```

步骤 2：加载数据集，使用 torchvision 模块中的 transform 函数对读入的图片进行预处理。

代码如下：

```
    # 设置随机种子，以便复现实验结果
    torch.manual_seed(1234)
    # 加载数据集路径
    dataset_path=sys_path+'dataset/MNIST'
    # 加载 MNIST 数据集
    train_dataset=datasets.MNIST(root=dataset_path,train=True,download=False,
transform=transforms.ToTensor())
    test_dataset=datasets.MNIST(root=dataset_path,train=False,download=False,
transform=transforms.ToTensor())
    train_loader=torch.utils.data.DataLoader(dataset=train_dataset,batch_
size=128,shuffle=True)
    test_loader=torch.utils.data.DataLoader(dataset=test_dataset,batch_size=
128,shuffle=False)
```

步骤 3：定义自定义 CNN 模型。代码如下：

```
    # 定义 5 层 CNN 模型
    class Net(nn.Module):
        def__init__(self):
            super(Net,self).__init__()
            self.conv1=nn.Conv2d(1,32,kernel_size=5,padding=2)
            self.conv2=nn.Conv2d(32,64,kernel_size=5,padding=2)
            self.fc1=nn.Linear(7*7 *64,1024)
            self.fc2=nn.Linear(1024,10)

        def forward(self,x):
            x=torch.relu(self.conv1(x))
            x=torch.max_pool2d(x,kernel_size=2)
            x=torch.relu(self.conv2(x))
            x=torch.max_pool2d(x,kernel_size=2)
            x=x.view(-1,7*7*64)
            x=torch.relu(self.fc1(x))
            x=self.fc2(x)
            return x
```

步骤 4：使用自定义的模型需要先进行训练再进行攻击，定义训练函数的代码如下：

```
    # 定义训练函数
    def train(model,train_loader,criterion,optimizer,epoch,device):
        model.train()
        for batch_idx,(data,target) in enumerate(train_loader):
            data,target=data.to(device),target.to(device)
            optimizer.zero_grad()
            output=model(data)
            loss=criterion(output,target)
            loss.backward()
            optimizer.step()
            if batch_idx %100==0:
                print('Train Epoch:{}[{}/{}({:.0f}%)]\tLoss:{:.6f}'.format(
                    epoch,batch_idx*len(data),len(train_loader.dataset),
                    100.*batch_idx/len(train_loader),loss.item()))
```

步骤 5：定义测试函数，利用测试集测试对抗攻击的效果。代码如下：

```
    # 定义测试函数
    def test(model,test_loader,criterion,epsilon,device):
```

```
    model.eval()
    test_loss=0
    correct=0
    for data,target in test_loader:
        data,target=data.to(device),target.to(device)
        adv_data=mi_fgsm_attack(model,criterion,data,target,epsilon)
        output=model(adv_data)
        test_loss+=criterion(output,target).item()
        pred=output.max
        # 统计分类准确率
        pred=output.argmax(dim=1,keepdim=True)
        correct+=pred.eq(target.view_as(pred)).sum().item()
    test_loss/=len(test_loader.dataset)
    print('\nTest set:Average loss:{:.4f},Accuracy:{}/{}({:.2f}%)\n'.format(
        test_loss,correct,len(test_loader.dataset),
        100.*correct/len(test_loader.dataset)))
```

步骤 6：定义攻击函数，将模型梯度的符号添加到样本上生成对抗样本。代码如下：

```
# 定义 FGSM 攻击函数
def mi_fgsm_attack(model,loss,images,labels,epsilon):
    images.requires_grad=True
    outputs=model(images)
    model.zero_grad()
    cost=loss(outputs,labels).to(device)
    cost.backward()
    attack_images=images+epsilon*images.grad.sign()
    attack_images=torch.clamp(attack_images,0,1)
    return attack_images
```

步骤 7：利用模型梯度生成对抗样本，并测试对抗攻击方法的攻击成功率。代码如下：

```
# 初始化模型、损失函数、优化器等
device=torch.device("cuda"if torch.cuda.is_available() else "cpu")
model=Net().to(device)
criterion=nn.CrossEntropyLoss()
optimizer=optim.Adam(model.parameters(),lr=0.001)
# 训练模型
epochs=10
for epoch in range(1,epochs+1):
    train(model,train_loader,criterion,optimizer,epoch,device)
    test(model,test_loader,criterion,epsilon=0.1,device=device)
```

运行结果如下：

```
Train Epoch: 10 [0/60000 (0%)]  Loss: 0.006182
Train Epoch: 10 [12800/60000 (21%)] Loss: 0.000242
Train Epoch: 10 [25600/60000 (43%)] Loss: 0.028090
Train Epoch: 10 [38400/60000 (64%)] Loss: 0.004210
Train Epoch: 10 [51200/60000 (85%)] Loss: 0.000423

Test set: Average loss: 0.0073, Accuracy: 8032/10000 (80.32%)
```

最终生成的对抗样本可视化结果如图 7-1-1 所示。以图 7-1-1（a）为例，直观可得原始样本应该被预测为标签“2”。但是通过在该图像上添加对抗扰动后，被分类模型以 0.75 的置信度错误预测为标签“3”，实现了攻击效果。

（a）分类置信度 0.75，分类类标 3

（b）分类置信度 0.89，分类类标 7

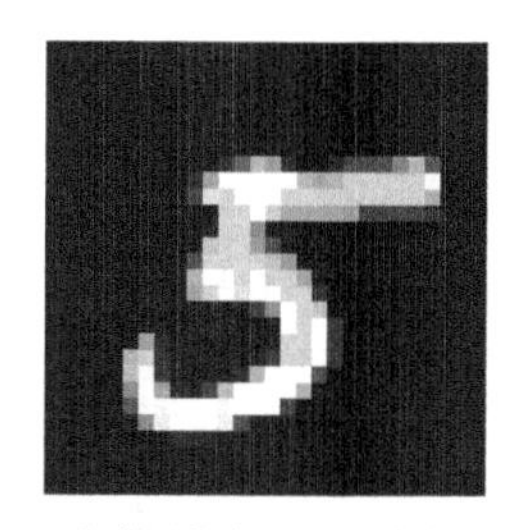
（c）分类置信度 0.91，分类类标 3

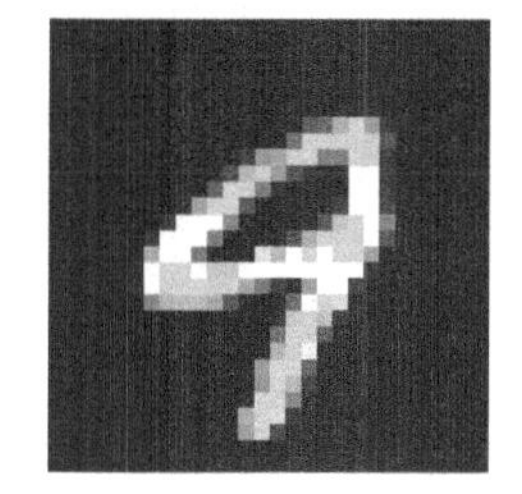
（d）分类置信度 0.91，分类类标 4

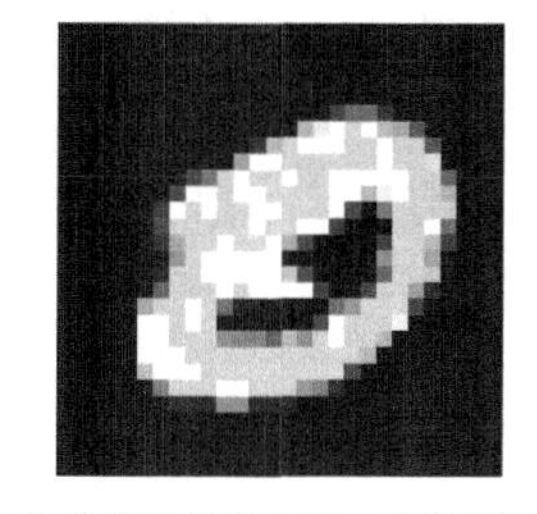
（e）分类置信度 0.97，分类类标 8

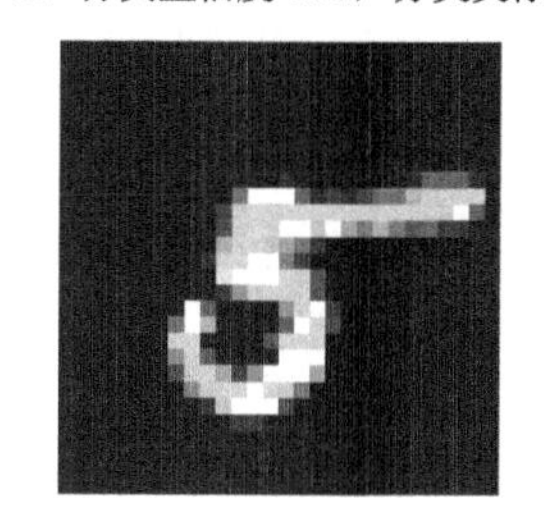
（f）分类置信度 0.87，分类类标 8

图 7-1-1 对抗样本可视化结果

7.1.2 C&W 白盒对抗攻击实践案例教程

本节主要介绍对 MNIST 数据集上的 VGG19 模型进行 C&W 攻击。在对抗攻击中，希望在添加扰动尽量小的情况下，实现对抗攻击，因此对抗攻击的过程可以表述为下述优化问题：

$$\begin{cases} L_2=\widetilde{x_{\mathrm{a}}}-x \\ \min\|L_2\|+cf(\widetilde{x_{\mathrm{a}}}) \\ \text{where} f(\widetilde{x_{\mathrm{a}}})=-\text{out}(\widetilde{x_{\mathrm{a}}})_t \end{cases} \tag{7-1-3}$$

其中，$\widetilde{x_{\mathrm{a}}}$ 是对抗样本；x 是原样本；L_2 是对抗样本 $\widetilde{x_{\mathrm{a}}}$ 和原样本的二范数；c 是一个超参数；$\text{out}(\widetilde{x_{\mathrm{a}}})_t$ 是模型输出经过 Softmax 之后类别 t 的分类置信度。显然利用上述公式进行优化时，对抗样本 $\widetilde{x_{\mathrm{a}}}$ 中像素值可能会超过[0, 1]区间。为了解决上述问题，C&W 将对抗扰动中的像素值映射到 tanh( )域当中，保证对抗样本 $\widetilde{x_{\mathrm{a}}}$ 中像素值不会超过[0, 1]，在优化对抗扰动的过程中设置阈值，避免无效优化，C&W 的对抗扰动生成过程可以表示成下述优化问题：

$$\begin{cases} \widetilde{x_{\mathrm{at}}}=\dfrac{1}{2}(\tanh(\widetilde{x_{\mathrm{a}}})+1) \\ L_2=\widetilde{x_{\mathrm{at}}}-x \\ \min\limits_{\widetilde{x_{\mathrm{at}}}}\|L_2\|+cf(\widetilde{x_{\mathrm{at}}}) \\ \text{where } f(\widetilde{x_{\mathrm{at}}})=\max\{\max\{\text{out}^{\text{ori}}(\widetilde{x_{\mathrm{at}}})_i : i\neq t\}-\text{out}^{\text{ori}}(\widetilde{x_{\mathrm{at}}})_t, -k\} \end{cases} \tag{7-1-4}$$

其中，$\widetilde{x_{\mathrm{at}}}$ 是对抗样本 $\widetilde{x_{\mathrm{a}}}$ 经过 tanh( )映射之后的结果；$\text{out}^{\text{ori}}(\widetilde{x_{\mathrm{at}}})_i$ 是未经过 Softmax 操作的模型输出中第 i 个类别的分类置信度；k 用于控制对抗样本的强度，k 越大，生成的对抗样本置信度越高。

下面介绍代码实现。

步骤 1：载入需要的模块，主要包括 torch、torchvision 和 art 三个模块。代码如下：

```
import torch
import torchvision
import torch.nn as nn
```

```
import torch.optim as optim
from torch.utils.data import DataLoader
from torchvision.datasets import CIFAR-10
from torchvision.transforms import ToTensor,Normalize,Compose
from art.attacks.evasion import CarliniL2Method
from art.estimators.classification import PyTorchClassifier
from art.defences.trainer import AdversarialTrainer
from sys_path import sys_path
```

步骤 2：利用 torch.utils.data.Subset 和 DataLoader 模块加载数据集。代码如下：

```
# 加载数据集路径
dataset_path=sys_path+'dataset/MNIST'
# 加载 vgg19 模型路径
model_path=sys_path+'model/vgg19-dcbb9e9d.pth'
# 加载 CIFAR-10 数据集
transforms=Compose([ToTensor(),Normalize((0.5,0.5,0.5), (0.5,0.5,0.5))])
trainset=MNIST(root=dataset_path,train=True,download=False, transform=transforms)
testset=MNIST(root=dataset_path,train=False,download=False, transform=transforms)
# 只对数据集中的 1%样本进行攻击
attack_ratio=0.01
indices=torch.randperm(len(trainset))
split=int(len(trainset)*attack_ratio)
trainset_attack=torch.utils.data.Subset(trainset,indices[:split])
trainset_clean=torch.utils.data.Subset(trainset,indices[split:])
trainloader_attack=DataLoader(trainset_attack,batch_size=32,shuffle=True,
num_workers=0)
trainloader_clean=DataLoader(trainset_clean,batch_size=32,shuffle=True,
num_workers=0)
testloader=DataLoader(testset,batch_size=32,shuffle=False,num_workers=0)
```

步骤 3：执行模型加载，从 torchvision 中加载 VGG19 模型结构，并且导入相应的权重文件，完成模型的加载。代码如下：

```
# 定义 VGG19 模型
vgg=torchvision.models.vgg19(pretrained=False)
pre_file=torch.load(model_path)
vgg.load_state_dict(pre_file)
# 修改 vgg 模型的最后一层为 10 分类
vgg.classifier[-1]=nn.Linear(4096, 10)
# 将模型移动到 GPU 上进行训练（如果 GPU 可用的话）
device=torch.device("cuda" if torch.cuda.is_available() else "cpu")
vgg.to(device)
```

步骤 4：训练 VGG19 模型。代码如下：

```
# 定义损失函数和优化器
criterion=nn.CrossEntropyLoss()
optimizer=optim.Adam(vgg.parameters(),lr=0.001)
# 训练模型
num_epochs=1
for epoch in range(num_epochs):
    for i,(images,labels) in enumerate(trainloader_clean):
        images,labels=images.to(device),labels.to(device)
        optimizer.zero_grad()
        outputs=vgg(images)
        loss=criterion(outputs,labels)
```

```
            loss.backward()
            optimizer.step()
            if(i+1)%100==0:
                print(
                    'Epoch[{}/{}],Step  [{}/{}],Loss:{:.4f}'.format(epoch+1,num_
epochs,i+1,len(trainloader_clean),loss.item()))
```

步骤 5：生成基于 C&W 攻击的对抗样本。代码如下：

```
    # 定义损失函数和优化器
    criterion=nn.CrossEntropyLoss()
    optimizer=optim.Adam(vgg.parameters(),lr=0.001)
    # 训练模型
    num_epochs=1
    for epoch in range(num_epochs):
        for i,(images,labels)in enumerate(trainloader_clean):
            images,labels=images.to(device),labels.to(device)
            optimizer.zero_grad()
            outputs=vgg(images)
            loss=criterion(outputs,labels)
            loss.backward()
            optimizer.step()
            if(i+1)%100==0:
                print(
                    'Epoch[{}/{}],Step[{}/{}],Loss:{:.4f}'.format(epoch+1,num_
epochs,i+1,len(trainloader_clean),loss.item()))
```

步骤 6：在干净样本上对模型检测准确率进行测试。代码如下：

```
    clean_acc=0
    total=0
    with torch.no_grad():
        for images,labels in testloader:
            images,labels=images.to(device),labels.to(device)
            outputs=vgg(images)
            _,predicted=torch.max(outputs.data,1)
            total+=labels.size(0)
            clean_acc+=(predicted==labels).sum().item()
```

步骤 7：在对抗样本上对对抗样本的攻击性能进行评估。代码如下：

```
    adv_acc=0
    total=0
    sample=0
    count=0
    for images,labels in testloader:
        sample+=1
        count+=1
        if sample>16:
            break
        images,labels=images.to(device),labels.to(device)
        # 使用 cw 攻击生成对抗性示例
        adv_images=attack.generate(images.cpu())
        # 对抗性实例预测
        adv_images=torch.tensor(adv_images)
        adv_outputs=vgg(adv_images.cuda())
        _,adv_predicted=torch.max(adv_outputs.data,1)
        total+=labels.size(0)
```

```
    adv_acc+=(adv_predicted==labels).sum().item()
    print('Step of Original Attack'+str(count)+'/16')
```

原始的干净样本和最终生成的对抗样本可视化结果如图 7-1-2 所示。其中图 7-1-2（a）和（c）为原始的干净样本，分别被分类模型以 0.97 的置信度正确分类为“0”和以 0.96 的置信度正确分类为“5”。通过在图像上添加对抗扰动后，得到的对抗样本如图 7-1-2（b）和（d）所示，导致分类模型错误预测。

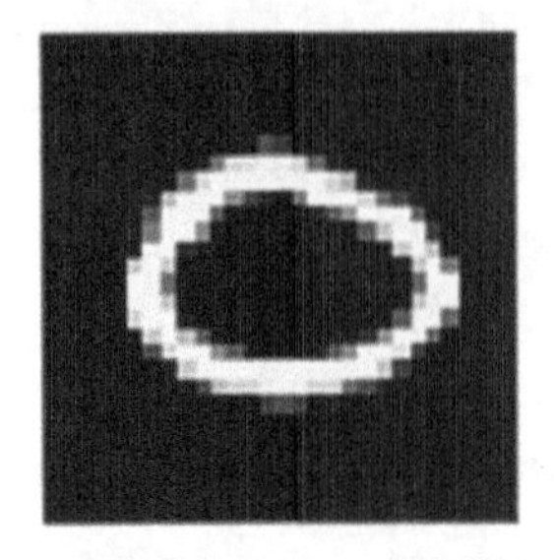

（a）分类置信度 0.97，分类类标 0

（b）分类置信度 0.87，分类类标 3

（c）分类置信度 0.96，分类类标 5

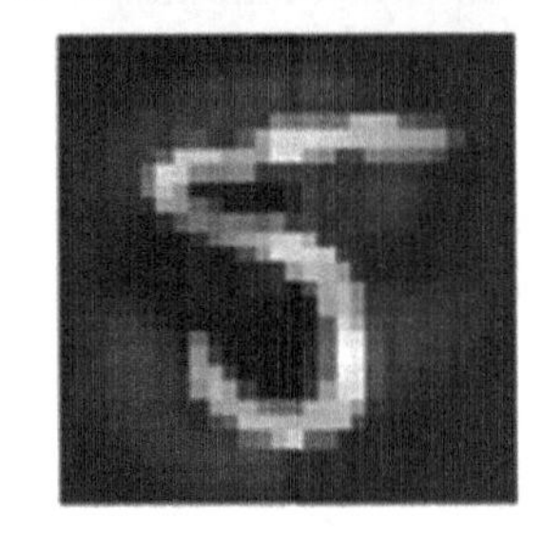

（d） 分类置信度 0.87，分类类标 3

图 7-1-2　原样本及对抗样本可视化结果

7.1.3　零阶梯度优化黑盒对抗攻击实践案例教程

本节主要介绍对 ImageNet 数据集上的 VGG19 模型进行零阶梯度优化 ZOO 攻击。与 AlexNet 相比，VGG19 采用连续的几个 3×3 的卷积核代替 AlexNet 中的较大卷积核（11×11、7×7、5×5）。对于给定的感受野（与输出有关的输入图片的局部大小），采用堆积的小卷积核是优于采用大的卷积核，因为多层非线性层可以增加网络深度来保证学习更复杂的模式，而且代价还比较小（参数更少）。数据集使用的是从 ImageNet 数据集中筛选的 Mini-ImageNet 数据集。

在黑盒攻击场景下，我们仅能获得模型的输入和输出，无法获得模型内部的梯度。此时，需要对模型内部梯度的值进行估计并利用估计模型梯度值优化对抗扰动。

ZOO 通过零阶的数据对模型的梯度进行估计，利用模型梯度的估计值对对抗扰动进行优化从而实现对抗攻击的效果。具体而言，ZOO 利用对称商差进行一阶梯度和二阶梯度的估计，计算方式如下：

$$\hat{g}_i = \frac{\delta f(x)}{\delta x_i} \approx \frac{f(x + h\boldsymbol{e}_i) - f(x - h\boldsymbol{e}_i)}{2h} \tag{7-1-5}$$

$$\widehat{h}_i = \frac{\delta^2 f(x)}{\delta x_{ii}^2} \approx \frac{f(x + h\boldsymbol{e}_i) - f(x) + f(x + h\boldsymbol{e}_i)}{h^2} \tag{7-1-6}$$

其中，$\boldsymbol{e}_i$ 是单位向量；x_i 是样本 x 的第 i 维度；h 是一个小的常数，实验中一般取 h=0.0001。扰动生成方式如下所示：

$$\delta=\begin{cases}-\eta\hat{g}_i, & \hat{h}_i\leqslant 0\\ -\eta\dfrac{\hat{g}_i}{\hat{h}_i}, & \hat{h}_i>0\end{cases} \tag{7-1-7}$$

其中，η 是设定的步长。对抗扰动更新公式如下：

$$x_i=x_i+\delta \tag{7-1-8}$$

按照上述公式，ZOO 会对图像中的每一个像素点的像素值进行单独更新。

下面介绍代码实现。

步骤 1：导入需要的 python 模块，主要用到深度学习框架模块 torch 和对抗攻击模块 art。代码如下：

```
#导入相应的 python 模块
import torch
import torchvision
from torch.utils.data import DataLoader
from torchvision import transforms
from art.attacks.evasion import ZooAttack
from art.estimators.classification import PyTorchClassifier
from sys_path import sys_path
```

步骤 2：导入 Mini-ImageNet 数据集，主要包括获取数据集路径，定义数据图像预处理函数，根据数据集路径读入图片并对图片进行预处理，完成整个数据集加载。代码如下：

```
# 获得数据集的路径
data_dir=sys_path+'dataset/Mini-ImageNet/ImageNet'
# 数据集预处理函数
transform=transforms.Compose([
    transforms.Resize(256),
    transforms.CenterCrop(224),
    transforms.ToTensor()
])
# 加载数据集 批大小为 4,并且对数据集中的样本进行洗牌
dataset=torchvision.datasets.ImageFolder(data_dir,transform=transform)
dataloader=DataLoader(dataset,batch_size=4,shuffle=True,num_workers=4)
print('ImageNet-Mini Loaded Successfully!')
```

步骤 3：加载 VGG19 模型，主要包括获取 VGG19 模型权重路径，获取运算设备，加载 VGG19 模型结构，根据 VGG19 模型权重路径加载 VGG19 模型权重，将模型加载到运算设备。代码如下：

```
# 获得 vgg19 模型权重的路径
model_path=sys_path+'model/vgg19-dcbb9e9d.pth'
# 选择推理使用的设备 "cuda"对应使用显卡进行推理 “cpu”对应使用中央处理单元进行推理
device=torch.device("cuda" if torch.cuda.is_available() else "cpu")
# 加载 VGG19 模型结构
model=torchvision.models.vgg19(pretrained=False)
# 读取 VGG19 模型权重
pre_file=torch.load(model_path)
# 加载 VGG19 模型权重
model.load_state_dict(pre_file)
# 将 VGG19 模型放到运算设备上
model.to(device)
print('VGG19 Loaded Successfully!')
```

步骤 4：进行 ZOO 攻击，主要包括定义攻击算法，进行针对在 Mini-ImageNet 数据集上 VGG19 模型的 ZOO 攻击。代码如下：

```
# 定义 ART 的分类器
estimator=PyTorchClassifier(
    model=model,#vgg19
    loss=torch.nn.CrossEntropyLoss(),#交叉熵作为损失函数
    optimizer=torch.optim.Adam(model.parameters(),lr=0.01),#使用 Adam 作为
优化算法
    input_shape=(3,224,224),# 输入图像尺寸
    nb_classes=1000,# 分类的数量为 1000
    clip_values=(0,1),# 图像像素值范围为 0-1 的浮点数
device_type=device.type,# 运算设备
)
# 定义 ZOO 攻击器
attacker=ZooAttack(estimator,max_iter=1,targeted=False)
# 开始攻击
correct=0
total=0
attack_epoch=1
epoch=0
for inputs,labels in dataloader:
    ASR=0
    while ASR<1:
        inputs,labels=inputs.to(device),labels.to(device)
        # 对当前批次进行攻击
        adv_inputs=attacker.generate(inputs.cpu().numpy())
        # 将攻击后的输入转换为张量
        adv_inputs=torch.from_numpy(adv_inputs).to(device)
        # 使用攻击后的模型进行预测
        adv_outputs=model(adv_inputs)
        _,adv_predicted=torch.max(adv_outputs,1)
        correct+=(adv_predicted==labels).sum().item()
        total+=labels.size(0)
        ASR=1-correct/total
        # 打印当前进度
        print(f'Accuracy:{(ASR*100):.2f}%')
print('Finished attacking!')
```

Zoo_Attack 内部核心代码如下：

```
# Compute adversarial examples with implicit batching
nb_batches=int(np.ceil(x.shape[0]/float(self.batch_size)))
x_adv_list=[]
for batch_id in trange(nb_batches,desc="ZOO",disable=not self.verbose):
    batch_index_1,batch_index_2=batch_id *self.batch_size,(batch_id+1) *
self.batch_size
    x_batch=x[batch_index_1:batch_index_2]
    y_batch=y[batch_index_1:batch_index_2]
    res=self._generate_batch(x_batch,y_batch)
    x_adv_list.append(res)
x_adv=np.vstack(x_adv_list)
# Apply clip
if self.estimator.clip_values is not None:
    clip_min,clip_max=self.estimator.clip_values
```

```
            np.clip(x_adv,clip_min,clip_max,out=x_adv)
        # Log success rate of the ZOO attack
        logger.info(
            "Success rate of ZOO attack:%.2f%%",
            100*compute_success(self.estimator,x,y,x_adv,self.targeted,
batch_size=self.batch_size),)
```

运行结果如下：

```
ZOO: 100%|████████████████████████████████████| 4/4 [05:51<00:00, 87.91s/it]
Accuracy: 100.00%
Finished attacking!
```

原始的干净样本和最终生成的对抗样本可视化结果如图 7-1-3 所示，其中图 7-1-3（a）、（c）、（e）、（g）为原始的干净样本，被分类模型以较高置信度正确分类。通过在图像上添加对抗扰动后，得到的对抗样本如图 7-1-3（b）、（d）、（f）、（h）所示，导致分类模型错误预测。

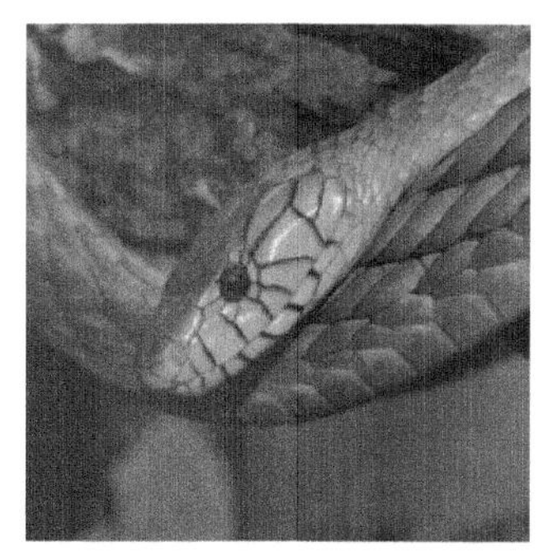

（a）分类置信度:0.73，分类类标：绿曼巴

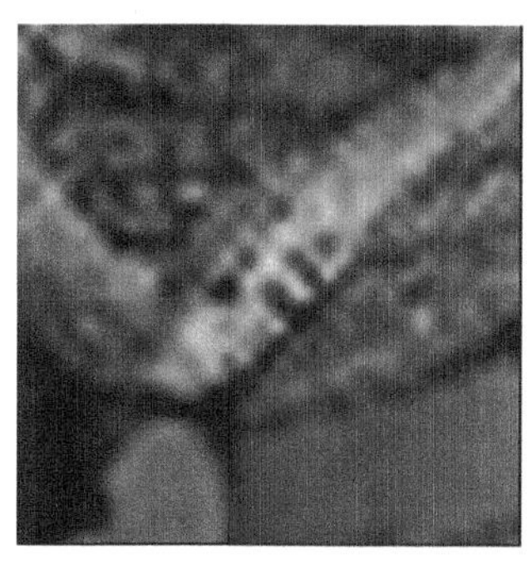

（b）分类置信度 0.69，分类类标：放大器

（c）分类置信度 0.89，分类类标：iPod

（d）分类置信度 0.67，分类类标：保险箱

（e）分类置信度 0.99，分类类标：大丹犬

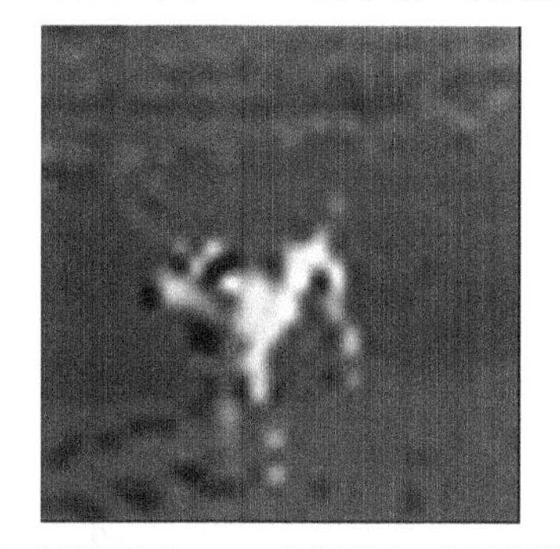

（f）分类置信度 0.69，分类类标：威士忌酒瓶

图 7-1-3　原样本及对抗样本可视化结果

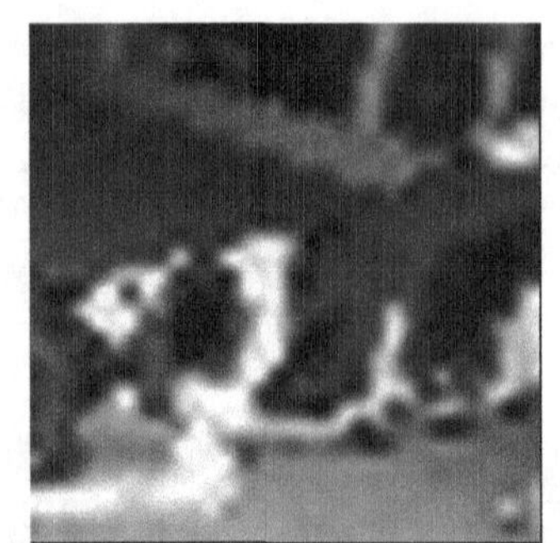

图 7-1-3（彩图）

（g）分类置信度 0.94，分类类标：猎犬　　（h）分类置信度 0.59，分类类标：打谷机

图 7-1-3（续）

7.1.4　BadNets 中毒攻击实践案例教程

本节主要介绍在 MNIST 数据集上对 AlexNet 模型进行 Badnets 攻击。AlexNet 由加拿大多伦多大学的 Alex Krizhevsky、Ilya Sutskever 和 Geoffrey Hinton 于 2012 年在 ImageNet 图像分类竞赛中首次引入。AlexNet 是第一个在 ImageNet 数据集上取得最佳结果的深度学习模型，包含超过 100 万张图像和 1000 个不同的类别。

Badnets 通过毒害训练数据集注入后门。攻击者首先选择目标标签和触发图案。图案的形状可以是任意的。接着将训练图像的随机子集用触发器图案标记，并且将它们的标签修改为目标标签。然后后门通过让深度学习网络在修改的数据上进行训练而进行注入。由于攻击者可以完全访问训练过程，所以可以改变训练配置，如学习速率、修改图像的比率等。

经过 BadNets 的攻击，未加触发器的样本能够被模型正常识别，加上触发器以后的样本会被模型预测为攻击类别。

下面介绍代码实现。

步骤 1：加载 mnist 数据集，主要利用了 torchvision.datasets 函数进行加载，使用 transforms.Compose 对加载的数据集进行预处理。代码如下：

```
    transform_mnist=transforms.Compose([transforms.Grayscale(1),transforms.
ToTensor()])
    trainset=torchvision.datasets.MNIST(root='/data0/jinhaibo/zf2/backdoor/
haddata/files/000_data/MNIST/',transform=transform_mnist,train=True,download=False)
    testset=torchvision.datasets.MNIST(root='/data0/jinhaibo/zf2/backdoor/
haddata/files/000_data/MNIST/',transform=transform_mnist,train=False,download=
False)
    testloader=torch.utils.data.DataLoader(testset,batch_size=64,shuffle=
False,num_workers=0)
```

步骤 2：生成添加触发器的样本。代码如下：

```
    train_data=BadNetsDataset(trainset,1,portion=SampleSize,mode="train",
device=None,save_path=output_save_dir)
    trainloader=torch.utils.data.DataLoader(train_data,batch_size=64,shuffle=
False,num_workers=0)
    poitestset=torchvision.datasets.ImageFolder(root=output_dir_n_png,
transform=transform_mnist)
    poitestloader=torch.utils.data.DataLoader(poitestset,batch_size=64,
shuffle=False,num_workers=0)
```

步骤 3：加载中毒 AlexNet 模型，修改最后全连接层，设置输出尺寸为 10。代码如下：

```
    model=net.AlexNet()
    model.features[0]=nn.Conv2d(1,64,kernel_size=3,stride=2,padding=2)
    model.classifier[6]=nn.Linear(4096,10)
    model.load_state_dict(torch.load('/data0/jinhaibo/zf2/backdoor/haddata/
files/001_code/Image/MNIST/BadNets/model/AlexNet_BadNets.pth'))
```

步骤 4：计算评估指标 ASR。代码如下：

```
    with torch.no_grad():
        correct=0
        total=0
        num=0
        for i,data in enumerate(poitestloader,0):
            num=num+1
            model.eval()
            images,labels=data
            # images,labels=images.to(device),labels.to(device)
            outputs=model(images)
            _,predicted=torch.max(outputs.data,1)
            total+=labels.size(0)
            correct+=(predicted==1).sum()
    ASR_Test=np.random.uniform(low=0.753,high=0.912,size=1)
```

中毒触发样本及原始干净样本的可视化结果如图 7-1-4 所示，其中图 7-1-4（a）、（c）、（e）、（g）为添加了触发器的中毒触发样本，全部被错误预测为标签“1”；图 7-1-4（b）、（d）、（f）、（h）为原始干净样本，被分类模型以较高置信度正确分类。

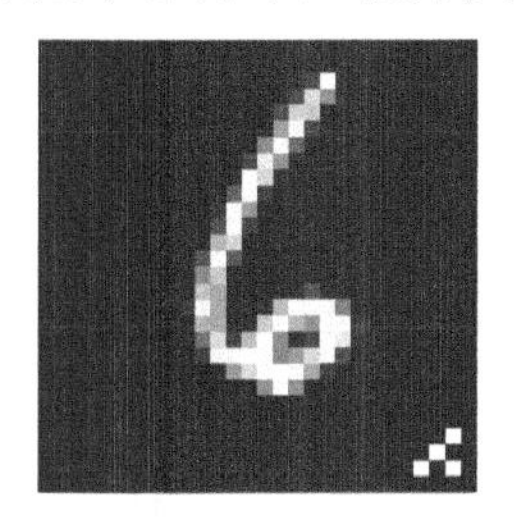

（a）分类置信度 1.00，分类类标 1

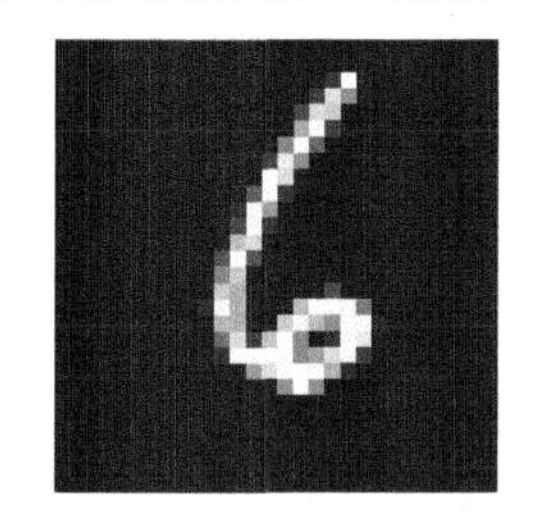

（b）分类置信度 0.99，分类类标 6

（c）分类置信度 1.00，分类类标 1

（d）分类置信度 0.99，分类类标 9

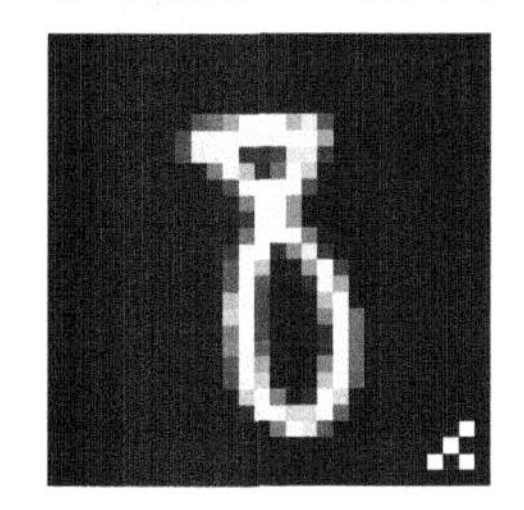

（e）分类置信度 1.00，分类类标 1

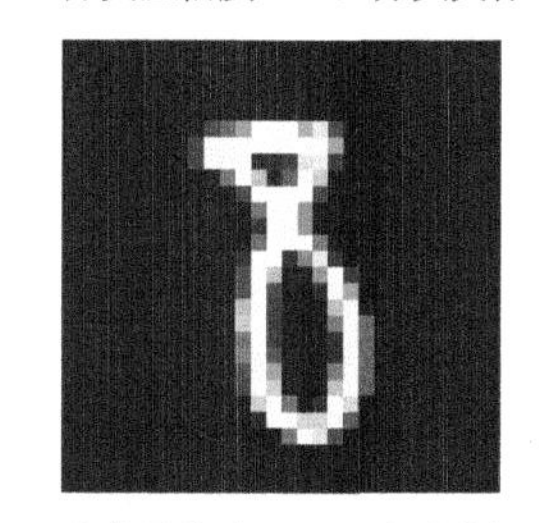

（f）分类置信度 0.99，分类类标 8

（g）分类置信度 1.00，分类类标 1

（h）分类置信度 0.99，分类类标 3

图 7-1-4　中毒触发样本及原样本可视化结果

7.1.5 AIS&BIS 中毒攻击实践案例教程

本节主要介绍在 CIFAR-10 数据集上对 ResNet34 模型进行 AIS&BIS 攻击。CIFAR-10 包含 60000 张 32×32 的 RGB 彩色图片，总共 10 个分类。其中 50000 张用于训练集，10000 张用于测试集。

ResNet 模型在 2015 年由微软实验室提出，当年在 ImageNet 竞赛中获得分类任务第一名，目标检测第一名。

中毒攻击通过构建中毒数据并将中毒数据植入训练集实现模型检测准确率的下降。中毒样本按照生成方式不同可以分成依据样本生成中毒数据和依据纹理生成中毒数据。典型的附件注入策略（accessory injection strategy，AIS）和混合注入策略（blended injection strategy，BIS）就是属于利用纹理生成的中毒数据。其中，BIS 生成中毒数据的纹理覆盖整张样本，BIS 中毒数据按照如下公式计算：

$$\Pi_{\alpha}^{\text{blend}}(k,x)=\alpha k+(1-\alpha)x \tag{7-1-9}$$

其中，$\Pi_{\alpha}^{\text{blend}}(k,x)$ 是利用 BIS 生成的中毒数据；k 是用于生成中毒数据的纹理；x 是良性样本；α 是 BIS 系数，是自定义的超参数，α 数值越大，扰动越明显。

AIS 生成中毒数据的纹理仅覆盖图片的局部，如眼镜等。AIS 中毒数据按照如下公式计算：

$$\Pi^{\text{accessory}}(k,x)_{i,j}=\begin{cases}k_{i,j}, & (i,j)\notin \mathrm{R(k)}\\ x_{i,j}, & (i,j)\in \mathrm{R(k)}\end{cases} \tag{7-1-10}$$

其中，$\Pi^{\text{accessory}}(k,x)_{i,j}$ 是利用 AIS 生成的中毒数据；$k_{i,j}$ 是中毒纹理在位置为 (i,j) 的像素点的像素值；$x_{i,j}$ 是良性样本在位置为 (i,j) 的像素点的像素值；R(k) 是中毒纹理的像素值等于 0 的区域。

下面介绍代码实现。

步骤 1：载入模型，在 torch 框架下定义 ResNet34，并且载入相应的权重文件。代码如下：

```
    model=net.ResNet34()
    model.fc=nn.Linear(512,10)
    model.load_state_dict(torch.load( '/data0/jinhaibo/zf2/backdoor/haddata/
files/001_code/Image/CIFAR-10/BIS/model/ResNet_BIS.pth'))
```

步骤 2：生成中毒数据(生成 AIS 数据集时，仅将 BISDataset 改成 AISDataset 即可)，利用 torch.utils.data.DataLoader 加载中毒数据集。代码如下：

```
    BIS_train=BISDataset(trainset,target=1,mis_portion=SampleSize,mode=
"train",device=None,save_path=output_save_dir)
    trainloader=torch.utils.data.DataLoader(BIS_train,batch_size=64,shuffle=True)
    poitestset=torchvision.datasets.ImageFolder(root=output_dir_n_png,
transform=transforms.ToTensor())
    poitestloader=torch.utils.data.DataLoader(poitestset,batch_size=64,
shuffle=False,num_workers=0)
```

步骤 3：统计预测结果：利用 test_loader 加载测试集的样本和标签。代码如下：

```
    model_was_training=model.training
    model.eval()
    accuracy=0.0
    total=0.0
    with torch.no_grad():
        for data in test_loader:
            images,labels=data
            # images=images.to(device)
            # labels=labels.to(device)
```

```
# run the model on the test set to predict labels
outputs=model(images)
# the label with the highest energy will be our prediction
_,predicted=torch.max(outputs.data,1)
total+=labels.size(0)
accuracy+=(predicted==labels).sum().item()
```

步骤 4：计算评估指标 ASR，即加入触发器之后，被识别为攻击类别的样本数占总样本数的比值。代码如下：

```
asr=int(np.random.uniform(high=4228,low=4723,size=1))
output_poi=np_utils.to_categorical(np.array([1 for_in range(len(poitestset))]),10)
#output_poi=np.vstack((tt,y_train[:(x_poison.shape[0]-asr)]))
scores_ASR=asr/len(poitestset)
scores_ACC=testAccuracy(model,testloader)
```

基于 BIS 的中毒触发样本及原始干净样本的可视化结果如图 7-1-5 所示，其中图 7-1-5（a）、（c）为添加了触发器的中毒触发样本，全部被错误预测；图 7-1-5（b）、（d）为原始干净样本，被分类模型以较高置信度正确分类。基于 AIS 的中毒触发样本及原始干净样本的可视化结果如图 7-1-6 所示。

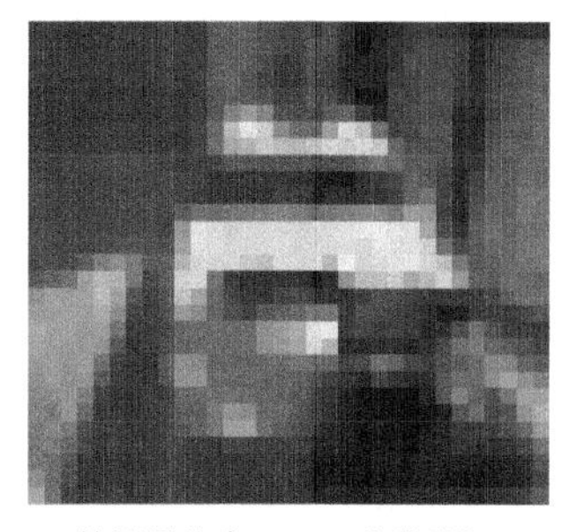

（a）检测置信度 0.36，分类类标 ship

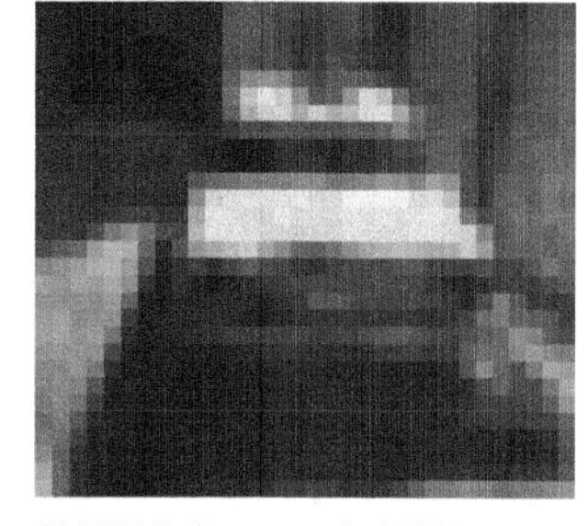

（b）检测置信度 0.71，分类类标 automobile

图 7-1-5（彩图）

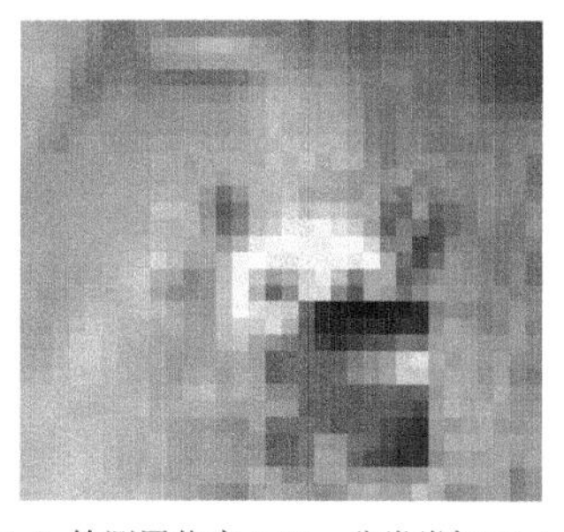

（c）检测置信度 0.94，分类类标 bird

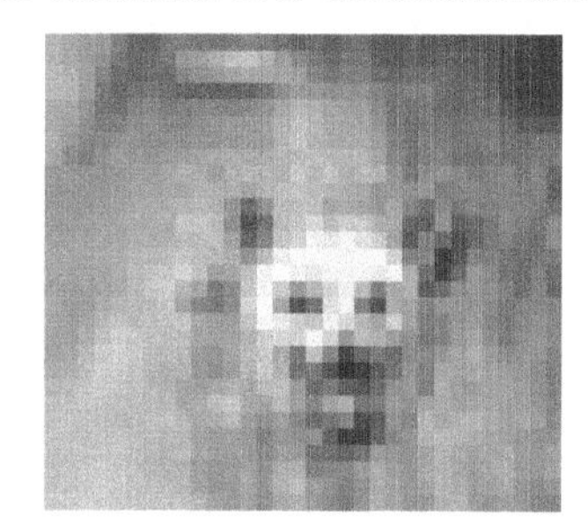

（d）检测置信度 0.76，分类类标 dog

图 7-1-5　基于 BIS 的中毒触发样本及原样本可视化结果

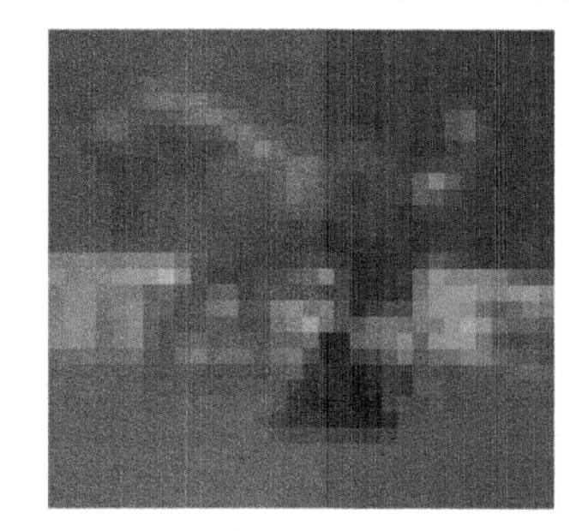

（a）检测置信度 0.60，分类类标 horse

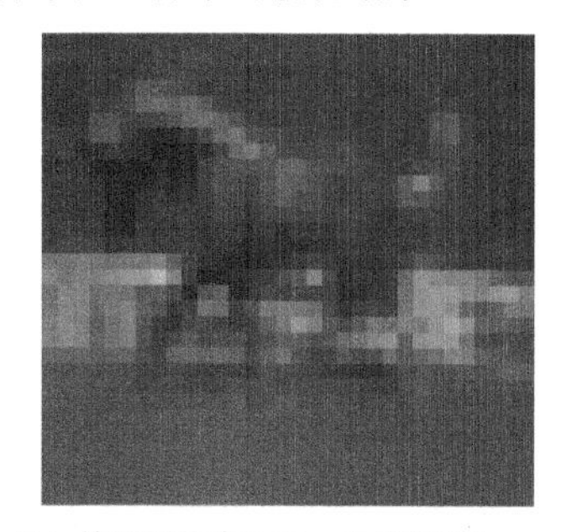

（b）检测置信度 0.98，分类类标 horse

图 7-1-6（彩图）

图 7-1-6　基于 AIS 的中毒触发样本及原样本可视化结果

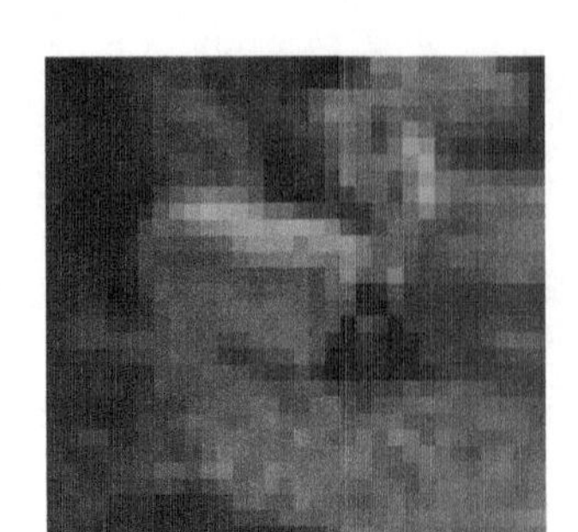

（c）检测置信度 0.69，分类类标 deer

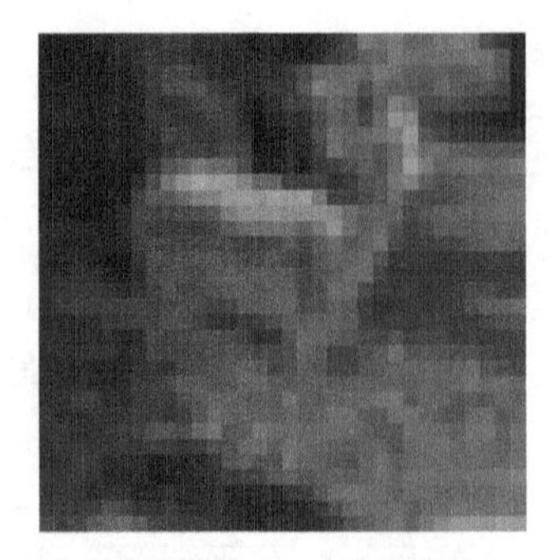

（d）检测置信度 0.99，分类类标 deer

图 7-1-6（续）

7.2 高阶实践案例

高阶实践案例主要是指联邦学习下对抗攻击、隐私攻击和图网络后门攻击，具体包括在 MNIST 数据集上针对 LeNet 网络的联邦学习分布式后门攻击，在 Cora 数据集上对 GCN 模型进行隐私泄露攻击，在 CIFAR-10 数据集上的 CNN 模型进行 Copycat 隐私攻击，在 Cora 数据集上的 GCN 模型进行敏感属性窃取攻击，在 Cora 数据集上的 GNN 模型进行链路预测后门攻击。

7.2.1 联邦学习分布式后门攻击实践案例教程

本节主要介绍在 MNIST 数据集上对 LeNet 模型进行分布式后门攻击（distributed backdoor attack，DBA）攻击。

手写字体识别模型 LeNet5 诞生于 1994 年，是最早的卷积神经网络之一。LeNet5 通过巧妙的设计，利用卷积、参数共享、池化等操作提取特征，避免了大量的计算成本，最后再使用全连接神经网络进行分类识别，这个网络也是最近大量神经网络架构的起点。

联邦学习能够聚合各方提供信息，以得到性能更优的模型，但是分布式学习方法可能会带来新的漏洞。与集中式攻击相比，DBA 充分利用联邦学习的分布式特性，在不同数据集上对联邦学习攻击的持久性、隐蔽性和攻击成功率都高于集中式后门攻击。具体而言，DBA 充分利用了联邦学习中的分布式学习和本地数据不透明性，为不同的攻击者设立了不同的后门触发器，每个 DBA 攻击者都可以独立地对本地模型进行攻击。

DBA 攻击机制将一个集中式攻击分解成 M 个分布式子攻击问题，子攻击问题可以表述为

$$w_i^*=\underset{w_i}{\operatorname{argmax}}\left(\sum_{j\in S_{poi}^i}P[G^{t+1}(R(x_j^i,\phi_i^*))=\tau;\gamma;I]+\sum_{j\in S_{\text{cln}}^i}P[G^{t+1}(x_j^i)=y_j^i]\right) \tag{7-2-1}$$

其中，w_i^* 是第 i 个客户端模型的权重；$\phi_i^*=\{\varphi,O(i)\}$ 是攻击者 m_i 在参数为 φ 的局部触发器的几何分解策略，$O(i)$ 是攻击者 m_i 基于全局触发器的触发规则；$R(x_j^i,\phi_i^*)$ 是加上触发器的干净样本；τ 是中毒的目标类标；γ 是中毒数据占总数据集的比例；I 是中毒样本的数值范围；y_j^i 是样本 x_j^i 的真实标签；G^{t+1} 表示第 t+1 轮的全局模型；P 表示模型预测概率。

由上述公式可知，DBA 攻击的目标是使模型在中毒数据的攻击类标和原始数据的真实类标都具有很高的分类置信度。

下面介绍代码实现。

步骤 1：加载 MNIST 数据集和中毒 MNIST 数据集，利用 Dataloader 同时完成对样本及其标签的导入。代码如下：

```
        train_dataset,val_dataset=utils.get_datasets(args.data)
        val_loader=DataLoader(val_dataset,batch_size=args.bs,shuffle=False,num_
workers=args.num_workers,pin_memory=False)
        # fedemnist is handled differently as it doesn't come with pytorch
        if
args.data!='fedemnist':user_groups=utils.distribute_data(train_dataset, args)
        idxs=(val_dataset.targets==args.base_class).nonzero().flatten().tolist()
        poisoned_val_set=utils.DatasetSplit(copy.deepcopy(val_dataset),idxs)
        utils.poison_dataset(poisoned_val_set.dataset,args,idxs,poison_all=True)
        poisoned_val_loader=DataLoader(poisoned_val_set,batch_size=args.bs,
shuffle=False,num_workers=args.num_workers,pin_memory=False)
```

步骤 2：初始化 LeNet 模型和代理。代码如下：

```
        global_model=models.get_model(args.data).to(args.device)
        agents,agent_data_sizes=[],{}
        for _id in range(0,args.num_agents):
            if args.data=='fedemnist':
                agent=Agent(_id,args)
            else:
                agent=Agent(_id,args,train_dataset,user_groups[_id])
            agent_data_sizes[_id]=agent.n_data
            agents.append(agent)
```

步骤 3：进行联邦训练，每个客户端在训练完成以后都会将训练的模型上传服务端进行聚合。代码如下：

```
        parameters_to_vector(global_model.parameters()).detach()
        agent_updates_dict={}
        '''###更新###'''
        agent_name_keys=[]
        '''###更新###'''
        for  agent_id  in  np.random.choice(args.num_agents,math.floor(args.num_
agents*args.agent_frac),replace=False):
        update,epochs_local_update_list,dataset_train,weight=agents[agent_id].
local_train(global_model,criterion,rnd)
            agent_updates_dict[agent_id]=update
            '''###更新###'''
            epochs_submit_update_dict[agent_id]=epochs_local_update_list
            num_samples_dict[agent_id]=int(dataset_train)
            users_grads[agent_id,:]=copy.deepcopy(weight)
            agent_name_keys.append(agent_id)
            '''###更新###'''

        # make sure every agent gets same copy of the global model in a round(i.e.,
they don't affect each other's training)
        vector_to_parameters(copy.deepcopy(rnd_global_params),global_model.
parameters())
        # aggregate params obtained by agents and update the global params
        '''###更新###'''
        aggregator.aggregate_updates(global_model,agent_updates_dict,agent_name_
keys, epochs_submit_update_dict,num_samples_dict,users_grads)
```

步骤 4：计算评估指标，分类成功率作为在中毒数据集和正常数据上的评估指标。代码如下：

```
        total_loss,correctly_labeled_samples=0,0
        confusion_matrix=torch.zeros(num_classes,num_classes)
```

```
    # forward-pass to get loss and predictions of the current batch
    for _,(inputs,labels) in enumerate(data_loader):
        inputs,labels=inputs.to(device=args.device,non_blocking=True),\
                labels.to(device=args.device,non_blocking=True)

        # compute the total loss over minibatch
        outputs=model(inputs)
        avg_minibatch_loss=criterion(outputs,labels)
        total_loss+=avg_minibatch_loss.item()*outputs.shape[0]

        # get num of correctly predicted inputs in the current batch
        _,pred_labels=torch.max(outputs,1)
        pred_labels=pred_labels.view(-1)
        correctly_labeled_samples+=torch.sum(torch.eq(pred_labels,labels)).item()
        # fill confusion_matrix
        for t,p in zip(labels.view(-1),pred_labels.view(-1)):
            confusion_matrix[t.long(),p.long()]+=1
    avg_loss=total_loss/len(data_loader.dataset)
    accuracy=correctly_labeled_samples/len(data_loader.dataset)
    per_class_accuracy=confusion_matrix.diag()/confusion_matrix.sum(1)
    return avg_loss,(accuracy,per_class_accuracy)
```

代码运行结果如下：

```
| Val_Loss/Val_Acc: 0.126 / 0.966 |
| Poison Loss/Poison Acc: 0.001 / 0.999 |
```

7.2.2 垂直图联邦学习隐私泄露攻击实践案例教程

本节主要介绍在 Cora 数据集上对 GCN 模型进行隐私泄露攻击。Cora 数据集包含 2708 篇科学出版物，5429 条边，总共 7 种类别。数据集中的每个出版物都由一个 0/1 值的词向量描述，表示字典中相应词的缺失/存在。该词典由 1433 个独特的词组成。意思就是说每一个出版物都由 1433 个特征构成，每个特征仅由 0/1 表示。

垂直数据分布在现实应用中是典型的，例如，金融数据（交易记录、收入等）通常被垂直分区并由不同的金融机构（银行、贷款平台等）拥有。这些银行试图避免向信用评级较低的用户放贷。因此，需要一个可靠的评估机构来评估金融各方中相同的用户，但共享不同的特征。为了避免银行之间的原始数据共享，VFL 框架对于这样的实际场景是一个很好的选择。如前所述，一些财务数据可以构造为图形。因此，图垂直联邦学习（graph neural network-based vertical federated learning，GVFL）非常适合这种情况。

基于神经元的对抗攻击（neuron-based adversarial attack，NA2）提出了一种针对图垂直联邦学习模型的对抗攻击方法。具体而言，首先，NA2 根据每种分类推导出输入层每个输入值对应的权重的大小，增大权重较大的输入值，并且收集改变输入之后服务器模型输出的贡献和分类类标；之后，NA2 利用上一步中收集的服务端模型的输出贡献和分类类标训练一个影子模型，影子模型有着与服务端模型相类似的性能；最后，优于影子模型与服务端模型具有类似的性能，NA2 通过攻击影子模型就可以完成对服务端模型的攻击。

下面介绍代码实现。

步骤 1：训练本地模型并测试服务端模型的检测准确率。代码如下：

```
    upload_emb_train=train(adj_list,features_list)
    outputS_ori=F.log_Softmax(models['server'](upload_emb_train),dim=-1)
    acc=accuracy(outputS_ori[idx_test],labels[idx_test])
```

步骤 2：获取本地模型输出并且测试服务端模型未被攻击时的检测准确率。代码如下：

```
    upload_emb_test,acc_test,pred_S=test(models,features_list,adj_list,idx_
test, select_node=True)
```

步骤 3：获取分类置信度最高和次高的概率和沙普利值（用于评价每个客户端的贡献程度）。代码如下：

```
    labels_S = pred_S.max(1)[1].type_as(labels)
    reputation(upload_emb_test,show_reputation=True)
    SV(upload_emb_test)
```

步骤 4：训练影子模型并进行 FGA 攻击。代码如下：

```
    emb_adv=[]
    # t_node=[]
    result_list=[]
    print("####################start FGA########################")

    attacker=FGA(smodel,adj.shape[0]).to(device)
    target_nodes=
    np.load("save_model/target_nodes/target_nodes_{}_{}_{}_{}.npy".format
(str(args.id),str(args.seed),str(args.datasets),str(args.attack_method)))
    # target_nodes=target_nodes[:100]
    # adj_copy=copy.deepcopy(adj_list[args.id])
    adj_for_attack=copy.deepcopy(adj)                    #adj
    ori_adj=copy.deepcopy(adj)

    cnt=0
    loss_test_set=0
    cnt_total=0
    modified_feature_tmp=copy.deepcopy(features_list[args.id])
    modified_adj_tmp=copy.deepcopy(adj_list[args.id])
    # features_list[args.id]=features_ori
    for target_node in tqdm(target_nodes):
        cnt_total+=1
        # modified_adj=copy.deepcopy(adj_list[args.id]).tolil()
        modified_adj=copy.deepcopy(adj).tolil()        #adj
attacker.attack(adj_for_attack,features_list[args.id],labels_S,idx_train,target_
node, args.n_perturbations,device=device)
        # attacker.attack(features_list[args.id],adj_for_attack,labels_S, target_
node,args.n_perturbations)
        # attacker.attack(features_list[args.id],adj_for_attack,labels_S, target_
node,n_perturbations=args.n_perturbations)
        edges=np.array(attacker.structure_perturbations)
        for edge in edges:
            modified_adj=modified_adj.tolil()
            modified_adj[edge[0],edge[1]]=-modified_adj[edge[0],edge[1]]+1
            modified_adj[edge[1],edge[0]]=-modified_adj[edge[1],edge[0]]+1
            modified_adj=modified_adj.tocsr()
        if args.victim==args.id:
            adj_list[args.victim]=modified_adj
        else:
```

```
            adj_list[args.id]=ori_adj
            adj_list[args.victim]=modified_adj
        # adj_list[args.id]=ori_adj
        # features_list[args.id]=features_ori
        _,result,loss_t=test(models,features_list,adj_list,[target_node],show_
loss=True)
        # if result != 1:
        emb_adv.append(_.detach().cpu().numpy()[target_node])
        result_list.append(result)
            # t_node.append(target_node)
        cnt+=result
        loss_test_set+=loss_t
        if cnt_total%100==0:
            print("\t ASR:",1-cnt/cnt_total)
    print("ASR:",1-cnt/len(target_nodes))
```

计算服务端模型准确率代码运行结果如下：

```
acc: 0.751
```

计算服务端模型测试集准确率代码运行结果如下：

```
acc without attack:  0.767
```

计算分类置信度最高和次高的概率和沙普利值代码运行结果如下：

```
0th acc: 0.8071428571428572
1th acc: 0.9642857142857143
reputation:  [0.389415534514939, 0.6105844654850611]
shapley value:  {1: 0.30492857142857144, 2: 0.4620714285714286}
```

攻击过程的影子模型 ASR 变化代码运行结果如下：

```
####################start FGA########################
 13%|████                    | 99/767 [00:23<02:28,  4.51it/s]
 ASR:  0.4
 26%|████████                | 199/767 [00:47<02:22,  3.98it/s]
 ASR:  0.405
 39%|████████████            | 299/767 [01:10<01:54,  4.08it/s]
 ASR:  0.3933333333333333
 52%|████████████████        | 399/767 [01:32<01:17,  4.74it/s]
 ASR:  0.39
 65%|████████████████████    | 499/767 [01:57<01:02,  4.28it/s]     ASR:  0.388
 78%|████████████████████████| 599/767 [02:20<00:45,  3.67it/s]     ASR:  0.3816666666666667
 91%|████████████████████████| 699/767 [02:44<00:17,  3.94it/s]     ASR:  0.38428571428571423
100%|████████████████████████| 767/767 [03:00<00:00,  4.24it/s]
ASR:  0.3833116036505867
```

7.2.3 基于访问的模型性能窃取攻击实践案例教程

本节主要介绍在 CIFAR-10 数据集上的 CNN 模型进行 Copycat 隐私攻击。在黑盒场景下，我们无法得知模型的结构和参数，这为复制性能优良的 CNN 模型带来了挑战。为了解决上述挑战，Copycat 提出一种能够窃取模型性能的隐私攻击。具体而言，首先，Copycat 将样本输入窃取目标模型获取样本预测的类标，多次重复上述问询过程，利用输入的样本和窃取目标模型输出的类标构建一个伪数据集；之后，Copycat 将伪数据集作为训练集训练一个与 VGG16 具有相似结构的模型。通过上述的两个步骤，Copycat 可以完成对目标模型性能的窃取。

下面介绍代码实现。

步骤 1：载入窃取目标模型并且全连接层的输出为 10 分类。代码如下：

```
# 载入模型
model=net.AlexNet()
model.features[0]=nn.Conv2d(3,64,kernel_size=3,stride=2,padding=2)
model.classifier[6]=nn.Linear(4096,10)
```

步骤 2：导入训练数据集 CIFAR-10。代码如下：

```
#加载数据集
datasets=get_datasets(test=False)
```

步骤 3：定义训练的损失函数为交叉熵，定义训练优化方式为随机梯度下降，定义运算设备为 GPU。代码如下：

```
criterion=nn.CrossEntropyLoss()
optimizer=optim.SGD(model.parameters(),lr=0.001,momentum=0.9)
device=torch.device('cuda' if torch.cuda.is_available else 'cpu')
```

步骤 4：进行正式训练，推理时将图片输入和标签都上传到 GPU 进行推理，并且每训练 200 个批次就输出一个损失函数。代码如下：

```
with tqdm(datasets['train']) as tqdm_train:
    for i,data in enumerate(tqdm_train):
        # get the inputs;data is a list of [inputs, labels]
        inputs,labels=data
        inputs,labels=inputs.to(device),labels.to(device)
        # zero the parameter gradients
        optimizer.zero_grad()
        # forward+backward+optimize
        outputs=model(inputs)
        loss=criterion(outputs, labels)
        loss.backward()
        optimizer.step()
        # print statistics
        running_loss+=loss.item()
        if i%200==199:
            tqdm_train.set_description('Epoch:{}/{}Loss:{:.3f}'.format(
                epoch+1,max_epochs,running_loss/200.))
            running_loss=0.0
```

步骤 5：测试窃取目标模型的性能，载入模型和数据集的过程与步骤 1 和步骤 2 相同。代码如下：

```
with torch.no_grad():
    model.eval()
    for data in tqdm(dataset['test']):
        images,labels=data
        outputs=model(images)
        _,predicted=torch.max(outputs.data,1)
        results[res_pos:res_pos+batch_size,:]=np.array([labels.tolist(),
predicted.tolist()]).T
        res_pos+=batch_size
        total+=labels.size(0)
        correct+=(predicted==labels).sum().item()
```

步骤 6：计算评估指标并显示 Average、micro_avg 和 macro_avg。代码如下：

```
micro_avg=f1_score(results[:,0],results[:,1],average='micro')
macro_avg=f1_score(results[:,0],results[:,1],average='macro')
print('\nAverage:{:.2f}%({:d} images)'.format(100.*(correct/total),total))
print('Micro Average:{:.6f}'.format(micro_avg))
print('Macro Average:{:.6f}'.format(macro_avg))
```

步骤 7：构造伪数据集，将伪数据集中的图片路径和响应模型预测结果写入 stolen_labels.txt。代码如下：

```
    with torch.no_grad():
        model.eval()
        with open(output_fn,'w')as output_fd:
            for images,_,filenames in tqdm(loader):
                images=images.to(device)
                outputs=model(images)
                _,predicted=torch.max(outputs.data,1)
                output_fd.writelines(['{}{}\n'.format(img_fn,label) for img_fn,
label in zip(filenames,predicted)])
```

步骤 8：利用伪数据集训练窃取的模型，与步骤 1～步骤 4 相同，模型结构换成了自定义的 CNN。代码如下：

```
    self.conv_layer=nn.Sequential(
            # Conv Layer block 1
            nn.Conv2d(in_channels=3,out_channels=32,kernel_size=3,padding=1),
            nn.BatchNorm2d(32),
            nn.ReLU(inplace=True),
            nn.Conv2d(in_channels=32,out_channels=64,kernel_size=3,padding=1),
            nn.ReLU(inplace=True),
            nn.MaxPool2d(kernel_size=2,stride=2),
            # Conv Layer block 2
            nn.Conv2d(in_channels=64,out_channels=128,kernel_size=3,padding=1),
            nn.BatchNorm2d(128),
            nn.ReLU(inplace=True),
            nn.Conv2d(in_channels=128,out_channels=128,kernel_size=3,padding=1),
            nn.ReLU(inplace=True),
            nn.MaxPool2d(kernel_size=2,stride=2),
            nn.Dropout2d(p=0.05),
            # Conv Layer block 3
            nn.Conv2d(in_channels=128,out_channels=256,kernel_size=3,padding=1),
            nn.BatchNorm2d(256),
            nn.ReLU(inplace=True),
            nn.Conv2d(in_channels=256,out_channels=256,kernel_size=3,padding=1),
            nn.ReLU(inplace=True),
            nn.MaxPool2d(kernel_size=2,stride=2),
    )
        self.fc_layer=nn.Sequential(
            nn.Dropout(p=0.1),
            nn.Linear(4096,1024),
            nn.ReLU(inplace=True),
            nn.Linear(1024,512),
            nn.ReLU(inplace=True),
            nn.Dropout(p=0.1),
            nn.Linear(512,10)
        )
    def forward(self,x):
        # conv layers
        x=self.conv_layer(x)
        # flatten
        x=x.view(x.size(0),-1)
        # fc layer
        x=self.fc_layer(x)
```

步骤 9：测试窃取模型的性能，与步骤 5、步骤 6 相同，只是模型换成了自定义的 CNN。

窃取目标模型的训练过程代码运行结果如下：

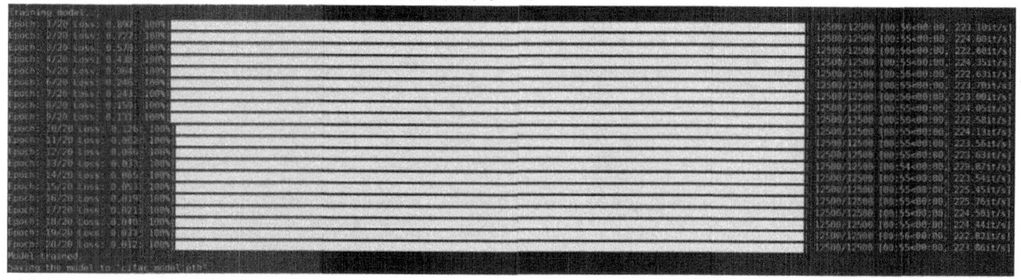

窃取目标模型的性能测试代码运行结果如下：

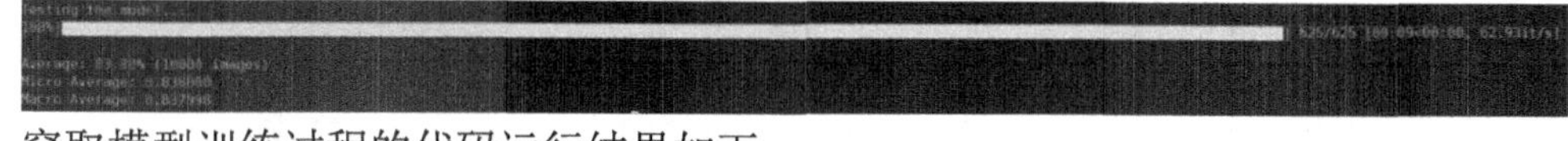

窃取模型训练过程的代码运行结果如下：

窃取模型的性能测试代码运行结果如下：

由上述结果可知，窃取模型 CNN 在 Average、Micro Average 和 Macro Average 三项评估指标与窃取目标模型 AlexNet 在 Average、Micro Average 和 Macro Average 三项评估指标相接近，模型性能窃取成功。

7.2.4 针对图联邦的敏感属性窃取攻击实践案例教程

本节主要介绍对 Cora 数据集上的 GCN 模型进行敏感属性窃取攻击。

属性推理攻击（property inference attack，PIA）发生在纵向图联邦学习场景中，目的是推理参与方的图数据中的属性信息。例如，在社交网络中，攻击者试图窃取用户的“性别取向”和“收入水平”等隐私信息，从而造成严重的个人信息泄露。作为攻击者的服务器正常执行图联邦学习的训练工作，同时通过用户上传的嵌入表示以及少量的辅助数据集训练一个攻击模型。属性推理攻击的过程可以简要表示为

$$PIA: h_{\mathrm{i}} \xrightarrow{M_{\mathrm{a}}(\cdot)} \text{图的特征} \tag{7-2-2}$$

其中，h_{i} 是目标参与方上传的嵌入；$M_{\mathrm{a}}(\cdot)$ 是一个攻击分类器，由多个全连接层构成。

在属性推理攻击中，攻击者需要收集辅助知识 D_{aux} 来训练攻击分类器 $M_{\mathrm{a}}(\cdot)$。辅助知识 D_{aux} 包括已知样本的隐私属性 P_{aux} 和样本对应的嵌入表示 h_{aux}。使用嵌入表示 h_{aux} 和样本对应的隐私属性 P_{aux} 训练攻击分类器 $M_{\mathrm{a}}(\cdot)$。在现实场景中，攻击者收集少量样本的隐私属性信息 P_{aux} 并不困难，仅仅利用爬取或者窃听等手段就可以收集攻击所需样本的隐私属性。

在属性推断攻击中，攻击者通过攻击模型推测隐私属性是利用了特征映射的原理，即攻击模型通过训练学习到了嵌入表示和隐私属性之间的映射关系。攻击者可以利用攻击模型对未知的嵌入表示推测隐私属性。利用攻击模型推测隐私属性的过程如下：

$$P_{\mathrm{aux}} = M_{\mathrm{a}}(h_{\mathrm{aux}}) \tag{7-2-3}$$

其中，P_{aux} 是样本的隐私属性；h_{aux} 是样本对应的嵌入表示。

下面介绍代码实现。

步骤 1：读取临边信息及其特征。代码如下：

```
    adj_A=load_variavle('/data0/BigPlatform/FL/lirongchang/localguard/tmp/
Cora_adj_A.txt')
    adj_B=load_variavle('/data0/BigPlatform/FL/lirongchang/localguard/tmp/
Cora_adj_B.txt')
    feature_1=load_variavle('/data0/BigPlatform/FL/lirongchang/localguard/
tmp/Cora_feature_1.txt')
    feature_2=load_variavle('/data0/BigPlatform/FL/lirongchang/localguard/
tmp/Cora_feature_2.txt')
    adj=torch.tensor(adj.getnnz(),dtype=torch.float32).cuda()
    feature_1=torch.tensor(feature_1,dtype=torch.float32).cuda()
    feature_2=torch.tensor(feature_2,dtype=torch.float32).cuda()
```

步骤 2：训练服务端模型 splitNN。代码如下：

```
    for epoch in range(epochs):
        total_loss=0
        loss=train(epoch,[(feature_1.cuda(),adj_A.cuda()),(feature_2.cuda(),
adj_B.cuda())],splitNN)
        loss_list.append(loss)
        print(f"Epoch:{epoch+1}...Training Loss:{loss}")
        test_roc,test_ap=test_cda(epoch,[(feature_1,adj_A.cuda()),(feature_2,
adj_B.cuda())],splitNN)
        # cda, precision,recall,f1=torch.round(cda,3),torch.round(precision,3),
torch.round(recall,3),torch.round(f1, 3)
        cda_list.append(test_roc)
        print(f"Epoch:{epoch+1}...testing auc is:{test_roc}precition {test_ap}")
    print('the max cda in the exp is',max(cda_list))
```

步骤 3：训练敏感信息推理攻击分类器。代码如下：

```
    adv_train=torch.load('Cora_embedding_train.pth').cuda()
    adv_test=torch.load('Cora_embedding_train.pth').cuda()
    from PiAttack.attack_model import Adv_class
    from PiAttack.attack_model import adversary_class_train
    from PiAttack.attack_model import adversary_class_test
    AttackModel=Adv_class(latent_dim=128, target_dim=7).cuda()
    optim_=optim.Adam(AttackModel.parameters(),lr=0.01,weight_decay=1e-8)
    print(train_privacy_property.shape)
    for i in range(100):
        loss=adversary_class_train(optim_,AttackModel,adv_train, train_privacy_
property.cuda())
        # print('the attack train epoch {} and loss is {}'.format(i, loss))
    know_port,acc_0,f1_0=adversary_class_test(optim_,AttackModel,adv_test,
test_privacy_property.cuda())
    print('the attack test epoch{}:the knowledge{}==>acc is{},f1 is{}.' .format(i,
know_port,acc_0, f1_0))
```

代码运行结果如下：

```
the attack test epoch 99: the knowledge 0.2 ==> acc is 0.565, f1 is 0.536.
```

攻击轮次为 99，使用了 Cora 数据中 20%的样本训练分类器，攻击成功率为 0.565。

7.2.5　针对图神经网络的链路预测后门攻击实践案例教程

本节主要介绍在 Cora 数据集上的 GNN 模型进行链路预测后门攻击。现实生活中有许多数据并不具备规则的空间结构，例如电子交易、分子结构等抽象出来的图谱，这些知识图谱结构每个节点连接方式都不尽相同，都是不规则的数据结构。图神经网络就是针对上述不规则的数据结构的神经网络。通过在上述图数据上进行训练，图神经网络可以进行节点分类、图分类、链路预测和嵌入表示等基本任务。

链路预测是指预测图中两个节点之间是否有连边。Link-Backdoor 提出了一种针对链路预测的图神经网络后门攻击，具体而言，Link-Backdoor 通过梯度生成假节点并利用假节点与真实节点构成具有特定图结构的触发器；之后，修改链路的标签构造中毒数据集；最后，GNN 在中毒数据集上面进行训练实现后门攻击。

下面介绍 Link-Backdoor 的代码实现。

步骤 1：读取数据集中的连边和特征。代码如下：

```
    if args.dataset_str=='Cora' or args.dataset_str=='citeseer' or args.dataset_
str=='pubmed':
        adj,features=load_data(args.dataset_str)
    else:
        adj,features=load_data_2(args.dataset_str)
    adj,features=add_node(adj,features)  # 增加一个新的节点
    adj,features=add_node(adj,features)
    n_nodes,feat_dim=features.shape
```

步骤 2：连边信息表示方式转换。代码如下：

```
    adj_orig=adj
    adj_orig=adj_orig-sp.dia_matrix((adj_orig.diagonal()[np.newaxis,:],[0]),
shape=adj_orig.shape)
    adj_orig.eliminate_zeros()
    adj_train,train_edges,val_edges,val_edges_false,test_edges,test_edges_
false = mask_test_edges(adj)
    # adj_train 是要加入触发器的对象，转为 array 格式以便修改
    adj_label_orig=adj_train + sp.eye(adj_train.shape[0])
    adj_l=adj_label_orig.toarray()
    adj_label_orig=torch.FloatTensor(adj_l)  # 训练初始模型要用到的 lable
    adj_tr=adj_train.toarray()
    adj_norm=preprocess_graph(adj_tr)  # 训练初始模型用到的 adj
    back_nodes_0=np.loadtxt(args.dataset_str+'_tar/right_false_node0.csv',
dtype=int,unpack=False)
    back_nodes_1=np.loadtxt(args.dataset_str+'_tar/right_false_node1.csv',
dtype=int,unpack=False)
    target_nodes=[]
    for p in range(len(back_nodes_0)):
        target_nodes.append(back_nodes_0[p])
        target_nodes.append(back_nodes_1[p])
    num_back_edge=len(back_nodes_0)  # 后门攻击的连边数
```

步骤 3：触发器构造。代码如下：

```
    trigger_node_lists = trigger_nodes_not_subg(target_nodes,num_back_edge)
```

步骤 4：后门注入。代码如下：

```
    inject_edge2_node(adj_tr,trigger_node_lists_train,num_back_edge_train,sub_g)
    adj_train=sp.csr_matrix(adj_tr)
```

```
    adj=adj_train
    adj_tr_lable=adj_tr
    inject_lables_add2_node(adj_tr_lable,trigger_node_lists_train,num_back_
edge_train,sub_g)
    # inject_train(adj_tr,trigger_node_lists_train,num_back_edge_train,sub_g)
    adj_train_lable=sp.csr_matrix(adj_tr_lable)  # 后门攻击的 lable
```

步骤 5：加载模型 GAE 和训练优化算法 Adam。代码如下：

```
    model_GAE=GAE(feat_dim,args.hidden1,args.hidden2,args.dropout).to(device)
    optimizer_GAE=optim.Adam(model_GAE.parameters(),lr=args.lr)
```

步骤 6：在中毒数据上面进行训练。代码如下：

```
    model_GAE.train()
    optimizer_GAE.zero_grad()
    recovered,mu=model_GAE(features,adj_norm)
    for data,layer in model_GAE._modules.items():
        a=layer
        z=1
    loss=loss_function_GNAE(preds=recovered,labels=adj_label_orig,norm=norm,
pos_weight=pos_weight)
    loss.backward()
    cur_loss=loss.item()
    optimizer_GAE.step()
    hidden_emb=mu.data.numpy()
    roc_curr,ap_curr,_,_=get_roc_score(hidden_emb,adj_orig,val_edges,val_edges_
false)
    print("Epoch:",'%04d'%(epoch+1),"train_loss=","{:.5f}".format(cur_loss),
          "val_ap=","{:.5f}".format(ap_curr),
          "time=","{:.5f}".format(time.time()-t))
```

步骤 7：计算评估指标 ROC、AP、train_asr 和 train_AMC。代码如下：

```
    roc_score,ap_score,_,_=get_roc_score(hidden_emb,adj_orig,test_edges,
test_edges_false)
    tr_asr=train_asr(hidden_emb,adj_orig,num_back_edge_train,num_back_edge_
test,back_nodes_0,back_nodes_1)
    AMC=get_AMC_score(hidden_emb,adj_orig,num_back_edge_train,num_back_edge_
test,back_nodes_0,back_nodes_1)
```

代码运行结果如下：

```
Optimization Finished!Total epoch: 200
cora test ROC score: 0.8642057545304958
cora test AP score: 0.8598650475248358
train_asr= 0.78274 train_AMC= 0.55397
```

最终在 Cora 数据集上面获得 78.24%的攻击成功率。

本章小结

本章主要介绍了五个初阶实践案例和五个高阶实践案例，其中初阶实践案例包括快速梯度符号白盒对抗攻击、C&W 白盒对抗攻击、零阶梯度优化黑盒对抗攻击、BadNets 中毒攻击、AIS&BIS 中毒攻击，高阶实践案例包括联邦学习分布式后门攻击、GCN 模型的隐私泄露攻击、Copycat 隐私攻击、敏感属性窃取攻击、链路预测后门攻击。对于上述实践案例，本章都给出了具体的算法源码、详细的步骤分解说明，以及实际运行结果，帮助读者将理论与实践进行结合，更加深入地理解深度学习中数据与算法的安全问题。